国家社科基金重大项目的阶段性成果

谨以此书献给我的导师舒炜光先生

西方科学哲学史

文献与范式

安维复 著

中国社会科学出版社

图书在版编目（CIP）数据

西方科学哲学史：文献与范式／安维复著．—北京：中国社会科学出版社，
2023.12

ISBN 978 - 7 - 5227 - 1702 - 9

Ⅰ.①西…　Ⅱ.①安…　Ⅲ.①科学哲学—哲学史—西方国家
Ⅳ.①N02

中国国家版本馆 CIP 数据核字（2023）第 052863 号

出 版 人	赵剑英	
责任编辑	李　立　冯春凤	
责任校对	张爱华	
责任印制	张雪娇	

出　　版	中国社会科学出版社	
社　　址	北京鼓楼西大街甲 158 号	
邮　　编	100720	
网　　址	http://www.csspw.cn	
发 行 部	010 - 84083685	
门 市 部	010 - 84029450	
经　　销	新华书店及其他书店	

印　　刷	北京君升印刷有限公司	
装　　订	廊坊市广阳区广增装订厂	
版　　次	2023 年 12 月第 1 版	
印　　次	2023 年 12 月第 1 次印刷	

开　　本	710×1000　1/16	
印　　张	37.25	
字　　数	603 千字	
定　　价	218.00 元	

凡购买中国社会科学出版社图书，如有质量问题请与本社营销中心联系调换
电话：010 - 84083683

序　言

　　1983 年，我在舒炜光先生门下读研究生，当时先生刚刚完成《自然辩证法原理》（1984 年版）的写作，正在组织撰写 5 卷本《科学认识论》。当时先生动议当时在读的研究生编撰一部自然科学史，当时有张国祚、梁永新、刘志学、方在庆、程海旭及笔者等 6 人。编史纲领主要效仿 T. 库恩的"范式"以及辩证唯物主义的整合，其实是力图贯彻《原理》的主旨，后因故搁浅。笔者无力完成先生有关编撰科学史的宏愿，只能截取其中科学与哲学关系的维度凑成西方科学哲学史这门新兴冷学聊以自慰，同时告慰先生所持：哲学以科学为中介，古来如此。

　　2010 年 10 月，笔者受国家留学基金委资助赴澳大利亚以高级访问学者的身份从事科学史和科学哲学方面研究。在澳洲的新南威尔士大学（UNSW）、悉尼大学和墨尔本大学期间，我结识了笛卡尔研究专家 J. A. 舒斯特博士，D. 米勒（David Miller）教授等从事科学史和科学哲学方面的专家，了解到一门新兴的学科：科学哲学史（History of philosophy of science）。在近一年的时间里，我基本摸清了科学哲学史在国外的产生和演化情况，带回海量文献及相关信息。

　　2012 年，全国哲学社会科学规划办将科学哲学史研究列入重大课题进行招标，刘大椿教授主持了这项课题的研究，我则分享了该课题中的"西方科学哲学史研究"（作为重点项目）；2014 年，我主持了国家社科基金重大项目"西方科学思想多语种经典文献编目与研究"，在某种程度上也是对这个课题的继续深化研究。

　　近年来，我就西方科学哲学史这个选题，曾求教于或征求了澳洲的舒斯特博士、法国的 D. Raichvarg 教授、美国的吴以义先生等国外名家，刘大椿教授和沈铭贤教授等曾在不同场合给予了中肯的建议①；华东师范大学哲学系潘德荣教授、高瑞泉教授、陈卫平教授、郦全民教授、晋荣东教授、颜青山教授、顾红亮教授等也在课题的不同阶段或以不同形式表达了对本课题的支持或参与。② 同时，我的研究生王凤祥、张军、代利刚、牛小兵、崔璐、吴琼、匡勇兵、周丹、尹璐、韩玉德也都参加我所开设的"科学哲学史研究"课程，参加课程的还有博士后流动站的张志伟（来自淄博学院）、米丹博士（来自华东理工大学），王尚君和陈敏（上海交通大学）等博士生参加了本书的校改。

我的同事付海辉博士、何静博士等参加了《科学史与科学哲学导论》的翻译工作。我的学生张叶、蔡晓梅和褚亚杰分别撰写了以中世纪早期科学哲学思想、中世纪中期科学哲学思想和中世纪晚期科学哲学思想为题的学位论文，其中褚亚杰的论文《中世纪晚期的科学哲学思想》获得了华东师范大学和上海市的优秀论文奖。这三篇学位论文也是本课题第三章中世纪科学哲学思想的主要来源或第一稿，本人在此基础上进行了删改、增补、调整。

同时，一批阶段性成果，其实也就是本课题的关键性章节，也陆续推出，如笔者翻译的《科学史与科学哲学导论》（上海世纪集团出版社 2013 年版）、《科学哲学史简史：从古希腊到后现代》（载《吉林大学学报》2012 年 4 期）、《科学哲学史作为另一种科学哲学》（载《学术月刊》2013 年 4 期），与课题组或研究生合作的有《柏拉图的〈蒂迈欧篇〉研究：当代论争与意义》（载《自然辩证法研究》2014 年 10 期）、《康德

① 在 2012 年国家重大招标课题发布及申报期间，刘大椿教授就曾邀我加盟他的课题组，但由于各自学校社科管理机构的压力，我们只好分别申报。特别感谢学界长辈对我的肯定，并在 2014 年的重大课题"西方科学思想多语种经典文献编目及研究"参与我的课题组，使课题研究获益良多。

沈铭贤教授与周昌忠教授等是上海科学哲学领域的开创者之一，对于我们这些学术后辈给予了莫大的支持与关注。后来我才知道，先生就是本课题评审的专家组成员，他不仅对本课题的选题及设计给予了高度评价，并提出了非常具体的改进建议。

② 高瑞泉教授和陈卫平教授在本课题的论证阶段曾应邀提出了中肯的建议，对本课题的思想和结构增色不少；顾红亮教授是本课题的最早支持者和见证者，早在 2008 年我们在中央党校轮训期间，就讨论过相关思想。

〈遗著〉研究：文献和动态》　（载《自然辩证法研究》2013 年 3 期）
等等。

　　大体而论，本课题得以立项和完成，得益于多方支持，同时也是我个
人多年学术探索的一个交代。

目　录

导　论

　　2012 年，本课题组参加了全国社科规划办"科学哲学史研究"国家社科基金重大课题的招标，德高望重的刘大椿教授及其团队中标，我们很荣幸获得该选题的重点项目，题目为"西方科学哲学史研究"，经费只有重大课题的三分之一，完成时间也从 5 年压缩到 3 年。但由于我们对这个选题进行了长期的学术准备，特别是收集了大量珍本文献，其中包括拉丁语、古英语、德语、法语等，我们实在不忍心降低原方案的主旨及结构，因而只好用重点项目的资源从事重大课题研究。

　　哲学就是哲学史（Doing philosophy historically），研究哲学史也就是阐发一种新的哲学（Do the history of philosophy philosophically），或对哲学的一种新的解读与重建。① 在导论中，我们主要集中阐发一些基本判断：科学哲学史不是研究科学哲学流派的编年史，而是通过思想史上的科学—哲学的观念共同体范畴，系统梳理西方思想史上科学通过自身的生长和革命，创化并不断重建哲学观念及其社会生活。我们极不情愿但又无可奈何地得出科学主义的结论："万物皆数"才是西方文化的本原，与其说中国文化遵循"人伦—自然"的套路，西方文化在本质上也是遵循"自然—人伦"的进路，从数理科学来理解并建构包括哲学在内的精神世界及其社会生活是西方人的"源代码"。这是中国的学人必须认真对待的西方文化异趣，也是中国人思考并重建自己的哲学、文化和常识的他山之石：我们中国人的科学与哲学的关系是怎样的？我们的文化有多少科学含量？如

---

　　① 按照哲学编史学家格雷西娅（Jorge J. E. Gracia）的观点，哲学就是哲学史可以表述为"Doing philosophy historically"，而哲学史也就是哲学则可以表述为"Do the history of philosophy philosophically"。

何评估我们的科学技术在传统文化中的地位和作用？我们的社会生活是否真正地植根于"道法自然"和"格物致知"的祖训？更为重要的是，如何重建中国的哲学、文化和社会生活？

　　当然，这是全书的主旨。在导论中，我们拟交代如下几个问题：科学哲学史究竟何为，怎样编撰科学哲学史，科学哲学史研究的意义何在，等等。

一　科学哲学史研究何为

　　1996 年 4 月 19—21 日第一届国际科学哲学史大会（1st international history of philosophy of science conference）以"科学的哲学：新康德主义与科学哲学的诞生"（scientific philosophy, Neo-Kantianism and the rise of philosophy of science）为题在弗吉尼亚州立大学举行，宣布成立的国际科学哲学史研究会（The International Society for the History of Philosophy of Science）标志着科学哲学史研究的兴起。目前该研究会每两年举行一次国际会议[1]，2011 年由国际科学哲学史研究会创办的《科学哲学史研究会刊》[2]（The Journal of the International Society for the History of Philosophy of Science）正式创刊。[3]

────────────

　　[1]　科学哲学史国际会议从 1996 年到 2012 年已经召开了九届：1996 年在美国弗吉尼亚召开的第一届成立大会（主题有"新康德主义与科学哲学的诞生"等），1998 年（第二届）的印第安纳会议（主题有"19 世纪的科学哲学"等），2000 年（第三届）的维也纳会议（主题有"20 世纪科学哲学兴起的政治文化环境"），2002 年（第四届）的蒙特利尔会议（主题有"马赫、笛卡尔等人的科学哲学思想"等），2004 年（第五届）的旧金山会议（主题等文献空缺），2006 年（第六届）的巴黎会议（主题有"爱因斯坦与希尔伯特之间的争论"等），2008 年（第七届）的温哥华会议（主题有"十七世纪绝对时空观的起源"等），2010 年（第八届）的布达佩斯会议（主题有"纲领性目的与政治承诺之间的维也纳学派"等），2012 年（第九届）加拿大哈利法克斯（Halifax）会议（主题是"康德思想源流"等），2022 年的年会在美国圣母大学举行。

　　[2]　原文如下：Let me begin by noting that the history of philosophy of science has made tremendous progress over the last two decades. That there now exists an international scholarly society（called "HOPOS"）dedicated to work in this field with biennial conferences and a planned journal is even an institutional indicator of the progress made.（Thomas Uebel, "Some Remarks on Current History of Analytical Philosophy of Science" in Friedrich Stadler, edited., The Present Situation in the Philosophy of Science, Springer 2010, p. 13）

　　[3]　有关科学哲学史的创建及发展情况，可参见本书第六章第三节"科学哲学史研究以及康德主义纲领"；此外我已经在多处做过介绍或研究，如《科学哲学简史：从古希腊到后现代》（《吉林大学学报》（社科版）2012 年 4 期）、《科学哲学史的兴起》（《自然辩证法通讯》2015 年 11 期）、《科学哲学史作为另一种科学哲学》（《学术月刊》2015 年第 1 期）等。

那么究竟何谓科学哲学史？国际科学哲学史研究会（HOPOS）给出了一个官方界定：科学哲学史"在于对科学给予哲学的理解，这种理解有助于诠释哲学、科学和数学在社会、经济和政治语境中的思想关联"（HOPOS Journal Online）。这种理解看似寻常，但至少透露了科学哲学史研究的三层含义：第一，强调对科学进行哲学理解的基础地位，这与分析传统用科学消解哲学的态度有本质的不同；第二，强调哲学与自然科学之间的思想关联及平等地位，避免分析传统与非分析传统的失衡；第三，强调理解这种思想关联的历史语境，警惕历史虚无主义以及各种独断论的消极影响。

相比之下，在何谓科学哲学史的问题上，有关学者的理解则更为精到。T. 毛曼在《科学哲学史就是另一种科学哲学》这篇论文中，概述了科学哲学史的几种思想旨趣。

第一，毛曼首先区分了"分析的科学哲学史"（History of Analytical Philosophy of Science）和"非分析的科学哲学史"（History of Non-analytical Philosophy of Science）；在"非分析的科学哲学史"中又区分出"19世纪的科学哲学史"（History of the 19th Century Philosophy of Science）和"欧洲科学哲学史"（History of Continental Philosophy of Science）；在"欧洲科学哲学史"中又区分出"法国传统的科学哲学史"（History of Philosophy of Science in the French Tradition）；等等。这就意味着，科学哲学不是唯一的，维也纳学派的逻辑经验主义只是科学哲学的一种形式，就逻辑结构而言，分析的科学哲学史和非分析的科学哲学史是等价的。

第二，在这种分类的基础上，毛曼认为分析的科学哲学及其编史纲领过分迷恋于科学哲学的分析传统，进而把其他有价值的思想排除在外："某些深陷分析传统的哲学家认为，分析的科学哲学是唯一值得认真对待的科学哲学（analytical philosophy of science is the only philosophy of science that is to be taken seriously），在历史进程中那些与科学相关的所有其他探索简直就是形而上学垃圾。"[①] 这就是说，分析的科学哲学史并不是唯一

---

① Thomas Mormann, "History of Philosophy of Sicence as Philosophy of Science by Other Means?" In Stadler（ed.）, *The Present Situation in the Philosophy of Science*, *The Philosophy of Science in a European Perspective*, Springer Science + Business Media B. V. 2010, p. 31.

合理的编史学纲领。

第三，基于这种考虑，毛曼指出："做科学哲学史研究意味着以某种方式进行科学哲学研究（Conceiving History of Philosophy of Science as One of The Ways of Doing Philosophy of Science），我们自然要问我们为什么要采取这种追求科学哲学的历史研究方式？这种研究可能取得何种成果？"①这就是说，科学哲学史研究并不仅仅是记述科学哲学的思想史事件，而是用史学规范进行科学哲学的理论创新，科学哲学史研究其实是开拓一种新型的科学哲学。

第四，科学哲学史作为科学哲学的理论创新，并不仅仅是提出一种科学哲学新说，而是试图破解现存科学哲学的理论难题。正如库恩所说，科学史研究可能改变我们对科学观的理解，同理，"科学哲学史研究有助于用思想史的资源克服当代科学哲学的理论危机。……科学哲学史作为研究科学哲学的方式有助于克服在许多哲学阵营中广为流行的历史健忘症（wide-spread historical amnesia）"②。

上述四点，其实就是毛曼对"科学哲学史就是另一种科学哲学"这一命题进行的四个界定：科学哲学史具有编史学的多样性；力戒分析的科学哲学史的独断地位；科学哲学史研究也就是科学哲学研究；思想史研究方式有助于破解当代科学哲学的诸多理论难题。

那么，科学哲学史作为"另一种科学哲学"究竟意味着什么呢？在《科学哲学史》这部代表性著述中，斯丹普（David J. Stump）将科学哲学史定义为"科学的哲学"（scientific philosophy），以区别于分析传统的"科学哲学"（philosophy of science）。所谓的科学哲学史研究或称"科学的哲学"意味着，"科学的哲学可以指示许多不同的哲学家，但总是与如下思想相关：第一，认为哲学是一种客观的、真正的知识；第二，认为知识是统一的，因而哲学和科学是连续的；第三，哲学的变革起因于科学的

① Thomas Mormann, "History of Philosophy of Sicence as Philosophy of Science by Other Means?" In Stadler（ed.）, *The Present Situation in the Philosophy of Science*, *The Philosophy of Science in a European Perspective*, Springer Science + Business Media B. V. 2010, p. 34.

② Thomas Mormann, "History of Philosophy of Sicence as Philosophy of Science by Other Means?" In Stadler（ed.）, *The Present Situation in the Philosophy of Science*, *The Philosophy of Science in a European Perspective*, Springer Science + Business Media B. V. 2010, p. 34.

新进步；第四，倡导哲学及其知识的普遍性；第五，提倡科学的世界观。"①

这5点极具思想张力，也是我们研究的重要基点，但上述5点中"哲学"一词的含义尚待澄清。根据麦可马林（Ernan McMullin）的梳理，"科学哲学"一词所说的"哲学"这个术语大体上可以分为5层含义："其一，关于事物的终极原因；其二，前科学的（prescientific）或'日常语言'（ordinary-language）或'经验内核'（core-of-experience）所依据之证据的直接有效性（the immediate availability）；其三，人类诉求的概括（the generality of the claims it makes）；其四，它的思辨色彩，与难以证明相关联，特别难以被任何经验证据所证明；其五，它是'二阶'（second-level）的，其实质就是它总是与一阶（first-level）的具体科学相关联，而不是直接面对世界。"② 在这里，麦可马林在哲学与科学同属于知识的前提下重点强调了科学与哲学的区别与联系。

根据HOPOS定义以及有关学者观点，我们将科学哲学史理解为由如下5点准则构成的研究领域，这5点也是本课题组长期思考和总结的结晶。

1. 哲学作为知识性与观念性的统一。较之习见的"拒斥形而上学"和人文主义的"科学不思维"（海德格尔），科学哲学史认为哲学不是与知识无关的超验性观念体系，也不是与科学理论无异的命题系统，而是知识性与观念性相统一，其典型形态如亚里士多德的物理学与形而上学、斯宾诺莎用几何学公理推演的伦理学、维特根斯坦的逻辑哲学论等。针对维也纳学派提出的实证科学与"形而上学"的对峙及其造成的思想混乱，科学哲学史认为科学知识与哲学理论都遵循"统一科学"的思想规范。哲学的目标是创造人在世界图景中何所为的观念系统（世界观和伦理规范），但哲学家是在科学知识的基础上来阐发其观念的，因而哲学是一种从知识中提炼观念的分析活动（"爱智慧"），它曾经集知识与观念为一体

① Michael Heidelberger, *History of Philosophy of Science: New Trends and Perspectives*, London: Springer, 2002, pp. 147 – 148

② Ernan McMullin, "The History and Philosophy of Science: A Taxonomy", in Roger H. Stuewer, (edited), *Historical and Philosophical Perspectives of Science*, The University of Minnesota 1970. p. 15.

（古希腊至中世纪），但在科学革命后则专司在科学知识的认知及形态中挖掘有关世界人生的观念系统（从笛卡尔直至现当代）。这是科学哲学及其思想史研究的第一主旨。

2. 科学是一个自主的命题系统。针对实证主义将科学误解为"可检验性的命题系统"的狭隘看法，科学哲学史研究（如后康德主义科学哲学家 M. 弗里德曼等）认为科学是一个由公理（哲学判断）、时空构架（如牛顿力学中的欧几里得时空观和相对论所信奉的黎曼几何时空观）和经验命题构成的三层结构的有机整体或称"理性动力系统"①。这种科学观可以自动地生成经验判断、理论命题和少数公理（哲学性信念）及其批判性循环，并借此自主地创造或更新各种规律性的客观知识，向人类提供物质和精神资源，因而科学可以自我生长、自我批判、自我循环，这是人类任何其他文化部门和社会建制都无法达到的。这就意味着科学对于哲学乃至整个人类文明的基础性地位，我们不得不说科学是创造并重建哲学的思想根源。这是科学哲学及其思想史研究的第二主旨。

3. 科学的知识系统与哲学的观念体系必然结成思想统一体。由于学科隔阂或"两种文化"的对峙，科学作为知识系统与哲学作为观念系统被人为地割裂开来，这是所谓后现代思想文化最令人难以忍受的恶果：科学知识被禁锢在少数精英手中以致难以被大众所接受，而哲学不得不受制于相对主义和独断论等"最坏的哲学的指导"。根据哲学作为知识与观念的统一以及科学的自主性原则，科学作为知识系统和哲学作为观念系统自动地形成一个知识—观念共同体，如亚里士多德的"物理学"和他的"形而上学"，笛卡尔的解析几何与他的"第一哲学"，牛顿力学与康德哲学，罗素（Bertrand Russell）的数学原理与维特根斯坦的语言批判等等。这就意味着，在人类思想史上，科学理论与哲学观念是彼此密切相关的，形成了科学—哲学的观念共同体。这是科学哲学及其思想史考察的第三主旨，也是本课题的基本范畴。

1. 知识进步必然驱动哲学观念的变革。观念变革是任何一个时代的主题，因而解答观念变革何以可能的问题及其路径便成为思想家的使命。

---

① 本书第七章第二节有专门论述，也可参见 Michael Friedman 的"理性动力学"（*Dynamics of reason*, Stanford：CSLI Publications, 2001）。

科学哲学史研究反对在各种原教旨主义中寻求时代精神的冲动，也反对听任流行思潮不加反思的虚无主义态度，而是主张在科学—哲学的思想连续统中寻找观念及其变革的合法路径。由于科学的知识系统具有自主发展的能力，因而新兴的科学内容总需要新观念与之相适应，这就造成旧有哲学观念的变革。这意味着，哲学观念的改变不是因其自身的力量，而是科学进步使然。纵观人类思想史，由于科学知识本身具有自主发展的特质以及哲学观念的相对稳定性和对实证知识的依赖性，哲学的性质、生发及重建都是由科学及其革命决定的。这是科学哲学及其思想史考察的第四主旨，也是本课题最后一章"科学哲学史何以可能"的理论依据。

5. 用知识与观念的双重视角来思考人的问题。针对现当代各种"地方性知识"的泛滥以及"流行元素"的全球性畅通，对人本身特别是身份认同的思考成为时下各民族不得不面对的深刻难题。科学哲学史研究反对"地方性知识"的文化局限性，也反对"流行即真理"的享乐主义，而是主张用知识（客观真理的态度）与观念（人类的共同理想）来统摄当今人类遇到的各种深层难题，也就是从知识到智慧（智慧即美德）的路径拯救那些深陷"地方性知识"和"流行即真理"之苦的人们（包括思想家）！这是因为，哲学观念在将具体科学知识升华为普遍观念的同时，必然意在回答世界何所是以及人类何所为等问题，这就造成对世界观、认识论和伦理学等问题的重新解答，如此形成科学革命、哲学观念变革和社会—历史问题的重新回答。例如，意大利文艺复兴后期，科学革命造成了近代哲学的创发，之后又引起了遍及欧洲的社会革命。这就意味着，科学进步及其革命不仅推动了哲学观念的变革，而且促进了社会生活的变革。这是科学哲学及其思想史研究的第五主旨，也是本课题所力主的从科学革命来解读并实践社会革命的人文关怀。

由上述分析可知，科学哲学史其实就是科学催生、滋养并改变哲学的历史，同时也是哲学普及科学知识、推广科学方法、传播科学思想、弘扬科学精神的历史。科学哲学就是一种相信科学不仅能够认知世界，而且还能够探索或解决人类生活中的改造常识、语言批判、行为分析、社会—历史研究等其他问题的研究。

勿庸讳言，我们的研究在学理上接近于科学主义（如柏拉图的"哲学王"和 F. 培根的"新大西道"以及贝尔的"后工业社会"），我们相信科学能够解决人类的许多重要问题（如维特根斯坦的"语言批判"和维也纳学派的"拒斥形而上学"），但不能解决人类的所有问题（如 T. 阿奎那论知识与信念问题）。严格说来，我们的立场是温和的科学主义（参见拙文《技术统治论从空想到科学的探索》，《自然辩证法研究》1996 年第9 期），这种观念的弘旨就是，尽可能界定科学能够解决的问题和不能够解决的问题（如维特根斯坦的"逻辑哲学论"和 T. 阿奎那的双重真理论），一个科学哲学（史）工作者理应是一个科学的信奉者、科学精神的传承者，应尽可能地探索科学能够解决问题的限度、种类、方式和路径，同时严防科学由于傲慢与偏见，染指它不能也不该去解决的问题（诸如海德格尔等某些反对或敌视科学的人本主义者）。

二　编撰科学哲学史的编史学考察

如何编辑科学哲学史并不是一个外在的编写体例问题，而是科学哲学史内在矛盾的逻辑显现。在这个问题上，本课题的基本路径是：确定一个纲领（科学—哲学的观念共同体）和两条路径（在科学知识中追问哲学观念和在哲学观念中追问科学知识），聚焦三个要点（经典文献—知识谱系—基本观念），把握四个环节（科学与哲学的融合—危机—革命—重建）。

确定一个纲领——科学—哲学的观念共同体：任何研究都有其相对独立的研究领域，根据科学哲学史研究的 5 点原则，特别是科学与哲学的统一、事实判断与价值判断的统一，本课题所选择的科学哲学史研究纲领就是，从自然哲学追求"统一科学"的思想脉络出发，着眼于科学（史）与哲学（史）之间的科学—哲学的交融与冲突，也就是科学—哲学的观念共同体（类似但区别于库恩的科学共同体），其实就是科学家与哲学家对某些观念的共识、共建与共享。如毕达哥拉斯的数论和柏拉图的共相论，亚里士多德的物理学和他的形而上学，笛卡尔的解析几何与他的机械论世界图景（Walter Soffer, *From Science to Subjectivity*: *An Interpretation of Descartes' Meditations*, New York: Greenwood Press, 1987），牛顿的引力概念与康德的批判哲学等，数理逻辑与逻辑经验主义如萨卡（Sahotra Sarkar）编辑的"逻辑经验主义与具体科学"（*Logical empiricism and the special sciences*, Reichenbach, Feigl, and Nagel, New York: Garland Publ.,

1996）），科学史研究与历史主义学派，"实验室生活"与社会建构主义，都是这种科学—哲学的观念共同体。科学—哲学观念共同体就是科学家和哲学家对某种观念的共识—共建—共享，其实质是把一种科学概念或命题从专业知识经过哲学抽象后变成普遍的公共知识，也就是转识成智，化理论为方法。①

确定两条路径——坚持从科学和哲学的两极向对方伸展：传统的科学史与哲学史分属于不同学科，只有像丹皮尔那样的科学史家才将科学史与哲学史联系起来考察。按照我们所理解的科学哲学史定义及其研究纲领，我们主张从科学史和哲学史的两极向对方延伸：从科学理论中寻找哲学思想，从哲学思想中寻找科学理论。以古希腊为例：在从科学到哲学的道路上，在毕达哥拉斯数论中寻找和谐的世界观，在欧几里得几何学中寻找理念论，在希波克拉底医学中寻找要素论，在阿基米德静力学中寻找原子论；在从哲学到科学的道路上，可以从米利都学派中寻找自然因果解释，在苏格拉底—柏拉图思想中寻找数理科学，在亚里士多德的四因说中寻找物理学和生物学思想。②

聚焦三个要点——经典文献—知识谱系—基本观念。科学哲学史的研究内容具有多种可能如内史论、外史论等等。本课题主要集中在如下三个方面：经典文献，包括经典文本、对经典文本的历史诠释、对经典文本及其诠释的当代评论；知识谱系，包括信奉某一或某些观念的科学家和哲学家组成的观念共同体；基本观念，包括某一时期的科学家和哲学家对某种基本观念的共识、共建和共享。（参见拙著2012）这三个要点也是我们编撰西方科学哲学史的体例：其一，经典文献是我们每一章、每个流派以及每个人物的研究基础，因而我们总是以文献梳理作为研究的起点；不仅如此，我们还用了文献学、编目学等技术来处理各类文献，例如用索引分析的方法考察 F. 培根与伽利略之间的思想关联等等。其二，我们所说的知识谱系并不仅仅意味着哲学观念或流派的传承，而是根据我们的研究纲领在科学知识与哲学观念之间寻找思想的贯通，例如我们发现了洛克（作

---

① 参见华东师范大学哲学学科奠基人冯契相关著述以及 J. J. C. Smart, *Between Science and Philosophy：An Introduction to the Philosophy of Science*, New York：Random House, 1968。

② 参见 W. Sharples 撰写的《古典时期的哲学与科学》（*Philosophy and the Sciences in Antiquity*）。

为哲学家）与波义耳（作为科学家）之间的医学经验论、牛顿力学与康德批判哲学之间的契合。其三，我们所说的基本观念既不是单纯的科学观念，也不是单纯的哲学观念，而是科学观念与哲学观念的共识、共建和共享，例如，亚里士多德的三段论其实就是从动植物分类中推出的哲学观念。

把握四个环节——科学与哲学的融合、危机、革命和重建：用科学—哲学共同体的形成、新科学的发现、新科学发现导致的哲学变革和新的科学—哲学共同体的重建等四个环节来理解科学哲学史的演化。其可操作性的规范如下。

第一步（科学与哲学的融合）：传统观念作为科学—哲学共同体——任何民族或社会都有特定时代的传统观念，本课题的判断是，传统观念并不是难以分析的习俗或常识，而是科学知识与哲学思想的融合，科学家和哲学家对某些观念的共识、共建和共享。这个判断包含如下思想：文化或传统观念＝科学（事实判断）＋哲学（价值判断），也就是真理与价值的统一；科学只有上升为哲学才能变成可以延续的精神力量，哲学只有得到实证科学的支持才能创造有意义的观念；单纯的科学命题和哲学体系都是不完整的，只有将科学命题和哲学思想整合起来，才能形成可行的文化。

第二步（新科学与旧科学的冲突）：科学新见与前科学—哲学观念共同体的断裂——在旧的科学—哲学共同体中，总是会出现新的科学理论或科学的新思想，如古希腊神话背景下的米利都学派、中世纪宗教背景下的哥白尼革命等等。这些新科学理论造成了对旧科学—哲学共同体的冲击，但问题比较复杂：其一，新科学理论并没有形成自己的哲学思想，面临旧科学—哲学共同体的思想压力；其二，旧科学理论如托勒密天文学虽受到新科学理论如哥白尼学说的挑战，但却得到旧科学—哲学共同体的庇护，因为旧哲学思想体系依然存在。例如哥白尼革命以及伽利略事件就是如此，地心说被日心说所取代，天界神圣的信念被望远镜的观察发现所证伪，但亚里士多德主义及其中世纪宗教思想体系依然存在。

第三步（新科学对新哲学的创造）：改革哲学以适应新科学——对于新科学与旧哲学的冲突，思想家们从新科学中推演出新的哲学（如笛卡尔从解析几何中推出理性怀疑主义），或者创造出与新科学相适应的哲学（培根用注重实验的归纳法来支持当时的新科学）。这不仅摧毁了旧的科学—哲学观念共同体中的科学理论，而且也摧毁了其中的哲学思想，同时形成了新的科学—哲学观念共同体，如 16—17 世纪的科学理论与机械论哲学思想。

第四步（新科学与新哲学的新联盟）：形成新的科学—哲学共同体——新科学理论出现后并不能取得占统治地位的优势，只有新科学理论创造或推动了与之相适应的新哲学，并形成了新科学与新哲学的联盟所构成的新的科学—哲学共同体，才能得以确立；同时，旧科学理论的被证伪并不能摧毁旧的科学—哲学共同体，只有当旧的科学理论和旧的哲学思想被同时摧毁，旧的科学—哲学共同体才能退出历史舞台。机械论的科学—哲学共同体取代亚里士多德主义的科学—哲学共同体就是这样。

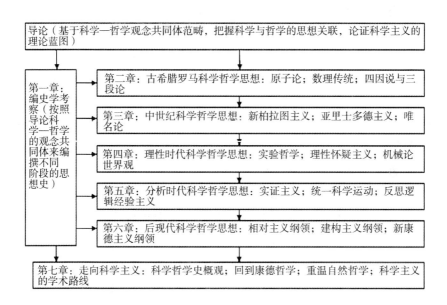

图 0 - 1　科学哲学史研究纲领示意图

本书除导言外，共分七章：第一章，主题是编史学考察，主要解决用什么研究纲领来编撰科学哲学史的问题。第二章至第六章按照导论的指导思想和第一章的编史纲领来探索从古希腊到后现代的科学哲学思想：其中第二章探索古希腊罗马时期的科学哲学思想；第三章探索中世纪科学哲学思想；第四章探索理性时代的科学哲学思想；第五章探索分析时代的科学哲学思想；第六章探索后现代科学哲学思想。第七章结论，主要对全书的思想进行总结，阐释关于何谓科学哲学史、何谓科学（史）、何谓哲学（史）、何谓文化等重大问题的看法，进一步印证科学主义的思想宏旨。

三　研究科学哲学史的学术价值

研究历史总是为了揭示规律以昭示未来，科学哲学史研究也是如此。本书对西方科学哲学史的研究涉及科学史、哲学史特别是介于科学与哲学之间的科学文化、科学与社会等诸多领域。我们从西方科学哲学史的梳理过程中得出几个基本规律并从中得出几个推论。

规律一：科学及其发展的积累律。指新知识对原有知识及其整个科学体系的依赖。传统观点往往认为科学进步是靠革命来实现的，只不过"外因论"（Externalism）和"内因论"（Internalism）的持有者对这种革命的起因各有所论。我们的研究支持某些科学史家（如 E. Grant 等人）的论点，没有中世纪中晚期的科学积累就不可能有文艺复兴时期的科学"革命"。与这种观点相比，我们再前进一步：如果没有古希腊罗马时期的毕达哥拉斯传统、柏拉图主义传统和亚里士多德主义传统，就不可能有中世纪特别是晚期的科学积累。我们的结论是，科学是一个由少数公理、时空构架和经验命题所构成的自组织有机命题系统，它可以自动地创造、保存并修正自己所创造的知识，而且新创造的知识依赖旧有已经确认的知识以及整个知识体系。因此科学无革命，西方科学自欧几里得几何学以来只是一个渐进的积累过程。因此，本书在本质上持一种科学的改良主义立场，这也就决定了本书对科学哲学史的定位是从古希腊算起，并对中世纪的科学思想保持必要的尊重。（参见导论、第一章的编史学考察、第七章的第一二节等）

推论一：科学是一个自组织系统。较之其他文化建制，科学是一个由特有的观念、人群、语言、规程等构成的有机体，这个体系具有自主创造并更新知识的能力。毕达哥拉斯学派、雅典学派及其欧几里得几何学、亚里士多德主义、教会大学及其"七艺"传统、R. 墨顿及其 T. 库恩的观点，都是明证。（参见本书导论、第七章第一节等）

推论二：科学无革命。A. 柯瓦雷和 T. 库恩所说的"科学革命"特别是"世界观的改变"是不存在的，这是因为，较之其他文化现象，科学有其严格的规程和语言，任何一个新理论的提出都必须遵循既定的科学程式。况且，任何一个作出革命性贡献的科学家，即使是哥白尼和伽利略，也只能利用当时已有的科学理论及其科学建制进行创作，而不像一群暴徒杀死国王就可以实现一场社会革命，一个不接受传统科学训练或对固有科学规程一无所知的白丁是不可能在科学上有所作为的。哥白尼日心说与托勒密系统之间的关联、伽利略与帕多瓦学派之间的关联、第谷体系与毕达哥拉斯主义之间的思想关联、牛顿与剑桥新柏拉图主义之间的思想关联，就是明证。（参见本书第三章中世纪科学哲学思想以及 P. 迪昂的观点）

规律二：科学与哲学的相关律。科学主义的"拒斥形而上学"和人文学者强调的"科学不思维"有所不同，我们的科学哲学史研究表明，科学与哲学是高度相关的，我们可以将其简称为科学与哲学的高度相关律，也就是文中不断出现的"科学—哲学的观念共同体"。这是指，在西方思想的文脉中，追求真理的科学探索与创造观念的哲学沉思是交织在一起的，它们相互依存、相互渗透、相互转化，构成了一种不可分割的思想总体。例如毕达哥拉斯的数论与和谐观念，柏拉图的理念论与欧几里得几何学，亚里士多德的物理学、动植物学与他的四因说和三段论，笛卡尔的解析几何学与他的"第一哲学"，波义耳的化学与洛克的经验论，莱布尼兹—沃尔夫体系中的数理逻辑与单子世界模型，牛顿力学与康德的批判哲学，罗素的数学哲学与维特根斯坦的逻辑哲学论等等，都是科学与哲学高度相关的典范。[①]（参见本书导论、编史学考察、第一至七章的主要内容）

推论一：科学必定包容哲学作为其"公理"或"准则"（参见本书有关康德主义纲领及其 M. 弗里德曼的观点）。如果不把科学看作是"解题工具"，而是看作用特定方式探索世界的文化系统，那么科学必定包括何谓世界（时空及物质）、如何探索世界、如何判定知识的真伪等一系列最高准则，也就是哲学观念。欧几里得几何学的"公理"、亚里士多德的三

---

① 科学与哲学的高度相关律也包含了它们在互通有无前提下的相对独立品格：哲学具有知识的底色，但更具有观念的倾向；科学也持有观念的层级，但以知识系统为著。由于科学存在于客观世界、知识系统和观念境界之间，因而更具有自主性，或可将科学定义为自主的命题系统，具有自我检验、自我发展的再生能力。这就是说，科学具有自主性，而哲学对科学具有依赖性。我们可以简称为科学的自主发展律和哲学对科学的依存律。

段论、牛顿的"自然哲学的数学原理"、爱因斯坦的相对论与非欧几何等等，都是明证。

推论二：哲学必定有其知识基础。表面看来，哲学是用思辨语言写出的，但哲学的思辨并没有超越事实判断与价值判断的关联，其实，哲学就是它那个时代的科学成就的思想总结。（新）柏拉图主义对几何学的依赖，亚里士多德的形而上学对其物理学的依赖，笛卡尔的"第一哲学"对其解析几何学的依赖，康德哲学对牛顿力学的依赖，都是明证。（参见本书导论、编史学考察以及柏拉图、中世纪的教父及经院学者、近代思想家 F. 培根、洛克、康德等人的观点）

规律三：哲学及其发展的科学决定律。与传统哲学观及其哲学史研究认为哲学是自我发展的习见相反，科学哲学史研究发现哲学及其发展深受科学及其发展的内容和梯度等方面的影响。这是因为哲学作为观念的创造需要科学知识提供思想资源或原料，哲学本身并不具有科学知识的生产能力，具有这种生产能力的是科学建制本身。这就导致哲学对科学的多重依赖：哲学的世界观往往取决于科学的自然观如卡尔纳普的"世界的逻辑结构"，哲学的认识论往往取决于科学的认识论如康德的"纯粹理性批判"，哲学的人文理解往往取决于科学所提供的话语工具如斯宾诺莎用几何学推论"伦理学"等。（参见本书导论、编史学考察、经验论与理性主义之争等）

从科学的积累律、科学与哲学的高度相关律以及哲学及其发展对科学的决定律，我们至少可以得出如下几点推论。

推论一，哲学与科学之间的关联重于哲学思想之间的关联。与习见相反，从表面看，不同时代的哲学有其内在的思想关联，也就是黑格尔所说的"理性的循环"或伽达默尔所说的"解释循环"，其实不然，（有时或有些）哲学与科学的思想关联远远大于不同哲学体系之间的思想关联。例如，笛卡尔哲学体系更多地来自他的科学活动的思考，与前代哲学的关系不大，罗素的哲学基本上是他在思考数学与逻辑之间的关系中所发现的思想体系，也与前代哲学的关系不明显。哲学思想的发生是科学状况与思想脉络的统一。这意味着，当我们探索（科学）哲学发生过程的时候，应更关注科学及其进步对哲学的推进作用。（参见本书柏拉图哲学与几何学、亚里士多德的生物分类与三段论、洛克的经验论与波义耳的实验哲

学等）

推论二，哲学发生于转识成智。与习见相反，从表面看来，哲学是由哲学家的"思辨"所创造的，其实不然，哲学家在创造思想体系的时候都亲自经历或汲取他人的科学探索活动，如亚里士多德"形而上学"就是在他的物理学和动植物学基础之上的思考，斯宾诺莎的"伦理学"是按照几何学的样式进行创作的。哲学的创造活动是经验性与超验性的统一，这意味着哲学工作者在创造哲学体系时，除了进行"思辨"外，还必须向科学家学习，在科学探索真理的过程中汲取哲学创造的资源。（参见本书导论、编史学考察、亚里士多德的物理学对于形而上学的基础性地位、笛卡尔从解析几何学推出他的"第一哲学"、康德根据牛顿力学创发了他的批判哲学等等）

根据科学与哲学的相关律及其推论，我们可以重新思考几个重大的学术问题。

重新理解逻辑经验主义及其分析性的科学哲学：逻辑经验主义及其开创的（狭义）科学哲学被称为科学哲学研究的思想尺度，它对待传统哲学的批判态度和强调分析的哲学技术一直是科学哲学乃至整个当代哲学难以逾越的标杆。我们知道，虽然蒯因曾经批判了"经验论的两个教条"，但逻辑经验主义还有两个"教条"：其一，它是"拒斥形而上学"的；其二，它是科学哲学唯一合法的主流思想。科学哲学史研究表明，第一，逻辑经验主义曾接纳了不止一种"形而上学"，科学哲学史国际研究会首届大会的议题为"科学的哲学：新康德主义与科学哲学的诞生"（scientific philosophy：Neo-Kantianism and the rise of philosophy of science）。其二，齐米苏（Cristina Chimisso）在《当代科学哲学史的法国传统面面观》（aspects of current history of philosophy of science in French tradition）中指出，与"分析传统"的科学哲学相比较，法国传统的科学哲学同样源远流长，科学哲学法国传统的奠基人物有笛卡尔（Descartes）、启蒙运动者（the Enlightenment）和奥古斯特·孔德（Auguste Comte）等人；中坚力量有迪昂、彭加莱、梅耶森（Emile Meyerson）、拜伦斯维齐（Léon Brunschvicg）和柯雷尔（Alexandre Koyré）等；巴舍拉（Gaston Bachelard）是科学哲学法国传统的象征性人物，而康居郎（Georges Canguilhem）则对巴舍拉哲学思想有所发展，福柯（Michel Foucault）、阿尔都塞（Louis Althusser）

等都是其当代传人。①实际上，巴舍拉和康居郎的"历史认识论"（histori-cal epistemology）已经成为法国科学哲学的代名词。②

概言之，科学哲学史在一定程度上有助于打破某些分析的科学哲学的实践者执迷于分析传统的褊狭。这种历史态度并不意味着"分析传统"这个称谓没有任何意义，而是强烈地建议对于科学哲学信众而言把分析传统归结为充分必要的条件是错误的。这种历史态度提醒我们，像其他传统一样，分析传统仅仅是思想史诸多环节中的一环，它与其他相关环节之间的链接、影响和重合都是可能的。③

重新理解 T. 库恩的思想及其后现代相对主义：T. 库恩的"科学革命的结构"特别是其中的"范式"理论对逻辑经验主义特别是西方哲学传统中的进化主义、逻各斯中心主义提出了严重挑战，同时也引发了不可遏止的后现代相对主义。对此，许多思者都试图找到破解库恩相对主义思想（尽管库恩本人并不愿意对后世相对主义泛滥负责）的路径，然而收效甚微。从本课题的研究纲领看，T. 库恩及其相对主义的泛滥在于科学与哲学之间思想关系的失衡：一方面，各种相对主义以"拒斥形而上学"为名，把某一领域的专业知识当成思想准则，由于专业知识具有地域性观念或称"地方知识"的思想特性，因而难免以偏概全；另一方面，比这些更深层的错误是他有意无意地忽略了哲学或普遍观念在科学革命过程中发挥的思想传承作用。"实际上，在库恩的书中，哲学并没有得到历史的审视。"④ 按照科学哲学史的理解，哲学在科学的思想体系及其变革中发挥着重要作用，"为了充分地理解科学知识的辩证法，我认为，我们需要用常规科学、科学革命和哲学构建三重结构来取代库恩的常规科学革命的二

---

① Gary Gutting, "French philosophy of science", in Craig（Ed）, *Routledge Encyclopedia of Philosophy*. London：Routledge, Retrieved March 09, 2009, from http：//www. rep. routledge. com/article/Q038 1998.

② Cristina Chimisso, "Aspects of Current History of Philosophy of Science in French Tradition", In Stadler（ed.）, *The Present Situation in the Philosophy of Science*, The Philosophy of Science in a European Perspective, Springer Science + Business Media B. V. 2010, pp. 42 – 43.

③ Thomas Uebel, "Some Remarks on Current History of Analytical Philosophy of Science", in Stadler（ed.）, The Present Situation in the Philosophy of Science, The Philosophy of Science in a European Perspective, Springer Science + Business Media B. V. 2010, p. 17.

④ Michael Friedman, *Dynamics of Reason*, U. S, Stanford：CSLI Publications, 2001, p. 20.

重结构，这里的哲学构建就是所谓的元范式或元框架，它能够导致或维系某个新科学范式的科学革命"①。

在库恩那里，尽管"范式"概念歧义丛生，但库恩创造性地把某些相关的科学知识和哲学信念置于同一"范式"之中，从而向我们表达了这样一种极其重要的学术思想：同时代的或相同共同体的科学和哲学具有密切的思想关联，但不同时代或不同共同体的哲学思想之间却并不具有可比性。这就意味着，探讨科学与哲学之间的关系比探讨哲学与哲学之间的关系更值得，更有意义。这一思想不仅可能改变我们对科学（及其与哲学之间关系）的看法，更可能改变传统观点对哲学（史）的性质、哲学发展及其契机等重大问题的看法：哲学未必是理性的自我展开，而是对科学及其革命的反思与超越，想想柏拉图与毕达哥拉斯之间的关联，亚里士多德的物理学与形而上学之间的关联，笛卡尔的解析几何与理性怀疑主义互动，康德对牛顿的终生关注……科学可能是哲学及其变革的最深层的思想之源。（代表性文献主要有：Thomas S. Kuhn, *The Road Since Structure: Philosophical Essays, 1970 - 1993*, University of Chicago Press, 2000. Steve Fuller, *Thomas Kuhn: A Philosophical History for Our Times*, Chicago: University of Chicago Press, 2000. ）

重新理解科学哲学及其思想史（或科学哲学史）：科学哲学有其自身发展的历史，更有诸多流派，科学哲学的不同发展阶段以及不同流派之间似乎大相径庭甚至针锋相对。何以释然？从科学哲学史研究的角度看，科学哲学是对自然科学的反思与超越，那么不同科学哲学阶段或流派之间的差异就在于它们各自所依赖的知识类型以及超越知识的向度各有不同。从依赖的知识类型看，有的科学哲学依赖几何学、代数学、逻辑学等数理科学，如柏拉图、波伊修斯、莱布尼兹、弗雷格、罗素、维特根斯坦、蒯因、拉卡托斯等，这就使得他们往往选择理性主义的科学哲学进路；有的科学哲学依赖生物学、物理学、化学、医学等实证科学，如亚里士多德、达尔文、洛克、贝克莱、艾耶尔、波普尔、弗拉森、柯林斯等等，这就使得他们往往选择经验论的科学哲学进路；还有的科学哲学依赖科学史、科学社会学和科学政治学等，如库恩、费耶阿本德、布鲁尔、赛蒂娜、拉图

---

① Michael Friedman, *Dynamics of Reason*, U. S, Stanford: CSLI Publications, 2001, p. 44.

尔等，这就使得他们往往选择历史主义或社会建构论的科学哲学进路。从超越科学知识的向度看，在从事实判断到价值判断的连续统中，有的采取极端的科学主义立场，主张用事实判断取代价值判断，如休谟、维特根斯坦、卡尔纳普等经验论者特别是逻辑经验主义者；有的则采取较为温和的立场，即尊重真理的哲学内涵，但并不否认价值判断的文化意义，如柏拉图的"理念世界"、笛卡尔的"上帝证明"、康德的"纯粹理性批判"、波普尔的"三个世界"、库恩的"范式转变"、拉图尔的"角色网络理论"等。概言之，科学哲学的多样面孔取决于对科学知识不同类型的选择或反思科学知识的不同视角。当代中国的科学哲学研究并不在于追随各种时髦的流派，更不在于"批判科学"甚至"反科学"，而是坚定维护科学的权威，从具体科学中挖掘哲学的思想资源。

重新理解哲学及其哲学史：寻求哲学的定义是愚蠢的，但一种真正的思想必然会染指对哲学自身的理解。根据麦克马林的梳理，"科学哲学"一词所说的"哲学"这个术语大体上可以分为5层含义：其一，关于事物的终极原因；其二，前科学的（prescientific）或"日常语言"（ordinary-language）或"经验内核"（core-of-experience）所依据之证据的直接有效性（the immediate availability）；其三，人类诉求的概括（the generality of the claims it makes）；其四，它的思辨色彩，与难以证明相关联，特别难以被任何经验证据所证明；其五，它是"二阶"（second-level）的，其实质就是它总是与一阶（first-level）的具体科学相关联，而不是直接面对世界。① 其实，这五个哲学定义就是我们理解哲学本身的五个特征或五个环节：它追求事物的终极原因；这种终极原因作为人类思想的前提；这种前提其实就是人类的价值诉求；这种价值诉求来自思辨方法而非分析方法；这种思辨并不是直接面对世界的玄想，而是通过科学知识并以科学知识为基础来推演人的价值追求。所谓哲学就是对实证知识的反思与超越，也就是从实证科学中探索属人世界。一般而论，具体科学水平的高低往往决定哲学品位的高低，例如亚里士多德的物理学水平和他的形而上学，笛

① Ernan McMullin, "The History and Philosophy of Science: A Taxonomy", in Roger H. Stuewer, (edited), *Historical and Philosophical Perspectives of Science*, The University of Minnesota, 1970, p. 15.

卡尔的解析几何水平和他的理性怀疑主义，维也纳学派的数学能力和逻辑分析方法等等。对中国哲学诸派的科学基础以及与之相关的哲学品位进行一番考察，对于我们推进中国哲学研究事业是有所补益的。

哲学史，往往被认为是绝对理念的自我展开，历史上诸多哲学流派或体系都是某种哲学大全的某个环节。从科学哲学史研究的角度看，在特定的文化氛围中，哲学与具体科学之间的关联远远大于哲学思想的历史关联，例如亚里士多德的形而上学或许与柏拉图思想相关联，但主要来自他的物理学，是对物理学的反思与超越。这就意味着，我们对哲学史的研究不仅要注意了解哲学思想之间的历史关联，更要注重科学—哲学的共同体现象，也就是哲学与科学之间的关联。这种思考不仅有助于我们了解西方的哲学史特别是科学哲学史，也有助于重新审视中国的哲学史。

重新理解我们的学术及其话语：当前学界对科学、哲学、技术与社会等关系问题的研究，主要有两种倾向：其一，源于观念史传统的思想考察，强调科学、哲学、技术与社会之间的观念先在性地位，如丹皮尔、柯雷尔、库恩等；其二，源于民族志传统生活史考察，强调科学、哲学、宗教、技术与社会的日常经验。本课题的设计在于，将观念的建构与科学—哲学—宗教—技术—社会的经验描述进行整合，用以梳理并解释人类的文明发展过程：强调科学革命、哲学革命、宗教改革、技术变革和社会革命的有机统一，其中哲学革命或观念变革具有决定性意义。科学哲学史研究以不同时代的"研究传统"（科学—哲学共同体）为基点，全方位地审读科学—哲学—宗教—技术—社会等所形成的有机整体，并在此基础上探索科学技术为什么没有出现在中国而出现在西方的李约瑟难题。

"话语体系"（discourse system）早在古希腊的哲学对话时代就受到格外关注，但成为显学则是从"语言学转向"（linguistic turn）到"修辞学转向"（rhetoric turn）的后现代进展之中，其中哈贝马斯（商谈伦理）、德里达（人文科学话语中的结构与符号或游戏）、福柯（知识考古学—谱系学）都有所言说。简言之，话语系统在本体上是有关问题何以可能以及如何理解的价值判断，具有前提性和语境性等思想特征，因而是一个极其重要的学术问题，它比学术观点、治学方法更为深刻和本己，因为话语体系往往关涉价值判断，即何种问题才是值得的，用什么样的范式来解决有意义的问题。如果陷入某种话语体系不能自己，即使局部观点正确，也是没有意义的。选择一种话语体系等于选择一种新的思维方式和新的生活方式，话语体系的转变是"世界观的转变"。

本书进行的科学哲学史研究意在突破科学话语与哲学话语的对峙，用科学和哲学的双重话语及其整合（即科学—哲学共同体）来阐述人类知识的深层结构及其嬗变，其实质就是对某种思想进行事实判断和价值判断的双重考量。例如，加伯（Daniel Garber）对笛卡尔的解释就利用了科学与哲学的双重话语（Descartes embodied: reading Cartesian philosophy through Cartesian science, Cambridge: Cambridge University Press, 2001）。他从科学—哲学的思想共同体特别是科学革命促进哲学嬗变的视角促使我们重新思考何谓科学哲学、何谓哲学以及何谓哲学史等一系列重大问题：从科学哲学史的角度看，哲学并不是全然超验的普遍知识，而是对具体实证科学的包容与超越，也就是从各种专业知识中推演出方法论意义上的公共知识，哲学命题是经验性与超验性的统一，其思想实质是事实判断与价值判断的统一。因此，科学哲学史研究在本质上是反对科学话语与哲学话语的二分化，主张科学话语体系和哲学话语体系的整合，也就是用科学和哲学的双重话语来阐释人类知识的发展。当然，难点与问题不容低估。

重新理解科学史及科学哲学的文献基础：以往的学术研究人为地在科学文本和哲学文本之间画一条界限，如此造成科学文化与人文文化的隔阂。我们主张打通科学文本与哲学文本之间的界限，实现两种文本的彼此参照和互补。

第一，哲学家的科学文献，如米利都学派的科学片段，柏拉图的几何学和天文学，新柏拉图主义者普拉提诺和普鲁克鲁斯对欧几里得几何学的评论，波伊修斯、阿伯拉尔和阿奎那对亚里士多德的物理学和生物学的评论，F.培根的自然科学著述，霍布斯、洛克和伽森狄的科学著述，18世纪法国启蒙思想家的科学著述，莱布尼兹与康德的科学思想等等。我们可以根据这些科学著述来重新解读他们的哲学思想。如洛克在生理—医药方面的贡献①。

第二，科学家的哲学文献，如欧几里得关于五大公设的讨论，阿基米

---

① 参见 John Locke, *Physician and Philosopher: A Medical Biography, With an Edition of the Medical Notes in His Journals*, Lond.: Wellcome Historical Med. Lib., 1963.

德静力学中的原子论思想，托勒密天体理论中的亚里士多德主义，达芬奇艺术与技术中的毕达哥拉斯主义，哥白尼学说中的柏拉图主义和亚里士多德主义，布鲁诺的新柏拉图主义，开普勒和伽利略与亚里士多德主义的复杂关系，牛顿的自然哲学思想，马赫（Ernest Mach）的经验还原论思想，迪昂的整体论命题等等。我们可以从这些文献中挖掘尚不为人所知的科学哲学思想。①

　　第三，具有科学家—哲学家双重身份的文献，如毕达哥拉斯的数学—和谐理论，亚里士多德的物理学、生物学、形而上学和逻辑学思想，库萨的尼古拉的数学—天体理论—神学思想，笛卡尔的解析几何、迪昂身心二元论以及机械论世界观，莱布尼兹的数学思想和他的单子论，罗素的数学原理与他的逻辑原子主义等等。我们可以从这些文献中探索科学与哲学之间的血肉关系。②

　　重新理解中西文化的异同及其借鉴：文化或观念及其理解对于一个民族的重要意义毋庸置疑。从科学哲学史（科学—哲学观念共同体）的角度看，文化并不仅仅是一个民族的价值观，而是事实判断（科学理论）和价值判断（哲学思辨）的统一体。一个民族的科学水平和哲学能力以及科学与哲学之间的作用方式基本上决定了这个民族的文化品位。西方文化基本上是数理科学的哲学思辨，这是工业社会乃至当今网络社会的坚实基础。对于中国文化的反思不仅要考察其"天人合一"等命题的先见之明，还要考察这种理念赖以生存的科学根基。如果对中国文化的科学基础和哲学建构以及二者之间的思想关系进行一番透彻的考察，我们或许会有更多的领悟。

　　科学哲学史研究还可能是我们进行中西方文化比较的思想方法。1957年 C.P. 斯诺提出的"两种文化"问题一直没有得到恰当的解决，并导致20世纪末的"科学大战"。从科学哲学史或科学理论与哲学观念的统一看，西方文化基本上是从数理科学出发所构建的"科学世界观"（从毕达

---

　　①　参见 P. 迪昂的《拯救现象》（Duhem, Pierre, *To Save the Phenomena*, *an Essay on the Idea of Physical Theory from Plato To Galileo*, Chicago: University of Chicago Press, 1969.）。

　　②　参见笛卡尔的某些相关著述，如 R. Descartes, *Le Monde* (*The World*) and *L'Homme* (*Man*). Descartes's FIrst Systematic Presentation of His Natural Philosophy, Man Was Published Posthumously in Latin Translation in 1662; and The World posthumously in 1664。

哥拉斯的"万物皆数"经由牛顿的机械论世界图景到当今的"数字化生存")。中国哲学具有内涵丰富的道德文化或人文关怀(如"天人合一"等),但长期缺乏实证科学特别是严密的数理科学的支撑,难以形成可以论证的公共理性,因而从科学哲学史维度来理解"李约瑟难题"以及构建中国特有的科学哲学是一条可能的路径。

本书的基本范畴是科学—哲学观念共同体,它强调知识与观念的勾连,科学与哲学的平行,事实判断与价值判断的互证。但是,由于科学与哲学具有不同的思想特征,科学通过经验和逻辑沟通一种自足的或自组织进化的知识体系,而哲学只能通过科学来理解世界并建构其观念体系,科学较之哲学具有更大的自足性和基础性,而哲学不得不依仗科学知识来进行思想批判或语言批判,因此我们难以避免科学主义的阴影。[①]

小　　结

导言主要集中解答三个问题:何谓科学哲学史?如何编撰科学哲学史?编撰科学哲学史有何价值?

何谓科学哲学史?国际科学哲学史研究会(HOPOS)给出了一个官方界定,科学哲学史"在于对科学给予哲学的理解,这种理解有助于诠释哲学、科学和数学在社会、经济和政治语境中的思想关联"(HOPOS Journal Online)。这种理解看似寻常,但却至少透露了科学哲学史研究的三层含义:第一,强调对科学进行哲学理解的基础地位,这与分析传统用

---

① 关于科学主义问题,本课题的出发点是用科学—哲学观念共同体范畴来编撰科学哲学史,其原初想法是用科学与哲学统一的思想来抵制维也纳学派"拒斥形而上学"和后现代相对主义纲领的弊端,但我们在研究过程中发现,科学与哲学是平行的但并不是并重的,哲学是人类理性不可或缺的观念系统,但科学作为对世界最妥帖的理解方式却是最根本性的,而且是自足或可自我更新的有机建制,这种建制使得科学成为哲学及其他文化的根基性的意识形式。这就可能得出科学主义的结论,但其本意旨在用科学的思想资源来解决哲学及其文化中的某些问题,而不是解决全部问题。我们的基本态度是,一种理性的科学主义者应该划清科学及其批判功能的界限,能够用科学方法解决问题时,一定用科学方法,不能用科学方法解决问题时一定力戒将科学方法神话。这就是说,我们持一种温和的科学主义立场。这种结论是本课题始料未及的,我们将在以后的研究中逐步探索这种科学主义立场的优点和限度,尽量发挥它对人类理性的积极作用,同时限定它的偏见与僭越。

科学消解哲学的态度有本质的不同；第二，强调哲学与自然科学之间的思想关联及平等地位，避免分析传统与非分析传统的失衡；第三，强调理解这种思想关联的历史语境，警惕历史虚无主义以及各种独断论的消极影响。

如何编撰科学哲学史？本书的基本路径是：确立一个纲领（科学—哲学观念共同体），确定两条路径（在科学知识中追问哲学观念和在哲学观念中追问科学知识），聚焦三个要点（经典文献—知识谱系—基本观念），把握四个环节（科学与哲学的融合—危机—革命—重建）。

编撰西方科学哲学史有何价值？我们从事西方科学哲学史研究并不是简单地编撰科学哲学史，而是以此为载体重新审视我国的学术研究。第一，从学科建设看，西方科学哲学史研究有助于我们重新整合科学史、哲学史、科学哲学等相关学科，打破学科壁垒，推进学术创新。第二，从学术思想本身看，西方科学哲学史研究有助于我们实现科学与人文、实证研究与价值关怀之间的沟通。第三，从文化理解角度看，西方科学哲学史研究有助于重新审视中西文化的差距，为我国文化复兴提供理论基础。

主要参考文献

舒炜光：《自然辩证法原理的逻辑》，《社会科学辑刊》1984 第 2 期。

舒炜光：《科学哲学的演变》，《吉林大学社会科学学报》1984 年第 6 期。

刘大椿：《一般科学哲学史》，中央编译出版社 2016 年版。

安维复：《科学哲学简史：从古希腊到后现代》，《吉林大学学报（社科版）》2012 年 4 期。

安维复：《科学哲学史作为另一种科学哲学》，《学术月刊》2015 年 1 期。

安维复：《科学哲学史研究的兴起》，《自然辩证法通讯》2015 年 6 期。

安维复等：《科学仪器哲学文献综述》，《自然辩证法研究》2015 年 10 期。

安维复：《科学哲学新进展：从证实到建构》，上海人民出版社 2012 年版。

安维复（主译）：《科学史与科学哲学导论》（*The Introduction to History & Philosophy of Science*），上海世纪出版集团 2013 年版。

Pierre Duhem, *To Save the Phenomena*, *An Essay on the Idea of Physical Theory from Plato to Galileo*, Chicago：University of Chicago Press, 1969

Michael Friedman, *A Post—Kuhnian Approach to the History and Philosophy of Science*,

The Monist, Vol. 93, No. 4, pp. 497 – 517.

Michael Friedman, *Dynamics of Reason*, Stanford: CSLI Publications, 2001.

JorgeJ. E. Gracia, *Philosophy and its History: Issues in Philosophical Historiography*, New York: State University of New York Press 1992.

Daniel W. Graham, *Explaining the Cosmos: The Ionian Tradition of Scientific Philosophy*, Princeton, N. J. : Princeton University Press, c2006.

Gary L. Hardcastle, Alan W. Richardson, *Logical Empiricism in North America*, Minnesota: Minnesota Press 2003.

Michael Heidelberger, *History of Philosophy of Science: New Trends and Perspectives*, London: Springer, 2002.

Thomas Kuhn, *Essential tension*, Chicago: The University of Chicago Press 1977.

Theo A. F. Kuipers, *General Philosophy of Science: Focal Issues*, Elsevier 2007.

James G. Lennox, *Aristotle on Norms of Inquiry*, HOPOS: The Journal of the International Society for the History of Philosophy of Science, Vol. 1, No. 1, Spring 2011.

Seymour Mauskopf, *Integrating History and Philosophy of Science: Problems and Prospects*, Berlin: Springer. Rovelli, C. , 1997.

Thomas Mormann, *History of Philosophy of Science as Philosophy of Science by Other Means*? In Friedrich Stadler (ed.), *The Present Situation in the Philosophy of Science*, *The Philosophy of Science in a European Perspective*, Springer Science + Business Media B. V. 2010.

Roger Stuewer, *Historical and Philosophical Perspectives of Science*, Minneapolis: University of Minnesota Press, c1970.

David J. Stump, *From the Values of Scientific Philosophy to the Value Neutrality of the Philosophy of Sciences*, in *History of Philosophy of Science* Edited by Michael Heidelberger, Kluwer Academic Publishers 2002.

Will Whewell, *The Philosophy of the Inductive Sciences Founded Upon Their History*, London: J. W. Parker, 1847.

第一章　编史学考察

正如黑格尔所说，哲学就是哲学史（doing philosophy historically），同时哲学史也就是哲学（Do the history of philosophy philosophically）①。从哲学编史学的角度看，编撰任何一部哲学史或称哲学编史学（philosophical historiography or the methodology of doing history of philosophy）都有三种境界②：第一种境界是编年史，即按照时间顺序把历代的哲学思想罗列出来，当然包括对已有史料或评价的增补或更正；第二种境界是按照思想的逻辑对历代的哲学思想进行解释，当然这种历史解释不是唯一的；第三种境界是对历代哲学思想的已有解释进行合理重建，当然这种重建应该对原有解释有所突破。但不管哪种哲学编史学，在思想本质上都是一种哲学探究。

但在科学哲学编史学问题上，却困难重重，其问题事关如何理解科学哲学等重大基本概念问题，在这些问题上，哲学家和科学家关于科学哲学本质的看法并不一致。甚至实践中的科学哲学家本人对于本学科主题的看法（subject-matter）也不尽一致。为了澄清这个问题，E. 麦克马林在《科学史和科学哲学的分类学考察》（The history and philosophy of science：A

---

① 按照哲学编史学家格雷西娅的观点，哲学就是哲学史可以表述为"Doing philosophy historically"，而哲学史也就是哲学则可以表述为"Do the history of philosophy philosophically"。

② 有关文献的表述是这样的：At present let me summarize the various meaning of history of philosophy as fellows：I. History of philosophy as a series of past philosophical ideas. II. History of philosophy as an account of past philosophical ideas. III. History of philosophy as a discipline of learning. A. Activity whereby an account of past philosophical ideas is produced. B. Formulation, explanation, and justification of rules whereby the production of an account of past philosophical ideas is carried out（philosophical historiography）. 参见 Jorge J. E. Gracia, philosophy and its history：issues in philosophical historiography, State university of New York Press, p. 56）

taxonomy）一文中做了一项十分重要的工作：如果把科学区分为"命题系统"和"活动过程"，那么科学哲学（史）就大体上可以区分为分析的传统（philosophy of science from logic）和解释的传统（philosophy of science from social-history）。根据 E. 麦克马林提供的线索以及相关文献的整理和梳理，科学哲学史研究大致有如下三种编史学纲领。

第一节　源流与文献

摸清思想源流与文献是我们整理科学哲学史研究的理论基础。因此本章的第一节主要爬梳科学哲学史研究的思想源流，第二节主要讨论有关科学哲学史的逻辑起点问题，第三节主要概述科学哲学史研究的基本文献。

一　科学哲学史研究的源流

根据"国际维也纳研究会"（The International Institute Vienna Circle）在 2000 年出版的《科学哲学史：新动向和新视野》（*History of Philosophy of Science：New Trends and Perspectives*）以及《国际科学哲学史学会杂志》（*The Journal of the International Society for the History of Philosophy of Science*）中的相关文献，我们清理出三个问题：科学哲学史发展历程的三个阶段，科学哲学史逻辑起点的三种看法，科学哲学史编史学的三个纲领。

漫长的自然哲学传统：从古希腊时期直至德国古典时期的自然哲学就在关注科学与哲学之间的关系问题，其中包括亚里士多德的《物理学》与《形而上学》，中世纪的唯实论与唯名论之争，近代的经验论与理性主义之争以及康德对牛顿力学的哲学阐述等等。但最高成果当属惠威尔（William Whewell）在 1837 年写作的《归纳科学史》（*History of the Inductive Sciences from the Earliest to the Present Times*）和 1840 年的《基于归纳科学及其历史的哲学》（*The Philosophy of the Inductive Sciences Founded upon Their history*）。沿着这条道路开进的还有马赫，他在 1883 年写成了《力学及其发展的批判历史概论》（*Die Mechanik in Ihrer Entwicklung*），以及皮埃尔·迪昂（Pierre-Mauricev Marie Duhem）写于 1908 年的《拯救现象：从柏拉图到伽利略的物理学观念》（*Sozein ta Phainomena. Essai Sur la Notion de Théorie Physique de Platon à Galilée*）等。[①]

科学哲学对思想史的断裂与修补：维也纳学派的逻辑经验主义标志着现代科学哲学的诞生，但因强调"通过语言的逻辑分析清除形而上学"造成了科学哲学对思想史的"断裂"，从而导致科学哲学历史学派的诞生以及科学哲学的历史转向。但国际学界并没有放弃对整合科学史与科学哲学之间关系问题的努力。1956 年，国际科学史协会同国际逻辑学、方法论和科学哲学协会合并成立了国际科学史与科学哲学联盟，简称 IUHPS。1969 年明尼苏达大学就召开了一次旨在统一科学史和科学哲学的会议，参会者包括费格尔（Herbert Feigl）、P. 费耶阿本德（Paul Feyerabend）等，参会论文以"对科学的历史和哲学审视"（Historical and philosophical perspectives of science）为题结集出版，其中斯丹普（David J. Stump）在《从科学的哲学价值到科学哲学的价值中立》（From the values of scientific philosophy to the value neutrality of the philosophy of science）中极其深刻地指出，"维也纳学派成员……也在当代科学的参照下致力于变革哲学本身以达到某种科学的世界观"。

1991 年，在维也纳学派的诞生地，创立了"维也纳学派国际研究会"（The International Institute Vienna Circle），该学会的宗旨就是保存并挖掘维也纳学派在科学和公共教育方面的历史文献。该研究会设立了如下几个研究项目："石里克研究计划"（Moritz Schlick-Project），"科学史和科学哲学或科学哲学史"（History of Science and/or Philosophy of Science）等。该学会围绕这些选题在近 20 年来出版了一系列重要著述，如 M. 海德伯格（Michael Heidelberger）在 2000 年出版的《科学哲学史：新动向和新视野》（*History of Philosophy of Science：New Trends and Perspectives*）等等。

科学哲学史的诞生：1996 年 4 月 19—21 日，第一届国际科学哲学史大会（1st international history of philosophy of science conference）在弗吉尼亚工学院和州立大学举行，标志着科学哲学史研究的开端。该会议议题为"科学的哲学：新康德主义与科学哲学的诞生"（scientific philosophy, Neo-Kantianism and the rise of philosophy of science）。2011 年，《国际科学哲学

[①] 参见 Edward Grant, *A History of Natural Philosophy：from the Ancient World to the Nineteenth Century*, New York：Cambridge University Press, 2007。

史学会杂志》（*The Journal of the International Society for the History of Philosophy of Science*）正式创刊，创刊号包括这样一些重要文章：伦诺克斯（James G. Lennox）的《亚里士多德关于研究规范》（Aristotle on Norms of Inquiry）以及谢利瑟（Eric Schliesser）的《牛顿对哲学的挑战》（Newton's Challenge to Philosophy）等等。

　　2010年11月至2011年5月，笔者作为高级访问学者赴澳大利亚研究科学哲学的近期发展情况，亲身感受到澳大利亚学者对科学哲学史的研究，例如新南威尔士大学的舒斯特博士（Schuster, John Andrew, 1947—），他在20世纪80年代就编辑了《科学方法的政治学与修辞学：历史的研究》（*The Politics and Rhetoric of Scientific Method: Historical Studies*, 1986）以及近年来编辑的《17世纪的自然科学：早期现代自然哲学的变革模式》（*The Science of Nature in the Seventeenth Century: Patterns of Change in Early Modern Natural Philosophy*, 2005）；悉尼大学科学基础研究中心（The Sydney Centre for the Foundations of Science）的S. 高克罗格教授（Stephen Gaukroger）则更加关注科学革命中的哲学观问题，如《笛卡尔的自然哲学系统》（*Descartes' System of Natural Philosophy*, 2002）；《弗朗西斯·培根与早期现代哲学的形成》（*Francis Bacon and the Transformation of Early-Modern Philosophy*, 2001）等。

　　科学哲学史的兴起，在如下几个问题上有所突破：第一，科学哲学史研究质疑了把逻辑经验主义等同于科学哲学并以此拒斥形而上学乃至整个哲学传统的正统观点，认为科学哲学当然包含逻辑经验主义，但不唯逻辑经验主义，从古希腊到后现代的漫长思想之旅中，许多思想体系或学术流派都无愧于科学哲学的学科规范。第二，科学哲学史研究质疑了把科学哲学定义为研究科学的性质和规律的传统观点，科学哲学不仅从哲学的角度反思科学，同时也从科学的角度反思哲学，即使逻辑经验主义也着力于"哲学的改造"，如哲学作为"语言批判"（维特根斯坦）或"科学语言的逻辑句法"（卡尔纳普），科学改变哲学同样是科学哲学探索的重要主题。第三，科学哲学史研究质疑了把科学哲学作为哲学的二级学科的传统观点，认为科学哲学（史）通过反思科学（史）与哲学（史）之间的关系重新理解哲学本身。

二　科学哲学史逻辑起点问题

西方学术史，特别是基础性传统学科，大多从古希腊思想算起，或可追溯到古希腊诸贤，这几乎是不证自明的。但科学哲学史的起点从何算起甚至科学哲学有无历史却成了问题，这个问题不仅仅是史家如何断代的时间问题，而且涉及科学哲学（史）一系列重大问题的基本判断。例如，把卡尔纳普当作科学哲学家估计无需争议，但如果把笛卡尔当作科学哲学家则需要论证，再把亚里士多德的四因说当成一种科学哲学呢？这恐怕涉及对科学哲学的重新理解问题，甚至会引发一场有关何谓科学哲学的革命。

库克尔曼斯（Joseph J. Kockelmans）在 1968 年编写的《科学哲学的历史背景》（*Philosophy of Science, the Historical Background*）中指出，写一部科学哲学史的著述会遇到许多前提性的问题，即使将科学哲学局限在自然科学哲学领域，问题依然如故。首先遇到的重大问题是如何理解"科学哲学"这个表述。对这个问题的回答直接关系到科学哲学的历史起源的定位在"较早"还是"晚近"。例如，如果我们采纳科学哲学是分析或现象学哲学中的特殊部分的观点，那么科学哲学史的历史起点就不能先于分析哲学或现象学本身；如果把科学哲学定位于对于澄清自然科学的基本观念和方法的逻辑分析，那么科学哲学的起源必定在 19 世纪的某个时段。但如果有人把科学哲学定义为对自然科学的原则、方法和结果进行哲学反思，那么很可能科学哲学的起点就是那些资格最老的科学家的最不自觉的自我反思，也就是培根、笛卡尔、休谟、莱布尼兹或与他们同等身份的科学家的哲学工作。最后，如果我们将科学哲学定义为对科学的任何哲学反思，也许科学哲学的起点能够被追溯到亚里士多德以后的哲学，以及许多有关"科学分类"的文献。

第一种定位就是把科学哲学史理解为以维也纳学派为起点的发展史，包括逻辑经验主义、批判理性主义、历史主义和社会建构论等流派的历史。例如，查尔默斯的《科学究竟是什么》就是这样的作品。在这种观点看来，科学哲学就是逻辑经验主义引发的哲学，科学哲学史当然就是从逻辑经验主义到"后实证主义"的发展过程。这种科学哲学史研究的代表性著述主要有：W. 塞尔曼（Wesley C. Salmon）和 M. 塞尔曼（Merrilee

H. Salmon 编辑的《逻辑经验主义的历史与当代视野》（*Logical Empiricism：Historical and Contemporary Perspectives*，2003.）；R. 吉尔（Ronald N. Giere）和 A. 理查德森（Alan W. Richardson）编辑的《逻辑经验主义的起源》（*Origins Of Logical Empiricism*，*1996*），特别是 S. 萨克（Sahotra Sarkar）编辑的有关逻辑经验主义史的四部著述：《逻辑经验主义的出现：从 1900 年到维也纳学派》（*The Emergence of Logical Empiricism：from* 1900 *to the Vienna Circle*，New York：Garland Publishing，1996）；《逻辑经验主义的里程碑：石里克、卡尔纳普和纽拉特》（*Logical Empiricism at Its Peak：Schlick*，*Carnap*，*and Neurath*，New York：Garland Pub，1996），《逻辑经验主义与具体科学》（*Logical Empiricism and the Special Sciences：Reichenbach*，*Feigl*，*and Nagel*，New York：Garland Publ.，1996）；《逻辑经验主义的衰败：卡尔纳普与奎因之争及其评论》（*Decline and Obsolescence of Logical Empiricism：Carnap Vs. Quine and The Critics*，New York：Garland Pub，1996）；《当代对维也纳学派遗产的再评价》（*The legacy of the Vienna Circle：Modern Reappraisals*，New York：Garland Pub.，1996）。这种看法认为维也纳学派的逻辑经验主义才算得上科学哲学，这种理解之下的科学哲学史当然也就是以逻辑经验主义为起点的历史。问题是，如果把逻辑分析的方法看作科学哲学的话，那么有什么理由认为毕达哥拉斯、笛卡尔、康德等人的分析方法就不是科学哲学？

　　第二种定位就是把科学哲学史理解为以现代科学诞生为起点的科学与哲学之间的思想演化过程，其中包括以弗兰西斯·培根为代表的经验论与以笛卡尔为代表的理性主义之间的冲突与融合。这种定位的代表著述主要有 A. 雷泽（Ahmad Raza）编辑的《培根以来的科学哲学》（*Philosophy of Science Since Bacon：Readings in Ideas and Interpretations*，2012）。这种看法突破了逻辑经验主义对科学哲学的垄断，把西方 16—17 世纪以来特别是早期现代主义的科学—哲学家的思想都纳入科学哲学的范畴；同时也突破了逻辑经验主义科学哲学对传统哲学特别是"形而上学"的敌视态度，把我们带回科学与哲学相互促进的黄金时代。但这种定位也有问题，如果按照逻辑经验主义的说法，科学哲学是"拒斥形而上学"的，所谓的"形而上学"当然包括笛卡尔等人的近代哲学，照此理，科学哲学不应该从近代哲学算起。当然，这涉及对科学哲学的理解问题。

第三种定位认为科学哲学史的起点应该从古希腊罗马时期（包括中世纪）的科学与哲学之间的思想演化过程算起。这种理解除了洛西（John Losee）的《科学哲学的历史导论》（*A Historical Introduction to the Philosophy of Science*）以及 D. 奥尔德罗伊德（David Oldroyd）在 1986 年出版的《知识的拱门——科学哲学和科学方法的历史导论》（*The Arch of Knowledge：An Introductory Study of the History of the Philosophy and Methodology of Science*）外，新近的研究还有格兰特在 2007 年撰写的《从古代到 19 世纪的自然哲学史》（*A History of Natural Philosophy：from the Ancient World to the Nineteenth Century*），多米斯基（Mary Domski）和迪克森（Michael Dickson）在 2010 年编辑出版的《关于方法的对话：重新激活科学史与科学哲学的整合》（*Discourse on a New Method：Reinvigorating the Marriage of History and Philosophy of Science*）。这种看法把科学哲学史的逻辑起点等同于科学史和哲学史的共同起点，合乎常理。但这种理解不仅挑战了逻辑经验主义的科学哲学观，而且也挑战了早期现代思想家的科学哲学观。这就需要对科学哲学的理解做出相应的调整。但上述几位思想家把科学哲学（史）理解为科学方法论（如洛西）、知识论（如奥德罗伊德）、自然哲学（如格兰特）以及科学史与哲学史的混合物（如都米斯基等），似乎并不尽如人意。

表 1 - 1　　　　　　　　关于科学哲学史的划界标准问题

基本观点	代表人物	经典著述	思想特点	理论问题
从逻辑经验主义算起	Sahotra Sarkar	*The Emergence of Logical Empiricism：from 1900 to the Vienna Circle*	以逻辑经验主义构建科学哲学的当代思想规范，使得科学哲学成为相对独立的学科	把逻辑经验主义等同于科学哲学证据不足
从现代科学出现算起	Ahmad Raza	*Philosophy of Science Since Baco：Readings in Ideas and Interpretations*	突破了把逻辑经验主义等同于科学哲学的教条，把科学哲学的疆域扩展到早期现代思想	以现代科学及哲学为起点割裂了历史连续性
从古希腊时期算起	John Losee	*A Historical introduction to the Philosophy of Science*	突破了把 16—17 世纪看作科学哲学起点，认为科学与哲学及其关系源远流长的观点	对科学与哲学及其关系的理解有待重新界定

　　科学哲学史的起点不是一个时间断代问题，涉及对科学哲学及科学哲学史的理解问题。我们不同意把逻辑经验主义等同于科学哲学的传统观点，因而也不同意将逻辑经验主义的兴衰史等同于科学哲学史。我们也不同意把现代科学及其哲学的起点当作科学哲学及科学哲学史的起点，科学与哲学及其相互关系源远流长，任何局限于某一时段的定位都是有问题的。我们比较认同以古希腊罗马时期的科学与哲学及其关系为起点的研究，但不同意洛西等人将科学与哲学及其关系理解为方法论、知识论和自然哲学等传统观念。

三　科学哲学史研究的基本文献

　　科学哲学史研究的基本文献，除了已经译成中文的洛西的《科学哲学的历史导论》（*A Historical Introduction to the Philosophy of Science*）、D. 奥尔德罗伊德在 1986 年出版的《知识的拱门——科学哲学和科学方法的历史导论》和瓦托夫斯基的《科学思想的概念基础——科学哲学导论》外，还有如下几种具有代表性的著作。

　　几位重要科学家的哲学著述具有经典意义，如亚里士多德的《物理学》、伽利略的《托勒密和哥白尼关于两个世界的对话》，特别是迪昂的两篇重要文字：《拯救现象——物理学观念从柏拉图向伽利略的转换》（*To Save the Phenomena*，*An Essay on the Idea of Physical Theory from Plato to Galileo*，Chicago：University of Chicago Press. 1969）以及《科学史与科学哲学文集》（*Essays in the History and Philosophy of Science*，Indianapolis：Hackett Pub. Co.，1996）。这些文字都是我们进行科学哲学史研究的基础性文献。

　　惠威尔（William Whewell）的《基于归纳科学史的归纳科学的哲学》（*The Philosophy of the Inductive Sciences Founded Upon Their History*，W. Parker，1840，1847，Biblio Bazaar，2011）无疑是该领域必读的经典之作。该书论述了"Facts and Theories""Sensations and Ideas"等最基本的范畴，时至今日依然被科学哲学所关注。

　　库恩的《科学革命的结构》特别是《必要的张力》一书中收录的那篇经典之作《科学史与科学哲学的关系》（1968）无疑是科学哲学史研究的奠基著述之一，但人们往往从库恩的著述中看到科学革命的结构，却没有看到哲学革命的结构，特别是由科学革命引起的哲学变革。（参见 Steve Fuller, *Thomas Kuhn: A Philosophical History for our Times*, Chicago: University of Chicago Press, 2000）

斯杜沃（Roger H. Stuewer）编辑的论文集《对科学进行历史的哲学的双重审视》（*Historical and Philosophical Perspectives of Science*, Gordon and Breach, 1989）反映了 1969 年在明尼苏达大学召开的旨在统一科学史和科学哲学的会议，参会者包括费格尔、P. 费耶阿本德、M. 赫斯（Mary Hesse）、E. 麦克马林和 A. 萨克雷（Arnold Thackray）等，其中麦克马林在《科学史和科学哲学的分类学考察》（The history and philosophy of science: A taxonomy）一文中探索了科学史与科学哲学的各种相关联方式，认为在某些问题上科学哲学研究确实非常依赖于科学史提供的案例是否成功。

N. 卡帕尔迪（Nicholas Capaldi）撰写了《科学哲学：科学概念及其哲学含义的历史发展》（*Philosophy of Science: The Historical Development of Scientific Concepts and Their Philosophical Implications*, Thor Publications, Inc, 1966）[①]。该著的优点在于，正如作者在前言中指出，我们的常识很有可能缺乏对科学的理解，而我们的科学知识很有可能没有得到哲学的理解。而科学作为最成功的知性建制已经同步地打造了我们的常识。如果科学哲学能够更清楚地理解科学，那么会有更多的成果。基于这种考虑，作者认为写作该书的目的就是为学生和业余爱好者提供某些重要科学观念的哲学意义的导引。从哲学家的观点看，科学哲学最重要的贡献在于科学包含着某些重要的哲学问题。

库克尔曼斯（Joseph J. Kockelmans）在 1968 年编写了《科学哲学的历史背景》（*Philosophy of Science, the Historical Background*）。该著采用原文选编的方式，编辑了从康德直到现代的科学哲学家如赫歇尔（Sir John Frederick William Herschel）、惠威尔（William Whewell）、密尔（John

---

① 该书包括如下一些主要章节：第一章：何谓科学哲学；第二章：科学观念史，从古代到文艺复兴；第三章：弗兰西斯·培根；第四章：哥白尼革命；第五章：哥白尼革命的后继者——布赫、布鲁诺和开普勒；第六章：伽利略；第七章：笛卡尔；第八章：牛顿科学的先驱者；第九章：伊萨克·牛顿；第十章：休谟对因果性的分析；第十一章：十七世纪的科学和科学理论；第十二章：爱因斯坦；第十三章：量子论；第十四章：科学哲学中的主要问题；第十五章：进一步阅读。

Stuart Mill）、赫尔姆霍茨（Hermann Ludwig Ferdinand Von Helmholtz）、杰文斯（William Stanley Jevons）、斯特洛（Johann Bernard Stallo）、马赫、皮尔森（Karl Pearson）、布特鲁（Emile Boutroux）、赫茨（Heinrich Rudolf Hertz）、波尔茨曼（Ludwig Boltzmann）、庞加莱（Henri Jules Poincarè）、皮尔斯（Charles Sanders Peirce）、迪昂（Pierre Marie Duhem）、奥斯特瓦尔德（William Ostwald）、梅耶森（Emile Meyerson）、卡西尔（Ernst Cassirer）、布拉德（Charlie Dunbar Broad）、罗素、怀特海（Alfred North Whitehead）、坎贝尔（Norman Robert Campell）、石里克（Moritz Schlick）、布里奇曼（Percy Williams Bridgman）。

　　当代最具有代表性的著述是 M. 海德伯格（Michael Heidelberger）在 2000 年主编的论文集《科学哲学史：新动向和新视野》（*History of Philosophy of Science：New Trends and Perspectives*），其中包括《休谟关于印象和客体》（*Hume on Sense Impressions and Objects*）、《康德、库恩和科学理性》（*Kant，Kuhn，and the Rationality of Science*）、《现代经验论的新康德主义根源》（*Neo-Kantian Origins of Modern Empiricism*）、《惠威尔和科学家们：19 世纪英国的科学和科学哲学》（*Whewell and the Scientists：Science and Philosophy of Science in 19th Century Britain*）等等。斯丹普（David J. Stump）在《从科学的哲学的价值到科学哲学的价值中立》（*From the Values of Scientific Philosophy to the Value Neutrality of the Philosophy of Science*）中极其深刻地指出，科学哲学不仅是以科学为对象的哲学，更是借科学力量变革哲学本身。"维也纳学派成员在规定我们所知的科学哲学方面发挥了重大作用，但维也纳学派本身在哲学传统的继承方面比我们想象的要多得多。就像当代和过去的科学哲学家一样，维也纳学派成员把科学看作哲学反思的对象（也就是为科学提供一个基础或澄清科学的术语和假设的意义），也在当代科学的参照下致力于变革哲学本身以达到某种科学的世界观。后面的工作就是延续所说的科学的哲学，其中包括 19 世纪和 20 世纪早期许多哲学家的工作，如赫尔姆霍兹、马赫、阿芬那留斯、新康德主义者、胡塞尔、皮尔斯，当然还有将现代逻辑的方法用于解决哲学问题的罗素。但该著的缺陷不仅仅在于缺乏系统性，还在于把科学哲学史局限在逻辑经验主义的编史学框架之内。

　　国际科学哲学史学会的官方刊物 HOPOS（*The Journal of the Interna-*

tional Society for the History of Philosophy of Science）打破了分析性的编史学
纲领，因此通过该刊我们可以了解科学哲学史研究的最新态势，然而，刊
发论文毕竟不能代替系统的理论建构。

　　格兰特于 2007 年撰写的《从古代到 19 世纪的自然哲学史》（*A His-
tory of Natural Philosophy*：*from the Ancient World to the Nineteenth Century*，
Cambridge University Press，2007）包括如下内容：从古埃及到柏拉图
（Ancient Egypt to Plato），亚里士多德（Aristotle），希腊化时期（Late
Antiquity），伊斯兰和亚里士多德自然哲学的东移（Islam and Eastward
shift of Aristotelian Natural philosophy），拉丁翻译运动以前的自然哲学
（natural philosophy before the latin translation），12—13 世纪的翻译运动
（Translation in the twelfth and thirteenth centuries），翻译运动之后的自然
哲学（natural philosophy after the translations），晚期中世纪自然哲学的形
式和内容（The form and content of late Medieval natural philosophy），自然
哲学和神学的关系（The relationship between natural philosophy and theolo-
gy），中世纪哲学从近代向 19 世纪的嬗变（The transformation of Medie-
val philosophy from the early modern period to the end of the nineteenth cen-
tury）。正如有评论者说，该书的基本主题是论证了自然哲学变成了所
有科学的伟大母亲（Natural philosophy became the "Great Mother of the
Sciences"）。

　　多米斯基（Mary Domski）和迪克逊（Michael Dickson）在 2010 年编
辑出版的《关于方法的对话：重新激活科学史与科学哲学的整合》（*Dis-
course on A New Method*：*Reinvigorating the Marriage of History and Philosophy
of Science*，Chicago，Open Court，c2010）可能是科学哲学史研究的最新力
作，包含如下内容："17 世纪力学的公理化传统"（The axiomatic tradition
in seventeenth-century mechanics），"牛顿作为具有历史感的哲学家"
（Newton as historically-minded philosopher），"莱布尼兹、沃尔夫和康德早
期思想中的哲学、几何学和逻辑"（Philosophy, geometry, and *logic* in
Leibniz, Wolff, and the early Kant），"康德、谢林和黑格尔思想中的数学
方法"（Mathematical method in Kant, Schelling, and Hegel）等等。该著的
结论是弗里德曼提出的"重新考虑综合史观"（Synthetic history reconsid-
ered）。

　　这些著述是我们从事科学哲学史研究的必读文献，同时也是我们选择或重建科学哲学史编史纲领的重要参考文献。

　　关于各个时期的代表性著述

　　（1）古希腊罗马时期的科学哲学史研究的代表性著述：夏普尔斯的《古典时期的哲学与科学》（*Philosophy and the Sciences in Antiquity*, Ashgate, 2005）在古希腊罗马时期的科学哲学史研究文献中具有一定代表性，该书包括作者撰写的导言"古典时期的哲学与科学"（philosophy and the sciences in Antiquity），Andre Laks 撰写的对古希腊早期哲学不同特点的评论（Remarks on the differentiation of early Greek philosophy），R. J. Hankinson 对亚里士多德有关交叉类别的考察（Aristotle on Kind-crossing）；James G. Lennox 对亚里士多德的动物学在其自然哲学中的地位（The place of zoology in Aristotle's natural philosophy）的思考。

　　（2）中世纪时期科学哲学史研究的代表性著述：著名科学家 P. 迪昂（Duhem, Pierre）曾花十数年整理中世纪科学思想，其代表性著作如《中世纪的宇宙论：有关有限性、时空观、虚空以及世界的多重性的讨论》（*Medieval Cosmology*: *Theories of Infinity*, *Place*, *Time*, *Void*, *and the Plurality of Worlds*, Chicago：University of Chicago Press, 1987）。这些著述对于理解中世纪科学与哲学关系问题的种种误解具有决定性的意义，同时有力地支撑了迪昂本人的科学哲学思想——科学思想的整体论。

　　（3）近代科学哲学史研究的代表性著述：讨论近代科学哲学的著述不在少数，其中较具代表性的著述有 A. 雷兹（Ahmad Raza）的《自从弗兰西斯·培根以来的科学哲学——有关理念与阐述的解读》（*Philosophy of Science Since Bacon*：*Readings in Ideas and Interpretations*, 2011），其中包括如下章节：雷兹的《科学知识的结构》（*The Structure of Scientific Knowledge*），F. 培根本人的《宇宙现象与自然史对推进哲学的意义》（*Phenomena of the Universe and the Natural History for the Building up of the Philosophy*），笛卡儿《关于正确运用理性以及寻求科学真理的方法的对话》（*Discourse on the Method of Rightly Conducting the Reason and Seeking for the Truth in Sciences*），伽利略对哥白尼观点的辩护（Considerations on the Copernican Opinion）。①

（4）分析时代科学哲学史研究的代表性著述：萨克（Sahotra Sarkar）在1996年出版的《逻辑经验主义和具体科学：莱辛巴赫、菲格尔和纳格尔》（*Logical Empiricism and the Special Sciences：Reichenbach，Feigl，and Nagel*，New York：Garland Publ.，1996）非常值得关注，因为它探讨了逻辑经验主义与当时具体科学之间的关系，从科学实践的层面论证了逻辑经验主义的合法性。例如，亨普尔（Carl G. Hempel）的《几何学和经验科学》（*Geometry and Empirical Science*）；莱辛巴赫（Hans Reichenbach）的《相对论的哲学意义》（*The Philosophical Significance of the Theory of Relativity*）；弗兰克（Philipp Frank）的《物理科学的哲学导论以及逻辑经验主义的基础》（*Introduction to the Philosophy of Physical Science，on the Basis of Logical Empiricism*）；莱辛巴赫的《量子力学的逻辑基础》（*The Logical Foundations of Quantum Mechanics*）；格伦鲍姆（Adolf Grunbaum）的《狭义相对论的逻辑和哲学基础》（*Logical and Philosophical Foundations of the Special Theory of Relativity*）；卡尔纳普（Rudolf Carnap）的《使用物理语言的心理学》（*Psychology in Physical Language*）；亨普尔的《心理学的逻辑分析》（*The Logical Analysis of Psychology*）；石里克的《论心理学和物理学的概念之间的关系》（*On the Relation between Psychological and Physical Concepts*）、《逻辑经验主义发展中的身心问题》（*The Mind-Body Problem in the Development of Logical Empiricism*）和《基础主义、心理学理论和统一科学》（*Functionalism，Psychological Theory，and the Uniting Sciences：Some Discussion Remarks*）；纽拉特（Otto Neurath）的《社会学和物理主义》（*Sociology and Physicalism*）；亨普尔的《普遍规律在历史中的功能》（*The Function of General Laws in History*）；格伦鲍姆的《历史决定论、社会活动

①　此书还包含一些现代科学哲学领域的人物及其理论，如罗素关于"数理逻辑的哲学意义"（The Philosophical Importance of Mathematical Logic），波普尔（Karl Popper）的"客观知识：一种逻辑、物理学和历史的实在论视野"（Objective Knowledge；A Realist View of Logic，Physics and History），马赫的"感觉的分析以及物理事件与心理事件关系"（The Analysis of Sensations and the Relation of the Physical to the Psychical），P. 费耶阿本德的"无政府主义知识论的纲要"（Outline of an Anarchistic Theory of Knowledge），洛伦兹（Konrad Lorenz）的"对科学性的攻击以及科学人文品格"（On Aggression and the Virtue of Scientific Humility），库恩（Thomas Kuhn）的"科学革命的本质和必要性"（The Nature and Necessity of Scientific Revolution）等等。

论以及社会科学中的预见》（*Historical Determinism，Social Activism，and Predictions in the Social Sciences*）；沃特金斯（J. W. N. Watkins）的《社会科学中的历史解释》（*Historical Explanation in the Social Sciences*）；亨普尔的《功能分析的逻辑》（*The Logic of Functional Analysis*）；内格尔（Ernest Nagel）的《机械论解释和有机生物学》（*Mechanistic Explanation and Organismic Biology*）；伍德格尔（J. H. Woodger）的《基因的基础研究》（*Studies in the Foundations of Genetics*）和《生物学与物理学》（*Biology and Physics*）；等等。

　　萨克（Sahotra Sarkar）在 1996 年出版的《对维也纳学派遗产的当代再评价》（*The Legacy of the Vienna Circle：Modern Reappraisals*）是一部出自多位名家之手的论文集，是目前研究维也纳学派及逻辑经验主义的佳作。该书包括：李克曼（Thomas A. Ryckman）的《早期逻辑经验主义》（*Early Logical Empiricism*）；莱维斯（Joia Lewis）的《在知识与证明之间的深层机制》（*Hidden Agendas：Knowledge and Verification*）；卡尔纳普（Rudolf Haller）的《最早的维也纳学派》（*The First Vienna Circle*）；Richard C. Jeffrey 的《卡尔纳普之后》（*After Carnap*）；瓦托夫斯基（Marx W. Wartofsky）的《实证主义与政治：维也纳学派作为一种社会运动》（*Positivism and Politics：The Vienna Circle as a Social Movement*）；伽里森（Peter Galison）的《卡尔纳普的世界的逻辑建构与包豪斯学派：逻辑实证主义和建筑的现代化》（*Aufbau/Bauhaus：Logical Positivism and Architectural Modernism*）；斯塔德勒（Friedrich Stadler）的《纽拉特与石里克：维也纳学派在哲学和政治上的敌对》（*Otto Neurath-Moritz Schlick：On the Philosophical and Political Antagonisms in the Vienna Circle*）；雷切（George A. Reisch）的《计划的科学：纽拉特和国际统一科学百科全书》（*Planning Science：Otto Neurath and the International Encyclopedia of Unified Science*）；科法（Alberto Coffa）的《卡尔纳普、塔斯基在真理问题上的异同》（*Carnap，Tarski，and the Search for Truth*）；弗里德曼（Michael Friedman）的《对逻辑实证主义的再评价》（*The Re-evaluation of Logical Positivism*）；理查森（Alan W. Richardson）的《逻辑唯心主义与卡尔纳普关于世界构建的观念》（*Logical Idealism and Carnap's Construction of the World*）；普特南（Hilary Putnam）的《莱辛巴赫的形而上学图景》（*Reichenbach's Meta-*

physical Picture）；西蒙尼（Abner Shimony）的《论卡尔纳普的形而上学传承者的反思》（*On Carnap：Reflections of a Metaphysical Student*）；杰夫里（Richard C. Jeffrey）的《卡尔纳普的归纳逻辑》（*Carnap's Inductive Logic*）；奥波丹（Thomas Oberdan）的《实证主义与实用主义的观察理论》（*Positivism and the Pragmatic Theory of Observation*）；于贝尔（Thomas E. Uebel）的《纽拉特的自然主义认识论纲领》（*Neurath's Programme for Naturalistic Epistemology*）；萨尔蒙（Wesley C. Salmon）的《莱辛巴赫对归纳的辩护》（*Hans Reichenbach's Vindication of Induction*）；史克姆斯（Brian Skyrms）的《针对马尔可夫链的卡尔纳普归纳逻辑》（*Carnapian Inductive Logic for Markov Chains*）；斯特恩（Howard Stein）的《时至今日卡尔纳普何错之有》（*Was Carnap Entirely Wrong，After All?*）等。

（5）后现代哲学科学哲学史研究的代表性著述：巴毕奇（Babete E. Babich）的《科学哲学的欧洲观点及后现代视角》（*Continental and Postmodern Perspectives in the Philosophy of Science*，1995）在诸多相关作品中具有一定的代表性。该著的主要内容如下：《后现代科学哲学前沿》（*Prolegomena to Postmodern Philosophy of Science/Raphael Sassower*）；《反对分析，超越后现代主义》（*Against Analysis，Beyond Postmodernism/Babettte E. Babich*）；《反对对量子论等理论进行认识论或本体论的解释》（*An Anti-Epistemological or Ontological Interpretation of the Quantum Theory and Theories Like It/Patrick A. Heelan*）；《自然的游戏：实验作为操作》（*The Play of Nature：Experimentation as Performance/Robert P. Crease*）；《对相对论、量子理论和粒子物理学中某些悖论的解构》（*The Deconstruction of Some Paradoxes in Relativity，Quantum Theory，and Particle Physics/Simon V. Glynn*）；《观察自然的相似性》（*Observing the Analogies of Nature/Daniel Rothbart*）；《自然科学是人文科学，人文科学是自然科学，二者毫不相干》（*Natural Science is Human Science. Human Science is Natural Science：Never the Twain Shall Meet/Charles Harvey*）；《寻求知识之体：科学及其对真理的渴求》（*Coveting a Body of Knowledge：Science and the Desires of Truth/Debra B. Bergoffen*）；《后现代主义及其机制：话语及其实践的限度》（*Postmodernism and Medicine：Discourse and the Limits of Practice/Chip Colwell*）；《科学规训和种族的起源：福柯对生物学史的解读》（*Scientific Discipline and the Ori-*

gins of Race： A Foucaultian Reading of the History of Biology/Ladelle McWhorter)；《自然作为他者：对科学的解释学路径》（Nature as Other： A Hermeneutical Approach to Science/Felix O'Murchadha)；《主体的转换：一种哲学的退化》（Changing the Subject： A Metaphilosophical Digression/Neil Gascoigne)；《海德格尔技术命令的概念——一种批判的阐述》（Heidegger's Conception of the Technological Imperative： A Critique/Alphonso Lingis），等等。

综上所述，科学哲学史也就是梳理或爬梳科学哲学思想发展的历史过程，当然这种历史过程的梳理并不是按照历史编年的记录，而是体现着某种观念的重建与演化。

第一，狭义的科学哲学经历了从逻辑经验主义到社会建构主义的发展过程。本人曾长期致力于科学哲学从逻辑经验主义到社会建构主义的思想史研究（从导师舒炜光逝世至今），先后承担多项国家课题，从中得出的研究方法就是：从本质论转向发生—建构分析；从还原论转向角色—网络分析，从决定论转向综合—辩证分析。（见拙文《社会建构主义：超越后现代知识论》，《哲学研究》2005 年第 9 期）这对于重新理解科学哲学以及转向科学哲学史研究特别是解决科学与哲学、事实判断与价值判断之间的复杂关系问题具有重要的方法论意义。

第二，科学哲学作为自然哲学发展的一个思想阶段。笔者既不同意用科学的语言分析清除形而上学的唯科学主义，也不赞同对科学的人本主义进行批判，而是认为科学与哲学处于在对话中相互调整的共同体之中，即科学哲学作为科学—哲学观念共同体，其方法论的向度有二：其一，从科学理论中挖掘哲学前提如认知路线（哲学认识论）、世界图景（本体论）和实践模式（伦理学）；其二，从哲学思想中寻求科学基础如知识类型（科学本质）、论证方式（科学方法）和进步模式（科学发展）。所谓科学—哲学观念共同体就是科学与哲学的共建—共识—共享。如毕达哥拉斯的"数论"催生了柏拉图的"理念论"，亚里士多德的物理学和生物学催生了"四因说"，笛卡尔、牛顿和莱布尼兹等人创建了机械论的哲学模式；弗雷格、哥德尔和罗素等人的数理科学新发现奠定了"数字化"的科学世界观。（2012a，导言）

第三，科学哲学史其实就是自然哲学追求"统一科学"目标的思想过程，其实质是科学与哲学的对立统一或称科学—哲学观念共同体的形成、断裂与重建：在自然哲学追求"统一科学"的过程中，始终贯穿着科学与哲学的对立统一。科学与哲学时而融合，时而冲突，时而重建。一种重大的科学发现总会催生与之相应的哲学观念，形成科学与哲学的联盟，但下一次科学革命必将摧毁陈旧的科学与哲学联盟，构建新的科学与哲学联盟，因此科学哲学的实质就是科学—哲学共同体的兴替。这种理解可以解释包括逻辑经验主义在内的各种科学哲学流派及其观点。例如，"语言批判"主要出现在科学与哲学共同体即将"断裂"的当口，而"科学世界观"主要出现在科学—哲学共同体的形成时期。科学哲学就是理解科学创造并改变哲学的思想过程。

第二节　编史纲领的梳理与重建

在科学哲学编史学问题上困难重重，其问题事关如何理解科学哲学等重大基本概念问题。在这些问题上，哲学家和科学家对科学哲学本质的看法并不一致。

一　三种编史纲领的比较

根据 E. 麦克马林提供的线索以及对相关文献的整理和梳理，科学哲学史研究大致有如下三种编史学纲领：分析性的编史学纲领、解释性的编史学纲领和新综合的编史学纲领，这三种方法各有利弊。

1. 分析性的科学哲学编史学纲领

这种编史学纲领用逻辑经验主义来审视科学哲学史，也就是对历史上的科学与哲学的关系进行逻辑经验主义的解释，这种理解的代表者就是 1991 年在维也纳学派的诞生地创立的"维也纳学派国际研究会"（The international Institute Vienna Circle）。在他们看来，所谓的科学哲学就是对科学语言的逻辑分析，所谓的科学哲学史就是维也纳学派的产生和发展史；这种编史学的纲领性文献就是 J. 库克尔曼斯在 1968 年编写的《科学哲学的历史背景》（*Philosophy of Science, the Historical Background*）。这种科学哲学史研究的代表作就是奥尔德罗伊德（David Roger Oldroyd）所撰写的《知识的拱门——科学哲学和科学方法的历史导论》（*The Arch of Knowledge: An Introductory Study of the His-*

tory of the Philosophy and Methodology of Science）："此书讨论了形成知识的双重路径的古老传统——从可观察现象的考察到普遍合理的'基本原则'（'分析'）；并从这样的'基本原则'返回到可观察的事物，故此这些可观察的事物便可用它们借以进行演绎（'综合'）的原则来加以解释。"不难看出，这种科学哲学编史学显然坚持了逻辑经验主义的基本纲领：第一，它对科学的理解是命题性的，也就是理论语言与观察语言之间的转换；第二，它所遵奉的科学哲学应该能够对具有完美理论形态的科学进行"清晰的哲学反思"；第三，它所选用的研究素材是科学家的文本。这种编史学也秉承了逻辑经验主义所拥有的一切优点和缺点。

2. 解释性的科学哲学编史学纲领

这种纲领用历史或解释学方法来审视科学哲学史，也就是对历史上科学与哲学之间的关系做出了历史主义的诠释。这种研究的主创者当然是库恩、费耶阿本德和拉卡托斯等历史主义者，支持这种研究的主要是国际科学史与科学哲学联合会。在他们看来，科学哲学就是对实际科学活动的"合理重建"，而科学哲学史就是在科学革命过程中所体现出来的"世界观的转变"。这种编史学的纲领性文献是库恩在《必要的张力》一书中收录的那篇经典之作《科学史与科学哲学的关系》（1968）；这种研究的代表作当属约翰·洛西撰写的《科学哲学历史导论》。洛西认为科学哲学史研究试图解决如下几个问题："第一，科学研究与其他类型研究相区别的特征是什么？第二，科学家在研究自然的时候遵循什么程序？第三，使科学得以正确解释的条件是什么？第四，科学规律和原则的认知状态是什么？回答这些问题就是确定从科学实践本身走向终点的每个步骤。有必要在科学的实际过程和科学应该怎样做之间划出一条界限。"（John Losee, *The Historical Introduction to Philosophy of Science*, Fourth Edition, Oxford University press, 1972, 2001, Introduction, 1–3）这种理解的科学哲学以及科学哲学的编史学从对科学语言的逻辑分析转向对科学实践活动的历史分析，是有价值的，但在关注科学的实践活动的过程中却忽略了科学与哲学之间的关系，忽略了科学的历史进步对哲学及其文化的变革，而这恰恰是我们的思想要点。

3. 新综合的科学哲学编史学纲领：我们的选择与重建

我们认为，科学哲学史研究必须超越分析性纲领和解释性纲领的对立，其可能的进路则是观念史与社会史的整合，将科学—哲学在互动中形成的观念与科学—哲学—宗教—技术—社会的经验描述整合为 STS 共同体，用以梳理并解释人类的文明发展过程：强调科学革命、哲学革命、宗教改革、技术变革和社会革命的有机统一，其中哲学革命或观念变革具有决定性意义。1993 年，斯坦福大学的 M. 弗里德曼（Michael Friedman）提出了一种科学哲学史研究的"综合史观"（synthetic history）。在这种观点看来，科学哲学史就是科学史与哲学史的结合，其实质是对科学与哲学之间互动关系的历史考察。M. 弗里德曼在 M. 多米斯基（Marry Domski）和 M. 迪克森（Michael Dickson）所编辑的《新方法谈：重新激活科学史与科学哲学联盟》（*Discourse on A New Method：Reinvigorating the Marriage of History and Philosophy of Science*）一书中指出，哲学史家应该严肃地对待科学在哲学史中所发挥的作用，哲学家应该考虑科学史和哲学史之间的历史互动。基于库恩的科学编史学以及或多或少地采纳库恩对科学革命的概括，弗里德曼特别强调，哲学史家的重要任务是定位哲学观念在科学革命背景中的出现及演化。这种研究把科学史和哲学史结合起来的努力是值得肯定的，其有关科学与哲学的互动也是本书的重要思想资源之一。但这种"新综合"的编史学纲领在何谓科学、何谓哲学、何谓科学哲学等重大范畴的基本问题上缺乏进一步的探索。

表 1 - 2　　　　　　　**科学哲学史的三种编史学纲领及其比较**

	科学哲学史的分析模式	科学哲学史的解释模式	科学哲学史的综合模式
基本纲领	逻辑经验主义	历史主义及新历史主义	新综合思潮
对科学哲学的理解	对科学语言的逻辑分析	对科学史的合理重建	科学与哲学的互动
对科学哲学史的理解	维也纳学派的形成发展史	对科学实际发生发展过程的历史描述	研究科学与哲学在历史中的互动关系

续表

	科学哲学史的分析模式	科学哲学史的解释模式	科学哲学史的综合模式
代表性人物及标志性成果	"维也纳学派国际研究会"及其《维也纳学派国际研究会年鉴》，代表作有 M. 海德伯格和 F. 斯塔德勒在 2000 年编辑的《科学哲学史的动态与视点》（*History of Philosophy of Science-New Trends and Perspectives*）；戴维·罗杰·奥尔德罗伊德（*David Roger Oldroyd*）所撰写的《知识的拱门——科学哲学和科学方法的历史导论》（*The Arch of Knowledge：An Introductory Study of the History of the Philosophy and Methodology of Science*）	历史学派及国际科学史与科学哲学联合会；其代表作主要有库恩的《科学革命的结构》以及《科学史与科学哲学的关系》，约翰·洛西的《科学哲学的历史导论》（*The Historical Introduction to Philosophy of Science*），J. 库克尔曼斯编辑的《科学哲学的历史背景》（*Philosophy Of Science，The Historical Background*，The free Press，1968）	国际科学哲学史学会，代表作有 R. 斯多沃（Roger H. Stuewer）在 1970 年编辑出版的论文集《对科学的历史和哲学审视》（*Historical and Philosophical Perspectives of Science*）；M. 多米斯基和 M. 迪克森在 2010 年编辑的《新方法谈：重新激活科学史与科学哲学联盟》（*Discourse on A New Method：Reinvigorating the Marriage of History and Philosophy of Science*）
成就与问题	凸显了逻辑分析方法对科学理论的意义，但把对科学及科学史的探讨局限在逻辑经验主义的框架内	凸显了科学探索的实践本性，描述了科学活动的不同阶段，但却疏于科学与哲学关系在历史中的互动作用	凸显了科学与哲学的互动关系，但对于这种互动的内在机制缺乏深入细致的研究

二　我们的顶层设计

从总体思路、研究视角和研究路径的层面看，我们从库恩的"范式"切入，探索介于科学史与哲学史之间的思想交叉领域，确立科学—哲学观念共同体的研究纲领，坚持从科学到哲学和从哲学到科学两条路径，聚焦经典文献、知识谱系和基本观念三个问题，把握科学与哲学的融合、新科学的发现、哲学变革和重建科学—哲学观念共同体四个环节。

确立目标——借鉴"国际科学哲学史研究会"的顶层设计：本课题的顶层设计当然是在学界已有研究的基础上以独特的编史学构架撰写一部科学哲学史。但该顶层设计本身应借鉴"国际科学哲学史研究会"（HO-POS）的"建会宗旨"。（参见"The International Society for the History of Philosophy of Science, is devoted to promoting serious, scholarly research on the history of the philosophy of science. We construe this subject broadly, to include topics in the history of related disciplines and in all historical periods, studied through diverse methodologies."）

本书的顶层设计在于按照自然哲学追求"统一科学"的思想脉络，以科学—哲学的融合/冲突的交替运行来理解科学哲学及其思想史的演化。当然，科学哲学史的国际视野与中国特色也是我们有待深思的前提性判断。

把握动态——综合性编史学纲领的出现：（详见上述学术史梳理）全面梳理国内外有关科学哲学史研究的发展动态，其中包括相关代表性研究著述、重点研究基地及代表人物。特别注意如下两份文献：Michael Heidelberger 在 2000 年出版的《科学哲学史：新动向和新视野》（*History of Philosophy of Science: New Trends and Perspectives*）以及《国际科学哲学史学会杂志》（*The Journal of the International Society for the History of Philosophy of Science*）近期刊出的重点论文。当然，动态梳理的目的是对已有研究进行评价，从中发现基本范畴和学术思想的演化，如科学哲学史研究的综合性编史学纲领的生成等。

发现问题——抓住科学史与哲学史研究的遗漏、误解和疑难：在传统的科学史、哲学史和科学哲学研究的科学与哲学之间的思想交叉地带，遗漏了一批重要的思想线索，如从毕达哥拉斯到罗素的进路（From Pythagoras to Bertrand Russell），从惠威尔到波普的进路（From Whewell to K. Poper），从马赫到纽拉特的进路（The programme of union of science），从皮埃尔·迪昂到 W. V. 蒯因的进路（Quine-Duhem Thesis），从哥白尼革命到库恩的《结构》的进路（Kuhn's Road Since Structure）；误解了一系列重要的思想范畴，如只看到哲学以科学为对象，但却没有看到科学对哲学本身的变革（Scientific Philosophy: Origins and Developments Edited by Friedrich Stadler. Dordrecht; Boston; London: Kluwer Academic, c1993），认为西方哲学的核心是形而上学而不是自然哲学，认为中世纪是科学的黑暗时期，其实并非如此（如 Gavin Ardley, *Aquinas and Kant: the foundations of the modern sciences*, London: Longmans, Green, 1950）；制造了许多理论难题，如伽桑狄（Pierre Gassendi）在自然观上的原子论立场和在历史观上的契约论立场（Pierre Gassendi: *From Aristotelianism to a New Natural Philosophy*/Barry Brundell. Kluwer Academic, c1987），笛卡尔的身心二元论（Walter Soffer, *From science to subjectivity: an interpretation of Descartes' Meditations*, Greenwood

Press，1987），牛顿的科学贡献和宗教信仰（Theological Manuscripts/Selected and ed. with an Introduction by H. McLachlan. Liverpool：U. P.，1950）。

划定领域——介于科学（史）与哲学（史）之间的思想沃土：从上述问题不难发现，在科学（史）与哲学（史）之间存在一个被忽视或遮蔽的过渡性思想领域，其间充满了科学与哲学的交融与碰撞，这一领域即科学催生哲学的策源地，也是哲学孕育科学的生长点。如米利都学派与德谟克利特的原子论共同体；毕达哥拉斯与柏拉图的数/理念世界共同体；巴门尼德与芝诺的"思想与存在同一"共同体；亚里士多德与托勒密的等级宇宙论共同体；新柏拉图主义的上帝证明共同体；新亚里士多德主义与唯名论的神—人感应共同体；哥白尼、伽利略与笛卡尔的理性怀疑论共同体；F. 培根与霍布斯的经验论共同体；洛克与波义耳的经验论共同体；牛顿、休谟和莱布尼兹与康德的理性批判共同体；至于维也纳学派所提出的逻辑经验主义，更是数理科学与经验论的结合，是当时科学家与哲学家最为成功的一次合作，历史学派则是科学史与科学哲学的不同组合而已。

选准视角——继承并超越库恩的"范式"思想：科学哲学史无疑起源于或高度相关于库恩的思想。从他的"范式"及其不可通约性（incommensurability）看，库恩打破了科学史与哲学史的连续性假说，认为某一时期科学家所持有的科学思想、世界观念和技术装备及解题模式所形成的统一体具有重要意义。库恩的问题在于他对"范式"所包含的诸多思想要素及其内在关系没有给予进一步的详细说明，但把相互影响的科学、技术、哲学等纳入一个范畴之中，这对于科学哲学史研究从黑格尔式的哲学—哲学的线性模式转向科学—哲学的横向模式具有重大的解放意义。[①]

确定一个纲领——科学—哲学观念共同体：任何研究都有其相对独立的研究领域，本课题所选择的科学哲学史研究纲领是，从自然哲学追求"统一科学"的思想脉络出发，着眼于科学（史）与哲学（史）之间的科学—哲学的交融与冲突，也就是科学—哲学观念共同体（类似但区别于库恩的科学共同体），其实就是科学家与哲学家对某些观念的共识、共

---

① 参见 Thomas S. Kuhn, *The Road Since Structure*：*Philosophical Essays*, 1970 – 1993, University of Chicago Press, 2000；Steve Fuller, *Thomas Kuhn*：*A Philosophical History for Our Times*, Chicago：University of Chicago Press, 2000。

建与共享。

确定两条路径——坚持从科学和哲学的两极向对方伸展：从科学理论中寻找哲学思想，从哲学思想中寻找科学理论。以古希腊为例：在从科学到哲学的道路上，在毕达哥拉斯数论中寻找和谐的世界观，在欧几里得几何学中寻找理念论，在希波克拉底医学中寻找要素论，在阿基米德静力学中寻找原子论；在从哲学到科学的道路上，可以从米利都学派中寻找自然因果解释，在苏格拉底—柏拉图思想中寻找数理科学，在亚里士多德的四因说中寻找物理学—生物学思想。[①]

聚焦三个要点——科学理论与哲学思想必须回答的三个问题：经典文献—知识谱系—基本观念。科学哲学史的研究内容具有多种可能，如内史论、外史论等等。本课题主要集中在如下三个方面：经典文献，包括经典文本、对经典文本的历史诠释、对经典文本及其诠释的当代评论；知识谱系，包括信奉某一或某些观念的科学家和哲学家组成的观念共同体；基本观念，包括某一时期的科学家和哲学家对某种基本观念的共识、共建和共享。（拙著2012）

把握四个环节——科学与哲学的融合、危机、革命和重建：用科学—哲学共同体的形成、新科学的发现、新科学发现导致的哲学变革和新的科学—哲学共同体的重建等四个环节来理解科学哲学史的演化。其可操作性的规范如下：

第一步（科学与哲学的融合）：传统观念作为科学—哲学共同体——任何民族或社会都有特定时代的传统观念，本课题的判断是，传统观念并不是难以分析的习俗或常识，而是科学知识与哲学思想的融合、科学家和哲学家对某些观念的共识、共建和共享。这个判断包含如下思想：文化或传统观念＝科学（事实判断）＋哲学（价值判断），也就是真埋与价值的统一；科学只有上升为哲学才能变成可以延续的精神力量，哲学只有得到实证科学的支持才能创造有意义的观念；单纯的科学命题和哲学体系都是不完整的，只有将科学命题和哲学思想整合起来，才能形成可行的文化。

第二步（新科学与旧科学的冲突）：科学新见与前科学—哲学观念共

---

① 参见 W. Sharples 撰写的《古典时期的哲学与科学》（philosophy and the sciences in Antiquity）。

同体的断裂——在旧的科学—哲学共同体中，总是会出现新的科学理论或科学的新思想，如古希腊神话背景下的米利都学派、中世纪宗教背景下的哥白尼革命等等。这些新科学理论造成了对旧科学—哲学共同体的冲击，但问题比较复杂：其一，新科学理论并没有形成自己的哲学思想，面临旧科学—哲学共同体的思想压力；其二，旧科学理论如托勒密天文学虽受到新科学理论如哥白尼学说的挑战，但却得到旧科学—哲学共同体的庇护，因为旧哲学思想体系依然存在。例如哥白尼革命以及伽利略事件就是如此，地心说被日心说所取代，天界神圣的信念被望远镜的观察发现所证伪，但亚里士多德主义及其中世纪宗教思想体系依然存在。

第三步（新科学对新哲学的创造）：改革哲学以适应新科学——对于新科学与旧哲学的冲突，思想家们从新科学中推演出新的哲学（如笛卡尔从解析几何中推出理性怀疑主义），或者创造出与新科学相适应的哲学（培根用注重实验的归纳法来支持当时的新科学）。这不仅摧毁了旧的科学—哲学观念共同体中的科学理论，而且摧毁了其中的哲学思想，同时形成了新的科学—哲学观念共同体，如16—17世纪的科学理论与机械论哲学思想。

第四步（新科学与新哲学的新联盟）：形成新的科学—哲学共同体——新科学理论刚一出现并不能取得占统治地位的优势，只有新科学理论创造或推动了与之相适应的新哲学，并形成了新科学与新哲学的联盟所构成的新的科学—哲学共同体，才能确立；同时，旧科学理论的被证伪并不能摧毁旧的科学—哲学共同体，只有当旧的科学理论和旧的哲学思想被同时摧毁以后，旧的科学—哲学共同体才能退出历史舞台。机械论的科学—哲学共同体取代亚里士多德主义的科学—哲学共同体就是这样。

这就要求通过科学—哲学观念共同体的生成、演化和兴替来研究介于科学（史）与哲学（史）之间的科学哲学史。从自然哲学的漫长传统看，在西方文化传统中，自然哲学作为科学与哲学的统一体从古希腊延续到19世纪（Edward Grant, *A History of Natural Philosophy：From The Ancient World To The Nineteenth Century*, Cambridge University Press, 2007），甚至维也纳学派的石里克，乃至某些后现代思想家依然牵挂自然哲学问题（*Merleau-Ponty's Philosophy of Nature by Ted Toadvine*, Northwestern University Press, 2009）。这说明，科学与哲学的关系源远流长，绵延至今。

从科学哲学与科学史的双向演化看，亚里士多德的《物理学》就包含对前苏格拉底哲学诸家的评价，阿奎那试图调节科学和信仰的对立（如 Gavin Ardley, *Aquinas and Kant*: *the Foundations of the Modern Sciences*, Longmans, 1950），惠威尔的归纳科学史与归纳科学的哲学（*History of the Inductive Sciences*, *from the Earliest to the Present Times*, 1837），孔德的实证哲学及其人类文明的三个阶段（宗教、形而上学和科学），P. 迪昂第一次系统整理中世纪的科学技术文献（*Histoire des Doctrines Cosmologiques de Platon à Copernic*, 1913），K. 波普尔对古代科学哲学的评论（*The World of Parmenides*: *Essays on the Presocratic Enlightenment*, Routledge, 1998），库恩—拉卡托斯—阿加西提出了科学哲学的历史转向（"philosophy of science without history of science is empty; history of science without the philosophy of science is blind", 1978: 102）。这说明，科学史与哲学史的整合渐成大势。

因此，韦（Joamme Waigh）和艾瑞尔（Roger Ariew）在《哲学史和科学哲学》（*The History of Philosophy and the Philosophy of Science*, in The Routledge Companion to Philosophy of Science Edited by Stathis Psillos and Martin, Routledge 2008）一文中指出，"哲学和科学，虽然各有其历史，但并不被看作两件不同的事。直到晚近的西方哲学，即使撰写各自的历史，但也无法不提及对方，除非某些特例。对西方知识界而言，哲学和科学总是被看作一个东西，从属于同种活动。对哲学史和科学哲学之间关系的描述不仅构成了哲学及其历史的主要原因，而且也事关科学史问题的讨论。"[①]

三　编史纲领的合理重建

"拒斥形而上学"是科学哲学追求"统一科学"思想运动的一个目

---

① 原文如下：Philosophy and science, as well as their respective histories, are not recognized as distinct genres until relatively late in Western philosophy. Even when they are thought to be distinct genres, neither can be written independently of the other, occasional protestations to the contrary notwithstanding. Philosophy and science were seen as almost one and the same activity for most of Western intellectual history, and the description of the relations between the history of philosophy and its history, but must include discussion of the history of science as well. Joamme Waigh & Roger Ariew, 2008, p. 15.

标，其实质是用物理学语言来重建哲学，使之成为科学的哲学（scien-
tific philosophy）或分析科学语言的逻辑句法（logic syntax），而"统一
科学"则是自然哲学的理论目标，而自然哲学则源远流长。因此，逻辑
经验主义的科学哲学不过是自然哲学追求"统一科学"的一个阶段或
一种形式。

按照国际科学哲学史研究会的定义，科学哲学史是用任何研究方法对
科学哲学的任何历史时期和任何相关领域进行的研究。（参见 The Interna-
tional Society for the History of Philosophy of Science, is devoted to promoting
serious, scholarly research on the history of the philosophy of science. We con-
strue this subject broadly, to include topics in the history of related disciplines
and in all historical periods, studied through diverse methodologies.）

本书所说的科学哲学和科学哲学史，是指古希腊以来的自然哲学追求
"统一科学"的思想过程，其基本矛盾是科学与哲学的对立统一。我们的
研究纲领源于库恩的"科学共同体"思想，借鉴弗里德曼（Michael
Friedman）的"综合史观"（synthetic history），认为科学哲学既不是把哲
学变成科学语言的"分析活动"（Wittgenstein-Carnap），也不是断定"科
学不思维"的人学批判（H Martin Heidegger），而是科学和哲学在追求
"统一科学"的漫长思想融合、冲突、重建等演进过程中形成的思想同盟
（The marriage of history and philosophy of science），其实质是科学史与哲学
史的融合、冲突与重建。如毕达哥拉斯与柏拉图之间的思想契合，亚里士
多德的"物理学"与其"形而上学"的关联，托勒密的宇宙学对中世纪
宗教观的影响，F. 培根与哥白尼—伽利略和开普勒之间的思想关系，笛
卡尔的解析几何与理性怀疑主义，洛克与波义耳在经验论上的合作，牛
顿—莱布尼兹—康德所形成的理性批判等。科学哲学（史）就是科学与
哲学相互影响、相互改变的思想过程。（*Encyclopedia and unified science* by
Otto Neurath [and others]. Otto. Chicago：University of Chicago Press,
[c1938]；*Rethinking science：a philosophical introduction to the unity of science
by Jan Faye*；[translated by Susan Dew]. Burlington, VT：Ashgate, 2002.）
科学哲学史就是自然哲学在"统一科学"问题上的思想演化过程，因此
科学哲学史研究应该从如下三个基本判断出发：

第一，科学哲学史首先是自然哲学的思想演化过程，其中包括科学哲

学和后实证哲学。

第二，自然哲学的思想演化就是追求"统一科学"的不同纲领、方案的兴替过程。

第三，"统一科学"内在矛盾是科学与哲学的融合—冲突—重建（事实判断与价值判断的对立统一）。

综合上述三点，科学哲学史就是自然哲学追求"统一科学"的思想史，科学哲学史研究就是探索自然哲学在追求"统一科学"的思想目标中不同科学—哲学共同体的形成、断裂与兴替。①

科学哲学史研究的总体问题在于，在科学史与哲学史之间是否存在可供科学哲学史研究的人物、文献和观念？用什么样的研究纲领才能得出有别于科学史和哲学史的研究成果？这个问题可以分解为如下几个逻辑上相关的问题：传统的科学史研究和哲学史研究是否造成重大的思想遗漏？从哪里切入并如何提炼科学哲学史研究的基本范畴或研究纲领？如何选择科学哲学史研究的思想路径及特定的研究方法？能否聚焦几个主要的思想问题或学术要点？②

总研究框架的选择应遵循如下学术规范：第一，应该基于学术史及其流派梳理的总结，但又必须寻找属于自己的切入点；第二，应该兼容不同的理论目标和思想倾向，但又必须具有解题能力和可操作性。

因此，科学哲学史研究框架的合法性取决于它对史实与史料的解释力，其实也就是"史论"的解释循环。我们可以通过如下四步来实现。

第一步：以史为鉴——对古希腊到后现代的科学哲学思想演化史实的基本判断。尽管编史学纲领对于学说史乃至任何一种历史的编撰都具有重要意义，但具有决定性意义的不是编史学纲领本身，而是这种编史学纲领是否符合历史的真实。因此，我们的编史学考察的第一步，就是初步领略科学哲学史从古希腊到后现代的发展梗概，要点如下：

要点1：古希腊罗马时期自然（科学）哲学——亚里士多德"统一科学"纲领的生成与演化：以四因说和"前后分析"为判据，力图统一当

---

① 参见拙作《哲学观的嬗变：从拟科学到拟价值》，《新华文摘》1994 年第 4 期。

② 参见 History/Philosophy/Science：Some Lessons for Philosophy of History, Jh. History and Theory；Oct, 2011；50；3；pp. 390 – 413。

时的物理学、形而上学、生物学、心理学、伦理学等。（主要参见 *Aristotle and the Science of Nature*：*Unity Without Uniformity*，Andrea Falcon. Cambridge，UK；New York：Cambridge University Press，2005；*Aristotle's Theory of the Unity of Science*，Malcolm Wilson. Toronto：University of Toronto Press，c2000；*Aristotle on the Unity and Disunity of Science*，James G. Lennox，International Studies in the Philosophy of Science. Jul2001，Vol. 15 Issue 2，pp. 133 - 144.）

要点 2：中世纪自然（科学）哲学——阿奎那"统一科学"纲领的生成与演化：以双层真理论为判据，力图统一当时的神学、自然科学及人文科学等。（主要参见 *Science*，*Theology*，*and Consciousness*：*the Search for Unity* by John Boghosian Arden. Conn.：Praeger，1998；*The Field of Science and Religion as Natural Philosophy*. REEVES，JOSH A. Theology & Science. Nov2008，Vol. 6 Issue 4，pp. 403 - 419；*Science and Religion From Aristotle to Copernicus 400 BC — AD 1550*，Edward Grant，Greenwood Press 2004.）

要点 3：理性时代的自然（科学）哲学——机械论"统一科学"纲领的生成与演化：以原子的机械运动为原理，力图统一当时的各门科学，包括自然科学和人文科学。（主要参见 *Mechanics and Natural Philosophy Before the Scientific Revolution* [electronic resource]. by Laird，Walter Roy. Dordrecht：Springer，2008；*Science and Beliefs*：*from Natural Philosophy to Natural Science*，*1700 - 1900*，Edited by David M. Knight，Matthew Eddy. Burlington，VT：Ashgate，c2004.）

要点 4：分析时代的自然（科学）哲学——物理主义"统一科学"纲领的生成与演化：以数理语言特别是物理学语言为标准，力图统一除自然科学以外的哲学、社会学、经济学和伦理学等。（主要参见 *Toward a Post-Mechanistic Philosophy of Nature*，by Keller，David R.，*ISLE*：*Interdisciplinary Studies in Literature & Environment*，Autumn2009，Vol. 16 Issue 4，pp. 709 - 725；*Encyclopedia and Unified Science*，by Otto Neurath，Chicago：University of Chicago Press，[c1938]；*Philosophy of nature*，by Moritz Schlick，Translated by Amethe Von Zeppelin. New York：Greenwood Press，1968；*Special Sciences and the Unity of Science*，Edited by Olga Pombo，New York：Springer，c2012；*Science Without Unity*：*Reconciling the Human and*

Natural Sciences, by Joseph Margolis. Oxford, OX, UK ; New York, NY, USA：Blackwell, 1987；*The Disunity of Science：Boundaries, Contexts, and Power*, edited by Peter Galison and David J. Stump. Stanford, CA：Stanford University Press, 1996.）

要点 5：后现代的自然（科学）哲学（"自然主义转向"）——解构 "统一科学"的相对主义纲领（Programme of relativism）的生成与演化：包括库恩的"范式"及其不可比性概念，费耶阿本德的"增生原理"及 "方法论的无政府主义"，布鲁尔"强纲领"的"对称原则"，科学综合研究（STS）的"科学不统一"判断。（主要参见 *The Incommensurability Thesis*, by Howard Sankey. Sydney：Avebury, c1994；*The Disunity of Science：Boundaries, Contexts, and Power*, edited by Peter Galison and David J. Stump. Stanford, CA：Stanford University Press, 1996；*Beyond Reason：Essays on the Philosophy of Paul Feyerabend*, edited by Gonzalo Munévar. Dordrecht, Boston：Kluwer Academic Publishers, c1991；*An Introduction to Science and Technology Studies*, by Sergio Sismondo. Chichester, West Sussex, U. K. ; Malden, MA：Wiley-Blackwell, 2010；*Knowledge and Social Imagery*, by David Bloor. London ; Boston：Routledge & K. Paul, 1976.）

第二步：论从史出——从古希腊到后现代科学哲学思想演化史实概括科学哲学史研究纲领。真实的历史或许只有某些先贤留下的"残编"和先民遗留的"碎片"，我们不需要"重建"，但需要"修复"，需要凭借这些"残编"和"碎片"尽量还原历史的本来面目。

要点 1：科学哲学史作为自然哲学的思想演化过程。（主要参见 *A history of Natural Philosophy：from the Ancient World to the Nineteenth Century*, by Edward Grant. New York：Cambridge University Press, 2007；*On the Origin of Natural History：Steno's Modern, but Forgotten Philosophy of Science*, Hansen, JM. Bulletin of the Geological Society of Denmark；2009；57；pp. 1 - 24.）

要点 2：自然哲学的思想演化过程作为"统一科学"的思想展开。 （主要参见 *Natural Philosophy：With an Explanation of Scientific Terms, and an Index*. London：Baldwin and Cradock, 1832 - 4. 01/01/1832 Vols.：2, 3.）

要点 3："统一科学"的思想展开作为科学—哲学共同体对"科学世

界观"的共识、融合、冲突与重建。（主要参见 *Rethinking Science*：*A Phil-osophical Introduction to the Unity of Science*，by Jan Faye. Aldershot，Hampshire，England；Burlington，VT：Ashgate，c2002；*Reduction，Integra-tion，and the Unity of Science. Natural，Behavioral，and Social Sciences and the Humanities*，by William Bechtel；Andrew Hamilton. In *General Philosophy of Science*：*Focal Issues.*：377 – 430. ）

要点 4：科学与哲学的融合与冲突作为科学—哲学观念共同体的形成、断裂、重建与兴替。（主要参见 *Encyclopedia of Time*：*Science，Philoso-phy，Theology，& Culture*，by H. James Birx，Editor. Los Angeles：Sage，c2009；*The Discovery of Kepler's Laws*：*the Interaction of Science，Philosophy，and Religion*，by Job Kozhamthadam. Notre Dame，Ind. ：University of Notre Dame Press，c1994；*Turning Images in Philosophy，Science，and Religion*：*A New Book of Nature*，edited by Charles Taliaferro and Jil Evans. UK：Oxford U-niversity Press，2011. ）

第三步：史论结合——科学哲学史的编史学纲领与基本史实的互相诠释。历史中的"残编"或"碎片"固然是不完整的，后世的"修复"与"还原"也可能出错。唯一可能的办法就是在"残编"或"碎片"与"修复"或"还原"之间建立某种思想关联，形成可以自我修正的"解释循环"。（根据 *The Interpretive Turn*：*Philosophy，Science，Culture*，Edited by David R. Hiley，James F. Bohman，and Richard Shusterman. Ithaca：Cornell University Press，1991. ）

第四步：科学哲学史研究纲领的界定：概念分析、科学表述、历史结构。科学哲学史的研究纲领：我们把科学哲学史定义为自然哲学（Natural Philosophy or the Philosophy of Nature，from Latin *Philosophia Naturalis*）追求"统一科学"的思想过程，其实质是科学与哲学的对立统一，也就是本书的基本范畴科学—哲学观念共同体。维也纳学派的理论实质是"统一科学"运动，因而是自然哲学的当代形式；波普尔以后的科学哲学在某种程度上是对自然哲学的回归，如后现代科学哲学的"自然转向"或"自然主义转向"。证据如下：

证据之一：自然哲学作为一种学术建制从古希腊一直持续到 19 世纪，其思想内容基本上涵盖了当代科学哲学所关心的各种问题，如科学判据的

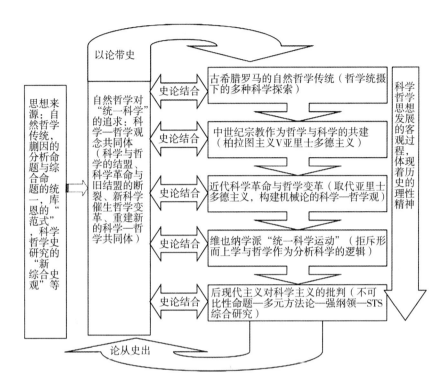

图 1 - 1　科学哲学史研究纲领示意图

选择、科学研究方法等等。（主要参见 *A History of Natural Philosophy*：*from the Ancient World to the Nineteenth Century*，by Edward Grant. New York：Cambridge University Press，2007；*The Main Business of Natural Philosophy*：*Isaac Newton's Natural-philosophical Methodology*，by Steffen Ducheyne. New York：Springer，c2012；*History of Natural Philosophy*：*from the Earliest Periods to the Present Time*，by Baden Powell. London：Printed for Longman，Rees，Orme，Brown，Green and Longman，1834；*Science and Beliefs*：*from Natural Philosophy to natural science*，*1700 - 1900*，edited by David M. Knight，Burlington，VT：Ashgate，c2004. 01/01/2004 xiv，p. 272. ）

　　证据之二：虽然维也纳学派的科学哲学声称"拒斥形而上学"，但依然延续了自然哲学特别是"统一科学"的思想追求，这恰恰是自然哲学的最高理论目的，而且石里克、莱辛巴赫等人都把自己的学说看成自然哲学。（主要参见 *Philosophy of nature* by Moritz Schlick ；translated by Amethe von Zeppelin. New York: Greenwood Press, 1968; *Whitehead's Natural Philosophy and Bioethics Hodzic*, D. FILOZOFSKA ISTRAZIVANJA; 2011; 31; 2; pp. 291 – 297; *The natural philosophy of the Greeks: an introduction to the history and philosophy of science* by Robert A. Mass.: Aeternium Pub., 1975; *Reading the book of nature: an introduction to the philosophy of science* by Peter Kosso.: Cambridge University Press, 1992.）

证据之三：后实证主义科学哲学家在某种程度上促进自然哲学的回归。（参见 *Popper's Paradoxical Pursuit of Natural Philosophy*, by Maxwell, Nicholas: Maxwell, Nicholas 2004; *Paradigms & Revolutions: Appraisals & Applications of Thomas Kuhn's Philosophy of Science*, by Greene, John C.; Gutting, Gary. 1980, pp. 297 – 320, 24p, Historical Period: 1701 to 1962; *Natural Philosophy, Experiment and Discourse in the 18th Century: Beyond the Kuhn/Bachelard Problematic*, by Schuster; Watchirs, Graeme. *Experimental Inquiries 1990*, Dordrecht: Kluwer, 48p; *NOANT: the Natural Ontological Attitude of Actor-Network Theory*, by Condylis, David, 1998.）

证据之四：当代重要人本主义思想家依然关心自然观或自然哲学问题。（主要参见 *Adorno on Nature*, by Deborah Cook. Durham: Acumen, 2011; *Nietzsche's Philosophy of Nature and Cosmology*, by Alistair Moles. New York: P. Lang, 1990; *Merleau-Ponty's Philosophy of Nature*, by Ted Toadvine. Northwestern University Press, 2009; *The Nature and Future of Philosophy*, by Michael Dummett. New York: Columbia University Press, c2010.）

证据之五：自然哲学和科学哲学具有走向统一的思想趋势。（主要参见 *Symmetries of Nature: A Handbook for Philosophy of Nature and Science*, byKlaus Mainzer. New York: Walter de Gruyter, 1996; *Polish Philosophers of Science and Nature in the 20th Century*, edited by Władysław Krajewski. Amsterdam; New York, NY: Rodopi, 2001; *The Modeling of Nature: Philosophy of Science and Philosophy of Nature in Synthesis*, by William A. Washington, D. C.: The Catholic University of America Press, c1996.）

概言之，我们的编史纲领基本遵循上述思考：坚持思想史与基本范畴的一致（以史为鉴）；坚持在古希腊到后现代的科学哲学发展过程中建构编史纲领（论从史出）；坚持编史纲领在古希腊到后现代的思想史中得到确证（史论结合）；坚持基本史实、研究纲领和基本范畴的一一对应。

第三节　方法、问题、内容与价值

在编史学层面，科学哲学史研究包括方法、重点和价值三个层面。这三个层面是联系在一起的，并与第二章所讨论的问题形成统一的思想格局，成为科学哲学史研究在编史学方面所要考察的重要内容。

一　研究方法与技术路线

除了历史与逻辑、结构与要素、分析与综合等常规方法之外，由于科学哲学史研究的对象处于科学（史）与哲学（史）的交叉地带，而且坚持从科学到哲学和从哲学到科学两条理路，因此本书主要运用如下研究方式。

第一，传记分析法（biographical analysis）：考察科学家和哲学家的传记，在科学家的传记中寻找受某种哲学影响的经历；在哲学家的传记中寻找受科学影响的经历。例如，J. 洛克本人曾经具有从医的经历（参见 Medicine in Locke John Philosophy. *Journal of Medicine and Philosophy*；DEC，1990；15；6；pp. 675 – 695），而学界已经证明，经验论与医学具有思想上的渊源关系（参见 Scientific Empiricism and Clinical Medicine，by Livesley B，*Journal of the Royal Society of Medicine*，1981 Oct；Vol. 74. 10，pp. 776）；此外，洛克曾经与波义耳交往甚密，并深受当时化学革命的影响。这些科学经历对洛克的经验论产生了重要的甚至是决定性的影响，了解这些影响对于我们理解洛克的经验论具有不可替代的重要意义。（*Autobiography as Philosophy*：*the Philosophical Uses of Self-presentation*，edited by Thomas Mathien and D. G. Wright. London；New York：Routledge，2006.）

第二，索引分析法（citation analysis or index analysis）：这种分析方法就是在科学家和哲学家著述引文和参考文献中寻找有意义的思想资源——在科学家著述的引文和参考文献中寻找哲学家的思想印记；在哲学家著述的引文和参考文献中寻找科学家的思想印记。例如，F. 培根本人并没有多少科学成就，但却创立了对当时科学革命发生巨大影响的思想体系。原因何在？通过引证分析发现，在《新工具》（*Novom organum*）一书中，涉及笛卡尔的有 207 页、249 页、257 页、276 页、301 页、310 页等；涉及哥白尼的有 201 页、202 页、428 页、473—477 页、475 页等；涉及伽利略的有 492—494 页、468—470 页、528—529 页、525—532 页等。（参见 *Bibliometrics and Citation Analysis：from the Science Citation index to Cybermetrics*，by Nicola De Bellis. Lanham，Scarecrow Press，c2009.）

第三，用建构论的思维方式寻求科学（史）与哲学（史）之间的思想空间：任何交叉地带的思想领域都是异质的、冲突的、动态的，本质主义、逻辑主义或结构主义的研究方式几乎无能为力，而这恰恰是建构主义之所长。笔者着力于建构论（constructivism）研究有十年之久，先后承担三项国家课题，从中得出的研究方法就是：从本质论转向发生—建构分析；从还原论转向角色—网络分析，从决定论转向综合—辩证分析。这些方法论特质对于包容并重组科学与哲学的异质思想，具有不可替代的意义。（见拙文《社会建构主义：超越后现代知识论》，《哲学研究》2005 年第 9 期。）

第四，用"思想连续统"的方法寻求科学与哲学的两极相通：传统方法论往往乐于为思想"划界"，如分析命题与综合命题，证明语境与发现语境，科学语言与日常语言等等。本书深受蒯因对分析命题—综合命题的相互渗透性分析，也特别得益于当代著名科学哲学家 B. 拉图尔（1999，279）的方案：

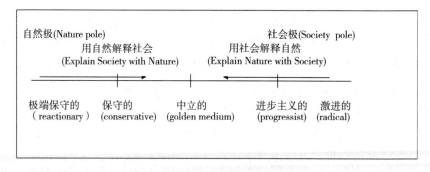

图 1 - 2　拉图尔的对称性解释图示

从思想连续统的角度看，科学（史）与哲学（史）尽管存在于两个不同的研究范式中，但却是人类理性中两种可以互通的知识领域。（参见拙文《科学知识的合理重建：在地方知识和普遍知识之间》，《社会科学》2010 年第 9 期；《哲学社会科学与意识形态关系的合理化重建》，《学术月刊》2010 年第 9 期。）

第五，借鉴库恩的思想，从"科学共同体"走向"科学—哲学共同体"，探究科学（史）与哲学（史）之间思想交叉地带的深层机理：库恩"范式"包含技术设施、科学理论、专业规范和哲学信念等多重要素，但这些思想要素基本上都属于科学共同体的内部要素。我们把库恩的思想推进到科学与哲学的交叉地带，即从科学内部的共同体转向科学家与哲学家之间的共同体，用以解释科学（史）与哲学（史）之间的思想沟通及其内在机制。（主要参见 *Thomas Kuhn*：*A Philosophical History for our Times*，by Fuller Steve，Chicago：University of Chicago Press，2000；*Thomas Kuhn's Revolution*：*An Historical Philosophy of Science*. by James A. Marcum，New York：Continuum，c2005. *Kuhn*：*Philosopher of Scientific Revolutions*，by Wes Sharrock and Rupert Read，Malden，MA ；Oxford：Polity，2002. ）

按照本书的设计，科学哲学史研究的技术路线就是在科学（史）与哲学（史）之间寻求科学—哲学共同体兴替的思想机制，其中包括如下环节。

对于研究方法与技术路线的适用性和可操作性，我们有如下考量。

从文献收集看，我们不是从课题申报才开始梳理有关文献，而是早在2010 年课题组负责人就在澳洲作为高访学者收集、整理和消化科学哲学史的各种文献。目前已经形成了总论、古希腊罗马的科学哲学文献、中世纪的科学哲学文献、文艺复兴及近代科学哲学文献、现代科学哲学文献。

从前期研究看，笔者（负责人）跟随舒炜光先生从事科学哲学研究多年，近年来已经发表了一批学术论文（如《科学哲学简史：从古希腊到后现代》，载《吉林大学学报（社会科学版）》2012 年第 4 期），出版了两部相关著述（如《科学哲学新进展：从证实到建构》，上海人民出版社 2012 年版），翻译了 J. A. 舒斯特（J. A. Schuster）先生的《科学史与科学哲学导论》（上海科技教育出版社出版 2013 年版），主持了两项国家后期资助课题（如《科学哲学：基本范畴的历史考察》11FZX020）等。

从设计框架看，本书的设计力图体现最新成果及自己的新思考，有望解决提出的问题。本课题的顶层设计参考借鉴了"国际科学哲学史研究

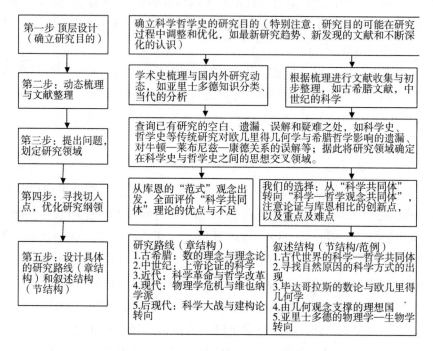

图1-3　科学哲学史研究的图线图

会"（HOPOS）的"建会宗旨"；学术史考察参考了海德堡（Michael Heidelberger）在 2000 年出版的《科学哲学史：新动向和新视野》（*History of Philosophy of Science：New Trends and Perspectives*）；问题的提出在于看到了科学史、哲学史以及科学哲学的传统研究对一些主要思想的遗漏（如 Quine-Duhem thesis））、误解（如科学哲学不是作为以科学为对象的哲学而是作为科学性的哲学）以及制造了许多理论难题如笛卡尔的身心二元论（Walter Soffer, From science to subjectivity：an interpretation of Descartes' Meditations, 1987）；研究领域界定在科学史与哲学史之间的思想交叉地带；研究角度设定在继承并超越库恩的范式思想；研究纲领在于科学—哲学的观念共同体；路径设计在于强调前科学—哲学共同体等，具有一定的包容性和合理性。

　　从技术路线看，科学—哲学观念共同体并不是一种无所不包但又不可分析的学理观念，而是包含着可行的技术路线。我们不仅可以从科学—哲学观念共同体中得出顶层设计等原则规定，而且可以进行学术史的梳理、相关文献的收集与解读，可以从中发现问题并划定自己的研究领域，更为重要的是可以从中找到解题的切入点和选择自己的研究纲领。

从叙述结构看，科学—哲学观念共同体不仅包含着可行的技术路线，而且包含成果写作的叙述结构。我们可以从科学—哲学观念共同体中推导出每一部分的结构：流行的自然观，新科学的发现，流行自然观的变革，新的观念……用这个模式可以描述从古希腊到后现代的科学哲学史。

二　重点及难点问题

库克尔曼斯（Joseph J. Kockelmans）在 1968 年编写的《科学哲学的历史背景》（*Philosophy of Science, the Historical Background*）中指出，写一部科学哲学史的著述会遇到许多前提性的困难问题，即使将科学哲学局限在自然科学哲学，问题依然如故。首先遇到的重大问题是如何理解"科学哲学"这个表述。

科学哲学有无历史？这个难题还造成如下几方面的理论困难：

第一，如何评价科学哲学与整个西方哲学发展之间的思想关系？从古希腊到 19 世纪西方哲学的核心是自然哲学，但逻辑经验主义的科学哲学往往把自然哲学当做形而上学来拒斥，一般哲学史往往把自然哲学当做哲学思想体系的边缘性构件。这种哲学大体上是用自然事物及其认知的方式来理解哲学问题以及自然科学和人文科学等问题。古希腊罗马时期的哲学、中世纪的教父哲学和经院哲学、文艺复兴时期的哲学以及早期的现代哲学大抵都是如此，如格兰特在 2007 年撰写的《从古代到 19 世纪的自然哲学史》（*A History of Natural Philosophy: From the Ancient World to the Nineteenth Century*）。许多当代哲学家也在不断地反思自然哲学问题，如梅洛－庞蒂（Merleau-Ponty's Philosophy of Nature, 2009）和尼采（Nietzsche's Philosophy of Nature and Cosmology, 1990），甚至科学哲学也深受这种思维方式的影响，如石里克（Philosophy of Nature, 1968）。

第二，如何评价维也纳学派的科学哲学？它的思想目标是"拒斥形而上学"还是追求"统一科学"？最大的误解是所谓的标准科学哲学对逻辑经验主义及其科学哲学观的误解。传统观点认为，科学哲学就是研究科学划界的标准、科学方法及发展规律的哲学。其实，这种观点在本质上是一种"科学—科学"的唯科学主义。逻辑经验主义不仅是"科学研究的逻辑"，而且也是一场变革哲学的运动，较为全面的理解应该是通过科学反思来改变传统哲学的思维方式，使哲学话语方式从思辨转向分析。持这种观点的著述有《科学的哲学》（Scientific Philosophy：Origins and Developments Edited by Friedrich Stadler. Dordrecht；Boston；London：Kluwer Academic，c1993）。对库恩的误解也是如此，学界往往把"科学革命的结构"看作科学思想的进化过程，但却没有看到"范式"（programme）一词所包含的科学与哲学之间的密切关系以及将科学当作哲学变革（"世界观改变"）的原因。

第三，一些重要的思想关系上的疑难问题：研究柏拉图—亚里士多德之间的思想关系的著作可谓汗牛充栋，但大多纠结于共相论与四因说之间的思想因缘问题，其实，柏拉图的哲学是拟几何学的（参见 Anders Wedberg，*Plato's Philosophy of Mathematics*，Almqvist &Wiksell／Gebers Förlag A B，1955），而亚里士多德的哲学是拟物理学和生物学的（James G. Lennox，Michael Ruse，*Aristotle's Philosophy of Biology*，Cambridge University Press，2012）。当然，最重要的思想关系则是中世纪的宗教理念与科学革命之间的思想关联（参见 *The Beginnings of Western Science：the European Scientific Tradition in Philosophical，Religious，and Institutional Context*，Prehistory to A. D. 1450，by David C. Lindberg. Chicago：University of Chicago Press，2nd ed. c1992，2007），从科学—哲学的角度看，中世纪宗教对上帝的证明促进了数理科学的发展，而世界的等级观念以及低等事物分有高贵精神的思想则促进了新柏拉图主义或帕拉塞尔苏斯运动特别是炼金术的发展。（*Studies in Medieval Science：Alchemy，Astrology，Mathematics，and Medicine*，by Pearl Kibre. London：Hambledon Press，1v. 1984.）

第四，一些重要思想家的理论体系上的疑难问题：如毕达哥拉斯的数论和他的神秘主义；罗吉尔·培根的实验科学态度与宗教态度（Three Treatments of Universals by Roger Bacon；A Translation With Introduction and Notes，by Thomas S. Maloney. State University of New York at Binghamton，1989）；伽桑狄（Pierre Gassendi，1592 年 1 月 22 日至 1655 年 8 月 24 日）在自然观上的原子论立场和在历史观上的契约论立场（参见 *Pierre Gassendi：from Aristotelianism to a New Natural Philosophy*，by Barry Brundell. Kluwer Academic，c1987）；笛卡尔的身心二元论（*From Science to Subjectivity*：

An Interpretation of Descartes' Meditations，by Walter Soffer，New York：Greenwood Press，1987）；霍布斯的自然哲学和社会理论（*Hobbes's Philosophy as a System：the Relation Between His Political and Natural Philosophy*，by Richard A. Talaska，Catholic University of America，1985 以及 *Thomas Hobbes，the Unity of Scientific and Moral Wisdom*，by Gary B. H erbert，University of British Columbia Press，1989）；斯宾诺莎的自然哲学和道德哲学（*Spinoza and the Science*，by Marjorie Grene and Deba Nails，s，D. Reidel Publishing Company，1986）；牛顿的科学贡献和宗教情怀。（参见 *Philosophical Writings in Isaac Newton*，edited by Andrew Janiak. New York：Cambridge University Press，2004 以及 *Theological Manuscripts* Selected and ed. with an Introduction by H. McLachlan. Liverpool：U. P.，1950.）

上述观点还有其深层原因。

第一，从思维方式角度看，事实判断与价值判断的分离：习惯上往往把事实判断和价值判断分割开来（如 The two culture theory in C. P. Snow's），科学专注于事实判断，哲学专注于价值判断；但科学—哲学共同体则要求我们把事实判断和价值判断统一起来考量，把科学知识和哲学智慧放在一个范式之中。例如，我们不应该把笛卡尔的科学成就和哲学造诣区别开来，而应该把他的解析几何和理性怀疑思想通盘考量。

第二，从知识结构关系看，科学与哲学的二分法：在维也纳学派的知识结构或知识图谱中，科学理论是由观察命题和理论命题所构成的命题系统，而哲学不是命题性知识，甚至也称不上知识，有人认为"哲学不是理论而是一种分析活动"（L. Wittgenstein，1932），有人认为哲学只有一种生活态度或"科学语言的逻辑句法"（R. Carnap，1933），库恩对哲学的态度较为宽容，但也坚决认为"科学（史）和（科学）哲学是两个独立的学科"（Kuhn，1968）。我们要论证科学与哲学是一个共同体的两个思想要素，因而必须突破科学与哲学的二分法。例如，我们往往把亚里士多德和托勒密分别看作哲学家和科学家，其实，托勒密的天体论几乎就是亚里士多德整个思想体系的一个组成部分。

第三，从现代科学哲学的角度看，科学主义对"形而上学"及其思想史的傲慢与偏见：传统观点往往强调科学哲学在于研究科学本质、科学方法、科学解释、科学判据和科学发展规律等，无关乎哲学自身的反思。

科学—哲学共同体要求对科学与哲学进行对称性的关注，既要看到哲学对科学的审视，也要看到科学对哲学的变革。这就要求我们突破科学哲学的传统观念，正视哲学在认识和改造科学的过程中也在认识和改造哲学自身。例如，莱辛巴赫就曾经说过，"从事新哲学或科学的哲学是无需回顾哲学史的，新哲学的研究不可能从哲学史考察中获益。"（who work in the new philosophy or scientific philosophy）do not look back；their work would not profit for historical considerations，Reichenbach，1951：325.）

第四，从哲学和哲学史的角度看，哲学"解释循环"的自我封闭：传统观念往往把科学看作哲学及其发展的外在要素，哲学的发展在于"绝对理性"自身的演化（黑格尔，哲学就是哲学史）。但科学—哲学共同体却认为，科学和哲学不是互为外在的要素，而是共存于同一个观念共同体中，同一时期的科学与哲学之间的关联远远大于不同哲学思想之间的纵向联系。例如，我们固然可以用柏拉图来理解亚里士多德思想，但对于他的四因说和三段论更多地受到其物理学和生物学的影响。

三　内容安排

除了编史学考察（第一章）外，按照上述编史学纲领，本书的内容作如下安排：古希腊罗马时期的科学哲学思想（第二章），中世纪的科学哲学思想（第三章），理性时代的科学哲学思想（第四章），分析时代的科学哲学思想（第五章），后现代科学哲学思想（第六章）和结论：走向科学主义（第七章）。在体例上，在每一章中，我们都从文献、谱系和观念三个维度进行叙述。如此形成如下内容结构：

古希腊罗马的科学哲学思想——西方数理世界观的形成（第二章）

对科学进行哲学反思源自古希腊罗马诸贤，其中包括：古代原子论对万物本原的探索，阿基米德对原子论的集成；几何学与观念论的演化：毕达哥拉斯的数论—苏格拉底的共相—巴门尼德的存在—柏拉图的理想国以及新柏拉图主义的数学路线；亚里士多德的物理学与四因说，分类学与三段论，拟生物—动物的国家理论等等。

文献举要：古希腊罗马科学哲学思想的经典文献多有流传，但多数仅以残编存世。我们按照经典文本—对经典文本的历史诠释—对经典文本及其诠释的当代评论的格局举要如下表：

表1－3　　　　　　　　　古希腊罗马科学哲学思想简表

	经典文本	对经典文本的历史诠释	当代评论
德谟克利特（Democritus）	The atomists, Leucippus and Democritus: fragments: a text and translation with a commentary/by C. C. W. Taylor. T University of Toronto Press, 1999	Democritus: or, the laughing philosopher: A collection of merry stories, jests, epigrams, riddles, repartees, epitaphs, &c. taken from a manuscript, found at Herculaneum, an ancient Roman city, in the year 1770. Berwick: printed for R. Taylor, MDCCLXXI. [1771]	Atomism and its critics: problem areas associated with the development of the atomic theory of matter from Democritus to Newton/Andrew Pyle. Bristol, England: Thoemmes, 1995
毕达哥拉斯（Pythagoras）	Iamblichus, Vit. Pyth. 96 – 101	Iamblichus, Life of Pythagoras, translated by Kenneth Sylvan Guthrie (1920)	Burnyeat, M. F. "The Truth about Pythagoras". London Review of Books, 22 February 2007
柏拉图（Plato）	Timaeus	De divinatione: De fato: Timaeus/edidit Remo Giomini. Leipzig: B. G. Teubner, 1975	Cornford, Francis Macdonald (1997) Plato's Cosmology: the Timaeus of Plato, Translated with a Running Commentary. Indianapolis: Hackett Publishing Company, Inc
亚里士多德（Aristotle）	Physics Organon	Simplicius, On Aristotle's "Physics 8. 6 – 10"; Thomas Aquinas, Commentary on Aristotle's Physics"	An approach to Aristotle's physics: with particular attention to the role of his manner of writing/David Bolotin, University of New York Press, c1998
普鲁克鲁斯（Proclus）	Elements of Physics, A Commentary on the First Book of Euclid's Elements	Heath (1908). "Proclus and His Sources". The Thirteen Books of Euclid's Elements Vol. 1. p. 29. "	The Logical Principles of Proclus' Stoicheiôsis Theologikê as Systematic Ground of the Cosmos, by James Lowry, Rodopi, 1980

知识谱系：根据古希腊科学及哲学著述（如德谟克利特的著作残编等），我们可以梳理出如下知识谱系（其中既有哲学家也有科学家，更多的是具有科学家与哲学家的双重身份）。

原子论的知识谱系：留基伯—德谟克利特—伊壁鸠鲁—卢克莱修—阿基米德（特别注意，在阿基米德的著述中，唯一被提到的哲学家的名字是德谟克利特，这使得从事古典研究的学者开始注意到阿基米德与德谟克利特之间的思想关联。（参见 Giuseppe Boscarino, The Mystery of Archimedes. Archimedes, Physicist and Mathematician, Anti-Platonic and Anti-Aristotelian Philosopher, In Stephanos A. Paipetis Marco Ceccarelli Editors, The Genius of Archimedes – 23 Centuries of Influence on Mathematics, Science and Engineering, Proceedings of an International Conference held at Syracuse, Italy, June 8 – 10, 2010, Springer Science + Business Media B. V. 2010.）

数理论的知识谱系：毕达哥拉斯—巴门尼德\芝诺—苏格拉底—柏拉图—欧几里得—普鲁克鲁斯。这条知识谱系从毕达哥拉斯的数论出发，论证观念特别是数理观念对世界特别是感性世界的支配性，其最高科学成就就是欧几里得几何学，并通过普鲁克鲁斯等演化为新柏拉图主义，对后世的科学及其哲学特别是科学哲学产生了重大影响。（参见 The Philosophical and Mathematical Commentaries of Proclus, Surnamed Plato's Successor, On the First Book of Euclid's Elements: and His Life, by Marinus, Translated from the Greek, with a preliminary dissertation on the Platonic doctrine of ideas, &c., by Thomas Taylor. London: Printed for the author, and sold by T. Payne, 1788 – 1789.）

四因说的知识谱系：恩培多克勒—亚里士多德—托勒密—希波克拉底。这条知识谱系从恩培多克勒的四要素说出发，经过亚里士多德的四因说及四要素说的哲学提升，在宇宙论问题上演化为托勒密的日心说天文学，在生理学上演化为希波克拉底的医学。（参见①Art, Science and Conjecture, From Hippocrates to Plato and Aristotle, By Boudon-Millot V, Studies In Ancient Medicine 2005; Vol. 31, pp. 87 – 99. ②Three philosophers by Giorgione Interpreted as Regiomontanus, Ptolemy and Aristotle. by Wischnitzer, Rachel Bernstein. Gazette des Beaux-Arts, April 1945, pp. 193 – 212.）

基本观念：在古希腊罗马时期的科学哲学中，有三个具有奠基性的基本观念：自然因果、世界始基和逻辑论证。这些观念对西方科学、哲学和科学哲学以致整个西方文化都产生了巨大影响。

自然因果：自米利都学派始，古希腊罗马人对人类思想的最大贡献在于对世界事物的解释从原始宗教转向了自然因果。例如，赫西俄德的神话谱系中，地震是由波塞冬的愤怒引起的，但泰勒斯认为地震是由于水的振动。（参见 G. E. R. Lloyd,. Magic, Reason, and Experience: Studies in the

Origin and Development of Greek Science, Cambridge University Press, 1979.）

世界始基：寻找世界始基是古希腊罗马时期的科学哲学思想的重要主题，从米利都学派的水、火和气等有形物质直到无限、巴门尼德的同一、赫拉克利特的逻各斯、毕达哥拉斯的数、苏格拉底的共相和柏拉图的理念以及亚里士多德的四要素等抽象概念。这对西方的科学哲学具有决定性的影响。（参见 R. W. Sharples, *Science and Philosophy in Antiquity*, Ashgate, 2005.）

逻辑论证：古希腊罗马时期科学哲学思想家区别于同期文明的最大区别在于逻辑论证。东方文明如埃及和中东地区早已广泛使用直角三角形三边之间的数量关系，例如中国的商高定理等。但只有毕达哥拉斯才用逻辑论证的方法定义了 $a^2 + b^2 = c^2$。结果虽然一致，但论证方式却是革命性的。这也是东西方文明的重大分野之一。（参见 Annette Imhausen and Tanja Pommerening, *Writings of Early Scholars in the Ancient Near East*, *Egypt*, *Rome*, *and Greece*: *Translating Ancient Scientific Texts*, New York: De Gruyter, c2010.）

中世纪科学哲学思想——科学与宗教的融合与冲突（第三章）

中世纪是古希腊罗马科学哲学思想的延续与极化，其中包括奥古斯丁以及教父思想中的知识、信念与社会生活；大阿尔伯特与 T. 阿奎那的科学分类思想；R. 培根等人的唯名论等。

文献举要：重点介绍波伊修斯、大阿尔贝特、阿奎那、R. 培根、库萨的尼古拉和奥卡姆的威廉等中世纪科学、哲学与宗教之间关系的经典文本，对经典文本的历史诠释以及对经典文本及其诠释的当代评论。

表1-4　　　　　　　　　　中世纪科学哲学思想简表

	经典文本	对经典文本的历史诠释	当代评论
波伊修斯 *Boethius*	*De arithmetica*	*Boethius and the Enchiriadis theory: the metaphysics of consonance and the concept of organum/David E. Cohen.*	*Boethian number theory: a translation of the De institutione arithmetica by Michael Masi. Amsterdam: Rodopi, 1983.*

	经典文本	对经典文本的历史诠释	当代评论
大阿尔贝特 Albert the Great	Man and the beasts (De animalibus, books 22 – 26) / Albert the Great; translated by James J. Scanlan. Binghampton, N. Y.: Medieval & Renaissance Texts & Studies, 1987.	Albertus (Magnus)' commentaar op Euclides' Elementen der geometrie: inleidende studie, analyse en uitgave van Boek I/Paul Marie Josef Emanuel Tummers. Nijmegen: Ingenium Publishers, 1984.	Beasts, Men and Gods/ Ferdinand Ossendowski. Project Gutenberg, 2006.
阿奎那 St. Thomas Aquinas	The division and methods of the sciences: Questions V and VI of his Commentary on the De Trinitate of Boethius, by A. Maurer: Pontifical Institute of Mediaeval Studies, 1963.	Nature and Grace: selections from the Summa Theologica of Thomas Aquinas/translated and edited by A. M. Fairweather. London: SCM Press, 1954.	Aquinas and Kant: the foundations of the modern sciences/by Gavin Ardley. London: Longmans, Green, 1950.
罗杰尔·培根 Roger Bacon	Tracts on alchemy, metaphysics, mathematics and astronomy Three treatments of universals/by Roger Bacon; a translation with introduction and notes by Thomas S. Maloney. The Opus majus of Roger Bacon/a translation by Robert Belle Burke. Philadelphia: University of Pennsylvania Press, 1928.	Roger Bacon's philosophy of nature: a critical edition, with English translation, introduction, and notes, of De multiplicatione specierum and De speculis comburentibus/by David C. Lindberg. Oxford University Press, 1983. Roger Bacon: essays contributed by various writers on the occasion of the commemoration of the seventh centenary of his birth/collected and edited by A. G. Little. Clarendon Press, 1914.	Roger Bacon and the sciences: commemorative essays/edited by Jeremiah Hackett. New York: Brill, 1997. Reconsidering Roger Bacon's Apocalypticism in Light of His Alchemical and Scientific Thought. Detail Only Available By: Matus, Zachary. Harvard Theological Review. Apr2012, Vol. 105 Issue 2, p189 – 222. 34p.
库萨的尼古拉 Nicholas of Cusa	The idiot in four books. /By the famous and learned C. Cusanus. Reading Cusanus: metaphor and dialectic in a conjectural universe/by Clyde Lee Miller. Washington, D. C.: Catholic University of America Press, c2002.	The individual and the cosmos in Renaissance philosophy/Ernst Cassirer; translated with an introduction by Mario Domandi. Chicago; London: University of Chicago Press, 2010. Nicholas of Cusa's debate with John Wenck: a translation and an appraisal of De ignota litteratura and Apologia doctae ignorantiae/by Jasper, A. J. Banning Press, c1981.	Cusanus: the legacy of learned ignorance/edited by Peter J. Casarella. Washington, D. C.: Catholic University of America Press, c2006. Learned ignorance: intellectual humility among Jews, Christians, and Muslims/edited by James L. Heft, Reuven Firestone, and Omid Safi. Oxford University Press, c2011. 01/01

续表

	经典文本	对经典文本的历史诠释	当代评论
威廉·奥卡姆 *Ockham*	*Ockham's theory of propositions: part II of the Summa logicae/by Alfred J. Freddoso. Notre Dame: University of Notre Dame Press, c1980.*	*Philosophical writings: a selection/William of Ockham; translated, with introduction and notes, by Philotheus Boehner. Indianapolis: Hackett Pub. Co., c1990.*	*Scotus vs. Ockham: a medieval dispute over universals/texts translated into English, with commentary, by Martin M. Tweedale. Lewiston, N. Y.: E. Mellen Press, c1999.*

知识谱系：中世纪的知识谱系主要有三条：新柏拉图主义、亚里士多德主义和唯名论。

新柏拉图主义的知识谱系：普拉提诺—波菲斯—奥古斯丁—哥白尼—帕拉塞尔苏斯（Paracelsus）—布鲁诺等。这条谱系的思想特点在于：建构了超自然的世界图式，更明确地规定了人在其中的位置，把人神关系置于道德修养的核心，强化了科学、哲学和宗教的同盟，具有更浓厚的神秘主义色彩，但也注重神圣世界对感性世界的"分有"，如此奠定了炼金术和医学的发展。（参见①*Reading Neoplatonism: Non-discursive Thinking in the Texts of Plotinus, Proclus, and Damascius*, by Sara Rappe. Cambridge University Press, 2000；②Augustine's Christian-Platonist Account of Goodness: A Reconsideration, by Asiedu, F. B. A. *Heythrop Journal*. Jul2002, Vol. 43 Issue 3, p328 – 343. 16p. ）

亚里士多德主义知识谱系：主要有大阿尔伯特、阿奎那等人的思想。这条谱系力图恢复亚里士多德的思想传统，可用一系列概念解释实在，诸如十范畴、种—属—个体、质料—形式、潜能—现实、必然—偶然、四种物质元素及其基本性质，还有四因（形式因、质料因、动力因、目的因）；灵魂是动植物生命个体的形式，与肉体不可分割；活动是事物的本质；思辨活动高于实践活动。（参见①*The Influence of Aristotelianism on the Explanation of Action*, by Thomas Aquinas and Raymund Lullus Volek, P. Filozofia；2011；66；1. ②*The alleged Aristotelianism of Thomas Aquinas*, by Mark D. Jordan. Toronto: Pontifical Institute of Medieval Studies, c1992. ）

唯名论（Nominalism）的知识谱系：罗吉尔·培根（Roger Bacon）—奥卡姆的威廉（William of Ockham）—库萨的尼古拉（Nicholas of

Cusa）—马丁·路德（M. Luther）等人的思想。唯名论者认为，只有感官能够感受到个别的存在，共相是不存在的。共相只是由感官虚构推论出来的一种概念。另一个比较弱的唯名论立场，称为概念论，它介于实在论与唯名论之间。他们认为，共相是由个别的性质所推论出的概念。但是，共相既然是由个别的共通特质经过理性推导出来的，那么它存在于理性中。即使某一个体毁灭了，普遍的共相仍然是存在的。（参见①Scientific Realism: Between Platonism and Nominalism, by Psillos, Stathis. *Philosophy of Science*, Dec2010, Vol. 77 Issue 5, pp. 947–958；②*Science Without Numbers: A Defence of Nominalism*, by Hartry H. Field. Princeton, N. J.: Princeton University Press, c1980.）

基本观念：在中世纪的科学哲学中，有三个具有奠基性的基本观念：崇尚经典、两个世界、双重真理以及多重教化等。这些观念对西方科学、哲学和科学哲学以致整个西方文化都产生了巨大影响。

崇尚经典：中世纪思想最重要的特征在于对经典的崇尚，如《圣经》及其解释、对亚里士多德著作的翻译与评论，甚至对欧几里得的几何原本和阿基米德思想的翻译与整理。这对于重要思想包括科学思想的传承、推进和传播具有重要意义。（参见 *A Source of Books in Medieval Science* by Edward Grant, Harvard University Press, 1974；*The mediaeval Latin Translation of Euclid's Elements: Made Directly from the Greek*, by H. L. L. Busard, Stuttgart: F. Steiner Verlag Wiesbaden, 1987.）

两个世界：按照《圣经》的说法，世界一分为二，上帝及其所在的"上帝之城"是永恒的，是作为终极目标的"极乐园"，而人间世界虽然是上帝创造的，但却是充满邪恶的尘世。这种世界观的科学意义在于，一方面逻辑学、天文学、数学、光学等与上帝智慧有关的科学得到保护而获得发展；另一方面，在人间世界的俗物中寻找"哲人之石"的占星术、炼金术等得到发展空间。（参见 *The Beginnings of Western Science: the European Scientific Tradition in Philosophical, Religious, and Institutional Context, prehistory to A. D. 1450*, by David C. Lindberg, University of Chicago Press, 2007；*On the Threshold of Exact Science: Selected Writings pf Anneliese Maier on Late Medieval Natural Philosophy*, by Anneliese Maier, University of Pennsylvania Press, 1982.）

双重真理：认为同一个真理可用双重形式表述，即哲学的理性思辨形式和神学的隐喻象征形式；存在两种并行不悖的真理，即哲学和科学的真理与神学的真理，前者来自经验和科学实验，后者来自神的启示和信仰。伊本·路西德首倡此说，其后西格尔（Sigerus de Brantia）、邓斯·司各脱、奥卡姆的威廉以及弗兰西斯·培根等有了同样主张。（参见 God and Reason in the Middle Ages，by Edward Grant，2001；*Science and Religion From Aristotle to Copernicus* 400 *B. C. -A. D.* 1550，by Edward Grant，2004.）

多重教化：早在加洛林王朝（Carolingian）时代，学校的课程已经定为初等三科，即文法、修辞与辩论；高等四科，即音乐、算术、几何学与天文学，这四科无论如何都被认为是研究物的。音乐包含一种半神秘性的数的理论，几何学只有欧几里得的一系列命题而无证明，算术与天文学受到重视，主要因为它们教人怎样计算复活节的日期。这一切都是为研究神圣的神学做准备。在整个中世纪，这种分科方法对于各门学术要素都是适用的，后来，由于人们对哲学产生更大兴趣，又添上了哲学一科。（参见 *Studies in Medieval Science*：*Alchemy*，*Astrology*，*Mathematics*，*And Medicine*，by Pearl Kibre，Hambledon Press，1984；*The Foundations of Modern Science in the Middle Ages*，by Edward Grant，1996.）

理性时代科学哲学思想：从科学革命到工业革命（第四章）

理性时代是科学革命的时代，时代主题是科学革命与宗教改革，其中包括：科学革命与经验论的科学基础及政治理论；理性怀疑主义的科学与人学；牛顿、莱布尼兹与康德的机械论世界观等内容。

文献举要：重点选择 F. 培根、笛卡尔、莱布尼兹和康德等人的经典文献，其中包括三个环节：经典文本、对经典文本的诠释，对经典文本及其诠释的当代评论。

知识谱系：近代科学哲学发展的知识谱系主要有如下几条：哥白尼革命与 F. 培根；笛卡尔的解析几何与理性怀疑主义；洛克与波义耳的合作，牛顿—莱布尼兹—康德等。

表1-5　　　　　　　　　　　　西方近代科学哲学思想简表

	经典文本	诠释文本	评论文本
培根 Francis Bacon	*The Great Instauration Novum Organum (New Method) Advancement of Learning*	*An account of Lord Bacon's Novum organon scientiarum, or, New method of studying the sciences: the first, or introductory part.* [London: Society for the Diffusion of Useful Knowledge, 1833]	*Francis Bacon: new studies: centenary essays/edited by Martin Harrison. Göttingen: Steidl, 2009*
笛卡尔 Descartes	*Discourse on method, Optics, Geometry, and Meteorology/Descartes; translated, with an introduction by Paul J. Olscamp. Indianapolis: Bobbs-Merrill,* [1965]	*Reflections upon Monsieur Des Cartes's Discourse of a method for the well-guiding of reason, and discovery of truth in the sciences. Written by a private pen in French, and translated out of the original manuscript, by J. D. London,: Printed by Tho. Newcomb., 1655*	*Descartes' system of natural philosophy/Stephen Gaukroger. Cambridge: Cambridge University Press, 2002. Descartes' philosophy of science/Desmond M. Clarke. Manchester: Manchester University Press, c1982*
莱布尼兹 G. W. Leibniz	*Discourse on metaphysics and related writings/G. W. Leibniz; edited and translated, with an introduction, notes, and glossary by R. N. D. Martin and Stuart Brown. St. Martin's Press, 1988*	*Leibniz and dynamics: the texts of 1692/Pierre Costabel; translated by R. E. W. Maddison. Paris: Hermann; Ithaca, N. Y.: Cornell University Press; London: Metheun, 1973*	*New essays on Leibniz reception: in science and philosophy of science 1800-2000/ Ralf Krömer, Yannick Chin-Drian, editors. Basel; New York: Birkhäuser, c2012*
康德 Emmanuel Kant	*Emmanuel Kant: metaphysical foundations of natural science/translated and edited by Michael Friedman. Cambridge, UK; New York: Cambridge University Press, 2004*	*Kant's cosmogony, as in his essay on the retardation of the rotation of the earth and his Natural history and theory of the heavens. Translated by W. Hastie. With a new introd. by Gerald J. Whitrow. New York, Johnson Reprint Corp., 1970*	*Between Leibniz, Newton, and Kant: philosophy and science in the eighteenth century/edited by Wolfgang Lefèvre. Boston: Kluwer Academic Publishers, 2001*

　　经验论的知识谱系：哥白尼的《天体运行论》引发了一场导致现代科学产生的科学革命，同时也引发了导致现代哲学产生的哲学革命，弗兰西斯·培根在他的《新工具》（Bacon's Novum Organum）中多次揭到哥白尼学说和伽利略学说。（参见①*Francis Bacon and the Transformation of Early-Modern Philosophy*, by Stephen Gaukroger, 2001；②*Francis Bacon's Idea of Science and the Maker's Knowledge Tradition*, by Antonio Perez-Ramos, Oxford, 1988；③*The Diffident Naturalist: Robert Boyle and the Philosophy of Ex-*

periment，by Rose-Mary Sargent，1995.）

理性主义的知识谱系：笛卡尔的科学哲学路径基本上是一条从科学走到主体性的进路。萨弗尔（Walter Soffer）指出，"笛卡尔的怀疑是一种在确立科学的稳固基础的旨趣中克服理论偏见的方法，同时也是他的'方法谈'的第一原则。怀疑方法的提出是一种实践，一种克服另外一种偏见、前哲学灵魂的偏见的可能性。"（参见①*From Science to Subjectivity*：*an Interpretation of Descartes' Meditations*，by Walter Soffer，Greenwood press，1987，p35.②*Descartes Embodied*：*Reading Cartesian Philosophy Through Cartesian Science*，by Daniel Garber，2001.）

机械论的知识谱系：牛顿、莱布尼兹和康德的科学哲学思想。牛顿和莱布尼兹有关诸多科学问题的争论引发了康德的批判哲学，康德哲学不仅仅是对经验论与唯理论的思想整合，而且更是对牛顿经典科学的哲学总结，最后完成了机械论的世界图景。（参见①*Between Leibniz，Newton，and Kant*：*Philosophy and Science in the Eighteenth Century*，by Wolfgang Lefèvre，2001；② *The Metaphysics of Science and Freedom*：*from Descartes to Kant to Hegel*，by Wayne Cristaudo，c1991.）

基本观念：与其他时代特别是与中世纪科学和现代科学相比，近世科学具有如下特征：（1）深思熟虑和可记录的实验；（2）将数学作为一种揭示自然的特殊工具来接受；（3）将来自事物本身的特定感知到的属性的原因，重新归于观察者的知觉理解；（4）将世界看作一部机器的联想的合理性；（5）将自然哲学作为一种研究事业而不是作为一种知识体系的思想；（6）以对合作研究的积极评价来重构知识的社会基础。（Edward Grant，The Foundations of Modern Science in the Middle Ages，1996）我们以为，这些概括是正确的，但还不是基本观念。

追求完美或确定性：任何科学理解都不能脱离它的时代，近代科学革命的大师们不是天主教徒就是新教徒，因此他们的科学探索大多受到当时宗教文化的熏陶：追求完美或确定性，既包括对上帝及其信念的理解，也包括对世俗事物特别是科学问题的探索。同时这也意味着对不完美的事物特别是不确定的知识保有一种批判态度，如伽利略对亚里士多德落体问题的辩驳等等。不论是 F.培根的"学术的进展"还是笛卡尔的"第一哲学的沉思"，都体现了这种精神特质。（参见 *Scientia in Early Modern Philoso-*

phy：*Seventeenth-century Thinkers on Demonstrative Knowledge from First Principles*，by Tom Sorell，G. A. J. Rogers and Jill Kraye，Dordrecht：Springer，c2010.）

自然哲学的知识态度：不论是中世纪的经院哲学家还是近代科学家，都从自然哲学的角度去审读知识，或者从某种自然哲学出发去思考科学知识问题，或者试图重建自然哲学来解决科学知识问题。这样他们对科学的探索就出自或印证某种自然哲学，从而使得对科学知识的探索与对世界的理解有机统一起来，因而近代科学往往成为普遍性的公有知识。（参见 *Between Leibniz*，*Newton*，*and Kant*：*philosophy and Science in the Eighteenth Century*，by Wolfgang Lefèvre，Boston，，Kluwer Academic Publishers，2001；*The Metaphysics of Science and Freedom*：*from Descartes to Kant to Hegel*，by Wayne Cristaudo，Gower，c1991；*Metaphysics and The Philosophy of Science*；*the Classical Origins*，*Descartes to Kant*，by Gerd Buchdahl，Oxford，Basil Blackwell，1969.）

强调研究规则或"有条理的怀疑主义"：追求完美或确定性也许成就科学事业，也许成就某种宗教信念，而近代科学大师区别于其他神职人员或信众的特质还在于，他们都创造并遵循某种特定的研究规则，如 F. 培根的"新工具"、笛卡尔的"方法谈"都在强调科学探索一定要遵循一种特定的行为规范，也就是科学方法。这些规则和方法使得近代科学家与经院哲学家区别开来。（参见 *Scientia in Early Modern Philosophy*：*Seventeenth-century Thinkers on Demonstrative Knowledge from First Principles*，by Tom Sorell，G. A. J. Rogers and Jill Kraye，Dordrecht：Springer，c2010；*Theories of Scientific Method*：*the Renaissance Through the Nineteenth Century*，by Ralph M. Blake，New York：Gordon and Breach，1989.）

对新异思想的限制与宽容：对于中世纪晚期和文艺复兴以及科学革命时代，学界大多对当时的宗教及其社会环境持否定态度，例如，烧死布鲁诺、审判伽利略以及阻止达尔文进化论等。据实而论，烧死布鲁诺的原因主要在于他所持有的激进宗教改革态度而并非因他支持哥白尼学说，伽利略遭到审判时，迟迟拿不出、当时也不可能拿出支持日心说的重要科学证据，特别是在"对话"中对教皇的影射态度。其实，当时的教会及其社会对于有根据的科学新说是较为宽容的。（参见 *Religion*，*Science*，*and*

Magic：*in Concert and in Conflict*，edited by Jacob Neusner，Ernest S. Frerichs，and Paul Virgil McCracken Flesher. New York：Oxford University Press，1989；*Retrying Galileo*，*1633 - 1992*，by Maurice A. Finocchiaro. Berkeley：University of California Press，2005；*The church and Galileo*，edited by Ernan McMullin. Notre Dame，Ind.：University of Notre Dame Press，c2005.）

　　分析时代的科学哲学思想：从统一科学到语言批判（第五章）

　　分析时代是当代科学哲学的时代，其中包括：数学危机及其探索中的弗雷格、怀特海—罗素和维特根斯坦；物理学革命与逻辑经验主义；科学统一运动与人本主义批判等。

　　文献举要：重点介绍弗雷格、马赫、迪昂、罗素、维特根斯坦、石里克、卡尔纳普、纽拉特、波普和蒯因等人的经典文献，包括经典文本、对经典文本的诠释以及对经典文本及其诠释的当代评论。

表 1 - 6　　　　　　　　　　　**西方现代科学哲学思想简表**

	经典文本	诠释文本	评论文本
弗雷格 G. Frege	*Collected papers on mathematics，logic，and philosophy Blackwell*，1984	*A critical introduction to the philosophy of Gottlob Frege/ Guillermo E. Rosado Haddock.：Ashgate，c2006*	*Origins of analytic philosophy：Kant and Frege/Delbert Reed. London；New York：Continuum，c2007*
马赫 Ernst Mach	*The analysis of sensations，New York Dover Publications，1959* *The principles of physical optics：an historical and philosophical treatment N. Y.：Dover Pubs.，1953*	*Ernst Mach—Werk und Wirkung/herausgegeben von Rudolf Haller und Friedrich Stadler. Wien：Hölder-Pichler-Tempsky，c1988*	*Ernst Mach's Vienna，1895 - 1930，or，Phenomen-alism as philosophy of science/edited by J. Blackmore. Kluwer Academic，c2001.* *Mach's philosophy of science/ J. Bradley.：Athlone Press of the University of London，1971*
迪昂 Pierre Duhem	*To save the phenomena，an essay on the idea of physical theory from Plato to Galileo. Chicago：University of Chicago Press. 1969*	*"Pierre Duhem". Stanford Encyclopedia of Philosophy. http：//plato. stanford. edu/entries/duhem/. 2009 - 11 - 07.*	*An Interpretation of Pierre Duhem's Philosophy of Science，Lyczek，R. FILOZOFIA NAUKI；MAR，2009*
罗素 R. Bertrand	*1914. Our Knowledge of the External World as a Field for Scientific Method in Philosophy. Chicago and London：Open Court Publishing*	*The Philosophy of Bertrand Russell，edited by P. A. Schilpp，Evanston and Chicago：Northwestern University，1944*	*Bertrand Russell：Critical Assessments，edited by A. D. Irvine，4 volumes，London：Routledge，1999*

续表

	经典文本	诠释文本	评论文本
维特根斯坦 L. Wittgenstein	*Tractatus Logico-Philosophicus* [electronic resource] / Ludwig Wittgenstein; translated by C. K. Ogden, Project Gutenberg, 2010	*The Disenchantment of Nonsense: Understanding Wittgenstein's Tractatus. By: Cheung, Leo K. C. Philosophical Investigations. Jul2008*	*The enchantment of words: Wittgenstein's Tractatus logico-philosophicus/Denis McManus. Oxford University Press,* 2006
纽拉特 Otto Neurath	*Empiricism and sociology. Dordrecht, Reidel* [1973]	*Unified science: the Vienna circle monograph series Dordrecht, Holland; Boston: D. Reidel Pub. Co.; Norwell, MA, U. S. A.: Sold and distributed in the U. S. A. and Canada by Kluwer Academic, c1987*	*Otto Neurath: philosophy between science and politics/ Nancy Cartwright ... [et al.] New York: Cambridge University Press, 1996*
卡尔纳普 R. Carnap	*The logical syntax of language, London, K. Paul, Trench, Trubner & co., ltd., 1937*	*Schilpp, P. A., ed., 1963. The Philosophy of Rudolf Carnap. LaSalle IL: Open Court.*	*Carnap's logical syntax of language/By: Wagner, Pierre. Basingstoke, Palgrave Macmillan, 2009*
波普尔 Karl Popper	*The Logic of Scientific Discovery, 1934 (as Logik der Forschung, English translation 1959), Objective Knowledge: An Evolutionary Approach, 1972, Rev. ed., 1979*	*See Stephen Thornton, "Karl Popper", in The Stanford Encyclopedia of Philosophy (Summer 2009 Edition), Schilpp, Paul A., ed. The Philosophy of Karl Popper, 2 vols. La Salle, IL: Open Court Press, 1974*	*Stefano Gattei. Karl Popper's Philosophy of Science. 2009. Rowbottom, Darrell P. Popper's Critical Rationalism: A Philosophical Investigation. London: Routledge, 2010*
蒯因 W. V. Quine	*1980 (1953). From a Logical Point of View. Harvard Univ. Press. Contains "Two dogmas of Empiricism." 1992 (1990). Pursuit of Truth*	*Gibson, Roger F., 1982/86. The Philosophy of W. V. Quine: An Expository Essay. Tampa: University of South Florida.* *Gibson, Roger 2004. The Cambridge Companion to Quine. Cambridge University Press*	*Murray Murphey, The Development of Quine's Philosophy (Heidelberg, Springer, 2012)*

知识谱系：分析时代的科学哲学史研究主要包括如下三条谱系：科学哲学的兴起——弗雷格、罗素和维特根斯坦；维也纳学派与逻辑经验主义；逻辑经验主义科学哲学的兴衰——波普尔与蒯因。

科学哲学兴起的知识谱系——弗雷格、罗素和维特根斯坦。逻辑经验主义科学哲学的兴起，与弗雷格、罗素和维特根斯坦三人的哲学探索密切相关，或者说正是弗雷格、罗素和维特根斯坦的哲学工作才引发了维也纳学派和逻辑经验主义兴起。（参见①*Word and Object in Husserl*，*Frege and Russell*：*The Roots of Twentieth-Century Philosophy*，by Claire Ortiz Hill，Athens OH：Ohio University Press，1991. ② *Introduction to B. Russell*，*The Philosophy of Logical Atomism* by Pears，David，Chicago：Open Court. 1985. ③*Wittgenstein's Place in Twentieth-century Analytic Philosophy*，by P. M. S. Hacke，Cambridge，Mass.：Blackwell，1997. ）

维也纳学派的知识谱系：石里克—卡尔纳普—纽拉特等。维也纳学派（英语：Vienna Circle，德语：Wiener Kreis）是 20 世纪 20 年代发源于维也纳的一个哲学学派，其成员主要包括石里克、卡尔纳普、纽拉特、费格尔、汉恩、伯格曼、弗兰克、韦斯曼、哥德尔等。他们多是当时欧洲的物理学家、数学家和逻辑学家。他们关注当时自然科学发展成果（如数学基础论、相对论与量子力学），并尝试在此基础上去探讨哲学和科学方法论等问题。（参见①*Logical Empiricism and the Special Sciences*：*Reichenbach*，*Feigl*，*and Nagel*，by Sahotra Sarkar，New York：Garland Publ.，1996. ②*The legacy of the Vienna Circle*：*Modern Reappraisals*，by Sahotra Sarkar，New York：Garland Pub.，1996. ③*The Legacy of Logical Positivism*：*Studies in the Philosophy of Science*，by Peter Achinstein，Stephen Francis Barker，Johns Hopkins Press，1969. ④*Logical Empiricism at Its Peak*：*Schlick*，*Carnap*，*and Neurath*，by Sahotra Sarkar，New York：Garland Pub.，1996. ）

逻辑经验主义科学哲学衰败的知识谱系——波普尔与蒯因：其实，自维也纳学派诞生那天起，就不断陷入各种思想冲突之中，如石里克与卡尔纳普的论战、卡尔纳普与波普尔的论战、维也纳学派与柏林学派的论战等等。但导致逻辑经验主义走向衰败的理论原因主要来自卡尔·波普尔和蒯因的批判。（参见①*Interwar Vienna*：*Culture Between tradition and Modernity*，by Deborah Holmes and Lisa Silverman，2009；②*Decline and Obsolescence of Logical Empiricism*：*Carnap vs. Quine and the Critics*，by Sahotra Sarkar，1996. ③*Quine-Carnap Correspondence and Related Work*，by W. V. Quine and Rudolf Carnap and Edited，and with an Introduction by Richard Creath. Berkeley：University of California Press，c1990. ）

基本观念：逻辑实证主义的基本观点是：1. 把哲学的任务归结为对

知识进行逻辑分析，特别是对科学语言进行分析；2. 坚持分析命题和综合命题的区分，强调通过对语言的逻辑分析以消灭形而上学；3. 强调一切综合命题都以经验为基础，提出可证实性或可检验性和可确认性原则；4. 主张物理语言是科学的普遍语言，试图把一切经验科学还原为物理科学，实现科学的统一。这主要是受物理科学中量子力学和相对论的产生和发展的影响。逻辑实证主义的中心问题是意义问题以及通过意义划分科学和形而上学的界限，纲领是捍卫科学而拒绝形而上学。

语言转向："语言转向"最早是由维也纳学派的古斯塔夫·伯格曼在《逻辑与实在》(*Logic and Reality*, 1964) 一书中提出的。他认为，所有的语言论哲学家都通过确切的语言来叙述世界，构成了语言学的转向，语言成为日常语言哲学家与理想语言哲学家在方法上的基本出发点。但使这个说法得到广泛流传和认同的，则主要缘于理查德·罗蒂所编的《语言学转向——哲学方法论文集》(*The Lingustic Turn*: *Essays in Philosophical Method*, 1967) 一书的出版。"语言学转向"是用来标识西方 20 世纪哲学与西方传统哲学之区别与转换的一个概念，即集中关注语言是 20 世纪西方哲学的一个显著特征，语言不再是传统哲学讨论中涉及的一个工具性问题，而是成为哲学反思自身传统的一个起点和基础。换句话说，语言不仅被看成传统哲学的症结所在，同时也是哲学要进一步发展所必然面对的根本问题，由于语言与思维之间的紧密关系，哲学运思过程在相当程度上被语言问题所替换。（参见 *The Linguistic Turn*: *Recent Essays in Philosophical Method*, Edited and with an Introduction by Richard Rorty. Chicago: University of Chicago Press, c1967, 1988 printing; *Thomas Kuhn's "linguistic turn" and the Legacy of Logical Empiricism* [*electronic resource*]: *Incommensurability*, *Rationality and the Search for Truth*, by Stefano Gattei. Aldershot, England; Burlington, VT: Ashgate, c2008; *La Science et La méTaphysique*: *devant l'analyse Logique du Langage*, by Rudolf Carnap; Introduction by Marcel Boll. Paris: Hermann, 1934.)

分析命题和综合命题的区分：逻辑经验主义科学哲学的基本观念之一就是分析命题和综合命题的划分。其实，这个问题源远流长，康德在《纯粹的理性批判》中指出，"分析命题是一些能赋予主词属性的陈述，并且这些属性都已概念性地（conceptually contained）包含在主词的概念之中。"（Alexander Miller，2006）分析哲学的先驱弗雷格提出分析句的逻辑真值可以通过限定条件来实现，"假设 s 是一个句子，s 是分析句的充分必要条件是当且仅当 s 可以（a）逻辑规则或（b）使用定义为前提从逻辑规则中推导出来"①。20 世纪 20—30 年代，逻辑实证主义逐渐发展壮大，主要标志是维也纳学派的石里克（M. Schlick）、艾耶尔（A. Ayer）和卡尔纳普等在解决意义标准问题（criterion of significance）时进一步强化了分析命题和综合命题的区分。卡尔纳普说，"当且仅当一个句子是分析句，或者是可验证的时候，它才有意义，它的意义是它的证实的方法。"（Alexander Miller，2006）但是，20 世纪 50 年代，美国哲学家、语言学家蒯因（Willard Quine）在其巨作《经验论的两个教条》中，针对命题有分析和综合之分的论断提出质疑，由此引发了哲学界的一场轰动，持续至今。（参见 *Philosophy of Language*，by Alexander Miller. Routledge. 2006；*The Analytic-synthetic Distinction*，by Munsat, Stanley, Comp. Belmont, Calif.：Wadsworth Pub. Co.，1971；*Truth by Analysis*：*Games*，*Names*，*and Philosophy*，by Colin McGinn. Oxford ，Oxford University Press, c2012.）

统一科学（unified science）：传统观点往往把逻辑经验主义的科学哲学理解为解决科学理论的证实问题，也就是所谓的"论证语境"，其实，逻辑经验主义科学哲学的基本观念是追求科学的统一或统一的科学。根据维基百科的定义，维也纳学派的思想目标就是实现科学的统一。（"The final goal pursued by the Vienna Circle was unified science，that is the construction of a 'constitutive system' in which every legitimate statement is reduced to the concepts of lower level which refer directly to the given experience. "The endeavour is to link and harmonise the achievements of individual investigators in their various fields of science". 参见 *The Scientific Conception of the World*，*The Vienna Circle*，in Sarkar, Sahotra, 1996, p. 328.）

后现代科学哲学思想：从相对主义回到康德主义（第六章）

后现代科学哲学思想主要包括：科学的社会历史研究以及相对主义纲领；科学的实践研究以及建构主义纲领；科学哲学史研究以及后康德主义纲领。

_____

① 参见分析命题与综合命题之辨，百度文库。

　　文献举要：重点选择 A. 柯雷尔、T. 库恩、大卫·布鲁尔和布鲁诺·拉图尔等人的经典文本、对经典文本的诠释、对经典文本及其诠释的当代评论。

表 1 - 7　　　　　　　　　西方后现代科学哲学思想简表

	经典文本	诠释文本	评论文本
亚历山大·柯雷尔 Alexandre Koyré	*études galiléennes*, Paris：*Hermann*, 1939 *The Astronomical Revolution Methuen*, London 1973	Jean-François Stoffel, *Bibliographie d'Alexandre Koyré*, Firenze：L. S. Olschki, 2000	*Alexandre Kojève and the outcome of modern thought* / F. Roger Devlin. Detail Only Available By：Devlin, F. Roger. Lanham ［Md.］：University Press of America, c2004
库恩 Thomas Kuhn	*The Structure of Scientific Revolutions. University of Chicago Press*, 1962. *The Road Since Structure：Philosophical Essays*, 1970 – 1993. *University of Chicago Press*, 2000	Alexander Bird （2004）, Thomas Kuhn, *Stanford Encyclopedia of Philosophy Paradigms explained：rethinking Thomas Kuhn's philosophy of science* / Erich von Dietze. Westport, Conn.：Praeger, 2001	Fuller, Steve. *Thomas Kuhn：A Philosophical History for Our Times*. Chicago：University of Chicago Press, 2000 Moleski, Martin X. "Polanyi vs. Kuhn：Worldviews Apart." *The Polanyi Society*. Missouri Western State University. 2008
费耶阿本德 P. Feyerabend	*Against Method：Outline of an Anarchistic Theory of Knowledge* （1975）, *Philosophical papers*, Volume 1 - 2 - 3 *The Tyranny of Science* （2011）	*Killing Time：The Autobiography of Paul Feyerabend* （1995）, *For and Against Method：Including Lakatos's Lectures on Scientific Method and the Lakatos-Feyerabend Correspondence with Imre Lakatos* （1999）	*After Popper, Kuhn, and Feyerabend：recent issues in theories of scientific method* / edited by Robert Nola and Howard Sankey. Boston：Kluwer Academic Publishers, 1999. *Feyerabend：philosophy, science and society* / John Preston. Polity Press, 1997
拉卡托斯 Imre Lakatos	*The methodology of scientific research programmes Cambridge University Press*, 1978. *Proofs and refutations：the logic of mathematical discovery*, Cambridge；New York：Cambridge University Press, 1976	"Hungarian on Imre Lakatos." *Perspectives on Science*. By：Schmitt, Richard Henry. Tradition & Discovery, 2008, Vol. 34 Issue 2, pp. 51 – 53, 3p Possessed：Imre Lakatos' Road to 1956, By：Congdon, Lee. *Contemporary European History*；Nov., 1997, Vol. 6 Issue 3, pp. 279 – 294, 16p	*Imre Lakatos and the guises of reason* / John Kadvany. Duke University Press, 2001. *Criticism and the history of science：Kuhn's, Lakatos's, and Feyerabend's criticisms of critical rationalism* / by Gunnar Andersson. Leiden；New York：E. J. Brill, 1994

	经典文本	诠释文本	评论文本
大卫·布鲁尔 David Bloor	*Knowledge and social imagery*, University of Chicago Press, 1991. *Wittgenstein: a social theory of knowledge*: Macmillan, 1983	*David Bloor and the Strong Programme. By: Collin, Finn. Science Studies as Naturalized Philosophy*, 2011, pp. 35 – 62	*Saving the Strong Programme? A critique of David Bloor's recent work By Stephen Kemp. In Studies in History and Philosophy of Science.* 36（4）: 707 – 720
布鲁诺·拉图尔 Bruno Latour	*Laboratory Life: the Social Construction of Scientific Facts*, with Steve Woolgar（1979） *Science In Action: How to Follow Scientists and Engineers Through Society*, Harvard University Press, 1987.	*Wheeler, Will. Bruno Latour: Documenting Human and Nonhuman Associations Critical Theory for Library and Information Science. Libraries Unlimited*, 2010, p. 189. *Bruno Latour, Encyclopedia of Science and Technology Communication.* 2010	*The importance of bruno latour for philosophy. Full Text Available By: Harman, Graham. Cultural Studies Review, Mar2007, Vol. 13 Issue 1, p. 31 – 49, Bruno Latour's Philosophy of Science and Anthropologic Approach, Berger, V. SZOCIOLOG-IAISZEMLE; 2008; 4; pp. 72 – 92*

知识谱系：逻辑经验主义经历了内部冲突——石里克与卡尔纳普、卡尔纳普与纽拉特、卡尔纳普与波普尔、蒯因与整个维也纳学派等——之后，恰逢库恩的历史学派应运而生，从而引发了科学哲学从逻辑经验主义向后实证主义的转向。

相对主义的知识谱系：历史转向是后实证主义的第一条进路。当然，库恩及其哲学是历史主义的核心人物，此后或同时还有费耶阿本德、拉卡托斯等。（参见①*Thomas Kuhn's Revolution: an Historical Philosophy of Science*, by James A. Marcum, 2005；②*Naturalizing Epistemology: Thomas Kuhn and the Essential Tension*, by Fred D'Agostino. Basingstoke, 2010；③*The Cognitive Structure of Scientific Revolutions*, by Hanne Andersen, Peter Barker, Xiang Chen, 2006.）

建构论的知识谱系：走向建构主义是后实证主义科学哲学的第三条也是最新近的进路。这条进路主要强调科学家的行动（认知行动和社会行动）对科学活动的决定性意义。（参见①*Constructing Quarks: A Sociological History of Particle Physics*, by Andrew Pickering, c1984；②*The Mangle of Practice: Time, Agency, and Science*, by Andrew Pickering, c1995；③Bruno

Latour, The Pasteurization of France, 1988；④ *Bruno Latour*：*Documenting Human and Nonhuman Associations*：*Critical Theory for Library and Information Science*, by Wheeler, Will. Libraries Unlimited, 2010, p. 189.)

康德主义的知识谱系：走向科学实在论是后实证主义的第二条进路。自库恩的历史主义之后，出现了科学实在论与反科学实在论之争，在此基础上出现了科学哲学史研究以及康德主义纲领。（参见①*Dynamics of Reason*, by Michael Friedman, U. S, Stanford：CSLI Publications, 2001；*Kant and the Dynamics of Reason*, *Essays on the Structure of Kant's Philosophy*, by Gerd Buchdhal, UK Oxford：Blackwell 1992；*ReconsiDering Kant*, *Friedman*, *Logical Positivism*, *and the Exact Sciences*, by Robert DiSalle, Philosophy of Science, 69, June 2002.)

基本观念：后实证科学哲学奉行如下基本观念，如历史转向、实践转向和社会转向等。这些观念渗透在后实证科学哲学的各种探索之中。(Bruno Latour, one more turn after social turn……. In Mario Biagioli. 1999. The Science Studies Reader, London：Routledge.)

历史转向：T. 库恩所撰写的《科学革命的结构》开启了后现代科学哲学的所谓"历史转向"。这种转向是以 T. 库恩为中心展开的。这种转向强调从科学发展的历史的维度来理解科学以及科学哲学本身，从而引出了"范式""科学共同体""科学革命"等重要范畴。在这个方面的代表性著述，除了库恩本人的作品外，还有 S. 富勒（Steve Fuller）撰写的《库恩作为我们时代的哲学家》（*Thomas Kuhn*：*A Philosophical History for our Times*. Chicago：University of Chicago Press, 2000）、J. A. 马库姆撰写的《库恩论科学革命：一种历史的科学哲学》（*Thomas Kuhn's Revolution*：*A Historical Philosophy of Science*. London：Continuum, c2005）等。这些著述通过逻辑经验主义来比较库恩和波普尔的思想，认为库恩思想比我们想象的更接近逻辑经验主义，而波普尔则更致力于反对整个西方哲学传统的基础主义。

社会转向：在"索卡尔事件"以前，角色网络理论（Actor-network-theory）就是后现代科学哲学的重要支脉，甚至被称为温和的社会建构主义（与塞蒂娜等人的激进社会建构主义相比较）。在"索卡尔事件"以后，拉图尔等人更加坚决地走向了角色网络理论，其代表作品为拉图尔在

1999 年发表了《科学在行动》（*Science in Action*. Harvard University Press 1999），特别是《重建社会：角色网络理论导论》（*Reassembling the Social*：*An Introduction to Actor-network-theory*，Oxford University press 2005）等等。

实践转向：强调实践是后现代科学哲学的核心理念之一，但在"索卡尔事件"以后，实践成为"优位"的发展路径。在这条路径上探索的代表作有 A. 皮克林的《实践的冲突：时间、力量与科学》（*The Mangle of Practice*：*Time*，*Agency and Science*，University of Chicago Press1995）；J. 罗斯的《理解科学实践：哲学工程的文化研究》（*Understanding Scientific Practices*：*Cultural Studies of A Philosophical Program*，Routledge 1999）；塞蒂娜的《现代理论中的实践转向》（*The Practice Turn in Contemporary Theory*. Routledge，2000）。另外，与"实践转向"相类似的还有"经验转向"。所谓的"经验转向"（The Empirical turn 或 Turn of Experience）一词可能见于 C. 米切尔等编辑的论文集《技术哲学的经验转向》（*The Empirical Turn in the Philosophy of Technology*，2000），作为一种国际性的学术主流，第 14 届国际技术哲学学会（SPT）的主题就是技术哲学的"经验转向"问题。在科学哲学领域，社会建构主义经验转向的标志性作品之一是 Miriam Solomom 的《社会经验主义》（Social Empiricism，Achorn Graphic Services，Inc.，2001）。

四　学术价值

截至目前，科学哲学史研究在如下三个方面做出了重要学术贡献：重新诠释了一批经典著述，撰写了一批科学哲学（史）新著；发现了几条重要的知识谱系，重新确认了一批科学哲学家或科学家与哲学家的思想共同体；整理出一批科学哲学（史）的基本观念，初步确立了这些基本观念在不同时期的思想关联。

上述整理对科学哲学史研究的意义自不待言，但依然存在继续探索的空间：我们发现，上述成果虽然都冠以"科学哲学"或"自然哲学"，但作者不同，不同的作者所采用的研究纲领不同，特别是他们对科学哲学史的理解各不相同，甚至对科学哲学本身的理解也不相同。

对科学哲学史的三种建构方式提出了如下几个问题，值得我们继续思考。

第一，何谓科学哲学史？是用一种哲学观来统摄科学及哲学的发展，还是承认在历史上曾经有过多种不同的科学哲学？在这个问题上，科学哲学史的分析模式认为，只有逻辑经验主义才配称为科学哲学，而所谓的科学哲学史无非用逻辑经验主义来理解科学—哲学史。而科学哲学史的历史模式和综合模式则认为科学哲学不是一种而是多种，所谓的科学哲学史也就是不同的科学哲学在历史过程中的兴替，但这两种模式对于科学哲学的历史多样性有不同的理解，历史模式论认为科学哲学史在本质上主要考察在科学活动特别是科学革命过程中的"世界观的转变"；而综合模式则认为科学哲学史所展现的是科学与哲学在历史上的互动过程。显然，上述三种模式在回答何谓科学哲学史问题上依然留下了难题：科学哲学史是用某种哲学观所重建的科学史（类似于科学思想史），还是一种与自然科学密切相关的哲学观念史（类似于自然哲学史或科学认识论史）？抑或一种揭示科学与哲学互动发展的历史？

第二，科学哲学史的基本问题及其判据是什么？在这个问题上，分析模式认为科学哲学史的基本问题就是回顾并总结逻辑分析方法的产生和发展过程，其判据则是逻辑经验主义的研究纲领；历史模式认为科学哲学史的基本问题是"研究规范"或"研究纲领"与科学发展过程的契合问题，也就是科学编史学与"科学革命的结构"之间的关系问题，其判据是历史主义的或相对主义的纲领；综合模式则认为科学哲学史的基本问题在于科学（史）与哲学（史）的互动关系问题，其判据是一种强调互动的辩证法。但问题依然存在：如何界定科学（史）与哲学（史）之间互动的编史学纲领？如何区分这种界定的编史学纲领与科学编史学和哲学编史学之间的区别？

第三，科学哲学史的叙述结构是怎样的？由于科学哲学史事关科学及科学史、哲学及哲学史以及宗教、文化等相关学科，叙述结构难乎其难。在这个问题上，分析模式以逻辑经验主义的编史纲领凸显了科学理论成熟之后的发展演化过程，一般选材在康德与维也纳学派之间，基本略掉了科学命题背后的哲学思想。历史模式以历史主义或相对主义的编史纲领凸显了科学革命以及所包含的"世界观的改变"，一般选题都盯着古希腊及中世纪的亚里士多德主义、哥白尼革命和牛顿的综合、从康德到维也纳学派等几次重大的思想事件，但不太关注科学思想与哲学思想之间的互动过程。综合模式往往同时注重科学（史）与哲学（史）的平衡关系，一般选题都能兼顾历史上与哲学相关的重大科学思想演化和与科学相关的重大哲学思想演化，但往往在科学与哲学之间的衔接上缺乏必要的环节及其更深层次的思想论证。因此，问题依然存在：科学哲学史究竟该怎样阐述科学（史）与哲学（史）之间的互动关系？

与传统的科学史研究、哲学史研究和科学哲学研究等相近领域相比，本书的意义有如下几个方面：

第一，从学术价值看，通过对科学哲学史文献的整理与重建缩小与国际相关研究的差距，填补国内科学哲学史研究的空白。由于国外对科学哲学史的研究也刚刚起步（1st International History of Philosophy of Science Conference 1996），尚处于学术规范的草创阶段（《国际科学哲学史会刊》*The Journal of the International Society for the History of Philosophy of Science*，创刊于 2011），而我国对科学哲学的学派追踪研究已经有三十多年的历史（始于改革开放），洪谦（Tscha Hung）作为石里克（Moritz Shlick）的助于参加维也纳学派（Fridrich Stadlcr, Scientific Philosophy：Origins and Development, 1993, pp. 16, 280）以及国内的"科玄论战"距今已有近百年的历史，我们编撰科学哲学史是可能的。

第二，从应用价值看，为科学史、哲学及哲学史、科学哲学、STS 特别是中国哲学提供思想资源和概念基础。科学哲学史主要研究科学与哲学之间的思想关联，其思想主旨是实证知识与哲学观念的统一。对于科学史而言，科学哲学史有助于科学史对哲学的挖掘；对于哲学及哲学史而言，科学哲学史研究有助于理解科学发展对哲学思考及其变迁的意义；对于科学哲学及 STS 而言，科学哲学史研究将为其提供必需的思想资源；对于中国哲学而言，科学哲学史研究可能为我们重新理解中国传统哲学提供一个新的视角：从知识与智慧相关联的角度看，中国传统哲学对知识或实证科学的缺乏将是致命的欠缺。（*Between Leibniz, Newton, and Kant：Philosophy and Science in the Eighteenth Century*，by Wolfgang Lefèvre, Kluwer Academic Publishers, 2001.）

第三，从社会意义看，为解读西方的数理社会和构建创新型国家提供深层思想工具。为什么西方社会选择了工业社会乃至数字化生存？我国走向创新型国家该如何进行文化奠基？从科学哲学史的角度看，西方文化基本上是从数理科学出发构建理性的或机械的世界信念（毕达哥拉斯—亚里士多德—波伊修斯—库萨的尼古拉—笛卡尔—牛顿—休谟—莱布尼兹—康德—罗素—维特根斯坦），然后用数理思想进行技术和社会改造，逐渐形成了所谓的蒸汽机时代、电气化时代、后工业社会或数字化社会。中国哲学内含丰富的道德文化或人文关怀，但缺乏实证科学的支撑，因而难以进行认识论、本体论和伦理学等诸多方面的提升或变革。中国传统哲学有助于构建人情社会，但却无助于工业社会和数字化生存的改造。我国走向创新型国家的文化奠基必须走科教兴国之路，加强基础研究，变革我们的哲学思维方式，进而变革我们的实践方式。（*Ideas*, *Machines*, *and Values*, *An Introduction to Science*, *Technology*, *and Society Studies*, by Stephen H. Cutcliffe, Rowman & Littlefield Publishers, Inc. 2000.）

小　结

1. 科学哲学史研究的兴起："国际科学哲学史研究会"的创立标志着科学哲学史研究的兴起。对于这门新兴学科，本书主要探讨科学哲学史的学科判据、理论背景、思想传承关系、基本内涵、研究纲领和学术价值。

2. 科学哲学史研究的基本范畴：与科学哲学、科学史、哲学史等相近学科相比，科学哲学史并不是记录科学哲学各派兴替的思想传记，而是在科学主义以"拒斥形而上学"为名蔑视甚或取代哲学的后现代情境下重新思考科学（实证知识）与哲学（普适价值或观念）之间的思想关联。科学哲学史研究将新康德主义的"科学—哲学平行"与 T. 库恩的"范式"整合起来，倡导"科学的哲学"（scientific philosophy）或科学—哲学共同体的 5 条规范："哲学是一种客观的、真正的知识；知识是统一的，因而哲学和科学是连续的；哲学的变革起因于科学的新近进步；倡导哲学及其知识的普遍性；提倡科学的世界观。"本书的宗旨在于通过对科学哲学史这门新兴学科的爬梳来重新修补被"拒斥形而上学"割裂了的科学与哲学之间的思想关联，实现知识与智慧的互动与共存，以此来戒除科学对哲学的偏见与哲学对科学的傲慢。

3. 科学哲学编史学的三种模式：但在科学哲学编史学问题上，却困难重重，其问题事关如何理解科学哲学等重大基本概念问题，在这些问题上，哲学家和科学家对科学哲学本质的看法并不一致。甚至实践中的科学哲学家本人对于本学科主题（subject-matter）的看法也不尽一致。为了澄清这个问题，E. 麦克马林在《科学史和科学哲学的分类学考察》（The history and philosophy of science：A taxonomy）中做了一项十分重要的工作：如果把科学区分为"命题系统"和"活动过程"，那么科学哲学（史）就大体上可以区分为分析的传统（philosophy of science from logic）和解释的传统（philosophy of science from social-history），但我们更青睐于综合史观（synthetic history）。

4. 编史纲领的合理重建：从总体思路、研究视角和研究路径的层面看，我们从库恩的"范式"切入，探索介于科学史与哲学史之间的思想交叉领域，确立科学—哲学观念共同体的研究纲领，坚持从科学到哲学和从哲学到科学两条路径，聚焦经典文献、知识谱系和基本观念三个问题，把握科学与哲学的融合、新科学的发现、哲学变革和重建科学—哲学共同体四个环节。

5. 科学哲学史的内容结构：如果将科学哲学定位于科学与哲学之间的思想博弈，那么科学哲学则经历了从古希腊到后现代的思想演化过程，其中包括：古希腊罗马时期自然（科学）哲学—亚里士多德"统一科学"纲领的生成与演化（第二章）；中世纪自然（科学）哲学—阿奎那"统一科学"纲领的生成与演化（第三章）；理性时代的实验哲学、理性怀疑主义与机械论世界观的生成与演化（第四章）；分析时代的自然（科学）哲学—物理主义"统一科学"纲领的生成与演化（第五章）；后现代的自然（科学）哲学（"自然主义转向"）—解构"统一科学"的相对主义纲领（Programme of relativism）的生成与演化（第六章）。

6. 研究方法与技术路线：鉴于上述分析，我们选择了"传记分析法"（*Autobiography as Philosophy：the Philosophical Uses of Self-presentation*，edited By Thomas Mathien and D. G. Wright. London，2006）；索引分析法（Citation Analysis or Index Analysis），就是在科学家和哲学家的著述引文和参考文献中寻找有意义的思想资源——在科学家著述的引文和参考文献中寻找哲学家的思想印记，在哲学家著述的引文和参考文献中寻找科学家的思想印记；以及"思想连续统"的方法寻求科学与哲学的两极相通，也就是坚信科学知识和哲学观念是"统一科学"的两种形态，如此推论出科学—哲学的观念共同体范畴。

主要参考文献

舒炜光：《自然科学和哲学的相互关系》，《吉林大学学报（社会科学版）》1978年第 Z1 期。

安维复，张萍萍：《文献（学）视域中的西方科学思想：基于学术史的考察》．《自然辩证法研究》2022 年第 8 期。

安维复，陈敏：《中西技术哲学新态势比较及其启示——基于期刊文献的考察》，《自然辩证法研究》2023 年第 6 期。

安维复：《从哲学和科学的关系看哲学的批判本质》，《齐鲁学刊》1993 年第 1 期。

Mario Bunge, *The Critical Approach to Science and Philosophy*, Edited by in Honor of Karl R. Popper, New York: Free Press of Glencoe; London: Collier——Macmillan, Ltd. , c1964.

Alistair Cameron Crombie, *Scientific Change*, Heineman, 1963.

Mary Domski, Michael Dickson, Michael Friedman, *Discourse on a New Method: Reinvigorating the Marriage of History and Philosophy of Science*, Open Court Publishing, 2010.

Y. Elkana, *The Interaction Between Science and Philosophy*, Humanties Press, 1974.

Barry Gower, *Scientific Method: An Historical and Philosophical Introduction*, Routledge, 1997.

Michael Heidelberger, *History of Philosophy of Science—New Trends and Perspectives*, Kluwer Academic, 2000.

Joseph J. Kockelmans, *Philosophy of Science, the Historical Background*, The Free Press, 1968.

John Losee, *The Historical Introduction to Philosophy of Science*, Oxford University Press, 2001.

Michael R. Matthews, *The Scientific Background to Modern Philosophy: Selected Readings*, Hackett Publishing, 1989.

David Roger Oldroyd, *The Arch of Knowledge: An Introductory Study of the History of the Philosophy and Methodology of Science*, Routledge, 1986.

Alois Riehl, *Introduction to the Theory of Science and Metaphysics*, London: Kegan Paul, Trench, Trubner, & CO, 1894; Kellock Robertson Press, 2008.

Roger H. Stuewer, *Historical and Philosophical Perspectives of Science*, Gordon and Breach, 1989.

Friedrich Stadler, *Scientific Philosophy Origins and Developments*, Kluwer Academic, 1993

Philip P. Wiener, *Roots of Scientific Thought*, Basic Books, Inc., 1957.

第二章　古希腊罗马的科学哲学思想

　　根据本课题的编史纲领，我们坚信西方科学是积累性的而非革命性的，没有中世纪晚期 R. 格罗塞特斯特、R. 培根和奥卡姆的威廉等人对古希腊科学文化的传承，不可能有所谓的科学革命，因此西方科学思想必须从古希腊算起。虽然我们的编史学考察已经说明，科学哲学史的逻辑起点是古希腊罗马时期的科学哲学思想，但我们还是要展开论述或深入解析这个问题。

　　如果将科学哲学史定义为科学—哲学观念共同体或"科学—哲学平行"，那么凡是在科学的基础上生成的哲学或者内含有哲学预设的科学体系都是科学哲学，都是科学哲学史应加以研究的。根据这种理解，古希腊罗马时期的哲学理论或科学体系都不乏这种结构，甚至堪称典范。古希腊罗马时期的许多哲学家或重要的科学大家都坚持科学与哲学的统一，在科学知识中演绎哲学理念，在哲学沉思中求证具体知识。这种坚持科学与哲学统一的观念是科学哲学最为深刻的思想动原，并铸成了科学哲学区别于其他哲学甚或其他知识的理论本体。

　　从科学—哲学观念共同体的角度看，古希腊罗马时期形成了以欧几里得几何学和柏拉图主义为核心的数理传统，从德谟克利特到伊壁鸠鲁的原子论传统以及完成古典时期科学—哲学一体化的亚里士多德主义。这三种传统正是科学哲学的逻辑经验主义的基本构件，也是科学哲学各派在逻辑主义与经验主义、实在论与建构论等问题上争论不休的思想根源。

　　我们知道，历史不仅具有文化传承功能，同时也具有思想"遗忘功能"。除了原子论传统、数理传统和亚里士多德主义而外，我们对古希腊罗马时期为数众多的学派及其观点都进行了取舍：对于与上述三种观念有关的学说，我们都将其并入了这三种传统加以系统考量，例如我们将毕达哥拉斯和巴门尼德的学说都放在了几何学—柏拉图主义的强调数理观念共同体中，但却不得不舍弃了除这三种传统之外的其他思想体系，如智者派等等。我们的取舍其实是在贯彻我们的研究纲领：科学与哲学的观念共同体或科学—哲学平行。智者派等或许提出了某些重要的哲学命题，如"人是万物的尺度"等等，但是这些命题缺乏科学知识的支撑，也许正因为如此，智者派的思想没能在科学哲学的历史中产生影响。

因此，古希腊罗马时期的科学与哲学是西方科学和西方哲学的发源地，也是当代科学哲学的发源地。探讨古希腊罗马时期的科学哲学思想对于我们理解当代科学哲学以及推进当代科学哲学的发展具有重要意义。

古希腊罗马的科学著述和研究古希腊罗马科学的著述为数不少，古希腊罗马的哲学著述和研究古希腊罗马哲学的著述可能更多。但专门论述古希腊罗马时期的科学哲学思想或科学与哲学关系问题的著述则可能为数不多。

从整体上理解古希腊罗马时期的科学哲学思想或科学与哲学之间的关系问题，大致有如下一些著述：瑞希（T. E. Rihll）的《古希腊的科学》（Greek Science）从学科的角度介绍了古希腊科学与哲学之间的关系，特别强调古代科学与迷信（superstition）是联系在一起的[1]，《希腊科学中的经典著作》[2]也是重点从数学、物理学、生物学、医学和天文学等学科的角度阐述了古希腊的科学与哲学之间的关系问题。G. E. R. 罗伊德（G. E. R. Lloyd）[3]编辑的《希腊科学中的方法和问题》[4]包括李约瑟博士在内

---

[1]　T. E. Rihll, *Greek Science*, New York：Oxford University Press, 1999, p. 2.

[2]　Morris R. Cohen and I. E. Drabkin, *A Source Book in Greek Science*, Cambridge, Harvard University Press, 1958, c1948.

[3]　他的另一部著述《古希腊罗马时期的科学与风尚》（*Science and Morality in Greco-Roman Antiquity*, Cambridge：Cambridge University Press, 1985）同样是这个领域的扛鼎之作。

[4]　G. E. R. Lloyd, *Methods and Problems in Greek Science*, Cambridge；New York：Cambridge University Press, 1991.

的名家对古希腊科学与哲学之间的关系问题的研究，其中论及早期希腊哲学和医学中的实验（experiment in early Greek philosophy and medicine）以及波普与柯克（S. G. Kirk）关于古希腊哲学的争论（Popper versus Kirk：A Controversy in the Interpretation of Greek Science）等文具有重要意义；M. 克莱吉特（M. Clagett）的《古典时代的希腊科学》① 探讨了古希腊科学的起源与方法、古希腊科学与早期自然哲学以及古希腊罗马科学对中世纪的影响等问题。罗伊德（G. E. R. Lloyd）的《魔力、理性和经验：希腊科学的起源和发展研究》② 较为详尽地讨论了古希腊科学产生的历史背景，包括当时的宗教信念、自然哲学、修辞学研究和经验研究传统等。罗马时期的科学虽然不像古希腊那样充满创造精神，但也并非洪荒一片，学者多有研究，其中包括弗仑奇（Roger French）和格林韦（Frank Greenaway）等编辑的《早期罗马帝国的科学》（Science in the early Roman Empire, 1986），史密斯（Pamela H.）的《炼丹术：神圣罗马帝国的科学与文化》（The Business of Alchemy：Science and Culture in the Holy Roman Empire, c1994.）以及斯塔尔（William Harris Stahl）的《罗马的科学：起源、发展及其对中世纪晚期的影响》③ 等等。

　　基于上述文献的梳理，我们或可得出古希腊罗马科学哲学思想的基本轮廓：基于元素说的原子论科学哲学思想（第一节）；基于几何学的毕达哥拉斯—柏拉图主义的数理传统（第二节）；基于古代物理学和生物学的亚里士多德主义（第三节）。

第一节　元素说与原子论传统

　　在科学哲学的形成和发展过程中，原子主义（Atomism）或还原论（reductionism 或 reducism）曾经发挥了重要作用，罗素的"逻辑原子主义"、维特根斯坦的"原子事实的存在"以及维也纳学派的还原论思想都

---

① H. Clagett, *Freeport*, *Greek Science in Antiquity*, N. Y., Books for Libraries Press 1971, c1955.

② G. E. R. Lloyd, *Magic*, *Reason*, *and Experience*：*Studies in the Origin and Development of Greek Science*, Cambridge：Cambridge University Press, 1979.

③ Willcam Harrcistahp, *Roman Science*：*Origins*, *Development*, *And Influence To The Later Middle Ages*, Madison：University of Wisconsin Press, 1962.

可以在古希腊罗马的原子论中找到原型。所谓科学哲学"拒斥形而上学"等隔断思想史的态度都是值得反思的。

在追问万物本原的思辨过程中，古希腊的思想家提出了原子论（Atomism）。这种观点认为，自然有两大基本构建，即原子（atom）和虚空（void），世界万物及其变化就是由原子在虚空中的运动所构成或导致的。这种思想对近代科学革命产生了重大影响，也是科学哲学还原论思想的基础理论。古希腊罗马时期的原子论主要是由留基伯和他的学生德谟克利特创立的，经过伊壁鸠鲁传至卢克莱修。（主要参见 Cyril Bailey, MA, *The Greek Atomists and Epicurus*, *A Study*, New York/ Russell & Russell, 1928；Furley, David, *Two Studies in the Greek Atomists*, Princeton：Princeton University Press 1967；Balme, David, 1941, "Greek Science and Mechanism II. The Atomists", *Cassical Quarterly*, 35：23 – 8.）[1]

一 从元素说到原子论

据说，原子论的奠基人是古希腊时期的哲学家留基伯和德谟克利特。但留基伯又师从巴门尼德斯的学生芝诺，也深受恩培多克勒思想的影响。芝诺在他的论证中确实具有将整体划分为部分的理论要素，但芝诺的整个思想倾向是支持巴门尼德斯有关"一切是一"的哲学旨趣，因而更接近于柏拉图的思想路线。[2] 这就是说，原子论的思想渊源比较复杂。

留基伯曾写过两部作品，一部叫做《大宇宙》（Great World-System）[3]，另一部叫做《论心灵》（On mind），但都没有存世。德谟克利特

---

[1] 参见 Gregory, Joshua C. *A Short History of Atomism*. London：A. and C. Black, Ltd, 1981.

[2] 陈康先生在其翻译的柏拉图对话"巴门尼德斯篇"中有这样的叙述，"巴门尼德斯呵！我懂了，这位齐诺不仅要适合你的其它友爱，而且还要适合你的著作。因为在某种状况下他写的和你写的相同，但变更了些形式，试图欺骗我们，即他讲了些其他的。因为一方面你在你的诗里肯定一切是一，并且关于你的意见美而且善地给了几个证明；另一方面这位又讲不是多，并且他贡献丰富的、伟大的证明。一人肯定一，一人否定多，每一人这样讲，看起来所讲毫不相同，然而两人几乎讲论同一的事。"（柏拉图：《巴门尼德斯篇》，陈康译，商务印书馆1985年版，第36页。）

[3] 但也有人认为，这部著述应属德谟克利特。

著述甚丰①，据拉尔修的《圣哲名言录》（*Lives of Eminent Philosophers*）记载，相传他在自然知识方面有 14 部著述，如《伟大的世界秩序》（*The Great World-ordering*）②、《宇宙论》（*Cosmography*）、《论行星》（*On the Planets*）、《论自然》（*On Nature*）、两卷本的《论人或肉身的本质》（*On the Nature of Man or On Flesh*）、《论心灵》（*On the Mind*）、《论感觉》（*On the Senses*）、《论味觉》（*On Flavours*）、《论颜色》（*On Colours*）、《论各色形状》（*On Different Shapes*）、《论变形》（*On Changing Shape*）、《论桥墩》（*Buttresses*）、《论印象》（*On Images*）、三卷本的《论逻辑》（*On Logic*）等；在自然观方面的著述有《天体的因果》（*Heavenly Causes*）、《大气的因果》（*Atmospheric Causes*）、《陆地的因果》（*Terrestrial Causes*）、《关于火及其燃烧的因果》（*Causes Concerned with Fire and Things in Fire*）、《关于声音的因果》（*Causes Concerned with Sounds*）、《关于种子、植物以及果实的因果》（*Causes Concerned with Seeds and Plants and Fruits*）、三卷

---

① 对德谟克利特原子论思想的有关研究包括《德谟克利特论视觉》（Baldes，Richard W.，1975，"Democritus on Visual Perception：Two Theories or One？"，*Phronesis*，20，pp. 93 – 105）；《德谟克利特与虚空的解释力》（Berryman，Sylvia，"Democritus and the Explanatory Power of the Void"，in V. Caston and D. Graham，*Presocratic Philosophy：Essays in Honour of Alexander Mourelatos*，London：Ashgate，2002）；《德谟克利特和伊壁鸠鲁论可感事物的性质》（Furley，David J.，"Democritus and Epicurus on Sensible Qualities"，in J. Brunschwig and M. C. Nussbaum，eds.，*Passions and Perceptions*，Cambridge：Cambridge University Press，1993，pp. 72 – 94）；《德谟克利特反对还原可感事物的性质》（Ganson，Todd，"Democritus against Reducing Sensible Qualities"，*Ancient Philosophy*，19，1999，pp. 201 – 215）；《德谟克利特本体论中有关原子的内在性质和关系性质》（Mourelatos，Alexander P. D.，"Intrinsic and Relational Properties of Atoms in the Democritean Ontology"，in Ricardo Salles，ed.，*Metaphysics，Soul，and Ethics：Themes from the Work of Richard Sorabji*，Oxford：Clarendon Press，2004，pp. 39 – 63）；《德谟克利特论原子的重量和大小》（O'Brien，Denis，Democritus，Weight and Size：an Exercise in the Reconstruction of Early Greek Philosophy，*Theories of Weight in the Ancient World*，Volume 1，1981，Leiden：Brill. O'Keefe，Timothy，"The Ontological Status of Sensible Qualities for Democritus and Epicurus"，*Ancient Philosophy*，17，1997，pp. 119 – 34）；《德谟克利特论第二性质》（Pasnau，Robert，"Democritus and Secondary Qualities"，*Archiv für Geschichte der Philosophie*，89，2007，pp. 99 – 1210；《德谟克利特和柏拉图思想中的心灵和物质》（Taylor，C. C. W.，"Nomos and Phusis in Democritus and Plato"，*Social Philosophy and Policy*，24，2，2007，pp. 1 – 20）；《德谟克利特思想中的伦理和物理》（Vlastos，G.，"Ethics and physics in Democritus"，in D. J. Furley and R. E. Allen，eds.，*Studies in Presocratic Philosophy*，Volume 2：Eleatics and Pluralists），London：Routledge and Kegan Paul，1975，pp. 381 – 408）等等。

② 有人说此书为留基伯所著。

本的《关于动物的因果》(*Causes Concerned with Animals*)、《混合物的因果》(*Miscellaneous Causes*)、《论磁性》(*On Magnets*) 等;在数学方面的著述有《论不同的角度或圆与球形的相切》(*On Different Angles or On contact of Circles and Spheres*)、《论几何》(*On Geometry*)、《数目》(*Numbers*)、两卷本的《论不可比的线段和立体》(*On Irrational Lines and Solids*)、《星座图》(*Planispheres*)、《论历法中的大年或天文学》(*On the Great Year or Astronomy*)、《水钟的争论》(*Contest of the Waterclock*)、《天象的描述》(*Description of the Heavens*)、《地理学》(*Geography*)、《两极的描述》(*Description of the Poles*)、《光线的描述》(*Description of Rays of Light*) 等等;在实用技艺方面的著述有《医学的预见》(*Prognosis*)、《论节食》(*On Diet*)、《诊断》(*Medical Judgment*)、《有关正常和非正常的事变》(*Causes Concerning Appropriate and Inappropriate Occasions*)、《论农耕》(*On Farming*)、《论绘画》(*On Painting*)、《战略学》(*Tactics*)、《披甲作战》(*Fighting in Armor*) 等等。这些文献大多已经佚散,只有残篇存世。主要见于德尔斯(H. Diels) 和克兰兹(W. Kranz) 编辑的《前苏格拉底著述残篇》,简称 DK 版,目前该书已经出了第六版 (Diels-Kranz' Work [cited as DK]: H. Diels and W. Kranz, *Die Fragmente der Vorsokratiker*, 6th edition, Berlin: Weidmann, 1951)。权威的英文文献主要是泰勒(C. C. W. Taylor) 的《原子论者:留基伯和德谟克利特的著述残篇:文本、翻译及评论》(C. C. W. Taylor, *The Atomists*: *Leucippus and Democritus. Fragments*, *A Text and Translation with Commentary*, Toronto: University of Toronto Press, 1999)。

在这些著述中,德谟克利特认为世界是由原子和虚空构成的,原子是某种不可分割的物质性微粒,数量是无限多的,但在形状、硬度、重量、气味、组合等方面各有不同。例如组成铁的原子是坚硬的,而组成空气的原子却是轻的;特别是原子的运动不是由精神性的力量推动的,而是由碰撞等机械力等造成的。这些思想的根据源自自然物都是由某些单质元素的混合构成的,植物可以毁坏,但其种子却可以生长出新的植物等等。

　　原子论者伊壁鸠鲁的著述甚丰。[1] 据说他的《论自然》或《自然哲学》有 37 卷之多。除此之外，留有书名的著述还有 42 部，其中有关自然

---

　　① 对伊壁鸠鲁原子论思想的研究包括《吕西亚时期的伊壁鸠鲁》（Gordon，Pamela，1996. *Epicurus in Lycia. The Second-Century World of Diogenes of Oenoanda*. Ann Arbor：Univ. of Michigan Press. ISBN 0 - 472 - 10461 - 6）；《斯多葛与伊壁鸠鲁》（Hicks，R. D. 1910，*Stoic and Epicurean*. New York：Scribner）；《伊壁鸠鲁传统》（Jones，Howard，1989，*The Epicurean Tradition*. London：Routledge.）；《伊壁鸠鲁》（Panichas，George Andrew，1967. *Epicurus*. New York：Twayne Publishers）；《伊壁鸠鲁导论》（Rist，J. M. 1972. *Epicurus. An introduction*. London：Cambridge University Press.）；《伊壁鸠鲁主义剑桥手册》（Warren，James，2009. *The Cambridge Companion to Epicureanism*. New York：Cambridge University Press.）；《古希腊的原子论者和伊壁鸠鲁》（Bailey，Cyril B.，1928. *The Greek Atomists and Epicurus*，Oxford：Clarendon Press）；《卢克莱修和伊壁鸠鲁》（Clay，Diskin，1983. *Lucretius and Epicurus*，Ithaca：Cornell University Press）；《伊壁鸠鲁主义》（O'Keefe，Tim，2010. *Epicureanism*. Durham：Acumen）；《伊壁鸠鲁》（Verde，Francesco，2013. *Epicuro*，Rome：Carocci）；《伊壁鸠鲁眼中的地球和当代天文学》（Furley，David，1996. "The Earth in Epicurean and Contemporary Astronomy," in Gabriele Giannantoni and Marcello Gigante，eds.，*Epicureismo greco e romano：Atti del congresso internazionale Napoli*，19 - 26 *maggio* 1993，Naples：Bibliopolis，1996，Volume 1，pp. 119 - 25）；《伊壁鸠鲁虚空概念的起源》（Inwood，Brad，1981. "The Origin of Epicurus' Concept of Void," *Classical Philology*，76：273 - 85）；《伊壁鸠鲁论上升与下降》（Konstan，David，1972. "Epicurus on Up and Down in Letter to Herodotus sec. 60," *Phronesis*，17：269 - 78）；《伊壁鸠鲁物理学中的问题》（Inwood，Brad，1979. "Problems in Epicurean Physics," *Isis*，70：394 - 418）；《伊壁鸠鲁论虚空》（Inwood，Brad，2014. "Epicurus on the Void," in Christoph Helmig，Christoph Horn，and Graziano Ranocchia，eds.，*Space in Hellenistic Philosophy*，Berlin：de Gruyter）；《伊壁鸠鲁论自然一书第 25 卷综述》（Laursen，Simon，1992. "The Summary of Epicurus 'On Nature' Book 25," in Mario Capasso，ed.，*Papiri letterari greci e latini*，Galatina：Congedo，pp. 141 - 154）；《伊壁鸠鲁论目的》（Purinton，Jeffrey S.，1993. "Epicurus on the Telos," *Phronesis*，38：281 - 320）；《伊壁鸠鲁的科学方法》（Asmis，Elizabeth，1984. *Epicurus' Scientific Method*，Ithaca NY：Cornell University Press）；《伊壁鸠鲁论感觉事物的真实性》（Everson，Stephen，1990. "Epicurus on the Truth of the Senses," in Stephen Everson（ed.），*Epistemology*，Cambridge：Cambridge University Press，pp. 161 - 183）；《伊壁鸠鲁与齐库斯的数学》（Sedley，David，1976. "Epicurus and the Mathematicians of Cyzicus," *Cronache Ercolanesi*，6：23 - 54）；《伊壁鸠鲁论一般的感性》（Sedley，David，1989. "Epicurus on the Common Sensibles," in Pamela Huby and Gordon Neal，eds.，*The Criterion of Truth：Essays Written in Honour of George Kerferd*，*together with a Text and Translation with Annotations of Ptolemy's On the Kriterion and Hegemonikon*，Liverpool：Liverpool University Press，pp. 123 - 136）；《凡感觉皆为真》（Taylor，C. C. W.，1980，"'All Perceptions are True'," in M. Schofield，J. Barnes and M. Burnyeat，eds.，*Doubt and Dogmatism*，Oxford：Oxford University Press，pp. 105 - 24）；《伊壁鸠鲁论心灵和语言》（Everson，Stephen，1994. "Epicurus on Mind and Language," in Stephen Everson，ed.，*Language*，Series：Companions to Ancient Thought，Volume 3，Cambridge：Cambridge University Press，pp. 74 - 108）；《伊壁鸠鲁和他在语言起源上的继承者》（Verlinsky，Alexander，2005. "Epicurus and his Predecessors on the Origin of Language," in Dorothea （转下页）

方面的著述主要有:《论原子和虚空》(On Atoms and the Void),"用于反对自然哲学家的论证片段"(Abridgment of the Arguments employed against the Natural Philosophers),"反对麦加拉学派信条"(Against the Doctrines of the Megarians),"问题"(Problems),"论基本命题"(Fundamental Propositions),"论选择与规避"(On Choice and Avoidance),"论确定性"(On the Criterion or the Canon),"论观看"(Essay on Seeing),"论原子的角度"(Essay on the Angle in an Atom),"论触觉"(Essay on Touch),"论预兆"(Prognostics),"论印象"(On Images),"论感觉"(On Perceptions),"论音乐"(Essay on Music),"论疾病"(Opinions about Diseases)以及给学生或朋友的信件(Letters)等等。伊壁鸠鲁的作品存世较多,拉尔修的"圣哲名言录"辟专章(第二卷第十章)介绍伊壁鸠鲁的思想,并附有伊壁鸠鲁致希罗多德的信。关于伊壁鸠鲁的作品,较为集中的可以参见 Brad Inwood、Lloyd P. Gerson 等编著的《伊壁鸠鲁经典读物》(*The Epicurus Reader*, *Selected Writings and Testimonia*, Translated by Brad Inwood and Lloyd P. Gerson, Hackett Publishing Company, Incorporated, 1994)。

从文献看,伊壁鸠鲁对原子论的贡献绝不仅仅是在原子的运动中增加了"偏斜"维度以抵制德谟克利特原子论的决定论趋势。其实,伊壁鸠鲁对原子论的贡献首先在于他将原子论上升为哲学思想的"准则",也就是用原子论的观念来矫正我们对"语言""概念""命题""行为"等重要范畴或领域的理解。他在给其学生希罗多德的信中指出,"首先,你

(接上页)Frede and Brad Inwood (eds.), *Language and Learning*: *Philosophy of Language in the Hellenistic Age*, Cambridge: Cambridge University Press, pp. 56 - 100);《自由活动和偏斜》(Asmis, Elizabeth, 1990. "Free Action and the Swerve", Review of Walter G. Englert, Epicurus on the swerve and voluntary action, *Oxford Studies in Ancient Philosophy*, 8: 275 - 291);《伊壁鸠鲁发现了自由意志问题吗?》(Bobzien, Susanne, 2000. "Did Epicurus Discover the Free-Will Problem?" *Oxford Studies in Ancient Philosophy*, 19: 287 - 337);《伊壁鸠鲁论原子的偏斜和自由运动》(Englert, Walter G., 1987. *Epicurus on the Swerve and Voluntary Action*, Atlanta: Scholars Press);《伊壁鸠鲁论自由运动和原子的偏斜》(Purinton, Jeffrey S., 1999. "Epicurus on 'Free Volition' and the Atomic Swerve," *Phronesis*, 44: 253 - 299);《伊壁鸠鲁对决定论的否定》(Sedley, David, 1983. "Epicurus' Refutation of Determinism," in *SUZHTHSIS*: *Studi sull'epicureismo greco e romano offerti a Marcello Gigante*, Naples: Biblioteca della Parola del Passato, pp. 11 - 51)。

必须懂得术语所指称的那些含义。我们根据它检验意见及有关研究所研究
的问题，以免我们的证明毫无验证地延伸至无穷或者所使用的术语毫无意
义。每一个所使用的术语的基本内容必须搞清楚，应当无须再加说明。我
们要有一个标准来判别有关研究、研究的问题及意见，这是极其必要
的。"① 从这段引文中我们还可以看出，伊壁鸠鲁更看重原子论的经验诉
求。通过这一诉求可以预见罗素的分析哲学特别是逻辑原子主义的思想根
由，因而这一诉求具有极其重要的思想价值。

　　卢克莱修（Titus Lucretius Carus 99 BC – c. 55 BC），其原子论代表性
著述②有拉丁文版的《论宇宙的本质》（Lucretius. *De Rerum Natura*. 3 vols.

---

① ［古希腊］拉尔修：《圣哲名言录》，吉林人民出版社 2003 年版，第 648 页。

② 对卢克莱修有关原子论思想的研究包括《卢克莱修及其思想背景》（Algra, K. A.,
Koenen, M. H., Schrijvers, P. H., eds., 1997, *Lucretius and his Intellectual Background*, Amsterdam:
Royal Netherlands Academy of Arts and Sciences）；《卢克莱修的修辞和推理》；《卢克莱修和伊壁鸠
鲁》（Clay, D., 1983, *Lucretius and Epicurus*, Ithaca: Cornell University Press）；《卢克莱修的生平
著述》（Dalzell, A., 1972 – 3, 1973 – 4, 'A Bibliography of Work on Lucretius, 1945 – 1972', Clas-
sical World 66: 389 – 427; 67: 65 – 112）；《卢克莱修与伊壁鸠鲁主义史》（De Lacy, P., 1948,
'Lucretius and the history of Epicureanism', Transactions of the American Philological Association 79:
12 – 35）；《卢克莱修、恩培多克勒和伊壁鸠鲁间的争论》（Edwards, M. J., 1989, 'Lucretius,
Empedocles and Epicurean polemic', Antike und Abendland 35: 104 – 15）；《牛津大学经典研究：卢
克莱修》（Gale, M., ed., 2007, *Oxford Readings in Classical Studies: Lucretius*, Oxford: Oxford Uni-
versity Press）；《卢克莱修剑桥手册》（Gillespie, S. and Hardie, P., eds., 2007, *The Cambridge
Companion to Lucretius*, Cambridge: Cambridge University Press）；《卢克莱修》（Godwin, J., 2004,
Lucretius, London: Bristol Classical Press）；《卢克莱修生平事迹》（Gordon, C., 1962, *A Bibliogra-
phy of Lucretius*, London, Hart-Davis）；《卢克莱修及其影响》（Hadzits, G. D., 1935, *Lucretius and
his Influence*, London: Longman）；《卢克莱修和科学史》（Johnson, M. R., Wilson, C., 2007, 'Lu-
cretius and the history of science', in Gillespie and Hardie 2007, 131 – 48）；《卢克莱修和当代世界》
（Johnson, W. R., 2000, *Lucretius and the Modern World*. London: Duckworth）；《卢克莱修和自然的
文本化》（Kennedy, D., 2002, *Rethinking Reality. Lucretius and the Textualization of Nature*, Ann Ar-
bor: University of Michigan Press）；《卢克莱修哲学论证》（Kleve, K., 1978, 'The philosophical po-
lemics in Lucretius', Entretiens Hardt 24: 39 – 71）；《卢克莱修对早期希腊哲学家的批评》（Koll-
man, E. D., 1971, 'Lucretius' criticism of the early Greek philosophers', *Studi Classici* 13: 79 – 93）；
《卢克莱修心理学散见》（Konstan, D., 1973, *Some Aspects of Epicurean Psychology*, Leiden: Brill）；
《卢克莱修的诗、哲学与科学》（Lehoux, D., Morrison, A. D., Sharrock, A. (eds.), 2013, *Lucre-
tius: Poetry, Philosophy, Science*. Oxford: Oxford University Press）；《卢克莱修的"论宇宙的本质"
第 3 章第 931—971 行中有关自然的讲演》（Reinhardt, T., 2002, 'The speech of nature in Lucreti-
us' De Rerum Natura 3. 931 – 71', *Classical Quarterly* 52: 291 – 304）；《卢克莱修与希腊智慧的转
折》（Sedley, D., 1998, *Lucretius and the Transformation of Greek Wisdom*, Cambridge: （转下页）

Latin text Books I – VI. Comprehensive commentary by Cyril Bailey, Oxford U-niversity Press 1947）以及 1971 年的新拉丁文版（Lucretius，1971. *De Rerum Natura Book III*. Latin version of Book III, with extensive commentary by E. J. Kenney, Cambridge University Press corrected reprint 1984）；最早的英文版出自 1886 年（Munro, H. A. J.：*Lucretius*：*On the Nature of Things* Translated, with an analysis of the six books. 4th Edn, Routledge 1886. Online version at the Internet Archive, 2011）；1951 年出版了英文版（*On the Nature of Things*, 1951 prose translation by R. E. Latham, introduction and notes by John Godwin, Penguin revised edition 1994）；但较为流行的是 1997 年的英文版（Lucretius, 2008［1997, 1999］, *On the Nature of the Universe*, tr. Melville, Robert, introduction and notes by Fowler, Don；Fowler, Peta. Oxford University Press［Oxford World Classics］）。

卢克莱修对原子论的推进不仅仅在于他将伊壁鸠鲁的原子论思想传至古罗马的思想界，更为重要的是，他开辟了用原子论来解释认知和思想的新视野。在《论物的本性》或《论宇宙的本质》等著述中，卢克莱修用诗作或隐喻等文学方式论述了，不仅物质世界是由原子及其运动所构成的，而且属人的精神现象如感觉和认知等等，也都是由原子及其运动所构成的。

从留基伯和德谟克利特到伊壁鸠鲁和卢克莱修，古代原子论经历了一个发展过程，从一种自然观逐渐上升为一种不仅能够解释自然现象，而且能解释整个哲学不同领域包括认知活动和道德行为的哲学观念。

（接上页）Cambridge University Press）；《物理学的诞生源自卢克莱修论自然的复兴》（Serres, M., 2000, *The Birth of Physics*, *Originally La Naissance de la physique dans le texte de Lucrèce*, 1977, Manchester：Clinamen Press）；《卢克莱修在'论宇宙的本质'中所提及的前苏格拉底哲学家》（Tatum, W. J., 1984, 'The Presocratics in book one of Lucretius' De rerum natura', Transactions of the American Philological Association 114：177 – 89）；《卢克莱修论什么不是原子》（Wardy, R., 1988, 'Lucretius on what atoms are not', *Classical Philology* 83：112 – 280）；《卢克莱修的论证方法》（West, D., 'Lucretius' methods of argument, 3. 417 – 614, *Classical Quarterly* 25：94 – 116）；《卢克莱修的两个世界》（Wiseman, T. P., 1974, 'The Two Worlds of Titus Lucretius Carus', in Cinna the Poet and Other Roman Essays, Leicester, Leicester University Press：11 – 43）等等。

二　原子论的科学—哲学观

从文献看，古希腊罗马时期的原子论尚可查其原貌，留基伯和德谟克利特等早期代表人物的作品只有残编流传至今，伊壁鸠鲁的大部分著述已经失传，但有三封重要的信件保留完好，卢克莱修的诗作也较为完整。

从 C. 泰勒（C. C. W. Taylor）编撰的《原子论者留基伯和德谟克利特著作残编的文本与译介》（*The Atomists*：*Leucippus and Democritus*，*Fragments*，*A Text and Translation with A Commentary*）一书中，我们可以窥见古希腊原子论早期思想的片段，这些片段有助于我们深入了解原子论初创时期的思想原貌。下面这段文字大意是说"物以类聚"的现象，这似乎暗示着原子论源自对日常生活观察的"类比"或"类推"："同种动物群居在一起，就像鸽子与鸽子在一起，鹳鸟与鹳鸟在一起一样，无理性的动物和非生物也是如此。"① 这也就是说，当时的原子论主要基于日常生活的观察和总结。

在伊壁鸠鲁写给三个学生的信中，有两封谈及自然哲学，特别是其中有关准则学的界定对于当代的科学哲学乃至西方的理性分析传统都具有重要意义。与传统理解不同的是，伊壁鸠鲁的原子论也是基于日常经验的考察。我们必须绝对遵从感觉，即是说，遵从当下呈现的形象，无论是心灵的还是其他标准的；同样也遵从当下情感的形象。这样，我们就有了工具来判定需要证实及尚未知晓的事物。"（他在《大摘要》开端部分及《论自然》第一卷也阐述了这里的观点）万物是由许多物体和虚空组成的，因为物体的存在是感觉自身通过一切经验而证实的。如果理性试图从已知推出未知，它必须依靠感觉。如果不存在虚空（我们也称之为未知和不可捉摸的本性），物体就没有存在的地方和运动的场所，像它们现在显而易见地运动那样。"②

更重要的是，伊壁鸠鲁为原子论设计了一条经验主义的认识路线，这种将原子论与经验论结合起来的认识路线在西方思想特别是西方科学

① C. C. W. Taylor, *The Atomists*：*Leucippus and Democritus*，*Fragments*，*A Text and Translation with a Commentary*，Toronto：University of Toronto Press Incorporated 1999. D.

② 拉尔修：《圣哲名言录》（下），吉林人民出版社 2003 年版，第 649—650 页。

思想问题上具有重大的影响。"我们也必须认识到正是由于某些事物从外在物体进入我们之中，我们才看到它们的形状并且思考它们。因为外在的物体通过进入我们眼睛和心灵的影像，将它们自己的颜色和形状的本性打印于我们，远胜于通过介于我们与它们之间的空气，或光线、或任何我们发向它们的流出物。它们的大小跟所进入的通道相合。某些影像来自事物自身，它们跟外在的事物自身颜色相同、形状相同。它们急速运动着。"①

古代原子论的经验论特质还表现在，这种学说坚持用经验的原因来解释日常生活所遇到的各种现象，而且还保持一般经验论那对不同经验论证的宽容，这也是经验论学说所具有的独特思想品格。"月亮的盈亏运动可以是由月亮的自转引起的，也可以说是由空气所呈现的形状引起的。更进一步说，我们也可以把它归结为其他一些特定物体的介入。总而言之，它可以用我们经验内的事实能够解释的任何方式发生。我们不能错误地只热衷于一种解释而丢弃其他。"②

例如，伊壁鸠鲁对云的解释也更加符合经验原则，因而也更加科学。他说："（1）这是由于空气在风的压力下凝结而成的。（2）是由于那些适于形成云的原子聚集在一起并彼此牵连钩挂。（3）是由于从地球水中产生的那些流聚集在了一起。对于这些物体的彼此聚集并进而形成云，其他一些可能解释也并不是不可能。"③

在这个意义上，以伊壁鸠鲁为代表的古代原子论其实是一种经验论哲学，而且是一种彻底的经验论哲学。这种哲学我们可以在后世的思想中特别是近代以后的经验论传统中得到传承。从这个角度看，所谓的科学哲学特别是逻辑经验主义的各种主张，都可以在古代原子论那里找到思想源头。④ 如下文中我们不难看到，任何存在都需要经由感觉的确证；论证所用的术语必须指称某一具体对象。⑤

---

① 拉尔修：《圣哲名言录》（下），吉林人民出版社 2003 年版，第 654 页。
② 拉尔修：《圣哲名言录》（下），吉林人民出版社 2003 年版，第 676 页。
③ 拉尔修：《圣哲名言录》（下），吉林人民出版社 2003 年版，第 679 页。
④ 拉尔修：《圣哲名言录》（下），吉林人民出版社 2003 年版，第 699 页。
⑤ Diogenes Laërtius, *Lives and Opinions of Eminent Philosophers*, pp. 568 – 569.

"Ἔπι τε¹ τὰς αἰσθήσεις δεῖ πάντως τηρεῖν καὶ ἁπλῶς τὰς παρούσας ἐπιβολὰς εἴτε διανοίας εἴθ' ὅτου δήποτε τῶν κριτηρίων, ὁμοίως δὲ καὶ τὰ ὑπάρχοντα πάθη, ὅπως ἂν καὶ τὸ προσμένον καὶ τὸ ἄδηλον ἔχωμεν οἷς σημειωσόμεθα.

"Ταῦτα δεῖ διαλαβόντας συνορᾶν ἤδη περὶ τῶν ἀδήλων· πρῶτον μὲν ὅτι οὐδὲν γίνεται ἐκ τοῦ μὴ ὄντος. πᾶν γὰρ ἐκ παντὸς ἐγίνετ' ἂν σπερμά- 39 των γε οὐθὲν προσδεόμενον. καὶ εἰ ἐφθείρετο δὲ τὸ ἀφανιζόμενον εἰς τὸ μὴ ὄν, πάντα ἂν ἀπωλώλει τὰ πράγματα, οὐκ ὄντων εἰς ἃ διελύετο. καὶ μὴν καὶ τὸ πᾶν ἀεὶ τοιοῦτον ἦν οἷον νῦν ἐστι, καὶ ἀεὶ τοιοῦτον ἔσται. οὐθὲν γάρ ἐστιν εἰς ὃ μεταβαλεῖ.² παρὰ γὰρ τὸ πᾶν οὐθέν ἐστιν, ὃ ἂν εἰσελθὸν εἰς αὐτὸ τὴν μεταβολὴν ποιήσαιτο.

"Next, we must by all means stick to our sensations, that is, simply to the present impressions whether of the mind or of any criterion whatever, and similarly to our actual feelings, in order that we may have the means of determining that which needs confirmation and that which is obscure.

"When this is clearly understood, it is time to consider generally things which are obscure. To begin with, nothing comes into being out of what is non-existent.⁶ For in that case anything would have arisen out of anything, standing as it would in no need of its proper germs.⁶ And if that which disappears had been destroyed and become non-existent, everything would have perished, that into which the things were dissolved being non-existent. Moreover, the sum total of things was always such as it is now, and such it will ever remain. For there is nothing into which it can change. For outside the sum of things there is nothing which could enter into it and bring about the change.

图 2 - 1　拉尔修《圣哲名言录》片段

三　从原子论到准则学

对古希腊罗马时期的原子论的关注几乎和原子论本身的历史一样源远流长。了解这些研究性文献对于我们以后直接解读原文具有重要意义。

亚里士多德是古希腊哲学的集大成者，当然也是古希腊原子论的见证者和评论者。在他的《物理学》一书中就有一处谈及德谟克利特（184b21）和留基伯（213b），"原子"（264a2）；而在《形而上学》中论及德谟克利特就有 8 处之多（985b5 – 20，9a27，b11，15，39a9，42b11，69b22，78b20），论及留基伯的也有 4 处（958b4，71b32，72a7，84b27）。

首先，亚里士多德肯定了德谟克利特原子论对于解决当时哲学问题的意义。"假设本原为数是无限的，那它们就或如德谟克利特所认为的，虽然于形状或种是不同的，但是属于同一类；或者不但不同类，甚至还是对立的。"①

但是，亚里士多德也看到了原子论的矛盾之处，"那些企图证明没有虚空的人并没有驳斥主张有虚空的人真正的主张，他们的论证没有击中要害，如阿那克萨戈拉和另外一些人就是这样的。他们给皮囊鼓气以显示空气的力，再把它放进漏壶中去，从而证明确有空气这种事物存在。但是主张有虚空的人是想说，虚空是没有任何可见物体的一个空的体积……它穿

---

① ［古希腊］亚里士多德：《物理学》，张竹明译，商务印书馆 1982 年版，第 16 页。

插在万物之间因而打破了万物的连续性（如德谟克利特、留基伯和其他许多自然哲学家所说的），或者也许还要说明是否有这样的东西存在于连续的宇宙万物之外"①。

因此，亚里士多德认为，原子论的最大问题是："至于动变的问题——事物从何而生动变？如何已成动变？——这些思想家，和其他的人一样，疏懒地略去了。"②

其实，在古希腊，原子论并非留基伯和德谟克利特的一家之言，毕达哥拉斯等人都持有相同或类似的观点；不仅如此，亚里士多德对原子论的评论并非没有不同声音，伊壁鸠鲁就曾经对亚里士多德的观点进行了反批评，从而形成了伊壁鸠鲁主义和亚里士多德主义的冲突与融合。

拉尔修（Diogenes Laërtius）是古希腊时期的哲学家和最早的哲学史家之一，正是他所编辑的《古代杰出哲学家生平》（*Lives of the Eminent Philosophers*, translated by Robert Drew Hicks, 1925）和《古代杰出哲学家的生平与观点》（*Lives and Opinions of Eminent Philosophers*, translated by Charles Duke Yonge, 1853）给我们保留了古希腊时期重要哲学家的有关资料，成为西方哲学史研究的早期文献。其中用较大篇幅介绍了恩培多克勒、留基伯、德谟克利特等古代原子论者的生平事迹，特别是在该著的最后一卷专门花大量篇幅介绍伊壁鸠鲁的观点，对其重视程度远远超过了柏拉图和亚里士多德。③

有一段论述代表了拉尔修对伊壁鸠鲁哲学的整体概括："他的哲学可以分为三部分：准则学（*Canonic*）、物理学和伦理学。准则学是其体系的导论，包含在一本提名《准则》（*The Canon*）的书中。物理学包括全部有关自然的理论，包含在 37 卷本的《论自然》一书中，在书信中还有一个纲要。伦理学是研究应该选择什么、回避什么的，这部分内容在《论

---

① ［古希腊］亚里士多德：《物理学》，张竹明译，商务印书馆 1982 年版，第 108 页。
② ［古希腊］亚里士多德：《形而上学》，吴寿彭译，商务印书馆 1982 年版，第 12 页。
③ 在拉尔修编辑的《古代杰出哲学家生平事迹》一书中，拉尔修用的编史结构是将（时间或思想）相关或相近的若干思想家集中在某一章中讨论，但却专门辟出一章专门讨论伊壁鸠鲁的思想，而且破例加入了 3 篇代表其基本观点的信件：第一封信是写给希罗多德的信，讨论物理学问题；第二封信是写给匹索克勒的信，讨论天文学和气象学；第三封信是写给美诺俄库（Menoeceus）的信，讨论伦理学。

人类生活》、书信及其论文《论自然》之中。不过，通常把准则学和物理学安排在一起。他们称准则学是研究标准、本原和哲学最基本部分的学问；物理学是研究生成、灭亡以及自然的学问；而伦理学研究应追求什么、回避什么，研究人生及终极目的（the end-in-chief）。"①

' Διαιρεῖται τοίνυν εἰς τρία, τό τε κανονικὸν καὶ
30 φυσικὸν καὶ ἠθικόν. τὸ μὲν οὖν κανονικὸν ἐφόδους
ἐπὶ τὴν πραγματείαν ἔχει, καὶ ἔστιν ἐν ἑνὶ τῷ ἐπι-
γραφομένῳ Κανών· τὸ δὲ φυσικὸν τὴν περὶ φύσεως
θεωρίαν πᾶσαν, καὶ ἔστιν ἐν ταῖς Περὶ φύσεως
βίβλοις ἑπτὰ καὶ τριάκοντα καὶ ταῖς ἐπιστολαῖς
κατὰ στοιχεῖον· τὸ δὲ ἠθικὸν τὰ περὶ αἱρέσεως καὶ
φυγῆς· ἔστι δὲ καὶ ἐν ταῖς Περὶ βίων βίβλοις καὶ
ἐπιστολαῖς καὶ τῷ Περὶ τέλους. εἰώθασι μέντοι
τὸ κανονικὸν ὁμοῦ τῷ φυσικῷ τάττειν· καλοῦσι
δ' αὐτὸ περὶ κριτηρίου καὶ ἀρχῆς, καὶ στοιχειω-
τικόν· τὸ δὲ φυσικὸν περὶ γενέσεως καὶ φθορᾶς,

ª i.e. §§ 29-31, the first of those summaries of doctrine which take up so much of Book X.
558

καὶ περὶ φύσεως· τὸ δὲ ἠθικὸν περὶ αἱρετῶν καὶ
φευκτῶν καὶ περὶ βίων καὶ τέλους.

' It is divided into three parts—Canonic, Physics, Ethics. Canonic forms the introduction to the system and is contained in a single work entitled *The Canon.* The physical part includes the entire theory of Nature: it is contained in the thirty-seven books *Of Nature* and, in a summary form, in the letters. The ethical part deals with the facts of choice and aversion: this may be found in the books *On Human Life,* in the letters, and in his treatise *Of the End.* The usual arrangement, however, is to conjoin canonic with physics, and the former they call the science which deals with the standard and the first principle, or the elementary part of philosophy, while physics proper, they say, deals with becoming and perishing and with nature; ethics, on the other

559

hand, deals with things to be sought and avoided, with human life and with the end-in-chief.

图 2-2

这就是说，原子论并不是某种单纯的自然哲学，而是以原子论为基点来讨论整个哲学及其人类的生活世界。其实，在这方面不乏有见地的研究。

四　原子论对后世科学哲学的影响

按照拉尔修对原子论的总结，宇宙的第一原则是原子（atoms）和虚空（empty space），世间之物的存在只是想当然而已。但世界本身则是无限的（unlimited）或没有疆界的（boundless）。世界诸物存在着并演化着。任何事物都不可能存在于它不曾经历过的过程。原子在大小和数量上是无限的，而且原子是在一个宇宙漩涡（universe in a vortex）中形成的，进而创造了各种合成物（composite things），如火、水、气和土等。说到底，世间万物都是原子的聚合物（conglomerations of given atoms）。这是由于原子具有坚固性，是不可再分、不可改变的。太阳和月亮也都是由平滑的球

① Diogenes Laërtius, *Lives and Opinions of Eminent Philosophers*, pp. 558–559. ［古希腊］欧根尼·拉尔修：《圣哲名言录》，马永祥等译，吉林人民出版社 2002 年版，第 644 页。

形原子构成的，同理，灵魂也是由原子构成的。①

在这里，我们注意到一段话对于科学哲学而言极具启发意义："除非我们能以简短的公式概括并记住一切精确表达到最微小的细节的东西，否则要总结对事物整体的不断勤奋研究的成果是不可能的。"②

自罗马时代至中世纪，不知何种原因原子论被湮灭了，直到 17 世纪才由法国哲学家伽桑狄恢复了古希腊原子论。我国学界对伽桑狄的了解主要是他的《对笛卡尔沉思的诘难》，其实，这篇文字只是伽桑狄偶尔为之，其学术含量不高甚至很低，并不能代表伽桑狄的学术水平及其学术思想。

对于伽桑狄在恢复原子论方面的贡献，见于王太庆先生编辑的《西方自然哲学原著选辑》（三），该集提到伽桑狄的两本书：《对拉尔修第十卷的评论》（*Animadversiones*, contains a translation of Diogenes Laertius, Book X on Epicurus, published in 1649）以及《伊壁鸠鲁的哲学体系》（*Syntagma Philosophiae Epicuri*）。

从上述文献看，伽桑狄只是对原子论进行重述，但难见其有什么突破性的思想。当然，能够在恰当的时候恢复某种思想也是思想史上的重要工作，因为当笛卡尔等近代哲学家消解了亚里士多德主义后，思想家们急需寻找新的思想资源，原子论无疑是最具思想潜能的可行方案，也是科学研究和哲学重建所必需的思想资源。

虽然我们没有查到伽桑狄的原著，但却查到了有关伽桑狄恢复原子论的评论性著述，如乔（Lynn Sumida Jor）的《伽桑狄作为原子论者》（*Gassendi the atomist*）、罗拉都（Antonia Lolordo）的《伽桑狄与早期现代哲学的诞生》（*Pierre Gassendi and the Birth of Early Modern Philosophy*）等等。

乔（Lynn Sumida Jor）在《伽桑狄作为原子论者》一书的导言中指出，传统观点往往把伽桑狄看作科学史家和哲学史家。如果伽桑狄是一个真正的科学家或哲学家，就不应仅仅停留在恢复原子论的工作上。他或者应该像波义耳那样的科学家用严格的实验来检验原子的存在及运动，或者

---

① 引自 *Lives of the Eminent Philosophers*, translated by Robert Drew Hicks, 1925, p. 453。

② ［古希腊］第欧根尼·拉尔修：《圣哲名言录》，马永祥等译，吉林人民出版社 2002 年版，第 468 页。

应该像笛卡尔那样的哲学家建立一套原子论的哲学体系，他甚至也没有成为怀疑论者。但作者认为，伽桑狄的主要贡献绝不仅仅在于哲学史，而在于他的"经验论和确立了将物理学进行数学化"的伟大工作。①

A. 查尔默斯（Alan Francis Chalmers）的《科学究竟是什么》（*What is This Thing Called Science?*）已经译成中文，但他的新著《科学家的原子和哲人之石：在获取原子知识的问题上科学家是如何成功的而哲学家是如何失败的》（*The Scientist's Atom and the Philosopher's Stone：How Science Succeeded and Philosophy Failed to Gain Knowledge of Atoms*②）可能还不为我国

---

① Lynn Sumida Jor, *Gassendi the Atomist*, London：Cambridge University Press 1967. Introduction.

② 章节如下：

Chapter 1. Atomism：Science or philosophy? 1.1 Introduction，1.2 Science and philosophy transcend the evidence for them，1.3 How the claims of science are confirmed，1.4 Inference to the best explanation，1.5 Science involves experimental activity and conceptual innovation，1.6 Reading the past in the light of the present，1.7 Writing history of science backwards，1.8 The structure of the book，1.9 A note on terminology

Chapter 2. Democritean atomism. 2.1 Philosophy as the refinement of common sense by reason，2.2 Parmenides and the denial of change，2.3 The atomism of Leucippus and Democritus：The basics，2.4 Atomic explanations of properties，2.5 Atomic explanations of specific phenomena，2.6 Atomism as a response to Zeno's paradoxes，2.7 Aristotle's critique of indivisible magnitudes，2.8 Did Democritus propose indivisible magnitudes as a response to Zeno?，2.9 Democritean atomism：an appraisal.

Chapter 3. How did Epicurus's garden grow? 3.1 Epicureanism，3.2 Physical atoms in the void，3.3 Atoms and indivisible magnitudes，3.4 Atomic speeds and observable speeds，3.5 Gravity，3.6 Explaining the phenomena by appeal only to atoms and the void，3.7 The status and role of the evidence of the senses，3.8 Knowledge of atoms：Getting closer?

Chapter 4. Atomism in its Ancient Greek perspective. 4.1 Philosophical atomism versus less ambitious projects，4.2 The Aristotelian alternative，4.3 Hints of a granular structure of matter in Aristotle，4.4 Granular versus ultimate structures，4.5 Greek "science".

Chapter 5. From the Ancient Greeks to the dawn of science. 5.1 Introduction，5.2 Natural minima，5.3 Hardline vesus liberal interpretations of Aristotle，5.4 Aristotelianism and alchemy，5.5 Geber's 'atomism'，5.6 The statis and fate of Geber's integration of Aristotle and alchemy，5.7 Currents of thought leading to Sennert's atomism，5.8 Sennert's atomic theory，5.9 The status of Sennert's atomism.

Chapter 6. Atomism, experiment and the mechanical philosophy：The work of Robert Boyle. 6.1 What was scientific about the scientific revolution?，6.2 Boyle's version of the mechanical philosophy，6.3 Boyle's case for the mechanical philosophy，6.4 Boyle's use of the microscopic/microscopic analogy，6.5 Boyle's experimental science as distinct from the mechanical philosophy，6.6 Empirical support for the mechanical philosophy，6.7 The lack of fertility of the mechanical philosophy，6.8 The various （转下页）

学界所熟悉。

有评论者称，该著是第一部研究从德谟克利特到 20 世纪的原子论发展历史的学术著述，重点强调了在物质理论问题上如何看待科学理论与哲学理论之间的区别（Distinguishes between scientific and philosophical matter theories in an original way that will challenge historians and philosophers

---

（接上页）senses of 'mechanical', 6. 9 Boyle's mechanical philosophy and experimental support for atoms.

Chapter 7. Newton's atomism and its fate. 7. 1 Introduction, 7. 2 Newton's science, 7. 3 Newton's atomism, 7. 4 The case for Newton's atomism, 7. 5 The fate of Newtonian atomism in the eighteenth century.

Chapter 8. The emergence of modern chemistry with no debt to atomism. 8. 1 Introduction, 8. 2 Klein on Geoffroy and the concepts of chemical substance, compound and combination, 8. 3 Reflections on Klein's account of chemical combination, 8. 4 Boyle's chemistry: Some preliminaries, 8. 5 Boyle's mechanical rather than chemical construal of substances, 8. 6 Boyle on the properties of chemical corpuscles, 8. 7 Chemical properties and essential properties, 8. 8 The mechanical philosophy versus the experimental philosophy, 8. 9 Newtonian affinities, 8. 10 Chemistry from Newton to Lavoisier.

Chapter 9. Dalton's atomism and its creative modification via formulae. 9. 1 Introduction, 9. 2 Dalton's atomism, 9. 3 Dalton's atomic chemistry, 9. 4 The introduction of chemical formulae by Berzelius, 9. 5 The binary theory of Berzelius, 9. 6 Chemical formulae and the rise of organic chemistry, 9. 7 Chemical formulae a victory for atomism?, 9. 8 Dalton's resistance to chemical formulae, 9. 9 Is my critique of nineteenth-century atomism positivist?

Chapter 10. From Avogadro to Cannizzaro: The Old Story. 10. 1 Introduction, 10. 2 Avogadro's hypothesis according to Avogadro, 10. 3 Ampère's version of Avogadro's hypothesis and geometrical atomism, 10. 4 Vapour densities and specific heats as a path to atomic weights, 10. 5 Cannizzaro reappraised, 10. 6 Was the determination of atomic weights important?

Chapter 11. Thermodynamics and the kinetic theory. 11. 1 Introduction, 11. 2 The rise of thermodynamics, 11. 3 Thermal dissociation and affinities11. 4 Early versions of the kinetic theory, 11. 5 The statistical kinetic theory, 11. 6 Problems with the kinetic theory, 11. 7 The status of the kinetic theory in 1900.

Chapter 12. Experimental contact with molecules. 12. 1 Introduction, 12. 2 Brownian motion, 12. 3 The density distribution of Brownian particles, 12. 4 Experimental details, 12. 5 Support for the kinetic theory, 12. 6 The mean displacement and mean rotation of Brownian particles, 12. 7 The kinetic theory confirmed? -a nuanced discussion

Chapter 13. Experimental contact with electrons. 13. 1 Introduction, 13. 2 Historical background to the experiments of 1896/7, 13. 3 Discovery of the Zeeman effect, 13. 4 Thomson's experiments on cathode rays, 13. 5 The significance of the experiments on charged particles.

Chapter 14. Atomism Vindicated? 14. 1 Introduction, 14. 2 Did philosophical atomism play a productive heuristic role? 14. 3 Twentieth-century atomism a victory for scientific realism? 14. 4 In my end is my beginning.

alike[①]）。

从上述思想评论不难看出，古希腊罗马时期的原子论虽然在中世纪没能得以延续，但基本上可以说在不同的历史时期都引起了高度重视，并对各个时代的思想都做出了重要贡献。

古希腊罗马的原子主义是否具有科学哲学的资格是需要论证的。我们在编史学中曾经提出，一种学说能称为科学哲学，必须具备如下条件：第一，它是以当时的科学知识为基础的，而且它引以为基础的科学知识必须是系统的，而不是零散的；第二，它必须有其独特的哲学理念，而且这种独特的哲学理念必须源自它引以为基础的科学知识；第三，这种学说所选择的科学知识及其哲学理念必须存在着思想关联，即这种学说所引以为基础的科学知识必须内含这种哲学理念，而这种哲学理念也必须体现它所依仗的科学知识。

第一，古希腊罗马时期的原子论是有其科学知识基础的。较之柏拉图主义对算数和几何学的倚仗，亚里士多德对他的物理学和生物学的倚仗，古希腊罗马时期的原子论所崇尚的科学知识源自对世界本原的考察，特别是与当时有关运动的考察有一定关系。例如，留基伯在其遗失的著述《大宇宙》（*Megas Diakosmos*，即 *The Big World-System or Great Cosmology*）中率先提出了原子运动必在虚空中进行的论断。德谟克利特认为，铁原子是坚硬的，且有钩刺将其整合为固体；而水原子则是轻滑的；盐原子从其

---

① 该著包括如下部分：第一章原子论是科学还是哲学？（Atomism：Science or philosophy）第二章论德谟克利特的原子论（Democritean atomism），第三章讨论伊壁鸠鲁主义（How did Epicurus's garden grow），第四章讨论古希腊人眼中的原子论（Atomism in its Ancient Greek perspective），第五章论述从古代原子论到现代科学的诞生（From the Ancient Greeks to the dawn of science），第六章讨论波义耳的原子论及其实验—机械哲学（Atomism，experiment and the mechanical philosophy：The work of Robert Boyle），第七章讨论牛顿的原子论及其结局（Newton's atomism and its fate），第八章讨论与原子论无关的现代化学（The emergence of modern chemistry with no debt to atomism），第九章讨论道尔顿的原子论化学（Dalton's atomism and its creative modification via formulae），第十章讨论阿附伽罗德和康妮扎罗的思想经历（From Avogadro to Cannizzaro：The Old Story），第十一章讨论热力学及其动力理论（Thermodynamics and the kinetic theory），第十二章讨论与分子有关的实验（Experimental contact with molecules），第十三章讨论与电子有关的实验（Experimental contact with electrons），第十四章讨论原子论的最终证明问题（Atomism Vindicated？）。

味道可知是尖利的；空气原子既轻又柔，因而可以弥漫于其他物质中。①

此外，德谟克利特还认为，宇宙起源于原子状态，这些原子碰撞后形成了地球和地球上的一切事物。他还猜测宇宙不是一个而是多个，有的在生长，而有的在衰败。这就是说，原子论已经形成了属于自己的科学知识基础。

但是，与后来的柏拉图主义和亚里士多德主义相比，古代原子论的科学知识尚不够完备。我们知道，柏拉图主义是以当时的算数和几何为根基的，亚里士多德主义是以当时的物理学、生物学等为根基的，当时的几何学已经完成了（初级）公理化的工作，亚里士多德的物理学和生物学也自成体系，但德谟克利特等原子论者所依据的科学知识还没有达到欧几里得几何学和亚里士多德物理学那样的完善程度。

第二，德谟克利特等古代原子论者并没有止步于这些具体的科学成果，而是根据这些科学知识进行哲学思辨。这主要表现在如下几个方面。

其一，他们将某些物质由微粒构成的思想提升为一种世界观，认为整个世界都是由原子在虚空中的运动所构成的，从而奠定了原子论的本体论。

其二，他们还用物质由微粒构成的思想解释人类从感性认识到理性认识的升华过程。在德谟克利特看来，感性认识无非由构成客观事物的原子在运动中刺激人类感官而引起的，因而这种认识是主观的、不完备的。这就有待于理性能力的加工整理，只有这样才能够获得真知。这样，德谟克利特将知识区分为两种，一种是感性知识（bastard 或 σκοτιη），另一种是理性知识（legitimate 或 γνησιη 或 gnesie）。这种划界也就奠定了古代原子论的认识论基础。

其三，不仅如此，德谟克利特等原子论者还用原子论的思维方式解释人类社会的产生与发展。德谟克利特认为，初民过着一种无政府主义的或类似动物的生活，单独外出觅食并居住在花果茂密的宜居之地，为躲避野生动物而组成社会。他认为初民并无语言，但逐步学会给事物命名以致互相理解，并通过试错法学会了织布、盖房、用火、群居和农耕等。在这种

---

① Pfeffer, Jeremy, I.; Nir, Shlomo, *Modern Physics: An Introduction Text*, World Scientific Publishing Company, 2001, p. 183.

理解中，我们不难发现原子论的思想影响。至此，德谟克利特完成了原子论的历史观设计。

第三，如何看待古希腊罗马时期的原子论？从科学哲学史的角度看，如果说科学哲学是以逻辑经验主义为判据，而逻辑经验主义至少需要三种思想基石：强调可分析的逻辑主义，强调可还原的原子主义，强调可检验的经验主义。显然，原子主义是逻辑经验主义的重要理论支撑之一。

其一，从思想源流看，如果说逻辑经验主义源自罗素的逻辑原子主义，那么罗素（包括维特根斯坦）的逻辑原子主义肯定根源于原子主义。这说明，逻辑经验主义所谓的"拒斥形而上学"肯定是成问题的。逻辑经验主义不过是历史上的原子主义在数理时代的新形式而已。

其二，逻辑经验主义的重要思想原则是还原主义。19世纪后叶马赫和彭加勒提倡要实证地对待科学。后来"逻辑经验主义"学派把马赫和彭加勒的学说发展为清晰明了的逻辑体系，此外还有罗素和希尔伯特（D. Hilbert）等。逻辑经验主义严格区分两种陈述，一种是不能用经验证实的、不包含"实在"内容的"同义反复"，另一种是可用经验验证的陈述，他们把所有不能推论出经验陈述的原则体系都排除在科学之外并称之为"形而上学"①。这些论断都具有鲜明的还原论色彩。

其三，原子主义及其还原论不仅是逻辑经验主义的思想基石之一，而且也是逻辑经验主义思想体系崩塌的内在诱因。正是这种根深蒂固的原子主义及其还原论，导致了逻辑经验主义面临种种内在矛盾和外部危机。纽拉特和波普尔从内部质疑逻辑经验主义将科学理论的真理性还原为"观察命题"的逻辑可能性；而蒯因和T. 库恩则从外部来攻击逻辑经验主义在观察命题和理论命题之间的还原论关系。

第二节　数理哲学传统的形成

在科学哲学的思想主旨以及各个流派的论争中，理论（语言）和经验（观察语言）的范畴理解及其关系问题一直困扰着不同形式的理论探

---

① Sahotra Sarkar, *Logical Empiricism and the Special Sciences*, Garland Publishing, Inc., 1996, p. 52.

索。理论（语言）特别是科学理论的数学形式是由经验数据所决定的，（如维也纳学派）还是具有相对独立性，只是在边缘与经验数据相关联（W. V. 蒯因和 V. 弗拉森）？

粗略地讲，科学哲学是模仿"科学形象"建构起来的观念系统。但由于思想家心目中所崇拜的具体学科各不相同，有的偏爱实验科学，因而就可能建立起经验性的哲学体系；而有的则偏爱数理科学，因而就可能建立起强调逻辑演绎的哲学体系。

由于思想家对不同科学学科的偏爱，因而就创造出不同的观念体系，这在古希腊的先哲们那里就已经显现出来了。如果说埃利亚学派（米利都学派）和德谟克利特等人偏爱经验性科学，因而能够创造出元素说和原子论等侧重经验的哲学理念（但并非不重视逻辑的作用），那么以毕达哥拉斯、柏拉图等人为首的哲人则偏爱算术及几何学，因而创造出强调"共相"或"范型"的理性哲学。

观念论（Idealism）强调"形式"（form）等概念性的东西在世界中才具有真实地位，而与之相关的感性事物则是虚幻的或次要的。古希腊特别是柏拉图等人无疑是观念论传统的奠基人，但其思想传承却经历了毕达哥拉斯、巴门尼德与芝诺、普罗提诺和普鲁克鲁斯等人，其中贯穿着毕达哥拉斯主义、柏拉图主义和新柏拉图主义等。这种思想在哲学史以及科学哲学中具有重要影响。但如何理解观念论却是一个重要的思想史难题。

T. 哈特（Sir Thomas Heath）在《希腊数学史》中指出："本书的观念似乎有点费解，然而作者却真诚地希望用数学家和当时经典思想家（classical scholars）的双层视野来审视古希腊的数学。"[1] 从这个角度看，古希腊数学就不是纯粹的数学家的事儿，而是数学家与哲学家的共建，因而哲学家在古希腊数学中占据非常重要的地位。

当然，在古希腊数学与古希腊哲学的共建过程中，并不是每个流派都占据着同等重要的地位，较之其他学派，观念论在古希腊数学的形成与发展中具有举足轻重的作用。

T. 哈特在这部《古希腊数学史》中就历数了毕达哥拉斯、巴门尼

---

[1]　Heath, T. L., *A History of Greek Mathematics*, New York: Dover Publications. Vol. 2, 1981, preface v.

德与芝诺、柏拉图、普罗提诺和普鲁克鲁斯等观念论哲学家的重要贡献，同时也论述了古希腊数学对观念论哲学的思想支撑作用。T. 哈特在评价柏拉图时写道："柏拉图的《理想国》一书的第七部分最典型地代表了柏拉图对数学的态度。柏拉图认为数学有四个分支，算数、几何、乐理与天文学，这些在哲学家和未来国家统治者的培训中具有重要作用；柏拉图学园大门门楣上就镌刻着'不懂几何者不得入内'的警句。"①

　　依照科学—哲学共同体的基本判断，我们认为古希腊的观念论与几何学密切相关，它源自毕达哥拉斯，经过巴门尼德和芝诺，在柏拉图学园达到顶峰，并由普罗提诺和普鲁克鲁斯等推进到新柏拉图主义。

一　重视数理科学的文献考证

　　在西方思想史上，强调观念特别是数学观念具有独立性或相对独立性的思想源自古希腊时期的哲人，其中包括毕达哥拉斯、巴门尼德、柏拉图、欧几里得和普鲁克鲁斯等人。

　　毕达哥拉斯原典存世不多，但谬种流传不少。有些语录片段见于后代学者的论述②之中。古罗马时期的哲学家 D. 拉尔修在其《圣哲名言录》一书中较为详尽地介绍了毕达哥拉斯的生平事迹（Diogenes Laërtius, Vitae

---

① Heath, T. L., *A History of Greek Mathematics*, New York: Dover Publications, Vol. 2, 1981, p. 284.

② 例如，柏拉图就曾经在他的著述中多次引用或提及毕达哥拉斯的原文或思想，主要见于：

Phaedo 62 B. The saying that is uttered in secret rites, to the effect that we men are in a sort of prison, and that one ought not to loose himself from it nor yet to run away, seems to me something great and not easy to see through; but this at least I think is well said, that it is the gods who care for us, and we men are one of the possessions of the gods.

Kratyl. 400 B. For some say that it (the body) is the tomb of the soul—I think it was the followers of Orpheus in particular who introduced this word—which has this enclosure like a prison in order that it may be kept safe.

Gorg. 493 A. I once heard one of the wise men say that now we are dead and the body is our tomb, and that that part of the soul where desires are, it so happens, is open to persuasion, and moves upward or downward. And, indeed, a clever man—perhaps some inhabitant of Sicily or Italy—speaking allegorically, and taking the word from "credible" (πιθανος) and "persuadable" (πιστικος) called this a jar (πιθος) and he called those without intelligence uninitiated, and that part of the soul of （转下页）

philosophorum VIII（Lives of Eminent Philosophers）, c. 200 AD, which in

---

（接上页）uninitiated persons where the desires are, he called its intemperateness, and said it was not wa-ter-tight, as a jar might be pierced with holes—using the simile because of its insatiate desires.

Gorg. 507 E. And the wise men say that one community embraces heaven and earth and gods and men and friendship and order and temperance and righteousness, and for that reason they call this whole a uni-verse.

亚里士多德的著述中也有不少有关毕达哥拉斯的言行，如

Phys. iii. 4; 203 a 1. For all who think they have worthily applied themselves to such philosophy, have discoursed concerning the infinite, and they all have asserted some first principle of things—some, like the Pythagoreans and Plato, a first principle existing by itself, not connected with anything else, but being itself the infinite in its essence. Only the Pythagoreans found it among things perceived by sense（for they say that number is not an abstraction）, and they held that it was the infinite outside the heavens.

iii. 4; 204 a 33. （The Pythagoreans）both hold that the infinite is being, and divide it.

iv. 6; 213 b 22. And the Pythagoreans say that there is a void, and that it enters into the heaven it-self from the infinite air, as though it（the heaven）were breathing; and this void defines the natures of things, inasmuch as it is a certain separation and definition of things that lie together; and this is true first in the case of numbers, for the void defines the nature of these.

De coel. i. 1; 268 a 10. For as the Pythagoreans say, the all and all things are defined by threes; for end and middle and beginning constitute the number of the all, and also the number of the triad.

ii. 2; 284 b 6. And since there are some who say that there is a right and left of the heavens, as, for instance,［Page 135］those that are called Pythagoreans（for such is their doctrine）, we must investigate whether it is as they say.

ii. 2; 285 a 10. Wherefore one of the Pythagoreans might be surprised in that they say that there are only these two first principles, the right and the left, and they pass over four of them as not having the least validity; for there is no less difference up and down, and front and back than there is right and left in all creatures.

ii. 2; 285 b 23. And some are dwelling in the upper hemisphere and to the right, while we dwell be-low and to the left, which is the opposite to what the Pythagoreans say; for they put us above and to the right, while the others are below and at the left.

ii. 9; 290 b 15. Some think it necessary that noise should arise when so great bodies are in motion, since sound does arise from bodies among us which are not so large and do not move so swiftly; and from the sun and moon and from the stars in so great number, and of so great size, moving so swiftly, there must necessarily arise a sound inconceivably great. Assuming these things and that the swiftness has the principle of harmony by reason of the intervals, they say that the sound of the stars moving on in a circle becomes musical. And since it seems unreasonable that we also do not hear this sound, they say that the reason for this is that the noise exists in the very nature of things, so as not to be distinguishable from the opposite si-lence; for the distinction of sound and silence lies in their contrast with each other, so that as blacksmiths think there is no difference between them because they are accustomed to the sound, so the same thing hap-pens to men.

turn references the lost work Successions of Philosophers by Alexander Polyhistor ——
Life of Pythagoras, translated by Robert Drew Hicks, 1925）。自 19 世纪以来，
学者就整理过毕达哥拉斯的原典（残篇）①，但当代最为权威的版本则是
H. 蒂尔斯和 W. 克兰兹编辑的《前苏格拉底哲学著述残编》（Diels, H.
and W. Kranz, 1952, *Die Fragmente der Vorsokratiker* in three volumes, 6th e-
dition, Dublin and Zürich: Weidmann, Volume 1, Chapter 14, 96 – 105）。在
这些文献中，毕达哥拉斯创立了一种"万物皆数"的宇宙论，即数是世
界的始基，因而世界因数而和谐；可以用数来理解的都是永恒的和完美
的，不能用数来理解的就是不真实的、有缺陷的，从而开创了理念论的数
理哲学路线。

（接上页）ii. 9; 291 a 7. What occasions the difficulty and makes the Pythagoreans say that there is a
harmony of the bodies as they move, is a proof. For whatever things [Page 136] move themselves make a
sound and noise; but whatever things are fastened in what moves or exist in it as the parts in a ship, cannot
make a noise, nor yet does the ship if it moves in a river.

ii. 13; 293 a 19. They say that the whole heaven is limited, the opposite to what those of Italy,
called the Pythagoreans, say; for these say that fire is at the centre and that the earth is one of the stars,
and that moving in a circle about the centre it produces night and day. And they assume yet another earth
opposite this which they call the counter-earth [ἀντίχθων], not seeking reasons and causes for phenome-
na, but stretching phenomena to meet certain assumptions and opinions of theirs and attempting to arrange
them in a system. . . . And farther the Pythagoreans say that the most authoritative part of the All stands
guard, because it is specially fitting that it should, and this part is the centre; and this place that the fire
occupies, they call the guard of Zeus, as it is called simply the centre, that is, the centre of space and the
centre of matter and of nature.

iii. 1; 300 a 15. The same holds true for those who construct the heaven out of numbers; for some
construct nature out of numbers, as do certain of the Pythagoreans.

Metaphys. i. 5; 985 b 23 – 986 b 8. With these and before them (Anaxagoras, Empedokles, Atom-
ists) those called Pythagoreans applying themselves to the sciences, first developed them; and being
brought up in them they thought that the first principles of these (i. e. numbers) were the first principles of
all things. And since of these (sciences) numbers are by nature the first, in numbers rather than in fire
and earth and water they thought they saw many likenesses to things that are and that are coming to be, as,
for instance, justice is such a property of numbers, and soul and mind are [Page 137] such a property,
and another is opportunity, and of other things one may say the same of each one.

http://history. hanover. edu/texts/presoc/pythagor. html

① Krische, De societatis a Pythagora conditae scopo politico, 1830; E. Rohde, Rhein. Mus. xxvi.
565 sqq.; xxvii. 23 sqq.; Diels, Rhein. Mus. xxxi. 25 sq.; Zeller, Sitz. d. kgl. preus. Akad. 1889,
45, p. 985 sqq.; Chaignet, Pythagore, 1873, and the excellent account in Burnett.

巴门尼德（Parmenides of Elea/Παρμενίδηζό Ἐλεάτηζ）的著述主要有《论自然》（On Nature），但只有残编存世。除了 H. 蒂尔斯等编辑的 *Die Fragmente der Vorsokratike* 外，还有 B. 卡森的整理（Cassin, B. 1998. *Parménide：Sur la nature ou sur l'étant. La langue de l'être.* Paris：éditions de Seuil）、孔什的整理（Conche, M. 1996. *Parménide. Le Poème：Fragments.* Paris：Presses Universitaires de France）、柯德罗的整理（Cordero, N. -L. 1984. *Les Deux Chemins de Parménide：édition critique, traduction, études et bibliografie.* Paris：J. Vrin；Brussels：éditions Ousia）、柯松的整理（Coxon, A. H. 2009. *The Fragments of Parmenides：A critical text with introduction, translation, the ancient testimonia and a commentary.* Revised and expanded edition with new translations by Richard McKirahan. Las Vegas/Zurich/Athens：Parmenides Publishing）、戈鲁珀的整理（Gallop, D. 1984. *Parmenides of Elea：Fragments.* Toronto：University of Toronto Press）、L. 塔兰的整理（Tarán, L. 1965. *Parmenides：A Text with Translation, Commentary, and Critical Essays.* Princeton：Princeton University Press）等等。在这些著述中，巴门尼德的哲学在于论证"一"的本体论地位，他首先区分了人类认识的两种方式：意见之路和真理之路。所谓的意见之路就是通过感觉和有限事物获得的知识，是不可靠的；而真理之路就在于领悟"思想者"与"被思想者"是一致的。巴门尼德的相关思想对现代哲学影响至深，海德格尔深受其影响，维特根斯坦也受益匪浅。[①] 著名的科学哲学家 K. 波普尔也曾写过《巴门尼德的世界》（*The World of Parmenides*，Routledge 2001）一书。

柏拉图不仅对西方哲学产生重要影响，而且对西方的科学、科学思想也都具有重要影响，其对科学思想的影响主要见于科学思想中的理性主义、逻辑主义、直觉主义、建构主义、先验分析等强调数学的先在性、理论的（相对）独立性等观念。据载，柏拉图存世手稿有 250 卷之多，而且这些手稿的真实性大多经得起版本学（textual criticism）的考察，这些文本都不是没法印证的孤本，而是都来自许多藏者且得到互证，例如古罗

---

① 参见 G. E. M. Anscombe, *From Parmenides to Wittgenstein*, University of Minnesota Press 1981。

马后期的文本是写在埃及莎草纸上的，9—13 世纪的手稿是写在牛皮卷上的。早在 1 世纪，塞拉西鲁斯（Thrasyllus of Mendes）就开始编辑整理柏拉图的希腊文作品，但最早存世手稿全集是 895 年用君士坦丁堡语写成的，并在 1809 年被牛津大学收藏。在文艺复兴初期，拜占庭学者将柏拉图的著述引入西欧，1484 年费奇诺（Marsilio Ficino）出版了第一部柏拉图全集拉丁文版。自 1900 年起，牛津经典系列就开始出版柏拉图全集的希腊文版，这项工作一直持续到 1993 年。现在的英语标准版柏拉图全集是库伯（John M. Cooper）在 1997 年编辑完成的。在柏拉图全集中，与科学思想相关联的的著述或对话主要有"巴门尼德篇"（Parmenides）、"斐多篇"（Phaedo）、"蒂迈欧篇"（Timaeus）、"理想国篇"（The republic of plato）等等。在这些作品中，柏拉图区分了两个世界，其中理念世界具有真实性；来自感性的知识是不可靠的，而观念性的或来自论证的几何或数学观念才是可靠的。

自柏拉图之后，沿着数理化的方向发展柏拉图哲学的代表性人物是普鲁克鲁斯（Proclus Lycaeus Πρόκλος ὁ Διάδοχος, *Próklos*），正是此人将柏拉图哲学中的科学思想从古希腊传至中世纪乃至整个西方世界，其代表性著述主要有：H. 塔伦特（H. Tarrant）编译的《普鲁克鲁斯对柏拉图蒂迈欧篇的评论第一卷"普鲁克鲁斯论苏格拉底的国家及亚特兰大"》（*Proclus. Commentary on Plato's Timaeus. Vol 1, Book I: Proclus on the Socratic State and Atlantis*, Cambridge：Cambridge University Press 2007）；巴茨利（D. Baltzly）编译的《普鲁克鲁斯对柏拉图蒂迈欧篇的评论第三卷"普鲁克鲁斯的世界身体"》（*Proclus. Commentary on Plato's Timaeus. Vol 3, Book III: Proclus on the World's Body*, Cambridge：Cambridge University Press 2007）；鲁尼亚（D. T. Runia）和舍尔（M. Share）编译的《普鲁克鲁斯对柏拉图蒂迈欧篇的评论第二卷"普鲁克鲁斯论宇宙及其生成的缘由"》（*Proclus. Commentary on Plato's Timaeus. Vol 2, Book II: Proclus on the Causes of the Cosmos and its Creation*, Cambridge：Cambridge University Press 2008）；《对柏拉图的巴门尼德的评论》（C. Steel, *Procli in Platonis Parmenidem commentaria* 2007 – 2009）；门罗（G. R. Morrow）和狄龙（J. M. Dillon）的《普鲁克鲁斯对柏拉图的巴门尼德篇的评价》（*Proclus' Commentary on Plato's Parmenides*, Princeton：Princeton University Press

1987）；《对欧几里得原本第一卷的评论》（G. Friedlein, *Procli Diadochi in primum Euclidis elementorum librum commentarii*, Series：Bibliotheca scriptorum Graecorum et Romanorum Teubneriana, Leipzig：Teubner 1967, Reprint Hildesheim：Olms 1967）；莫罗（G. R. Morrow）编译的《普鲁克鲁斯对欧几里得几何原本第一卷的评论》（*A Commentary on the First Book of Euclid's Elements*, Princeton, N. J.：Princeton University Press 1970, ［Reprinted 1992］）；等等。

在古希腊罗马时期，经过毕达哥拉斯、巴门尼德、柏拉图和普鲁克鲁斯等先哲的努力，终于形成了一种数理化的哲学思想——以数理科学为基础的柏拉图主义和新柏拉图主义。

二　毕达哥拉斯与巴门尼德

在古希腊罗马时期，科学哲学的数理传统主要包括毕达哥拉斯（主义者）、巴门尼德与芝诺和（新）柏拉图（主义者）等。但问题是他们的著述大多已经遗失，只留下残编或他人的转述。因而准确地把握这些残编及其正确的理解就具有特别重要的意义。

1. "万物皆数"

"万物皆数"的理念是毕达哥拉斯学派提出的，这一命题不仅是西方科学思想的逻辑起点，也是科学哲学思想的逻辑起点。据说毕达哥拉斯学派具有神秘特色①，有关思想或信条密不外传且其学派成员的思考成果均以创始人毕达哥拉斯名义发表，这就使得毕达哥拉斯主义的原典扑朔迷离。

毕达哥拉斯著作残编有不同版本，我们选取哈夫曼（Carl A. Huffman）所编辑的《克罗顿的菲劳洛斯：毕达哥拉斯主义者及前苏格拉底学派》（*Philolaus of Croton：Pythagorean and Presocratic*）。这是因为较之其他版本，该编有两个特点：其一，该编的内容不是以毕达哥拉斯本人的生平事迹为蓝本，而是以毕达哥拉斯学派的集体名义，因而其可信性较大；其

---

① 有关毕达哥拉斯的生平事迹，就有多种记载，如佚名者的《毕达哥拉斯生平事迹》（Anonymous *The life of Pythagoras*）、拉尔修的《毕达哥拉斯生平事迹》（Diogenes Laertius, *The life of Pythagoras*）、波菲利的《毕达哥拉斯生平事迹》（Porphyry, *The life of Pythagoras*）和杨布利柯的《论毕达哥拉斯的生平事迹》（Iamblichus, *On the Pythagorean life*）

二，该编不仅提供了流传已久的残编内容，而且还对残编的内容特别是真伪给予了一定的考订，因而具有较大的学术价值。①

较之传统理解，哈夫曼认为毕达哥拉斯（主义）最先关注的是世界的有限性和无限性问题。有关"万物本原于数"的命题并不具有本体论意义，而只是有关世界无限性／有限性的一种认识论拓展，只是人们理解世界的方法。

当然，对毕达哥拉斯（主义）的解读也是多种多样的②，但我们认为最能体现其思想精髓且对我们理解科学思想特别是科学哲学思想有意义的则是莫里斯·克莱（Morris Klaine）的《古今数学思想》（*Mathematical thoughts from ancient to modern times*）。在该著中，莫里斯·克莱因认为以毕达哥拉斯为代表的古希腊数学对人类思想（科学和哲学）最重要的贡献有两点：其一，强调了数学的抽象性；其二，强调了抽象性的数学是对现实的表达。③

拉尔修在《圣哲名言录》中曾经对毕达哥拉斯的思想做了这样的记述：万物的原则是单子（monad）或单元（unit）；数目从这些单子或单元中产生。从数中产生点，从点产生出线，从线中产生出平面，从平面中产生出立体，从立体中产生出可感物体，这种可感物体的元素有四，即火、水、土、气；这些元素以各种方式相互转化，结合在一起就产生出有生命、有智性和球形的宇宙，且以大地为中心；而大地本身也是球形的，其四面八方都居住着人。

世人皆以为毕达哥拉斯提出了"数是万物的本原"的命题，但他认为作为万物本原的"数"并非超验的，而是由具体事物表征的。他往往用日常生活中的"计数"或几何图形等来表达各种"数"，如奇数、偶数、素数、完全数、平方数、三角数和五角数等。正是由于"数"的这种经验品格，才有了火、气、水、土这四种元素，从而构成万物。基于这样一种理解，据说毕达哥拉斯曾经用击打铁器的实验来验证某些数量之间

① Carl A. Huffman, *Philolaus of Croton: Pythagorean and Presocratic*, Cambridge: Cambridge University Press 1993, p. 93.

② 参见前节。

③ Morris Klaine, *Mathematical Thoughts from Ancient to Modern Times*, Oxford University Press 1972, pp. 29 – 30.

的关系，如弦长与音程之间的比例关系。

我们以为，毕达哥拉斯主义重视数的抽象性并从数的维度来理解世界，对西方科学思想具有奠基作用，也是西方科学哲学的基本理论渊源之一。毕达哥拉斯主义在西方思想史上不断被复兴和再造，成就了西方科学及其科学哲学的辉煌：它深深地影响了巴门尼德和柏拉图的观念论，通过新柏拉图主义传至中世纪，文艺复兴时期的思想大师达芬奇、伽利略等人都宣称自己是毕达哥拉斯主义者，开普勒、牛顿等科学巨匠也都从毕达哥拉斯主义中获得灵感和启迪，怀特海、罗素和维特根斯坦等当代数学思想家也都坚信数及数学的哲学精神作用。

2. "真理之路" 与 "意见之路"

安斯康姆（G. E. Anscombe）在 1981 年出版的《从巴门尼德到维特根斯坦》（*From Parmenides to Wittgenstein*）一书中仿照怀特海对柏拉图的评价时指出，后世哲学都在解读巴门尼德的思想。① 巴门尼德的哲学思想不仅影响到在他之后的历代哲学家，当然也包括像罗素和维特根斯坦那样的科学哲学家。

Subsequent philosophy is footnotes on Parmenides.

图 2 - 3　后世哲学都在解读巴门尼德

巴门尼德的思想特别是在逻辑、形而上学、科学等学科方面对后世影响深远，主要体现在如下几个方面。

第一，针对智者派有关思想与存在之间关系问题的怀疑论立场，巴门尼德提出了 "思想与存在同一"（χρὴ τὸ λέγειν τε νοεῖν τ᾽ ἐὸν ἔμμεναι (B 6.1)）的命题②，这个命题一是肯定了 "思想"（thinking）和 "存在"（being）之间的对应关系，二是肯定了存在的永恒性、无限性、守恒性等特质。这个命题在一定意义上是逻辑、哲学和科学思想的生命线，因而也是科学哲学

---

① G. E. Anscombe, *From Parmenides to Wittgenstein*, Basil: Bail Blachwell Publisher 1981, Introduction.

Thinking and Being are the same.
② τὸ γὰρ αὐτὸνοεῖν ἐστίν τε καὶ εἶναι (B 3.1)参见 Martin J. Henn, *Parmenides of Elea: A Verse Translation with Interpretative Essays and Commentary to the Text*, Westport: Praeger 2003, pp. 26 – 26, 104 – 107.

不断追问的根源性问题。

(B2)　　　　"Arise, I say, take home my warbling lays
To hear afresh. These are the only ways
A thinking man should seek: One claims quite free
That *Being Is, and is not not-to-be!*
(She is Persuasion's path, attending Truth).
The other, in opposite vein, retorts forsooth,
There is no Being! There must not ever be!
This path, I say, you'll never learn to see;　　　　　　　60
For neither can you know non-being, a sheer
Impossibility, nor phrase it clear,
(B 3)　　　For Thinking and Being are one and the same."

图 2 - 4　巴门尼德语录片段

巴门尼德著作残篇的注释者 Martin J. Henn 在论述巴门尼德的"同一性"思想对科学理论的影响时，列举了牛顿的第一定律、法拉第的电磁学定律和热力学第一定律①，如下：

Newton's First Law of Motion:
Every body continues in its state of rest, or of uniform motion in a right line, unless it is compelled to change that state by forces impressed upon it.
Faraday's Law of Electrolysis:
The amount of a substance undergoing chemical change at each electrode during electrolysis is directly proportional to the quantity of electricity that passes through the electrolytic cell.
First Law of Thermodynamics:
The total amount of energy in the universe is constant.

图 2 - 5　巴门尼德哲学对后世科学理论的影响

第二，巴门尼德有关"同一"的思考不仅仅是一种哲学思辨，而且还引发了科学探索，他的学生芝诺针对"同一"问题的逆命题利用数学知识进行了反驳，提出了"运动不动"等著名的数学命题。亚里士多德在他的《物理学》（239b14）中考察了这些命题的意义及其解法。他说，"关于运动，芝诺提出了四个难题。第一个难题说的是，运动是不可能的，因为一个物体的运动总是要先走到终点的一半，再走到这一半的一

———————————

① Martin J. Henn, *Parmenides of Elea: A Verse Translation with Interpretative Essays and Commentary to the text*, London: Praeger, 2003, p. 58.

半，这个过程是无限的，而运动的时间总是有限的。"① 亚里士多德认为，这种无限性的空间划分与有限的时间假定是不合理的，时间在某种意义上也是无限的。在巴门尼德和芝诺之间的思想关联上，柏拉图最先清晰地意识到，这是一种哲学观念与具体科学之间的合作。他在他的《巴门尼德篇》中指出："苏格拉底说：巴门尼德呵！我懂了，这位芝诺不仅要适合你的其它友爱，而且还要适合你的著作。因为在某种状况下他写的和你写的相同，但变更了些形式，试试欺骗我们：即他讲了些其它的。因为一方面你在你的诗里肯定一切是一，并且关于你的意见美而且善地给了几个证明；另一方面这位又讲不是多，并且他贡献了丰富的、伟大的证明。一人肯定一，一人否定多，每一人这样讲，看起来所讲毫不相同，然而两人几乎讲论同一的事。"②

巴门尼德和芝诺从哲学和科学两个维度来论证他们的"同一"学说，这在思想史上并非新鲜事，然而从我们的研究纲领看，巴门尼德与芝诺之间的合作可能是历史上哲学家与科学家第一次最为成功的合作，因而也是我们所强调的科学—哲学观念共同体的杰出例证和思想典范。

第三，针对埃利业学派或米利都学派的经验论传统和毕达哥拉斯对"数"的崇拜，巴门尼德在《论自然》（*On Nature*）的律诗中提出了这样两个概念——"真理之路"（*The Way of Truth* in Greek aletheia，ἀλήθεια）和"意见之路"（*The Way of Appearance/Opinion* in Greek doxa，δόξα），认为这两条思想进路在理解宇宙万物问题上不可同日而语："真理之路"可以直达对宇宙本体的理性认识，而"意见之路"则只能形成似是而非的感性认识。

巴门尼德对西方哲学思想的影响早已成定论，但其在科学哲学史中的地位则鲜为人知。安斯康姆在 1981 年出版的《从巴门尼德到维特根斯坦》（*From Parmenides to Wittgenstein*）一书中，曾独具慧眼地指出巴门尼德对维特根斯坦思想的影响。③

具体而论，最好按照维特根斯坦在《逻辑哲学论》中的说法："命题

---

① Aristotle, Phys . Z 9. 239b 14.

② ［古希腊］柏拉图：《巴门尼德斯篇》，陈康译，商务印书馆 1985 年版，第 36 页。

③ 参见 G. E. Anscombe, *From Parmenides to Wittgenstein*, Basil：Bail Blachwell Publisher 1981, Introduction。

(8.50)　　"I cease here now, concerning Truth, my thought
　　　　　And trusted speech for you; and learn you ought
　　　　　The ways of mortal minds. So listen close
　　　　　To hear the words deceptive order chose:
　　　　　Men set their minds two shapes to name, but one
　　　　　Of these must not be voiced; and here they've gone
　　　　　Astray. They judged two masses opposite
　　　　　In strength, and laid down signs to seal the split.
　　　　　Of these, the first fires forth ethereal flame,
　　　　　So gentle and smooth, in all directions same　　　　190
　　　　　Unto itself; the other, not a whit
　　　　　The same, but in itself its opposite—
　　　　　Dark Night, a dense and weighty mass. To you
(8.60)　　I voice whole worlds of seeming things untrue,
　　　　　Lest any mortal judgment should surpass
(B 9)　　You unawares. But since all things alas
　　　　　Are named for Light and Night, and since both powers
　　　　　Have been assigned to these and those, there flowers
　　　　　Full in all both Light and darkening Night
　　　　　In equal quantities, for none in sight　　　　　　200
　　　　　Has share of one exclusively its own."

图 2 - 6　巴门尼德的"真理之路"和"意见之路"

表达了事物如何为真，说出了事实如何是其所是以及它所不是。维特根斯坦本人在这部著述中通过简单名词指谓简单客体的方式实现了语言与实在的契合。"（He would have done better to say, with Wittgenstein in the Tractus Logico-Philosophicus, that the proposition shows how things are if it is true, and says that that is how they are ［whether it is asserted or not］. Wittgenstein himself in the Tractatus has language pinned to reality by its ［postulated］ simple names, which mean simple objects.）①

三　柏拉图作为数学哲学家②

12 世纪的拜占庭学者策斯（Johannes Tzetaes）说："柏拉图学园的前门上刻有一句铭言：不精通几何学的人莫入此门。（Let No One Unversed In Geometry Come Under My Roof.）"③ 这个充满魔咒的故事就被接受下来。

---

①　同上书，导论 xi 页。

②　这部分内容"三、柏拉图作为数学哲学家"基本出自笔者和博士生牛小兵的论文《柏拉图〈理想国〉：数学在理想城邦建构中的意义》，《理论月刊》2015 年第 2 期。

③　Ivor Thomas, *Greek Mathematics I*, *From Thales To Euclid*, Harvard University Press, 1957, p. 387.

不过柏拉图在苏格拉底死后曾经游学西西里接触毕达格拉斯的数学，参与改造叙拉古僭主政体失败后创办持续 500 年数学研究的学园，并培养出像欧几里得这样的数学家却是历史事实。柏拉图的对话充斥着数学元素，尤其是《理想国》中的数学。柏拉图学园的数学研究占据了柏拉图余生的大部分时间，其着眼点在于灵魂如何在数学训练下走向纯粹理智，走向智慧和真理，从而指导政治实践。

《理想国》中苏格拉底用言辞设计的城邦与画家的绘画不同，它是用几何学的尺规勾勒而成，他的颜料是语言的逻各斯。《理想国》充斥着毕泰格拉斯的数学元素。"朋友一起共有"，"男女平等"（Repv，449c），游戏与音乐（Repiv，p425a），算术，几何学与天文学作为哲人王的教育课程（Repiv438e），洞穴比喻（几何学的阴影，Repvii，512a）；数字婚姻与僭主政治（Repviii546a – 547a），作为善的儿子的"太阳"比喻和表达知识清晰度的"线段"比喻（Repvii509b – 511e）；尤其是"命运的纺锤"的宇宙几何学运动（Repx616b – 617c）以及《理想国》的几何学设计原则——城邦是个人的扩大（城邦与个人的相似性问题）。

数学对理解柏拉图《理想国》是何等重要！"两千年来，柏拉图对话中的数学阴影困惑着柏拉图的读者们！人文主义者选择了回避；而新柏拉图主义则聚焦于此，渴望通过单一现象或数字的经验暗示找到作者不愿意清晰表达的学说，发现开启柏拉图哲学迷宫的密钥。现代读者遗忘了柏拉图是利用数学工具进行科学探讨的教学法的继承者；现代数学研究已进入到纯逻辑而分离了数与正义的关联。"① 而数与政制的关系恰恰是毕达格拉斯和柏拉图所坚持的信仰，而被亚里士多德理论科学的划分抛弃；随后在新柏拉图主义内部，争议首先出现在普罗提诺与其弟子菠菲利之间，菠菲利的弟子杨布里克彻底走向以毕达格拉斯数学和数理逻辑解读柏拉图的路子。柏拉图学园的最后导师普罗克鲁斯（Proclus）回归《理想国》的核心：数学与政治制度。

---

① Robert S. Brumbauge：*Plato's Mathematical Imagination*，Indiana University Press，1988，pp. 4 – 6.

　　1. 柏拉图《理想国》的数学：历史证据与意义

　　柏拉图在苏格拉底死后曾经三次去西西里，与阿尔肯塔交往密切。阿尔肯塔是当时著名的数学家、音乐理论家和政治家，"曾经7次被选为意大利联盟统帅以抵御雅典对西西里的入侵"。阿尔肯塔对柏拉图影响的证据是在柏拉图书信七中提到的："我们发现阿尔肯塔的残篇与柏拉图对话，尤其是《理想国》Ⅶ，就是柏拉图在苏格拉底死后不久确实到南意大利游学。他去那里希望寻找在政治领域有权威的思想家，而阿尔肯塔正是这样的人。阿尔肯塔所在的塔里塔姆（Tarentum）正好是决定南意大利崛起的开端。阿尔肯塔不仅是 Tarentine 政治的领导人而且研究数学，柏拉图希望阿尔肯塔取代苏格拉底作为他哲学的引路人。在《理想国》（530D）中关于数学与天文学的讨论暗指阿尔肯塔，柏拉图正在企图以阿尔肯塔取代苏格拉底作为他的哲人王。虽然柏拉图接受了阿尔肯塔数学上的教诲，但他更渴望知道数学的真正价值是什么。"阿尔肯塔"在《论科学》中广泛讨论数学在人类生活尤其是在正义城邦建构中的价值。这对柏拉图产生了直接和决定的影响，数学王子阿尔肯塔为柏拉图提供了研究哲学的全新模式"①。

　　阿尔肯塔重视物理世界的"声音想象"，探讨物体运动及其运动比例问题，引发了音乐理论，这种音乐理论被毕达格拉斯弟子亚里斯多塞洛斯（Aristoxenmus）在公元前4世纪发展为系统的"和声理论"，对柏拉图影响最大的阿尔肯塔音乐和谐理论体现在《理想国》中。《理想国》（Booklii，398C－E）中谈到儿童音乐教育，强调音乐教育必须注意诗歌的节奏；形式必须为内容服务。《理想国》（Bookvii531B－d）提出，"有些人，拷打琴弦，分辨音域的计量单位。我对这些人没有像毕达格拉斯学派那么重视，因为他们做的是天文学家的事，寻求的是可闻音之间的数的关系，考察什么样的数是和谐的，什么数是不和谐的。如果为了寻找美和善，这门学问还是有益的，如果为了其他，就无意义。"我们看到毕达格拉斯学派研究声音之间量的数学关系，音乐的节奏不是他们问题的核心；而柏拉图考虑的是音乐在拯救灵魂中的意义。因为人的灵魂在数学比例意

_____

　　① Carla Huffman, *Aychytas Of Tarentum*, Cambridge University Press, 2005, pp. 12, 30, 40－41.

义上的理性和谐是构建正义城邦的前提和基础，而"理性恰恰是使人摆脱情感偏见的数学家研究的对象，获取这种知识是哲学家的使命，这种知识的本质（Entitles）被柏拉图表述为'理念'（Forms），它们被规定为知识的潜在目标，直至掌握了未被假设的最高原则。这样才会理解我们视觉看到的东西。柏拉图把这种最高的存在称为'善'或'善理念'（The Form Of Good）。因此《理想国》的哲人王没有伦理知识，除非他已经掌握了最高真理——建立在数理逻辑基础上的辩证法"①。阿尔肯塔对柏拉图影响最大的就是学园把数学作为通往智慧的艰难的阶梯。一种把数学与政治联系起来的全新思维模式引导了柏拉图在《理想国》中审查数学在理想城邦建构中的意义。这样《理想国》几何学设计的理想城邦就是检验数学对社会正义构建的可能性了。柏拉图关注几何学与天文学，是因为这些科学可以把灵魂的视觉从可变世界引导到可知世界。阿尔肯塔赞扬一切与科学有关的事物，强调科学尤其是数学在政治实践中的应用，他曾经发明火炮支援抵抗雅典对西西里的军事入侵，首次把数学与物理机械连接在一起为政治服务。不懂数学，就读不懂《理想国》，就只有站在现代人的视角误读。

2.《理想国》开篇：几何学与正义

在古典希腊一个好人必须是城邦的一员，城邦与个人的一致性就镶嵌在《理性国》的三位一体核心结构中。柏拉图《高尔基亚》记述苏格拉底与修辞学家高尔基亚的门徒谈论智者能否传授正义问题（Gor508A）："有些聪明人说，天与地、神与人都是通过友爱、秩序节制和正义联系在一起的。由于这个原因，他们把事物合成为'有序'宇宙，而不是混乱的世界。在我看来，你（卡利克勒）尽管富有智慧，但对这些事情未加注意。你不明白几何学平等对于诸神和凡人都极为重要；你认为我们应该超过别人（在言辞上），因为你拒绝几何学。"苏格拉底谈到几何学与正义的关系，为什么不懂几何学就不可能明白何谓正义？"几何学的平等不仅存在于《高尔基亚》中，更是《理想国》的主导性原则。《理想国》

---

① Abdrew Barker, *The Science of Harmonics in Classical Greece*, Canbridge University Press, 2007, pp. 311 – 315.

之所以把民主制定性为最大的不义，是因为它追求算术的平等。"①

《理想国》的开篇寻找正义，但是在政治生活中找不到，因为政治生活的城邦和个人灵魂充满激情和纷争，难以建构理性与和谐的秩序。因此《理想国》的正义不是伦理意义上的。苏格拉底最终把正义定义为社会分工意义上的"各做各的事"；并认为"这种正确的分工只是正义的影子"，"保持和符合这种和谐的行为是正义的，指导这种和谐的知识才是智慧，破坏这种和谐的行为是不正义的，指导这种不和谐的意见是愚昧无知的"（Rep，443C - E），那么正义是何种意义上的呢？毕达格拉斯认为，"正义的原理就是共有和平等。这种被柏拉图引证的思想来自毕达格拉斯"；"正义与数存在于几何图式中"②。柏拉图在《理想国》中探讨正义的数学方法论—城邦正义与个人灵魂正义的几何学相似性，这样"数学比率就建构在城邦与个人之间"③，城邦是放大的个人。这种放大是数学比例意义上的。

3. 哲人王的数学教育与终极目标——善理念

柏拉图谈到只有追求智慧的哲学家掌权才能根除政治的邪恶和失序，因为哲人不会在事物多样性的技术知识面前迷失方向。柏拉图的"洞穴比喻"展示了哲人追求智慧的心路历程和必须接受的数学教育课程——算术（可以把灵魂引导到真理）——"必须深入学习用纯粹理性把握数的本质，不是为了做买卖，而是为了战争以及将灵魂从可见世界转向真理。"（Rep525C）其次是几何学；因为"几何学的对象是永恒的事物，这门科学的真正目的是纯粹为了知识。可以帮助人较容易把握善的理念"（Rep527B，526E）。柏拉图批评了城邦对立体几何的忽视。第三门学科——天文学——研究运动的立体图形。最终从阴影看到真实，依靠思想本身理解善的本质，掌握辩证法。

柏拉图认为"善的理念是最大的知识问题，正义的知识只有从它演绎出来才是有益的。但是我们对善的理念知之甚少"（Rep505A - B）。柏拉图再一次求助"太阳比喻"——太阳是善在可见世界的儿子。"善的理

---

① C. J. Devogel, *Pythagoras And Early Pythagoreanism*, Assen Gorcum, 1966, p. 194.

② Thomas Taylor, *Iamblichus' Life Of Pythagoras*, London, L. M. WATKINS, 1818, pp. 89, 95.

③ Eric A. Havelock, *The Greek Concept Of Justice*, Harvard University Press 1977, p. 309.

念是知识和真理的原因。知识和真理是美的，但善的理念比这两者更美；善是知识和真理的源泉。"（Rep508E – 509A）那么问题是：善的理念是在伦理意义还是数学意义的？伦理的善与数学有什么关联？我们应该从什么角度理解这种关联？"从哲学层面上理解柏拉图思想主题的挑战是表明善是何种类型的理念，保留善的数学属性还是关注善的价值。这种危险被亚里士多德在《尼格马可伦理学》（1.6）中批评柏拉图的善理念中提起。"一个重要的证据就是柏拉图在学园内部关于"善"的著名演说："人们渴望获得一般人所谓的善的东西——财富、好的身体或力量；总之他们追求快乐的东西。但是当我们转向数学—数、几何与天文学，他说，善是一。他们认为这是矛盾的。结果遭到嘲笑，甚至充满责备。"① 这显然在指向亚里士多德对柏拉图的误解。因为政治伦理之善恰恰充满变动性和相对性，缺乏稳定和谐的秩序，而在政治伦理这一可见世界领域内是没有真理和智慧可言的。在《理想国》中，善理念就是数学意义的"一"和秩序。而"一"在毕达格拉斯看来既是奇数亦是偶数。"亚里士多德不能区分数的本体论和数学的一面。他对数学之数与理念之数的区分不是分析的，而是假设。"② 柏拉图关注数学在哲学所追求的终极目标和世俗秩序的奠基中的功用，而不是做形而上学的划界。而数学恰恰是探索未知世界的光源和桥梁。

4. 数字婚姻与僭主政治

《理想国》第 8 卷谈到政体更迭的原因在于灵魂的不和谐。如何在合适的季节生育和培育和谐的人类种族就使政制与天文学联系起来。在柏拉图的婚姻理论中，优生的因素服务于城邦的统一性。色诺芬说，"苏格拉底晚年用全部精力研究遗传问题，试图解释为何优秀的父母不能生育出优秀的孩子。"③《理想国》试图从几何学的精确性出发看待这一问题——生育的季节、年龄，企图像管理政制一样管理婚姻。这种理论是欧几里得《几何原本》X 卷的定义 4：有理线段和正方可公度，无理线段和正方不可公度。

① Douglas Caims, *Purshing The Good*, *Ethics And Metaphysics In Plato's Republic*, Edinburgh University Press, 2007, pp. 251 – 253.

② Sveth Slaveva-Griffin, *Plotinus On Number*, Oxford University Press, 2000, pp. 59 – 60.

③ 色诺芬：《回忆苏格拉底》，吴永泉译，商务印书馆 1995 年版，第 23 页。

在苏格拉底看来，一个美的灵魂是有序的、正义的、和谐的，相反一个恶的灵魂必然是失序与混乱的。如果说，当代的僭政以"征服自然"为取向，那么柏拉图的古典时代的僭政是以"敬畏自然"为前提，对欲望的抑制而非释放是古典哲学的终极目的。这就是古典哲学目的论的自然观与目的论的人生观的一致性。柏拉图通过神话传达他对科学与政制独特的体验，这种体验是与苏格拉底之死联系在一起的。柏拉图并未对这些领域做出区分，而是对这些问题作了转换——由神话转向了逻辑、科学与辩证法。这也导致一个难题：数学的理念如何既是本体论的又是善的理念。但是从数学科学的角度看待婚姻与政制的关系是从柏拉图开始，并由柏拉图而成为可能的。

5. 数学对解读柏拉图《理想国》的意义

《理想国》第 7 卷诉说了哲人王的教育课程：算术、平面几何、立体几何、天文学与和谐理论。柏拉图认为："数学不是自足的学科，而是进入真实、神圣和个性化的数字世界的入口，数学潜伏在宇宙法则的深处。""我们只有在研究声音的数学法则之后才能审查和谐；音乐的数学法则在算术之后，追随自然秩序；这种音乐包括研究世界的和谐。"① 《理想国》开篇探讨正义，2—3 卷讨论音乐教育改革；4—7 卷用几何学的彩笔描绘立体构造理想城邦及其实现的路径——学习数学——辩证法；8—9 卷谈论实现政治制度的障碍——僭政和大众民主制、违背几何学比例的政体；10 卷再次攻击史诗诗人；苏格拉底企图取代作为城邦教育者的荷马与荷西俄德，回归宇宙正义的天文学。数学隐蔽在怪诞的政治乌托邦叙事中。

施莱尔马赫认为，"《理想国》是柏拉图对话的拱顶石"、"柏拉图是在受到喜剧诗人的刺激下写作这篇对话的"，用嘲讽的怪诞风格展现了在"诗与哲学之争"这一生死攸关的背景下回答"何种生活最可取的问题"②。施莱尔马赫无法解释这个拱顶石是用什么材料组成如此坚固的立体结构，但是伽达默尔看到了："在柏拉图哲学中，支持并引导其思想及

---

① Joscelyn Godwin, *The Harmony Of The Spheres*, American International Distribution Corporation, 1990, pp. 16 – 17.

② ［德］施莱尔马赫：《论柏拉图对话》，黄瑞城译，华夏出版社 2001 年版，第 16、304、310 页。

概念化的是对数本性的洞察；反之在亚里士多德哲学中，是对自然的活生生的洞察。""在构筑这个乌托邦时，柏拉图依靠的是数学。数学涉及一种实在。这种实在是在可感世界之外并超越它的；数学为本质上超感觉实在提供了最基本的例证，因而数学在柏拉图的哲学中是一种对理智的预备性的训练；更重要的是：数学是可以系统化的数、线、面、体；它们每一个都依赖前一个———一种自然的秩序。"①

在《理想国》中"柏拉图以数学为论证提供支援，并进一步审查这种支援的合法性，开始了某种全新的东西，这是前柏拉图哲学家所缺乏的"。"古代哲学家的活动是为了城邦整体的健康和净化，尽管他们是无意识的。希腊文化的进程要畅通无阻，必须清楚前进道路上的障碍，这使哲学家守护着自己的家园。但其后，自柏拉图以来，哲学家找到流放、背弃了自己的父母之邦。"② 因此所有乌托邦都有一个数学模型潜伏其中。它在加剧数学与政制紧张关系的同时，也引导现实城邦的未来走向，并检验乌托邦政制的合理性。

6. 柏拉图作为数学哲学家

魏德伯格（Anders Wedberg）在《柏拉图的数学哲学》（*Plato's Philosophy of Mathematics*）一书的导言中曾将柏拉图的数学哲学提炼出5个问题，并相应地提及有关几部重要著述。第一个问题：数学对象是否存在于两个世界的划分之中？第二个问题：数学理论是否根源于理想世界（realm of Ideas）或所谓的理想数（Ideal numbers）？第三个问题：所谓的观念都是数吗？第四个问题：数学理论是用空间的或数学概念来解释现实世界吗？第五个问题：数学方法论是怎样的？这些问题及其解答主要集中在斐多篇、理想国、费莱布篇、泰阿泰德篇、第七封信和蒂迈欧篇等。③

从思想史维度看，柏拉图的数学哲学思想分为三个时期，以申辩篇等为标志的早期阶段、以理想国或国家篇为标志的中期阶段以及以蒂迈欧篇

① ［德］伽达默尔：《伽达默尔论柏拉图》，余纪元译，光明日报出版社1992年版，第218、219页。

② ［德］尼采：《希腊悲剧时代的哲学》，周国平译，生活·读书·新知三联书店1999年版，第16页。

③ Anders Wedberg, *Plato's Philosophy of Mathematics*, Stockholm: Almqvist & Weksell, 1955, pp. 9 – 10.

为标志的晚期阶段。总体而论，柏拉图毕生坚信在易变的感性世界之外存在一个恒久不变的"相"或理念世界。但这种划分在不同的历史时期有不同表现。

《申辩篇》中，在苏格拉底"无人比苏格拉底更聪明"的神谕指引下，遍访拥有各种具体知识的名家如政治家、军事家和演说家等等，结果发现这些人都未能达到"知其无知"的思想境界。这可能是人类思想史上第一次试图在科学与哲学之间做出区分，也可能是哲学家第一次对实证科学采取蔑视态度。①

既然知识因人的感性原因并不可靠，那怎样才可能得到真正的知识呢？柏拉图开始了一种以"理论"为原则的研究进路。他说，"我建议从我的原则开始，这些原则是你们熟知的。"② 其实，比原则更为重要的是柏拉图的分析方法，一种强调"分析"和"综合"的思维方式。"我本人就是一名分析与综合的热爱者，因此我可以获得讲话和思想的力量。"③

正是基于这样一种理解，由于方法论的改进，柏拉图特别强调具体科学特别是数学的重要意义。他说，数的性质似乎能导向对真理的理解。这种基于数的理解有助于理解任何事物，因而计算和数学应属于我们正在探索的那种理解。一名军人只有学会计算和数学才能统帅部队，哲学家也应学会计算和数学，因为它必须超越有生灭的世界来把握事物的本质，否则他就永远不能成为有思想的计算者。

基于上述思考，柏拉图建构了一个将具体科学知识与哲学思辨统一起来的思想体系。对于世界的理解而言，"把第一部分叫做知识，第二部分叫做理智，第三部分叫做信念，第四部分叫做猜测或想象。还可以把第三部分和第四部分合起来称作意见，把第一部分和第二部分合起来称作理性。意见所处理的是生成之物，而理性所处理的是事物的本质"④。

按照这种理解，柏拉图将世界一分为二，即"可知世界"与"可见世界"，"可知世界"是"可见世界"的"原型"或"共相"，而"可见世界"只是"可知世界"的影像。据此，柏拉图设计了他的数理世界观

① 柏拉图：《柏拉图全集》，人民出版社 2002 年版，第 7 页。（21c）
② 柏拉图：《柏拉图全集》，人民出版社 2002 年版，第 109 页。（100b）
③ 柏拉图：《柏拉图全集》，人民出版社 2002 年版，第 185 页。（266b）
④ 柏拉图：《柏拉图全集》，人民出版社 2002 年版，第 536 页。（534E）

的思维方式："把这世界分成两部分，在一个部分中，人的灵魂被迫把可见世界中的那些本身也有自己的影子的实际事物作为影像，从假设出发进行考察，但不是从假设上升到原则，而是从假设下降到结论；而在另一个部分中，人的灵魂则朝着另一方向前进，从假设上升到非假设的原则恶，并且不用在前一部分中所使用的影像，而只用'类型'，完全依据'类型'来取得系统的进展。"①

值得注意的是，虽然柏拉图的中期思想已经看到了经验知识对于理念的重要意义，但依然对经验知识保持怀疑的高压态势，从而保持了其学说的连续性和独特性。在柏拉图的晚期思想中，具体科学特别是数学在他的理论中占据更加重要的地位，同时他对"理念"或"相"的理解越来越贴近于数学的抽象性或抽象的数学。其实，早在"巴门尼德篇"中，柏拉图就提出了"存在与数同在"的命题。② 但在其思想晚期，柏拉图进一步完善了他的分析方法，也更加体现了西方思想特别是哲学思想中的理念论倾向。

但柏拉图的理念论并不能理解为某种超验的观念论，而是一种基于分析的认知，这种分析技术或许只有罗素或维特根斯坦那样的分析大师才得以洞见。下面这段话极其经典："每一实际存在的东西都拥有五种界定，除了它所具有的名称、描述和表象这三种界定外，还有对它的知识作为第四种界定和这种对它的知识所揭示的本质的真正存在。可以举一个例子来说明这个道理，这个道理可以用于任何对象。例如，从第一种界定或名称看，'圆'这个词就是对此类事物的命名。从第二种界定或对它的描述看，圆这个东西是由对它的命名和何出于此的动作所组成的。比如我们可以把那些称之为圆圈、圆周和圆形的东西描述为从每个端点到中心都相当的曲线所构成的事物。有关圆形事物的表象与圆本身是不同的，这种表象可以画出来，也可以擦去，可以通过旋转圆规画出来，也可以把画出来的图形毁掉，对这些圆的表象的存毁并不影响圆本身的存在，圆本身的存在才决定着其他圆形事物，圆本身与它的表象是不一样的。第四种界定也就是关于圆的知识、理智及正确的意见，既不是某种话语，也不存在于某种

---

① 柏拉图:《柏拉图全集》，人民出版社 2002 年版，第 508 页。(510B)
② 柏拉图:《柏拉图全集》，人民出版社 2002 年版，第 779 页。(144B)

表象中，而是存在于人的心智当中，这种有关圆的知识虽然也不是真正的圆本身，但也绝不是圆的名称、描述及其表象。与圆的名称、描述和表象等相比，有关圆的理智就其根源而言最接近于有关圆的第五种界定，也就是圆本身。"①

我们之所以把柏拉图哲学称为数学哲学，主要是因为柏拉图以数学特别是当时的几何学为蓝本来规定哲学的思维方式，用假设在先和演绎的方法来理解世界及其人的思想本身。

四　古希腊数理观念论对后世的影响

在柏拉图思想的继承者中，有一支脉重点传承柏拉图的数学哲学思想。其中普鲁克鲁斯（Proclus Lycaeus，412－485 AD）颇具盛名。普鲁克鲁斯的思想起点是反对亚里士多德学说，维护柏拉图的理念论。这一点可以从他的遗著中得到确认。

我们以为，普鲁克鲁斯最重要的工作在于将柏拉图思想与欧几里得几何学结合起来考量，指出了柏拉图主义发展的新方向。在《欧几里得评论》一书的开场白中，普鲁克鲁斯认为，"数学存在（Mathematical being）介于不可分的实在和各种可分的具有组合性和差异性的存在之间，但它既不是具体事物，也不是最高级的存在物。有关那些不可变的、静止的和无可争议的神圣事物的命题优于可变动的事物。而（数学）推理的话语，就是以可变事物为对象的，它确立了对各种具体对象的优先原则，这就使得数学完全隶属于不可分的超验之域。"②

这就是说，普鲁克鲁斯等新柏拉图主义者所坚持的就是柏拉图所继承的毕达哥拉斯主义认为"数是万物本原"的信念。这个信念对西方的科学思想产生了深远的影响，因而也是科学哲学中最具影响力的学说。

对于古希腊罗马时期的数理传统，学界有诸多看法，早在古罗马时期，拉尔修就曾对这种强调数理精神的哲学传统进行了评价，自此以后的学者更是备加关注，认真审视这些不同看法是我们继续研究的思

---

① 柏拉图：《柏拉图全集》，第四卷，人民出版社 2002 年版，第 97—98 页。（342B－D）

② Proclus, *A Commentary on the First Book of Euclid's Elements*, Princeton University Press, 1970, p. 3.

想起点。

拉尔修的《圣哲言行录》也曾提及巴门尼德与毕达哥拉斯（主义）之间的思想关联，黑格尔的《哲学史讲演录》也从理性的自我发展的角度总结了毕达哥拉斯、巴门尼德、柏拉图以及新柏拉图主义者之间的理性进展。

CHAPTER 3.　PARMENIDES *d* [*flor. c.* 500 B.C.]

Parmenides, a native of Elea, son of Pyres, was a pupil of Xenophanes (Theophrastus in his *Epitome* makes him a pupil of Anaximander).*e*　Parmenides, however, though he was instructed by Xenophanes, was no follower of his.　According to Sotion *f* he also associated with Ameinias the Pythagorean, who was the son of Diochaetas and a worthy gentleman though poor.　This Ameinias he was more inclined to follow,

　e Diels considers this sentence to be a marginal note of an editor referring to Xenophanes, not Parmenides.
　f Sotion would thus appear to separate Parmenides from Xenophanes.　Compare note *a* on p. 426.　Diels conjectures that an epitaph on the Pythagoreans mentioned is the ultimate authority here.

. 429

图 2-7　拉尔修的《圣哲名言录》中巴门尼德生平片段

在欧洲中世纪及意大利文艺复兴时期，毕达哥拉斯以及新柏拉图主义重视数理观念论的传统得到发扬光大。我们知道，尽管几何学是数学的一个分支，并且被希腊人尊重，他们也没有忽视其他分支。毕达哥拉斯学派认为，数学有四个分支：几何学、算术学（数字理论）、天文学以及音乐；他们把天文学看作几何学的应用，音乐则是算术学的应用。这种分类一直被保留下来，在中世纪的大学里以算术、几何、天文、音乐四种学科（"四艺"）重新出现。柏拉图受毕达哥拉斯学派影响，强调数学原则在科学以及哲学中的作用。在柏拉图主义中，因为纯粹数学是用来解释那个完美的、不变的理念世界的，所以对于想要研究自然的理念、形式以及本质的哲学家而言，它（数学）是最有可能性的一种训练方法。数学是隐藏于表象的流变现象世界背后的、不变的真实世界的投射；因此，对于柏拉图主义者，他们研究自然，实际上就是在寻找着统治这个世界的数学法则。尽管亚里士多德断言数与实体是完全不一样的东西，而自然哲学与数学也是不同的，但柏拉图（重视数学）的传统还是在很多方面得到了体现。15 世纪，对柏拉图主义以及新柏拉图主义的新一轮浪潮鼓励了这样一种观点：数学不单单是科学的关键，也在 17 世纪被称为自然哲学中最重要的一个部分。只有当一个人想起哥白尼是作为一个数学家而书写，并且想起他的那本书《天体革命的数学原理》时，才会意识到一个反亚里士多德的时代，是如何试图通过强化数学体现意大利文艺复兴的时代精神的，而不像亚里士多德那样只强调定性研究。[①]

19 世纪，科学史学科的奠基人惠威尔（William Whewell）在其名著《归纳科学史》《基于归纳科学的哲学》和《发现的哲学：史与思的华章》（on the philosophy of discovery chapters historical and critical）中，也曾提及柏拉图等人的工作。

进入 20 世纪，科学哲学家对数理传统的关注由来已久，P. 迪昂（Pierre Duhem）在整理古典时期（古希腊罗马时期至中世纪）的科学思想时，非常注重以柏拉图为代表的数理传统对近现代科学思想的重大影响，其代表性的著述主要有《拯救现象：从柏拉图到伽利略的物理观念》（1908, *Sauver les Phénomènes. Essai sur la Notion de Théorie Physique de Platon à Galilée*. Paris：A. Hermann Vrin, 2005）以及《世界体系：从柏拉图到哥白尼的宇宙观念史》（1913 – 1959. Le *Système du Monde. Histoire des Doctrines Cosmologiques de Platon à Copernic*：tome Ⅰ, tome Ⅱ, tome Ⅲ, tome Ⅳ, tome Ⅴ, tome Ⅵ, tome Ⅶ, tome Ⅷ, tome Ⅸ, tome Ⅹ）等。

B. 罗素在他的《西方哲学史》一书也分别介绍了毕达哥拉斯、巴门尼德、柏拉图以及新柏拉图主义在科学思想方面的关联及其地位。他在论及毕达哥拉斯时指出，"毕达哥拉斯是自有生民以来在思想方面最重要的人物之一。数学，在证明式的演绎推论的意义上的数学，是从他开始的；而且数学在他的思想中乃是与一种特殊形式的神秘主义密切地结合在一起的。自从他那时以来，而且一部分是由于他的缘故，数学对于哲学的影响

---

① 参见 Marie Boas, *The Scientific Renaissance 1450 – 1630*, New York：Harper & Brothers, 1962, pp. 197 – 198。

一直都是既深刻而又不幸的。"①

在洛西的《科学哲学的历史导论》一书中，有两章介绍了我们所说的数理传统，一是第二章"毕达哥拉斯主义的倾向"，其中包括毕达哥拉斯、柏拉图和托勒密等人的思想简介；二是第三章"演绎系统化的理想"，介绍了欧几里得和阿基米德的数学理论。洛西在这方面的工作简明扼要，对相关思想家之间的理论关联缺乏必要的思想分析。②

奥尔德罗伊德的《知识的拱门——科学哲学和科学方法的历史导论》（*The Arch of Knowledge：An Introductory Study of the History of the Philosophy and Methodology of Science*）对柏拉图的思想有精深的研究③，但未提及毕达哥拉斯、巴门尼德等人的思想。

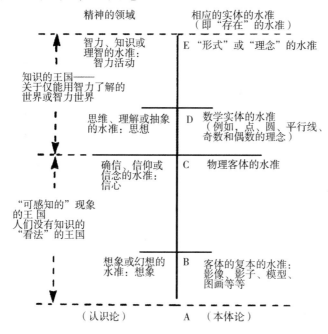

图 2 - 8　《知识拱门》关于柏拉图的数学思想

① ［英］B. 罗素：《西方哲学史》，商务印书馆 1978 年版，第 55 页。

② 选自 John Losee, *An Historical Introduction to Philosophy of Science*, Oxford：Oxford University Press，2001，p. 15。

③ David Oldroyd, *The arch of Knowledge：An Introductory Study of the History of the Philosophy and Methodology of Science*, New York：Methuen，1986.

卡恩（Charles H. Kahn）的《毕达哥拉斯和毕达哥拉斯主义者简史》（*Pythagoras and Pythagoreans A Brief history*）多次提及柏拉图并将其视为毕达哥拉斯主义者。[①] 柏拉图是否属于毕达哥拉斯主义者另当别论，但该著至少揭示了柏拉图与毕达哥拉斯本人及其学派之间的思想关联。

博纳奇（M. Bonazzi）、列维（C. Levy）和斯梯尔（C. Steel）等人编辑的《柏拉图式的毕达哥拉斯：罗马帝国时期的柏拉图主义和毕达哥拉斯主义》（A Platonic Pythagoras. Platonism and Pythagoreanism in the Imperial Age）从柏拉图哲学的视角来解读毕达哥拉斯主义，"有些学者正在不断地探索新毕达哥拉斯主义在形式与数目之间的关系问题"[②]。

与前说相比，麦克莱恩（Ernest G. McClain）则从毕达哥拉斯学说的视角来审视柏拉图的思想。在《作为毕达哥拉斯主义者的柏拉图》（*The Pythagorean Plato*）一书中，麦克莱恩认为，"毕达哥拉斯主义具有普遍意义，而柏拉图则处理具体问题"[③]。

乌兹达维尼（Algis Uždavinys）在《金色的链条：毕达哥拉斯主义者和柏拉图哲学文集》（*The Golden Chain an Anthology of Pythagorean and Platonic Philosophy*）一书中力图从不同的视野来展示毕达哥拉斯哲学与柏拉图哲学之间的思想演化关系。正如乌兹达维尼在该著的前言中说，"'金色的链条'为柏拉图主义学说史的发展提供了重要的文献。柏拉图主义未必始于毕达哥拉斯学说，但它确实经历了毕达哥拉斯主义的修炼，成就了柏拉图本人的思想，通向了新柏拉图主义。"[④]

还有的学者把毕达哥拉斯（主义）和柏拉图（主义）看成一个思想整体，或者是一个思想整体中的两个组成部分。伯克特（Walter Burkert）就持有这种观点，他的《古代毕达哥拉斯的知识和科学》（*Lore and science in ancient Pythagoras*）就提出了"柏拉图思想中的毕达哥拉斯主义和

① Hackett Publishing Company, Inc. 2001.

② M. Bonazzi, C. Steel, *A Platonic Pythagoras. Platonism and Pythagoreanism in the Imperial Age*, Turnhout: Brepols Publishers n. v., 2007, p. 127.

③ Ernest G. McClain, *The Pythagorean Plato*, York Beach: Nicolas-Hays, Inc., 1978, Acknowledgements.

④ Algis Uždavinys, *The Golden Chain an Anthology of Pythagorean and Platonic Philosophy*, World Wisdom, Inc., 2004, Foreword, vii

毕达哥拉斯主义传统中的柏拉图主义根源"（*Pythagoreanism in Plato and the origin in Platonism of the Pythagorean tradition*）等范畴。

在毕达哥拉斯（主义）和柏拉图（主义）之间存在着一个不可或缺的环节，即巴门尼德的本体论及其逻辑思想。赫曼（Arnold Hermann）在其《像上帝那样思考：毕达哥拉斯、巴门尼德及其哲学的起源》（*To think like God：Pythagoras and Parmenides，The origins of philosophy*）的导言中就指出，古希腊哲学探索的逻辑起点在于区分"上帝的真理"与"人类的意见"之间的二分法。这种思考最初呈现于荷马和赫西俄德等人的诗作中，继而南意大利诸派如毕达哥拉斯、色诺芬尼和巴门尼德等人展现了对神性的不同理解。①

当然，我们更关心巴门尼德对后世科学思想特别是科学哲学的影响，安斯康姆在1981年出版的《从巴门尼德到维特根斯坦》一书具有重要的学术价值。

至于巴门尼德与柏拉图之间的思想关联无需多言，柏拉图本人就曾专论"巴门尼德"，柏拉图特别看重巴门尼德有关"思想"与"存在"的同一性论证以及对"真理之路"与"意见之路"的区分。这已经成为常识，但这些思想中的科学意义特别是科学哲学的意义还有待挖掘。

早在古希腊罗马时期，思想家就开始了对柏拉图数学哲学思想的评论，其中代表性的观点首推亚里士多德。

在《形而上学》一书中，亚里士多德就提出了这样的问题，"对这问题有两种意见：或谓数理对象——如数、线等——为本体；或谓意式是本体。因为（一）有些人认为意式与数学之数属于不同的两极，（二）有些人认为两者性质相同，而（三）另一些人则认为只有数理本体才是本体。我们必须先研究数理对象是否存在，如其存在，则研究其如何存在，至于这些是否实际上即为意式，是否能为现成事物的原理与本体以及其它的特质"②，亚里士多德对这些问题的回答是这样的："这已充分指明了数理对象比之实体并非更高级的本体。它们作为实是而论只在定义上为先，而并

---

① Arnold Hermann, *To Think like God：Pythagoras and Parmenides The origins of Philosophy*, Las Vegas：Parmenides Publishing, 2004, pp. 2 – 4.

② ［古希腊］亚里士多德：《形而上学》，吴寿彭译，商务印书馆1983年版，第260页。

不先于可感觉事物，它们也不能在任何处所独立存在。"①

　　魏德伯格在他的《柏拉图的数学哲学》一书中对亚里士多德有关柏拉图数学理念的理解概括为一个三层模式，认为亚里士多德眼中的柏拉图的数学理论居于理念和现成事物之间。但魏德伯格认为，"柏拉图只是区分了理念世界和现成世界，并不曾在其间安插一个居间层次"②，因此亚里士多德对柏拉图数学理论的理解是有问题的。

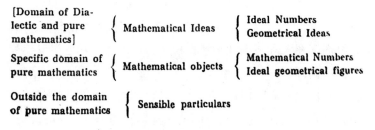

图 2-9　柏拉图的数学哲学思想片段

　　在数学哲学中，柏拉图主义占有一定地位，影响至今。但对何谓数学哲学中的柏拉图主义则见仁见智。斯坦福大学的哲学百科全书曾经将数学哲学中的柏拉图主义定义为"存在着独立于人类及其语言、思想和实践的数学对象"③。

　　普里查德在《柏拉图的数学哲学》（*Plato's philosophy of mathematics*）中论证了数学特别是几何学对柏拉图哲学思想特别是理念论的影响，"每个时代的科学哲学都自然地与那个时代的科学有着某种关联，当然也与哲学家对科学的理解程度有关系"④。因此要理解数学在柏拉图哲学中的思

---

① ［古希腊］亚里士多德：《形而上学》，吴寿彭译，商务印书馆 1983 年版，第 263 页。

② Anders Wedberg, *Plato's Philosophy of Mathematics*, Greenwood Press, 1955, p. 12.

③ 具体内容如下：
Mathematical platonism can be defined as the conjunction of the following three theses:
Existence.
There are mathematical objects.
Abstractness.
Mathematical objects are abstract.
Independence.
Mathematical objects are independent of intelligent agents and their language, thought, and practices.
参见 Platonism in the Philosophy of Mathematics, First published Sat Jul 18, 2009; substantive revision Wed Oct 23, 2013（http://plato. stanford. edu/entries/platonism-mathematics/）。

④ Pritchard, P., *Plato's Philosophy of Mathematics*. Sankt Augustin: Academia Verlag, 1995, p. 21.

想地位，普里查德的《柏拉图的数学哲学》不得不读。

D. 富勒（D. H. Fowler）的《重新理解柏拉图学园的数学》（*The Mathematics of Plato's Academy*: *A New Reconstruction*）[①] 同样是一部理解观念论在古希腊发展的重要著述。D. 富勒在此书中为柏拉图的学生是否对数学思想有贡献确立了四条标准：谁的事迹中包含最重要的数学发明？谁的事迹更符合算数和其他数学基本构想的当代理解？谁的事迹更具有逻辑可信性？谁的事迹更有意义？[②]

按照这些标准，D. 富勒讨论了柏拉图本人、亚里士多德、欧几里得、阿基米德等人的数学成就以及这些成就对柏拉图主义的思想影响。因此，D. 富勒的《重新理解柏拉图学园的数学》也是值得关注的重要文献。

柏拉图之后的新柏拉图主义者主要贡献就是将柏拉图的思想与欧几里得的几何学结合起来，从而将观念替换为毕达哥拉斯意义上的"数"。（参见"普鲁克鲁斯对欧几里得几何学的哲学及数学评论"，The philosophical and mathematical commentaries of Proclus, surnamed Plato's successor, on the first book of Euclid's Elements: and his life by Marinus/Translated from the Greek, with a preliminary dissertation on the Platonic doctrine of ideas, &c., by Thomas Taylor. London: Printed for the author, and sold by T. Payne, 1788 – 1789.）

贝纳塞拉夫（Paul Benacerraf）和普特南编辑的《数学哲学选读》（*Philosophy of Mathematics Selected Readings*）进一步指出，数学哲学中的柏拉图主义就是一种强调人类想象的数学能力，"这种能力促进了抽象的想象的思想模式，这种思想模式凸显了数学家追求简单性和逻辑力量。使用这种模式的数学家注重某些个人经验和直觉的表现力"[③]。

---

①　该著包括如下章节

Part One: Interpretations; 1. The proposal; 2. Anthyphairetic ratio theory; 3. Elements II: The dimension of squares; 4. Plato's mathematics curriculum in Republic VII; 5. Elements IV, X, and XII: The circumdiameter and side; Part Two: Evidence; 6. The nature of our evidence; 7. Numbers and fractions; Part Three: Later Developments; 8. The received interpretation; 9. Continued fractions; 10. New material added to the second edition; 11. Appendix (A new introduction; Ratio as on evidence class; The method of gnomons and Theatetas 147 – 158; Elements: but why is there no evidence for these ratio theories?); 12. Epilogue: a brief intellectual autobiography。

②　D. H. Fowler, *The Mathematics of Plato's Academy*: *A New Reconstruction*, Clarendon: Clarendon Press, 1991, viii.

③　Paul Benacerraf & Hilary Putnam, *Philosophy of Mathematics Selected Readings*, Cambridge University Press, 1964, p. 259.

虽然数学哲学中的柏拉图主义拥有相当的思想影响，但批评声也不绝于耳。贝纳塞拉夫提出了一种被称为认识论的批评路径（epistemological access）[1]，也就是对如下三个前提的讨论：

表 2 - 1　　　　　　　　　　柏拉图的数学哲学思想

前提 1（Premise 1）	"数学家是可以信赖的，其意在于，对于几乎每个数学命题，如果数学家认同了数学命题 S，那么该命题就是真的。"（Mathematicians are reliable, in the sense that for almost every mathematical sentence S, if mathematicians accept S, then S is true.）
前提 2（Premise 2）	"对数学家的信任是可以证实的，我们至少可以在原则上解释前提 1 中所述说的对数学家的可信赖性。"（For belief in mathematics to be justified, it must at least in principle be possible to explain the reliability described in Premise 1.）
前提 3（Premise 3）	"如果数学的柏拉图主义是真的，那么对数学家的信任在原则上就无法得到解释。"（If mathematical platonism is true, then this reliability cannot be explained even in principle.）

其实，柏拉图主义有很多种，但反对柏拉图主义的各种学说也同样多。布拉哥尔（Mark Blaguer）在《数学中的柏拉图主义和反柏拉图主义》中分别介绍了各种柏拉图主义，同时也梳理了各种反柏拉图主义。[2]

按照现代科学哲学的通行模式，柏拉图主义有关科学思想的理论也无愧于科学哲学的一种探索。原因如下。

第一，柏拉图主义自始至终都崇尚毕达哥拉斯的"数"和由欧几里得编辑而成的《几何原本》，他们把这种科学当成"万物的本原"，认为"存在与数是同一的"，借此反对各种源自感觉经验的知识；而且在古希腊诸种具体科学中，欧几里得几何学体系最为成熟，时至今日仍不失其科学本性。这是柏拉图主义至深的科学基础。

第二，我们知道，柏拉图主义以"相"或"理念"为最高原则，俗称"理念论哲学"，但是，这种"理念"并不是柏拉图等人的思辨，而是模仿了当时算数和几何学中的抽象特性，特别是在柏拉图的晚期思想中，

---

① http：//plato. stanford. edu/entries/platonism-mathematics/.

② Mark Blague, *Platonism and Anti-Platonism in Mathematics*, Oxford：Oxford University Press, 1998, p. 5.

"比例"和"几何图形"的观念已经上升到宇宙起源甚至本原的高度。在这个意义上，"相""理念"和"存在"等范畴都是以"数""图形"等为基础的，甚至就是由这些数学观念所构成的。

第三，基于上述两点，我们似乎可以得出结论，柏拉图主义是由古希腊的数理科学与哲学上的观念论所构成的思想共同体，在这个思想共同体中，古希腊的数理科学为理念论提供了知识基础，而理念论也为当时的数理科学提供了理论支撑，从而形成了一种几何学的哲学观念。当然，在柏拉图主义中，古希腊的数理科学与理念论的契合并不是机械的相加，而是融为一个有机的整体：古希腊的数理科学已经浸润着理念论的形上思想，欧几里得几何学就是在柏拉图学园注重第一原理及其推演的思想氛围中演化出来的，而柏拉图的理念论也无时不体现着古希腊数理科学追求逻辑先在的科学精神。

柏拉图主义的科学哲学对后世产生了重大影响。一方面，由于它强调科学理论的先验性或完美性，为意大利文艺复兴中的科学革命提供了强大的思想武器，哥白尼、开普勒、达芬奇、牛顿等人都深受柏拉图主义（毕达哥拉斯主义）的影响，做出了重大的科学发现；另一方面，柏拉图主义强调数学和几何的思维特点深深地影响了笛卡尔、斯宾诺莎、莱布尼兹、康德等重要哲学家，直接开启了近现代哲学中的理性主义传统，成为逻辑经验主义的思想起点。

第三节　亚里士多德：从数学转向物理学和生物学

对于亚里士多德的科学哲学或亚里士多德对科学哲学的影响，西方学者早有所论，雅格尔（Werner Jaeger）① 可能最先提出了亚里士多德作为科学的哲学的奠基人。这种说法取自法林顿（Benjamin Farrington）的《亚里士多德作为科学哲学的奠基者》（*Aristotle founder of scientific philoso-*

---

① Jaeger was born in Lobberich, Rhenish Prussia. He attended school at Lobberich and at the Gymnasium Thomaeum in Kempen. Jaeger studied at the University of Marburg and University of Berlin. He received a Ph. D. from the latter in 1911 for a dissertation on the *Metaphysics* of Aristotle. His habilitation was on Nemesios of Emesa (1914). Only 26 years old, Jaeger was called to a professorship with chair at the University of Basel in Switzerland. One year later he moved to a similar position at Kiel, and in 1921 he returned to Berlin. Jaeger remained in Berlin until 1936 when he emigrated to the United States because he was unhappy with the rise of National Socialism. Jaeger expressed his veiled disapproval with *Humanistische Reden und Vortraege* (1937) and his book on Demosthenes (1938) based on his Sather lecture from 1934. Jaeger's messages were fully understood in German university circles; the ardent Nazi followers sharply attacked Jaeger. (http: //en. wikipedia. org/wiki/Werner_ Jaeger)

phy），法林顿还提到罗素也认为亚里士多德是第一位专业哲学家。

同柏拉图主义一样，亚里士多德及亚里士多德主义对西方哲学特别是科学哲学产生了重大的影响。但对于如何解读亚里士多德及亚里士多德主义，学界存在争议。

按照科学—哲学共同体的观点，亚里士多德学说中有诸多思想如范畴论、目的论、四因说、三段论等等。但我们不可忘记，与原子论不同的是，亚里士多德采信了恩培多克勒的元素说，而且有关土、火、气、水等四种元素正是构成亚里士多德宇宙论、运动说等的基础性理论，并对后世产生了重大影响。

一　亚里士多德的科学著述

学界对柏拉图著述的先后顺序已经基本形成共识①，但对亚里士多德著述的前后逻辑关系却长期没有得到合理的解释，甚至像"前分析"与"后分析"、"物理学"与"形而上学"（物理学之后）这些具有"明确"时间定位的著述，也都是后人的臆断。

目前有关亚里士多德著述的顺序是按主题排列的，国际同行的排列大致有两种方式：其一是按照学科分类的排列，如逻辑、物理学、心理学、自然史、诗学、伦理学等等；其二是按照思想结构的排列，如工具论、理论科学、实践科学等等。②

---

① 参见王太庆先生翻译的《柏拉图对话集》的前言部分，商务印书馆2005年版。

② 其实，学界还有一种按亚里士多德完成时间的排序方式，这种排序争议比较大。国际知名的亚里士多德研究专家凯思（Thomas Case）曾经指出，由于亚里士多德的著作者不是一次完成的，而是不断地在修订过程之中，因此就出现不同著作之间的交叉引用。（Thomas Case, Aristotle, in William Wians, ed., Aristotle's philosophical development: problems and prospects, London: Rowman &Littlefield Publishers, Inc., p19.）但根据考证，亚里士多德的某些著作早于其他著作，因为早期著作表现出柏拉图的较多影响；例如"范畴篇"就早于形而上学的某些部分，因为在柏拉图的影响下亚里士多德形成了内在属性并允许第二实体具有普遍性的观点；"解释篇"（De interpretation）就早于"分析篇"（Analytics），因为前者保留了柏拉图将命题区分为名词和动词；"欧德曼伦理学"（Eudemian Ethics）和"至善论"（Magna Moralia）就早于《尼各马可伦理学》（Nicomachean Ethics），因为前两者只是后者的概要，而且前两者中的一个是用神学精神写成的，另一个则是用柏拉图的对话方式写成的；"讲给亚历山大的修辞学"（Rhetoric to Alexander）要早于"一般修辞学"（Rhetoric），因为前者所包含的理性证据的基本理论后来发展为修辞学和论分析中的修辞逻辑。（Thomas Case, p. 39.）据此，Thomas Case 支持这样一种排序：

　Logical treatises

　The Physics, De Caelo, De Anima, De Generatione et Corruptione, Meteorologica.

　Historia Animalium, De Anima, Parva Naturalia, De Partibus Animalium, De Animalium Incessu, De Generatione Animalium.

　Ethics and Politics.

　Poetics and Rhetoric

　Metaphysics（unfinished）

　（参见 Thomas Case, p39.）

按照学科分类的排的亚里士多德著述大致如下①：逻辑学著述主要有《范畴论》（Categories，10 classifications of terms）；《论解释》（On Interpretation ［（propositions，truth，modality]）；《前分析》（Prior Analytics ［syllogistic logic]）；《后分析》（Posterior Analytics ［scientific method and syllogism]）；《论题篇》（Topics ［rules for effective arguments and debate]）；《辩谬篇》（On Sophistical Refutations ［informal fallacies]）。物理学著述主要有《物理学》（Physics ［explains change，motion，void，time]）；《论天象》（On the Heavens ［structure of heaven，earth，elements]）；《论生灭》（On Generation ［through combining material constituents]）；《论气候》（Meteorologics ［origin of comets，weather，disasters]）。心理学著述主要有《论灵魂》（On the Soul ［explains faculties，senses，mind，imagination]）；《论记忆》（On Memory），《论联想》（Reminiscence），《论梦》（Dreams）和《预兆》（Prophesying）。自然史或博物志著述主要有《动物史》（History of Animals ［physical/mental qualities，habits]）；《论动物的机体》（On the parts of Animals）；《论动物的运动》（On the Movement of Animals）；《论动物的延续》（On the Progression of Animals）；《论动物的繁衍》（On the Generation of Animals）。哲学方面的著述主要有《形而上学》（Metaphysics ［substance，cause，form，potentiality]）；《尼各马可伦理学》（Nicomachean Ethics ［soul，happiness，virtue，friendship]）；《优台谟伦理学》（Eudemain Ethics）。此外还有政治学（Politics，best states，utopias，constitutions，revolutions）、修辞学如（Rhetoric，elements of forensic and political debate）和诗学（Poetics，tragedy，epic poetry）等等。这种分类法较为符合当代的学科分类，但是并不符合亚里士多德本人的分类观念。

按照思想结构的排列方式是亚里士多德本人所倡导的，这种分类方式大致如下：《工具论》（Organon）包括 Categories（Cat.），《论解释》（De Interpretatione）（DI）［On Interpretation]，《前分析》（Prior Analytics）（APr），（后分析）（Posterior Analytics）（APo），《论题篇》（Topics）（Top.），《精致论证》（Sophistical Refutations）（SE）等。理论科学（Theoretical Sciences）包括《物理学》（Phys.），《论生灭》（Generation

①　At the Internet Encyclopedia of Philosophy（http：//www.iep.utm.edu/aristotl/）

and Corruption）（Gen. et Corr. ），《论无界》（De Caelo）（DC）［On the Heavens］，《形而上学》（Metaphysics）（Met. ），《论动物》（De Anima）（DA）［On the Soul］，《略论自然》（Parva Naturalia）（PN）［Brief Natural Treatises］，《动物志》（History of Animals）（HA），《动物的机体》（Parts of Animals）（PA），《动物运动》（Movement of Animals）（MA），《气象学》（Meteorology）（Meteor. ），《论动物的延续》（Progression of Animals）（IA），《论动物生殖》（Generation of Animals）（GA）等等。实践科学（Practical Sciences）包括《尼科马可伦理学》（Nicomachean Ethics）（EN），《优台谟伦理学》（Eudemian Ethics）（EE），Magna Moralia（MM）［Great Ethics］，等等。创意性的科学（Productive Science）包括 Rhetoric（Rhet. ），等等。这种分类方式是亚里士多德本人所倡导的，但却与当代的学科分类存在较大的差距。

　　从科学哲学史研究的角度看，下面几种著述是必要的：J. 巴尔内斯编辑的《亚里士多德全集》（Barnes, J. , ed. *The Complete Works of Aristotle*, Volumes I and II, Princeton：Princeton University Press, 1984）；T. 埃尔文编辑的《亚里士多德选集》（Irwin, T. and Fine. , G. , *Aristotle*：*Selections*, *Translated with Introduction*, *Notes*, *and Glossary*, Indianapolis：Hackett, 1995）；J. 阿克里尔编译的《范畴篇与解释篇》（Ackrill, J. , *Categories and De Interpretatione*, Translated with notes, Oxford：Oxford University Press, 1963）；J. 阿纳斯编译的《形而上学》（Annas, J. , *Metaphysics Books M and N*, Translated with a commentary, Oxford：Oxford University Press, 1988）；D. 巴尔默编译的《动物的机体与繁衍》（Balme, D. , *De Partibus Animalium I and De Generatione Animalium I*, with passages from Book II. 1 - 3, Translated with an introduction and notes, Oxford：Oxford University Press, 1992）；J. 巴尔内斯编译的《后分析》（Barnes, J. , *Posterior Analytics*, Second Edition, Translated with a commentary, Oxford：Oxford University Press, 1994）；D. 鲍斯托克编译的《物理学》（Bostock, D. , *Metaphysics Books Z and H*, Translated with a commentary, Oxford：Oxford University Press, 1994）；W. 查尔顿编译的《物理学》（Charlton, W. , *Physics Books I and II*, Translated with introduction, commentary, Note on Recent Work, and revised Bibliography, Oxford：Oxford University Press, 1984）；D. 格拉汉姆编

译的《物理学》卷八（Graham，D.，*Physics*，*Book VIII*，Translated with a commentary，Oxford：Oxford Univesity Press，1999）；E. 胡塞编译的《物理学》卷三和卷四"（Hussey，E.，*Physics Books III and IV*，Translated with an introduction and notes，Oxford：Oxford University Press，1983）；C. 科尔万编译的《形而上学》（Kirwan，C.，*Metaphysics*：*Books gamma*，*delta*，*and epsilon*，Second Edition，Translated with notes，Oxford：Oxford University Press，1993）；J. 来尼克斯编译的《动物的机体》（Lennox.，J，*On the Parts of Animals*，Translated with a commentary，Oxford：Oxford University Press，2002）；A. 麦蒂甘编译的《形而上学》卷二（Madigan，A.，*Aristotle*：*Metaphysics Books B and K 1 – 2*，Translated with a commentary，Oxford：Oxford University Press，2000）；S. 麦金编译的《形而上学》卷八（Makin，S.，*Metaphysics Theta*，Translated with an introduction and commentary，Oxford：Oxford University Press，2006）；C. 谢尔茨编译的《论动物》（Shields，Christopher，*De Anima*，Translated with an introduction and commentary，Oxford：Oxford University Press，2008）；R. 斯密斯编译的《论题篇》卷一至八（Smith，R.，*Topics Books I and VIII*，With excerpts from related texts，，Translated with a commentary，Oxford：Oxford University Press，1997）；C. 威廉姆斯编译的《论生灭》（Williams，C.，*De Generatione et Corruptione*，Translated with a commentary，Oxford：Oxford University Press，1983）等等。

　　从上述著述中不难发现，亚里士多德对科学的关心经历了一个从数学到物理学和生物学的转变。克利里（John J. Cleary）曾经卓有见地地描述了这一过程，他说，"我想探索亚里士多德从数学转向物理学对他的哲学发展的影响。这种转换应该被看作亚里士多德摆脱毕达哥拉斯主义（Pythsagorasean）和柏拉图倾向（Platonic tendencies）而达到的探索模式。我认为，这种区别只有在有关可见宇宙的结构的宇宙学问题的语境内（within the context of cosmological questions about the structure of the visible universe）才能得到理解，所以我认为亚里士多德超越柏拉图主义的最关键的步骤就是用物理学取代数学作为探索宇宙学问题的科学工具。当然，这并不意味着亚里士多德放弃了数学对宇宙学的相关性，而是使数学服从于物理学的研究。"①

　　对于亚里士多德的科学兴趣从数学转向了物理学和生物学，维安斯（William Wians）曾做过详尽的文本分析。他将《后分析篇》的 210 个科学案例分为两类：其中 118 个例子来源于数学，92 个是非数学的。从表面看来这似乎支持亚里士多德也像柏拉图一样注重数学科学，但进一步研究发现，在《后分析篇》的上卷中，数学的和非数学的两者之间的比例是 85 比 42，但在下篇中，两者的比例是 33 比 50。这就意味着，在创作《后分析篇》的过程中，亚里士多德已经将数学从主导的地位变成附属的地位。②

二　最早的科学哲学范畴

　　亚里士多德在科学哲学史上的影响主要体现在三个方面：其一，继承了前人特别是原子论传统和以柏拉图为代表的数理传统的思想精华；其二，创立了自成一统的科学哲学理论体系，系统地阐述了科学哲学在古代思想氛围中遇到的各种主要问题；其三，其逻辑学、形而上学、科学分类以及在具体科学领域的探索对后世产生了深远的影响，直至今日。

　　论科学与哲学

　　科学与哲学之间的关系问题无疑是科学哲学的基本范畴，也是科学哲学必须探索的基本问题。因此，在思想史中的不同科学哲学流派都得以自己的方式回答科学与哲学的关系问题。

　　相比较而言，亚里士多德认为，各门具体的科学都以研究存在的某些特征为己任，但哲学则研究存在本身。"存在着一种研究作为存在的存在，以及就自身而言依存它们的东西的科学。它不同于任何一种各部类的科学，因为没有任何别的科学普遍地研究作为存在的存在，而是从存在中切去某一部分，研究这一部分的属性，例如数学科学。既然我们寻求的是

---

① John J. Cleary, "Mathematics and Cosmology in Aristotle's Philosophical Development", in William Wians, ed., *Aristotle's Philosophical Development: Problems and Prospects*, London: Rowman &Littlefield Publishers, Inc., p. 193.

② William Wians, *Scientific Examples in the Posterior Analytics*, In William Wians（Ed.）, *Aristotle's Philosophical Development: Problems and Prospects*, Lanham: Rowman & Littlefield Publishers, inc., 1996, p. 134.

本原和最高的原因，很明显它们必然就是自身而言地为某种本性所有。"①

由于哲学是关于存在的知识，因此，哲学在知识谱系中享有更高的思想地位。"我们现在要讲的这些道理原因在于，所有的人都主张，研究最初原因和本原才可称之为智慧，前面已经说过，有经验的人比具有某些感觉的人更有智慧，有技术的与有经验的相比、技师和工匠相比，思辨科学与创制科学相比均是如此。所以，很清楚，智慧是关于某些本原和原因的科学。"②

但是，哲学并不是高居具体科学之上的思辨。哲学虽然追求普遍知识，要获得这种普遍性知识，必须通晓具体的实证知识。"一个有智慧的人要尽可能地通晓一切，且不是就个别而言的知识；其次，有智慧的人还要能够知道那些困难的、不易为人所知的事情（感觉是人皆尽有的，从而是容易的，算不得智慧）。在全部科学中，那更善于确切地传授各种原因的人，有更大的智慧。在各门科学中，那为知识而求取的科学比那为后果而求取的科学，更加是智慧。"③

因此，亚里士多德认为，"我们无论如何都是通过证明获得知识的。我所谓的证明是指产生科学知识的三段论。所谓科学知识，是指只要我们把握了它，就能据此知道事物的东西。"④ 而所谓"知道事物"也就是知道了："（1）事实由此产生的原因就是事实的原因，（2）事实不可能是其他样子时，我们就可以完全地知道了这个事物，而不是像智者那样，只具有偶然的知识。"⑤

国外学者也都强调这个问题。"对于亚里士多德来说，科学知识是被证明的知识（demonstrated knowledge）。拥有关于某个事实的知识就是知道它的原因，知道它的原因也就是拷问事实的原因，也就是知道这个事实不是别的什么东西。这种知识是从真的和绝对的前提中推论出来的，这些

---

① Aristotle, 1003a.

② Aristotle, 982b. 参见［古希腊］亚里士多德《形而上学》，《亚里士多德全集》第七卷，苗力田等译，中国人民大学出版社1991年版，第29页。

③ Aristotle, 981a.

④ ［古希腊］亚里士多德：《亚里士多德全集》第一卷，苗力田等译，中国人民大学出版社1991年版，第247页。

⑤ ［古希腊］亚里士多德：《亚里士多德全集》第一卷，苗力田等译，中国人民大学出版社1991年版，第83页。

前提是对其结论的最佳解释，也就是解释的第一原则。因此，科学知识就是证明了的知识（scientific knowledge is demonstrative knowledge）。"①

　　据此，亚里士多德对知识进行了区分："命题和问题分为三种。有些命题是伦理的，有些是自然哲学的，有些则是逻辑的。下述这种是伦理命题，例如，'如果看法不一致，一个人是否更应该服从父母或法律'。逻辑的命题如，'相反者的知识相同还是相异'。自然哲学的命题如，'宇宙是否永恒'。"② "如果把全部思想分为实践的、创制的和思辨的，那么物理学就是某种思辨的，不过它思辨那种能够运动的存在，仅仅思辨那种在定义上大多不能建立于质料的实体。"③

　　基于上述思考，亚里士多德建立了可能是有史以来的第一个科学哲学体系，"故思辨的哲学有三种，数学、物理学和神学。最崇高的知识所研究的应该是那类最崇高的主题。思辨科学比其他学科更受重视，神学比其他思辨科学更受重视。人们会提出疑问，第一哲学是以普遍为对象呢，还是研究某个种，或某一本性？因为即使在数学中研究方式也不是一样的，几何学和天文学研究某种本性，而普遍则对一切是共同的。设若在自然组成的物体之外没有别的实体，那么物理学就会是第一哲学。设若存在着不动的实体，那么应属于在先的第一哲学，在这里普遍就是第一性的。它思辨作为存在的存在，是什么以及存在的东西的属性。"④

　　正如格雷姆（Daniel W. Graham）所说，亚里士多德的科学哲学体现为一种公理的推理系统，这个系统始于直觉为真的必然性前提，从这个前提中推论出一个必然的结论。这种推理方法就是亚里士多德所要求的三段论。本体论对判断的制约决定了每个科学都由一系列有限命题所构成。……因此我们看到，本体论贯穿并支撑着逻辑和科学理论。亚里士多德将他的逻辑建立在他的语言和科学哲学之上，同时我们看到语言为亚里

① Daniel W. Graham, *Aristotle's Two System*, Clarendon Press, 1987, p. 46.
② ［古希腊］亚里士多德：《亚里士多德全集》第一卷，苗力田等译，中国人民大学出版社1991年版，第368页。
③ ［古希腊］亚里士多德：《形而上学》，《亚里士多德全集》第七卷，苗力田等译，中国人民大学出版社1991年版，第146页。
④ ［古希腊］亚里士多德：《形而上学》，《亚里士多德全集》第七卷，苗力田等译，中国人民大学出版社1991年版，第147页。

士多德的本体论和几何学以及各种层面的辩证法的建构提供了模式，也为科学论证理论提供了模式。①

　　科学与哲学的关系问题是科学哲学的基本问题，对这个关系问题的不同理解影响着甚至决定着科学哲学的思想性质和不同取向。亚里士多德对科学与哲学关系问题的看法，对后世影响深远，从中我们可以看到分析取向（科学主义）和人文取向（科学的历史—文化诠释学）的思想端倪。

　　语言（逻辑）与实在（实体）②

　　除科学与哲学的关系问题外，科学哲学区别于其他哲学分支的重要判据恐怕就是语言与实在之间的关系问题。早在古希腊罗马时期就能意识到语言问题对科学、哲学特别是知识论方面的意义实在难能可贵。从这个角度看，西方学者将《范畴篇》编入亚里士多德著作全集的首位是有道理的。这是因为："我们发现，从亚里士多德的本体论看，几个实体的树状结构构成了世界的实在性。属性和实体之间的关系被表达为语言学上的谓词和主词之间的关系。……逻辑和世界之间的关系是一种可以转换的关系：if aRb and bRc, then aRc。从本体论角度看，如果 A 包含 B，且 B 包含 C，那么 A 必然包含 C。从逻辑角度看，如果 A 归于所有的 B，B 归属于所有的 C，那么 A 必然归属于所有的 C。(if A belongs to all B and B belongs to all C, then A belongs to all C.)"③

　　亚里士多德在《范畴篇》开篇就指出，"当事物只有一个共同名称，而和名称相应的实体的定义则有所区别时，事物的名称就是'同名异

---

　　① Daniel W. Graham, *Aristotle's Two System*, Clarendon Press, 1987, p. 56.

　　② 有些学者已经注意到，在范畴论中，亚里士多德将实体区分为第一实体（primary or protai ousiai）和第二实体（secondary of deutera ousiai），例如，具体的人是第一实体，而这个具体的人属于人这个种类，而人这个种类又属于动物界，这样，相对于具体的人而论，人和动物就是第二实体。亚里士多德与柏拉图的区别就在于，亚里士多德强调实体是具体的，世界是由具体的实体如人、动物、星辰甚至包括上帝等所构成的。而柏拉图则认为具体事物是不真实的，真实存在的只是普遍的形式。总之，范畴论和形而上学的共同基础是这样一种基本观点：所有的具体事物都是拥有普遍性（universals）和属性（attributes）的实体。这些普遍性和属性与实体是不能像柏拉图认为的那样分离存在的。(Thomas Case, Aristotle, in William Wians, ed., *Aristotle's Philosophical Development: Problems and Prospects*, London: Rowman & Littlefield Publishers, Inc., pp. 20 – 21.)

　　③ Daniel W., *Graham*, *Aristotle's Two System*, Clarendon Press, 1987, p. 44.

义'……当事物不仅具有一个共同名称，而且与名称相应的实体的定义也是同一的，那么事物的名称就是'同名同义'的。"①

沿着这条思路，亚里士多德确立了语句的基本结构，"第一类简单命题是肯定命题，第二类简单命题是否定命题，但是如前所说，其他命题都是结合而成的"②。所谓的复合命题就是指，"一个命题，若是用多件事实来述说一个主体，或者用一件事实来述说多个主体，那么，无论它是以肯定还是以否定的方式出现，都不是简单命题而是复合命题，除非多件事实表明的是同一事物"③。在语句的基本结构中，亚里士多德还区分了全称命题和单称命题；命题作为判断的性质如可能性、不可能性、偶然性、必然性等区别；原命题与蕴含的命题等的区分等等。

亚里士多德从语言着手思考哲学问题，意义极其重大，这可能是西方学术最重要的开端，可能也是西方思想及其文化区别于其他思想或文化的重要标志。亚里士多德认为语言对于人类思想及其世界具有第一位的意义。"口语是内心经验的符号，文字是口语的符号。正如所有民族并没有共同的文字，所有的民族也没有相同的口语。但是语言只是内心经验的符号，内心经验自身对整个人类来说都是相同的，而且由这种内心经验所表现的类似的对象也是相同的。"④

更为重要的是，亚里士多德并不是泛泛地讨论语言，而是从命题或逻辑的维度来理解语言："所有句子都有意义，不过，并不是作为工具，而是如前所说约定俗成的，并非任何句子都是命题，只有那些自身或者是真实的或者是虚假的句子才是命题。"⑤

沿着这种思路，亚里士多德把哲学研究的对象区分为实体（第一实

---

① 参见［古希腊］亚里士多德《亚里士多德全集》第一卷，苗力田等译，中国人民大学出版社 1990 年版，第 3 页。

② ［古希腊］亚里士多德：《亚里士多德全集》第一卷，苗力田等译，中国人民大学出版社 1990 年版，第 52 页。

③ ［古希腊］亚里士多德：《亚里士多德全集》第一卷，苗力田等译，中国人民大学出版社 1990 年版，第 65 页。

④ 参见［古希腊］亚里士多德《亚里士多德全集》第一卷，苗力田等译，中国人民大学出版社 1990 年版，第 49 页。

⑤ 参见［古希腊］亚里士多德《亚里士多德全集》第一卷，苗力田等译，中国人民大学出版社 1990 年版，第 52 页。

体与第二实体）、属性和个体以及三者之间的语言关系。"实体和属差都有这样的特性，全部由它们所表述的东西都是同名同义的。所有由它们所表述的东西，既有个体，也有属。第一实体从来不表述任何事物，因为它并不述说任何主体，在第二实体中，则可以用来表述个体，而种既可以用来表述属，也可以用来表述个体。"① 沿着这条思路，亚里士多德建构了他的实体理论体系，"一切非复合词包括：实体、数量、性质、关系、何地、何时、所处、动作、承受。……这些词自身并不能产生任何肯定或否定，只有把这样的词结合起来，才能产生肯定和否定。因为，所有的肯定命题和否定命题必然被看作或者是真实的，或者是虚假的"②。

格雷姆认为，在亚里士多德那里，证据和本质之间的密切关系特别值得关注。由于语言和实在之间的平行关系，我们在这里看到了证据结构和自然秩序之间的平行关系。亚里士多德并没有把他的绝对前提看作来自第一原理的纯形式的算法，而是把科学的可靠性保障归因于模仿世界的深处结构。这种高水平的同构性为亚里士多德的科学方法的有效性提供了进一步的保障。我们已经看到，尽管抽象的形式主义出现在《后分析》的前几章，但亚里士多德的科学哲学具有强烈的形而上学动机。"从几个角度看，亚里士多德的科学哲学取决于他的本体论和逻辑。首先，他坚持认为，证明只有在属性的本质必然归属于某个实体的情况下才是可能的：证明不过是展示事物的属性而已（A. Po. i. 22，84aII f.）。有两种形式的判断：恰当的和偶然的（proper and accidental）。所谓 A 与 B 之间的恰当联系就是指，或者 A 在 B 的定义中，或者 B 在 A 的定义中。如果这两种情况都不存在，那么 A 与 B 就是偶然关系。"③

我们还想强调的是，亚里士多德不仅用逻辑来规范语言，而且还首次使用符号来表达逻辑术语，这对于西方思想，不仅是哲学分析还是科学发现，都具有极其重要的意义，是其他文化特别是早期文化不常见到的，在

---

① ［古希腊］亚里士多德《亚里士多德全集》，第一卷，苗力田等译，中国人民大学出版社1990年版，第9页。

② ［古希腊］亚里士多德：《亚里士多德全集》第一卷，苗力田等译，中国人民大学出版社1990年版，第5页。

③ Daniel W. Graham, *Aristotle's Two System*, Clarendon Press, 1987, p. 49.

某种程度上可以说是西方文化独有的。例如，亚里士多德在《前分析》篇中就"以 A 和 B 为词项的全称否定前提为例"进行逻辑分析。①

*归纳与演绎*②

既然将语言与实在结合起来考量，那么，论证问题就成为探索知识及追求智慧的必经之路。亚里士多德在《论题篇》中开宗明义地指出，"本文的目的在于寻求一种探索的方法，通过它，我们就能从普遍接受所提出的任何问题来进行推理；并且，当我们提出论证时，不至于说出自相矛盾的话。为此，我们必须首先说明什么是推理以及它们有些什么不同的种类。"③

亚里士多德不仅强调论证的意义，而且还把论证分为两种，"在分别说明了这些问题之后，我们必须区分辩论的论证有多少种。它有归纳和推

---

① ［古希腊］亚里士多德：《亚里士多德全集》第一卷，苗力田等译，中国人民大学出版社 1990 年版，第 86 页。

② 欣提卡（Jaakko Hintikka）认为，亚里士多德的科学方法论经历了从苏格拉底的辩证法到三段论模式（"from dialectic to a syllogistic model of inquiry"）的演化过程。如果粗略地勾画亚里士多德方法论发展的主要轮廓，亚里士多德方法论的起点不是逻辑，而是苏格拉底的提问方法（"Socratic method of questioning"）。亚里士多德的早期方法论是在苏格拉底方法基础上的模式化。这种方法论通常被称为辩证法，在一定程度上我们可以在 Topica 和 Sophistical refutations 中看到。（Jaakko Hintikka, "On the Development of Aristotle's Ideas of Scientific Method and the Structure of Science", in William Wians, ed., Aristotle's Philosophical Development: Problems and Prospects, London: Rowman &Littlefield Publishers, Inc., p. 92.）

其实，当亚里士多德确立了以三段论为基础的逻辑方法时，并没有放弃苏格拉底开发出来的辩证法。有些学者已经注意到，正如亚里士多德确定辩证法的应用性时所指出的那样，辩证法不同于科学但并不妨碍辩证法对科学的有效性。在这里，除了提到辩证法对智力训练的明显作用外，他还比较了因果关联（casual encounter）对哲学科学（pros tas kata philosophian epistemas）的效用和对以探索真理为己任的科学（sciences that are searching for the truth）的效用。"在第一种情况下，辩证法的效应可以称为公共效应（public use），因为这种效应在于满足人们的需求，例如，在政治和司法集会上，辩证法的应用就在于使我们解释大多数人所持有的观点以满足他们有根据地做出判断，'改善他们尚不牢靠的任何推理过程（changing the course of any arguments that they appear to us to state unsoundly）'。在第二种情况下，我可以称之为辩证法的科学用法，这种用法在于开发出解题能力（pros amphotera diaporasai），使我们更容易地判别真理和错误。……这两种用法的唯一区别是，辩证法的公共用法能够使我们与他人讨论以致我们能够驳斥他人的观点而辩证法的科学用法则能够使我们进行讨论以致我们能够获得真理。"（Enrico Berti, "Does Aristotle's Conception of Dialectic Develop?" In William Wians, ed., Aristotle's Philosophical Development: Problems and Prospects, London: Rowman &Littlefield Publishers, Inc., pp. 107 – 8.）

③ Aristotle, 100a. 参见［古希腊］亚里士多德《亚里士多德全集》第一卷，苗力田等译，中国人民大学出版社 1991 年版，第 353 页。

理两类。推理是什么前面已经说过，归纳则是从个别到一般的过程"①。亚里士多德还进一步指出，"一切通过理智的教育和学习都依靠原先已有的知识而进行。只要考虑一下各种情况，这一点便显得十分清楚。数学知识以及其他各类技术都是通过这种方式获得的。各种推理，无论是三段论的还是归纳的，也是如此。它们都运用已获得的知识进行教育。三段论假定了前提，仿佛听众已经理解了似的。归纳推理则根据每个具体事物的明显性质证明普遍。修辞学家说服人的方法也与此相同：他们要么运用例证（这是一种归纳），要么运用推演（这是一种推理）。"②

但是，亚里士多德对归纳的论证是不信任的，他说，"科学知识不可能通过感官知觉而获得，即使感官是关于有性质的对象而不是关于某个东西的。我们所感觉到的必定是在某一地点、某一时间中的某个东西，但普遍的而且在一切情况下都是真实的东西是不可能被感觉到的，因为它既不是一个特殊的东西也不处在某个特定的时间中，否则，它就不再是普遍的了。因为只有永远而且在各处都可得到的东西才是普遍的，所以由于证明是普遍的，普遍不能为感官所感知，所以很明显，知识不能通过感官知觉而获得。"③

其实，我们认为，亚里士多德的分析与综合这对范畴，既是他进行科学研究的方法论原则，同时也很可能是在科学研究特别是动物学研究中得出的结论。在《动物志》一书中随处可见这样的描述："并非所有这些动物都具有肺，其他凡是有鳃的动物都没有肺。一切有血的动物都具有肝脏，大多数有血的动物都具有脾脏。"④

这就提出这样的问题，亚里士多德的逻辑是否取决于他的哲学，对这个问题的答案是这样的：从形式的观点看，亚里士多德的逻辑无需建立在它的本体论之上，事实上亚里士多德本人把这种三段论看成是牢靠的。在

---

① Aristotle，105a. 参见［古希腊］亚里士多德《亚里士多德全集》第一卷，苗力田等译，中国人民大学出版社1991年版，第366页。

② Aristotle，71a. 参见［古希腊］亚里士多德《亚里士多德全集》第一卷，苗力田等译，中国人民大学出版社1991年版，第245页。

③ ［古希腊］亚里士多德：《亚里士多德全集》第一卷，苗力田等译，中国人民大学出版社1991年版，第305页。

④ Aristotle 506a，10－15。

《前分析》（Prior Analytics i. 27）中，亚里士多德详细描述了世界上的各种对象，有些对象是主词，但没有谓词，有些既可以是主词，也可以是谓词，有些仅仅是谓词。为了有效地推理，我们必须确立主词与谓词之间的关系，不论是必然性的、合适的还是偶然的，这取决于它从什么样的命题中推论出来。亚里士多德把他的三段论看作从判断中推出判断的算法（calculus）。而且他用他的三段论批评柏拉图的划界方法。他认为他的方法就像柏拉图所期望的那样，正确地论证了分类的定义，其实他的分类方法只是提出了如何给事物下定义的问题。亚里士多德有关世界的推论表明，尽管他对三段论并没有形式的模式，但他拥有一种非形式的模式。这种模式就是他的形而上学的世界图景，这种图景是由实体及属性构成的，把世界安排成一般、特殊和个体等不同层次。①

但是，严格说来，亚里士多德的逻辑系统是有问题的。格雷姆曾经问过这样一个问题：究竟是什么刺激亚里士多德发现了严格的推理形式？一个明显的选择是几何学。尽管我们无法准确判断在亚里士多德时代几何知识是怎样组织起来的，亚里士多德的当代追随者大多期望欧几里得几何学能担当此任，因而我们也期望几何学的公理方法能够为亚里士多德的论断提供解释模式。"然而，如缪勒（Ian Mueller，1974）所论述的那样，亚里士多德的三段论并不能为基本的几何证明提供有效的算法。我们需要命题演算和某些一流的谓词演算来解释典型的欧几里得证明。亚里士多德自己的几何学公理三段论证明显然是非欧几何的。这就出现了亚里士多德的证明理论与数学之间的复杂关系。一方面，亚里士多德似乎在使用数学模式，另一方面，他自己的逻辑却对这个模式缺乏逻辑力量。"②

不仅如此，亚里士多德并没有将他的逻辑思想贯彻到底，他的物理学有时遵循着他的逻辑方法，有时则使用与他的逻辑方法无关的物理方法。"在这里我们发现，正像工具论和修辞学著述中有关辩证法和科学之间的关系一样，在物理学著述中也被区分为逻辑的方法和物理学的方法（an opposition between the logical method or point of view and

---

① 参见 Daniel W. Graham, *Aristotle's Two System*, Clarendon Press, 1987, p. 43。

② Daniel W. Graham, *Aristotle's Two System*, Clarendon Press, 1987, p52.

the physical）。"① 例如，就无限体的存在问题，亚里士多德提到了一种逻辑的驳论，无限体（infinite body）本身的定义就预示着某种限制。作为物理学的驳论，无限体既不是简单体也不是复合体。在这里，很清楚，逻辑的观点研究对象的概念，而物理学方法则研究物理的构成，也就是它的物质（matter）。②

分析与综合，或演绎与归纳，是一对重要的哲学范畴，对西方学术特别是西方哲学产生了持久的影响。中世纪有关实在论与唯名论之争，近代的经验论与唯理论之争、康德哲学中的"先验判断"与"综合判断"、逻辑经验主义有关"理论命题"与"观察命题"的区分、科学哲学中的经验论传统与建构论传统的分野等等，都可以在亚里士多德的分析与综合的讨论中找到思想渊源。

因果与元素

学者们已经注意到，在古希腊哲学中，爱奥尼亚学派的哲学家认为世界是由某种或某些基本要素及其变化构成的，但却遭到了巴门尼德和芝诺等人的反对。"柏拉图通过理念论来解释理念世界与现实世界之间的矛盾关系，认为在变动不居的现实世界之外或之上有一个不变的理念世界。"③ 作为柏拉图思想的学生，亚里士多德汲取了他的老师的某些观点，但他与柏拉图之间的思想关系是复杂的。"当柏拉图把灵魂概念作为他的自然理论的统一原则，亚里士多德决定放弃这个概念，并继承前苏格拉底哲学家特别是爱奥尼亚学派的各种思想因素，并把这些因素整合起来。当亚里士多德把自然定义为运动的原则时，实际上是把自然运动的概念推进到柏拉图理念的高度，即使灵魂概念被否定，他也一定能够解释自然本身的动因。"④

① Enrico Berti, "Does Aristotle's Conception of Dialectic Develop?" In William Wians, ed., *Aristotle's Philosophical Development: Problems and Prospects*, London: Rowman &Littlefield Publishers, Inc., p. 116.

② Enrico Berti, "Does Aristotle's Conception of Dialectic Develop?" In William Wians, ed., *Aristotle's Philosophical Development: Problems and Prospects*, London: Rowman &Littlefield Publishers, Inc., p. 117.

③ Feriedrich Solmsen, "Aristotle's System of the Physical World", *A Comparison with His Predecessors*, Cornell University Press, 1960, p. 445.

④ Feriedrich Solmsen, "Aristotle's System of the Physical World", *A Comparison with His Predecessors*, Cornell University Press, 1960, p. 93.

　　亚里士多德的《物理学》被公认为是他的自然哲学，正是在这部著述中，亚里士多德提出了他的"四因说"等重要思想。亚里士多德的《形而上学》（Metaphysics）意为《物理学》（Physics）之后，一般以为，后者是对前者的哲学反思，如果说《物理学》属于亚里士多德的科学（自然哲学）著述，那么《形而上学》更接近于我们所理解的科学哲学。

　　在《形而上学》一书中，亚里士多德开篇就讨论了感觉与技术何者更智慧的问题。在亚里士多德看来，虽然感觉和经验在人类认识中也发挥一定作用，但是，"我们认为认识和技能更多地属于技术而不是经验，有技术的人比有经验的人更加智慧，因为智慧总是伴随着认识……在伦理学中谈到技术和科学，以及和其他诸如此类东西的区别，我们现在要讲的这些道理原因在于，所有的人都主张，研究最初原因和本原才可称之为智慧。前面已经说过，有经验的人比具有某种感觉的人更有智慧，有技术的与有经验的相比，技师和工匠相比，思辨科学与创制科学相比均是如此。所以，很清楚，智慧是关于某些本原和原因的科学"①。

　　亚里士多德说得很明白，"物理学"就是探究自然界的本原以获得相关知识。"既然探究本原、原因或元素的一切方式都须经过对它们的认识才能得到知识和理解——因为只有在认识了根本原因、最初本原而且直到构成元素时，我们才认为是认识了每一事物——那么显然，在关于自然的研究中，首要的工作就是确定有关本原的问题。"②

　　亚里士多德不仅设定了"物理学"的目标，而且还设定了"物理学"的探究方式，"对于我们来说明白和易知晓的，首先毋宁是那些浑然一体的东西。在从这些东西中把元素和本原分析出来之后，它们才成为被认识的。所以，应该从普遍出发推进到个别；因为整体更易在感觉上知晓，而普遍就是某种整体；因为普遍包含着许多成分，像部分一样"③。"显然，原因存在着，它们的数目就是我们所说的那么多。这些数目的原因就是对

　　① ［古希腊］亚里士多德：《亚里士多德全集》第七卷，苗力田等译，中国人民大学出版社1991年版，第28—29页。

　　② ［古希腊］亚里士多德：《亚里士多德全集》第二卷，苗力田等译，中国人民大学出版社1991年版，第3页。

　　③ ［古希腊］亚里士多德：《亚里士多德全集》第二卷，苗力田等译，中国人民大学出版社1991年版，第3—4页。

于'为什么'这个问题的回答。因为，对不能被运动的对象来说，'为什么'归根到底要归结为'是什么'（例如在数学中，最终都要归结到直线、可约数以及其他什么的定义）；或者归为最初的运动者（例如，'他们为什么要打仗？'回答说：'因为别人要进攻了'）；或者为了什么（如为了统治）；或者用在生成的事物中，指质料。"①

在亚里士多德看来，"所谓自然，就是一种由于自身而不是由于偶性地存在于事物之中的运动和静止的最初本原和原因。……'合乎自然'不仅指这些自然事物，而且也指那些由于自身而属于自然的属性，如火被向上移动。因为它不是自然，也不是具有自然，而是由于自然和合乎自然"②。

基于这样一种自然观，亚里士多德认为，"在分析了自然的多种不同含义之后，让我们接着来考察数学家与自然哲学家有什么区别。……数学家尽管也要从点、线、面、体进行研究，但并不把它们作为自然物体的限界，也不把它们作为属于这些物体的偶性来考察。……那些讲理念的人却没有意识到他们也这样做了。因为他们分离了自然物，而自然物是不能像数学对象那样被分离的。"③

因此，"自然哲学家也必须了解事物各自所为的东西，并且还要研究那些在形式上虽可分离，但却存在于质料之中的东西。因为人生于人，也生于太阳。至于确定可以分离的东西是怎样的及其'是其所是'的问题，则是第一哲学的事情"④。

出于这种考量，亚里士多德提出了他的"四因说"：质料因、形式因、动力因和目的因："既然自然一词有两层含义，一是作为质料，另一是作为形式，而形式就是目的，其他的一切都是为了这目的，那么，形式就应该是这个'何所为'的原因。"⑤ "既然原因有四种，那么，自然哲

---

① Aristotle, 198a, 15 – 20.

② ［古希腊］亚里士多德：《亚里士多德全集》第二卷，苗力田等译，中国人民大学出版社1991年版，第30—31页。

③ ［古希腊］亚里士多德：《亚里士多德全集》第二卷，苗力田等译，中国人民大学出版社1991年版，第34页。

④ ［古希腊］亚里士多德：《亚里士多德全集》第二卷，苗力田等译，中国人民大学出版社1991年版，第37页。

⑤ Aristotle, 199a 30 – 35.

学家就应该通晓所有的这些原因，并运用它们——质料、形式、动力、
'何所为'来自然地回答'为什么'的问题。"①

　　在质料因中，亚里士多德批判地继承了前人的看法，他既不同意泰勒
斯、赫拉克利特和德谟克利特等人有关质料具有单一性的观点，也不同意
质料是无限的观点，而是修订了恩培多克勒的看法，"由于单纯物体是四
个，它们就分为两对，各自属于两个处所；因为火与气构成朝向边界移动
的物体，土和水则构成朝向中心移动的物体。火与土出于两端，最为纯
洁，水与气处在中间，则较为混杂。每一对的成员与另一对的相反，水与
火相反，土与气相反；因为它们是由相反的性质构成的。但既然它们是
四，每个都单纯地各自有单一的性质，土更干而不是更冷，水更冷而不是
更湿，气更湿而不是更热，火则更热而不是更干"②。

　　但是，值得注意的是，亚里士多德在他的物理学中并没有将他的四因
说贯彻到底，"对于世界上运动的终极根源（ultimate sources of motion in
the world），亚里士多德有两种不同的观点。一种观点主要见于《物理学》
卷二和《论天》，认为运动的本源在于自发的自然体（autonomous natural
bodies）。另外一种观点见于《物理学》卷七和八以及《论生灭》的最后
一章，《论动物的运动》和《形而上学》等，认为运动的本源在于外部推
动者（the first unmoved mover），一个终极性的完美的但却是实在的非物
质性实体（ultimately in a completely actual immaterial substance），也就是第
一不动的推动者（the first unmoved mover）"③。亚里士多德在《物理学》
卷二中是这样说的，对于现存的事物，有一些是因其自然而存在，而另外
一些则来自其他的原因（Phys，II 1，192b8f.）。亚里士多德列举了动物
及其部分机体、植物和某些简单体（如构成万物的四要素——土、水、
气和火）等就是因其自然而存在的事物。这些事物不同于那些不因其自
然而存在的事物，有自己变化的根源，无论这些变化是属于位置、生长、

　　① ［古希腊］亚里士多德：《亚里士多德全集》第二卷，苗力田等译，中国人民大学出版
社1991年版，第49页。

　　② Aristotle，331a，5．

　　③ Daniel W. Graham，"The Metaphysics of Motion：Natural Motion"，in Physics ii and Physics
viii，in William Wians，ed.，*Aristotle's Philosophical Development：Problems and Prospects*，London：
Rowman &Littlefield Publishers，Inc.，p. 171．

消失或者变化。相比较而言，人工事物缺乏这种根源……亚里士多德的这种概括目的在于区分自然的和非自然的对象；但既然这种分类的唯一尺度在于把非自然对象看做人工对象，因此这种比较也就只在于自然对象和人工对象之间的划界。简单地说，这种区别在于某种运动关系：自然对象的运动来自于内在的根源和原因，人工对象来自某些外在的根源和原因。动物的爬行、游泳和飞翔都没有外在的参与，植物的生长也是自生的。但椅子和桌子却需要人的搬动。①

亚里士多德的标志性哲学观念是他的四因说及其元素说，但是我们有充分证据表明，亚里士多德的物理学有时用四因说来说明运动，有时也用自然本身的因果律来理解运动。这就是说，亚里士多德有关运动的理解，是四因说与自然因果的混合体。

三　对后世科学哲学的影响

亚里士多德的自然哲学在中世纪获得了众多支持者，并且由于 T. 阿奎那等人的阐发而在基督教思想中占据了统治地位，但却在文艺复兴的"科学革命"和随后的"理性时代"遭到批评。直到近现代，学者才开始公正地对待亚里士多德在思想史中的应有地位。

T. 阿奎那在其《形而上学》"论自然的原则"中写道，存在有多种类型，有一种类型的存在是指某物应该存在但实际上并不存在；而另一类型的存在确实真实地存在着。那些可能存在而并未存在的就被称为"潜在的存在"，那些已经存在的就被称为"真实的存在"②

基于对亚里士多德实体理论的理解，阿奎那认为"（自然）哲学的主旨就是探究可变事物的科学，而可变事物的类型就来自于事物的本性。这显然是因为每种事物都具有其完美的和不完美的存在形式。③

---

① Daniel W. Graham, "The Metaphysics of Motion: Natural Motion", in Physics ii and Physics viii, in William Wians, ed., *Aristotle's Philosophical Development: Problems and Prospects*, London: Rowman &Littlefield Publishers, Inc., pp. 172 – 173.

② Thoms Aquinas, *The Essential Aquinas: Writings on Philosophy, Religion, and Society*, London: Praeger, 2002, p. 3.

③ Thoms Aquinas, *The Essential Aquinas: Writings on Philosophy, Religion, and Society*, London: Praeger, 2002, p. 32.

　　从阿奎那的评论中我们不难发现，亚里士多德的自然哲学被传承下来，但被赋予了基督教的思想内涵。这至少说明两个问题：其一，亚里士多德的自然哲学体系具有基督教神学的思想可能性，我们可以在他的四因说中找到明证；其二，基督教神学也具有兼容亚里士多德自然哲学的思想可能性，也就是说，基督教神学可能也是一种可以理性化的观念体系。这两种考量可以论证近代科学源自中世纪抑或整个古典思想的基本判断。

　　但在文艺复兴出现的科学革命中，亚里士多德的自然哲学体系及其某些具体结论遭到伽利略等科学家在科学活动中某些新发现的质疑。伽利略在他的惊世名著《两大世界的对话》中批评了亚里士多德认为天体因其神圣而不动的错误观点，认为天体与地球一样都是可能运动的。①

　　现代思想家依然难掩对亚里士多德的尊重。分析哲学家，也是科学哲学家的罗素曾经这样写道，"亚里士多德的影响在许多不同的领域里都非常之大，但以在逻辑学方面为最大。在古代末期，当柏拉图在形而上学方面享有至高无上的地位时，亚里士多德已经在逻辑方面是公认的权威了，并且在整个中世纪都始终保持着这种地位。到了13世纪，基督教哲学家在形而上学的领域中也把他奉为至高无上，文艺复兴以后，这种至高无上的地位大部分丧失了，但在逻辑学上他仍然保持着至高无上的地位。"②但是，罗素也指出了这种逻辑的如下弊端：第一，在形式上存在缺陷，从两个同时为真的前提未必能推论出真的结论，例如，所有的金山都是山，所有的金山都是金的，所以有些山是金的。显然这个推理符合亚里士多德的三段论，然而却得出了错误的结论。第二，对三段论的估计太高，三段论式仅仅是演绎论证中的一种，数学完全是演绎的，但在数学里面三段论几乎从来也不曾出现过。例如，假设我买了价值四元六角三分钱的东西，付出了一张五元的钞票，那么应该给我找多少钱呢？这个运算过程恐怕不适于写成三段论的论证形式。第三，对于演绎法估计过高，特别是对大前提的依仗存在重大问题，其实在"凡人皆死，苏格拉底是人，所以苏格拉底必死"的推论中，"凡人皆死"并不是一个严密的逻辑论断，而是经验归纳的结果：所有生于150年前的人都有死的，并且几乎所有

---

① Galileo Galilei, *The Essential Galileo*, Hacktett Publishing Company, Inc., 2008, p. 193.

② 罗素：《西方哲学史》，商务印书馆1978年版，第253页。

生于 100 年前的人也大多有死，至于当下的人是否有死，还有待经验的证明。

罗素对亚里士多德物理学的评价也是非常中肯的。他认为，当代人对力学的观念已经不成问题，"但在古希腊人看来，则把显然是无生命的运动同化在动物的运动里面，却似乎更为自然。今天一个小孩子仍然在用自身能不能运动这一事实，来区别活的动物与其他东西；在许多希腊人看来，特别是在亚里士多德看来，这一特点本身就提示了物理学的普遍理论的基础"①。对天文现象的解释也是如此，在希腊人看来，天体的运动并不是我们今天所理解的某种自然现象及其自然规律，而是某种神圣的所在所具有的完美性，因此天体必为标准的圆形，其轨道也不应是椭圆形，而是正圆形。

沿着罗素的思想路线，维也纳学派的逻辑经验主义者也对亚里士多德三段论进行了清算，卡尔纳普在其《新旧逻辑》（*The Old and the New Logic*）一文中就指出，亚里士多德的三段论在形式及其内容方面都已经存在重大问题，因而必须用数学化的方法加以改进。②

近年来，学者更多从综合的视角来讨论亚里士多德自然哲学的深层缺陷——目的论问题。例如，《知识的拱门》的作者奥尔德罗伊德就曾经指出亚里士多德自然哲学的最大问题乃在于他的目的论假设。③

麦克格鲁（Timothy Mcgrew）等人编辑的《科学哲学的历史典籍汇编》（*Philosophy of Science an Historical Anthology*）一书中，按照如下几个专题收录了亚里士多德的相关思想："天体的结构及其运动"（The structure and motion of the heavenly spheres）④、"变化、本质及因果"（change, natures and causes）⑤、"科学推理与必然的自然知识"（scientific inference

① 罗素：《西方哲学史》，商务印书馆 1978 年版，第 263 页。

② A. J. Ayer, *Logical Positivism*, The Free Press, New York 1959, p. 133.

③ 奥尔德罗伊德：《知识的拱门》，顾犇等译，商务印书馆 2008 年版，第 39 页。

④ From *The Complete Works of Aristotle*, ed. Ionathan Barnes, Vol 2（Princeton, NI：Princeton University press, 1984），pp. 1695－1698.

⑤ From *The Complete Works of Aristotle*, ed. Ionathan Barnes, Vol 2（Princeton, NI：Princeton University press, 1984），pp. 329－342.

and the knowledge of essential natures）①、"宇宙及地球的形状与大小"
（The cosmos and shape and size of the Earth）②、"自然的划分与知识的划
分"（The divisions of nature and the divisions of knowledge）③ 等等。

即使按照逻辑经验主义这种公认最典型的科学哲学样本，亚里士多德
的工作也堪称或不愧于科学哲学的学术规范。我们可以从以下几个角度加
以阐发。

第一，亚里士多德建立了第一个相对完整的科学知识体系。也许这个
命题本身并无新意，但是在此我们强调的并不是亚里士多德在物理学、
（生）动物学、天象学等具体学科上的开创性工作，而是强调亚里士多德
还为这些学科的开创、划分（划界）、探索、评估等提供了一套深刻的思
想工具。换句话说，亚里士多德的科学知识体系并不是由具体的科学命
题所构成的，而是包含了使这些科学命题何以可能的哲学建构，其中包
括科学范畴及其定义的原则、科学推理程序的设计、科学解释的原则
等等。

以物理学为例，亚里士多德的物理学并不是从物理现象的描述开始
的，而是首先定义了人类获得知识的认识在本质上就是研究自然界的
"本原、原因或元素"，而且这种探究的路径是"从普遍出发推进到个
别"，这就涉及"存在""实体""本原"等基本范畴的讨论（第一
卷）；接下来亚里士多德澄清了"自然"一词的基本含义，区分了"出
于自然和合乎自然"的不同用法，引出了"四因说"理论（第二卷）；
据此，亚里士多德进一步思考"了解运动是什么"所需要的"有限与
无限""时间与空间""实现与潜能""元素（火、气、水、土）与复
合物体"等概念工具（第三卷与第四卷）；然后亚里士多德区分了主动
（发动者）与被动（被运动）、偶然运动与必然运动、整体运动与局部
运动的三种类型（性质改变的运动、数量增减的运动、空间位移的运

① From The Complete Works of Aristotle, ed. Ionathan Barnes, Vol 2（Princeton, NI: Princeton University press, 1984), pp. 114 –117, 120 –122.

② From The Complete Works of Aristotle, ed. Ionathan Barnes, Vol 2（Princeton, NI: Princeton University press, 1984), pp. 473, 474 –476, 480, 482 –484, 486 –489.

③ From Aristotle on the Parts of Animals, trans, James G. Lennox,（Oxford: Clarendon Press, 2001), pp. 1 –8.

动）等等（第五卷）；接下来才过渡到对具体运动过程的描述（第六卷和第七卷）；最后总结了运动的永恒性特别是"原动者"的永恒运动（第八卷）。

不仅物理学，亚里士多德对动物学的考察也是如此。例如，在《动物机体》一书的第一卷中，亚里士多德"首先讨论那些共同的、'种'的意义上的特征，然后讨论个别特征"，接下来"自然哲学家应当按照数学家在天体理论中所运用的那种方法，即首先考察每种动物呈现出来的所有现象，继而剖析它们的构成部分，之后再揭示出根据和原因"，而且，"我们发现自然生成的原因不只一个"，"必须断定两种原因何为第一，何为第二。显然，第一位的是我们称作'为什么'的目的因。因为它是事物的逻各斯，而逻各斯乃是自然作品同样也是技艺作品的原则或本原"①。

有关方面的主要著述有：杜尼（Glanville Downey）的《亚里士多德与希腊科学》（*Aristotle and Greek Science*，1964）；渥德（Ann Ward）的《物质与形式：从自然科学到政治哲学》（*Matter and Form：From Natural Science to Political Philosophy*，2009）② 等等。

第二，亚里士多德建立了科学—哲学一体化的思想体系。亚里士多德

① ［古希腊］亚里士多德：《亚里士多德全集》第 5 卷，中国人民大学出版社 1991 年版，第 4 页。

② 其中主要内容有：Introduction/Ann Ward——1. The Polis Philosophers/Douglas Al-Maini ——2. The Immortality of the Soul and the Origin of the Cosmos in Plato's Phaedo/Ann Ward ——3. Plato's Science of Living Well/Coleen Zoller——4. Understanding Aristotle's Politics through Form and Matter/Mostafa Younesie ——5. Making "Men See Clearly"：Physical Imperfection and Mathematical Order in Ptolemy's Syntaxis/Michael Weinman ——6. Realism and Liberalism in the Naturalistic-Psychological Roots of Averroes Critique of Plato's Republic/Ahmed El-Sayed Abdel Meguid ——7. Skepticism, Science, and Politics in Montaigne's Essays/David Lewis Schaefer ——8. Parmenidean Intuitions in Descartes's Theory of the Heart's Motion/Dwayne Raymond ——9. Hobbes's Natural Condition and his Natural Science of the Mind in Leviathan/Paul Ulrich ——10. Hobbes and Aristotle：Science and Politics/Leah Bradshaw ——11. From Metaphysics to Ethics and Beyond：Hobbes's Reaction to Aristotelian Essentialism/Juhana Lemetti ——12. Hobbes and Aristotle on Biology, Reason, and Reproduction/Ingrid Makus ——13. Locke and the Problematic Relation between Natural Science and Moral Philosophy/Lee Ward ——14. Rousseau's Botanical-Political Problem：On the Nature of Nature and Political Philosophy/Leonard R. Sorenson ——15. Contrasting Biological and Humanistic Approaches to the Evolution of Political Morality/Steven Robinson——Dialogue of the Sciences and the Humanities/Ann Ward。

不仅在他的科学知识体系中包容了哲学内容，而且还构建了一套集科学与哲学于一体的思想体系。在这个思想体系中，科学知识无疑处于底层地位，而它的上层则是各种哲学理论。其结构大致如图 2 - 10。

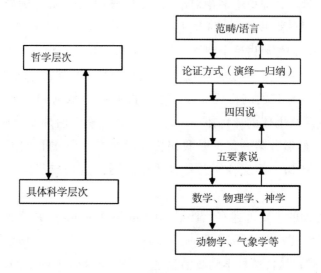

图 2 - 10　亚里士多德思想体系

这方面的著述主要有：法林顿的《亚里士多德作为科学哲学的奠基者》（*Aristotle Founder of Scientific Philosophy*，1965）；法肯（Andrea Falcon）的《亚里士多德和自然哲学》（*Aristotle and the Science of Nature*：*Unity Without Uniformity*，2005.）；拜恩（Patrick H. Byrne）的《亚里士多德思想中的分析与科学》（Analysis and Science in Aristotle）① 以及麦修（Mohan Matthen）等人编辑的《亚里士多德的当代解读：关于亚里士多德的科学观》（*Aristotle Today*：*Essays on Aristotle's Ideal of Science*，1987）。②

---

① 其中主要内容有：Ch. 1. The Several Senses of "Analysis" in Aristotle ——Ch. 2. Analysis of Syllogisms：Foundations ——Ch. 3. Analysis of Problematic Syllogisms ——Ch. 4. Analysis and Episteme ——Ch. 5. Finding the Middle ——Ch. 6. Hunting for Principles ——Ch. 7. "The Principle of Science Is Nous" ——Ch. 8. Aristotle's Sciences。

② The structure of Aristotelian science/Mohan Matthen ——Aristotle's world and mine/Francis Sparshott ——An Aristotelian way with scepticism/Jonathan Barnes ——Aristotle on the unity of form/Montgomery Furth ——The credibility of Aristotle's philosophy of mind/S. Marc Cohen ——Metaphysics and logic/Alan Code ——Individual substances as hylomorphic complexes/Mohan Matthen.

　　第三，亚里士多德在科学哲学思想的发展过程中具有重要地位。一方面，亚里士多德总结了他之前或同时代的各种思想体系，如强调质料的元素论或原子论等以及强调"理念"作用的柏拉图主义等；另一方面，他的科学思想及其哲学理念对后世产生了相当的影响，这方面的主要著述有：罗伊德的《亚里士多德之后的希腊科学》（*Greek Science after Aristotle*，1973）；琼斯（Alexander Jones）的《思想交锋中的托勒密》（*Ptolemy in Perspective*：*use and Criticism of His Work from Antiquity to the Nineteenth Century*，2010）；陶布（Liba Chaia Taub）的《托勒密的宇宙观：托勒密天文学的自然哲学和伦理学基础》（*Ptolemy's Universe*：*the Natural Philosophical and Ethical Foundations of Ptolemy's Astronomy*，1993）[①]；布鲁门泰尔（H. J. Blumenthal）的《中古时代的亚里士多德和新柏拉图主义：对动物论的解释》（*Aristotle and Neoplatonism in Late Antiquity*：*Interpretations of De Anima*，1996）；尼库尔（Dmitri Nikulin）的《物质、意向和几何学：普拉提尼、普罗科拉斯和笛卡尔的本体论、自然哲学和数学》（*Matter*，*Imagination*，*and Geometry*：*Ontology*，*Natural Philosophy*，*and Mathematics in Plotinus*，*Proclus*，*and Descartes*，2001）。

小　结

　　古希腊罗马的科学哲学思想——西方数理世界观的形成：1. 东方智慧与古希腊罗马神话中的世界图景；2. 古代原子论对万物本原的探索，阿基米德对原子论的集成；3. 观念论的演化：毕达哥拉斯的数论—苏格拉底的共相—巴门尼德的存在—柏拉图的理想国—欧几里得几何学—托勒密的天体模型；4. 亚里士多德的物理学与四因说，分类学与三段论，拟

---

　　① 其中主要内容有：1. Ptolemy and the Historians ——2. The Philosophical Preface to the Syntaxis ——3. The Hypotheses Underlying the Syntaxis. I. That the heaven moves spherically. II. That the Earth, taken as a whole, is sensibly spherical. III. That the Earth is in the middle of the heavens, with regard to the senses. IV. That the Earth has the ratio of a point relative to the size of the heavens. V. That the Earth makes no motion involving change of place. VI. That there are two different primary motions in the heavens ——4. Ptolemy's Cosmology ——5. The Divinity of the Celestial Bodies and the Ethical Motivation for the Study of the Heavens. I. The Greek Cosmological Tradition and the Search for the Divine. II. The Ethical Motivation to Study Astronomy。

生物—动物的国家理论；5. 普拉提诺—普鲁克鲁斯—波伊修斯的古希腊罗马科学—哲学思想的传承。

原子论的知识谱系：留基伯—德谟克利特—伊壁鸠鲁—卢克莱修—阿基米德（特别注意，在阿基米德的著述中，唯一被提到的哲学家的名字是德谟克利特，这使得从事古典研究的学者开始注意到阿基米德与德谟克利特之间的思想关联。参见 Giuseppe Boscarino，"The Mystery of Archimedes. Archimedes, Physicist and Mathematician, Anti-Platonic and Anti-Aristotelian Philosopher"，In Stephanos A. Paipetis：Marco Ceccarelli Editors，The Genius of Archimedes - 23 Centuries of Influence on Mathematics, Science and Engineering, Proceedings of an International Conference held at Syracuse, Italy, June 8 - 10, 2010, Springer Science + Business Media B. V. 2010）。

数理论的知识谱系：毕达哥拉斯—巴门尼德/芝诺—苏格拉底—柏拉图—欧几里得—普鲁克鲁斯。这条知识谱系从毕达哥拉斯的数论出发，论证观念特别是数理观念对世界特别是感性世界的支配性，其最高科学成就就是欧几里得几何学，并通过普鲁克鲁斯等演化为新柏拉图主义，对后世的科学及其哲学特别是科学哲学产生了重大影响。（The philosophical and mathematical commentaries of Proclus, surnamed Plato's successor, on the first book of Euclid's Elements：and his life by Marinus/Translated from the Greek, with a preliminary dissertation on the Platonic doctrine of ideas, &c., by Thomas Taylor. Detail Only Available By：Proclus. London：Printed for the author, and sold by T. Payne, 1788 - 89.）

四因说的知识谱系：恩培多克勒—亚里士多德—托勒密—希波克拉底。这条知识谱系从恩培多克勒的四要素说出发，经过亚里士多德的四因说及四要素说的哲学提升，在宇宙论问题上演化为托勒密的日心说天文学，在生理学上演化为希波克拉底的医学。

主要参考文献

安维复：《科学哲学简史：从古希腊到维也纳学派》，《吉林大学》（社会科学学报）2012 年第 4 期。

安维复：《Technocracy——一种价值无涉的工具理性》，《求是学刊》1999 年第

5 期。

牛小兵、安维复:《柏拉图"蒂迈欧篇"研究》,《自然辩证法研究》2014 年第 10 期。

牛小兵、安维复:《柏拉图"理想国":数学在理想城邦建构中的意义》,《理论月刊》2015 年第 2 期。

Peter Adamson, Han Baltussen and M. W. F. Stone, London, *Philosophy*, *Science and Exegesis in Greek*, *Arabic and Latin Commentaries*, University of London, 2004.

John P. Anton, *Science and the Sciences in Plato*, New York: EIDOS, 1980.

Alan C. Bowen, *Science and Philosophy in Classical Greece*, Garland publishing Inc., 1991.

Morris R. Cohen and I. E. Drabkin, *A Source Book in Greek Science*, Harvard University Press, 1958, c1948.

Andrea Falcon, *Aristotle and the Science of Nature : Unity Without Uniformity*, Cambridge, UK ; New York : Cambridge University Press, 2005.

AnnetteImhausen and Tanja Pommerening, *Writings of Early Scholars in the Ancient Near East*, *Egypt*, *Rome*, *and Greece : Translating Ancient Scientific Texts*, New York : De Gruyter, c2010.

G. E. R. Lloyd, *Adversaries and Authorities: Investigations into Ancient Greek and Chinese Science*, Cambridge: New York: Cambridge University Press, 1996.

G. E. R. Lloyd, *Methods and Problems in Greek Science*, Cambridge University Press, 1991.

G. E. R. Lloyd, *Magic*, *Reason*, *and Experience : Studies in the Origin and Development of Greek Science*, Cambridge University Press, 1979.

G. E. L. Owen, *Logic*, *Science and Dialectic : Collected Papers in Greek Philosophy*, London : Duckworth, 1986.

A. C. Pearson, *The Fragments of Zeno and Cleanthes*, London: Cambridge University Press warehouse, 1891.

R. W. Sharples, *Science and Philosophy in Antiquity*, Ashgate, 2005.

第三章　中世纪的科学哲学思想

研究中世纪科学哲学思想的意义在于，如果将中世纪看作科学的"黑暗世纪"，那么有关科学革命的判断就是合理的；但如果认为中世纪特别是晚期已经为现代科学提供了观念基础和知识储备，那么科学革命说就值得商榷。当然，以本题论，如何定位中世纪科学哲学思想，还关系到我们有关科学的积累说能否成立的重要时期。

对于中世纪的宗教传统与现代科学之间的关系，学界大多认为是科学停滞的黑暗世纪，例如烧死布鲁诺、审判伽利略以及圣经中的荒诞故事。

进入 20 世纪特别是近年来，有的学者开始反思中世纪的宗教传统与科学革命之间的关系问题，认为中世纪并非人们所想象的那样是科学停滞的黑暗世纪，其中不乏重要的科学成就及其科学思想，甚至有的学者认为中世纪也是一个科学昌盛的时代。

我们既不认为中世纪是科学完全停滞的黑暗世纪，但也绝不认同中世纪是一个科学昌盛的时代。公正而论，中世纪并非没有科学，而是把古希腊罗马时期的某些科学理论如毕达哥拉斯的天体和谐思想、亚里士多德的四因说和托勒密的宇宙模型等绝对化了，使其成为神圣不可侵犯的教条；但这种追求完美的世界图景也促进了数理科学等与基督教教义相关领域的发展，客观上为科学革命奠定了科学基础和思想基础。因此，对中世纪有关科学与宗教之间关系问题的探索成为科学哲学思想发展的一个不可或缺的思想锛条，这个链条把古希腊罗马的科学哲学思想与近代科学革命时期的科学哲学思想连接起来。

对于中世纪科学技术文献的梳理，当数法国科学家、科学哲学（史）家迪昂（Pierre Duhem），在 19 世纪末和 20 世纪初曾花十数年的时间系统整理了中世纪时期的科学技术文献，撰写了十卷本《世界体系：从柏拉图到哥白尼的宇宙学说史》（*Le système du monde*: *histoire des doctrines cos-mologiques de Platon à Copernic* [*The System of World*: *A History of Cosmological Doctrines from Plato to Copernicus*]），此外还有《中世纪的宇宙学：关于永恒、地点、时间、空间以及世界的多元性等的理论》（*Medieval Cosmology*: *Theories of Infinity*，*Place*，*Time*，*Void*，*and the Plurality of Worlds*. Pierre Duhem. The University of Chicago Press，1985）。这项工作不仅改变了我们对中世纪科学技术的看法，而且还开启了当代科学史特别是科学思想史的先河。

E. 格兰特的《当代科学在中世纪时期的基础》（*The Foundations of Modern Science in the Middle Ages*）① 也是相关研究的代表性著述，该著第一部分提及前六世纪的基督教对于科学的影响，包括《创世纪》的基督教阐释、基督教和古希腊罗马文化、基督教教义中的自然哲学的发展，以及"七艺"学说的介绍。全书最后还专门探讨了中世纪早期和中世纪晚期的科学之间的关系。

格兰特在中世纪科学思想方面做了大量的工作，他所主编的《中世纪科学文库》（*A Source Books in Medieval Science*）1975 年由哈佛大学出版社出版。该著是一部文献集，分逻辑、算术、几何学、动力学、天文学、光学、化学、生物学等部分，每部分都有格兰特所写的导论，然后是各个思想家的经典文献，其中包括 T. 阿奎那的物理学思想等较为罕见的内容。此外，《中世纪时期科学和自然哲学中的数学思想及其运用》（*Mathematics and Its Applications to Science and Natural Philosophy in the Middle Ages*）② 是由格兰特和默多克（John E. Murdoch）合编的论文集。此书共收录了11 篇文章，主要是根据纯数学理论以及数学的应用两个方面来分类的，

---

① Edward Grant，*The Foundations of Modern Science in the Middle Ages*，New York：Cambridge University Press，1996. 本书的内容包括：1）the Roman Empire and the First Six Centuries of Christianity；2）the New Beginning：the Age of Translation in the Twelfth and Thirteenth Centuries；3）the Medieval University；4）What the Middle Ages Inherited From Aristotle；5）the Reception and Impact of Aristotelian Learning and the Reaction of the Church and Its Church and Its Theologians；6）What the Middle Ages Did With Its Aristotelian Legacy；7）Medieval Natural Philosophy，Aristotelians，and Aristotelianism；8）How the Foundations of Early Modern Science were Laid in the Middle Ages。

② Edward Grant&John E. Murdoch ed. ，*Mathematics and its Applications to Science and Natural Philosophy in the Middle Ages*，New York：Cambridge University Press，1987.

其中数学的应用从自然哲学、天文学、宇宙学、光学和药学几个方面来探讨。但中世纪早期的研究主要集中于天文学和宇宙学，如"中世纪早期普林尼的天文学图表"（*Plinian astronomy diagrams in the early Middle Ages*）。

克隆比（A. C. Crombie）撰写了《从奥古斯丁到伽利略：从公元400年到1650年间的科学史》（*Augustine to Galileo：the History of Science A. D. 400 – 1650*）[①]，该著探讨了奥古斯丁的实用经验主义理论。他一方面论证了奥古斯丁的理论体系中信仰对于知识的探求具有优先性；另一方面说明了奥氏认为人也具有自由的意志，可以通过虔诚的信仰达到对上帝或者世界的认识和领悟。[②]

在艾耶尔（Robert H. Ayers）编撰的《教父中的语言、逻辑和理性：以德尔图良、奥古斯丁和阿奎那为例》（*Language，Logic，and Reason in the Church Fathers：A Study of Tertullian，Augustine，and Aquinas*）[③] 中，分三章详细论述了德尔图良、奥古斯丁和阿奎那的语言学、语义学和逻辑。

《中世纪的科学》（*Science in the Middle Ages*）[④] 同样是一本论文集，由林德伯格（David C. Lindberg）编撰而成。该书由15篇论文构成，其中第一篇论文是由斯多克（Brian Stock）撰写的《中世纪早期科学、技术和经济的进步》（Science，Technology，and Economic Progress in the Early Middle Ages）。

《中世纪的模态逻辑和科学》（*Medieval Modal Logic and Science：Augus-*

[①] A. C. Crombie. *Augustine to Galileo*. Volume 1. *Science in the Middle Ages：5th to 13th centuries.* Harmondsworth，Middlesex，England：Penguin Books Ltd.，1959.

[②] 安维复：《科学哲学简史：从古希腊到维也纳学派》，《吉林大学社会科学学报》2012年第4期。

[③] 本书的内容为：1. Introduction：the Importance of Linguistic and Logical Analyses in Theology；2. Language，Logic and Reason in Tertullian；3. Language Theory，Analysis and Logic in Augustine；4. Language，Logic and Reason in Aquinas。（参见 Robert H. Ayers. *Language，Logic，and Reason in the Church Fathers：A Study of Tertullian，Augustine，and Aquinas.* New York：Georg Olms Verlag Hildesheim，1979.）

[④] David C. Lindberg ed. *Science in the Middle Ages.* London：The University of Chicago Press，1978.

tine on Necessary Truth & Thomas on Its Impossibility without a First Cause)① 是图兰朵（Robert Trundle）的大作。全书由奥古斯丁和阿奎那两个部分组成。第一部分是奥古斯丁论必然真理，共分五章：第一章是奥古斯丁作为柏拉图和亚里士多德主义者；第二章是亚里士多德的模态思想；第三章是对批判思维的批评；第四章是思维的主体与哲学家眼中的"上帝"；第五章是神学中的模态逻辑以及意义。

在《中世纪时期的自然和运动》（*Nature and Motion in the Middle Ages*)② 这本书中，作者威士波尔（James A. Weisheipl）花了不少篇幅介绍中世纪早期特别是波伊修斯对于自然科学划分的思想，比如第九章"中世纪思想中对于科学的分类思想"（Classification of the Sciences in Medieval Thought）等等。

当然，对于整个中世纪科学哲学思想的研究，还有穆迪的（Eanest A. Moody）《关于中世纪哲学、科学和逻辑的研究》（*Studies in Medieval Philosophy*, *Science*, *and Logic*. University of California Press 1975）等。这些著作中均有对于中世纪早期的专门性研究。

这些文献至少说明如下问题是有理据的：中世纪科学是如何存在于基督教之中的？科学又是如何与哲学（中世纪神学即科学）相容的？中世纪早期是教父哲学占据统治地位的时期，那么这个时期的科学又是如何得以发展的？科学与宗教的关系又是怎样的呢？这些问题包含了理性与信仰、科学与神学、科学与哲学等诸多关系。

第一节　传承柏拉图主义的数理传统③

梳理中世纪早期科学哲学思想，必然脱离不了教父哲学与其科学的关

---

① Robert Trundle, *Medieval Modal Logic & Science*：*Augustine on Necessary Truth & Thomas on Its Impossibility without a First Cause.* University Press of America, 1999.

② James A. Weisheipl, O. P. *Nature and Motion in the Middle Ages.* Washington D. C.：the Catholic University of America Press, 1985.

③ 这一节是在我的学生张叶的硕士论文的基础上加工而成的，为写好这篇论文我推荐他赴澳洲的悉尼大学师从舒斯特教授从事相关研究。该节应归功于张叶的学术劳作，我的修改主要在于按本书的编史纲领进行体例、规范等方面的调整。

系问题。中世纪早期的科学哲学思想主要是教父哲学中所蕴含的科学哲学思想。这是因为在中世纪早期，教父哲学得以确立并占据统治地位，各个领域的思想家都不能有悖于基督教教义，所以在这一时期，哲学、科学与神学是融合在一起的，没有离开神学的哲学或者科学，而且三者之间，神学最为紧要，科学与哲学成为神学的婢女，都是为了解读基督教教义才得以发展的。

因此，在研究方法上，我们注重从哲学理论中寻找科学思想，从科学理论中印证神学教义。在研究内容上，我们专注于中世纪早期三位具有代表性的教父——圣·奥古斯丁、波伊修斯和爱留根纳，以这三位思想家的主要著作和思想为主要研究文本，辅之以后世对于三位思想家科学哲学思想的研究现状综述，分析各自理论体系形成的思想脉络以及挖掘出他们神学理论中的科学哲学观点，并进行理论层面上的介绍和阐述，以期达到对整个中世纪早期的科学哲学图景有一个大致的把握。在具体叙述方式上，我们主要集中对圣·奥古斯丁、波伊修斯和爱留根纳三位思想家的生平、著作、国内外研究现状和文献综述以及科学哲学思想进行梳理。对于奥古斯丁，我们注重他在三本著作中的科学哲学思想，即《论音乐》当中的定义艺术为知识，否定艺术是模仿的艺术观理论；在《论教师》中的教育观理论，认为教育是将尘世的经验以及人类的艺术当做阐释上帝所给予的真理的明确且有效的手段；在《忏悔录》中，奥古斯丁提出了他的时间观理论，将时间内在化为记忆、注意和期望。对于波伊修斯而言，我们主要探讨他在《算术学》《音乐学》中所体现出的逻辑学思想和方法。对于爱留根纳，我们更注重其理性与信仰的关系、《论自然的区分》中对自然的四重分法、神学美学思想以及该著作中的逻辑学思想。

从思想史的维度看，中世纪早期，是指以波伊修斯（Anicius Manlius Severinus Boëthius，480－524 或 525）、圣·奥古斯丁（Augustine of Hippo 或 Aurelius Augustinus Hipponensis，354－430）等为代表的教父哲学①占统

---

① 教父哲学（patristic philosophy）：是指处于圣经神学与经院神学之间的神学思想。在早期基督教时期（2—5 世纪），教父们为了使基督教更具吸引力、论证更充分，开始将《圣经》教义与古希腊罗马哲学特别是新柏拉图主义融合，一般称为"教父哲学"。"教父哲学"在圣经神学与经院神学之间，更有承上启下的作用。在早期基督教神学发展中，教父哲学可谓影响力最大的神学思想之一。（来源于维基百科。）

治地位的时期。① 教父哲学是在新柏拉图主义和斯多葛学派的基础上建立起来的。新柏拉图主义主张有神论，圣·奥古斯丁就是在其影响下，把哲学思想和神学思想结合起来，以神为中心，以信仰为前提，系统地论证了基督教教义。继奥古斯丁之后，罗马哲学家波伊修斯注释和翻译了亚里士多德的许多著作，成为连接古代哲学和中世纪哲学的"桥梁"。而他的这些注释和翻译，大多数又来源于波菲利的著述。波伊修斯之后的 300 年间，古典文化没落，仅有人做了若干保存古典文化的编纂工作。直到 9 世纪，爱尔兰哲学家 J. S. 爱留根纳才再次探索哲学问题。他运用新柏拉图学派哲学阐述基督教信仰，但对西欧哲学思想并未产生重要的影响。

　　学界通常认为，中世纪早期是欧洲文化的"黑暗时期"，就科学而言，我们很难见到中世纪早期有什么像样的科学成就，甚至低于古希腊罗马时期的科学技术水平；就哲学而言，这一时期是以奥古斯丁为代表的"教父哲学"占统治地位的时代，这种哲学大多主张哲学和科学都是神学的婢女，为论证基督教信仰服务。

　　从科学—哲学共同体的角度看，中世纪早期的教父哲学主要是对新柏拉图主义的传承，而柏拉图主义和新柏拉图主义本身就强调数理科学与埋念论的整合，因此对（新）柏拉图主义的传承其实就是对古希腊强调数理科学与理念之上观念的继承和发展。

　　按照这种理解，我们着重论述了中世纪早期思想家奥古斯丁、波伊修斯和爱留根纳等三人对科学、哲学以及科学与哲学之间关系的看法。从而证明，教父哲学也没有回避科学与哲学之间的关系问题，也有自己的科学

---

　　①　国内对于中世纪科学哲学研究并不多见，但也有提及。自 20 世纪 80 年代之后，涌现了一批深入研究中世纪哲学的重要成果，如赵敦华教授编写的《基督教哲学 1500 年》（人民出版社 2005 年版）就涉及奥古斯丁的神学世界观、波依修斯的逻辑思想以及爱留根纳《论自然的区分》等。

　　由知名学者唐逸编著的《理性与信仰：中世纪哲学思想》中也是选择了中世纪早期的圣·奥古斯丁、波伊修斯和爱留根纳这三位代表人物来对中世纪早期的哲学思想进行阐释。其中，主要介绍了奥古斯丁的认识论、种子理论说、逻辑学说、时间理论、历史哲学等；波伊修斯作为迈入中世纪的思想家，主要介绍了其逻辑思想和形而上学思想；对于爱留根纳的思想主要体现在他的《论神的预定》和《论自然的区分》两本书。

　　总体而言，国内关于中世纪科学史及其科学哲学思想的研究亟待推进。比较流行的看法是，中世纪在科学思想方面主要是沿用柏拉图主义的数学思想和亚里士多德的物理学思想，直到哥白尼、培根、伽利略等近代科学的开创者出现，才出现了科学革命。

哲学思想。

一　奥古斯丁的知识论

奥古斯丁是中世纪早期教父哲学的奠基人和重要代表，他的宗教思想广为人知，但他的知识论或科学思想则没有得到应有的尊重。

奥古斯丁的《论三位一体》（*On the Trinity*）① 对于中世纪哲学以及后世的哲学家都有不可估量的影响，在此书后八卷中，奥古斯丁发展了其心智哲学（philosophy of mind），进行了"人是三位一体的形象"的心智结构的讨论。② 由 J. 波利（John S. Burleigh）编撰的《奥古斯丁早期著作》③ 中，介绍了奥古斯丁早期的八部作品，分别是《独白篇》④、《论教师》⑤、《论自由意志》⑥、《真正的宗教》⑦、《信仰的有效性》⑧、《善的本质》⑨、《信仰和贪婪》⑩、《回答辛普利森（Simplician）的问题》⑪ 等。奥古斯丁除了在神学和哲学两大领域有大量的著作之外，更是涉足伦理学、教育学和音乐学等领域。

---

① 奥古斯丁：《论三位一体》，周伟驰译，上海人民出版社 2005 年版。
英文版本：Augustine, *On the Trinity*（Books 8 – 15），edited by Gareth B. Matthews, trans. by Stephen McKenna. Cambridge University Press 2002。
② 此书的主要内容为：第 1 卷——神圣三位格的绝对平等；第 2 卷. 差遣：《旧约》里的神显；第 3 卷——奉差：天使的工作；第 4 卷——奉差：中保的工作；第 5 卷——语言和逻辑问题：实体与关系；第 6 卷——语言的和逻辑的：属性归字问题；第 7 卷——语言和逻辑的问题得到解决；第 8 卷——借着镜子观看；第 9 卷——心理的：心智形象，第一草案；第 10 卷——心理的：心智形象，第二草案；第 11 卷——心理形象：心智形象，逊色一点的类比；第 12 卷——人的个案史：形象破碎；堕落；第 13 卷——人的个案史：形象修复；救赎；第 14 卷——人的个案史：得到完善的形象；第 15 卷——人这一完善形象的绝对的不足之处。
③ John H. S. Burleigh：*Augustine*：*Earlier Writings*. Library of Christian classic Vol. 6. London：SGM Press Ltd, Westminster, 1953.
④ St. Augustine. *The Soliloquies*（*Soliquia*）.
⑤ St. Augustine. *The Teacher*（*De Magistro*）.
⑥ St. Augustine. *On Free Wll*（*De Libero Arbitrio*）.
⑦ St. Augustine. *Of True Religion*（*De Vera Religione*）.
⑧ St. Augustine. *The Usefulness of Belief*（*De Utilitate Credendi*）.
⑨ St. Augustine. *The Nature of the Good*（*De Natura Boni*）.
⑩ St. Augustine. *Faith and the Greed*（*De Fide et Symbolo*）.
⑪ St. Augustine. *To Simplician—On Various Questions. Book I*（*De Diversis Quaestionibus*）.

1. 自然哲学思想

奥古斯丁作为中世纪基督教哲学的最具代表者，对其哲学思想的研究可谓浩如烟海。下面，笔者将针对哲学通史类著作中对奥古斯丁的研究进行一番梳理。

基于国内外学界的研究以及大量文献的分析，我们以为奥古斯丁在自然哲学方面的重要工作体现他对时间问题的考察，因为时空观是自然哲学特别是科学思想的基本范畴之一。

在《忏悔录》第 11 卷中，奥古斯丁追问了时间的本质问题，讨论的核心问题就是：在世界开始之前，上帝在做什么？奥古斯丁的回答是"为那些对终极目的好奇的人准备地狱"（Preparing Hell for People Who Look too Curiously Into Deep Matters）①。但也产生出一个困境：如果上帝最初是愚笨的，之后才变得富有创造性，那么是否就意味着在上帝这个不变的主体之中产生了一个变化？而奥古斯丁对此给出的答案是：在天地被创造出来之前，不存在时间之类的事物，没有时间也就没有变化。在上帝创造万物之前，时间之说纯属无稽之谈，因为上帝才是时间的创造者，所以在创造之前，不存在"时间"。"你创造了时间本身，所以在你创造时间之前没有时间在流逝。但是如果在天地出现之前没有时间的话，为什么人们都在询问你在那时候做什么呢？当没有时间的时候，就没有'那时候'可言。"② 相同地，我们不能问，为什么上帝不更早创造世界呢？因为在世界之前，没有"更早"。我们也不能说，上帝早存在于世界存在之前，因为在上帝眼中没有这种先后关系。在上帝眼中，今天不能取代昨天，明天不能取代今天，因为只存在一个单独的永恒的现在。

奥古斯丁将时间视为一个创造物，这仿佛就意味着他把时间看作一个拥有固体形态的实体，就像其他组成宇宙的物质一样。但是通过他的论证可知，他将时间看作内在的，不真实的。在"时间究竟是什么"的问题上，奥古斯丁说，"没有人问我，我倒清楚；有人问我，我想证明，反倒茫然不解了。"时间是由过去、现在和将来组成的。但是过去已经不存

---

① 奥古斯丁. Conf. XI. 12. 14.

② 节选自奥古斯丁 *confessions* XI. 13. 15：You made time itself, so no time could pass before you made time. But if before heaven and earth there was no such thing as time, why do people ask what you were doing then? When there was no timr, there was no then.

在，而将来又还未到来。所以真正的时间只有现在，但是现在并不是其他的什么，现在也不是时间，它是永恒"①。

那我们如何得以衡量时间的长短呢？假设一段过去的时间发生在很久以前，那就意味着在过去的时候这段时间是长的，还是意味着距现在而言它是长的呢？只有后者才是有意义的。但是，既然现在只是一个瞬间（非持续性），那么就现在而言，时间如何能是有长度的呢？一百年是一段很长的时间，但是这一百年的时间如何成为现在呢？在这一世纪中，必定有些年数是在过去，有些是在将来。或许我们就在这一个世纪的最后一年；但是即使是这一年，也不是指现在，因为这一年中有些月份是在过去，有些是在将来。同样的推论也可以用在天数和小时上：一个小时又是由无数个瞬间组成的。真正可以称为时间的其实就是永恒的"现在"。

人类是如何理解时间的呢？奥古斯丁对这一系列问题所给出的解决答案是，把时间理解为一种内在时间，即时间是心灵的伸展。比如，他的年少时代虽然已经过去了，现在依旧存在于他的记忆中；明天要升起的太阳虽然尚未到来，但是已经存在于他的预期中。"说时间分为过去、现在和将来三类是不确当的。或许说：时间分为过去的现在、现在的现在和将来的现在三类，比较确当。"② 一段时间的长度不是真正的一段长度，而是指一段记忆的长度，或者是一段预期的长度。当在衡量时间的长短时，我们实际上是在衡量现在的心灵的伸展。

"人的思想工作有三个阶段，即期望、注意与记忆。所期望的东西，通过注意，进入记忆。谁否定将来尚未存在？但对将来的期望已经存在心中。谁否定过去已不存在？但过去的记忆还存在心中。谁否定现在没有长度，只是疾驰而去的点滴？但注意能持续下去，将来通过注意走向过去。因此，并非将来时间长，将来尚未存在，所谓将来长是对将来的长期等待；并非过去时间长，过去已不存在，所谓过去长是对过去的长期

---

① 同上，Conf. XI. 14. 17: "What is time?" he asks. "If no one asks me, I know; if I wish to explain to an inquirer, I know not." Time is made up of past, present, and future. But the past is no longer, and the future has not yet come. So the only real time is the present; but a present that is nothing but present is not time, but eternity.

② 奥古斯丁：《忏悔录》卷十一第 20 节，周士良译，商务印书馆 2008 年版，第 247 页。

回忆。"①

　　当然奥古斯丁所给出的答案，并非是无懈可击的。试想一下我们关于童年的记忆，这份记忆难道只是一个瞬间吗？在哪种情况下，是没有时间可言或者时间是不能被衡量的呢？在哪种情况下，有一部分时间是过去而另一部分时间是将来？——但是在两种情况下，时间都是不能被衡量的。如果我们暂时搁置这些问题，那么，还是可以继续追问，当下的一段记忆怎么能用于衡量过去的事情？

　　奥古斯丁对于自己的回答，也不满意。"我们的记忆和预期，是对于过去和将来事物的映像；但是，我们记忆的和预期的事物是与那些映像相区别的，也并非是当下的。"② 我们把时间这个概念区分成两种：一种是依靠"更早"或者"更晚"这样的概念来建构的；一种是依靠"过去"和"将来"这两个概念来建构的。奥古斯丁的悖论，就是在扫除来自这两种时间体系的威胁的过程中产生出来的。所以这个悖论，也只能通过清理这些威胁来获得解决。哲学家们历经数世纪都在解决这个悖论，但是有些学者认为这个问题还是没有能够得到满意的解决。③

　　奥古斯丁对于时间这个概念的兴趣，其实来源于他对基督教创世论的关注。有些人相信世界是上帝所创造的，但是这些人否认这种创造是在时间之中进行的，他们宁可认为世界是在永恒之中被创造出来的。对于拥有这种想法的人，奥古斯丁很同情：他们试图让上帝远离这些一时冲动的行为。奥古斯丁用了一个很好的例子来说明："如果一只脚永远地踩在泥土之上，那么脚印是肯定印在这片泥土之上的；但是没有人会质疑这个脚印是由这只脚产生的，虽然这两者的产生并没有时间上的先后顺序。"④

━━━━━━━━━━━

　　①　奥古斯丁：《上帝之城：驳异教徒》，吴飞译，上海三联书店 2007 年版，第 1 页。

　　②　节选自奥古斯丁. Confessions XI. 23. 24. 原文为：Our memories and anticipations are signs of past and future event；but that which we remember and anticipate is something different from these signs and is not present。

　　③　见 A. N. Prior, "Changes in Events and Changes in Things", in His *Papers on Time and Tense*, Oxford：Oxford University Press, 1968。

　　④　St. Augustine：*De Doctrina Christiana* X. 31. 由 R. P. H. Green 译. USA：Oxford University Press, 1996. 英文原文为："If a foot had been planted from all eternity in dust, the footprint would always be beneath it；but no one would doubt that it was the footprint that was caused by the foot, though there was no temporal priority of one over the other"。

　　根据奥古斯丁的观点，在世界没被创造出来之前，是没有时间的，因为时间和世界是同时开始的。对于这样的结论，我们可做如下思考：第一，尽管讨论时间问题是出于宗教信仰的需要，但却提出了一个对近代科学及其哲学具有重大意义的问题，其问题本身就值得肯定；第二，尽管出于论证上帝造物主的神奇力量，但却说出了时间与世界是一个发生过程的真理性认识；第三，比上述两点更为重要的是，奥古斯丁采取了论证的方法，也就是从人及其理解能力出发来推断时间问题，这种理性态度本身比他的结论更为重要。

　　2. 对音乐或艺术的知识论考察

　　在西方传统文化中，音乐首先属于自然哲学，是数学的一个分支。这种观念起源于毕达哥拉斯，到了古罗马的波伊修斯则发展为数理科学中的"四艺"，包括算数、几何学、天文学和音乐；在中世纪早期的大学课程中，数理科学中的"四艺"加上"辩证法"的"三艺"——修辞学、逻辑学、语法（学），构成大学教育主干课程的"七艺"。因此，古希腊罗马时期和中世纪时期的音乐，首先是数理科学的主要内容。这就意味着，音乐在当时体现着自然哲学的基本信念。

　　奥古斯丁在音乐领域的建树体现在他撰写的一部著作《论音乐》（De Musica）① 之中。在此书中，奥古斯丁以音乐为契机，展现了自己独特的艺术观理论，比如他认为，艺术不是模仿，而是知识。他还将音乐视为通向逻辑的关键。奥古斯丁还在书中论述了音乐中不可缺少的乐器，为中世纪的乐器学奠定了基础。此书除了是一本音乐学领域的著作之外，其实仍旧也是为了捍卫基督教而出现的。奥古斯丁借助音乐，论述了美、艺术和上帝的关系，继而肯定了上帝凌驾于一切科学之上的神圣不可侵犯的地位。奥古斯丁的《论音乐》一书对于中世纪和西欧文艺复兴时期的音乐学科学起到了不可磨灭的推动作用。学界对此不乏研究，还出现了一本专门研究和探讨奥古斯丁的音乐思想的著作——《圣·奥古斯丁——音乐家》。② 该书借助于奥古斯丁的原著《论音乐》，较为全面和系统地介绍了

---

　　① Augustine：De Musica. Trans. by R. C. Taliaferro, The Father of the Church Series, Writings of Saint Augustine, Vol 2. New York：CIMA Publishing Co., Inc., 1947. 还可参见 W. F. Knight , St. Augustine, a Synopsis. London：The Orthological Institute, 1946。

　　② Jean Hure, Saint Augustin Musicien . Paris：Editions Maurice Senart, 1924.

他的音乐思想。但遗憾的是，此书目前只有法语版本，还未得到英译。关于奥古斯丁的音乐思想，还有一本值得研读的作品——《奥古斯丁论音乐》。①

在《论音乐》这本书里②，奥古斯丁批判了艺术即模仿的观念。这种观念可能是自古希腊传承下来的，柏拉图主张所有人类的艺术都是模仿（All human art is imitation）。③ 亚里士多德也认为部分艺术是模仿（some art is imitation）。④ 普罗提诺首次否定"所有的艺术都是模仿"一说，而坚持主张有一些艺术并非模仿，而且还对非模仿的艺术举出了详细的例子。⑤ 这三位哲学家都认为，艺术作品是物理上客观存在的，也就是说，艺术作品必须是感官上可以感知的。奥古斯丁的艺术观分为三个相互影响的部分：对于"艺术是模仿"这一论述的反驳；对于"什么是艺术"的详尽的阐述；以及他拒绝传统观点的理由。

相关讨论从卷一第三章开始。奥古斯丁将艺术定义为知识。⑥ 从第四章开始，阐述为什么"知识"一词可以应用在他的艺术的定义里，以及提出他的主张，即每一种艺术都是一种知识。第四章和第五章用于论证模仿，第六章结语，再次强调"所有的艺术都是知识"这一观点。对于模仿的讨论，分为两部分。第一部分包括三组三段论，用于论证"所有的模仿都是艺术"这一推论。第二部分包含更大篇幅的三段论论证，用于证明艺术和模仿是两个完全不同的领域，直接导向否定"艺术是模仿"这一论断。

接下来我们要做的是：第一，摘录奥古斯丁关于"模仿"的原文论

---

① *St. Augustine on Music.* Trans. R. Catosby Tuliaferro. The St. John's Bookstore，1939.

② 圣·奥古斯丁：*De Musica*，R. C. Taliaferro 译，收录在 *The Fathers of the Church Series*，*Writings of Saint Augustine*，卷 2，New York：CIMA Publishing Co.，Inc.，1947 版。还可参见 Knight，W. F.，*St. Augustine, A Synopsis*，London：The Orthological Institute，1946。

③ Plato：《*the Republic*》，收录在《柏拉图对话集》（*the Dialogue of Plato*）里，卷 8，pp. 852–875. B. Jowett 译，New York：Random House，1937.

④ 亚里士多德：《诗学》（*De Poetica*），收录在 Ingram Bywater（tran.，）*The Basic Works of Aristotle*，New York：Random House 1941，p. 1455。

⑤ 普罗提诺：*The Enneads*，London：Faber and Faber，Ltd.，1952. 第三版编译，Stephen Mackenna 译，第 267 页。

⑥ 普罗提诺：*The Enneads*，London：Faber and Faber，Ltd.，1952. 第三版编译，Stephen Mackenna 译，第 175 页。

I　　1. No irrational animals are users of mind.
　　　2. *All uses of knowledge are uses of mind.*
　　　3. No irrational animals are users of knowledge.

II　　3. No irrational animals are users of knowledge.
　　　4. *All irrational animals are users of memory.*
　　　5. No users of memory are users of knowledge.
or　　6. No uses of memory are uses of knowledge.

III　 6. No uses of memory are uses of knowledge.
　　　7. *All uses of imitation are uses of memory.*
　　　8. No uses of imitation are uses of knowledge.

IV　　9. All uses of reason are uses of knowledge.
　　　10. *All uses of art are uses of reason.*
　　　11. All uses of art are uses of knowledge.

V　　 8. No uses of imitation are uses of knowledge.
　　　11. *All uses of art are uses of knowledge.*
　　　12. No uses of art are uses of imitation.

图 3 - 1

证，评估它们的有效性；第二，阐明在奥古斯丁的讨论中所用到的术语以及前提条件；第三，尝试找出奥古斯丁拒绝接受传统观点的理由以及指出这些理由对于他的艺术哲学的重要性。

奥古斯丁的第一个论证由三组三段论构成，目的是表明没有艺术是模仿的，并介绍了所谓的理性原则（Reason Principle）：所有对艺术的使用，都是对理性的使用。他在第二组三段论中沿用了这个理性原则。这三组三段论分别如下：

（1）A. 所有对于模仿的使用，都是对艺术的使用；

　　　B. 所有对于艺术的使用，都是对理性的使用；

　　　C. 所有对于模仿的使用，都是对理性的使用。

（2）D. 任何不具理性的动物都不是理性的使用者；

　　　B. 所有对于艺术的使用，都是对理性的使用；

　　　　E. 任何不具理性的动物都不是艺术的使用者。

（3）E. 任何不具理性的动物都不是艺术的使用者。

　　　　F. 所有不具理性的动物都是模仿的使用者；

　　　　G. 艺术的使用者不是模仿的使用者。

　　　　G'. 不存在对艺术的使用是对模仿的使用。

　　注意，第三组三段论是无效的，因为在论证的过程中，它包含一个谬论：错误使用了一个主要的术语。如果前提"所有对于模仿的使用者都是不具理性的动物"代替 F，那么这组论证就是有效的。然而，这并不是奥古斯丁的主张。还需注意的是，第一组三段论并不是第三组三段论所得结论的必要条件，但是奥古斯丁想证明它是必要的。这里还有一个问题需要讨论，那就是为什么奥古斯丁要反对"艺术就是模仿"这一观点，然后我们将介绍他的主张"所有对模仿的使用都是对艺术的使用"，以代替"所有对艺术的使用都是对模仿的使用"。据我们所知，历史上所有研究过艺术或者模仿的学者中，没有人提出过这种主张。虽然第一组论证并没有得出奥古斯丁理想的结论，而且他用来介绍这个结论的主张看起来跟这件事情也没有多大关联，但是这组结论仍旧是很重要的，因为在这里，理性原则是第一位的，是表述得最清楚的，也是在第一组论证中，他论证了"没有艺术是模仿"这一结论。

　　在第二组三段论中，奥古斯丁在以下主张——"很多艺术都包含模仿，也即，一些对于艺术的使用是对模仿的使用"——的基础之上，论证了"没有艺术是模仿的"这一结论。奥古斯丁由论述以下两者之间的联系开始他的论证：一是他的理性原则，即所有对艺术的使用都是对理性的使用；二是我们所称的知识原则（Knowledge Principle）[1]，即所有对知识的使用都是对理性的使用。第二组论证的中心是，"知识"和"理性"这两个关键性概念跟模仿没有任何关系。这组三段论包含两段，第一分段是关于记忆的，第二分段是关于感官的，论述分别如下：

　　I　1. 没有不具理性的动物是对理性的使用者；

　　　　2. 所有对于知识的使用都是对理性的使用；

　　　　3. 没有不具理性的动物是对知识的使用者；

────────────

① Augustine, *De Musica*. p. 180.

II　3. 没有不具理性的动物是对知识的使用者；

　　4. 所有不具理性的动物都是对记忆的使用者；

　　5. 没有对记忆的使用者是对知识的使用者。

或者6. 没有对记忆的使用是对知识的使用。

III　6. 没有对记忆的使用是对知识的使用；

　　7. 所有对于模仿的使用都是对记忆的使用；

　　8. 没有对于模仿的使用是对知识的使用。

IV　9. 所有对于理性的使用都是对知识的使用；

　　10. 所有对于艺术的使用都是对理性的使用；

　　11. 所有对于艺术的使用都是对知识的使用。

V　8. 没有对于模仿的使用是对知识的使用；

　　11. 所有对于艺术的使用都是对知识的使用；

　　12. 没有对于艺术的使用是对模仿的使用。

前面的四组三段论并不能推出第五组三段论的结论，因为第三组和第五组都依赖于第二组，而第二组三段论是无效的，因为它包含一个谬论：即不正当运用了小项。值得注意的是，前提2是知识原则，而前提10是理性原则。在接下来关于感性的论证中，第二组三段论没有出现，也就是说这组三段论没有犯之前与那组三段论同样的错误。

VI　13. 没有对于身体的使用者是对知识的使用者；

　　14. 所有对于感性的使用都是对身体的使用；

　　15. 没有对感性的使用是对知识的使用。

VII　15. 没有对感性的使用是对知识的使用；

　　16. 所有对于模仿的使用都是对感性的使用；

　　8. 没有对于模仿的使用是对知识的使用。

VIII　8. 没有对于模仿的使用是对知识的使用；

　　9. 所有对于理性的使用都是对知识的使用；

　　17. 没有对于理性的使用是对模仿的使用。

IX　17. 没有对于理性的使用是对模仿的使用；

　　10. 所有对于艺术的使用都是对理性的使用；

　　12. 没有对于艺术的使用是对模仿的使用。

第二组分段论证是有效的，它清晰显示了奥古斯丁要论证模仿和艺术是完全两个领域这一意图，在第八组三段论中就得出了理性和模仿分属两个不同领域的结论。所以就算他的第一组分段三段论论证在形式上是无效的，但是通过第二组分段三段论论证，奥古斯丁还是达到了他的目的。要注意的是，前提条件 15 是知识原则的必然推论，而理性原则再次出现于第九组三段论中的前提条件 10。

此外，尽管奥古斯丁并没有推证这几组三段论，以形成一个正式有条理的论证，但第六、七、八组以及第五组三段论，构成了一个有效的系列来论证这一结论：没有对于艺术的使用是对模仿的使用。理性原则出现在第四组论证的前提条件 10，在第四组三段论的开始部分，奥古斯丁对于"知识是音乐的定义的一部分"这一观点的争论，出现在第五组三段论的前提条件 11。

另一组有效的三段论系列由以下三段论构成：

VI　18. 没有对于理性的使用是对身体的使用；

　　2. 所有对于知识的使用都是对理性的使用；

　　19. 没有对于知识的使用是对身体的使用。

VII'　19. 没有对于知识的使用是对身体的使用；

　　20. 所有对于模仿的使用都是对身体的使用；

　　8. 没有对于模仿的使用是对知识的使用。

——这是由之前第八组三段论和第九组三段论推出来的。第九组的结论是：没有对艺术的使用是对模仿的使用。奥古斯丁为了推导出这一结论，在这两组三段论中同时使用了知识原则和理性原则。这里介绍这两组三段论，是为了指出理性原则和知识原则的重要性。

理性原则和知识原则是理解"知识"这个术语的关键所在。第四组三段论独立于第一系列的三段论之外，包含了理性原则：

IV 9. 所有对于理性的使用都是对知识的使用；

10. 所有对于艺术的使用都是对理性的使用；

11. 所有对于艺术的使用都是对知识的使用。

根据知识原则：2 所有对于知识的使用都是对心智的使用，加入第四组三段论的结论中，那么就能得出：所有对于艺术的使用都是对心智的使用。而奥古斯丁一直都认为，艺术是完全依赖于心智的。这就是他之所以驳斥记忆和感觉的原因了。艺术是一种理性的活动。而感觉和记忆只提供数据，理性却可以独立提供艺术。这种观点带来的直接结论就是：艺术是一种充满理性的脑力劳动，而不是体力劳动。动物，作为不具理性者，是不可能创造艺术的。但是对于其他人来说，这种观点是不被接受的，因为艺术是不可能被创造出来的，它只存在于少数有智慧的人那里。奥古斯丁反对这种传统观点，也正是因为这种传统观点，使得对模仿的论证在理解奥古斯丁的艺术观的过程中变得尤其重要。

3. 知识与智慧理论

在《论三位一体》一书中，奥古斯丁立志于解决当时流行的有关圣父、圣子和圣灵三者之间的关系问题。当然，奥古斯丁的结论是，圣父、圣子和圣灵三者是统一的，甚至是同一的。但问题不在于结论，而在于奥古斯丁的论证。

在该书第二卷（Book II）的提要中，奥古斯丁提出了对西方思想产生重要影响的7个命题：1. "我们必须区别人的躯体和人的精神"（We must distinguish between the inner and the outer man.）；2. "我们必须区分可感觉的对象、属人的视觉能力和心灵的注意"（We must distinguish between the bodily object perceived, the vision, and the mind's attention.）；3. "但我们不必区分对象及其引起感性能力所形成的感觉过程"（We do not distinguish during perception the form of the object and the form arising in sense.）；4. "在记忆中也存在三位一体，即事物的影像、内在的感觉能力和将二者统一起来的意志"（In memory there is this trinity: image, inner vision, and will that unites both.）；5. "其实人类的心灵中存在着许多这类三位一体"（In a way, there are as many trinities in the mind as there are remembrances.）6. "如果我们不曾切实亲身感觉到什么，我们是不可能形成颜色、声音或其他什么感觉经验的"（It is impossible to form a concept of a color or sound or flavor one has never actually perceived.）；7. "但我们却可以想象出某种不曾感觉到的对象的心理意向"（We can, however, make up mental images of objects we have never perceived.）。在这7个命题中，奥古斯丁基本上澄清了传统的西方认识论所涉及的主体、客体、关系以及由此引发的对象、感觉、意向等基本范畴。[1]

---

[1] See On trinity, *book II*, online.

在该书的第十二卷中，奥古斯丁又提出了 6 个命题：1. "不管怎么说人的肉体是兽性的，而人的心灵则是理性的"（Whatever we have in common with beasts belongs to the outer man, reason to the inner man.）；2. "理性既处理世间事物，也处理永恒事物"（Reason deals both with temporal things, and with eternal things.）；3. "人间男女皆按上帝形象所造"（Both male and female were created in the image of God.）；4. "停止作恶同样是值得快慰的事"（It is less sinful to take pleasure in the thought of doing evil things one decides not to do.）；5. "我们必须分清专注于永恒事物的智慧和专注于具体事物的知识"（We must distinguish between wisdom [sapientia], which concerns eternal things, and knowledge [scientia], which concerns the temporal.）；6. "我们应该抛弃柏拉图主义回忆说的教条，转而相信人类的心智能够借用理性之光洞察事物的形式"（We should reject the Platonic doctrine of recollection and believe rather that the intellectual mind is so formed to see the forms in the light of reason.）。①

基于上述考量，奥古斯丁将上帝和人类之间的关系定位于知识论关系，也就是教师和学生之间的关系。"谁是集大成者谁就是老师？并不是指任一一种人，而是特指一个使徒。是使徒，但也不是使徒。他问道，'你们希望认识那个在我之中的人吗？'耶稣便是那个教育我们的人：就如我刚刚说过的那样，他是天堂中的椅子。他的学校在尘世中，而那就是他的身体。他的脑袋指向他的手，而他的舌头代表他的脚。耶稣就是教育我们的人：让我们听得见，让我们去尊重他的言辞，让我们做他教育我们所做的。"②

4. 后世科学及其哲学的影响

时间是什么？奥古斯丁给出的回答是：时间不是永恒的存在，也不是

---

① See On trinity, *book XII*, online.

② 英文原文为："For who is the master who teaches? Not just any kind of man, but an apostle. Indeed an apostle, and yet not an apostle. 'Do you wish', he says, 'to know him who speaks in me as the anointed one?' Christ is the one who teaches: he was his chair in heaven, as I said a little while ago. His school is on earth, and his school is his body. The head teachers his own limbs, the tongue speaks to his own feet. Christ is the one who teaches: let us listen, let us respect [his words], let us do [as he teaches]."

物体的运动，而是上帝的创造物，是人的心灵的内在延展。他的这种时间观，不同于其他哲学大家提出的观点。比如，在康德那里，时间是人的感性直观形式，它支配着现象界，但是与本体界无关；在海德格尔那里，时间是内在于人的生命之中的，它规定着此在的意义。从奥古斯丁到康德再到海德格尔，时间慢慢退去了它的客观物理性，转向形而上的领域。

尽管奥古斯丁的时间哲学受到了后世的各种误解，但是也受到了越来越多的关注和研究，特别是具有后现代视野的宗教哲学家们［如汉斯·尤纳斯（Hans Jonas）①］和科学哲学家们的高度注意。但是，对于奥古斯丁时间观的赞同，无人能与胡塞尔和海德格尔两人相比。在此引用赫尔曼（Herrmann）②的一句话来表达："对胡塞尔来说，奥古斯丁正在通往内时间意识的路上；对海德格尔来说，奥古斯丁正在走向此在的生存论时间性之途。"其他的直接引证在此就不再赘述了，但是我们已经不难看出，奥古斯丁的思想已然活跃在现代甚至当代的哲学中。

时间的内在化，虽然化解了奥古斯丁和基督教神学上的一系列问题，但是将时间内在化这种努力在哲学史上一直没有得到应有的对待。在奥古斯丁之后将近1400多年，康德才在哲学上认真回应奥古斯丁的时间观变革问题。"如果说，奥古斯丁是为了捍卫上帝的绝对自由而把时间内在化，那么，康德则是为了捍卫人的自由而将时间内在化。"③

---

① 汉斯·尤纳斯，1903—1993年，犹太裔德国哲学家。尤纳斯出生于德国门兴格拉德巴赫一个传统犹太人家庭。1921年起先后就读于弗莱堡大学、柏林大学、海德堡大学、马堡大学，师从于胡塞尔、海德格尔、鲁道夫·布尔特曼等著名教授。1930年尤纳斯在导师海德格尔的指导下，以论文《奥古斯丁和保罗的自由问题》完成了在马堡大学的研究生课程班。随后又在海德格尔和神学家布尔特曼的指导下，以论文《诺斯替的概念》（Der Begriff der Gnosis）获得博士学位。1933年迫于德国国内的排犹浪潮被迫离开德国，辗转于伦敦、巴黎等地，二战期间参加英军的犹太兵团直接与法西斯战斗。战后移居北美，任教于社会科学新学院（New Schoolf of Social Research）等多所院校，1993年2月5日在纽约逝世。

② 威尔汉·赫尔曼（Wilhelm Herrmann），1846—1922年，德国籍新教神学家、系统神学家。赫尔曼于德国马丁—路德大学任教前曾经于德国菲利普斯大学（即马尔堡大学）获得哲学博士学位。深受德国哲学家伊曼努尔·康德和现代派神学家弗里德里希·施莱马赫的门生亚伯切·立敕尔的影响，其神学主张便是融合两家之说，本着观念论的传统，主张即便耶稣并不是一个历史上实际存在的人物亦无损于福音的大能和人们对于上帝的信仰。他的著作《论基督徒的上帝的交通》（The Communion of the Christian God）被视为19世纪基督教自由主义神学的颠峰之作，引发了卡尔·巴特与辩证神学家之后对其的回应。

③ 王元晓：《论奥古斯丁对时间观的变革》，《浙江学刊》2005年第4期。

其实，奥古斯丁对后世科学的影响不只是时间问题，克隆比（A. C. Crombie）在1959年出版的《从奥古斯丁到伽利略》① 一书，主要论述了奥古斯丁的实用经验主义的传承特别是对伽利略的影响。曼（Stephen Menn）的《笛卡尔和奥古斯丁》② 研究了笛卡尔和奥古斯丁之间的思想关联，向读者提供了重新理解笛卡尔思想的新路径，这对于研究中世纪的新柏拉图主义或者早期的中世纪思想史来说都是一个突破性的进展。该书分为两个部分，第一部分介绍了奥古斯丁的智慧以及普罗提诺的思想铺垫，第二部分介绍了笛卡尔的形而上学、笛卡尔《沉思录》结构安排、孤立灵魂和上帝、神义论和方法、从上帝到肉体等思想。在介绍笛卡尔的过程当中，穿插了奥古斯丁的相关影响，使不同时空的两位哲学家在此书中碰撞出思想的火花。

受到奥古斯丁及其新柏拉图影响的不仅仅有笛卡尔、伽利略等人，开普勒、布鲁诺和牛顿等重要科学家都曾经是新柏拉图主义者。开普勒早年的宇宙论几乎就是柏拉图《蒂迈欧篇》的翻版；布鲁诺对新柏拉图主义的狂热可能是他招致宗教裁判所极刑判决的重要原因；牛顿的超距作用也只能用理念世界的相对独立性解释。

文艺复兴无疑是从中世纪到近代思想的重大事件。那么我们不禁要问，文艺复兴的思想根基何在？对此，我们不能不提到奥古斯丁及其新柏拉图主义。当年意大利艺术家对几何透视在艺术中的应用所持有的精神追求无不渗透着新柏拉图主义甚至毕达哥拉斯主义的哲学思想。达芬奇本人就宣称自己是毕达哥拉斯主义者。

二　波伊修斯的逻辑和数学思想

我们知道，数学和逻辑是科学哲学的思想基础，数理传统在西方思想中是源远流长的，从古希腊一直持续到现当代。但问题是，在基督教占统治地位的中世纪，是否也同样是数学与逻辑的"黑暗世纪"？破解这个问题，我们必须解读波伊修斯这个居于古希腊罗马时期到中世纪的过渡性思

---

① A. C. Crombie, *Augustine to Galileo*. Volume 1. *Science in the Middle Ages*: *5th to 13th* centuries. Harmondsworth, Middlesex, England: Penguin Books Ltd., 1959.

② Stephen Menn, *Descartes and Augustine*, Cambridge University Press, 2002.

想家。

波伊修斯传的作者斯特沃特博士这样评价波伊修斯："波伊修斯是罗马人当中的最后一人，但从他对于科学分类所提供的材料看，他也是经院哲学家的最早一人。他主张将知识均匀地分割到自然科学、数学和神学中去，后来的人一致采用，最后托马斯·阿奎那不但接受而且为之辩护。他给人下的定义是'自然界里有理性的个体'，这个定义在经院哲学时期结束以前，一直为人遵奉。"[①]

其实，波伊修斯在思想史上的地位和作用是有争议的：其一，波伊修斯算不算拉丁哲学家？有人认为波伊修斯生活的时代及其受教育的背景都处于罗马时期，但也有人如爱留根纳（Eriugena）、罗伯特·格罗塞特斯特（Robert Grosseteste）和邓斯·司各脱（Duns Scotus）等人则认为波伊修斯的思想如对"共相"问题的关注等等都属于中世纪哲学范畴；其二，波伊修斯能否算是中世纪伟大的哲学家？有人认为波伊修斯只是翻译了古希腊哲学家亚里士多德的部分作品，并没有多少自己的独创，但也有人认为波伊修斯在逻辑和数学方面的编撰整理工作奠定了中世纪特别是教父哲学的理论基础，影响了整个中世纪的思想和文化。

1. 神学论证中的逻辑观念

在中世纪，当时基督教面临的第一个问题是有关"三位一体"（De Trinitate）问题，也就是说，圣父、圣子和圣灵是三个上帝还是一个上帝？波伊修斯认为，如果承认有三个上帝，那必然陷入多元论，上帝必定只有一个。问题不在于上帝只有一个的判断，而在于如何论证这个判断。波伊修斯正确地指出，"有三个上帝或更多的判断在于种、属和数目问题。强调差别性是相对于同一性而言的。同一性有如下三种方式：从种的角度看，人和马因其都是动物而共存于同一种类之中。从属的角度看，卡托（cato）和西塞罗因其都是人而归于同属。从数的角度看，图雷（Tully）和西塞罗都是一人，而且具有相同的数目。按同理，事物之间的差别是由种、属和数目所决定的。既然数目上的差距是由各种偶然性造成的，所谓三个上帝之说不是出自种，也不是出自属，而是出自数目这种偶然性，因

---

　　① 转引自 W. C. 丹皮尔《科学及其与哲学和宗教的关系》，李珩译、张今校，中国人民大学出版社 2010 年版，第 83 页。

为如果我们在思想上去除这种偶性，就得承认每个上帝都占据不同的空间位置，而位置也是某种偶性的东西。因而问题的关键就在于三种上帝之说源自数目的多样性这种偶性。"①

这样，波伊修斯就将上帝存在的"三位一体"问题转化为"种""属"和"数目"等范畴的讨论。对此，波伊修斯提出了一个新的方案或新的学科："思辨科学"（sint speculatiuae）。"思辨科学可以被分为三个部分：物理学、数学和神学。物理学研究的是运动，其对象是具体的或可分解的；因为物理学研究的是物体的形式及其物质构成，而且其形式不能被分离出去。这种运动中的物体，如土向下坠落，而火则上升，其形式就存在于具体事物的运动之中。数学并不研究运动，也不论及抽象之物，而是考察物体的形式，因而也与运动无关，这种形式是与具体事物联系在一起的。神学并不研究运动，它的对象是抽象的和可以分离的，因为神圣的实体既不是物体也不运动。因此物理学采用的是科学方法，数学采用的是系统的方法，而神学则采用思想性的观念方法，而且在神学中我们并不诉诸具象，而是诉诸纯粹的、没有具象的形式，也就是存在及其存在的根由。"②

这样，波伊修斯就把上帝的论证问题分解为物理学、数学和神学问题，或者说，物理学、数学和神学都成为解决基督教信仰特别是解决"三位一体"问题的论证方式。

据此，"波伊修斯按照数学和认知科学的样式提出了解决上帝信仰问题的边界和规则，具体如下"：

第一，一般性的观念是一经提出便被普遍加以接受的。（commuunis animi conception est enuntaiatio quam quisque probat auditam.）

第二，存在和具体事物是不同的，单纯的存在需要明证，但某个具体事物及其存在则需要存在给予其形式才能得以存在。（Diuersum est esse et id quod est, ipsum enim esse nondum est, at uero quod est accepta essendi forma set atque consistit.）

第三，具体事物总是体现在某事物之中，但抽象的存在却与任何事物

①　Boethius, *The Theological Tractates*, Harvard University press 1918, p. 7.

②　Boethius, *The Theological Tractates*, Harvard University press 1918, p. 9.

都有瓜葛。由于事物的显现也就是某事物之所是，但事物之所是总是因存在得以是其所是。（Quod est participare aliquot potest, sed ipsum esse nullo modo aliquot participat, Fit enim participation cum aliquid iam est；est autem aliquid, cum esse susceperit. ）

第四，那些存在的事物必伴有存在本身，但绝对的存在却没有任何外物拖累。（Id quod est habere aliquid praeterquam quod ipsum est potest；ipsum uero esse nihil aliud praeter se habet admixtum. ）

第五，成为某事和绝对地成就某事的某事是不同的，前者是偶然的，后者则指称某种实体。（Diuersum est tantum esse aliquid et esse aliquid in eo quod est；illic enim accidens hic substantia significatur. ）

第六，每一种显现在绝对存在中的事物才得以存在。为了成为某物，必须显现在绝对的存在物之中。因此只有显现在绝对存在之中的事物才能得以存在，但其存在只是因为它显现在绝对存在之中。（Omne quod est participate o quod est esse ut sit；alio uero ut aliquid sit. Ac per hoc id quod set participate o quod est esse ut sit；est uero ut participet alio quolibet. ）

第七，每个简单的事物都是抽象的存在和具体存在的统一。（Omne simplex esse sum et id quod est unum habet. ）

第八，每个包含有抽象的存在和具体存在于一身的事物都是一而不是多。（Omni composito aliud est esse, aliud ipsum est. ）

第九，多样性必相互排斥，同一性则相互吸引。那些寻求其分身多处的事物本身就在寻求自身同质的论证。（Omnis diuersitas discors, similitude uero appetenda est；et quod appétit aliud，tale ipsum esse naturaliter ostenditur set illud hoc ipsum quod appétit. ）①

就这样，波伊修斯通过物理学、数学、逻辑学和神学等方式论证或解决了上帝信仰的"三位一体"问题。在这个过程中，问题不在于波伊修斯的论证结果，更重要地是他的论证过程本身所具有的理性态度。在这个过程中，我们看到了波伊修斯用数理科学的方式来解决哲学问题的尝试。

2. 用假言三段论来解决"共相"问题

逻辑论证是科学哲学所倡导的基本学术理念和方法论工具，用什么样

---

① Boethius, *The Theologiuad Tractates*, Harvard University Press, 1918, pp. 41, 43.

的逻辑手段解决重要的哲学问题对科学哲学的思想发展而言具有重要意义。

我们知道，柏拉图和亚里士多德之间的最大思想冲突源自对"共相"问题的不同理解。在柏拉图看来，"共相"是超越具体事物且具有独立存在性的东西；但在亚里士多德看来，"共相"则以"种"和"属"的方式存在于具体事物之中。

那么，"共相"究竟以何种方式存在呢？这个问题可以转化为"如何论证'共相'的存在方式"问题。柏拉图用对话或辩证法的方式来解决这个问题，而亚里士多德则主张用直言三段论的方式来解决。

波伊修斯也面临着回答"共相"问题，对于这个问题，他既不同意柏拉图用辩证法来解题的方案，也不同意亚里士多德直言三段论的解题方案，而是选择了首先改进亚里士多德的逻辑方法——继承并修改了斯多葛学派业已形成的假言三段论，以下是五种形式。[1]

在此基础上，波伊修斯进一步探讨了假言三段论的否定形式，具体如下：[2]

逻辑模式或论证方法的改进是最重要的哲学进步。从这个角度看，波伊修斯从亚里士多德的直陈式三段论转向假言三段论及其假言三段论的否定形式，在思想史上就有重要意义。

波伊修斯不仅认同这种假言三段论，而且还用这种假言三段论来解决"共性"问题，也就是亚里士多德所说的"种"与"属"及其关系问题。为此，他按照假言三段论论证了如下命题：

1. 属与种或者是作为实体而存在，或者仅仅存在于思想之中，或者不仅存在于思想之中，而且也存在于具体事物之中。

2. 属与种不可能作为实体而存在。

3. 属与种不可能仅仅存在于思想之中。

4. 每一观念或是照事物本身构成，或者是不照事物本身构成。

5. 如果属与种这一观念不是照事物本身而构成，那么，这一观念就是虚假的。

① Karl Dürr, *The Propositional Logic of Boethius*, North-Holland Publishing Company 1951, p. 10.

② Karl Dürr, *The Propositional Logic of Boethius*, North-Holland Publishing Company 1951, p. 69.

I. If the first, then the second.
But the first,
Therefore, the second.

II. If the first, then the second.
But not the second,
Therefore, not the first.

III. Not both the first and the second.
But the first,
Therefore, not the second.

IV. Either the first or the second.
But the first,
Therefore, not the second.

V. Either the first or the second.
But not the first,
Therefore, the second.

(Cf. Lu. p. 117).

图 3-2　波伊修斯艺术论证的片段

I. "It is not the case that if it is day it is not light,
but it is day,
therefore it is light".

II. "It is not the case that if it is not light, it is day,
but it is not light,
therefore it is not day".

III. "It is not the case that if it is not day, it is not night,
but it is not day,
therefore it is night".

IV. "It is not the case that if he is awake, he snores,
but he is awake,
therefore he does not snore".

(Cf. Boe., p. 825—826 and p. 827).

图 3-3　波伊修斯艺术论证的片段

6. 属与种这对范畴并不是绝对的虚假。

7. 如果属与种这对范畴与大家所理解的事物一样，那么，它们就不仅仅存在于思想之中，而且也存在于具体事物之中。

8. 属与种或者仅仅存在于思想之中，或者不仅存在于思想之中，而且也存在于具体事物之中。

9. 属与种的观念并非不是照事物本身构成的。

10. 属与种的观念是照事物本身构成的。

11. 属与种的观念不仅能存在于思想之中，而且也存在于具体事物之中。

鉴于上述命题及推理，波伊修斯就提出了他回答"共相"问题的方案："属与种是相似的，当它存在于具体事物中时，它就是可感知的，当它存在于共相中时，它是可以理解的；同样地，当它被感知时，它就存在于具体事物之中，当它被理解时，它就成为共相。因此，属与种存在于可感事物之中，但对它们的理解需超越具体事物。"[1]

基于上述思考，我们认为，波伊修斯并没有将逻辑学仅仅看成解决哲学问题的工具，而是看作哲学自身，至少逻辑学和哲学是密切联系在一起的。目前我们还无法判断他的假言三段论和"共相论"孰先孰后，但可以肯定，他的假言三段论有力地解决了"共相论"问题，因而成为他的"共相论"解题方案的一个重要组成部分。我们又一次看到，知识和智慧、科学与哲学的统一。

3. "四艺"与哲学沉思[2]

在西方文化史上，由算数、几何、天文学和音乐组成的"四艺"可谓源远流长。波伊修斯无疑是"四艺"的奠基性人物。但如何理解"四艺"？它们是一种与哲学思考没有关系的知识系统，还是一种哲学训练的基本功？抑或本身就是进行哲学思考？

从目录看，波伊修斯的《论算数》是一部纯数学著述，它的第一卷是由 32 个论题构成的，第二卷是由 54 个论题构成的。仅从第一卷的命题看，与当代数学几无差距：论题一为导言，数学的分类；论题二讨论数的实体（substantia）；论题三论述偶数与奇数的定义与划分；论题四论及毕达哥拉斯的定义学说；论题五按照其他的古代方法对偶数与奇数的不同定义等等。从字面看，我们很容易把这些论题看成与哲学没有思想关联的具

---

[1]　R. Mckeon, *Selections from Medieval Philosophers*, New York: Charles Scribner's Sons, 1929, p. 97.

[2]　王琦先生在其《通向哲学之路——对波爱修斯"四艺"理论的研究》一文中将"四艺"看作"通往哲学的四条道路"，正确地看到了"四艺"并非纯粹的自然科学研究，而是一种与哲学相关的探索。本课题非常赞同王琦先生的看法，但更愿意做进一步的考察："四艺"不仅仅是通往哲学之路，而且可能本身就是哲学的探索方式。

体科学研究。

其实不然，在波伊修斯时代乃至整个古希腊到中世纪，现代意义上的自然科学并不存在，波伊修斯所说的"四艺"是作为哲学的探索方式。波伊修斯在《论算数》的开篇就写道，"那些追随毕达哥拉斯的古代先贤都信奉思想的纯粹推理，大体上可以这样说，如果不去研究被称之为'四艺'（quadrivium）的神圣学问，很难达到哲学这门学科的最高境界，这四门学科很难躲过思想娴熟之士的眼睛。这是因为，'四艺'这种智慧本身就是真理或对真理的洞察，这种智慧通向事物不变的宗旨。"① 不仅如此，"我们从事'四艺'的理由在于，如果有人丢弃它们，他也就失去了哲学的教养（teaching philosophy）。这是因为，'四艺'就在于把我们的高级心智从来自感性的知识提升到更加确定的思想之物"。(It stands to reason that whoever puts these matters aside has lost the whole teaching of philosophy. This, therefore, is the quadrivum by which we bring a superior mind from knowledge offered by the senses to the more certain things of the intellect.)②

例如，波伊修斯对偶数和奇数的定义就不同于现代数学的理解，而是从寻求世界本原问题的维度来理解数的本质及其分类。在波伊修斯看来，所谓偶数就是某事物能够均等地分成各个部分的数，奇数就是不能进行这样分割的数。这或许与现代数学的定义并无原则区别。但是，波伊修斯并不止步于此，他只是通过这种界定来进一步思考世界的构成问题。"众所周知，世界上的物质是由四种元素构成的，即火、气、土和水。但这四种元素还有其先在的构成，也就是来自所属事物的可均分和不可均分的起源，我们应该将不可均分的所属事物还原到可分解的本原。这种本原物可以细分为某种三维体，这种三维体能够分解为任何三维的事物，不可再分的但却可以按比例处置的，这种三维体可以按比例缩放，使其适于任何不可分析的事物，不论是复杂的事物还是超越具体事物的东西以及那些复杂的超越具体事物的东西。但最终这些事物将保持一定的比例。"③ 例如，

---

① Michael Masi, *Boethian Number Theory*, Editions Rodopi B. V., Amsterdam, 1983, p. 71.

② Michael Masi, *Boethian Number Theory*, Editions Rodopi B. V., Amsterdam, 1983, p. 73.

③ Michael Masi, *Boethian Number Theory*, Editions Rodopi B. V., Amsterdam, 1983, p. 122.

"6、8、9、12 这些数无疑都是确定的数量。6 是 2 的 3 倍，12 是两个 3 的 2 倍，二者中间的 8 是 2 的 4 倍，9 是 3 的 3 倍。因此全部的数都是互相关联的，都可以用三倍的居间体来理解"①。

此外，我们还可以从波伊修斯《论算数》的原型——尼克马库斯的《算数导论》来论证当时的数学并不仅仅是一种具体科学，而且还是一种理解世界的途径。尼克马库斯的《算数导论》就是一部深受毕达哥拉斯主义影响之作，其实是一种介于科学和宗教之间的作品，其主旨在于通过数学方法来阐述世界以及灵魂与肉体之间的和谐关系。②

这就是说，波伊修斯在研究"四艺"时其实在研究哲学，他在研究"哲学"时，其实是在研究"四艺"。在波伊修斯的学说中，"四艺"和哲学是统一的。

4. 音乐的三种形式

波伊修斯的"四艺"还包括《论乐理》（De Institutione Musica）的著述。这部著述也与人们的习见不同，波伊修斯的《论音乐》也不是一部单纯的音乐理论，而是一种用音乐来讨论哲学问题特别是宇宙和谐问题的著述。这集中体现在波伊修斯把音乐分成三种：乐器的音乐（instrumental music）、人类的音乐（human music）和宇宙的音乐（cosmic music）。③

波伊修斯所说的"乐器的音乐"大体上相当于音乐的现代意义，但他的"人类的音乐"则是一种人格修炼的境界；而"宇宙的音乐"则是一种只有上帝才能领悟的世界和谐之声。

为什么音乐具有如此的哲学意义呢？原来在西方文化传统中，音乐属于数理科学，其中数学特别是算数对音乐具有决定意义。M. 麦西针对波伊修斯继承自毕达哥拉斯的数学理论，而写就了一本专著，名为《波伊修斯的数论》（Boethian Number Theory），由康奈尔大学于 1988 年出版，这部书还收录了波伊修斯的《论数学的原理》（De Institutione Ar-

---

① Michael Masi, *Boethian Number Theory*, Editions Rodopi B. V., Amsterdam, 1983, pp. 186, 187.

② Henry Chadwick, *Boethius: the Consolation of Music, Logic, Theology, and Philosophy*, Oxford University Press, 1981, p. 73.

③ Anicii Manlii Torquati Severini Boetii, *De institutione Arithmetica (Libri duo) De institutione musica (Libri quinque)*, Lipsiae, in aedibus B. G. Teubneri, p187.

ithmetica）①，其中提到基于数学原理的音乐体系。波伊修斯撰写的《论音乐原理》② 一书由 C. 鲍威尔（C. M. Bower）在 1987 年翻译成英语并出版。

波伊修斯的《论乐理》（*De Institutione Musica*），是与托勒密的《和声学》（Harmonics）第一卷紧密相连的，鲍威尔认为，波伊修斯的《论乐理》很可能是对托勒密"和声学"的延续。这是因为该书的起点也就是《和声学》第一卷书的结尾。但托勒密的《和声学》可能并没有写完，或完成后遗失了，因而我们只能看到该书的"musica mundana"和"musica humana"两部分③。

然而一个重要的问题是，我们要从哪些方面去了解波伊修斯在《论乐理》这本书中所表达的对音乐的态度呢？在毕达哥拉斯哲学中，"音乐是纯的理性思维"④，类似于古希腊著名音乐理论家阿里斯托森理论。⑤ 从各种相关文献看，要理解波伊修斯的音乐理论不能不回顾毕达哥拉斯主义和柏拉图主义。其实，波伊修斯区分了三种类型的音乐：乐器音乐、人类的音乐，以及宇宙的音乐。在三种类型中，都应考虑调和比（harmonic ratios）。

波伊修斯的音乐思想一是来自毕达哥拉斯学说，二是来自柏拉图的《蒂迈欧篇》中的观点：整个宇宙是建构在比例和谐之上的。人类的音乐来自身体与灵魂的和谐关系；人的能力、德性和行为由特定的间距连接起

---

① Michael Masi. Boethius：*De Institutione Arithmetica*. in Boethian Number Theory. Amsterdam，1993.

② Boethius，*Fundamentals of Music*. Translated by Bower，C. M. New Haven，1987.

③ 参见 *Ptolemy III. iv – viii*（关于"人"）和 *ix – xvi*.（关于"宇宙"）的章节。

④ Musical speculation

⑤ 阿里斯托森，或亚里士多塞诺斯（英语：Aristoxenus），约活动于公元前 4 世纪后期，古希腊逍遥学派的哲学家之一。古典时期的首位音乐理论大家。出生于意大利南部他林敦（今塔兰托），曾于雅典师从亚里士多德和泰奥弗拉斯托斯。他的兴趣广泛，著作甚多，但传世较少。除音乐作品外，其著述毕达哥拉斯、阿尔库塔斯、苏格拉底和柏拉图等人传记以及关于毕达哥拉斯伦理学的记述均仅存残篇。他认为灵魂之于躯体犹如合声之于一件乐器的各声部。在音乐理论方面，他认为音阶中的音符不应用数学比率判断，而应当用耳朵判断。他的作品现仅存《和声学原理》及《韵律原理》等残篇。其他部分经过后人搜集、整理，收入 1945 年出版的《亚里士多德学派：正文和注解》的第二卷《亚里士多塞诺斯》。

来。① 管线和声线构成乐器制造的音乐则是由器物按一定比例关系构成的。但是对波伊修斯以及大多数古代音乐学家来说，音乐的功能是——超越性的（no concern）。波伊修斯认为，和谐的音乐能很自然地使人类愉悦，即柏拉图主张世界的灵魂是由音程（musical intervals）② 构成的。就音乐的能量可以影响人类的情绪和行为而言，波伊修斯恢复了柏拉图在音乐方面的思想权威：不同类型的音乐可以带来不一样的心理感受，时而抚慰心灵，时而振奋人心。

上述分析表明，音乐是由数的和谐所决定的，它不仅关乎世界的和谐问题，而且更关乎人类本身。因此，不能把西方音乐简单地理解为与科学无关的艺术形式，应该把它理解为一种科学理念、一种哲学探索方式。因而科学哲学史研究应关注音乐的起源与发展，特别是音乐与自然科学或自然哲学之间的思想关联。

5. 对后世科学哲学思想的影响

关于波伊修斯在西方学术史中的地位，学界多有论述，代表性的观点可以参见波伊修斯个人传记、剑桥大学出版的波伊修斯研究指南、权威百科全书的相关词条、斯坦福大学哲学百科全书网站的评介等等。

在波伊修斯时代，罗马帝国的解体不仅造成了经济社会的全面衰落，而且也造成了精神生活的消弭，古希腊的柏拉图、亚里士多德等思想巨匠所创立的辉煌理论体系已经荡然无存。

第一，翻译整理古希腊罗马时期的重要经典特别是有关数理科学方面的著述。516 年左右，波伊修斯宣布了他的伟大计划：他要将所有他能找到的亚里士多德和柏拉图的著作全部进行翻译和评注；然后再写一本书来表明柏拉图和亚里士多德在最重要的哲学观点上是保持一致的。实际上，由于被迫害致死，波伊修斯只完成了对《亚里士多德〈范畴篇〉导论》（后简称《导论》）的翻译及评注，对《解释篇》的翻译与评注，对《前分析篇》《后分析》和《论题篇》及其《辩谬篇》的翻译，还有对波菲

---

① Musical speculation, pp. 82 – 83.

② 在乐音体系中，音程是指两个音的高低关系，或两音之间的音高差距。音程概略可分为"旋律音程"与"和声音程"。

利《亚里士多德〈范畴篇〉导论》的翻译及评注、西塞罗的《论题篇》的评注等等。

　　虽然波伊修斯并没有完成对柏拉图和亚里士多德全部著述的翻译评注，但我们看到波伊修斯率先完成了对古希腊逻辑学著述的翻译和评注工作。我们知道，逻辑（学）不仅仅是思维的工具，更是哲学思想本身的重要组成部分，因为它决定了甚至构成了哲学中的本体论（如实体问题）、知识论（如科学方法问题）等重要领域。从这个角度看，波伊修斯所传承的是古希腊学术思想最为精华的部分，也是科学思想最为核心的部分。这就意味着，波伊修斯的翻译评注工作敏锐地捕捉到古希腊科学思想的精髓，并将之传至中世纪，对后世影响至深。

　　第二，波伊修斯建立了中世纪第一个科学思想（教育）体系。我们知道，古希腊有三大科学思想体系：德谟克利特开创的原子论思想体系、毕达哥拉斯和柏拉图开创的数理科学体系和亚里士多德开创的物理学—生物学理论体系。但到古罗马后期，这些科学思想体系已经荡然无存。

　　波伊修斯在与他的岳父西马丘斯（Symmachus）的通信中提到有计划写出算数、几何、天文学和音乐等四部作品。他在给友人卡西欧德鲁斯（Cassiodorus）① 的信中也提到要完成"四艺"的整理工作。波伊修斯死后，卡西欧德鲁斯在《原理》（Institutions）中清楚地提到波伊修斯的几何学著述，但也有学者质疑此说。② 许多学者多认为波伊修斯的《论算术》是对尼各马可斯③《算术导论》的翻译④，但这种说法也疑点重重。这是因为波伊修斯的《论算数》比对尼各马可斯原版有大幅度的扩展，原书第一册的 23 章变成波伊修斯的 23 章，原书第二册 29 章扩展成 54 章。这至少说明，波伊修斯的《论算数》与尼克马库斯的《算数导论》

---

① 古罗马时期著名的政治学家和作家.
② Folkerts（1970）编著了波伊修斯的《几何学 II》，并认为欧几里得的材料来源于《几何学 I》，学者们认为后一本书可能源自波伊修斯丢失了的著作。Pingree（1981）对于此种观点持怀疑态度。
③ 尼克马库斯：Nicomachus，约活动于公元前 4 世纪前后，古希腊哲学家之一，亚里士多德之子。早年跟随其父亲学习哲学，后来参加编辑与整理了其父的著作。
④ 参见 F. E. Robbins, L. C. Karpinski, *Studies in Greek Arithmetic.* New York, 1926。

存在着相当的思想关联。

波伊修斯的"四艺"在中世纪究竟发挥了怎样的影响？波伊修斯的传记作者马伦邦在《波伊修斯》中指出，波伊修斯的《算数》和《乐理》从9世纪到文艺复兴都拥有广泛的读者，都是流行的教科书的重要组成部分，但本书并不讨论'算数'和'音乐原理'的流传。"[1] 在这段话中，马伦邦还提及了另两位作者的著述：吉布斯和史密斯的《立法者波伊修斯：对其著述手稿的流行情况的查验》。[2] 但很遗憾，我们并没有查到这部文献的原文，但却在"ProQuest reseach library"查到了有关这部文献的三条主要信息：

其一，这篇文献提及 M.吉布森曾发起对波伊修斯手稿的利用、阅读和研究情况进行统计分析的计划，而且这项计划已经取得了初步成果。

其二，吉布森等人的工作是可信的，因为他们不是用一般的学理分析的方法，而是对文献采用"斯蒂格缪勒式的回溯分析法"（Stegmüller-like repertorium）[3]，其目的就是检索波伊修斯的著述在何时、何地以及因何种原因而被研究；这些手稿的使用者、读者和研究者都是谁；他们利用或研读手稿的语境是什么；这些手稿与哪些文献并行使用；等等。

其三，这篇文献显示，波伊修斯的《算数》和《乐理》直到12—13世纪依然作为教材，或者一并作为教材出现，或者与其他历法文献、计算教科书或音乐及其他"四艺"文本并用。

这些文献及其研究说明，波伊修斯不仅确立了"四艺"的基本内容，而且使得他所编撰的"四艺"一直流传到13世纪，也就是阿尔伯特等人

---

① John Marenbon, *Boethius medieval thinkers*, Oxford University press 2003, p164.

② Gilbson, M., and Smith, L., 1996, *Codices Boethiani*, *A conspectus of the manuscripts of the works of Boethius I*. Great Britain and the Republic Ireland, London; Warburg Institute, Warburg Institute. Surveys and Texts 25.

③ M.吉布森（Margaret Gibson）教授发起了对波伊修斯手稿在9世纪到16世纪期间的影响进行统计分析的计划，截止到吉布森教授逝世的1994年8月2日，这项工作的主体部分已经完成并已经出版。

系统地翻译从阿拉伯世界传入的古希腊经典为止。[①] John Daintith 编辑的《科学家传记百科全书》（*Bibliographical encyclopedia of scientists third edition*）就认为波伊修斯的工作是古罗马的学术衰败到翻译运动之间最有价值的科学思想成就。[②]

第三，关于"共相"与"个体"问题的讨论对科学革命的影响。我们知道，共相与个体、观念与经验一直是西方哲学同时也是西方科学思想的重大问题。这个问题从古希腊的柏拉图、亚里士多德经过波菲力等新柏拉图主义一直传至波伊修斯。这个问题几乎就是中世纪哲学乃至科学思想的基本问题，甚至也是整个西方哲学乃至科学思想的基本问题之一。

学界公认"共相"问题源自柏拉图。在"巴门尼德篇"中，柏拉图面对普遍性问题提出了许多难题，他自己并没有给出令人满意的回答。亚里士多德在他的著述中批判了他老师的观点，提出了不同的看法。但新柏拉图主义者如普拉提诺和波菲利以及拉丁教父奥古斯丁和波

---

① 当然，这里还有两个问题有待解决：其一是尼克马库斯的"算数导论"的评价问题，其二是与波伊修斯同时提出"四艺"说的卡西欧德鲁斯（Cassiodorus）的评价问题。

第一，如果说波伊修斯的《论算数》译自或来自尼克马库斯（Nicomachus of Gerasa）的《算数导论》（*Introduction to Arithmetic*），那么尼克马库斯的这部"导论"是否比波伊修斯的《论算数》有更大的影响力？对于这个问题，我们查阅了（Henry Chadwick）*Boethius: the Consolation of music, Logic, Theology, and Philosophy*（Oxford University press 1981）。在该著中，Henry Chadwick 认为，尼克马库斯深受毕达哥拉斯主义的影响，他的这部《算数导论》是新柏拉图主义在雅典学园和亚历山大学园的标准数学教材。这部著述的希腊文版被保存下来了，第一次刊印是在 1538 年的巴黎，最新的版本是在 1866 年被收入吐蕃那系列（Teubnar series），英译本是 M. L. D' Ooge、F. E. Robbins 和 L. C. Karpinski 在 1926 年完成的，并在 1972 年重版。但没有证据表明，尼克马库斯的这部《算数导论》曾经作为中世纪的"四艺"教材。

第二，与波伊修斯同时代的卡西欧德鲁斯（Cassiodorus）也提出了"四艺"的理念，如果说波伊修斯的"四艺"体系对中世纪具有重要影响，那么如何看待卡西欧德鲁斯的"四艺"在中世纪的流行或影响状况？根据维基等提供的信息，卡西欧德鲁斯十分注重算数、几何、天文学和音乐构成的"四艺"与语法、修辞和辩证法构成的"三艺"在基督教教育体系中的地位和作用，但是，卡西欧德鲁斯的主要思想重心是在人文历史科学上，他的代表作品是《哥特史》（History of the Goths）和截止到公元 519 年为止的《简明世界编年史》（Chronica）。虽然也曾写过"原理"（Institutiones）作为僧俗两界的教材，但据有关记载，他的工作并没有得到尊重，他死后仅仅以历史学家存世。这就是说，卡西欧德鲁斯也不大可能提供"四艺"的完整理论。

② John Daintith, *Biographical Encyclopedia of Scientists*, Third Edition, CRC Press, 2009. pp. 77, 78.

伊修斯等人观察到了柏拉图和亚里士多德在原则上是统一的，亚里士多德认为共相来自人类的理性能力对具体事物的感性经验是值得肯定的，同样值得肯定的是，柏拉图对具体事物的普遍特性来自于共相（universal archetypes）的建模活动。柏拉图和亚里士多德有关普遍性的理论基本上奠定了中世纪学者讨论这个问题的基本框架。在这些讨论中，有关人类理解力（human mind）的观念以概念的形式发生于具体事物之后（universalia post rem/universals after the thing）。具体事物的普遍性质就存在于具体事物之中，被称为事物之中的普遍性（universalia in re/universals in the thing）。如果认为普遍性存在于神圣的意志（divine mind）中，那么这种理解的普遍性就称为"先于具体事物的普遍性"（universalia ante rem/universals before thing）。所有这些理解的普遍性，不论是普遍性的概念，还是具体事物的普遍特征，或者普遍性的模板（exemplars），都通过某些鲜明的普遍性记号表达或体现出来，也就是人类语言的普遍词汇。

正是源自这些理解（具体事物的普遍特征以及具体事物的普遍性概念和命名），普遍性问题才被看作基础性的、真实存在的问题，学界往往把中世纪的学者分成实在论者、概念论者或唯名论者。所谓的实在论者指的就是那些认为普遍性存在于或先于具体事物的人；概念论者就是那些认为普遍性仅仅或主要是人类理解力的观念的人；唯名论者就是那些仅仅把普遍性理解为词项的人。但这种划分只能指称那些极端的持论者，更多的学者往往都能兼顾不同的理论旨趣，因而以温和的实在论或温和的唯名论的身份出现在思想论证中。

普遍性问题是古罗马时期的波菲利（Porphyry）正式提出的。波菲利在他的著述《导论》（Isagoge or Introduction to Aristotle's Categories）中将种（genera）和属（species）之间的关系概括为如下三个方面：其一，种和属是真实存在的还是仅存在于人类的思想之中？其二，它们的真实性是存在于具体事物之中还是思想性的？其三，它们的真实性是否可以在人类的感性经验中得以确认?①

　　波伊修斯在有关波菲利"导论"的第二篇评价一文中提出来这样的问题：对于每件事而言，人类心智所能理解的，或者是事物的本性中已经构想了的且通过理性所描述的，或者是对于那些并不存在的东西的虚构。因此我们的问题就在于，人类的理性究竟能否理解什么样的种及其性状? 我们能否理解那些真实存在的种和属? 我们用什么样的办法来理解这种种和属? 或者说我们如何才能使我们免于对那些并不存在的东西之幻象的迷惑?②

　　波伊修斯进一步追问更深层的问题：由于每个事物的存在或者是具象的（corporeal），或者是非具象的（incorporeal），种和属必定居其一：种究竟是具象的还是非具象的? 波伊修斯针对这个问题的解决方案是，非具象有两种形式：一种能够以具体物体相分离而脱离具体物体而存在和持续，如上帝、思想和灵魂等。但其他的那些非具象的东西，就不能离开物体而独立存在，如线、面或数量以及单纯的质量，尽管我们将它们看作是非具象的，但它们在本质上都不能离开具体物质的三维规定而存在，如果将其与物体相分离，它们也就失去了存在的意义。③

　　对此，波伊修斯的回答是，"普遍性既存在于具象之中，也存在于非

---

　　①　所谓的"种"（genus），在波菲利看来，就是用某个事物指称某一类事物。根据这层意思，赫拉克利茨人（Heraclids）之所以被称之为同属于一个种姓，就是因为他们都来自同一种人，赫拉库斯人（Heracles），也就是说当某一类人都来自某一人种因而具体血缘关系，我们就用一个名字来称呼这类人以区别于其他人种。所谓的"属"（species），就是每一事物所共有的形式，或者说那些同属于某一种类内的事物就称之为属，例如人就是动物的一个属，白色是颜色的一个属，三角形是图形的一个属。所谓的"差别"或我们常说的"属差"（difference）就是某一事物与其他事物相区别的个性（othness）。例如苏格拉底与柏拉图就因其个性而互相区别，因此差别就是使事物相区别的规定。但这种差别物有三种存在形式：其一，对有待规定的事物而言，这种差异物，有些是可分离的，有些是不可分离的；这种差异物，有些是本身固有的，有些并非本身固有的；这些差异物，有些是偶然的，有些是本质性的。正是这些本身所固有的性质决定了同类种类的事物被分成不同的类别。关于种和属之间的差异是这样的，种包含属，而属却不包含也不可能包含种。这是因为种本身就是由各种属所构成的。而且，种必须是先在的，必须包含属差以及各种属。因此种在本性上具有先在性。

　　②　Spade, P. V., (tr.), *Five Texts on the Mediaeval Problem of Universals*: *Porphyry*, *Boethius*, *Abelard*, *Duns Scotus*, *Ockham*, Hackett: Indianapolis/Cambridge, 1994, p. 20.

　　③　Spade, P. V., (tr.), *Five Texts on the Mediaeval Problem of Universals*: *Porphyry*, *Boethius*, *Abelard*, *Duns Scotus*, *Ockham*, Hackett: Indianapolis/Cambridge, 1994, p. 21.

具象之中。如果人的理解力在非具体事物中发现了种和属，它立马就成为有关种和属的非具象性的理解。但如果人类的理解力在具体事物中观察到了种和属，那么它也就从非具体事物并理解转向具体事物并理解它们，分离它们，纯化它们，使其成为事物的形式。按照这条路径，当人类的理解力将观念化的种和属融进具体事物，我们就会识别出它们的非具象性质，就会关注它们的这种相对独立性，并从观念的角度来理解它们。"[1]

三　爱留根纳的《论自然的区分》

自然观是科学哲学史不得不查的重要理论，如何理解自然以及有关自然的知识是科学思想乃至科学哲学的基础性问题。从这个角度看，爱留根纳的《论自然的区分》值得我们关注。

爱留根纳所处的时代，可谓是中世纪真正的"黑暗时代"。自波伊修斯去世，到 8 世纪末的查理曼时期，西欧长期处于战乱之中，文化衰弱，思想贫瘠。当时的文化资源，无非就是波伊修斯所翻译的逻辑学著作，如《范畴篇》、波菲利的《导论》等以及（新）柏拉图主义著作，比如柏拉图的《提米乌斯篇》，最多还包括少量的希腊教父译本。精通希腊语、贯通东（希腊）西（拉丁）方学术和思想人物的爱留根纳，于 847 年前后来到欧洲大陆，对于传播古希腊哲学思想以及新柏拉图主义学派起到了不容忽视的作用。

约翰·司各脱·爱留根纳（John Scottus Eriugena，约 810—877 年，以下简称爱留根纳），加洛林朝最著名的哲学家。从他的名字 Eriugena，后人推断他来自爱尔兰，因为这个词的意思便是"生于爱尔兰的"。爱留根纳是继波伊修斯之后黑暗时代的另一位重要的思想家，是西方世界在奥古斯丁和托马斯·阿奎那之间最重要的哲学家，甚至被认为是人类最伟大的形而上学家之一。

爱留根纳为后人所知的主要有三大著作：《论神的预定说》（De divina praedestinatione）；《论自然的区分》（De divisione naturae）；翻译了伪狄奥尼修斯的著作，取名为《大法官书》。这三部著作大多以圣·奥古斯丁、伪狄奥尼修斯（Pseudo-Dionysius）、马克西姆（Maximus the Confes-

---

① Spade, P. V., (tr.), *Five Texts on the Mediaeval Problem of Universals*: *Porphyry*, *Boethius*, *Abelard*, *Duns Scotus*, *Ockham*, Hackett: Indianapolis/Cambridge, 1994, p. 24.

sor)、卡帕多西亚教父（Cappadocian Fathers）的思想为基础，带有很明显的新柏拉图主义倾向。我们重点考察他的《论自然的区分》所包含的科学思想。

1. 自然的分类

罗素的《西方哲学史》①、梯利的《西方哲学史》② 中都有对于爱留根纳哲学思想的阐述。而对于爱留根纳的大作《论自然的区分》的研究，已经不胜枚举。其中也不乏一些对于爱留根纳某个思想的专著，比如 H. 门内（Hilary Anne-Marie Mooney）撰写的《神的显现：爱留根纳所说的上帝的登场》（*Theophany*：*The Appearing of God According to the Writings of Johannes Scottus Eriugena*）一书，就是针对神的显现这一方面来阐述的。

THE DIVISION OF NATURE
(PERIPHYSEON) (in Part)

John Scotus Eriugena, *Periphyseon (The Division of Nature)*, Chap. 1. 1 7; 11-12, 13-14 translated by I. P.. Sheldon-Williams, revised by John O'Meara (Washington, DC, and Montreal: Dumbarton Oaks and Editions Bellarmin, 1987).

CHAPTER 1

NUTRITOR:* AS I frequently ponder and, so far as my talents allow, ever more carefully investigate the fact that the first and fundamental division of all things which either can be grasped by the mind or lie beyond its grasp is into those that are and those that are not, there comes to mind as a general term for them all what in Greek is called *Physis* and in Latin *Natura*. Or do you think otherwise?

图 3 - 4 《论自然的区分》（节选）

《论自然的区分》③ 是爱留根纳最为后人所熟知的著作。正如标题所示，这本著作的主要内容便是作者对于自然的四重分法。他所谓的 "自

① ［英］罗素：《西方哲学史及其与从古代到现代的政治、社会情况的联系》（上），何兆武、李约瑟的翻译，商务印书馆 2009 年版。

② ［美］梯利：《西方哲学史》，伍德增补，葛力译，商务印书馆 2004 年版。

③ John Scottus Eriugena, *Periphyseon*（*De Divisione Nature*）. 此书是爱留根纳用希腊语写就的，现在学界使用的版本是由 I. P. Sheldon-Williams 编著和翻译的，该书由都柏林高等研究院（The Dublin Institude for Advanced Studies）出版，第一版出版于 1968 年；第二版出版于 1972 年；第三版出版于 1981 年。但该书分别于 1050、1059、1219 和 1225 年遭到教会谴责，1681 年在牛津第一次印刷，3 年后被教廷列入禁书，受到谴责的主要原因是该书的泛神论倾向。

然"不仅是指自然界，还表示一切实在的总和。在此书中，自然被分为
四类：（1）可以创造但不能被创造者；（2）既能被创造又能创造者；
（3）能被创造但不能创造者；（4）既不能被创造也不能创造者。第三种
分类是第一种分类的对立面，而第四种是第二种的对立面。第四种分类可
以看成是不可能存在的，因为就事物的本质而言，不可能存在既不能被创
造也不能创造他物的事物。

　　第一类可以视作存在和不存在的所有万物的原因，很显然，在爱留根
纳的学说里，这必定就指向了"上帝"。第二类是存在于上帝之中的（柏
拉图主义的）诸理念。第三类是时间与空间中的事物。

　　针对存在着的和不存在的万事万物，爱留根纳又提出了五种区分
的方式：

　　（1）第一种方式：能够被理性所理解或洞察的事物，都可以划入
"存在"的范畴之内，但某些事物不仅超于物质即感性之外，而且超于纯
思维以及理性之外，这一类便属于不存在——比如上帝就不具有在现世存
在的本质。

　　（2）第二种方式：自然的秩序和分类因其造物主而存在或不存在。
上至最高的天使，再到人类这种有生有死的创造物，都具有存在和非存在
两种可能。

　　（3）第三种方式：事物本身的存在是可见的，但是事物存在产生的
原因却并不一定都是可见的；无论这种原因是以哪种形式呈现的，诸如物
质、形式、时间、空间，都是可见的，因而都是存在的；但这些存在事物
的原因内含于自然深处尚未实现，这一部分便是不存在。但是值得重视的
是，但凡原因总是要表现为结果的，所以不存在的总是要向存在转化的。
正是由这种原因和结果构成了整个世界的序列。

　　（4）第四种方式：那些只有凭借纯思维而被认识的，才是真正的存
在；相反，那些通过产生、通过物质在时间和空间中的运动而延伸或收缩
从而产生变化或者凝聚或者分解的，只能被分为不存在的事物之列。

　　（5）第五种方式：这种方式指向人类本性。当人类犯了罪，那上帝
在人类中的形象就丢失了。人类背弃了上帝，丧失了自己的存在，成为不
存在；但当人受到上帝的指引，重新回归上帝，那么也就恢复了存在。

　　综上所述，爱留根纳在《论自然的区分》中对自然的四重划分，以

及关于存在与不存在的五种存在方式，体现出他对自然哲学思想最富有创意的思考。

2. 逻辑学思想

在《论自然的区分》一书中，不仅展现了爱留根纳对于"自然"的四重分法，对存在与不存在的五种区分，以及其神学美学思想，还涉及爱留根纳的逻辑学思想。其中比较重要的是范畴和共相问题。

爱留根纳提供了一种面向逻辑学的新柏拉图式路径。他的哲学思想很大程度上来源于古希腊新柏拉图主义。有研究表明，第一，爱留根纳接纳了波菲利的思想——一种与亚里士多德的范畴不一样的范畴论，这种范畴论是与新柏拉图主义形而上学相似的。第二，爱留根纳用一种新柏拉图主义的诠释法，将柏拉图和亚里士多德的思想融合起来，而在他之前，波伊修斯也做过类似的尝试。第三，爱留根纳将辩证法（逻辑论证）视为本质上是形而上学的，而不仅仅是一种语言学，它运用现实的秩序和结构来处理事物的本质问题以及它们的原理。在此种意义上，爱留根纳反对亚里士多德将辩证法"分解"为一种限于语言和理性的科学。第四，爱留根纳得以构建自己的辩证形而上学体系，主要依赖于两本文献，一即 Categoriae decem——由波伊修斯撰写的对亚里士多德《范畴篇》的改述；二即波菲利的《〈范畴篇〉导论》（后文简称《导论》）。

我们的研究表明，爱留根纳对逻辑问题的重新考量，集中地体现在他对定义的理解。他说："理解及其被理解的问题确实非常重要。这是因为定义本身就是对自然的推理及其理解。……因此人类理性的唯一本质或天性，不论是人类还是天使，都具有定义的能力。"[1] 当然，作为神学家，爱留根纳把这种定义的能力再次归结为上帝，也就是说，人类的定义能力是上帝赋予的。

正如有关研究表明，爱留根纳的思想是以古希腊罗马时期留下的少数哲学典籍为蓝本的。[2] 一方面，爱留根纳试图保存这些古典时期的哲学

---

① Erigena, *Periphyseon = The division of nature*, 484D – 485B, Donnees de catalogage avant publication (Canada) 1987, p.76.

② 保留下来的古代哲学著作只有由 Calcidius 翻译的《蒂迈欧篇》残篇、《旧逻辑》的其他部分，比如《范畴篇》（Categoriae decem），波菲利的《导论》，以及波伊修斯的一些著作（*Opuscula Sacra, Consolatio* 和他的一些逻辑注释和专题论文）。

A. Therefore the intellectual nature alone, which is constituted in man and angel, possesses the skill of definition. [But whether angel or man can define himself, or man angel, or angel man, is no small question: concerning which I desire to know your opinion.

485B　N. My opinion is that they can neither define themselves nor each other. For if man defines himself or the angel he is greater than himself or the angel. For that which defines is greater than that which is defined. The same argument applies to the angel. Therefore I think that these can only be defined by Him Who created them in His own image.

图 3 - 5　爱留根纳《论自然的区分》片段

思想特别是柏拉图和亚里士多德的某些基本观点；但另一方面，爱留根纳也力图在基督教神学的框架内重新阐述这些逻辑理论。至少我们可以看到爱留根纳在两个方面的努力：其一，将逻辑思想同人类的理性认知结合起来，使逻辑成为人的理性工具；其二，力图将逻辑思想同对自然的理解联系起来，使其成为理解世界的构成、性质和观念的思想探索。

3. 关于七艺的理解

爱留根纳在他的《论自然的区分》中还对"七艺"作出了明确的规定，这一思想对中世纪及其后世产生了重要影响。

他在《论自然的区分》卷一中指出："七艺是有其限定的，没有限定也就没有七艺本身。对七艺的界定就来自逻辑范畴中的种属、命名、前后分析、矛盾等诸范畴。"①

"句法是一种维系和调控讲演的艺术。"（Grammar is the art which protects and controls articulate speech.）

"修辞学是有关如何优美地表达个人、事件、场景、数量、时空、可能性等主题的艺术形式，简言之，修辞学就是严谨地考察上述七种论题的艺术。"（Rhetoric is the art which carres out a full and elaborate eaminatioin of a set topic under the headings of person, matter, occasion, quality, place, time, and opportunity, and can be briefly defined: rhetoric is the art which

---

① Erigena, *Periphyseon = The Division of Nature*, 474D, Donnees de catalogage avant publication (Canada) 1987, p. 65.

deals acutely and fully with a topic defined by its seven circumstances.)

"辩证法是致力于考察人类心智获得普遍观念的艺术。"（Dialectic is the art which diligently investigates the rational common concepts of the mind.)

"算术是人类心智考察数目的推理的、纯粹的艺术。"（Arithmethic is the reasoned and pure art of the numbers which come under the contemplations of mind.)

"几何学是一门通过头脑的敏锐观察来考虑平面和立体图形的间隔与表面的艺术。"（Geometic is the art which considers by the mind's acute observation the intervals and surfaces of plane and solid figures）

"音乐是凭借理性之光考察按可理喻的自然比例体现在运动中的和谐思想的艺术。"（Music is the art which by the light of reason studies the harmony of all things that are in motions that is knowable by natural proportions.)

"天文学是考察在特定时间内天体运动及其往复之量度的艺术。"（Astronomy is the art which investigates the dimensions of the heavenly bodies and their motions and their returning at fixed times）①

我们知道，"七艺"源自古希腊时期的毕达哥拉斯，在柏拉图的《理想国》中得以定型。从思想史的维度看，"七艺"是凝练和传承科学思想的重要建制，培养了一大批古希腊到中世纪乃至文艺复兴直至科学革命中的文化精英，甚至牛顿等16—17世纪的科学家也都是这种文化理念锻造出来的。因此对"七艺"的研究将是科学哲学史研究的重大选题之一。

3. 后世科学哲学思想影响

爱留根纳作为第一位经院哲学家和最后一位新柏拉图主义者，对同时代的学者产生了重要的影响，其后世的影响是非常深远的。茂兰（Dermot Moran）是研究爱留根纳的重要专家之一，关于爱留根纳的历史影响和意义，他的评价比较有代表性："更重要的是，爱留根纳所表达的宇宙观念，成为连接后期希腊新柏拉图主义与后来的一般的理性主义（如笛卡尔和斯宾诺莎），尤其是19世纪德国唯心主义的哲学纽带。"② 这种说法

---

① Erigena, *Periphyseon = The division of Nature*, 474D, Donnees de catalogage avant publication（Canada）1987, p. 65.

② 参考 Demot Moran, *The Philosophy of John Scottus Eriugena*, Cambridge：Cambridge University Press, 1989, pp. 243 – 283.

的佐证是，或许由于《论自然的区分》中的泛神论倾向，该书分别于1050、1059、1219和1225年遭到教会谴责，1681年在牛津虽得到第一次出版，但是在3年后就被教廷列入禁书目录。在西方学界，教廷的禁书许多都是对后世具有重要学术价值的著述。爱留根纳的科学思想对后世的影响主要体现在安瑟伦和库萨的尼古拉等人身上。

爱留根纳在11世纪的反响莫过于著名的安瑟伦（Anselm of Canterbury，1033—1109）。虽然没有直接的证据可以证明爱留根纳对安瑟伦的思想有影响，但是他们却有一个相似的观点，在逻辑方法或论证技术上，安瑟伦继承并发扬、运用了爱留根纳的否定辩证方法，他在《独白》（Monologion）的第十五章中讨论到，有时候"非存在"论证比"存在"论证更有力。例如，在有关上帝存在的五个论证里，安瑟伦就用了"不可能设想比伟大更伟大的存在"来推论上帝的存在。

到了15世纪，爱留根纳最忠实的追随者当属库萨的尼古拉（Nicholas of Cusa，1401—1464）。据说他曾拥有《论自然的区分》第一卷的复印本，而且还对其进行了注释。在其著作《有学识的无知》（Apologia doctae ignorantie，1449）中，他曾多次提及"John Eriugena"。同爱留根纳一样，尼古拉将上帝视为所有事物的本质，贯穿于它们的开始、中间和结束以及原则之中。但是上帝同时又是高于所有事物的绝对存在。从这个角度出发，尼古拉把上帝设想成一个精通数学的宇宙设计师，虽然具体世事是各种各样的，但其背后的实质则是一种至高无上的和谐智慧、一种高超的数学智慧，这种数学智慧只有上帝才能理解。

爱留根纳的自然哲学思想，对近代哲学特别是德国古典哲学也产生了深刻的影响。黑格尔曾做出评价：中世纪的哲学是从爱留根纳开始的。这是因为，爱留根纳可能是第一个在基督教内部明确提出信仰应该服从于理性的人。"为了达到真正的、完善的知识，最勤奋、最可靠地探求万物的终极原因的途径就在于希腊人称为哲学的科学之中。"[1] 爱留根纳提出一种哲学与宗教的统一论，"真正的哲学和真正的宗教是同一个东西"[2]。但

---

[1] 参见 Erigena, *Periphyseon = The division of nature*, 513D.

[2] 同上书，第1卷第71章。（在这里笔者特别提醒读者注意，爱留根纳的《论自然的区分》有三种标示：第一种是我们常见的页码；第二种是古典文献特有的段落标示如513B等；第三种夹杂其间的是章的标示。）

若两者出现矛盾，我们应该服从理性。①

69
513B
What
difference
there is
between
reason and
authority

A. You strongly press me to admit that this is reasonable. But I should like you to bring in some supporting evidence from the authority of the Holy Fathers to confirm it.

N. You are not unaware, I think, that what is prior by nature is of greater excellence that what is prior in time.

A. This is known to almost everybody.

N. We have learnt that reason is prior by nature, authority in time. For although nature was created together with time, authority did not come into being at the beginning of nature and time, whereas reason arose with nature and time out of the Principle of things.

A. Even reason herself teaches this. For authority proceeds from true reason, but reason certainly does not proceed from authority. For every authority which is not upheld by true reason is seen to be weak, whereas true reason is kept firm and immutable by her own powers and does not require to be confirmed by the assent of any authority. For it seems to me that true authority is nothing

513C else but the truth that has been discovered by the power of reason and set down in writing by the Holy Fathers for the use of posterity. But perhaps it seems otherwise to you?

N. By no means. And that is why reason must be employed first in our present business, and authority afterwards.

图 3-6　爱留根纳《论自然的区分》片段

他还主张对圣经从哲学上加以研究和理解，把神学理性化。他认为，除了圣经之外，应当把理性作为权威。他写道："权威产生于真正的理性，而理性并不产生自权威。没有理性确证的权威是软弱的，而真正的理性依靠其内在的威力，不需要任何权威的支持。"②

综上所述，爱留根纳的思想，除了对其 9 世纪同时代的学者有很大影响之外，对于后世学者思想体系的成立也起到了无法估量的作用。

至此，我们可以回答，我们为什么认为中世纪不是科学停滞的"黑

---

① 上述两段引文极其重要，为了慎重起见，笔者曾核查过原文，第一段译文似有类似说法，但第二段译文却在原文中没有找到，在所标注的第 71 章中，爱留根纳主要讨论的是运动问题。

② 特别提示，原作者的标示是此处引文同上，也就是 71 章，但笔者核实原文时只查到类似说法，而且这种说法不在 71 章，而在 69 章和 70 章之间，段落标示在 513C 处。

暗时期"。为了对中世纪早期这一特定时期进行研究，笔者通过大量阅读原著和研究性著作，并对圣·奥古斯丁、波伊修斯和爱留根纳三位人物的逐一介绍，向读者呈现了中世纪早期哲学—神学—科学三个维度构成的大图景。文献表明，在神学占统治地位的时代下，哲学和科学也可以得到一定程度的发展。而对于整个人类的思想史来说，"中世纪有关科学与宗教之间关系问题的探索成为科学哲学思想发展的一个不可或缺的思想链条，这个链条把古希腊罗马的科学哲学思想与近代科学革命时期的科学哲学思想连接起来"[1]。

第二节　回归亚里士多德主义的科学观

如果说中世纪早期的教父哲学是承继柏拉图主义的数理传统，那么中世纪中期的经院哲学则是传承亚里士多德主义的科学观，其中大阿尔伯特和他的学生托马斯·阿奎那在回归亚里士多德主义的科学观上发挥了重要作用。

有关阿尔伯特的文献研究，德国波恩的阿尔伯特研究中心（Albertus-Magnus-Institut）在一定程度上反映了相关研究水平，滑铁卢大学网站（Albertus Magnus E-Corpus）提供了较为齐全的阿尔伯特各类文献，有些文献可以免费下载。就文献而言，剑桥大学图书馆列出的相关书目有 41 种[2]、论

---

[1]　安维复：《科学哲学新进展：从证实到建构》，上海人民出版社 2012 年版，第 13 页。

[2]　Albertus Magnus and the sciences：commemorative essays，edited by James A. Weisheipl. Toronto：Pontifical Institute of Mediaeval Studies，1980.

The commentary of Albertus Magnus on book 1 of Euclid's Elements of Geometry/Edited by Anthony Lo Bello，Boston：Brill Academic Publishers，2003.

The dignity of science：studies in the philosophy of science/presented to William Humbert Kane. Edited，with introd. by James A. Weisheipl in collaboration with the Thomist and the Albertus Magnus Lyceum. Pref. by Michael Browne. Washington：Thomist Press，1961.

The Speculum astronomiae and its enigma：astrology，theology，and science in Albertus Magnus and his contemporaries/Paola Zambelli. Dordrecht；Boston：Kluwer Academic Publishers，c1992.

How Albert the Great's Speculum astronomiae was interpreted and used by four centuries of readers：a study in late medieval medicine，astronomy，and astrology/Scott E. Hendrix；with a preface by Laura Ackerman Smoller. Lewiston，N. Y.：Edwin Mellen Press，c2010.

文 1 篇。斯坦福大学哲学百科全书网站列出参考文献近 70 种。[1]

　　大阿尔伯特（Albert the great or Alberti Magni）的确切出生日期已经无从考察，死于 1280 年似有定论。他曾受教于意大利帕多瓦大学，1223 年或 1221 年加入多米尼克教派，1245 年在巴黎大学学习神学并获得博士学位，开始接触亚里士多德著作新译本以及阿威罗伊的注释，正是在这期间，托马斯·阿奎那在其门下学习。1260 年被教宗亚历山大四世任命为雷根斯堡主教；曾在科隆的修道院当教师，并在科隆、雷根斯堡、弗莱堡、斯特拉斯堡和希尔的斯海姆等从教多年，被称为"全知博士"（doctor universalis or doctor expertus）。1270 年，巴黎对亚里士多德主义者进行迫害，大阿尔伯特坚持有利于亚里士多德主义的主张[2]，并于 1277 年为

---

　　① 主题较为集中的文献有：

Aertsen, J., "Albertus Magnus und die Mittelalterliche Philosophie", in *Allgemeine Zeitschrift für Philosophie*, 21, 1996, pp. 111 – 128.

Baldner, S., "Is St. Albert the Great a Dualist on Human Nature?" in *Proceedings of the Catholic Philosophical Association*, 67, 1993, pp. 219 – 229.

Ducharme, L., 1979, "The Individual Human Being in Saint Albert's Earlier Writings", *Southwestern Journal of Philosophy*, 10 (3): 131 – 160; reprinted in Kovach and Shahan, 1980, pp. 131 – 160.

Johnston, H., "Intellectual Abstraction in St. Albert," in *Philosophical Studies*, 10, 1960, pp. 204 – 212.

Kennedy, L., "The Nature of the Human Intellect According to St. Albert the Great", *Modern Schoolman*, 37, 1960, pp. 121 – 137.

Lauer, R., "St. Albert and the Theory of Abstraction", in *Thomist*, 14, 1951, pp. 69 – 83.

McInerny, R., "Albert on Universals", in Kovach and Shahan, 1980, pp. 3 – 18.

Meyer, G. and Zimmerman, A. (eds.), *Albertus Magnus-Doctor Universalis*, Mainz: Matthias-Grüewald, 1980.

Müller, J., "Ethics as a Practical Science in Albert the Great's Commentaries on the *Nicomachean Ethics*", in Senner et al., 2001, pp. 275 – 285.

Mulligan, R., "*Ratio Inferior and Ratio Superior* in St. Albert and St. Thomas", in *Thomist*, 19, 1956, pp. 339 – 367.

Resnick, I., *A Companion to Albert the Great*, Leiden/Boston: Brill, 2013.

Trottmann, C., "La syndérèse selon Albert le Grand," in Senner et al., 2001, pp. 255 – 273.

Wieland, G., *Untersuchungen zum Seinsbegriff im Metaphysikkommentar Alberts des Grossen*, Münster: Aschendorff, 1972.

Weisheipl, J., *Albertus Magnus and the Sciences: Commemorative Essays 1980*, Toronto: Pontifical Institute of Medieval Studies, 1980.

Weisheipl, J., "Albertus Magnus and Universal Hylomorphism: Avicebron", in Kovach and Shahan 1980, pp. 239 – 260.

Weisheipl, J., "Albertus Magnus and the Oxford Platonists", in *Proceedings of the American Catholic Philosophical Association*, 32, 1958, pp. 124 – 139.

　　② 大阿尔伯特的说法是："巴黎的很多人不从事哲学，在那里搞诡辩。"《十五问题集》第 1 章。M. Haron, Medieval Thought, pp. 175, 转引自赵敦华《基督教哲学 1500 年》，人民出版社 2005 年版。

阿奎那辩护。这一阶段（1254—1270），他主要致力于亚里士多德的哲学和科学的写作。他的哲学倾向以亚里士多德主义为主，但也兼容新柏拉图主义并深受当时盛行的阿拉伯哲学影响。他在自然科学（思想）方面贡献甚丰，包括逻辑学、数学、动物学、矿物学、植物学、天文学和占星术等几乎所有的学科领域，对后世思想家产生了重要影响，其中包括他的学生 T. 阿奎那。

圣托马斯·阿奎那是中世纪最富盛名的经院哲学家和神学家，有"经院哲学家之王"的称号。他划时代地将理性和哲学从长期依附于神学和信仰的地位中解放，近代欧洲称阿奎那为人类的"解放者"，更有人把他视为笛卡尔的先驱，称之为"天使博士（Doctor Angelicus）"或"神通博士（Doctor Communis）"。他的思想主体是力图将亚里士多德主义与基督教信念结合起来，撰写了《神学大全》（*Summa Theologica*）和《反异教大全》（*Summa contra Gentiles*），创立了"自然神学"（natural theology），对西方思想特别是西方哲学乃至科学哲学思想都产生了重大影响。

从思想史的角度看，在古典时期特别是中世纪，能够提出系统的科学观的思想者并不多见，大阿尔伯特和他的学生阿奎那无疑是其中的佼佼者。我们主要从科学分类、运动观、天文学说、动物学说等来梳理他们的科学哲学思想。

一　论科学分类

我们知道，大阿尔伯特深受亚里士多德科学思想的影响。亚里士多德在他的著述中曾经两次明确地提出有关科学分类问题。他在《形而上学》第十一卷中指出，一切科学都以本学科范围内的某种本原和原因为对象，那么就存在三种科学或知识，即"思辨的""实践的"和"创制的"，而自然科学"显然既不是实践的，也不是创制的，而必然是思辨的"（1064a，15－20），而"思辨科学有三种：物理学、数学和神学"。（1064b，5－10）。他在"论题篇"中进一步指出，"命题和问题分为三种。有些命题是伦理的，有些是自然哲学的，有些则是逻辑的"（105b，15－20）。

据此，阿尔伯特也建立了一个科学系统，如下表。① 在该表中，我们不难看到亚里士多德有关科学分类的影子，如从天体到人体的等级结构，但是阿尔伯特也有区别于亚里士多德的地方：那就是不注重数学的地位和作用，而在有形世界特别是在动植物尤其对人的理解方面着力甚多。

从大阿尔伯特的科学分类思想我们不难发现，中世纪有关科学分类原则基本延续了亚里士多德的做法：科学被分成思辨的和实践性的，思辨科学又包括自然科学、数学和神学。但是，这种分类并非只是亚里士多德分类法的简单应用，而是有了两方面的变化：其一，基督教神学的思想已经跃然其中；第二，有些分类细节明显体现了中世纪的思想方式。

表 3 - 1　　　　　　　　　　　阿尔伯特的知识结构

作为研究对象的自然可变化的东西（Naturally changeable bodies, can be studied）	根据普遍原则和普遍特征（According to general principles and universal properties）			物理学等（Physics, including De indivisiblitus lineis）
	局限在具体事物之内（As restricted by particular matter）	简单事物（Simple bodies）	地点变化（Changing in place）	运动说（De caelo et mundo）
				天文学（Speculum artronomiae）
			形式变化（Changing in form）	论生灭（De generatione et corruptione）
				自然区位研究（De natura locorum）
		复杂事物（Mixtures bodies）	组合过程（In process of mixing）	因果效应（De causis proprietaum）
				气象学（Meteora）
			复合物及其组分（Mixture and compounds）	无生物及矿物（Inanimate, De mineratibus）
				动物类（animate）

① 参见 J. Weisheipl, Albertus Magnus and the Sciences: Commemorative Essays 1980, Toronto: Pontifical Institute of Medieval Studies, pp. 90, 91.

续表

生命原则 (Principle of life)	在身体内起作用的灵魂 (Soul's works in body)					
	灵魂的功能 (Soul's powers)	De anima				
		运思的能力 (Operating thought powers)	植物性的 (Vegetative)	繁殖性的和识别性的能力 (Generative and argumentatively treated in De generatione et corruptione)		
				营养及养育 (De nutrimento et mutribili)		
			思想性的 (Intellective)	理智和理性 (De intellectu et intelligibili)		
				自然及其原生态 (De natura et origine animae)		
			感觉性的 (sensitave)	感觉 (sensation)	De somno et vigilia	
					感觉和感性 (De sensu et sensato)	
					记忆及回忆 (De memoria et reminiscentia)	
				运动 (Motion)	位移性的运动 (In place)	动物的活动 (De motibus animalium)
						运动的基本原则 (De principiis motus processivi)
					相互吸引的运动 (By contraction)	精神性与神性 (De spiritu et respiratione)
		运思本身 (Operating in itself)	De juventute et senectute			
			论生死 (De morte et vita)			
生命体 (Living bodies)	植物性的 (De vegetabilibus)					
	超越动物性的 (Quaestiones super de animalibus)					

阿奎那继承了他的老师阿尔伯特传承下来的亚里士多德传统，在他的"科学分类和科学方法"（也就是《神学大全》第一卷第五、六章）这部著述中，主要讨论了如下问题。第五个问题——思辨科学的划分（the division of speculative science）主要有四个问题：思辨科学可以恰当地分成自然哲学、数学和神学三个部分吗？自然哲学研究的对象在于物质及其运动吗？数学并不研究运动和物质以及物质中的对象？而神学科学只研究那些与运动和物质无关的对象吗？第六个问题——思辨科学的方法（The methods of speculative science）也有四个问题：我们的理性认知必须遵循自然科学中的推理模式（Mode of reason in natural science）、数学中的研究模式（Mode of learning in mathematics）和神学的思想模式（Mode of intellect in divine science）吗？我们应该完全抛弃神学的意向（imagination in divine science）吗？我们的认知能遵循神圣的形式本身（divine form itself）吗？我们的认知能凭借思辨科学来遵循神圣的形式吗？

按照大阿尔伯特的思路，阿奎那继承了亚里士多德关于实践科学和理论科学的划分的思想。他又进一步将理论科学划分为具体的实验科学和一般的说明科学。在一般的说明科学中，他依据理性的抽象能力的程度，又将其划分为自然哲学、形而上学和数学三个学科。自然哲学包括认识生命的心理学和探究无生命物质的宇宙学，形而上学涵盖自然神学、认识论和存在论。借助这种科学的划分，可以清晰地区别出形而上学、自然哲学和神学，有助于区分理性和信仰。

这一区分主要体现在《神学大全》中，他提出了区分和辨别科学的一个极其重要的原则，那就是"科学依据它们认知对象的方式不同而不同。天文学家和物理学家都证明同样的结论，比如，地球是圆的，天文学家使用数学方法（对物质的抽象），物理学家却通过对物质本身的研究。同理，哲学科学通过自然理性之光研究被认知的对象，当这些对象在神圣的启示之光中被认知时，没有理由说没有其他能够认知它们的科学"①。这样一来，那么我们何以区分科学？这个标准不是研究对象，而是研究的方式。我们可以用不同的方式来认知相同的对象，这样同一个对象便成为不同科学的研究对象。例如，哲学和神学虽然共同研究一些对象，如上帝、拯救之类，但是认知方式不同，神学是依赖天启的，而哲学则是通过理性来认识它们。我们既不能因为神学依靠理性而将它归入哲学，也不能因为哲学研究那些神圣的对象而忽视它的独立性。

---

① 托马斯·阿奎那：《神学大全》1 集 1 题 1 条，参见赵敦华编《西方哲学通史》有关章节。

对于将科学分为自然的、数学的和神学的三类，阿奎那给出如下论证。①

第一，思辨科学的构成是由人类灵魂的思想部分（The contemplative part of the soul）所达成的惯习。但是哲学家（指亚里士多德）在他的伦理学中指出，灵魂的科学部分，也就是它的思想部分，是由三种惯习所构成的：智慧（wisdom）、科学（science）和理解（understanding）。因而这就是思辨科学划分为三个部分的理由，并非本著的首创。

第二，奥古斯丁说过，理性的哲学，或称逻辑，从属于沉思的或思辨的哲学。按这种说法，不进行这种划分是不适当的。

第三，哲学一般被划分为七艺，既不包括自然科学，也不包括神学，仅仅包括理性的或数学科学。因而，自然科学和神学不应被看作思辨科学的组成部分。

第四，医药学似乎是最具操作性的科学，然而它也有思辨的部分和操作性的部分。以此类推，全部操作性的科学都有其思辨的部分。按此理，即使是那种实践性的科学，伦理学或道德科学，也应该按其思辨的部分而服从上述划分。

第五，医药科学是物理学的分支，而其他部分被称为操作性的（mechanical），就像农学、炼金术和类似的其他科学一样。因此，既然这些科学是操作性的，自然科学似乎不应该排除在思辨科学之外。

第六，总体（a whole）不应该与其部分相矛盾。相对于物理学和数学而言，神学是一个整体，这是因为物理学的研究对象都是神学对象的一部分。神学的主题或第一哲学是存在，自然学家只研究其不变的实体，自然科学只研究其性质，数学家只研究其数量，也就是只研究存在的一部分。这一点亚里士多德在其《形而上学》中讲得很清楚。因此，神学不应与自然科学和数学相矛盾。

第七，正如亚里士多德在《论动物》中所说，科学是按其研究方式而划分的。但正如狄奥尼索斯所说，哲学只研究存在，因而是关于存在的知识。既然存在可以被分成潜能与现实、一与多、实体与偶性，哲学的各

①　Armand Maurer, *The Division and Methods of the Sciences*, Toronto: The Pontifical Institute of Mediaval Studies, 1963, pp. 3 - 5.

个构成就应该按照存在的种类来划分。

第八，按照存在划分科学门类比按照动与静、抽象和非抽象、具体的与非具体的、生物和非生物等划分法更具有本质性。因此，按存在的性质而不是按其他标准来进行哲学分类更加牢靠。

第九，必须承认有某种先在性的科学。其他科学都取决于神学，这是因为神学为其他科学提供了原则。因此，波伊修斯神学被放在其他科学之前。

第十，数学应该被放在自然科学之前，因为年轻人都能很容易地学习数学，正如亚里士多德在他的伦理学中所说，数学是最先进的自然科学。这就是为什么古人据说都看到了这样一种科学教育顺序：最先的是逻辑，然后是数学，接下来是自然科学，往后才是道德科学，最后才研究神学。因而波伊修斯就把数学放在自然科学之前，与之不同的划分则不合适。

阿奎那作为中世纪调和亚里士多德哲学的突出贡献者，恢复了亚里士多德的思想路径，并吸收了很多亚氏的科学思想，在波伊修斯的科学分类思想的基础上，形成了自己的科学的分类和方法思想。关于阿奎那的科学的分类与方法，国内外学界还未引起重视，成果几近空白。吉尔松（Etienne Gilson）的《圣托马斯·阿奎那的哲学思想》（*The Philosophy of St. Thomas Aquinas*）[1] 并未提起该思想，只有克利马（Gyula Klima）等编著的《中世纪哲学》（*Medieval Philosophy*）[2] 中提及阿奎那对科学的分类和方法，可谓难得一见，为我们了解阿奎那的科学分类思想提供了非常宝贵的文献资料。同时（Norman Kretzmann）与斯坦普（Eleonore Stump）合著的《剑桥丛书之阿奎那》（The Cambridge companion to Aquinas）[3] 在其论述阿奎那知识观的章节内提及了阿奎那的科学与基础主义[4]的思想。目

[1]　Etienne Gilson, *The Philosophy of St. Thomas Aquinas*, Salem, New Hampshire：Ayer Company Publisherd, 1983.

[2]　Gyula Klima, Allhoff. Fritz, Vaidya, Anand, *Medieval Philosophy*, Maladen：by Blackwell Publishing Ltd, 2007.

[3]　NormanKretzmann, *EleonoreStump*：*The Cambridge companion to Aquinas*, Cambridge：Cambridge University Press, 1993.

[4]　原文是：scientia and foundationalism。

前国内尚未对阿奎那的科学的分类与方法思想进行研究和关注，这需要我们去努力填补空白。

二　重估亚里士多德主义的科学观

亚里士多德是第一个建立科学体系及其分支学科的思想家，因此中世纪的经院哲学家在传承亚里士多德的科学理论的时候，不得不依照亚里士多德的学科分类进行评估。

论运动

我们知道，亚里士多德在他的物理学中是从四因说出发来讨论运动问题的，也就是把运动看作特定的质料因追求某种形式或目的而运动。基于这种理解的运动可以划分为空间意义上的"位移"、事物属性的"质变"和数量上的"增减"等等。

可是，如何将"运动者"（The mover）和"被运动者"（The moved）看作同一个过程呢？阿尔伯特主要思考三个问题："运动的种"（genus of motion）、"运动的属性"（species of motion）和"运动者与被运动者之间的关系"（relation of mover and moved）。沿着这条思路，阿尔伯特在他的"De motu"中区别了三种运动定义："运动的形式定义"（formal definition）、"运动的质料定义"（material definition）和"表达运动者和被运动者之间关系的定义"（definition expressing the relationship between themover and themoved object）。

所谓"运动的种"也就是"形式的运动"或"运动的形式"，是指运动所追求的"完美性"（perfection），也就是运动的"潜在性"（potentiality）；而"运动的属"就是运动的"实现"（act），或者说是达成了"完美"。基于这样的分析，大阿尔伯特刻意强调了"运动"作为某种"连续的流动"（flux or fluxus），其中包含运动者和被运动者，但又不是分立的不同实体，而是体现在持续不间断的流动中。

按照这种思路，阿尔伯特给出了他对运动的理解：

"1. 作为推动的过程（action or actio）；

2. 作为某种可动物体的受动过程（a suffering of the mobile body or passio）；

3. 某个存在或实在向既定目标的流动（a flow of a being or reality to a

terminal determination）

　　第一种情况：目标形式和流动形式在本质上并无不同，二者仅仅在实体参与的方式上有所差异。例如'黑'和'染黑'就无本质上的差异，有差异的仅仅在于实现的方式。

　　第二种情况：运动目标与流动的形式在本质上存在差异，这又有两种不同的方式：第一种方式：运动既不是某个种类，也不是某个属性，而是通向某种预想实现或受某种原则指引的某个过程或路径（motion is in neither a nenus or species but is a process or road［via］to a predicamental reality and a principle leading to it）。第二种方式：运动就是一种属于运动属性的自我决定的境况，完全在自己的掌控之下（motion is a predicament in its own right univocally predicated of the species of motion which fall under it）。"[1]

　　从科学思想史的角度看，较之亚里士多德的运动观，阿尔伯特提出了一个新的运动观念，"一种连续的流动"（an uninterrupted flux or fluxus），这个概念已经很接近牛顿对"力"的理解。

　　沿着阿尔伯特的思路，托马斯·阿奎那继续思考亚里士多德的运动观特别是运动的分类问题。他着重强调了亚里士多德对运动的两种划分，即由运动者推动的运动（moved by others）和自主的运动（moved by themselves），而自主的运动就是按自然或本性的运动（moved according to nature）。"动物的运动就是自主的运动，相对于动物这个种类，动物的运动就是因其自然的运动，因为它的运动源自它的灵魂，而灵魂就是动物的本质和形式。但对于动物运动的考察还必须参照动物的各种构成。如果一个动物本身就是由多重元素构成的，例如人体，且要做向上的运动，那么动物躯体的向上运动就需要外力推动。但如果某些动物的躯体是由空气组成的，如同柏拉图主义者所说的那样，这种动物躯体的运动就不需外力。"[2]

　　亚里士多德总是强调外力对运动的推动作用，总在试图寻找"运动者"或"运动的推动者"，但阿奎那却认为，"我们必须注意那些我们周

　　[1]　Albert, *Physica III*, 1, 3, （Borgnet 3：182b – 184a）in James A. Weishcipl, OP, *Albertus Mugnus and the sciences*, Pontifical institute of Mediaeval Studies 1980, p. 114.

　　[2]　Edward Grant, *A Sourcebook of Medieval Sciences*, Harvard University, 1974, p. 267.

围显然是靠自己力量而运动的运动的理由。这些运动也是由运动导致的，有时是这种运动，有时是那种运动，有时则处于静止状态。"①

这就是说，虽然阿奎那在总体上依然遵循亚里士多德对运动的理解，但在具体问题上特别是在自主运动问题上，阿奎那进一步消解了推动者的作用，代之以"运动本身"的自我推动，例如轻重物体的运动就是如此。

论天

"观测天文学"（speculum astronomiae）载于泽巴波利（Paola Zambelli）编辑的《观测天文学及其秘笈：阿尔伯特及其同时代人的占星术、神学及其自然科学》（*The speculum Astronomiae and its enigma, astrology, theology and science in Albertus Magnus and his contemporaries*）。该文集除了当代学者的研究论文外，附录中列出了阿尔伯特《观测天文学》拉丁文和英文对照版。

在该文献中，阿尔伯特首先提出了与天文学有关的两种智慧：第一种智慧的天文学研究的是所谓月上结构（the configuration of the first heaven），也就是上帝所居住的永恒世界；第二种智慧所称的天文学，是关于运动中的星体的科学。这种天文学为自然哲学和形而上学提供一种关联。这是因为，如果上帝作为享有最高智慧者，将以这种方式安排世界，他本身就是有活力的世界主宰者，但他所创造的世界却似乎并没有活力，他希望通过他所创造的四个要素来操控这个世界，天上的行星就好像体现上帝意图的工具，而且如果有一种教导我们如何在事物因果中考量终极因果的形上科学，如果自然科学也能够教导我们在创造物中识别创造者，那么如何考量在不动的神圣天际和可变的世界之间人类本身的思想呢？如果宇宙内的运动都服从于超越性的宇宙，那么这是不是只有一个伟大绝伦的上帝存在于天地间的基本证据呢？②

仅就从因果的角度来解释世界特别是天体运动的维度而言，阿尔伯特与亚里士多德在思想上有相通之处，但阿尔伯特不同意亚里士多德有关

---

① Edward Grant, *A Sourcebook of Medieval Sciences*, Harvard University, 1974, p. 268.

② Paola Zambelli, *The Speculum Astronomiae and Its Enigma, Astrology, Theology and Science in Albertus Magnus and His Contemporarie*, Dordrecht: Kluwer Academic Publishers, 1992, p. 221.

"第一因"的形而上学，而是坚信这个"第一因"不过是上帝的别名而已。① 但是，如果这样来理解阿尔伯特的天文学工作就太简单了。阿尔伯特认为，"天文学有两种智慧，第一种智慧就有如下几个方面：[1] 探究第一层天的结构（The configuration of the first heaven）以及日夜极轴变换的本质等等……[2] 在天体上标出几何图形或线条的科学，有些是与赤道等距离的圆形，有些是聚焦于但偏斜于赤道的圆形（也就是黄道）……[3] 计算这些圆形与地球之间的距离，以及解释行星的运动如何被均轮所推动等等……[4] 这些星球的极远点及距离和极近点及距离……[5] 这种科学还要处理这些星球与太阳及其光线的关系、升降等等……[6] 研究地球表面的大小以及哪些地方宜居或不宜居等问题……[7] 利用某些星球与地球的距离关系来测度它们的大小……[8] 按照地球直径大小来测度这些星球到地球的距离……等等。"②

这就是说，阿尔伯特在天文学方面的工作延续了古希腊特别是亚里士多德—托勒密的传统，但他在两个方面有所改进：其一，将亚里士多德的"目的因"改成"上帝"；其二，在具体问题上比托勒密的工作又推进了一步，愈发强调观测和计算在天文学中的作用。

像他的老师阿尔伯特一样，阿奎那也继承了亚里士多德—托勒密的天文学传统，但阿奎那也像他的老师一样，并不是仅仅传承亚里士多德的天文学思想，而是采取了新的论证方式。

第一，他客观地总结了亚里士多德在天文学上的贡献：其一，解决了地球的地位和是否运动的问题；其二，肯定了地球是圆形的。在这个问题上，阿奎那也回顾了古希腊先哲们的看法，毕达哥拉斯认为地球也像其他星球一样，围绕着天穹的中心而运动；而柏拉图在《蒂迈欧篇》中则认为地球是不动的，并且是宇宙的中心。

第二，阿奎那详细地考察了亚里士多德关于地球中心说的论证，"如果地球是按照圆形轨道被推动的，不论居于天际中心还是其他什么地方，那么这种运动必有其推动者。显然地球的运动并不是自然的运动，若是，

---

① Paola Zambelli, *The Speculum Astronomiae and Its Enigma*, *Astrology*, *Theology and Science in Albertus Magnus and His Contemporarie*, Dordrecht: Kluwer Academic Publishers, 1992, p. 251.

② Paola Zambelli, *The Speculum Astronomiae and Its Enigma*, *Astrology*, *Theology and Science in Albertus Magnus and His Contemporarie*, Dordrecht: Kluwer Academic Publishers, 1992, p. 211.

地球上的每个组成部分也都得有这种运动，但我们知道地球上事物的运动都是向心的垂直运动。……如果地球按圆形轨迹运动，那么我们必须假定它是永恒的，只有永恒的星体才按圆形轨迹运动，因而地球并非按圆形轨迹运动"①。

第三，较之亚里士多德的论证，阿奎那对地球不动的论证更加服人。他说，如果假定地球是按圆形轨道运动，那么我们所看到的其他星体的升起和降落就不会是在地球的同一地点。但恰恰与此相反，其他星体总是在地球的指定地点升起和降落，因此，地球并不按圆形轨迹运动。②

第四，在他看来，地球并不运动的证据还在于，如果地球向其他中心运动，地球上的各个部件亦可能向那个中心运动，但实际情况是，地球上的各个部件都倾向于向地球的中心运动，因而可以推断地球是宇宙的中心，且本身并不运动。③

但是，阿奎那并没有将天际及其星体看作是绝对静止的实体，而是设想了几种可能："如果一个人在一艘船上被运动，他可能认为自己是静止的，那么他也许看到另外一只船确实是静止的，但对他而言，这另外的船确是在运动着。出现这种情况是因为，他的眼睛与其他船完全是在同一种关系中，而没有看到他所在的船是静止的，而其他船则是运动着的，反之亦然。"④ 显然，阿奎那已经看到了几百年之后伽利略才看到的问题。

阿奎那对中世纪天文学的贡献还不止这些，他在评价亚里士多德的"论天"中已经提出或接近了近代科学所用的一些基本概念如"规律"，"匀速运动"。"哲学家亚里士多德已经认识到为什么天体只向一个方向运动而不是向其他方向运动，他还解释了天体的匀速运动（uniform motion）。首先他认为这项解释工作就是他的目的，其次是对这类现象的论断加以解释……关于他的理论目的，他做了两件事：第一件事是他阐述了他的目的并且概述了他曾经说过的话，有必要强调的是天体的匀速运动是

① Edward Grant, *A Sourcebook of Medieval Sciences*, Harvard University, 1974, p. 497.
② Edward Grant, *A Sourcebook of Medieval Sciences*, Harvard University, 1974, p. 497.
③ Edward Grant, *A Sourcebook of Medieval Sciences*, Harvard University, 1974, p. 499.
④ Edward Grant, *A Sourcebook of Medieval Sciences*, Harvard University, 1974, p. 501.

拟规律的（law-like），也就是天体运动是匀运速度的（uniform velocity），即这种速度从不改变以至于不会出现时慢时快。因此天体的运动完全是理性的。这是因为这种运动是所有运动的标准和尺度；因而不应有任何不规律（irregularity）或差错（discrepancies）的情况出现。"（And this is entirely rational. For this motion is the standard and measured of all motion; hence it ought not possess any irregularity or discrepancies. ）①

论动物

《追问亚里士多德论动物》（*Questions Concerning Aristotle's on Animals*）是阿尔伯特在科学哲学思想史上的代表性著述，该著由 19 部书构成，每部书都包含若干问题，例如第一部（book one）就包括如下问题：问题一，本书缘何以动物为主题（whether this book has animals for its subject）；问题二，动物是否可以分为不同部分（whether a variety of organic parts is necessary to the animal）；问题三，动物的各个部分能否切割下来存放（whether an organic member that has been cut off can be restored）。这种文体被托马斯·阿奎那等中世纪中晚期的学者特别是基督教神学家所继承，成为那个时代的思想标志。②

在《追问亚里士多德论动物》一书中，阿尔伯特提出了两个非常重要的思想：第一，动物的灵魂与肉体有三种存在样式，第一种是动物作为有独立灵魂的存在物；第二种是动物作为肉体的存在物；第三种是动物作为自身及其灵魂与肉体纠结在一起的存在物。这种考察令我们回想起波伊修斯和阿尔伯特在"普遍性与个体性"之间关系问题上的思想态度：普遍性作为自身的存在；普遍性寓于个体性之中的存在；普遍性作为人类思想中的存在。③

仅就上述观点看，阿尔伯特是对亚里士多德有关思想的继承，但阿尔

---

① John Y. B. Hood, *The Essential Aquinas*, London：Praeger Publishers, 2002, p. 44.

② 关于普遍性问题，他避开实在论和唯名论的争论，将普遍性看作一个实体的三个方面：普遍性自身（the universal in divine thought）或具体事物之前的普遍性（the universals before particulars）、自然事物中的普遍性（the universal in natural things）或具体事物之中的普遍性（the universals in particulars）、人类思想中的普遍性（the universal in human thought）或具体事物之后的普遍性（the universals after particulars）。

③ Albertus Magnus, Questioning Concerning Aristotle's on Animals, Washington, D. C：The catholic university of America press 2008, p. 13 .

伯特并不仅仅是对亚里士多德思想的简单模仿。"人类和动物"（Man and the beasts），由斯堪兰（James J. Scanlan）译自阿尔伯特的 *De Animalibus*, *books 22 – 26*①。据斯堪兰的研究，阿尔伯特并不仅仅译出了亚里士多德的动物学著述，而且还曾像亚里士多德一样进行过长期的观察。在《人类和动物》的第一章中，阿尔伯特就阐明了他对亚里士多德思想乃至各种经典理论（包括古希腊的盖伦和当时伊斯兰学者阿维森纳等）的继承与超越。

从继承方面而言，他像亚里士多德一样认为包括人类在内的动物界是一个等级系统。不仅如此，他还把这种古代流传下来的等级观念应用到人类之间特别是男女的生育问题上，认为男性是主导性的，也就是为新生代提供形式或更富活力的因素；而女性则只提供质料性、营养性的因素。但他与亚里士多德不一致的地方在于，他认为人之所以处于动物界的最高位置皆源自上帝，而且人类的繁衍也是为了证明上帝的永恒性。②

我们从阿尔伯特有关动物的研究不难发现，阿尔伯特传承着亚里士多德有关动物的理论，但他用普遍性的三重存在形式来解释动物的灵魂：相对独立存在的灵魂、肉体中的灵魂以及作为认知活动的灵魂。

像他的老师阿尔伯特一样，阿奎那也十分关注动物的研究。一方面，他依然坚持自亚里士多德以来有关世界特别是动植物界的等级观念，坚信从上帝、天使、人类、动植物直到无生命物体的等级结构；另一方面，他同时也强调次一等级的物种对上一等级特别是最高等级——上帝——的"分有"，可见的、世俗世界也是上帝的造物，也体现了上帝的设计，因而提出了"人是小宇宙"的观念。③

基于这种考量，阿奎那认为，人的心脏的运动就存在两种形式，这两种运动形式因其构成方式不同而彼此不同。一方面，心脏的运动类似天体的循环运动，但另一方面它又缺乏天体循环运动的稳定性。对于它像天体那样进

①　该文献的版本学考察可参见斯堪兰在该书中的导论（Albertus Magnus, *Man and the beasts*, *translated from De animalibus books 22 – 26*, Binghamton: Medieval & Renaissance texts & Studies 1987, introduction.）

②　Albertus Magnus, *Man and the beasts*, *translated from De animalibus books 22 – 26*, Binghamton: Medieval & Renaissance texts & Studies, 1987, p. 57.

③　John Y. B. Hood, *The Essential Aquinea*, *Writings on Philosophy*, *Religion*, *and Society*, Westport: Praeger Publishers, 2002, p. 36.

行循环运动，心脏的运动应该是有规律的。然而，这种运动又是由控制感觉的灵魂所支配的，又受理解力和欲望的支配。……而受制于灵魂的驱动与受制于天体运动的原则是有区别的：天体运动的原则不论怎样都是不变的，灵魂的感觉能力并不受制于内在的驱动或变化，而受制于外界的变化。心脏的变化往往受制于感觉、欲望和情绪，而天体的运动则是有规则的。①

从阿尔伯特和阿奎那有关动物的研究不难发现，不论是阿尔伯特还是阿奎那都传承着亚里士多德有关动物的理论，但又有不同的理解。阿尔伯特用普遍性的三重存在形式来解释动物的灵魂、相对独立存在的灵魂；肉体中的灵魂以及作为认知活动的灵魂。而阿奎那基本上认同其师的看法，即动物的灵魂有不同的存在形式，但阿奎那将其简化为两种：类似于天体运动的灵魂（心灵）与受感觉和情欲支配或影响的灵魂（心灵）。

"炼金术"（Libellus de alchimia）②

关于炼金术，最为重要的论文当属帕廷顿（J. R. Partington）的《大阿尔伯特的炼金术》（*Albertus Magnus on Alchemy*），该文收录在艾伦德·G. 布斯（Allen G. Debus）所编的《炼金术和早期现代化学：来自炼金术与化学史研究学会的论文》（*Alchemy and Early Modern Chemistry：Papers from Ambix*）一书中。除此之外，皮埃尔·奇博雷（Pearl Kibre）教授的一系列关于大阿尔伯特炼金术的论文也值得我们重视，包括《大阿尔伯特的炼金术著作》（*Alchemical Writings Ascribed to Albertus Magnus*）③、《大阿尔伯特的炼金术小册子》（*An Alchemical Tract Attributed to Albertus Magnus*）。④、《大阿尔伯特的炼金术手稿包括小册子》（*Further Manuscripts Containing Alchemical Tracts Attributed to Albertus Magnus*）。⑤

---

① John Y. B. Hood, *The Essential Aquinea*, *Writings on Philosophy*, *Religion*, *and Society*, Westport：Praeger Publishers, 2002, p. 38.

② 见 Edward Grant 的《中世纪科学经典汇编》（A Source of Medieval Sciences）的 586 页至 602 页。

③ Pearl Kibre, *Alchemical Writings Ascribed to Albertus Magnus*, Speculum, Vol. 17, No. 4 (Oct., 1942), pp. 499 – 518.

④ Pearl Kibre, *An Alchemical Tract Attributed to Albertus Magnus*, Isis, Vol. 35, No. 4 (Autumn, 1944), pp. 303 – 316.

⑤ Pearl Kibre, *Further Manuscripts Containing Alchemical Tracts Attributed to Albertus Magnus*, Speculum, Vol. 34, No. 2 (Apr., 1959), pp. 238 – 247.

在欧洲中世纪所盛行的"炼金术"并非一种单纯提炼真金白银的技术操作，而是一种在基督教背景下且相信上帝享有最高智慧的宗教技艺或仪式。下文就是阿尔伯特在讨论这一问题时的开场白："全部智慧都来自我主上帝并总是与主同在。那些寻求智慧的人其实都是在上帝那里或请求上帝的恩赐。由于上帝是最高的也是最深的知识之所在，也是全部智慧的宝藏。既然全部智慧都源自上帝，经过上帝且归于上帝，那么没有上帝我们将一无所知：只有心向上帝才是永恒的恩宠和殊荣。因而，在研讨开始我就必须求得乐善好施的上帝的恩赐，借上帝的仁慈和圣灵来填补我那知识贫乏的内心，使我能够在我的教学过程中扑捉黑暗之中的灵光并引导我们改正错误，走向真理之路。"[1]

接下来，阿尔伯特在这篇文献中讨论了如下几个问题："金属是怎样生成的"（how do metals arise），"炼金术这门技艺值得信赖的证据"（The proof that the alchemical art is true），"关于炼金炉的质量和数量"（on the quality and quantity of furnaces）等等。下图是阿尔伯特描述的炼金术的工作程序，其中既包含化学科学的实验规程，也包含宗教气氛的神秘色彩。对于这两个方面不可偏废：将阿尔伯特的炼金术看作近代化学是错误的，但完全将炼金术看作单纯的宗教程式也不全面。

第一条准则：炼金术是一门艺术，从艺者必须保持静默和严守秘密，不可告人，如果知道的人太多就无法保密，如果泄密，就会持续地犯错误。此时从事这项工作就是半途而废，或者使这种事业不完美。

第二条准则：从艺者应有一个不为人知的地方并有一处特殊的房舍，内有2—3个房间，用于我以下还会提到的净化（sublimating）、溶解（solution）和蒸馏（distillation）等。

第三条准则：从艺者应等待适于净化和溶解的恰当时间，因为净化在冬天是没有多少效果的，而溶解和焙烧（calcination）则随时可做：因而这些具体工作我将在具体程序中详加阐述。

第四条准则：这项技艺的从业者在其劳作中必须谨慎勤勉，不能懈怠，而要善始善终。这是因为，如果半途而废，他将无谓地耗掉他的财物和精力。

---

① Edward Grant, *A Source Book in Medieval Science*, Harvard University Press, 1974, p. 586.

　　第五条准则：他必须遵守这门技艺的规程：第一步"收集"（collec-ting），第二步"净化"（sublimations），第三步"定型"（fixations），第四步"焙烧"（calcination），第五步"溶解"（solution），第六步"蒸馏"（distillation），第七步"凝固"（coagulation），如此等等。如果他在净化过程中染色，或者想同时进行凝固和蒸馏，那么他的材料就废掉了，因为这种做法会使原料挥发掉（volatilized）而一无所有，而且损耗非常快。或者如果他想对那些既没有溶解也没有蒸馏的固定原料着色，由于这种原料是不可能溶于颜色的，因而也没法被着色。

　　第六条准则：所有放置实验制剂（medicines）的器皿，不论是盛水的还是盛油的，不论是置于火上的还是不放在火上的，都必须是玻璃的或可以观察到的。这是因为，如果将酸液（acid waters）放在铜质器皿里，铜质器皿会变绿；如果将酸液放在铁质或铝制器皿里，这些器皿会变黑和腐坏；如果放在陶制器皿里，酸液会溢出而流失。

　　显然，在这些过程中，我们会发现某些环节与化学知识较为接近，但是如果借此将炼金术看成是现代科学意义上的化学，那就大错特错了。炼金术其实是一种宗教信念支配下寻找贵金属的技艺，其理念是新柏拉图主义的宗教观念：有两层世界，上帝和诸神居住的天界和人类生存的世界，但这两个世界有相通之处，人的世界也潜藏着上帝造物的理念及其材料如贵金属等，但一般人难以找到这些金贵的东西，只有那些虔诚的信徒以特定的技艺才能找到这些金贵的东西，而且这个过程的目的并不是发财，而是为了修炼其德行。①

---

　　①　炼金术士认为，地球上生长着各种各样的金属，而金属生长之初都是从贱金属（the base metals）开始如铜、锡等，但是如果金属在地下不被干扰地存放足够长的时间，则全部会长成贵金属（the noble metals）——金和银。根据采矿知识等诸如此类矿工的说法和信念，新柏拉图主义者认为根据已有经验证据，我们完全不必像一个矿工那样通过艰苦劳作寻找贵金属，或呆呆地等着土地里慢慢长出黄金。炼金术士想要做的事情是在实验室里加速这一进程。炼金术是自然巫术的一个门类，其目的不是从无到有地创造金子，而是加速金和银生长的自然过程。如何才能加速这一过程呢？那就是融入这一基本进程并且学会怎样干预以增进这个进程，这就是自然巫术的特征。据上文所说，炼金术不是魔术也不是妖术，而是自然巫术。……对于炼金术士来说，他自己个人造化（personal enlightenment）的心理进路（psychological path）是他作为一个炼金术士成功的原因和结果。大多数炼金师不是为了钱才参与其中，而是为了心灵的改善和精神的造化。按照这种理论（这在17世纪是一种好的新柏拉图主义），只有精神纯净的人才能在炼金术上获得成功。如果你没有正确的态度，不可能获得深藏在自然之中的力量和因果关系的知识。肮脏的、卑鄙的、自私的人不可能融入这一基本进程。只有正直的人才能获得这种知识，接下来他会成功，而成功将会证明他是正直的。参见 J. A. 舒斯特《科学史与科学哲学导论》，上海世纪集团出版社2013年版，第20章。

阿奎那也有关于"元素的组合"（on the combining of elements）① 的论述，他虽然没有像他的老师阿尔伯特那样提出一个完整的操作程序，但却提出了几条基本原则性的考察。

1. 许多人都对组合物中的元素的存在方式感兴趣（Many men are in doubt as to the manner of existence of elements in a compound）。

2. 某些人认为，元素以实体的形式存在着，而在外力作用下元素所具有的活跃的及不活跃的性质有时呈现着相对独立的状态，如果元素不能保持这种状态，就会出现元素的某种坏损，并不是元素的组合。（Some think that the substantial forms of the elements remain, while the active and passive qualities of the elements are somehow placed. By being altered, in an intermediary state; for if they did not remain, there would seem to be a kind of corruption of the elements, and not a combination.）

3. 再者，如果组合物的实体形式（The substantial form of the compound）是物质的行为（the act of matter）而没有预设单质物体的形式（the simple bodies），那么某种单质物体（simple bodies）也不具备元素的性质（the nature of elements）；由于某种元素是不同于那些由其构成且存在其中的事物，它在本质上是不可见的；更由于实体的形式（substantial forms）是被动的，组合物（compound）并非成于以某种方式存在于其中的元素。组合物的性质并不取决于元素的性质；这是因为物体自身的相同结构不可能源自不同元素的各种形式。（It is impossible for the same portion of matter to receive the forms of the different elements.）如若元素的实体形式被保存在组合物中，那么这些元素必定是不同于物体的部分。②

显然，在物质构成的问题上，阿奎那沿着他的老师阿尔伯特开辟的道路继续探索，但相比阿尔伯特注重操作的进路，阿奎那更注重元素与物质之间关系的深层思考，元素与其构成物在性质上是一致的，还是不一致的？他的基本结论是，元素的本质并不同于其构成物的本质，也就是说，

① 此文由 Edward Grant 译自 T. 阿奎那的《论元素的组合》（De mixtione elementorum），选自 R. M. Spiazzi, OP 编辑的《哲学大全》（Opuscula Philosophica）载于 Isis, Vol. II, Part I, No. 163（1960），pp. 68 – 72. 另见 Edward Grant, A Sourcebook of Medieval Sciences, Harvard University Press, 1974, p. 603.

② Edward Grant, A Source Book in Medieval Science, Harvard University Press, 1974, p. 603.

元素具有相对独立的特性。这些问题不仅具有重要的哲学意义，更具有重要的科学意义。

三　双重真理的科学意义

阿尔伯特专论哲学的著述不多，但绝非没有。《论狄奥尼索斯的神秘的神学》（*Dionysius' Mysticasl Theology*）就是绝无仅有的一种。在该书中，阿尔伯特认为，"显然，我们称之为'神秘的'是因为这种东西是深藏的和不被世人所知的；在这种神学中我们可以通过抽象的方法获得上帝的知识，最终将揭示上帝深藏不露的秘密。我们之所以称之为'神秘的神学'，是因为我们可以获得许多有关上帝的知识。而'神秘的'这个词不仅意味着'不为人所知'（close），而且还意味着'学习'（learn）和'教学'（teach）"①。

这段话在中世纪极具代表性，表达了当时的知识分子在宗教氛围中进行科学探索的基本信念或时代精神。"尽管神圣的上帝（divine Persons）的存在是深藏的（hidden），但对上帝进行探索的道路却并没有被阻断，其证据就来自三位一体论者的神学（Trinitarian theology），例如圣父就允诺以其三种形式将不可见的上帝之首的理解变得清晰起来，在这个问题上有人已然提出上帝作为第一因（the first cause）的观点。基于这种考量，科学就被称为针对神秘性的探索方法。……科学，就像其他事物一样，应主要考察其最终产品。所以科学，作为最终使我们摆脱神秘的东西，最好应被称为'探秘性的'（mystical），堪比从隐秘到清晰的探索（how to move from hiddenness to clarity），特别是，后一种理解的科学不应仅仅看作它的起点的隐秘事物（something hidden），而是应该看作从这种隐秘事物出发达到清晰的过程（made manifest by the procession of things from it），这一过程相当于我们在追寻上帝的设计。"②

循着这条思想，阿尔伯特致力于从波菲利所提出的问题入手来思考或探索哲学问题。波菲利在他的《关于亚里士多德工具论的导论》中

---

① Simon Tugwell, O. P., *Alert & Thomas Selected Writings*, New York: Paulist Press, 1988, p. 134.

② Simon Tugwell, O. P., *Alert & Thomas Selected Writings*, New York: Paulist Press, 1988, p. 140.

（Isagōgē）试图将普遍性问题从逻辑学家那里抽取出来，放置在形而上学和神学领域。波菲利的问题是这样的：种和属是独自存在（genera or species exist in themselves），还是仅仅作为概念而存在（reside in mere concepts alone）？抑或种和属的存在是有形体的（corporeal）还是无形体的（incorporeal）？它们的存在是独立于感性客体（exist apart from sense objects），存在于感性客体之中（in sense objects），还是依存于感性客体（dependent on sense objects）？正是阿尔伯特第一次用经院哲学和新经院哲学的思想系统地定义了普遍性问题，意即普遍性的三重存在形式：先于事物的普遍性（ante rem）、存在于事物之中的普遍性（in re）和事物之后的普遍性（post rem）。这一思想是阿尔伯特统一他的各种思想不同部分的特征。正是由于这一思想特征，古典晚期思想和中世纪晚期思想才被整合起来。①

阿尔伯特并不想重复 12 世纪的实在论、唯名论的论证，也不想在实在论（realism）、观念论（conceptualism）和唯名论（nominalism）之间做出选择。相反，他区分了普遍性的三种类型，并从三个方面来回答波菲利提出的普遍性问题，对于 12 世纪的思想家而言，这种答案既不是实在论者的答案，也不是唯名论者的答案，而是意味着超越三种普遍性理解的冲突。因此，普遍性既不是独立存在的普遍性的事物（如同实在论者所说的那样），但也不是仅仅作为词项那么简单（如同唯名论者所说的那样）。毋宁说，普遍性是带有三个不同层面的一个实体，或者三种存在的样式（a universal is one entity with three different aspects, three *modi essendi* [modes of being]）。这三种样式的区分取决于如何看待普遍性：如果从一种神圣的思想或超验的智慧（in divine thought thought or the separated intellects）看，普遍性就是其自身（the universal in itself）；如果从自然事物的角度看，普遍性就是自然事物之中的普遍性（the universal in natural things）；如果从人类思想的角度看，普遍性就是人类思想的结果（the universal in human thought）。②

---

① Routledge Encyclopedia of Philosophy, Version 1.0, London and New York: Routledge 1998, Entrence "Albertus Magnus".

② Routledge Encyclopedia of Philosophy, Version 1.0, London and New York: Routledge 1998, Entrence "Albertus Magnus".

沿着老师的道路，阿奎那认为，对上帝的信念不仅仅满足于信仰，更应该着眼于理性的论证。基于这种考量，"我认为上帝的存在应从如下五个方面得以论证（God's existence can be proved in five ways）。首要的而且是最明显的方法就是来自变化的论证（the first and clearest way is taken from change）。……所有变化的事物都必有其原因（everything that is changed is changed by something else）。……变化就是从可能变成现实（bring something potential into actualization）"①。

第二种论证方式来自有效因果的本质（the nature of efficient causes）。这是因为我们发现在感性事物中总会存在有效推理的序列……因而有必要提出第一位的有效原因（a first efficient cause），也就是人人都称其为"上帝"。

第三种论证方式来自可能性（possibility）和必然性（necessity）以及诸如此类的事情。我们在日常事物中发现有些可能的事物能够成为存在，有些则不能存在。我们必须设想一种存在是先天必然的，而且它的必然性无需外在原因，只需推动其他必然性的原因，这也就是人们所说的上帝。

第四种论证方式来自存在于事物中的各种超越程度。我们发现某些事物在善、真理、高贵等方面比其他事物中的这些品质更多。……因而必定存在某个比现存的存在、美德和完美等更高级的存在。这也就是我们所说的上帝。

第五种论证方式来自事物的领悟（the governance of things）。……我们知道，每个事物达成其目的不是偶然的而是有目的性的。而那些缺乏知识和理解的事物在达成目的时必有其最高智慧者。这是因为，这种具有最高智慧的存在（intelligent being）引导物理性的存在达成其目的。这种存在就是我们所说的上帝。

中世纪繁荣时期，真理成为逻辑学探讨的主要问题。阿奎那的真理观区别于安瑟伦谟的"真理即正当"，也不同于阿伯拉尔的命题语义真理。关于他的真理观，学界已有研究，如吉尔松在其《圣托马斯·阿奎那的

---

① John Y. B. Hood, *The essential Aquinas*, London: Praeger Publishers, 2002, pp. 141 - 142.

哲学思想》（the Philosophy of St. Thomas Aquinas）① 中着墨较多地剖析了
阿奎那的知识与真理观。同时，由米尔班（John Milbank）和皮克斯多克
（Catherine Pickstock）合著的《阿奎那的真理观》②，通过感觉、意图、语
言等方面论述阿奎那的真理观。

　　阿奎那对于真理思想的探讨主要集中在其《神学大全》《论真理》
《反异教大全》中，特别是《反异教大全》是他针对阿威罗伊主义所提出
的"双重真理论"③ 而作。他指出，理性哲学与信仰启示的真理实质上是
相同的真理，因为二者都是建立在理性之上的，都赞成理性的可靠性。他
的真理观点将真理归于理性的亚里士多德主义与将真理源于实物的新柏拉
图——奥古斯丁主义调和了起来。

　　阿奎那的真理思想是架构在"等价"（adequatio）的基础上的："真
理是理智和客观事物的相等。"④ 阿奎那这里的意思就是说，当理解中的
事物和概念上拥有一样的形式时，便有了"真"。用现代逻辑的真理符合
观点来说，真理必须与实在相符。但是，在托马斯那里，最重要的还是从
事物的完满性来界定真理的定义。对象事物与理性的等价，是一个同形式
的等价，它是完整的、充分意义上的完全的符合，而不是部分、片段的符
合。就人类的理性来说，这种等价的关系，不是一个单向度的问题。既不
是对象事物单向地去符合理性，也不是理性单向地去等价对象事物。阿奎
那认为"真理首先归属于理智，其次归属于事物"⑤。阿奎那区分了两种
理性，即理论理性与实践理性，前者是受对象事物的影响，对象事物是它
的尺度，而后者却是促成事物的原因，因而它是对象事物改变的尺度。对
象事物之所以称为真，那是因为它符合了理性。但是，对象如果离开了理
性，那么便不存在任何意义上的真。不过，就算没有人的理性，真理也是
依旧存在的，因为上帝是一切自然事物包括人的原因。所以对于阿奎那而

　　① Etienne Gilson, *The Philosophy of St. Thomas Aquinas*, Salem, New Hampshire: Ayer Company Publisherd, 1983.

　　② John Milbank, Catherine Pickstock, *Truth in Aquinas*, London; New York: Routledge, 2001.

　　③ "双重真理论"认为信仰的真理不同于理性的真理。

　　④ Wippel J. F., "Truth in Thomas Aquinas", *Review of Meta-Physics*, 1989 年第 43 期，第 295—326 页。

　　⑤ Wippel J. F., "Truth in Thomas Aquinas", *Review of Meta-Physics*, 1989 年第 43 期，第 295—326 页。

言，上帝才是终极的真理本身，只有理性与对象事物等价，才有完美的符合与对等，因为在上帝的理性中产生的形式恰好等同于它的创造物中产生的形式。

实际上，把真理限定在对象事物的分合活动中，进而只能限定在概念判断上，这其实可能是阿奎那对亚里士多德真理观的一个继承，他所说的这种真理仅仅是在知识论层面上的真理，是一个真假判断。不论阿奎那是不是为了要阐释假知识的出现或者是错误的产生而把真理问题界定在理性的分合活动的框架中，他对真理知识的追求与探索、他的真理论推动了近代符合论真理观的深入发展，既调和了亚里士多德主义与新柏拉图—奥古斯丁主义，也在真理的论述中处处彰显了对理性的肯定与重视。这无疑都促进了理性的萌芽与独立发展，在客观上激励着后人对真理知识的追求，也为近代科学革命的产生埋下了伏笔。

阿尔伯特和阿奎那在科学哲学史上的地位主要取决于如下三个方面：其一，从思想源流看，在科学哲学从古希腊到后现代的思想演化中，阿尔伯特是一个不可或缺的环节；其二，从科学基础看，他们拥有自己的科学思想体系，而且他们的科学思想体系在科学思想发展过程中也是一个不可或缺的环节；其三，从哲学观念看，他的思想包括哲学、神学、自然史等诸多领域，但其哲学观念与其科学思想存在着必然的思想关联。

第一，在中世纪复活亚里士多德学说的运动中，虽然阿尔伯特不是第一个译介亚里士多德作品的人①，但肯定是第一个使亚里士多德学术思想被基督教认可的圣哲。仅凭这一点，他就足以在科学哲学史上占据一定地位，更何况他的学生托马斯·阿奎那在西方思想史上所具有的决定性地位。

第二，毫无疑问，阿尔伯特和阿奎那已经形成了他那个时代最为全面的科学知识系统。一方面，他几乎译介了亚里士多德的所有科学著述，并整理了包括阿维森纳等伊斯兰学者在内的最新科学知识；另一方面，他在求学、就仕教职期间，进行了大量的科学观察（有些观察并不准确）、科学实验（尚属于炼金术范畴）。就存留下来的文献看，阿尔伯特在动物

---

① 在中世纪 12—13 世纪，从阿拉伯译本中译介亚里士多德作品的第一人可能是斯科特（Michael Scott）。

学、植物学、矿物学、占星术及天文学、数学、医药学等诸多领域都有所建树。这些学术积累及其个人建树在古希腊的科学思想和近现代科学革命之间是一个不可或缺的环节。

第三，阿尔伯特和阿奎那并没有止步于自然史研究的具体细节，而是力图将基督教观念和科学知识整合起来进行综合性考察。他把人类看作上帝与世界的结合点：这是因为人类拥有上帝的神圣智慧，但却生活在可变的物质世界之中；他作为世界的主宰，但又是上帝的仆人；他的灵魂出自上帝，却具身在可毁坏的动物肉体之中。人类的这种境况促使他必然要信仰上帝并理解自然：通过理解自然来信仰上帝，通过信仰上帝来理解自然。这是西方现代自然科学兴起的基本理念。①

第三节　唯名论的科学思想内涵②

正如西方科学史家 E. 格兰特指出，"如果西欧的科学一直停留在 12 世纪上半叶的水平，那么 17 世纪是否还有可能发生科学革命？也就是说，如果希腊—阿拉伯科学和自然哲学没有被大规模地翻译成拉丁文，17 世纪是否还可能发生科学革命？答案似乎是显然的：不，绝不可能。"③

因此，要全面、准确地理解近代科学的起源和发生，也就是所谓的科学革命，就必须认真研究中世纪特别是中晚期的思想状况。"如果说中世纪对科学与神学之间的关系的思考是科学哲学思想发展中的重要一环，那么唯名论则是这个环节中最靠近现代科学哲学思想的构件。"④ 事实上，中世纪晚期经院哲学家罗吉尔·培根、约翰·邓斯·司各脱、奥卡姆的威廉⑤以其特有的视角和方法将原有的思想体系内部包含的矛盾和张力以不

---

① Albertus Magnus, *Man and the Beasts*, *Translated from De Animalibus Books 22 – 26*, Binghamton: Medieval & Renaissance texts & Studies, 1987, p. 65.

② 我的学生褚亚杰对中世纪晚期的科学哲学文献研究做了大量工作，本节的初稿就是她的学位论文。

③ 参见爱德华·格兰特的论文："Medieval science and natural philosophy", in James M. Powell, ed., *Medieval Studies*, *An Introduction* (Syracuse: Syracuse University Press, 1992), pp. 369.

④ 安维复：《科学哲学新进展：从证实到建构》，上海人民出版社 2012 年版，第 14 页。

⑤ 在本节中，为使行文方便，如无特别说明，培根即指罗吉尔·培根，司各脱即指约翰·邓斯·司各脱，奥卡姆即指奥卡姆的威廉。

同方式展现出来，并传至近代。可以说，中世纪晚期已经蕴藏着后来思想发展的一切可能性。中世纪所显露出来的人性在很大程度上正是现代的反面，通过中世纪的思想，我们可以更好地理解我们自己。科学与哲学的关系是其中重要的方面之一。

　　从文献看，国外对于中世纪晚期科学哲学思想的研究经历了一个漫长的过程，各种研究成果可谓汗牛充栋。①

　　20 世纪初，迪昂发表了三卷本的《列奥纳多·达·芬奇研究》和十卷本的《宇宙体系》，开中世纪科学史研究之先河。在此基础上，迈尔（A. Maier，1905—1971 年）从中世纪的原始文本出发，对迪昂的工作进行了全面审查与重新评价，她的研究成果集中体现在五卷本的《晚期经院自然哲学研究》。② 20 世纪 50 年代起，威斯康星大学出版社出版了克拉盖特主编的一套关于中世纪科学的研究专著。60 年代中期开始，爱德华·格兰特③与约翰·E.默多克和大卫·C.林德伯格，在美国威斯康星大学开始研究中世纪的自然哲学和宇宙学在科学史中的地位。1974 年，格兰特编译出版了《中世纪科学文库》（A Source Book in Medieval Science），该书第一次全面展示了中世纪科学包括数理科学以及炼金术、化学、地理学等的成就。基于这些文献，格兰特在《中世纪晚期自然哲学的性质》④（The Nature of Natural Philosophy in the Late Middle Ages）一书中讨论了中世纪的大学与科学、中世纪晚期的物理学思想、上帝和中世纪的宇宙。在格兰特的另一重要著作——《近代科学在中世纪的基础》（The Foundations of Modern Science in the Middle Ages）中，作者对中世纪自然哲学提出了一种新的阐释，认为近代科学植根于古代和中世纪。16 和 17 世纪的哲学家"忽视了"中世纪自然哲学家留下的遗产，"世界已经否认它的存在，而

---

　　① 具体可参见张卜天《中世纪科学史研究的发展与展望》，《中国科技史杂志》2012 年第 33 卷第 3 期。这一部分的综述对此文的借鉴甚多，特此说明。

　　② 包括《伽利略在 14 世纪的先驱者》《经院自然哲学的两个基本问题：强度量问题，冲力理论》《在经院哲学与自然科学的边界：物质实体的结构，重力问题，形式幅度的数学》《晚期经院自然哲学的形而上学背景》《在哲学与力学之间》。

　　③ Edward Grant，1926 年生，美国印第安纳大学科学史与科学哲学系荣誉退休教授，1992 年获得科学史研究的最高奖萨顿奖。

　　④ Edward Grant，The Nature of Natural Philosophy in the Late Middle Ages，（Studies in Philosophy and the History of Philosophy，）. Washington，D. C.：Catholic University of America Press，2010.

去嘲笑和蔑视亚里士多德主义的经院哲学家和经院哲学。这调侃并非没有道理。现在到了改变中世纪的自然哲学的时候了"①。

相比之下，我国对中世纪晚期科学哲学思想的研究尚不多见。虽然对R.培根、奥卡姆的威廉和D.司各脱也有研究，但大多是以一般哲学史为视角，他们的科学哲学思想没有得到应有的重视。这也是本节的思想契机。

中世纪晚期的科学哲学思想主要集中在格罗塞特斯特、罗吉尔·培根和奥卡姆的威廉三人身上：格罗塞特斯特将亚里士多德的三段论加工成"分析与综合"的科学方法；罗吉尔·培根使实验成为科学研究不可缺少的基础；奥卡姆的威廉提出的著名的精简性原则为近代科学摒除神学观念和运用数学打开了道路。中世纪晚期哲学、科学需要时时刻刻解决与宗教神学的关系问题，它们之间的互动成为中世纪宗教、哲学、科学的共同关注点。由于培根、司各脱、奥卡姆的威廉的伟大贡献，中世纪晚期经院哲学家指出了通向近代的一条路，而正是这条路开启了文艺复兴运动及近代的科学、哲学革命。

一　格罗塞特斯特：首倡"分析与综合"的科学方法

格罗塞特斯特（Robert Grosseteste，1175—1253）是英国的政治家、经院哲学家、神学家、科学家和林肯郡的主教。科隆比（A. C. Crombie）称其为"中世纪牛津大学科学思想传统的真正奠基人，在某种程度上也是近现代英国思想传统的奠基人"。（the real founder of the tradition of scientific thought in medieval Oxford, and in some ways, of the modern English intellectual tradition. ）②

仅就科学思想而论，维基百科全书提供的格罗塞特斯特著作存世不多，主要有：《论天》（De sphera/ An introductory text on astronomy）；《光学研究的形而上学》（De luce/ On the "metaphysics of light. "）；《论潮汐及潮汐运动》（De accessu et recessu maris/ On tides and tidal movements）；《论

---

① Edward Grant, *The Nature of Natural Philosophy in the Late Middle Ages*, (Studies in Philosophy and the History of Philosophy,). Washington, D. C. : Catholic University of America Press, 2010, p. 14.

② 参见 Robert Grosseteste, from Wikipedia, the free encyclopedia.

自然科学中的数理推理》（*De lineis*, *angulis et figuris*/ Mathematical reasoning in the natural sciences）以及《论雨虹现象》（*De iride*/ On the rainbow）等。但在斯坦福大学的哲学百科全书网页上，格罗塞特斯特著述甚丰，包括拉丁原版和英译本两种。拉丁原版著述主要有：Ludwig Baur 在 1912 年编辑的《R. 格罗塞特斯特的哲学文稿》（*Die Philosophischen Werke des Robert Grosseteste*, *Bischofs von Lincoln*）；Richard Dales 在 1963 年编辑的《八卷本亚里士多德物理学评注》（*Roberti Grosseteste episcopi Lincolniensis commentarius in viii libros Physicorum Aristotelis*）以及《有限运动及其时间》（*De finitate motus et temporis*）；Cecilia Panti 在 2001 年编辑的《论天体运动及宇宙演化》（*De sphaera*, *De cometis*, *De motu supercaelestium*）以及 Pietro Rossi 在 1981 年编辑的《后分析评论》（*Commentarius in Posteriorum Analyticorum Libros*）等等。

格罗塞特斯特科学著述的现代英译本主要有：科隆比（A. C. Crombie）在 1955 年编辑的《格罗塞特斯特在科学史中的地位》（*Grosseteste's Position in the History of Science*, in *Robert Grosseteste*：*Scholar and Bishop*, ed. Daniel A. Callus, Oxford：Clarendon Press, 98 – 120. Contains a translation of *De calore solis*, 116 – 120）；格兰特在 1986 年编辑的《中世纪科学文汇》有关章节（*A Source Book in Medieval Science*）；Richard C. Dales 在 1973 年编辑的《中世纪科学成就》（*The Scientific Achievement of the Middle Age*）有关章节；刘易斯（Neil Lewis）在 1988 编辑的《R. 格罗塞特斯特思想中的时间与模态》（*Time and Modality in Robert Grosseteste*）以及刘易斯在 2013 年编辑的《光的形而上学》（*On Light*）等等。

至于研究格罗塞特斯特科学思想的著述亦不在少数，主要有：A. C. Crombie 在 1953 年撰写的《格罗塞特斯特与实验科学的起源 1100—1700》（*Robert Grosseteste and the Origins of Experimental Science 1100 – 1700*, Oxford：Clarendon Press）；伊斯特伍德（Bruce S. Eastwood）在 1968 年撰写的《中世纪的经验论：以格罗塞特斯特的光学为例》（ "*Medieval Empiricism*：*the Case of Grosseteste's Optics*", Speculum, 43：306 – 321）；奥利佛（Simon Oliver）在 2004 撰写的《格罗塞特斯特论光、真理与实验》（*Robert Grosseteste on Light*, *Truth and Experimentum*, Vivarium, 42：151 – 180）；帕尔马（Robert J. Palma）在 1976 撰写的《格罗塞特斯特论科学的规程》

（*Grosseteste's Ordering of Scientia*, New Scholasticism, 50: 447 - 463）；塞林纳（Eileen F. Serene）在 1979 年撰写的《格罗塞特斯特论科学的归纳与演绎》（*Robert Grosseteste on Induction and Demonstrative Science*, Synthese 40: 97 - 115）；华莱士（William A. Wallace）在 1972 年撰写的《因果性与科学解释之一：中世纪及近代的经典科学》（*Causality and Scientific Explanation. I*: *Medieval and Early Classical Science.* Ann Arbor: University of Michigan Press）等等。

在这些著述中，我们大致可以窥见格罗塞特斯特科学哲学思想的三个方面：对亚里士多德科学方法的继承与发展；对科学与哲学关系的探索；对后世科学哲学思想的影响。

1. 对亚里士多德科学方法的继承与发展

在欧洲中世纪，亚里士多德主义依然是占统治地位的意识形态。在科学方法上，亚里士多德的"范畴篇"特别是其中包含的三段论等，依然是中世纪学者必须认真对待的话题。

据维基百科载，格罗塞特斯特可能是将亚里士多德逻辑方法改造成"分析与综合"的两条探索路径的第一人。科学推理遵循着两条路线：其一是从具体的观察上升到普遍原理的抽象过程；其二是从普遍原理预测具体事件的预见过程。他将这两个过程称为"分解与综合"（resolution and composition）。① 例如，以月球为例，我们可以从对月球的观察中得出普遍的宇宙规律，用以解释其他天体运行；同时也可以从普遍的天体运行规律出发来解释月球的运动。这一思想对伽利略以及所在的帕多瓦大学产生了重大影响。

斯坦福大学的网络版哲学百科全书认为，格罗塞特斯特的科学方法是由当代著名科学史家科隆比在 1955 年提炼出来的：（1）格罗塞特斯特是西方拉丁世界在科学中强调实验方法的第一人；（2）他也是在实验方法中强调证实和证伪的第一人；（3）他还是在物理学领域的科学解释中强调数学的第一人。

---

① Grosseteste was the first of the Scholastics to fully understand Aristotle's vision of the dual path of scientific reasoning: generalising from particular observations into a universal law, and then back again from universal laws to prediction of particulars. Grosseteste called this "resolution and composition".

　　科隆比并没有给这个判断以出处，经过我们多方查阅，终于在格兰特编辑的《中世纪科学文汇》（*A Source Book in Medieval Science*）第385页查到了几行类似的说法："既然我们讲过某些事情归属于整个宇宙和它的组成部分以及直线与圆周运动等等，我们必须把普遍的行为看作内在于从属于它的具体事物之中（inferiorum）；即普遍的思考可分化为具体行动，以至于这种普遍的思考能操控世界中的具体事物；而某些具体事物通过某种中介也能够实现其追求更高级事物的完美性（maiora）。"①

Since we have spoken elsewhere of those things that pertain to the whole universe and its individual parts and of those things that relate to rectilinear and circular motion,⁶ we must now consider universal action insofar as it partakes of the nature of sublunary things *(inferiorum)*; this universal action is a subject receptive to diverse activities, insofar as it descends to operation in the matter of the world; and some things can be brought in as intermediaries, which are able to bring to perfection that which is advancing toward greater things *(maiora)*.

图 3-7　格罗塞特斯特《光的形而上学》片段

　　我们以为，格罗塞特斯特的论述确实包含从普遍原则到具体事物以及从具体事物到普遍原则的双向过程，但是，格罗塞特斯特所使用的话语依然是普遍性与特殊性这一中世纪特有的语言方式，依然是在实在论与唯名论的语境下讨论普遍原则与具体事物之间的关系。进一步说，格罗塞特斯特依然是在神学话语中讨论普遍原理与具体事物之间的相互关系。

---

① Edward Grant, *A Source Book in Medieval Science*, Harvard University press 1974, p. 385.

2. "光的形而上学"①

斯坦福大学哲学百科全书充分肯定了格罗塞特斯特高度评价数学方法在科学研究过程中的应用（"special importance to mathematics in attempting to provide scientific explanations of the physical world"），经过我们查对格兰特的《中世纪科学文汇》（*A Source Book in Medieval Science*）有关章节，格罗塞特斯特确实在《论光线、角和图形》（*On Lines, Angles and Figures*）一书中写过这样的话："想到光线、角和图形对科学研究的巨大作用，舍此自然哲学几乎是不可能的。这些数学工具对于我们理解宇宙作为整体以及它的组成部分之间的关系是必不可少的。"②

为什么数学具有如此神力呢？格罗塞特斯特通过对线段的考察发现，"自然之物所发之力达其目的或沿较短的直线，沿着直线运动的力具有更大的能量，因为这种自然力达其目标的距离为最短；或者选择一条较长的线路，其结果是所用之力渐竭，因为这种自然力达其目标的距离较长。但在这两种情况下，这种自然力都来自拥有或不拥有阻力的自然物的表面。如果这种力的传播没有阻力，它就沿直线传播，否则它将沿曲线传播。但是如果沿直线传播，这种力就更加强有力，正如亚里士多德在《物理学》第五卷所指出的那样，自然界行事尽可能简单（nature acts in the briefest possible manner），而且直线在所有线段中为最短。况且所有的直线都是相等的，因其没有角度，而正如波伊修斯在他的《算术》（*Arithmetic*）中所说，相等的事物优于不相等事物。既然自然物偏好最简单方式行事，那么自然物总是选择沿直线。同样，任何一种按此规则行事的力都更加有力。较之曲线而言，直线运动更具有统治力和统一性。按照亚里士多德的上述说法，沿直线的运动最有力"③。

按此逻辑，只有光才符合这种直线运动的品格。在其著述《光的形而上学》（*De luce/ On the " metaphysics of light*）一书的开篇，格罗塞特斯特就这样写道，"在我看来，在某些被称为有形体存在（corporeity）

---

① "光的形而上学"（metaphysics of light）是 C. 鲍姆科（Clemens Baeumker）在 1916 年发明的一个词，用以指谓格罗塞特斯特在《论光线、角和图形》（*On Lines, Angles and Figures*）一书中所提出的观点。

② Edward Grant, *A Source Book in Medieval Science*, Harvard University press 1974, p. 386.

③ Edward Grant, *A Source Book in Medieval Science*, Harvard University Press, 1974, p. 385.

的形式（form）中最为出色的非光莫属。这是因为就其本质而论，光从光源的扩散是全方位的，这种扩散以极快的速度产生一个不可度量的光圈，除非有某种障碍物阻其扩散。我们知道，三维物体的扩散必须以形体存在相伴而生，而光本身却是缺乏这种三维特性的简单物件和形体存在。但某种自身缺乏三维的简单实体的形式以及类似的东西不可能以任何方位穿过物体，除非它能够向任何方向自己自发产生和自我扩散，这样才能在物体中扩散自己。由于这种形式在扩散中并没有破坏物体，因此它在扩散中是不可分割的，被它所扩散的物体并不能剥夺它的形式——我已经确认，只有光才具有这种自我产生和即时全方位扩散的本质"①。

格罗塞特斯特对光的基本判断是，"在哲学家看来，较之各种等而下之的形式以及各种有形事物（corporeal things），光作为有形的形式（corporeal form）具有更高贵、更高尚和更杰出的本质。而且较之全部区别于物体而独立存在的形式而言，光具有更大的简单性，甚至不在人的理智能力之下。因而光是最杰出的有形体的形式（It has, moreover, greater similarity than all bodies to the forms that exist apart from matter, namely, the intelligences. Light therefore is the first corporeal form.）"②。

学界往往高度评价格罗塞特斯特在光学方面的科学贡献，当然，较之前贤，格罗塞特斯特确实在对光的理解上大大前进了一步，但是无可置疑，格罗塞特斯特对光的理解在理论框架而言还是没能超出亚里士多德的范畴体系，还在用形式、质料等话语方式讨论光学问题。

3. 实验科学的奠基人

学界通常认为格罗塞特斯特开发了科学实验方法（experimental method），特别是可控实验（controlled experiment）。据说他曾研究番薯或旋花草（scammony），看其是否抑制红胆汁的排放。但也有人同意这种观点，认为格罗塞特斯特确认科学知识的方法是日常观察、权威经典

---

① Robert Grosseteste, *On Light* (*De luce*), Translation from the Latin, With an Introduction by Clare G. Riedl, Marqrette Universtiy Press, 1942, p. 10.

② Robert Grosseteste, *On Light* (*De luce*), Translation from the Latin, With an Introduction by Clare G. Riedl, Marqrette Universtiy Press, 1942, p. 10.

和思想实验等的综合。①

因此，要检验上述说法是否正确，还需要核对其本人的相关文献。在《论雨虹》（On the rainbow）一文中，格罗塞特斯特开宗明义地指出，对雨虹的考察事关研究光学的学生和研究物理学的学生，因为学物理的学生要搞清雨虹的真相；而学光学的学生则要弄清楚形成雨虹的原因。针对这个问题，格罗塞特斯特进行了如下论证。

第一，他认为光学是基于视觉形象的，这种研究属于有关光线及其平面之间关系的科学，不管这种光线是太阳发出的，还是行星或其他发光体发出的，也不管这种光线仅仅是没有实物的视觉幻象。按照这条思路，他认为亚里士多德在《论动物》（De animalibus）一书中提到，"深嵌的眼睛便于从远处观看，因为这种观看不能分解，也不能损毁，这种视觉能力是自然而言的，自然就看到被观察的对象"②。这说明，格罗塞特斯特确实引证权威经典来论证科学问题。

第二，格罗塞特斯特也确实利用了思想实验的方法，在《论雨虹》中，他引证了亚里士多德的观点后继续说道，光以一定角度的直线传播可能做如下解释，"设想来自眼睛的视线通过空气中的媒介不断地直线传播到另一种媒介或对象，这种光线垂直地照射到这种媒介的深处。因此我认为，这种光线在第二种媒介中就沿着所设想的光线所构成的夹角的平分线而传播，这种光线从光源到达光照目的表面的第二种媒介形成两个方面，一个方向是直线传播的，另一个方向是垂直传播的"③。

第三，实验方法也是格罗塞特斯特解决雨虹问题的重要方法之一。他说，"决定一种光线折射角度的大小，其证据在于这样一种实验，如我们已经知道的，光线在镜子上的折射在于入射角等于反射角。这种事情是由自然哲学的基本原则所揭示的，自然界的所有行为都是尽可能地符合规范的、安排好的、简单的"④。

---

①　http：//plato. stanford. edu/entries/grosseteste/

②　De Generatione Animalium, V. I. 78a, 1 - 2. In Edward Grant, *A Source Book in Medieval Science*, Harvard University Press, 1974, p. 389.

③　Edward Grant, *A Source Book in Medieval Science*, Harvard University Press, 1974, p. 390.

④　De generatione animalium, V. I. 78a, 1 - 2. In Edward Grant, *A Source Book in Medieval Science*, Harvard University Press, 1974, p. 390.

这段话的原文见下图：

That the size of the angle of refraction of a ray may be thus determined is evident from an experiment similar to those by which we have learned that reflection of a ray by a mirror occurs at an angle equal to the angle of incidence. The same thing is revealed to us by the following principle of natural philosophy, namely that every operation of nature takes place in a manner as limited, well-ordered, brief, and good as possible.[28]

图 3 - 8　格罗塞特斯特《光的形而上学》片段

这段论述至少显露两种含义：其一，格罗塞特斯特确实看重实验方法，这是无可置疑的；其二，格罗塞特斯特所说的实验方法与我们今天所使用的实验方法有所区别，这种实验方法是跟当时的自然哲学结合在一起的。

综述所述，我们认为，格罗塞特斯特确实倡导实验方法的重要地位，但这种实验方法是在当时的基督教思想的背景中得到阐述的。具体而论，格罗塞特斯特是从普遍性与特殊性的渗透关系来界定实验方法。对此，麦克沃伊（James McEvoy）在《格罗塞特斯特的哲学》一书中有一个比较精准的概括[①]，他说，

The proof of this is as follows. Sense apprehends singulars, wherefore the lack of a given sense means the incapacity to apprehend certain singulars. Now since induction is made from singulars, the defect of a sense necessitates the impossibility of induction from the singulars which are the objects of the missing sense. When, in turn, induction from such singulars is ruled out, so also is the intellect's universal knowledge of them, since the universal idea can only be arrived at by way of induction. The absence of the universal in the understanding removes the possibility of demonstration, which can only begin from universals; and if there can be no demonstration, it follows that there can be no scientific knowledge. Ergo, the basic lack of a given sense means the absence of the corresponding science.[7]

图 3 - 9　麦克沃伊《论格罗塞特斯特》的片段

---

①　Quoted in McEvoy, *The Philosophy of Robert Grosseteste*, 1982, pp. 329 - 330.

从这段论述中不难发现，格罗塞特斯特的科学方法是以普遍性和特殊性之间的关系为基础的。这就意味着，我们在理解格罗塞特斯特的科学方法的时候，一定要将其放在中世纪的思想语境中去考察；但也不能因其中世纪的思想语境就忽视他在科学方法上的独创性。

二　罗吉尔·培根：“数学乃科学之母”

罗吉尔·培根（Roger Bacon，1214—1294），英国圣方济各修道会（Ordo Fratrum Minorum）"三杰"之一，哲学家、科学家。培根本人学识渊博，其著作广涉各种学科门类。总体而言，培根在科学与哲学上提倡经验主义，主张通过实验获得知识。

培根的著作主要有《大著作》（*Opus Majus*）、《小著作》（*Opus Minus*）和《第三著作》（*Opus Tertia*）。① 《大著作》是其中最为重要的著作，也是研究培根思想最为重要的蓝本，《大著作》涉及修辞学、逻辑学、数学、物理学和哲学等学科，内容十分全面。在《大著作》里，培根盛赞科学是"最美丽，最有用的"，并敦促基督教重视实验科学。

在科学观问题上，培根还写了《自然与数学的评论》（*Communia Naturalium and Mathematica*）、《哲学研究的纲要》（*Compendium of the Study of Philosophy*）等等。此外，他的《语法大全》（*Summa Grammatica*）和《辩证法总论》（*Summulae Dialectices*）提供了有关逻辑学的知识等。培根还著有大量关于亚里士多德著作的问答和评注，如《论因》（*Liber de causis*）和《秘中秘》（*Secretum secretorum*）等，但这些著述疑为伪书，有人考证是阿尔伯特的作品或佚名作品。

对于培根的《大著作》及其相关科学思想，学界多有研究，如罗伯特·贝尔·伯克的《培根的大著作》②；C. 伊斯顿（Stewart C. Easton）的《罗吉尔·培根和他对普遍科学的寻求》（*Roger Bacon and His Search for a Universal Science*，1952）；罗伯特·斯蒂尔（Robert Steele）执笔的《罗吉尔·培根和十三世纪的科学状况》（*Roger Bacon and the State of Science in*

---

① 他的《小著作》和《第三著作》基本上是他的《大著作》的改写或浓缩。

② *The Opus Majus of Roger Bacon*, a translation by Robert Belle Burke, Philadelphia: University of Pennsylvania Press, 1928.

图3-10 罗吉尔·培根《大著作》的一个页码，手稿现藏于博德利图书馆

thefe days thereof: 2nd, 4th, 6th, 8th, 10th, 12th &14th, & no more in that Moon; & do many things in this Moon continuoufly, and with good conjunctions near approaching. You muft hold faft to this confideration untill the next Moon, elfe this experiment will not avail anything.

Oft experiments do begin in good Signs, as in the Sun if he be well-afpected, and in the hour ruleth a good Planet it is better, and moft effectual in this Art. If you work for Love, work in the day and hour of Venus; if for honour, in the day and hour of Jupiter, and all the hours are of a like operation. But if you work for war or to do evil you may only work in Mars, his day and hour; and it were better that you work not at all.

Ur Hours and alfo our Calls are the agency of a True Science; a Conjunction of the Sun and Moon are to be preferred to the leffer computations of the Church, for in all things is the Moon of foremoft importance in conjunctions for the fortification of Circles. The Moon fhould be in the third or fourth quarter, on that account confider, and call the fpirits to obey your requefts, with the difclofure of treafures, fciences, and our defires. Fear the Immortal One, and fay your prayers and orations, and make a great oblation, fafting as aforefaid, and obferve all the rules and regulations herein fet down. And take heed well that you know the True Conjuration of the fame, and the means by which it may be with three or four fo rendered.* Therefore take great heed of the name and planet, that you work wifely in this fecret, for it fhoweth fecrets and wifdom. If you truly obferve the rites and keep thefe orders without doubt you fhall not fail of your defires. III. C3.

Hefe words [alone] may fuffer for the difpofition and working, and the knowledge of the place and times, and of the Characters and planets. And forthwith be faithful and give God the praife... faying your [prayers] with folemnity from [your] heart. And make a great oblation, fafting for at leaft three days as aforefaid, and

图 3 - 11　R. 培根《秘中秘》片段

the Thirteenth Century）；特别是哈克特编著的《R. 培根科学思想论文集》（Roger Bacon and the Sciences：Commemorative Essays）[①] 这套论集，内容涉及培根的数学知识、占星术、地理和制图、音乐、光学、视觉、炼金术概述、医学以及其他实验科学。

1. 重温毕达哥拉斯的数学思想

从培根等人学术背景的梳理可以看到，与中世纪中期阿尔伯特和阿奎

---

① Jeremiah Hackett, Leiden, *Roger Bacon and the Sciences：Commemorative Essays*, New York：Brill, 1997. 此书目录如下：Jeremiah Hackett, "Roger Bacon on Rhetoric and Poetics"（pp. 133 - 49）；George Molland, "Roger Bacon's Knowledge of Mathematics"（pp. 151 - 74）；Jeremiah Hackett, "Roger Bacon on Astronomy-Astrology：The Sources of the Sdentia Experimentalis"（pp. 175 - 98）；David Woodward with Herbert M. Howe, "Roger Bacon on Geography and Cartography"（pp. 199 - 222）；Nancy van Deusen, "Roger Bacon on Music"（pp. 223 - 41）；David C. Lindberg, "Roger Bacon on Light, Vision, and the Universal Emanation of Force"（pp. 243 - 75）；Jeremiah Hackett, "Roger Bacon on Sdentia Experimentalis"（pp. 277 - 315）；William R. Newman, "An Overview of Roger Bacon's Alchemy"（pp. 317 - 36）；Faye Getz, "Roger Bacon and Medicine：The Paradox of the Forbidden Fruit and the Secrets of Long Life"（pp. 337 - 64）；Steven J. Williams, "Roger Bacon and the Secret of Secrets"（pp. 365 - 93）；Thomas S. Maloney, "A Roger Bacon Bibliography (1985 - 1995)"（pp. 395 - 403）；and Jeremiah Hackett, "Epilogue：Roger Bacon's Moral Science"（pp. 405 - 9）.

那注重亚里士多德主义的物理学、生物学不同，培根开始注重数学思想。① 我们知道，在古希腊哲学的逻辑演进中，毕达哥拉斯学派以及苏格拉底、柏拉图和新柏拉图主义者非常注重数学的思想价值。

培根首先指出了数学的基础性地位。他说，"先哲业已使用过数学，如今的拉丁文世界因忽视数学而使整个的研究体系遭受了巨大的损失。数学可以更新人的思想，使人对所有事物的理解达到一个新的层次，并能应用于各种事物之中不致产生怀疑和错误，而且这是简单有效的做法。"②③ 培根是要在拉丁文世界不重视数学的普遍情况下"杀出一条血路"，而使整个研究大厦更加牢固。④

此外，培根还引用很多著名思想家的话来为数学基础且重要的地位做佐证。如他引用了波伊修斯《算术》中的话："不懂数学的人就不懂真理"，"数学即使在公共政治中也非常有用，数学可以用来计算贵族政体或者民主政体中执政者或者代表的比例，城邦的管理也需要数学知识。"⑤ 他又引亚里士多德《形而上学》中的话说："在三种哲学的基础——数学、自然科学和神学中，数学更为基础，并对掌握其他两种有帮助。"⑥

---

① 在他的《大著作》（*Opus Majus*）第三章，也就是 cii—ciii 页之间，R. 培根一口气写出了有关数学的十一点好处。

② Roger Bacon, *Opus Majus*, pp. 116.

③ 上述译文在褚亚杰的硕士论文中已经有所标识，但笔者在核对原文时发现，译文与原文似有差距，原文如下，"Of these sciences the gate and key is mathematics, which the saints discovered at the beginning of the world, as I shall show, and which has always been used by all the saints and sages more than all other sciences, Neglect of theis branch now for thirty or forty years has destroyed the whole system of study of the Latins. Since he who is ignorant of this cannot know the other science nor the affairs of this world, as I shall prove." (Roger Bacon, Opus Mujus, A translation by Robert Belle Burke, Volume I, Philadepphia: University of Pennsylvania Press 1928, p. 116.)

如按我译，此文似为，"数学是理解几何、天文、音乐等其他'四艺'学科的门径，如我所说，早在西方思想起点的古希腊圣哲们（如毕达哥拉斯和柏拉图等）就已被发现，数学对其他学科及其文化的意义并被应用到其他学科。近三四十年以来，对数学的忽视已经对整个拉丁世界的研究体系造成了毁坏。我将要证明，那些不知数学为何物的人是不能理解其他科学学科的，也不能理解世界万物本身。"（同上，R. Bacon, 1928, p116）

④ 对于这个说法，似应该更进一步地指出，所谓当时的拉丁世界不重视数学，似源自中世纪中期的阿尔伯特和阿奎那从中世纪早期的新柏拉图主义注重数学的传统转向了亚里士多德主义注重物理学和生物学的传统。

⑤ Roger Bacon, *Opus Majus*, p. 119.

⑥ Roger Bacon, *Opus Majus*, p. 117.

他还引用了托勒密在《天文学大成》中的一句话："数学能证明上帝存在，并使人接近上帝。"[①] 可以看出，数学在其他许多方面都发挥着重要的作用，其他学科都有赖于数学，数学的基础地位由此可见一斑，正如培根自己所说：数学是"其他科学的大门和钥匙"[②]。

而从具体学科来说，培根认为数学是由九种学科组成的最大综合：包括一般科学，即数学哲学；四门理论科学——几何学、算术、天文学、音乐；以及与几何学、算术、天文学、音乐这四门学科相适应的四门实践学科。[③]

既然培根对数学如此重视，那么他的具体数学思想有哪些呢？从《大著作》中，我们可以发现培根的具体数学思想主要来源于古希腊欧几里得的《几何原本》（希腊语：Στοιχεία）。培根对《几何原本》非常熟悉，在其著作中引用《几何原本》信手拈来。如前所述，培根的这一学术功底应该归功于他在牛津的老师格罗塞特斯特。[④] 兹列举一二：三角形大边对应大角原理（正弦定理）和垂线最短原理。[⑤] 在所有周长相等的平面图形中，圆的面积最大；在所有等表面积的立体图形中，球体的体积最大。

培根论证了有且只有五类正多面体，分别是正八面体、正二十面体、以等边三角形为面的正四面体、以正方形为表面的立方体和以正五角形为表面的正十二面体。[⑥]

---

① Roger Bacon, *Opus Majus*, p. 119.

② 上述引证文字，似有待核实。在该卷的119页原文中，主要讨论逻辑与音乐问题，未见引文所见内容。所云托勒密（还有波伊修斯和毕达哥拉斯）注重数学的言论，不是在第119页，而是在117页。具体原文如下，"As regards authority I so proceed, Boetius says in the second prologue to his Arithetic, 'If an inquirer lacks the four parts of mathematics, he has very little ability to discover truth.' ……For since there are three essential parts of philosophy, as Aristotle says in the sixth book of the Metaphysics, mathematical, natural, and divine, the mathematical is of no small importance in grasping the knowledge of the other two parts, as Ptolemy teaches in the first chapter of the Almagest, which statement he also explains further in that place." (R. Bacon, 1928, p. 117.)

③ 这种说法似应慎重，以笔者理解，按照古希腊的学科分类和中世纪的传承，当时所有的学科应为"七艺"（seven liberal arts 或 septem artes liberales），其中包括以数学为基础的"四艺"（quadrivium 或 Quadrivia）和以说辩为目的的"三艺"（trivium）。如前所述，"四艺"包括几何学、算数、天文和音乐；"三艺"包括句法（Grammar）、修辞（Rhetoric）和逻辑。

④ 笔者注：根据R.培根生平考证，格罗塞特斯特（Robertus Grosseteste; c. 1175 – 1253）确实曾任牛津大学首任校长，但当R.培根进校时，格罗塞特斯特已经离开，不过这并不否定二人通过其他方式的交往。所以R.培根和格罗塞特斯特之间的师生关系，有待考证。但R.培根深受格罗斯特塞特的思想影响应该是有据可查的。

⑤ Roger Bacon, *Opus Majus*, p. 140.

⑥ Roger Bacon, *Opus Majus*, pp. 180 – 182.

　　其实，培根将蕴含在几何中的数量关系视为数学的对象。他还把这一数学思想扩展到天文学，在他看来，天文学是研究所有关于天体现象的数量关系、天体天球的数量和星球运动的学科。这个量的范畴是一个中心范畴，其他诸如"实体""时间""地点"和"质"都以它为依据。培根认为，数学是理想的科学，其他科学的有效性以数学为基础：这种或那种科学原理的真实性决定于能否以量的数学形式来表现。培根并没有将问题仅仅局限在天文学上，他彻底把量的方法运用到他所区分的任何一个学科的材料中去，直到医学。

　　对经验和数学意义的坚定信念是这位 13 世纪杰出的哲学革新者的伟大历史功绩，这致使经院哲学方法论遭到了打击。而培根通过对量的数学原则重要性的阐述与发挥，更可以说是 16—17 世纪整个科学和哲学领域发生革命的机械论预言。[①]

　　培根对数学与哲学的关系最为简单的表述就是："一个人如果学好了数学，那么他对于哲学的掌握会更加精深。"[②] 数学（科学）与哲学得以关联，并且应该是数学（科学）走向哲学，同时哲学掌握的精神对于数学的学习又有帮助。于此，我们看到在培根思想中数学（科学）与哲学的互动关系。

　　而从数学对哲学具体学科的影响而言，培根指出："数学能使我们排除错误、到达真理，获得一个没有疑点的确定性。数学有严密的逻辑推论与证明。通过作图与计算，我们所能认知的一切都是明晰的。所以我们对数学知识没有不确定的怀疑。其他学科则不然，因为无视数学方法，这才导致疑窦丛生。这都源自缺乏如数学般严密的逻辑论证——形而上学只是思想，伦理学也无法证明。如同亚里士多德所说，其他学科都不能到达真理，有众多意见而不确定，所以很少就有价值的问题达成共识，仅仅停留在诡辩阶段。"[③] 形而上学与伦理学属于哲学的范畴，按照培根的逻辑，数学（科学）对形而上学、伦理学（哲学）有基础性的前提意义，只有通过数学，其他学科才能达到真理，否则只能陷于诡辩。

---

　　① ［苏］奥·符·特拉赫坦贝尔：《西欧中世纪哲学史纲》，于汤山译，中国对外翻译出版公司 1985 年版，第 151—152 页。

　　② Roger Bacon, *Opus Majus*, p. 122.

　　③ Roger Bacon, *Opus Majus*, p. 124.

但从思想史看，培根对数学的强调在宇宙理解层面不如毕达哥拉斯，在思想深度上不如柏拉图，在公理化方面不如欧几里得，甚至在学科布局上不如波伊修斯。但不管怎么说，培根毕竟在中世纪将古希腊最为精致的数理传统延续下来，完成了西方思想史在中世纪的文化使命，为即将到来的科学革命打下了良好的思想基础。

2. 实验科学：光学中的数学和神学思想

培根强调实验科学或实验在科学中的作用早已被学界所熟知，例如，下面这段文字就来自斯坦福大学哲学百科全书中有关培根对实验概念及其实验科学的界定。较之前述相关论述，培根区分了"经验"（experientia）和"实验"（experimentum）这两个范畴。所谓的"经验"主要是指对个别事物的感知，人与动物都具有这种感知能力，这种感知与普遍性的科学理论知识无关；而实验则是指将具体事物的感知提升为普遍的科学理论，这种感知只有人类才具有。[①]

就培根强调实验范畴的普遍意义而言，我们对上述所见并无异议，本书在于通过他的光学考察来验证培根的实验科学思想。

在光学史上，R. 培根是有地位的，据说光学中的入射角等于反射角的定律就是培根发明的，至少是被他所阐发的。[②] 如下图所示，原文是这样的："This can be demonstrated. Let A be the visible object. O the eye. AD the cathetus, and OD the visual ray, I say that DB is equal to AB, but BD in the distance of the intersection cathetus and the visual from the surface of the mirror, and AB is the distance of the visible object from the same mirror surface." [③]

---

① 文中的 [OHI] 是指 R. 培根的著述：*Opera hactenus inedita*（Vol. I – XVI），ed. Robert Steele，Oxford，1909 – 1940。

② 关于入射角等于反射角的光学定理是否是 R. 培根所发现的问题，值得商榷。我们在他的老师 R. 格罗塞特斯特的论述中就发现了这个定理。但 R. 格罗塞特斯特也没有说这条定理是他发现的，他在谈论这条定理时所用的口气也是"据知"，这就是说，早在 R. 格罗塞特斯特之前，这个定理已经被创造出来。但 R. 格罗塞特斯特并没有提及是何人发现的这条定理，也没有提及这条定理是怎样被提出的。

③ David C. Lindberg，*Roger Bacon and the Origins of Perspectiva in the Middle Ages*，*A Critical Edition and English Translatioj of Bacon's Perspectiva with Introduction and Notes*，London：Oxford University Press，1996，p. 265.

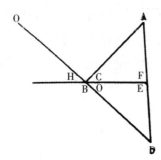
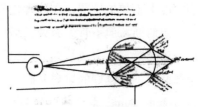

Optical diagram showing light being refracted
by a spherical glass container full of water. (from
Roger Bacon, *De multiplicatione specierum*)

图 3 - 12　R. 培根光学示意图

林德伯格的版本也有一个类似的表述①，如图 3 - 13。

vision is distant from the mirror. This law does not hold in the
case of other mirrors. It can be shown by proof. For let *a* be the
object of vision, *o* the eye, *ad* the cathetus, *od* the visual ray. I
say that *db* is equal to *ab* itself. But *bd* is the distance of the
image of the object from the surface of the
mirror, and *ab* is the distance of the object from
the same surface of the mirror; it appears, how-
ever, as far beyond the mirror as it is distant
from the mirror. For the angles *e* and *f*, since
they are right angles, are equal, and *g* and *h*
are equal, by the fifteenth proposition of the
first book of the Elements of Euclid, and *h* and
c are equal, because they are the angles of inci-
dence and reflection. Therefore it is evident that
c and *g* will be equal. Since, then, the angles
e and *g* of the triangle *egd* are equal to the
angles *f* and *c* of the triangle *acf*, and the in-
cluded side is common to both triangles, it is
evident by the twenty-sixth proposition of the first book of
Euclid that these triangles are equal in all their parts. There-

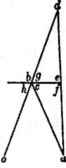

FIG. 54.

图 3 - 13　R. 培根关于光学定律的论证

① Roger Bacon, Opus Mujus, A Translation by Robert Belle Burke, Volume I, Philadepphia: U-
niversity of Pennsylvania Press, 1928, p. 551.

在这里，我们清晰地看到，培根对光的反射与折射的研究是以实验为基础的，上述图式其实就是一个光学实验。但与一般的生活经验相比，这种实验在处理个别事件的时候采用了普遍性的科学语言，这里的光源、光线等都用字母标出，其中的论证使用了欧几里得的几何学原理，所得出的结论也不是针对具体事物的描述，而是超越经验事件的普遍性科学理论："Let A be the visible object. O the eye. AD the cathetus, and OD the visual ray, I say that DB is equal to AB."

但是，如果仅仅从科学的角度来看待培根的光学成就，那就不全面了。在中世纪，光学不仅仅是科学的一个分支，而且还是与神学密切相关的一种学问。众所周知，《圣经》开篇即有"上帝说要有光，于是就有了光"之说，光从一开始就是与上帝及其造物关联在一起的。在基督教中，研究光（科学）在某种意义上就是研究上帝（神学）本身，所以光学与神学的关系也就显得十分直接了。

培根强调光学与神学的关联，这与他在牛津大学时的老师格罗塞特斯特的影响是分不开的，当然也受到了阿拉伯人的影响。事实上，对于光学与神学的关联，格罗塞特斯特就非常重视光学与神学的研究，并著有《论光》一书。在该书中，格罗塞特斯特提出了著名的"光的形而上学"，认为光是上帝创造的第一个有形体的形式，光是物理世界的第一原则，能够转化为其他元素，光还为世界提供运动和可理解性。因为上帝是光的源泉，所以人的灵魂通过研究光就能直接认识上帝。

培根显然沿袭了他老师的路子，他的光学思想主要在《透视学》①中，但这种光学还不同于后世在科学意义上的光学，而是一种神学论证手段。培根认为不懂光学就没有办法阅读《圣经》，自然也无法得到神的启示。在他看来，所有的科学都是为了揭示神圣的真理，是为神学服务的，而在所有的科学中，光学对神学方面的揭示最为直接、突出。他研究光学的出发点就是用光学现象及原理来解读《圣经》，也就是把光学的原则运用到理解"神的启发"。在培根那里，光学与神学的结合是从其对"处在眼球中心的水晶体"的瞳孔的论述开始的。培根注意到《圣经·旧约·

---

① 在这部欧洲中世纪最早的光学著作中，我们既可以看到有关视觉的理论，也能阅读到其为研究光学规律提供了很多宝贵材料。

[Pars I]

5   Prima pars habet decem distinctiones.

[Distinctio prima]

Prima est de proprietatibus istius scientie et de partibus anime et cerebri et instrumenti videndi, habens quinque capitula.

10   *[Capitulum primum]*

Primum est de proprietatibus huius scientie.

Propositis radicibus sapientie, tam divine quam humane, que sumuntur penes linguas a quibus scientie Latinorum sunt translate, et similiter penes mathematicam, nunc volo radices alias discutere
15 que ex potestate perspective oriuntur. Et si pulcra et delectabilis est consideratio que dicta est, hec longe est pulcrior et delectabilior, quoniam precipua delectatio nostra est in visu, et lux et color habent specialem pulcritudinem ultra alia que sensibus nostris inferuntur. Et non solum pulcritudo elucescit, sed utilitas et necessitas maior exur-
20 gunt. Nam Aristoteles dicit in primo *Methaphysice* quod visus ostendit nobis rerum differentias, per illum enim exquirimus certas experientias omnium que in celis sunt et in terra. Nam ea que in celestibus sunt considerantur per instrumenta visualia, ut Ptolomeus et ceteri edocent astronomi. Et similiter ea que in aere generantur,
25 sicut comete et yrides et huiusmodi; nam altitudo earum super orizonta et magnitudo et figura et multitudo et omnia que in eis sunt certificantur per modos videndi in instrumentis. Que vero hic in terra sunt experimur per visum, quia cecus nichil potest de hoc mundo quod dignum sit experiri.

1. 11 tractatus .... scientie *LMK. om. Q eds. f* pars quinta huius persuasionis habens distinctiones prima distinctione habet capitula 5 primum est de pulcritudine et utilitate huius partis in universali *O* incipit libellus perspective *R*   2 ceteras alias *M*   2 3 rectum interl *M*   5 decem *M*: duodecim *KI*   8 quinque. *om. I*   11 huius istius *K* 12 preposita *O*   12-17 propositis .... visu *MOR eds. F om. Q* (see Appendix I) 14 *ante* discutere *add. R* narrare et   18 *ante* sensibus *uc et del. Q* in   20 *ante* visum *add. OR* solus   21 certas *om. F*   22 echo *F*   23 celestibus *mg Q*: celis *Q* I

图 3 – 14   R. 培根《光学》（Perspeetiva）

诗篇》第十七章"求您保护我，如同保护您眼中的瞳孔"一句，但这里所说的"瞳孔"有两层意思：物质瞳孔与精神瞳孔。[1] 物质瞳孔就是现代

———————

① 精神瞳孔的提法十分有意思，对当下也很有启发意义。人们通过瞳孔看到外面的物质世界，但这外面的世界并非只是物质世界，比物质世界更为重要的是精神世界。况且，精神瞳孔可以保护人的灵魂，意义不可谓不大。

光学甚至眼科意义上所谓的瞳孔，即虹膜中间的开孔；而精神瞳孔是保护人的灵魂的。从精神瞳孔的提法本身，我们已经可以看到瞳孔与神学的关系了。灵魂是人安身立命的东西，也是神学信仰要解决的问题，恰恰是教徒托付的最重要的东西。就是这一最重要的东西要通过光学才能得到解决，由此可见，光学这门科学对于神学来说是多么重要了。

但是，仅仅有瞳孔还不够，培根认为还需要视觉神经把经由瞳孔的外界信息传达到大脑和心灵中。在他看来，视觉不是在眼球内完成，而是在神经中完成。也就是说，神的启示不仅需要瞳孔，还需要视觉神经的传输，两者结合才能实现神的启示。因此，我们看到视觉对于神启的关键作用。①

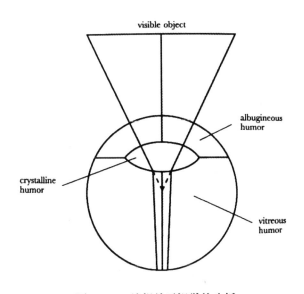

图 3-15　培根关于视觉的分析

与将瞳孔分为物质瞳孔和精神瞳孔相似，培根将视觉也分为物质视觉与精神视觉。视觉的过程是在大脑中完成的。眼睛之所以能看见物体，是因为眼睛的神经在大脑中得以汇合。光借助于由物体上各个点所发射出来的光而直线地传播。他以视觉要素之一的距离为例指出，如果不和物体保

---

① 参见 Jeremiah Hackett（edit.，）*Roger Bacon and the Sciences*，New York：Brill，p. 260.

持一定的距离，那么就无法看清该物体。"同样的事件也发生在精神层面上，一个人只有和上帝保持适当的距离，才能获得上帝的恩典。如果和上帝走得太远，就会失去信仰，各种恶油然而生；如何和上帝过于亲近，就会触犯他的庄严。"用现在的话来说，就是要和上帝保持适当的张力。但是他写道，上帝的灵光就像光线一样，在完美的（纯洁的）灵魂那里透过，在不完美的灵魂那里折射，在坏的和不纯洁的灵魂那里不透过而反射。①

这里需要简略论述卜有关折射与反射的问题②，这也是现代光学的核心问题。在培根看来，折射就是当光线由密度小的媒介进入密度大的媒介时，传播方向发生改变。③ 反射是由第二种媒介密度太大而引起的，在此过程中，反射角与入射角相等。④ 可以说，R.培根对折射、反射的论述已经与近代光学无异了。

透过上述分析，我们可以看到，培根的光学思想也是其数学思想（主要是几何）的体现，数学、光学这两个重要的科学学科都与哲学、神学有莫大的关联，甚至从根本的意义上说，在培根那里，当时的科学研究就包含着哲学预设或神学信念，换言之，当时的宗教神学也包含着科学内容。在当时的思想条件下，科学、哲学、神学是交织在一起的。

3. 唯名论框架中的科学、哲学与神学⑤

R.培根的思想明显受到他的老师格罗塞特斯特的思想影响，但这种思想影响究竟体现在哪些方面，我们需要比照二者的生平及对其著述的详尽分析才有可能有所发现。这也是一个值得探索的问题。

其实，培根对哲学史非常熟悉，他在其《大著作》一书的导言部分就概述了古希腊思想从泰勒斯到柏拉图主义的传承关系。他曾这样说道，古希腊的贤人是从泰勒斯开始的，不久又出现了以毕达哥拉斯为首的希腊哲学意大利学派。毕达哥拉斯的后继者有阿尔希塔斯（（Archytas）和蒂

---

① 上图 3 15 佐证 R.培根对眼睛的理解。

② 此外，培根还论述了透镜的作用原理，描述了光线聚焦凹柱体、凹球面等发生的现象以及全反射等。

③ Roger Bacon, *Opus Majus*, p. 131.

④ Roger Bacon, *Opus Majus*, p. 133.

⑤ 这部分内容为笔者撰写，原作内容删节。

迈欧（Timaeus）等人；不过希腊哲学在亚里士多德学派那里达到高峰。亚里士多德主义继承了泰勒斯的思想，并吸收了阿那克西曼德、阿那克西美尼、阿那克萨哥拉、阿克劳斯（Archelaus）、苏格拉底和柏拉图。柏拉图曾在埃及游历和研究，并从毕达哥拉斯那里获益匪浅，提出了许多内容丰富的真知等。①

究竟何谓哲学？培根认为，"哲学作为智慧意味着：第一，获取知识的可靠方法；其二，将知识应用于某些重要的目的。"（True wisdom implies – 1. sound methods of gaining knowledge；2. the application of knowledge to important purposes. ）然而，这种智慧并不容易取得，存在四种主要的诱因：第一，盲信权威的意见；第二，习惯的影响；第三，普遍的偏见；第四，对个人智慧的自负。②

在培根看来，人类总是犯错误，但真理难得。后辈学人总是在前代思想者的错误中进步。"阿维森纳纠正了亚里士多德的错误；阿威罗伊又更正了阿维森纳的错误。教父也概莫能外。他们不仅承认自己会犯错误，而且也能指出别人的错误。"（Avicenna sees where Aristotle erred；Averroes corrects Avicenna. Among the fathers of Church we see the same thing. They acknowledge their own errors and point out those of others. ）③

在神学、科学与哲学之间的关系问题上，培根的立场是这样的："神学是主导性的科学。所有的真理都包含在《圣经》之中，但《圣经》中的真理需要自然律和哲学的帮助。"（Theology is the mistress-science. All

---

① 原文如下："With Thales began the series of the wise men of Greece；he himself was in Josiah's time；Pittacus, Solon, Bias and others, were contemporary with the Jewish captivity. Shortly afterwards arose the Italic school of Greek philosophy, Pythagoras at their head, ……Pythagoras was followed by Archytas, Timaeus, and others；but the great school of Greek philosophy, culminating in Aristotle, was inherited from Thales, through Anaximander, Anaximenes, Anaxagoras, Archelaus, Socrates, and Plato. Plato, who travelled and studied in Egypt, and learnt much from the Pythagoras school, uttered truths so profound that many have thought that while in Egypt he must have been taught by the prophet Jeremiah；though chronology will hardly confirm this view. "（Roger Bacon, *Opus Mujus*, A translation by Robert Belle Burke, Volume I, Philadepphia: University of Pennsylvania Press, 1928, xciii. ）
② Roger Bacon, *Opus Mujus*, A translation by Robert Belle Burke, Volume I, Philadepphia: University of Pennsylvania Press, 1928, p. xciii.
③ Roger Bacon, *Opus Mujus*, A translation by Robert Belle Burke, Volume I, Philadepphia: University of Pennsylvania Press, 1928, p. xciv.

truth is contained in the Scriptures; but to elicit truth we need the help of the cannon law and of philosophy.)①

在科学与哲学之间的关系问题上，培根认为，形而上学有两条原则但却得出同样的结论：第一，哲学的职能就在于为知识提供标准（The first is that the business of philosophy is to furnish a criterion of knowledge）。第二，所有的思辨哲学都以道德哲学为其归宿和目的（All speculative philosophy has moral philosophy for its end and aim. ）。② 这就意味着，培根不仅将哲学的任务设定为获取知识，而且还设定为指导人的行为。

基于对哲学与科学之间关系的这样一种理解，培根将自己的哲学观念奠定在被后人称之为唯名论的基础之上，这种唯名论实际上是一种对普遍性与特殊性之间关系问题的思辨。按照柏拉图的哲学信念，普遍性或共相作为一种观念具有一种独立存在的意义。但培根认为，共相并不具有这种独立存在的品格，后者存在于人心之中，后者存在于具体事物之中。["And because the common matter and common form exist along with the proper matter and form of individuals, the universal is present in this way in singulars. "（OHI, VII）, 242 – 243]

正是这样一种哲学立场，使得培根能够较为正确地处理哲学与科学之间的关系、科学中的理论知识与经验知识之间的关系。

就知识层面而言，培根的著述是对当时古希腊和阿拉伯世界最新科学成就的总结，特别是他的光学堪称当时的最高水平，有记载称将光学纳入教会大学课程体系得益于他的功劳。他的学术成就受到时任教宗克莱蒙四世（Pope Clement IV）的肯定，他的"大著作"、"小著作"和"第三著作"就是为教皇所作的。

但是就思想本身而言，培根的思想可能被他的同时代人如阿尔伯特、阿奎那等人所忽视，其原因可能在于他曾发明了一种可以跟上帝对话的机器人（talking brazen head），这个机器人是由蒸汽驱动的，能言善辩，甚至可以哄骗魔鬼上当，以致有人将这件事编成故事"R. 培根教士的趣

---

① Roger Bacon, *Opus Mujus*, A translation by Robert Belle Burke, Volume I, Philadepphia: University of Pennsylvania Press, 1928, p. pxcvi.

② Roger Bacon, *Opus Mujus*, A translation by Robert Belle Burke, Volume I, Philadepphia: University of Pennsylvania Press, 1928, p. xcix.

闻"（The Famous Historie of Fryer Bacon）。这种事对于强调神正力量的基督教来说是不可忍受的，有记载称此事导致 R. 培根在 1227 年的大谴责中被囚禁。

直到 16 世纪早期，布鲁诺和 F. 培根等人才恢复了 R. 培根作为科学先驱者的形象，F. 培根甚至认为 R. 培根是经院学者的例外，认为他已经搁置了经院哲学的讨论，转而致力于用自然原因来解释自然本身。但对他在科学思想上的价值，直到 19 世纪才得到公正评价。W. 惠威尔指出，R. 培根之所以没有受到公正评价是因为他领先于他那个时代，他真正的思想价值在于他对推理与证据的同时强调，"theories supplied by reason should be verified by sensory data, aided by instruments, and corroborated by trustworthy witnesses."（Bacon, Opus Majus, Bk. &VI.）有人说，这个判断是科学方法最经典的表述。

1859 年，W. 惠威尔为 R. 培根及其科学的当代解读定下了基调（Whewell, 1858, p.245），在他看来，R. 培根是他那个时代实验科学的倡导者。19 世纪晚期，亚当森（Robert Aadamson）及其他学者把培根看作现代意义上的科学哲学家。直到 19 世纪末 20 世纪初，《第三著作》（Opus tertium）的编辑者波瑞沃尔（J. S. Brewer）基于文本的考察才把培根看作科学家。这是因为培根在 1276 年完成的光学著作（*Perspectiva*）变成了实验科学（experimental science）的楷模，使其成为除了传统的"四艺"（算术、几何、天文学及音乐）之外的新学科进入大学课程。

但也有人不同意这种判断，库恩和科隆比等人就断言，培根的工作看似是实验科学，实际上与科学革命后的同类工作有本质的区别。

不论是惠威尔肯定培根作为经验科学家，还是库恩反对这个判断，都不能否认培根在科学思想史上的价值。

三 奥卡姆的威廉："科学"的八种含义

奥卡姆的威廉（William of Ockham，约 1285—1349 年），中世纪晚期著名逻辑学家、哲学家、科学家。奥卡姆的威廉是科学哲学史研究不可绕过的人物。

除了神学著述外，奥卡姆的威廉在逻辑和科学方面的主要著述包括《逻辑大全》（*Summa Totius Loicae*）以及两部对亚里士多德物理学的评注

"亚氏物理学释义"（Exposition of Aristotle's Physics）和"亚氏物理学追思"（Questions on Aristotle's Books of the Physics）。

随着中世纪科学进入科学史家的视野，为了把奥卡姆的威廉的理论纳入 14、15 世纪物理学发展的进程中，西方学界对于奥卡姆的威廉科学思想的研究做了大量努力。研究奥卡姆的威廉思想最好的英文著作是波约纳（Philotheus Böehner）《奥卡姆研究文集》（The Collected Articles on Ockham，1958），近年来也不断有新的研究成果问世。

威廉·J. 考特尼（William J. Courtenay）在《奥卡姆和奥卡姆主义：对奥卡姆思想的传播和影响的研究》中认为主编的奥卡姆的威廉是中世纪语言学与逻辑学的扛鼎人物。《奥卡姆哲学著作选编》（Philosophical Writings：A Selection/William of Ockham）① 包含奥卡姆的威廉的逻辑学、形而上学和道德方面的哲学著作选编。马丁·特戴的（Martin M. Tweedale）的《司各脱和奥卡姆关于中世纪共相问题的争论》（Scotus vs. Ockham：A Medieval Dispute Over Universals）② 讨论了奥卡姆的威廉和司各脱在共相问题上的不同，这对于我们理解中世纪晚期唯名论的发展和奥卡姆的威廉简单性的科学方法论的最终形成有很大启发。

约翰·朗威（John Lee Longeway）的《奥卡姆的论证及其科学知识：对〈逻辑大全 III—II 篇〉的解释》③，首次提供了对奥卡姆的威廉对亚里士多德《后分析篇》的英文翻译本，其中包含了他对科学论证和科学哲学的理论。此书还包括了奥卡姆的威廉在中世纪拉丁时代工作的详细历史背景和全面的评述。在导论中，朗威考察了被称为自然法则最高示范（demonstratio potissima）的精确特点、实证科学和数学的关系、自然因果关系以及自然法被我们所知的方式、自然知识的可能性、我们对神的认识其他科学和神学之间的关系。朗威讨论了科学的认识论和理论论证的方式

---

① William of Ockham, *Philosophical Writings*：*A Selection*, Translated with Introduction and Notes；by Philotheus Boehner, Indianapolis：Hackett Pub. Co.，c1990.

② *Scotus vs. Ockham*：*A Medieval Dispute over Universals*/texts translated into English, with commentary, by Martin M. Twee dale. Lewiston, N. Y.：E. Mellen Press, c1999.

③ John Lee *Longeway. Demonstration and Scientific Knowledge in William of Ockham*：*A Translation of Summa Logicae III – II*；De Syllogismo Demonstrativo, and Selections from the Prologue to the Ordinatio. University of Notre Dame Press, 2007.

在形而上学中的位置，特别是格罗塞特斯特的激进的柏拉图主义、罗马加尔斯（Giles）激进的亚里士多德主义和阿奎那较温和的亚里士多德主义以及奥卡姆的威廉唯名论的经验主义。在该书中，朗威把奥卡姆的威廉置于西方经验主义创始人的位置。奥卡姆的威廉的示范性和科学知识值得哲学家和科学、逻辑学的历史学家以及研究中世纪哲学或早期现代哲学的哲学家和历史学家研究。

安德·高杜（Andre Goddu）的《奥卡姆的物理学》（*The Physics of William of Ockham*）①，对奥卡姆的威廉的哲学作了总体的评价，对奥卡姆的威廉关于科学的本质、科学和直观的认知、示范和模态逻辑、自然哲学、时间和空间、时间和永恒、物理运动与无限的理论作了介绍，并阐明了他对 14—15 世纪自然哲学的物理学方面的贡献。

1. 奥卡姆的威廉的科学观②

尽管西方思想界对科学如此看重，但对"科学"（Scientia）这个词进行界定却甚为罕见，在高杜编辑的《奥卡姆的物理学》（*The physics of William Of Ockham*）一书中的第一章《物理学解说》（Expositio Physicorum）

> In the Prologue to the *Expositio Physicorum* Ockham began his exposition with a summary of the various meanings of "scientia" in order to define the precise senses in which natural philosophy is called a science, and in order to determine the place of natural philosophy among the sciences.[1] Ockham listed eight meanings of "scientia": 1) certain but non-evident cognition of something true; 2) evident cognition of necessary or contingent propositions the incomplex terms of which are known intuitively, that is, intuitive cognitions or the objects of intuitive cognitions; 3) evident cognition of something necessary, namely, principles and conclusions following from principles; 4) evident cognition of a necessary truth of such a nature as to be caused by the evident cognition of necessary premises connected through syllogistic discourse; 5) evident cognition of a conclusion; 6) the complete cognition of a demonstration; 7) one *habitus* distinct in number, not including several *habitus* distinct in species; 8) a collection of many *habitus* having a determinate and certain order.[8]

图 3-16 科学定义的原文

① Andre Goddu. *The Physics of William of Ockham*, Leiden, The Netherlands, E. J. Brill Publishers, 1984. 书的目录如下：The Place Of Natural Philosophy Among The Science. 第一部分 The Nature of Science and Intuitive Cognition；Demonstration and Modal Logic 第二部分 Ockham's Physics IV. Place and Void V. Time and Eternity VI. Infinity and the Physics of Motion
② 我的学生褚亚杰等做过相关工作，这节内容为笔者所加。

中就论及奥卡姆的威廉列举"科学"（scientia）一词的 8 种含义，如"确定的但尚无证据的真理"，"凭借直觉认知得到的命题"等等。

核对奥卡姆的威廉的原文，我们发现，奥卡姆的威廉确实提到过这 8 种含义，但具有这 8 种含义的不是我们现在所理解的"科学"，而是泛指"知识"①。

First, then, we have to see what knowledge ¹ in general is ; secondly, we have to lay down some distinctions concerning the term 'knowledge' ; thirdly, we have to draw a few conclusions from what is to be said ; and fourthly, we have to consider natural science in particular.

As to the first point, we must say that knowledge is a certain quality which exists in the soul as its subject, or a collection of several such qualities or forms of the soul. I am speaking here only of human knowledge.

图 3 - 17　关于知识的定义

在这里，奥卡姆的威廉认为知识的首要意义与其说存在于人类的心灵之中，毋宁说它本身就是心灵的某些品格或形式（a collection of several such qualities or forms of the soul）。对此，奥卡姆的威廉有一段极其经典的表述，"为了理解知识的本性，我们必须承认所有的知识都是与命题或若干命题相关的。同时通过科学方式所得到的（复杂）命题，其所包含的简单术语的名实关系（subject matter）也是得自科学。既然如此，由自然科学所认知的命题就不是由感性事物或实体所构成的，而是由指称这些感性事物的精神性内容或概念所构成的。因此，一般而论，自然科学并不研究生灭之物，不研究自然状态中的实体，不研究变动不居之物，因为这些东西都不是自然科学所能知的主题或指谓。恰当地说，自然科学是关于所指事物的精神内容，是由许多命题所代表的具体事物，尽管这些命题中的某些术语只有逻辑上的意义，对此以后详加论述。这就是哲学家所谓的知识并不研究个别事物，而是研究代表个别事物的普遍命题。因此若不严格说来，自然科学也研究生灭变化无常之物，那仅仅是因为自然科学命题中

---

① William of Ockham, *Philosophical Writings*, *A Selection*, The Bobbe-Merrill Company, Inc., 1957, p. 4.

的术语指代这类事物。"①

> In order to understand this, we must know that all knowledge has to do with a proposition or propositions. And just as the propositions [*complexa*] are known by means of a science, so also the non-complex terms of which they are composed are that subject matter which is considered by a science. Now the fact is that the propositions known by natural science are composed not of sensible things or substances, but of mental contents or concepts that are common to such things. Hence, properly speaking, the science of nature is not about corruptible and generable things nor about natural substances nor about movable things, for none of these things is subject or predicate in any conclusion known by natural science. Properly speaking, the science of nature is about mental contents which are common to such things, and which stand precisely for such things in many propositions, though in some propositions these concepts stand for themselves, as our further exposition will show. This is what the Philosopher means when he says that knowledge is not about singular things, but about universals which stand for the individual things themselves. Nevertheless, metaphorically and improperly speaking, the science of nature is said to be about corruptible and movable things, since it is about the terms that stand for these things.

图 3 - 18　奥卡姆的威廉的哲学著述片段

从奥卡姆的威廉对"知识"或"科学"的这种理解中我们不难推知，知识是一种人类心灵的认知，这不是柏拉图的"回忆说"或亚里士多德的"四因说"，而是一种认识论范畴，接近于当代的知识论。特别是他有关"知识"的 8 种理解，具有重要的思想史价值，值得我们在梳理科学观中认真对待，也是后世追溯"知识"这一重要范畴的词源学根据，尤其是科学哲学史研究中世纪科学观的重要概念。

2. 奥卡姆的威廉的具体科学方面的成就②

奥卡姆的威廉不仅有其自己的科学观，而且还在具体的科学理论上有所贡献，这些贡献本身也许并不具有重要的科学意义，但却具有承前启后

---

① William of Ockham, *Philosophical Writings*, *A Selection*, The Bobbe-Merrill Company, Inc. , 1957, p. 12.

② 这一部分为笔者所作，原来此处的数学及运动问题的论述被删节，只留极少数论点。

的思想价值。这也是我们讨论中世纪科学哲学史绕不过去的具体问题。

　　运动问题是中世纪神学家特别是自然哲学家关心的重要问题之一，按照奥卡姆的威廉的《物理学》的翻译者墨多刻（John E. Murdoch）的说法，没有哪个问题比运动问题更能引起中世纪神学家的关注。①

　　像当时所有的思想家或自然哲学家一样，在具体科学问题上，奥卡姆的威廉也是以亚里士多德的物理学为出发点的，"关于运动问题我们必须注意到，按照亚里士多德《物理学》第三卷以及阿拉伯人阿威罗伊对该书的第四个评论，'在亚里士多德的物理学中，运动还不曾被严格地界定过，因为运动并不是一个规范的术语，但在亚里士多德的前后分析中，亚里士多德才给运动下了个定义，聊胜于无，运动的定义才成为科学范畴，阿威罗伊是这样说的，在哲学家眼中，运动是众多范畴之一'"②。

　　但奥卡姆的威廉拒绝将运动作为一个独立存在的范畴，也就是拒绝把运动同运动着的事物分开。他的论证是这样的，他首先对"运动"（change）这个概念进行分析，运动这个词项有两个含义："（1）有时指某物占据一个位置，如同该词指谓某物占据某个位置所产生的动作而不计它的施动者本身；（2）有时为了省略的缘故，就像这种命题，'任一运动必源自施动者'（Every change results from an agent），就等价于这样的复杂命题，'运动中的任何事物，都是某种施动者所驱动的'（Everything which is changed, is changed by some agent）。"③这种简化，就把运动的实体（agent）给消弭了。

　　基于这种考量，奥卡姆的威廉得出了运动与其物质不可分的结论，"我们应该反对这种观点，物体和位置都不足以解释位移运动，因为这种理解的结果就是，物体和位置都可能运动，物体已然就是运动。对此我们的解答是，物体和位置都不足以解释运动，其意在于这种解释可能得出这

---

　　①　对此，我们的观点略有不同。与运动问题相比，数学及逻辑问题同样是中世纪神学家投入精力最多的领域。

　　②　Edward Grant（edited），*A Source Book in Medieval Science*，Massachusetts：Harvard University，1974，p. 229.

　　③　Edward Grant（edited），*A Source Book in Medieval Science*，Massachusetts：Harvard University，1974，p. 231.

样的结论，'物体和位置都存在，因而运动也就存在'。然而，除了物体和位置之外，并不存在什么运动。运动的含义仅仅在于，一个物体占据某个位置，然后又占据另一个位置，如此往复无穷，按此种理解，物体在存续期间不可能静止在一个位置上。显然，除了世界万物，无物能够存在。因此事实就是这样的，某物处于位置 A，位置 A 便不可能有他物存在；同理，某物若不先在 B 处，B 处及其所处之物也就没有意义；以此类推，若某物依然处于 B 处，那么除了该物在 B 处外也就再无物存在于此处。照此理推演下去，我们可以得到这样一个明显的道理：除了假定物体占据某个位置外，并不存在无处不在的永恒之物。反之，我们只需假定，某物在某个特定时间只占据此位或其他某个空间，但该物在其他时间可能占据其他位置。这种理解的位移性运动就可以这样来表述，某物先在地占据某个位置，无需假定其他动因，它在另外一个时间占据另外一个位置，除了该物体及其所处的位置以及物的永恒及其不断的运动外，无需假定任何额外之物"①。

这样，奥卡姆的威廉就得出了有关运动的基本判断："运动着的物与运动完全没有区别"。运动只需要物体和位置。空间的位移就是运动。运动不是外加于物的某种"实体"，也不是包含在物体中的特殊的"物"。运动只是在不同空间位置上所看到的一定的、持久的、不变的物。在他的学说里相当模糊地显现出一种把运动范畴融于物体、空间和时间范畴之中的独特企图。

奥卡姆的威廉在理解运动问题上站在了时代的前列，在消除亚里士多德主义运动观的四因说方面功不可没，比较接近于现代物理学的科学运动观念。然而，对此不应评价太高，因为奥卡姆的威廉对运动的理解虽然在原则上是正确的，但基本上是在经院哲学的框架内讨论运动问题，既没有数学推导，也没有实验观察，因而还不是现代意义上的运动理论。

3. 指代理论：经验主义的认识论②

对语言和逻辑的关注几乎是经验论的基本哲学态度。要理解奥卡

---

① Edward Grant（edited），*A Source Book in Medieval Science*，Massachusetts：Harvard University，1974，p. 233.

② 这也是奥卡姆的威廉逻辑学思想的一个集中表现。

姆的威廉的科学哲学思想必须了解他对于语言的判断及其研究，换言之，如果不了解他对语言及逻辑的理解，也不可能深刻地领会他的思想。

如前所述，奥卡姆的威廉曾经说道，所有的知识都关系到一个命题或一系列命题，这就使得他能够从语言的维度来理解知识，这对于中世纪乃至文艺复兴和近代的思想家而言不能不说是一个重大转折，从语言及其逻辑的角度来理解知识，只有到了弗雷格及其哲学的"语言转向"才得以实现。

与传统观念相反，奥卡姆的威廉认为，"真正的科学并不是研究事物的，而是研究代表事物的精神性内容，因为在科学命题中所知的术语都是代表事物的。因而在如下已知的科学命题中，'所有火都是温暖的'意指关于所有火的精神性内容，并代表着日常的火。这就是我们将命题称为真正知识的原因，而真正的知识也就是关于真实事物的知识。"①

一旦人类具有了观念性的或普遍性的重视，人类的心灵就能够开发出不同的科学。物理学、数学、形而上学和所有其他科学都需要这种普遍性的观念作为思想的素材。因而逻辑就在于教我们将观念安排成命题和推论以获得真理以及被组织起来的真理系统，也就是科学。

奥卡姆的威廉把逻辑分成三个组成部分：词项逻辑、命题逻辑和推理逻辑。这种划分已经成为当代逻辑划分的经典理论。② 但这三种逻辑的基础理论则是他的指代理论。

奥卡姆的威廉认为，概念的指代意义是第一位的、自然的，从最根本的层面来说，意义首先就是与心灵语言相联系的，是建立在自然的指代关系基础之上的，所谓自然的关系是指心灵之中的自然符号即概念与符号所指代的心灵之外的事物之间存在指代关系。"因此，概念是在第一性和自然的方式上指代某事物，而语词是在第二性的方式上指代同一事物。"③

① William of Ockham, *Philosophical Writings*, A Selection, The Bobbe-Merrill Company, Inc., 1957, p. 13.

② William of Ockham, *Philosophical Writings*, A Selection, The Bobbe-Merrill Company, Inc., 1957, Introduction xxx.

③ 伯奈尔编：《奥卡姆哲学著作集》，哈克特出版公司1990年版，第48页。

可以看到，指代理论的核心其实就是要将个别事物与概念勾连起来。概念是看不见、摸不着的。而对个别事物的认识涉及的是感性的表象认识，概念的达成则需要理智的把握。因此，正是在这个意义上，指代理论为奥卡姆的威廉经验主义的认识论提供了理论前提。

事实上，英国经验科学思想家包括奥卡姆的威廉的认识论显示了较多的经验主义感觉论因素，这种对感觉的提倡促进了实验科学的产生。英国经验科学思想家正是站在唯名论重视个别具体事物的立场上，在认识上遵循从个别到一般的正确认识路线，这是科学实验得以正确进行的重要条件，经验科学因此在英国得到发展。

指代理论除了有利于实验科学之外，还有另一个重大的哲学功能就是"拒斥形而上学"主张，也就是奥卡姆的威廉的方法论即剃刀理论，所谓剃刀理论就是指"实体不应该被加上不必要的东西"①，或曰"如无必要，勿增实体"（Entities should not be multiplied unnecessarily）。这种理论直指柏拉图在对具体事物的解释上增加赘余的"理念"，并且陷入对理念的无休止且无意义的争论中，而这也就是经院哲学的繁琐所在。因此，奥卡姆的威廉的剃刀理论有助于清除经院哲学的陈腐糟粕。

当然，我们更关心剃刀理论在自然哲学方面的积极意义。如前所述，按照奥卡姆的威廉的观点，任何真正的科学陈述必须还原为一个关于单独的经验事物的陈述。为了说明运动，我们必须有某种运动的东西，就像为了谈论性质，我们眼前必须有某种白色的东西那样。一个物体在一定的时间内经过一定的距离就是运动，就像一个物体获得了一定程度的"白色"或热的性质就是白的或热的那样。科学本身并不关心白色或运动的形而上学本质，而关心白的东西或运动的物体。事实上，物理学所探讨的是某个物体变化的强度，亦即物体怎样运动，或者它怎样变得更白。奥卡姆的威廉倾向于取消抽象的概念，将问题转向具体的个体。由于强调个体，对某种性质的获得或失去本质上是数学性的——获得就是加，失去就是减。简括的说，唯名论导致了定量研究，即用数学方法探讨质变和运动。这一学说有助于不同学科之间的融合，有助于

---

① Stephen Priest. *The British Empericists*, Second Edition, London and Newyork, 1990, pp. 18–19.

数学在自然哲学中的应用。①

　　奥卡姆的威廉的剃刀理论还对现代逻辑经验主义有影响。逻辑经验主义的著名口号"拒斥形而上学"即是人类认识的"思维的经济性"的具体运用，因为形而上学的体系是无法证实的同语反复。我们看到，奥卡姆的威廉竭力将科学、哲学从神学中分离出来，它在一定程度上引发了欧洲的文艺复兴和宗教改革。

　　5. 后世影响：经验论传统的奠基人

　　在共相问题上，相对于培根与司各脱的不彻底，奥卡姆的威廉凭借对语言和逻辑的精深研究，将唯名论思想贯彻得十分彻底②，他完全否认"共相"在人类思想和语言之外所具有的客观实在性。唯名论可谓是奥卡姆的威廉世界观一切观点的焦点。

　　奥卡姆的威廉坚持亚里士多德个别物的本体论原则，认为唯有个别在实在上存在；共相只是存在于理智之中的语词和概念，它们的意义就在于它们作为符号表示的许多个别事物的相似性，而这种相似性反映在理智中就是关于事物相似性的共同概念。也就是说，在心灵或思想之外，没有任何普遍性或共同性的东西即共相在实在上存在，只有特殊性的或单个性的东西即个别在实在上存在。因此，在奥卡姆的威廉看来，共相是"思想性或精神性的名称"，从根本意义上说，奥卡姆的威廉的唯名论是概念论的唯名论。③

小　结

　　第一，欧洲中世纪是宗教神学占统治地位的时代，但并不意味着科学技术和科学哲学思想不存在。惠特妮（Elspeth Whitney）的《中世纪的科

---

　　① ［美］安东尼·M. 阿里奥托：《西方科学史》，鲁旭东译，商务印书馆 2011 年版，第236 页。

　　② 司各脱认为概念和存在物之间有相似的共同性质，但是奥卡姆的威廉却完全否认那种共同性质，认为只有具体个别的存在物是实在的；柏拉图认为有一种超验的"型"，但是奥卡姆的威廉认为这种"型"是由一种实在的存在物派生而来的概念，所以"型"是虚构的；阿奎那认为共相是为我们所理解的，而奥卡姆的威廉认为只有特别的事物才是最有可能被我们理解的。参见 B. Wilkinson, *The Later Middle Ages in England*, 1216 – 1485. Longman, 1969, p. 221。

　　③ 这些观点已得到学界共识，本书只是对学界既有成果的汇总而已。

学与技术》（*Medieval Science and Technology*，2004）较为详细地论及了中世纪的科学技术成就，但对中世纪科学技术成就与当时宗教神学之间的关联所论不多。赛拉（Edith Sylla）和麦克瓦尔（Michael McVaugh）的《古代与中世纪科学的文本与语境》（*Texts and Contexts in Ancient and Medieval Science：Studies on the Occasion of John E. Murdoch's Seventieth Birthday*，1997）用较多笔墨论述了中世纪科学与当时的基督教神学之间的内在关联，如数学和逻辑的发展与当时基督教神学对全能上帝的论证等[①]；基波利（Pearl Kibre）的《中世纪科学研究：炼金术、星相学、数学和医药学》（*Studies in Medieval Science：Alchemy，Astrology，Mathematics，and Medicine*，1984）较为中肯地论述了中世纪科学的特殊品格如炼金术和星相学等；格兰特的《中世纪的科学与自然哲学研究》（*Studies in Medieval Science and Natural Philosophy*，1981）和《中世纪科学文汇》（*A Source Book in Medieval Science*，1974）从不同的角度论述了中世纪科学与中世纪自然哲学之间的互动关系，在思想史上具有重要意义；萨尔珍特（Steven D. Sargent）的《关于精密科学的开端：Anneliese Maier 有关晚期中世纪的自然哲学论著选读》（*On the Threshold of Exact Science：Selected Writings of Anneliese Maier on Late Medieval Natural Philosophy*，1982）[②] 主要论及中世纪自然哲学对现代科学的重要意义；林德伯格（David C. Lindberg）

[①]　主要内容包括：Editor's Introduction/Edith D. Sylla and Michael R. McVaugh ——Publications of John E. Murdoch——I. Eudoxan Astronomy and Aristotelian Holism in the Physics/Jean De Groot ——II. The Latin Sources of Quadrans vetus, and What They Imply for Its Authorship and Date/Wilbur R. Knorr ——III. Roger Bacon's De laudibus mathematicae：A Preliminary Study/George Molland ——IV. What Really Happened on 7 March 1277? Bishop Tempier's Condemnation and Its Institutional Context/J. M. M. H. Thijssen ——V. Armengaud Blaise as a Translator of Galen/Michael R. McVaugh ——VI. The Meanings of Natural Diversity：Marco Polo on the "Division" of the World/Katharine Park ——VII. Thomas Bradwardine's De continuo and the Structure of Fourteenth-Century Learning/Edith D. Sylla ——VIII. Nicole Oresme, Aristotle's On the Heavens, and the Court of Charles V/Edward Grant. IX. Charles V, Nicole Oresme, and Christine de Pizan：Unities and Uses of Knowledge in Fourteenth-Century France/Joan Cadden——X. Academic Consulting in Fifteenth-Century Vienna：The Case of Astrology/Michael H. Shank ——XI. Domingo de Soto's "Laws" of Motion：Text and Context/William A. Wallace ——XII. Art, Nature, and Experiment among Some Aristotelian Alchemists/William R. Newman.

[②]　主要内容如下：The nature of motion ——Causes, forces, and resistance ——The concept of the function in fourteenth-century physics ——The significance of the theory of impetus for Scholastic natural philosophy ——Galileo and the Scholastic theory of impetus ——The theory of the elements and the problem of their participation in compounds ——The achievements of late Scholastic natural philosophy.

的《西方科学的开端：从史前到公元 1450 年间的欧洲科学的哲学传统、宗教传统和制度安排》（*The Beginnings of Western Science: The European Scientific Tradition in Philosophical, Religious, and Institutional Context*, prehistory to A. D. 1450, 2007）① 则更多地从意识形态和制度安排的层面讨论中世纪的科学及其发展问题。

　　第二，从奥古斯丁到阿奎那，欧洲中世纪的科学哲学思想大体经历了从柏拉图主义（包括新柏拉图主义）向亚里士多德主义（新亚里士多德主义）的嬗变。科隆比（A. C. Crombie）在《从奥古斯汀到伽利略：在公元 400 年到 1650 年间的科学史》（*Augustine to Galileo: the history of science A. D. 400 – 1650*, 1957, c1952）中概述了奥古斯丁所做的工作：一方面，奥古斯丁论证信仰对于知识探求的优先性，认为自然万物都是有灵的，都与人事密切相关；另一方面，人也有意志自由，能够通过虔诚的信仰达到对世界或上帝的领悟。② 阿奎那对科学和科学哲学思想的主要贡献在于他恢复了亚里士多德的思想传统，从而为近代科学革命奠定了思想基

---

① 主要章节如下：1. Designed in the Mind: Western visions of Science, Nature and Human kind ——2. The Western Experience of Scientific Objectivity ——3. Historical Perceptions of Medieval Science ——4. Robert Grosseteste (c. 1168 – 1253) ——5. Roger Bacon (c. 1219 – 1292) /A. C. Crombie and J. D. North ——6. Infinite Power and the Laws of Nature: A Medieval Speculation —— 7. Experimental Science and the Rational Artist in Early Modern Europe ——8. Mathematics and Platonism in the Sixteenth-Century Italian Universities and in Jesuit Educational Policy ——9. Sources of Galileo Galilei's Early Natural Philosophy ——10. The Jesuits and Galileo's Ideas of Science and of Nature/A. C. Crombie and A. Carugo ——11. Galileo and the Art of Rhetoric/A. C. Crombie and A. Carugo —— 12. Galileo Galilei: A Philosophical Symbol ——13. Alexander Koyre and Great Britain: Galileo and Mersenne ——14. Marin Mersenne and the Origins of Language. 15. Le Corps a la Renaissance: Theories of Perceiver and Perceived in Hearing ——16. Expectation, Modelling and Assent in the History of Optics: i, Alhazen and the Medieval Tradition: ii, Kepler and Descartes ——17. Contingent Expectation and Uncertain Choice: Historical Contexts of Arguments from Probabilities ——18. P. -L. Moreau de Maupertuis, F. R. S. (1698 – 1759): Precurseur du Transformisme ——19. The Public and Private Faces of Charles Darwin ——20. The Language of Science ——21. Some Historical Questions about Disease —— 22. Historians and the Scientific Revolution ——23. The Origins of Western Science ——Appendix to Chapter 10: (a) Sources and Dates of Galileos Writings/A. C. Crombie and A. Carugo —— Appendix to Chapter 10: (b) Pietro Redondi, Galileo eretico (Torino, 1983) /A. C. Crombie and A. Carugo —— Appendix to Chapter 10: (c) Mario Biagioli, Galileo, Courtier (Chicago, 1993) —— Corrections to Science, Optics and Music in Medieval and Early Modern Thought (1990).

② A. C. Crombie, *Augustine to Galileo: the History of Science A. D. 400 – 1650*, Melbourne; London: William Heinemann, 1957, c1952. pp. 35 – 36.

础，如阿奎那的《评亚里士多德论感觉和感觉对象问题》（*Commentaries on Aristotle's "On sense and what is sensed"*），《评亚里士多德论动物问题》（*A commentary on Aristotle's De anima*）；《评亚里士多德论物理学》（*Commentary on Aristotle's Physics*）等等。最终，阿奎那形成了自己的科学哲学思想：《科学的分类与方法》（*The Division and Methods of the Sciences*，1963），并因此在现代科学和科学哲学思想中享有崇高地位，如 Gavin Ardley《阿奎那和康德：现代科学的奠基者》（*Aquinas and Kant: the Foundations of the Modern Sciences*，1950）

第三，如果说中世纪对科学与神学之间关系的思考是科学哲学思想发展中的重要一环，那么唯名论则是这个环节中最靠近现代科学哲学思想的构件，其中的关键人物有格罗塞特斯特、罗吉尔·培根、奥卡姆的威廉和库萨的尼古拉等。有关方面的著述有：《奥卡姆和奥卡姆主义：其思想的维度与影响》（*Ockham and Ockhamism: Studies in the Dissemination and Impact of His Thought*，2008）；《R. 培根论炼金术、形而上学、数学和天文学》（*Tracts on Alchemy, Metaphysics, Mathematics and Astronomy*）① 以及

---

① 主要内容如下：Alberti Magni Tractatus de mineralibus ——Rogeri Bacon Tractatus de principiis naturae ——Bacon in meteora ——Argumenta ex S. Scriptura et Patribus super tribus quaestionibus theologicis. i, De loco daemonum ante diem judicii. ii, Ubi sint animae impiorum. iii, Quam gloriam animae sanctorum patrum separatae a corporibus invenerunt propter sua opera ——Venerabilis Aelredi abbatis Rievallis libri tres de spirituali amicitia ——Extrema pars tractatus Johannis de Muris de canonibus tabulae minutiarum, opusculum ad quendam amicum familiarem duobus sermonibus bipartitum ——Tractatus arithmeticus de additione, subtractione, multipicatione et divisione numerorum, cum regulis ad exprimendum ad alieno corde factas meditaciones de numero ——Ars compoti manualis de utilioribus kalendarii ecclesiastici ——Versus memoriales docentes quo mense quaevis festa per totum annum contingunt——Tractatus [forsan Joh. de Muris] de minutiis philosophicis et vulgaribus ——Tres tabulae kalendares, quae facilitant multum compotum manualem: Tabula principalis Gerlandi; Contra-tabula de festis mobilibus; Tabula terminorum paschalium —— [Rogeri Bacon] Tractatus de somno et vigilia —— Methaphisica fratris Rogeri [Bacon] ordinis fratrum minorum, de viciis contractis in studio theologie ——Fragmentum e quodam codice saec. xiii ——Commentarius in septem aenigmata Aristotelis quae recitat Ieronimus libro tercio contra Rufinum ——Ricardi Wallingford Tractatus de sinibus demonstratis —— [Tractatus de motu et speciebus] —— [Tractatus super arithemeticam] —— [Joannis de Sacro Bosco Tractatus de algorismo, sive arte numerandi] —— Tractatus alter de algorismo ——Synopsis tractatus cujusdam de arithmetica ——Tabula exhibens comparationem numeri paris et imparis ——Tractatus super arsmetricam —— Fragmentum breve de diversitate aspectus lunae et de eclipsibus ——Tractatus Rob. Grosseteste, episc. Linc., de iride ——Capitulum sextuem secunde dictionis Almagesti.

《罗吉尔·培根的自然哲学》（*Roger Bacon's philosophy of nature*，1983.）；
《库萨的尼古拉的辩证神秘主义》（*Nicholas of Cusa's Dialectical Mysticism*，
1988，c1985.）等等。当然，综合性的研究当属米尔顿（Richard Milton）
的博士论文《唯名论运动对培根、波义耳和洛克的影响》（The influence
of the nominalist movement on the scientific thought of Bacon，Boyle and John
Locke，1982）。

从知识谱系看，中世纪的知识谱系主要有三条：新柏拉图主义，亚里
士多德主义和唯名论。

新柏拉图主义的知识谱系：普拉提诺—波菲斯—奥古斯丁—哥白尼—
帕拉塞尔苏斯（Paracelsus）—布鲁诺等。这条谱系的思想特点在于：建
构了超自然的世界图式，更明确地规定了人在其中的位置，把人神关系置
于道德修养的核心，强化了科学、哲学和宗教的同盟，具有更浓厚的神秘
主义色彩，但也注重神圣世界对感性世界的"分有"，如此促进了炼金术
和医学的发展。（参见①*Reading Neoplatonism*：*Non-discursive Thinking in
the Texts of Plotinus*，*Proclus*，*and Damascius*/Sara Rappe. By：Ahbel-Rappe，
Sara. Cambridge，U. K. ；New York，NY：Cambridge University Press，2000.
②*Augustine's Christian-Platonist Account of Goodness*：*A Reconsideration* by
Asiedu，F. B. A. *Heythrop Journal.* Jul 2002，Vol. 43 Issue 3，pp. 328 – 343.
16p. ）

亚里士多德主义知识谱系：亚历山大（Alexandes of Aphrodisias）—普
塞洛斯（Michael Psellus）及其学生伊塔卢斯（John Italus）—波伊修斯
（Boethius）—邓·司各脱（Duns Scotus）—大阿尔伯特—圣托马斯·阿
奎那等。这条谱系认为个体占存在领域的首位；可用一系列概念解释实
在，诸如十范畴、种—属—个体、质料—形式、潜能—现实、必然—偶
然、四种物质元素及其基本性质，以及四因（形式因、质料因、动力因、
目的因）；灵魂是动植物生命个体的形式，与肉体不可分割；活动是事物
的本质；思辨活动高于实践活动。（参见①*The Influence of Aristotelianism on
the Explanation of Action* by Thomas Aquinas and Raymund LullusFull Text A-
vailable Volek，P. FILOZOFIA；2011；66；1；pp. 11 – 23 ②*The Alleged Aris-
totelianism of Thomas Aquinas* by Mark D. Jordan. Toronto：Pontifical Institute
of Medieval Studies，c1992. ）

唯名论（Nominalism）的知识谱系：波菲利（Porphyrius）、罗塞林（Roscelin）、亚贝拉（P. Abelard, 1079—1142）、罗吉尔·培根—奥卡姆的威廉（William of Ockham）—库萨的尼古拉—马丁·路德（M. Luther）等。唯名论者认为，只有感官能够感受到的个别的存在，共相是不存在的。共相只是由感官虚构推论出来的一种概念。另一个比较弱的唯名论立场，称为概念论，它介于实在论与唯名论之间。他们认为，共相是由个别的性质所推论出的概念。共相既然是由个别的共通特质经过理性推导出来的，因此它存在于理性中。即使某一个体毁灭了，普遍的共相仍然是存在的。（参见①Scientific Realism: Between Platonism and Nominalism. Full Text Available By: Psillos, Stathis. *Philosophy of Science*, Dec2010, Vol. 77 Issue 5, pp. 947 – 958, 12p ②*Science Without Numbers: A Defence of Nominalism* by Hartry H. Field. Princeton, N. J.: Princeton University Press, c1980.）

主要参考文献

安维复：《教父时代科学思想传承何以可能？——基于文献的考量》，《科学与社会》2021 年第 1 期。

吴琼、安维复：《波修斯：将古希腊科学思想传至欧洲中世纪的文化英雄——以其在"七艺"中的作用为研究角度》，《上海理工大学学报（社会科学版）》2016 年第 3 期。

Augustine, *De Musica*, Trans by R. C Taliaferro, The Father of the Church Series, Writings of Saint Augustine, Vol 2. New York: CIMA Publishing Co. , Inc. , 1947.

St. Augustine, *Augustine Against the Academicians and The Teacher*. Translated, with Introduction and Notes by Peter King. Hackett Publishing Company, Inc, 1995.

Gennaro Auletta, *The Controversial Relationships Between Science and Philosophy: A Critical Assessment: Proceeding of the Workshop at the Pontifical Gregorian University*, Rome, 30 *Sept.* —1 *Oct.* 2005. Pontifical Council for Culture, 2006 .

Robert H. Ayers, *Language, Logic, and Reason in the Church Fathers: A Study of Tertullian, Augustine, and Aquinas*. New York: Georg Olms Verlag Hildesheim, 1979.

Roger Bacon, *The Opus majus of Roger Bacon*, a translation by Robert Belle Burke. Philadelphia: University of Pennsylvania Press, 1928.

Boethius, *De Syllogismis Hypotheticis*. in *The Fathers of Latin Church*. Campenhausen,

H. V. , London, 1964.

Boethius, *In Ciceronis Topica*. Translated by E. Stump, Cornell University Press, Ithaca and London, 1988.

Boethius, *De Institutione Arithmetica*. in Boethian Number Theory. Michael Masi. Amsterdam, 1993.

Boethius, *Fundamentals of Music*. Translated by C. M Bower. New Haven, 1987.

A. C. Crombie, *Augustine to Galileo*. Volume 1. Science in the Middle Ages: 5th to 13th centuries. Harmondsworth, Middlesex, England: Penguin Books Ltd. , 1959.

Andre Goddu, *The Physics of William of Ockham* Leiden, The Netherlands, E. J. Brill Publishers, 1984.

Edward Grant, *The Foundations of Modern Science in the Middle Ages*. London: Cambridge University Press, 1996.

Etienne Gilson, *The Philosophy of St. Thomas Aquina*. Salem, New Hampshire: Ayer Company Publisherd, 1983.

Edward Grant & John & E. Murdoch ed. , *Mathematics and Its Applications to Science and Natural Philosophy in the Middle Ages*. London: Cambridge University Press, 1987.

Edward Grant, "Medieval Science and Natural Philosophy", in James M. Powell, ed. *Medieval Studies*, An Introduction (Syracuse: Syracuse University Press, 1992).

Edward Grant, *The Nature of Natural Philosophy in the Late Middle Ages*. (Studies in Philosophy and the History of Philosophy,). Washington, D. C. : Catholic University of America Press, 2010.

Edward Grant, *A Source of Books in Medieval Science*, Harvard University Press, 1974.

Edward Grant, *God and Reason in the Middle Ages*. Cambridge University Press, 2001.

Edward Grant, *Science and Religion From Aristotle to Copernicus* 400 BC — AD 1550. Greenwood Press, 2004.

Edward Grant, *A History of Natural Philosophy from the Ancient World to the Nineteenth Century*. Cambridge University Press, 2007.

Edward Grant, *The Nature of Natural Philosophy in the Late Middle Ages* . CUA Press, 2010.

Norman Kretzmann, Eleonore Stump, *The Cambridge Companion to Aquinas* Cambridge: Cambridge University Press, 1993.

Pearl Kibre, *Studies in Medieval Science: Alchemy, Astrology, Mathematics, and medicine*. Hambledon Press, 1984.

Stephen Joseph, *Aquinas' Summa theologiae: A Reader's Guide*. London; New York : T

& T Clark, 2010.

Jeremiah Hackett, *Roger Bacon and the Sciences: Commemorative Essays*. New York: Brill, 1997.

David C. Lindberg, *The Beginnings of Western Science: The European Scientific Tradition in Philosophical, Religious, and Institutional Context, Prehistory to A. D.* 1450. University of Chicago Press, 2007.

David C. Lindberg, *Roger Bacon's Philosophy of Nature: a Critical Edition*, with English translation, Introduction, and Notes, Oxford University Press 1983.

John LeeLongeway, *Demonstration and Scientific Knowledge*, in *William of Ockham: A Translation of Summa Logicae*. University of Notre Dame Press, 2007.

Anneliese Maier, *On the Threshold of Exact Science: Selected Writings of Anneliese Maier on Late Medieval Natural Philosophy*. University of Pennsylvania Press, 1982.

John Milbank, Catherine Pickstock, *Truth in Aquinas*. London; New York: Routledge, 2001.

Ernest Addison Moody, *Studies in Medieval Philosophy, Science, and Logic*, 1933—1969, University of California Press, 1975.

Albertus Magnus, *Questioning Concerning Aristotle's on Animals*, Washington, D. C: The Catholic University of America Press 2008.

H. R. Patch, *The Tradition of Boethius: A Study of His Importance in the Medieval Culture*, New York, 1935.

I. Henderson, *A History of Western Music : Music From the Middle Ages to the Renaissance*, London, 1973.

Gareth Roberts, *The Mirror of Alchemy: Alchemical Ideas and Images in Manuscripts and Books : from Antiquity to the Seventeenth Century*, University of Toronto Press, 1994.

Brian Davies, *The Thought of Thomas Aquinas*. Oxford: Oxford University Press, 1992.

G. Meyer and A. Zimmerman, (eds.), *Albertus Magnus – Doctor Universalis*, Mainz: Matthias—Grüewald 1980.

I. Resnick, *A Companion to Albert the Great*, Leiden/Boston: Brill. 2001.

J. Weisheipl, *Albertus Magnus and the Sciences: Commemorative Essays*, Toronto: Pontifical Institute of Medieval Studies 1980.

Lynn Thorndike, *A History of Magic and Experimental Science*, New York: J. J. Little & Ives Company, 1926.

Robert Trundle, *Medieval Modal Logic & Science: Augustine on Necessary Truth & Thomas on Its Impossibility without a First Cause*, University Press of America, 1999.

Simon Tugwell, *Albert & Thomas Selected Writings*, New York: Paulist press 1988, pp134.

Lara Vetter, *Modernist Writings and Religio—scientific Discourse*, Basingstoke, Palgrave Macmillan, 2010.

William Whewell, *History of the Inductive Science—from the Earliest to the Present Times*, New York: Cambridge University Press, 2010.

Elspeth Whitney, *Medieval Science and Technology*, Greenwood Press, 2004.

William of Ockham, *Philosophical Writings : A Selection*, translated with introduction and notes by Philotheus Boehner, Indianapolis: Hackett Pub. Co. , 1990.

James A. Weisheipl, *Nature and Motion in the Middle Ages*, Washington D. C. : the Catholic University of America Press, 1985.

Paola Zambelli, *The Speculum Astronomiae and its Enigma*, *Astrology*, *Theology and Science in Albertus Magnus and His Contemporarie*, Dordrecht: Kluwer Academic Publishers 1992.

第四章　近代科学哲学思想

西方人并没有中国语境中的"近代"这个观念，所谓的"近代"大体上相当于"早期现代"或"现代早期"（early modern period）。依习惯说法，这个"早期现代"或"现代早期"介于意大利文艺复兴和法国大革命之间。① 本书从思想史的角度认为，所谓的近代科学哲学思想主要是指意大利文艺复兴时期的科学哲学思想到德国古典哲学特别是康德的科学哲学思想，或意大利科学革命和维也纳学派之间的科学哲学思想。

在近代的思想范畴内，被后人追认为科学哲学家的思想者不在少数，如 F. 培根、笛卡尔、莱布尼兹、康德等都曾被指认为科学哲学家，他们所创立的思想体系也都被看作是科学哲学或科学哲学思想史中的一个环节。

乌尔巴哈（Peter Urbach）在 1987 年出版的《弗兰西斯·培根的科学哲学》（*Francis Bacon's Philosophy of Science*，Open court publishing company

---

① In history, the early modern period of modern history follows the late Middle Ages of the post-classical era. Although the chronological limits of the period are open to debate, the timeframe spans the period after the late portion of the post-classical age（c. 1500），known as the Middle Ages, through the beginning of the Age of Revolutions（c. 1800）and is variously demarcated by historians as beginning with the Fall of Constantinople in 1453, with the Renaissance period, and with the Age of Discovery（especially with the discovery of America by Christopher Columbus in 1492, but also with the discovery of the sea route to the East in 1498），and ending around the French Revolution in 1789. Historians in recent decades have argued that from a worldwide standpoint, the most important feature of the early modern period was its globalizing character. [1] The period witnessed the exploration and colonization of the Americas and the rise of sustained contacts between previously isolated parts of the globe. The historical powers became involved in global trade. This world trading of goods, plants, animals, and food crops saw exchange in the Old World and the New World. The Columbian exchange greatly affected the human environment.（from Wikipedia, the free encyclopedia）

1987)① 中论证了 F. 培根的思想作为科学哲学的判据，或者从科学哲学的尺度来考量 F. 培根的思想体系。该书从生平及其著述出发（导论），首先在第一章中探讨了对 F. 培根思想方法的规范性解释（the standard interpretation），第二章论述 F. 培根的归纳原则（Bacon's principles of induction），第三章讨论了 F. 培根对科学目的的看法（The aims of Baconian science），第四章讨论了 F. 培根有关人类犯错误的四假象说（The idols），第五章讨论了 F. 培根对他那个时代的科学的评价（Bacon's assessment of the science of his day），第六章讨论了 F. 培根论实验在科学中的作用问题（The role of experiment），第七章是全书的结论（Conclusion）。在这个结论中，乌尔巴哈不同意传统观点把 F. 培根仅仅看作朴素经验主义者的定论，而是高度评价了 F. 培根在归纳与演绎之间的关系问题上所作出的正确探索，作者认为，F. 培根并不是反对假设或假说在科学认识中的作用，而是强调归纳或实验在假说的形成和验证过程中发挥了重要甚至是决定性的作用。②

　　D. 克拉克（Desmond M. Clarke③）的《笛卡尔的科学哲学》（Descartes' Philosophy of Science）按照科学哲学的规范讨论了笛卡尔的哲学思想。除了第一章导论外，第二章主要论述实验在笛卡尔科学活动中的地位（Experience in Cartesian Science），第三章主要论述了理性或推理在科学中的地位（Reason in Cartesian Science），第四章主要论述了笛卡尔如

---

　　① 据我们查证，有关 F. 培根作为科学哲学家的著述不在少数，如 Hesse, M. B., 1964, "Francis Bacon's Philosophy of Science", in *A Critical History of Western Philosophy*, edited by D. J. O'Connor, New York: Free Press, pp. 141 – 152。

　　特别值得一提的是，Lilo K. Luxembourg 的 "Francis Bacon and Denis Diderot: philosophy of science" 论述了 F. 培根和狄德罗在科学哲学问题上的传承关系以及对现代思想的深刻影响。

　　② Peter Urbach, *Francis Bacon's Philosophy of Science*, Open Court Publishing Company, 1987, p. 192.

　　③ Desmond M. Clarke (born 1942) is an author and former professor of philosophy at University College Cork, in Cork, Ireland. His research interests lie predominantly in the 17th century, on such topics as the history of philosophy and theories of science-with a specific interest in the writings of René Descartes, as well as contemporary church/state relations, human rights, and nationalism. He is currently co-editor of the Cambridge Texts in the History of Philosophy series, and he has translated and written an introduction for the Penguin edition of Descartes' *Meditations on First Philosophy*. He retired from his position as Professor of Philosophy in 2006.

何处理形而上学和物理学之间的关系（Metaphysics and Physics），第五章主要讨论科学的解释问题（Explanation），第六章主要讨论理论的证实问题（theory confirmation），第七章主要讨论方法论问题（Methodological essays），第八章是全书的结论部分，认为笛卡尔是一个有创意的亚里士多德主义者（Descartes：An innovative Aristotelian）。D. 克拉克通过这些章节探索了许多重要问题，包括实验和推理在科学中的使用，形而上学在笛卡尔科学观中的基础地位，笛卡尔有关科学解释和证明的观念，在《科学规则》和《方法谈》等著述中的经验主义科学诠释。基于这些分析，克拉克认为用经验主义和理性主义来标识笛卡尔的科学观或科学方法论并不合适，笛卡尔的独到之处在于寻求科学的确定性（certainty），而不关乎负载更多文化意向的真理问题。① 按照这部著述的索引，我们可以找到有关笛卡尔以及相关思想家的重要问题 ［参见 Gillespie, A.（2006），Descartes' demon：A dialogical analysis of 'Meditations on First Philosophy, *Theory & Psychology*, 16, 761 – 781；Garber, Daniel（1992）. *Descartes' Metaphysical Physics*. Chicago：University of Chicago Press. 等等］。

R. 沃尔豪斯（R. S. Woolhouse）的《洛克的科学知识哲学：对人类理解研究的某些方面的考量》（参见 *Locke's philosophy of science and knowledge：a consideration of some aspects of An essay concerning human understanding*, Oxford, B. Blackwell, 1971）也从科学哲学的视野对洛克的思想进行了重建：第一章主要讨论"自然规律作为对不可认知的确定性"（laws of nature as unknowable instructive certainties）；第二章主要讨论"简单观念和复杂观念"（Simple and complex ideas）；第三章主要讨论"定义和概念分析"（definition and conceptual analysis）；第四章和第七章主要讨论"各种模式与各种实体"（modes and substances）；第五章、第六章和第七章主要讨论"概括问题"（The problem of generality）、"分类问题"（The problem of classification）和"解释问题"（The problem of explanation）及其解决方案；第八章主要讨论"洛克对人类必然性知识的观念"（Locke and our knowledge of necessities）；第九章讨论"理性主义的某些难题"（Rational-

---

① Desmond M. Clarke, *Descartes' Philosophy of Science*, Manchester University Press, c1982, p. 199.

ism：some final difficulties）。从该著的索引中我们还可以找到更多更有价值的文献（参见 Curley, E. M., 1972, "Locke, Boyle, and the Distinction between Primary and Secondary Qualities," *The Philosophical Review*, 81 [4]：438 – 464. Downing, L., 1997, "Locke's Newtonianism and Lockean Newtonianism", *Perspectives on Science*, 5 [3]：285 – 310，等等）。这些文献给我们展现了洛克在科学哲学思想上的重要贡献。①

　　W. 列斐伏尔（Wolfgang Lefèvre）的《在莱布尼兹、牛顿和康德之间：18 世纪的哲学与科学》（*Between Leibniz, Newton, and Kant：Philosophy and Science in the Eighteenth Century*, Boston：Kluwer Academic Publishers, 2001）一书将莱布尼兹、牛顿和康德都列为 18 世纪的科学哲学家。除了列斐伏尔的导论外，本书主要由 5 个部分构成：第一部分为"形而上学的断裂"（Seismic Vibrations in Metaphysics），加贝（A. Gabbey）讨论了牛顿时代的学科转换问题（Disciplinary Transformations in the Age of Newton：The Case of Metaphysics）。第二部分为"形而上学和分析方法"（Metaphysics and the Analytical Method），黑希特（H. Hecht）讨论了"莱布尼兹的可能世界的观念以及对 18 世纪物理学运动概念的分析"（Leibniz' Concept of Possible Worlds and the Analysis of Motion in Eighteenth-Century Physics），甘特（F. De Gandt）讨论了"从达朗贝尔哲学中的物理学状况看人类理智的界限"（The Limits of Intelligibility：The Status of Physical Sciences in d'Alemberts Philosophy），皮尔特（H. Pulte）讨论了"自然秩序和科学秩序的关系问题"（Order of Nature and Order of Science）。第三部分为"牛顿主义的盛行"（Avenues of Newtonianism），舒勒（V. Schuller）讨论了"塞缪尔·克拉克对 Jacques Rohault's Traite de Physique 的解释以及这些解释对牛顿物理学大众化的贡献"（Samuel Clarke's Annotations in Jacques Rohault's Traite de Physique, and How They Contributed to Popularising Newton's Physics），瓦特金（E. Watkins）讨论了"康德对广延和力的概念的理解以及对莱布尼兹和牛顿的批评"（Kant on Extension and Force：Critical Appropriations of Leibniz and Newton），威尔森（D. Wil-

① R. S. Woolhouse, *Locke's philosophy of science and knowledge：a consideration of some aspects of An essay concerning human understanding*, Oxford, B. Blackwell, 1971, Preface ix.

son）讨论了"启蒙运动与苏格兰的哲学—化学物理学"（Enlightenment Scotland's Philosophico-Chemical Physics）。第四部分为"物质的思想问题"（Can Matter Think），汤姆斯（A. Thomson）讨论了"心智和脑的物质主义理论"（Materialistic Theories of Mind and Brain），汪德里奇（F. Wunderlich）讨论了"康德语境中的第二个矛盾：纯粹理性批判中的物质能否思维问题"（Kant's Second Paralogism in Context：The Critique of Pure Reason on Whether Matter Can Think）。第五部分为"形而上学和博物志"（Metaphysics and Natural History），列斐伏尔讨论了"自然系统还是人工系统？18 世纪有关动植物分类及其哲学争论"（Natural or Artificial Systems？The Eighteenth-Century Controversy on Classification of Animals and Plants and its Philosophical Contexts）等。这些讨论的主题就是在 18 世纪大变革时代的科学与哲学的互动关系。① 沿着这部著述的文献索引，我们可以查到如下一些重要书目，如 Arthur O. Lovejoy, *The great chain being：a study of the history of an idea*（1933）. Cambridge MA：Harvard Univ. Press, 1964；Vernon, Pratt, *System-building in the eighteenth century*, *The light of nature*. eds. J. D. North and J. J. Roche. Dordrecht：Nijhoff. 1985 等等。

　　按照这些文本，我们可以发现 F. 培根、笛卡尔、莱布尼兹和康德等人的经典文献，其中包括三个环节：经典文本、对经典文本的诠释，对经典文本及其诠释的当代评论。

第一节　实验科学与经验论传统

　　近代科学哲学发展的知识谱系主要有如下几条：哥白尼革命与 F. 培根；笛卡尔的解析几何与理性怀疑主义；洛克与波义耳的合作，牛顿—莱布尼兹—康德等。

　　哥白尼的《天体运行论》和伽利略的《两大世界的对话》等引发了一场导致现代科学产生的科学革命，同时也引发了导致现代哲学产生的哲学革命，弗兰西斯·培根在他的《新工具》（*Bacon's Novum Organum*）多

　　① Wolfgang Lefèvre, *Between Leibniz, Newton, and Kant：Philosophy and Science in the Eighteenth Century*, Boston：Kluwer Academic Publishers, 2001, introduction, vii.

次提到哥白尼学说和伽利略学说，从而引发了近代经验论的产生和发展。（参见①Stephen Gaukroger, *Francis Bacon and the Transformation of Early-Modern Philosophy*, 2001）；②Antonio Perez-Ramos, *Francis Bacon's Idea of Science and the Maker's Knowledge Tradition*, Oxford, 1988 ③Rose-Mary Sargent, *The diffident naturalist: Robert Boyle and the Philosophy of Experiment*, 1995.）

一　F. 培根对科学革命的总结

正如乌尔巴哈（Peter Urbach）的著述所肯定的那样，F. 培根的哲学应该归并为科学哲学，这是因为他的主要著述都是讨论科学观方面的，如他的《新工具》（1898, *Novum Organum or True Suggestions for the Interpretation of Nature*, 1898）、他的《学术进展》（*The Advancement of Learning*, edited by G. W. Kitchin, London and New York: Dent. 1962）、他的《新大西岛》（*Neu Atlantis*, transl. by G. Bugge, edited by Jürgen Klein, Stuttgart. 1982）以及他的《自然史及其实验哲学》（*Historia naturalis et experimentalis*, edited by G. Rees and M. Wakely; Volume VIII, 2011）等等。

在这些著述中，F. 培根勾画了这样一个科学观蓝图，其中包括6个环节或6个发展阶段：第1个环节或发展阶段是"科学分类"；第2个环节或发展阶段为"指导如何理解自然的新工具"；第3个环节或发展阶段是"宇宙现象或作为哲学基础的自然及实验史"；第4个环节或发展阶段是"理性的阶梯性质"；第5个环节或发展阶段是"重建新哲学的预期"；第6个环节或发展阶段是"重建新哲学或新的科学观"。

Bacon's *Plan of the Work* runs as follows (Bacon IV [1901], 22):

1. *The Divisions of the Sciences.*
2. *The New Organon; or Directions concerning the Interpretation of Nature.*
3. *The Phenomena of the Universe; or a Natural and Experimental History for the foundation of Philosophy.*
4. *The Ladder of Intellect.*
5. *The Forerunners; or Anticipations of the New Philosophy.*
6. *The New Philosophy; or Active Science.*

图 4 - 1　培根的科学观所释的一个阶段

1. 科学经历及其对科学的理解

不论在何种意义上，科学哲学都是对科学的理解与提升。因此，一个学者能否被界定为科学哲学家或具有科学哲学思想，应该具有从事科学研究的经历或者有其对科学的理解。

F. 培根不是一个学有专精的科学家，也没有骄人的科学贡献，因而在科学史上并无地位。这一点我们可以从他的《新工具》（The New Organon）的"计划"中略见一斑。这部名著的篇尾附有一份有关科学研究的清单，包括 119 条具体内容，其中既有"天文学说史"（History of the Heavens or Astronomy.）、"医药化学史"（Chemical History of Medicines）等接近现代科学的内容，也有"印染史"（History of Dyeing）、"洗涤史"（History of Washing）、"狩猎史"（History of Hunting and Hawking）等日常生活琐事。这意味着，F. 培根所从事的科学或计划中的科学基本上相当于中世纪的"自然史"阶段。

这就出现了一个矛盾，一位本人并不引领当时科学先风的"局外人"，如何能够创造出契合当时科学精神的思想体系呢？

细读 F. 培根的原著及其不同版本发现，他对当时重要科学家及其重大科学成就进行了认真的哲学总结。例如，在 T. Fowler 编辑的《新工具》（Bacon's Novum Organum）① 一书中，F. 培根多次提到哥白尼学说和伽利略学说，提到哥白尼及哥白尼理论的有 201、202、428、473—47 页；提到伽利略的有 468、470、492—494、528—529、532 页。F. 培根一直关注发生在欧洲大陆的那场科学革命，关注哥白尼和伽利略的科学成就对中世纪传统观念的震撼。（据说 F. 培根是通过他的秘书、大名鼎鼎的霍布斯了解到了哥白尼和伽利略等人的学说，霍布斯曾亲赴欧洲探访伽利略。有关霍布斯对伽利略探访的说法尚缺乏明证，但霍布斯本人的科学成就特别是在数学方面的工作确实远在 F. 培根之上。）

根据 F. 培根《新工具》不同版本的解读，我们不难发现他对伽利略的科学贡献表现出极大的兴趣并进行了认真的哲学反思。例如，在 Lisa Jardine 和 Michael Silverthorne 编辑的《新工具》（剑桥大学出版社 2000 年版）中，F. 培根详细论述了伽利略的放大镜（Magnifying glass）及其应用

---

① Thomas Fowler, Bacon's *Novum Organum*, The Clarendon Press 1878.

所做的重大科学发现。"借用放大镜，人们可以开拓并实施对星体的研究，就好像乘坐船筏身临其境一样。凭此我们确信，银河系不过是由众多各不相同的小星星组成的天体而已，古人有关天体的许多见解都是猜测。"①

2. 基于经验归纳的科学观

F. 培根的思想体系庞杂，包括知识、法律、宗教和社会生活等方方面面。从他的思想体系中析出有关科学哲学思想并非易事，好在 F. 培根在他的《新工具》② 一书中清晰刻画了科学哲学的大致蓝图。

在《新工具》一书的"全书概览"（The plan of the work）中，F. 培根为我们提供了一条探索科学哲学的思想路径。这条路径不仅可以指点我们洞见 F. 培根的科学哲学思想，而且还可以体察现当代科学哲学思想的原貌和雏形。

随着时代的变迁特别是现当代科学哲学的不断发展，有必要对 F. 培根这几条纲领的深刻内涵进行重新解读。当然，这种解读不是出于辉格史观或"六经注我"式的过分诠释，而是更好地还原 F. 培根在科学哲学思想史中的应有地位和作用。

第一步是对已有知识（包括科学和哲学）的审视（The divisions of the sciences）。F. 培根认为，中世纪的知识及其探索世界的方式不能令人满意。因此，思想者的任务应该是清理现有的知识，开拓未来的知识。(The first part gives a summary or general description of the science or learning which the human race currently possesses. It seemed good to us to spend some time on what is presently accepted, thinking that this would help the perfection of the old and the approach to the new. We are almost equally eager to develop the old and to acquire the new. p. 14.) 对现有的知识进行反思是科学哲学的逻辑起点。

第二步强调人类理性或逻辑的重要意义并主张用归纳逻辑取代三段论（The new organon, or directions for the interpretation of nature）。（By con-

---

① Francis Bacon, *The New Organon*, edited by Lisa Jardine, Cambridge University Press, 2000, p. 171.

② Francis Bacon, *The New Organon*, edited by Lisa Jardine, Cambridge University Press, 2000, p. 171.

trast, by our method, axioms are gradually elicited step by step, so that we reach the most general axioms only at the very end; and the most general axioms come out not as notional, but as well defined, and such as nature acknowledges as truly known to her, and which live in the heart of things. p. 17.) 但要特别注意，有关 F. 培根否认假设在科学推理中的地位的观点是错误的，上述引文说得很清楚，强调归纳恰恰是为了确保原理的可靠性。①

第三步论述哲学的基础在于对宇宙的理解，或自然（科学）与实验（科学）史的理解（Phenomena of the universe, or a natural and experimental history towards the foundation of philosophy），也就是用科学改造哲学的计划。当然，这里所说的科学已经不是亚里士多德时代或中世纪的科学，而是用归纳方法获得的科学知识；这里所说的哲学也不是古希腊的思辨哲学或中世纪的经院哲学，而是用自然本身来解释自然的自然哲学。（But we plan not only to show the way and build the roads, but also to enter upon them. And therefore the third part of our work deals with the Phenomena of the Universe, that is, every kind of experience, and the sort of natural history which can establish the foundations of philosophy. A superior method of proof or form of interpreting nature may defend and protect the mind from error and mistake, but it cannot supply or provide material for knowledge. But those who are determined not to guess and take omens but to discover and know, and not to make up fairytales and stories about worlds, but to inspect and analyse the nature of this real world, must seek everything from things themselves. p. 19.) 而且，这种自然哲学并不是一种关于自然的单纯观念，而是人类的理解本身。（By such a Natural History we believe that men may make a safe, convenient ap-

---

①　传统观点认为，F. 培根的归纳法是以朴素的经验论为基础的，或者将 F. 培根的哲学等同于朴素的经验主义。其实，F. 培根已经看到了感觉经验的不可靠性。The senses are defective in two ways: they may fail us altogether or they may deceive. First, there are many things which escape the senses even when they are healthy and quite unimpeded; either because of the rarity of the whole body or by the extremely small size of its parts, or by distance, or by its slowness or speed, or because the object is too familiar, or for other reasons. And even when the senses do grasp an object, their apprehensions of it are not always reliable. For the evidence and information given by the senses is always based on the analogy of man not of the universe; it is a very great error to assert that the senses are the measure of things, pp. 17 -18.

proach to nature and supply good, prepared material to the understanding. p. 22.)

　　第四步强调在经验与原则之间的思想连续性（The ladder of the intellect），反对在知识与观念之间的跳跃，也就是反对亚里士多德主义在经验知识与最高理念之间的臆断。（And so the order of demonstration also is completely reversed. For the way the thing has normally been done until now is to leap immediately from sense and particulars to the most general propositions, as to fixed poles around which disputations may revolve; then to derive everything else from them by means of intermediate propositions; which is certainly a short route, but dangerously steep, inaccessible to nature and inherently prone to disputations. By contrast, by our method, axioms are gradually elicited step by step, so that we reach the most general axioms only at the very end; and the most general axioms come out not as notional, but as well defined, and such as nature acknowledges as truly known to her, and which live in the heart of things. pp. 16 – 17.)

　　第五步确立科学与哲学统一的愿景（Forerunners, or Anticipations of Second Philosophy），不论是科学还是哲学，其目的都是探索自然，而不是用所谓的权威或原则来解释自然。（The fifth part is useful only for a time until the rest is completed; and is given as a kind of interest until we can get the capital. We are not driving blindly towards our goal and ignoring the useful things that come up on the way. For this reason the fifth part of our work consists of things which we have either discovered, demonstrated or added, not on the basis of our methods and instructions for interpretation, but from the same intellectual habits as other people generally employ in investigation and discovery. p. 23.) 这里要特别注意的是，F. 培根将科学称为"第二哲学"。从上下文可知，其一，这种说法强调科学与哲学之间的思想关联，在科学与哲学之间并无绝对的思想界限；其二，这种说法同时也强调了经验论的哲学观念对自然科学探索的重要意义。

　　第六步推进科学与人文的统一或倡导科学—哲学的实践意义（Second Philosophy, or Practical Science）。在 F. 培根看来，不论是科学还是哲学，都不是价值无涉的思辨，而是与人的生存与发展密切相关的。（No strength exists that can interrupt or break the chain of causes; and nature is conquered only by obedience. Therefore those two goals of man, knowledge and power, a pair of twins, are really come to the same thing, and works are chiefly frustrated by ignorance of causes. p. 24.) 其实，第六步所说的科学与人事的统一是第五步科学与哲学统一的深化与推演，这种统一的思想本质无非就是用经验论的理念来处理科学与哲学、知识与行动等一系列问题。

3. 对后世科学观的影响

F. 培根的科学哲学思想在思想史特别是科学哲学史上具有重要意义。从时间维度看，F. 培根曾先后影响了霍布斯、狄德罗以及近现代的各种归纳主义者。

霍布斯曾做过 F. 培根的秘书，尽管有人考证二人关系不睦，但思想是一脉相承的。与 F. 培根相比，霍布斯具有更为深厚的科学素养，据说霍布斯曾在 1635—1636 年间探访过伽利略，并与之结下深厚友谊。[1] 这种友谊使得霍布斯在科学方法论上较之 F. 培根更胜一筹。具体而论，霍布斯将 F. 培根的归纳法改造为"分析—综合法"[2]。在《论物体》一书中，霍布斯对这种方法进行了界定："如果从事物发生过程看，分析就是从某物的建造和制作的过程进行思考，直到弄清楚那造物的发生过程及其动因；综合则是按照造物的发生过程及其动因，经过中间机理，直到理解了这个造物的建构过程。"[3] 而哲学就是这样一种分析—综合的思想过程，或者说就是用这种方法来理解世界。在他看来，哲学所能理解之物只有三件事：几何学、自然哲学和公民哲学。几何学是哲学活动的思想基础，自然哲学是几何学的思想方式在理解自然事物时的应用，而公民哲学不过是几何学或"分析—综合法"在处理社会问题特别是权利问题上的应用。按照几何学或"分析—综合法"，君主的权力不是上帝所授，而是来自公民的选举过程。这样，霍布斯就把 F. 培根的经验论哲学路线演绎为一种

---

[1] John Aubrey, *Brief Lives*, London: Penguin Books, 2000. P447.

[2] 另一说法认为"分析与综合"的方法是牛津大学首任校长 R. 格罗塞特斯特提出的，参见有关章节。

[3] Thomas Hobbs, *The English Works of Thomas Hobbes* (vol. I). London: Routledge/ Thoemmes Press, 1839, p. 74.

可以理解科学、自然和社会事务的思想体系。①

　　400 年以后，思想家们依然记得霍布斯在科学和社会之间关系问题上所做的工作。"解决了知识问题，也就是解决了社会秩序的问题。"对此，夏平给出了三点证据："首先，科学从事者创造、挑选并维护了一个政体，他们在其中运作，制造智识产物；第二，在该政体中制造出来的智识产物变成了国家政治活动中的一个元素；第三，在科学知识分子占有的政体的性质和更大的政体的性质间，有一种制约性的关系。"②

　　我们之所以称 F. 培根具有科学哲学思想，乃在于他提出了一条用科学变革哲学的思想进路，也就是并不把科学简单地看作一个知识门类，而是看作对人类观念乃至人类生活具有决定性影响的重大事件。F. 培根的六步纲领可以说是科学哲学思想的最初原型，同时也是我们进行科学哲学研究的基本进路：首先必须对传统的科学及其哲学进行批判的审视，维也纳学派创立逻辑经验主义的科学哲学也是从对传统科学及其哲学的反思开始的；其次是强调新兴方法（论）对变革现有科学及其哲学的重要意义；再次是科学诸学科的内部统一问题，也就是用某种先进的学科如数学或物理学来统摄心理学、社会学等等；接下来是解决科学与哲学的统一问题，也就是解决科学知识与哲学观念的统一问题，其实也就是用科学方法解决哲学问题；最后解决知识与权力、事理与行动等的统一，也就是事实判断与价值判断的统一。因此，F. 培根的科学哲学思想是科学哲学的后辈学者不得不关注的重要思想资源。

二　洛克与波义耳的实验哲学

　　至少有两部著述论及洛克的科学哲学思想，一是 A. 奥拉夫（Ai Allaf）的《洛克的科学哲学和形而上学：知识的协同问题》（*John Locke's Philosophy of Science and Metaphysics: The Problem of Cohesion*）；另一个是 R. S. 沃尔豪斯（R. S. Woolhouse）的《洛克的科学哲学和认识论：对人类理解论某些方面的考量》（*Locke's Philosophy of Science and Knowledge: A Consideration of Some Aspects of An Essay Concerning Human Understanding*）。

---

① 参见王军伟《论霍布斯的分解—组合法》，《青海社会科学》2010 年第 4 期。
② 史蒂文·夏平：《利维坦与空气泵》，上海世纪集团 2008 年版，第 316—317 页。

但更重要的资讯还在斯坦福大学的哲学百科全书网站上有关"洛克的科学哲学"（John Locke's philosophy of science in *http：//plato. stanford. edu/entries/locke-philosophy-science/*）中，此条目综述了有关洛克科学哲学思想的各种信息，特别是提供了大量的参考文献。

1. 洛克的医学活动及其哲学意义

按照我们的研究纲领，一个思想者之所以能够被称为科学哲学家或具有科学哲学思想，他或她应该亲自从事某种科学活动（如笛卡尔和罗素），或具有一定的科学素养（如维特根斯坦和石里克），或熟悉某种科学理论及其历史（如莱欣巴赫和 T. 库恩）。我们知道，洛克创立了经验论的古典形式，是科学哲学的理论来源之一，因而也是科学哲学史研究不可回避的人物，但问题是，洛克的这种经验论是以何种科学理论为基础的？

在科学史上，我们很难查到 J. 洛克在科学理论上有何作为，这也就是说，洛克本人并不是著名的科学家，甚至也不是一般意义上的科学工作者。那么为什么洛克竟然能够创造出体现当时科学精神的经验论哲学体系？根据我们的编史原则，科学与哲学是相关的。照此理，洛克应该具有一种与他所创造的经验论相适应的科学知识。

依这条思路，我们查阅了洛克的几种较为权威的传记及其文献，如察波耳（Vere Chappell）编辑的《洛克剑桥指南》（*The Cambridge Companion to Locke.* Cambridge U. P. 1994）；邓恩（John Dunn）撰写的《洛克》（*Locke*, Oxford Uni. Press. 1984；金（Lord Peter King）撰写的《基于各种文献的洛克生平》（*The Life of John Locke：with Extracts from His Correspondence, Journals, and Common-place Books*, Bristol, England, Thoemmes, 1991）；博尔纳（H. R. Fox Bourne）撰写的《洛克生平》（*Life of John Locke*, 2 volumes, reprinted Scientia Aalen, 1969）；莫瑞斯·克兰斯顿（Maurice Cranston）撰写的《洛克别传》（*John Locke, A Biography*, reprinted Oxford University Press, 1985）以及伍豪斯（Roger Woolhouse）撰写的《洛克别传》（Locke：*A Biography*, Cambridge University Press. 2007）等等；特别是杜赫斯特（Kenneth Dewhurst）所撰写的《洛克作为医生和哲学家的从医传记》（*John Locke, 1632 - 1704 Physician and Philosopher：A Medical Biography*）。我们终于查到洛克的行医执照、病例以及他所签署的诊

断报告等文献。①

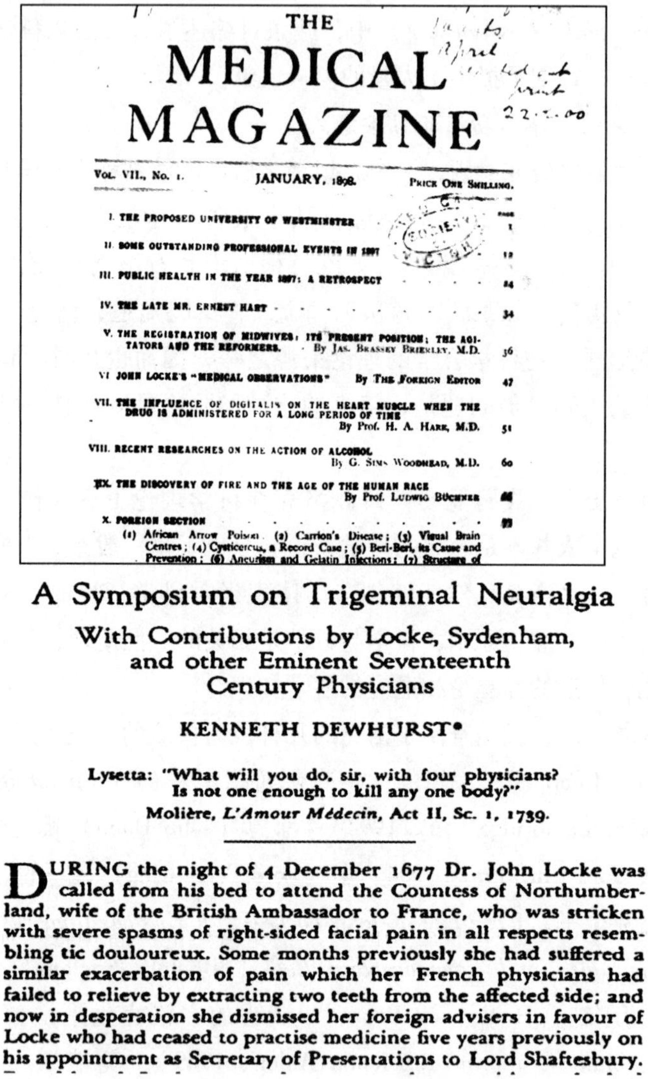

THE
MEDICAL
MAGAZINE

VOL. VII., No. 1.　　JANUARY, 1898.　　PRICE ONE SHILLING.

A Symposium on Trigeminal Neuralgia

With Contributions by Locke, Sydenham, and other Eminent Seventeenth Century Physicians

KENNETH DEWHURST*

Lysetta: "What will you do, sir, with four physicians? Is not one enough to kill any one body?"
Molière, *L'Amour Médecin*, Act II, Sc. 1, 1739.

DURING the night of 4 December 1677 Dr. John Locke was called from his bed to attend the Countess of Northumberland, wife of the British Ambassador to France, who was stricken with severe spasms of right-sided facial pain in all respects resembling tic douloureux. Some months previously she had suffered a similar exacerbation of pain which her French physicians had failed to relieve by extracting two teeth from the affected side; and now in desperation she dismissed her foreign advisers in favour of Locke who had ceased to practise medicine five years previously on his appointment as Secretary of Presentations to Lord Shaftesbury.

图4－2　约翰·洛克作为医生的文献证据

① 非常感谢我访学的澳洲新南威尔士大学允许我通过馆际互借等方式得到这些十分珍贵的文献资料；特别感谢我的女儿安宁在墨尔本大学就读期间帮我在墨尔本大学医学院图书馆查到这些文献资料。

其实，学界已经意识到洛克的经验论与他的从医经历之间的思想关联，如罗曼内尔（Patrick Romanell）撰写的《洛克和医学：一种理解洛克思想的新思路》（John Locke and Medicine：A new key to Locke）等。

2. 波义耳的实验哲学对洛克的影响

我们知道，在洛克的诸多哲学思想中，他有关物质第一性质和第二性质的区分具有重要意义，甚至是古典经验论的理论基石之一。但问题是，洛克是如何获得这一理论的呢？

在洛克的生平传记中我们发现，洛克和波义耳不仅是一对交往甚深的朋友，而且还是哲学家与科学家的合作典范。但他们之间的交往不是一般的友情，而且是出于学术上的共识。我们这样说是有证据的，1691年，洛克给波义耳写了一封回信。信的内容是这样的，波义耳做了一个关于空气的实验，他将这个实验报告在正式发表之前寄给好友洛克帮忙校对。洛克在信中写下了这样的内容："你即将收到你的这篇有关以空气为题的论文，我认真地审读了全文，按照其主旨反复掂量，尽我所能地按照其所指加以修改。我发现了许多疏漏之处，但这些修改不能直接交给出版社付梓或交给出版商付印。……我也将我手头的一篇有关空气的论文发给你，这些论文的某些方面可能对你的研究有所补益，如你所见，如果有时间我们会对空气研究有更多的发现。除此之外你的论文中许多新颖别致的评论和你在空气实验中的发现以及你的设计，打开了一个有用的研究领域，我必须坦言这些思想在相关领域给我启发甚多，这些新思想一直是我长期探索的问题，也是自然的必备构件。你对这些问题的解答非常值得所有探索者高度重视。在这种情况下你对空气的研究堪称完美。我想对你说的是，我也有水，我也有盛水的器皿，因而我只想立马着手研究。"①

其实，洛克并不是第一性质和第二性质的发现者，真正发现第一性质和第二性质的是波义耳，波义耳在他的名文《论形式和性质的起源》（The Origin of Forms and Qualities According to the Corpuscular Phi-

---

① Locke to Robert Boyle, 21, October 1691, in E. S. De Beer edited, *The Correspondence of John Locke*, Volume four, Oxford at the Clarendon Press, 1979, pp. 320, 321.

losophy) 中就明确地提出了区分物质的第一性质和第二性质的问题，如下图 3 - 3。①

> 1.²⁶ That the matter of all natural bodies is the same, namely, a substance extended and impenetrable.
>
> 2. That all bodies thus agreeing in the same common matter, their distinction is to be taken from those accidents that do diversify it.
>
> 3. That motion, not belonging to the essence of matter (which retains its whole nature when it is at rest), and not being originally producible by other accidents as they are from it, may be looked upon as the first and chief *mood* or affection of matter.

图 4 - 3   波义耳与洛克共享某些经验论观念的文献证据

从二者的合作中我们发现，洛克的经验论来自波义耳的科学实验哲学。奥斯勒（Margaret Osler）在"约翰·洛克、波义耳与牛顿科学中的某些哲学问题"（John Locke and some philosophical problems in the science of Boyle and Newton）中，首先论述了洛克作为科学哲学家（Locke as philosopher of science），然后论及波义尔有关物质本性的经验理论（Boyle's emipirical theory of matter），最后谈论了波义耳、牛顿和洛克三人之间的科学理论和科学方法问题。此外，有关波义耳的两部哲学著述也值得关注，一是安斯替（Peter R. Anstey）《波义耳的哲学》（*The Philosophy of Robert Boyle*, 2000），另一个是萨金特（Rose-Mary Sargent）的《与众不同的自然主义者：波义耳及其实验哲学》（*The Diffident Naturalist: Robert Boyle and the Philosophy of Experiment*, 1995）。

3. 洛克的经验论哲学纲领

按照本题的研究纲领，洛克的哲学思考并不像黑格尔那样是一种理性的自我完善，而是一种科学家与哲学家合作的产物。简言之，洛克的哲学其实就是对波义耳化学研究的哲学升华。

第一，亚里士多德的知识观及其所造成的消极后果的反思。在洛克时代，占统治地位的科学观依然是亚里士多德主义，但笛卡尔的思想也开始

---

① M. A. Stewart, edited with an introduction, *Selected Philosophical papers of Robert Boyle*, Cambridge: Hackett Publishing Company, 1991, p. 50.

受到重视。在亚里士多德主义者或笛卡尔主义者看来，所谓科学（scientia）必须是演绎的，也就是用三段论加以证明的，或者是从绝对无误的前提中推演出来的。但洛克认为，任何观念都有其根源，都是人类精神活动的产物，都是人类的"理解"。（What "Idea" stands for. Thus much I thought necessary to say concerning the occasion of this Inquiry into human Understanding. But, before I proceed on to what I have thought on this subject, I must here in the entrance beg pardon of my reader for the frequent use of the word idea, which he will find in the following treatise. It being that term which, I think, serves best to stand for whatsoever is the object of the understanding when a man thinks, I have used it to express whatever is meant by phantasm, notion, species, or whatever it is which the mind can be employed about in thinking; and I could not avoid frequently using it. In An Essay Concerning Human Understanding by John Locke edited by Jim Manis, the Pennsylvania State University, Electronic Classics Series, 1999, p. 27.）

第二，基于对传统知识及其观念的不满，洛克发现后强调了一种来自经验的知识，也就是一种不同于亚里士多德及其中世纪的思想家所倡导的那种按照三段论推演出来的必然知识，从而将经验知识也归入科学知识的范畴内，科学应该包括经验知识或经验知识也具有科学的品格。"Intuition and demonstration are our two degrees of knowledge; Whatever falls short of these, however confidently accepted, is merely faith or opinion, not knowledge. This holds at least for all general truths. But there is another perception of the mind, concerning the particular existence of finite beings outside us, which does not reach the whole way to either of the foregoing degrees of certainty, yet is called 'knowledge'. It does indeed go beyond mere probability. There can be nothing more certain than that the idea we receive from an external object is in our minds; this is intuitive knowledge. But is there anything more than just that idea in our minds? Can we certainly infer from that idea the existence of something outside us corresponding to it? Some men think this is a real question, because people sometimes have such ideas in their minds at times when no such thing exists, no such object affects their senses. （E IV. ii. 14, pp. 537 – 538）

第三，经验知识并不是对经验的简单记录，而是通过语言或命题来表达的，而语言或命题则必须服从一定的规则。他说，"各种字眼最后都是由表示可感观念的那些字眼来的——我们如果注意字眼是在多大程度上依靠普通的可感的观念的，那就会稍进一步认识到我们意念底起源和知识底起源。我们还应当知道，许多文字虽然表示远离感官的那些行动和意念，可是它们也都是由那个根源来的，也都是由明显的观念转移到较抽象的意义，并因而表示那些不为感官所认识的各种观念的。"①

概言之，洛克与波义耳的交往与合作是一种极富象征意义的思想事件，是哲学家与科学家在观念上的共识，或者说是一种科学实践活动与哲学思辨过程的成功整合。所谓洛克创立的经验论的古典形式是对当时自然科学成果的思想阐发，具体说就是对波义耳化学思想的哲学改写。

三 贝克莱作为"分析者"

乔治·贝克莱（George Berkeley）的思想及其著述可以大致分为三个部分或三个阶段：第一阶段是从事具体科学研究阶段，其代表性作品主要有 1707 年的《论算数》（*Arithmetica*）和《数学杂记》（*Miscellanea Mathematica*）；写于 1707—08 年的《哲学评论》（*Philosophical Commentaries*），其中包括对笛卡尔、洛克、马勒布朗士（Malebranche）、牛顿等人的思想评论；最具代表性的是他写于 1709 年的《视觉新论》（*An Essay towards a New Theory of Vision*）。第二阶段是阐发哲学思想阶段，其代表作就是他发表于 1710 年的《论人类知识原理》（*A Treatise Concerning the Principles of Human Knowledge*），1713 年的《关于物质与爱心灵之间的三篇对话》（*Three Dialogues between Hylas and Philonous*）②。在第三阶段，贝克莱主要用他的哲学原理来解释或评价当时的科学，如 1721 年发表的《论运动》（*De Motu*；*Sive*；*de motu principio et natura*，*et de causa communicationis motuum*）③，1734 年发表的《分析者》（The Analyst：a Discourse addressed to an

---

① 洛克：《人类理解论》（下册），关文运译，商务印书馆 1983 年版，第 384 页。

② 按照维基百科，"Hylas"源自古希腊神话，有强调"物质"（matter）之意，贝克莱用这个词来暗指 J. 洛克及其哲学思想；"Phionous"一词曾出现在贝克莱的"论人类知识原理"一书中，指"爱心灵"（lover of mind）。

③ 英译文为，*De Motu or The Principle and Nature of Motion and the Cause of the Communication of Motions*。

Infidel Mathematician），1735 年发表的《保卫数学中的自由思想及其针对沃尔顿先生为牛顿的流数原理进行辩护的思考》（*A Defence of Free-thinking in Mathematics*，*with Appendix concerning Mr. Walton's vindication of Sir Isaac Newton's Principle of Fluxions*）等等。

传统研究往往把贝克莱的这三个思想阶段看成互无关联的三种思想，例如维基百科和斯坦福大学的哲学百科全书就将贝克莱的思想归纳为"视觉理论""基于感觉分析的唯心主义""数学哲学"和"自然哲学"等。我们以为，贝克莱的三个思想阶段或三种理论是一个从具体科学上升到哲学理论，再用哲学理论来解读或评估具体科学的完整思想过程。

1. 贝克莱的"视觉新论"

1709 年，贝克莱首先完成了他的《视觉新论》。顾名思义，这部著述是研究"视觉"理论的。当时视觉理论争论的焦点在于，如何在视觉中判断物象的远近。笛卡尔主张用几何学的方法也就是用物象在视觉中发射光线所形成的夹角来判断物象的远近，如果物象在视觉中形成的夹角较大，那么这个物象就可能较远，反之则较近（参见图 4 – 5）。①

在这一示意图中，Fig. 1 标识的是远处物象的视觉形象；Fig. 3 是近处物象的视觉形象；Fig. 2 则介于两者之间。

贝克莱在他的《视觉新论》一书中，提出并论证了 160 个相关命题，我国著名学术前辈关文运先生将该著译文中的这些命题归纳为 6 点结论：一、（2—51）眼同外界的距离是不能看见的；它只是由所见的现象和眼中的感觉暗示出来的。二、（52—87）体积和感官对象所占的空间部分实在是看不见的；我们只看到较大较小的颜色分量，而颜色又是依靠于能知觉的心灵，我们对于"实在"体积所有的视觉只是解释我们所见的颜色和眼的感觉在触觉上有什么意义。三、（88—120）感官对象的位置，或其在空间中彼此的实在关系，是看不见的。我们所见的只是各种颜色的相互关系。我们虽然假设自己看到实在的可触的部位，实则只是在解释那些部位的视觉的标记。四、（121—146）视觉和触觉没有共同的对象，空间虽似乎是构成它们的共同对象，但是它在视觉和触觉方面，实在有种类上

---

① George Berkeley，*Philosophical Writing*，London：Cambridge University Press，2008，pp. 16，17.

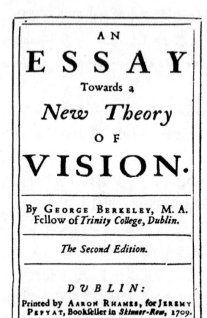

AN
ESSAY
Towards a
New Theory
OF
VISION.

By GEORGE BERKELEY, M.A.
Fellow of *Trinity College, Dublin.*

The Second Edition.

DUBLIN:
Printed by AARON RHAMES, for JEREMY
PEPYAT, Bookseller in *Skinner-Row,* 1709.

AN
ESSAY
TOWARDS
A New Theory of Vision.

MY Design is to shew the I.
manner, wherein we per-Design.
ceive by Sight the Distance,
Magnitude, and Situation of Ob-
jects. Also to consider the Diffe-
rence there is betwixt the *Ideas* of
Sight and Touch, and whether there
be any *Idea* common to both Sen-
ses.

IT is, I think, agreed by all that II.
Distance of it self, and immediately *Distance of
it self In-*
cannot be seen. For *Distance* be-*visible.*
ing a Line directed end-wise to the
Eye, it projects only one Point in
　　　　　　　　　B　　　the

图 4 - 4　贝克莱的《视觉新论》封面和首页

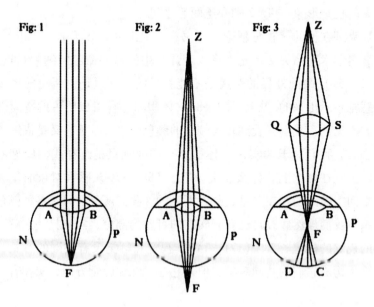

图 4 - 5　贝克莱有关视觉的研究图示

的差异。五、(147—148)一切所见的现象都是一些偶然的标记,它们是大自然的语言,是上帝向人类的感官和智慧所说的话。六、(149—160)几何所研究的真正相对乃是触觉所取的广袤,而非视觉所见的广袤。实在的广袤在各方面都是可触的,而非可见的。颜色只是视觉的直接对象,而且颜色既是依靠于心的一种感觉,所以它是不能在能知觉的心灵以外的。①

其实,对于关先生的六点结论,我们更愿意用贝克莱在该著的前4个命题来概述这样一个思想:物象的远近并非由视觉决定的,而是源自我们的"经验"②。

2. 重新理解"存在就是被感知"

思想史家特别是哲学史家往往根据他的"存在就是被感知"("existence is percipi or percipere")③把贝克莱的思想定性为"唯心主义"(Idealism or Immaterialism),可能有失偏颇。

———

① [英]乔治·贝克莱:《视觉新论》,关文运译,商务印书馆1935年版,序。

② 1. My design is to show the manner wherein we perceive by sight the distance, magnitude, and situation of objects. Also to consider the difference there is betwixt the ideas of sight and touch, and whether there be any idea common to both senses.

2. It is, I think, agreed by all that distance, of itself and immediately, cannot be seen. For distance being a line directed end-wise to the eye, it projects only one point in the fund of the eye, which point remains invariably the same, whether the distance be longer or shorter.

3. I find it also acknowledged that the estimate we make of the distance of objects considerably remote is rather an act of judgment grounded on experience than of sense. For example, when I perceive a great number of intermediate objects, such as houses, fields, rivers, and the like, which I have experienced to take up a considerable space, I thence form a judgment or conclusion that the object I see beyond them is at a great distance. Again, when an object appears faint and small, which at a near distance I have experienced to make a vigorous and large appearance, I instantly conclude it to be far off. And this, it is evident, is the result of experience; without which, from the faintness and littleness, I should not have inferred anything concerning the distance of objects.

4. But when an object is placed at so near a distance as that the interval between the eyes bears any sensible proportion to it, the opinion of speculative men is that the two optic axes (the fancy that we see only with one eye at once being exploded) concurring at the object do there make an angle, by means of which, according as it is greater or lesser, the object is perceived to be nearer or farther off. See George Berkeley, *Philosophical writing*, London: Cambridge University Press, 2008, p. 7.

③ Donald M. Borchert (editor in chief), *Encyclopedia of Philosophy*, 2nd edition, Farmington Hills: Thomson Gale, 2006, p. 574.

其实，贝克莱在《论人类知识的原理》（*A Treatise Concerning the Principles of Human Knowledge*）一书中开宗明义地指出，"哲学是研究智慧和真理的，这种研究诉诸理性，这种理性的追寻者其实就是致力于心灵的宁静与怡然，即是对知识的更加清晰与明证，也就是比他人更易免于困惑。"（Philosophy being nothing else but the study of Wisdom and Truth, it may with reason be expected, that those who have spent most Time and Pains in it should enjoy a greater calm and serenity of Mind, a greater clearness and evidence of Knowledge, and be less disturbed with Doubts and Difficulties than other Men. ）①

但这种理性并不是笛卡尔所说的那种先天观念，而是人类的感觉，正是人类的感觉造就了人类的思想（或观念）、意志、想象、记忆。因而，"观念的存在就是被感知"。（But besides all that endless variety of Ideas or Objects of Knowledge, there is likewise something which knows or perceives them, and exercises divers Operations, as Willing, Imagining, Remembering about them. This perceiving, active Being is what I call Mind, Spirit, Soul or my Self. By which Words I do not denote any one of my Ideas, but a thing intirely distinct from them, wherein they exist, or, which is the same thing, whereby they are perceived; for the Existence of an Idea consists in being perceived. ）②

然而，我们的用意并不在于重复贝克莱在视觉理论上的贡献，而是从他的视觉理论来理解他在《论人类知识的原理》中所提出的重要哲学命题："存在就是被感知"。从这个角度看，我们至少可以得到如下两点结论：第一，贝克莱所说的"存在就是被感知"并非源自某种肤浅的"感觉主义"或"唯心主义"哲学思辩，而是基于当时具体科学特别是认知理论的最新成果，从最新的科学成果来讨论并解决哲学问题是值得肯定的思想路线；其二，更为重要的是，"存在就是被感知"不仅仅意味着只有感知才能确认某物的存在，而且还意味着对绝对主义或观念论的怀疑与批判，这才是贝克莱哲学纲领的真正价值。

---

① George Berkeley, *A Treatise Concerning the Principles of Human Knowledge*, London: Printed for Jacob Tonson, 1734, Introduction.

② George Berkeley, *A Treatise Concerning the Principles of Human Knowledge*, London: Printed for Jacob Tonson, 1734, Introduction, p. 12.

3. 用感觉论来解读或评估当时的科学成就

如前所述，对于贝克莱的感觉论，以往的哲学史家往往指责它的唯心主义思想实质和经验论的有限性。其实，这种指责并没有把握贝克莱哲学的理论真谛和批判功能。我们以为，正是基于这种经验论的哲学纲领，贝克莱正确地指出了牛顿经典力学中的绝对主义错误，也论证了贝克莱的经验论的思想价值。

早在 1707—1708 年的《哲学评论》（*Philosophical Commentaries*），特别是在他的《论运动》（*De Motu*）中，贝克莱认为牛顿所说的力（forces）或引力（gravity）并不是真实地存在于经验世界之中，而是某种精神性或"非物质性的东西"（incorporeal thing），但这种精神性事物并不属于物理学，也不属于科学。①

显然，贝克莱之所以能够在当时的思想条件下就看到牛顿经典力学的绝对主义缺陷，完全得益于他的经验主义哲学纲领。这就意味着，从唯心主义—实在论的维度来评估贝克莱的感觉主义并不能把握他的思想实质，他的思想目的在于批判当时的绝对主义。这种批判比爱因斯坦早了近两个世纪。

不仅如此，贝克莱的哲学被忽视的还有一个维度，那就是对确定性的追求——贝克莱选择感觉主义不仅仅是出于对人类直接经验的偏好，而且还在于他要为人类的知识寻找或奠定坚实的理论基础。基于这样一种思想维度，贝克莱批判了微积分在初创时期的理论缺陷。早在 1707 年，贝克莱就出版了有关数学的两本小册子，1734 年他又出版了《分析者：来自异见数学家的对话》（*The Analyst, A discourse addressed to an infidel mathematician*），其目标直指当时牛顿和莱布尼兹所发明的微积分所使用的留数法（fluxion）或无穷小（infinitesimal）观念。这种批判切中了当时微积分理论基本观念的重大缺陷：无穷小时而被当作零，时而被看作向零的趋近过程，而零和向零的趋近过程是不同的，贝克莱称之为"不死的幽灵"（Ghosts of departed quantities）。有学者指出，贝克莱对当时微积分基本理论的批判在数学史上具有重要价值。正是基于贝克莱的批判，法国数学家丘奇（Augustin-Louis Cauchy）才提出并确立了有关微积分的严格的数学

① George Berkeley, *Philosophical Writing*, London：Cambridge University Press，2008，p. 375.

原理。①

在这里，我们又一次看到，贝克莱正确地指出了当时微积分基本概念的缺陷，而贝克莱之所以能够做出这样的正确批判，正是由于他的基于追求知识确定性的哲学立场。

四　休谟：最早的科学史家?

学界对休谟的研究似有定论——怀疑的经验主义或经验的怀疑主义。这种判断大致是将休谟放在洛克及贝克莱的经验主义传统和笛卡尔的理性主义传统中考量的结果。这种考量主要回答何谓世界以及如何获得有关世界的认识等传统的哲学问题。

除此之外，还有一种考量休谟哲学的思想维度被忽略了，那就是从科学与哲学的关系也就是从科学哲学思想史的视角来审视休谟的哲学思想。从这个维度看，D. 休谟对科学哲学有重要的思想影响，例如他的命题意义理论、归纳问题和"是—应该问题"的划界、情感主义伦理学等等，都是现代科学哲学讨论的重要问题之一。

像所有的科学哲学家一样，休谟也在思考并回答三个问题：他当时最尊崇的科学是什么？他对哲学进行了何种改造？他如何处理自然科学和社会科学的统一问题？对于这三个问题，休谟认为，伽利略、牛顿及发现血液循环的哈维是当时最重要的文化事件，因而必须按照这些科学成就来重新思考哲学问题，并按照被哲学重建的科学精神来改造当时的人文社会科学，从而形成了以牛顿科学为基础的或可以称之为牛顿主义的科学哲学思想。

就哲学而论，学界一般把休谟定位于洛克、贝克莱之后的英国经验论者，将其思想理解为"激进的哲学经验论和怀疑主义"（radical philosophical empiricism and skepticism）。我们以为，休谟的哲学思想确实包含着经验论或怀疑论的思想情愫，但其主旨可能需要重新检视。

休谟的科学哲学思想，可以概述为如下命题：

1. 观念含混是人类理性的最大障碍

正如 K. 波普所说，科学始于问题，不仅如此，哲学亦属于问题。休

---

① George Berkeley, *Philosophical Writing*, London：Cambridge University Press, 2008, p. 401.

谟哲学的逻辑起点是什么？"在精神科学或哲学中阻止我们进步的最大障碍，就在于观念的含混、名词的歧义。至于在数学中，主要的困难在于形成结论时所需的较长的推断和较广的思想。在自然哲学中，阻碍我们进步的，大半是缺乏适当的实验和现象；这些实验和现象往往是无意中发现的，我们纵然用最勤苦最聪慧的研究也不能在需要时总把它们找到。……在哲学中，最含糊、最不定的各种观念，莫过于能力（power）、力量（force）、势用（energy）或必然联系（neccssary connexion）。在我们的一切研究中，这些观念必须时刻加以研讨的。"①

在这段叙述中，休谟用精神科学或哲学代表了人类的所有知识，用今天的话讲，就是泛指人文社会科学和自然科学及其各个门类。在休谟看来，人类知识在当时所面临的问题或难题，就在于"观念的含混、名词的歧义"。具体表现在如下几个方面：数学的难题在于形成其结论的前提性思想难以把握；自然哲学（意指除了数学之外的各种自然科学学科）的难题在于实验方法的偶然性；其中哲学本身的难题在于某些最基本的概念如力或力量（power 或 force）没有得到严格的界定。

休谟哲学始于词语混乱的理论，在西方思想中可谓源远流长。古希腊诸贤就是在基本观念或范畴的含义上进行不同路径的探索，苏格拉底派主张如正义、德性范畴必有一种超越于经验的绝对意义；而智者派则反对这种主张。中世纪也是在上帝的含义及其存在等范畴的意义上进行旷日持久的讨论或争论，究竟何为上帝？上帝如何获得它的存在意义？我们可以凭思想家们对这些问题的不同回答划分为实在论和唯名论。近代思想中的笛卡尔、洛克也都十分关心概念的清晰与准确。这些思想一直传至康德、弗雷格、罗素和维特根斯坦。

对传统哲学概念的歧义以及澄清概念的思想意义更是（早期）科学哲学的重要思想使命。维也纳学派的奠基人石里克、卡尔纳普等人都有专文征讨传统哲学中的词意含混问题。

2. 几何学和实验方法是走向真正哲学的唯一路径

牛顿以及同时代的科学成就无疑是当时欧洲社会最重要的文化事件之一，但如何评价这些科学成就的文化意义却显现出不同思想家的学术品位

---

① ［英］休谟：《人类理解研究》，关文运译，商务印书馆1957年版，第57页。

和理论取向。

以往对休谟的研究大多忽视他的思想与当时科学成就之间的关联，其实在休谟的作品中充斥着许多对当时科学成就的评估及考量，这种评估和考量不仅仅是其理论体系中的组成部分，而且恰恰是其思想体系的逻辑起点。换句话说，休谟的思想体系的逻辑起点就是对牛顿时代科学成就的思想判断。在某种意义上我们或许可以说，如果休谟对当时的科学成就视而不见或不是如此这般的评估，可能就没有休谟的哲学体系，即使有也可能是另般景象。

休谟虽然承认 F. 培根非常可敬，"但不及他的同时代人伽利略，大概也不及开普勒。培根在远处指出哲学的真正路径。伽利略不仅给别人指路，自己还颇有成就。英国人培根完全不懂几何学。佛罗伦萨人伽利略复兴了这门学科，青出于蓝而胜于蓝，第一个将几何学和实验结合起来，借以探索自然哲学。培根对哥白尼体系嗤之以鼻。伽利略用感官和理智两方面的证据加强了这个体系的证明。"①

不仅如此，休谟还高度评价了 17 世纪英国的科学革命及其社会影响，他列举了威尔金斯、雷恩、沃利斯是杰出的数学家，胡克是精确的显微镜观察者，西德纳姆恢复了真正的医学。但他最崇拜的还是波义耳和牛顿。他说，"这是波义耳和牛顿的鼎盛时期。他们小心翼翼，因而更加安全地踏上了通向真正哲学的唯一道路。波义耳改进了奥拓·格利特发明的启动引擎，因此能对空气和其他实体做几项有趣的新实验。熟悉化学的人士都钦佩他的技艺。他的流体力学兼有推理与发明，但他的推理绝无轻率鲁莽之嫌。许多哲人都因轻率鲁莽而误入歧途。波义耳是机械哲学的重要党人。……牛顿是古往今来最伟大、最罕见的天才，为民族增光添彩。他既小心谨慎：除了实验已经证实的原则，从不接受任何原则；又坚决果断：接受所有旧有或新知的原则。"② 他准确地评价了牛顿的贡献："牛顿似乎揭开了某些大自然奥秘的面纱，同时证明机械哲学尚不完满。"

从这些论述不难看出，在休谟眼中，波义耳和牛顿等所做的工作不仅仅是重要的科学理论，而且也是同样重要的哲学思想，特别是他认为几何

---

① ［英］休谟：《英国史》（第五卷），刘仲敬译，吉林人民出版社 2013 年版，第 217 页。
② ［英］休谟：《英国史》（第五卷），刘仲敬译，吉林人民出版社 2013 年版，第 3997 页。

学和实验方法是通向真正哲学的唯一道路。这种观念的革命意义就在于，他同当时的笛卡尔、洛克、贝克莱等一道，改变了哲学的研究方式：在此之前，教父和经院哲学家们主要是用思辨方法和圣经解读的方法来研究哲学问题，但在此之后，学者探索哲学问题应该用科学方法，特别是用几何学和实验的方法。

但应该注意，在当时的思想条件下，科学和哲学的界限尚不清晰，自然哲学尤其如此。有时人们将自然哲学看成人类知识的总和，不仅包含了全部自然科学及其各个专门学科如数学、物理学、天文学、化学、生物学、医学等等，还包括我们所知的哲学及其本体论、认识论和伦理学等各个分支，甚或包括政治学、社会学、民族学等各种人文社会科学。因此，当我们讨论"几何学和实验方法是走向真正哲学的唯一路径"这一命题时，或许也可以把它理解为几何学和实验方法是获得人类所有知识的唯一道路包括哲学。

我们将会看到，哲学方法的改进或哲学使用几何学与实验方法，不仅仅是外在的工具性的改进，同时也将使哲学思想的性质、哲学问题的提问方式、哲学的叙述语言发生革命性的变革。

3. （科学）知识可以分为观念推演和事实描述两种形态

在命题一中，休谟论证了科学方法对自然哲学的重要意义，但问题是，何谓科学？何谓知识？在如何回答这个问题上，休谟延续了西方的思想传统，把人类的认知能力分成理性和经验："要是把理性和经验两者区分开，并且假设这两种论证是完全不一样的，那对于各种著作家是再有用不过的，即在那些道德的、政治的、物理的著作家方面也是再有用不过的。他们以为前一种论证纯粹是智慧官能的结果，他们以为这种官能在先验地考究了事物的本性以后，在考察了这些事物发生作用后所必然产生的结果以后，就会建立起科学和哲学的特殊原则来。至于后一种论证，则他们以为它是完全由感官和观察来的，借感官和观察我们可以知道某些物象的作用实际产生了一些什么结果，因而可以推断在将来它们产生一些什么。"①

既然人类的认知能力可以分为理性和经验两种类型，那么人类知识的

---

① ［英］休谟：《人类理解研究》，关文运译，商务印书馆1957年版，第42页。

对象也就可以分为两种类型："人类理性（或研究）的一切对象可以自然分为两种，就是观念的关系（Relations of ideas）和实际的事情（matters of fact）。属于第一类的，有几何、代数、三角诸科学；总而言之，任何断言，凡有直觉的确定性或解证的确定性的，都属于前一种。"①

既然人类的认知能力有两种，知识的对象有两种，那么真理也不例外："真理有两种，一种是对于观念本身互相之间的比例的发现，一种是我们的对象观念与对象的实际存在的符合。……在一种情形下，证明虽然是理证性的，而在另一种情形下，证明虽然只是感性的，可是一般地说，心灵对于两种证明都有同样的信念。"②

按照这种分类，休谟提出了取舍科学知识或真理的两个标准，也就是我们所说的逻辑标准和实验标准："我们如果相信这些原则，那我们在巡行各个图书馆时，将有如何大的破坏呢？我们如果在手里拿起一本书来，例如神学书或经院哲学书，那我们就可以问，其中包含着数和量方面的任何抽象推理么？没有。其中包含着关于实在事实和存在的任何经验的推论么？没有。那么我们就可以把它投在烈火里，因为它所包含的没有别的，只有诡辩和幻想。"③

当然，休谟虽然提出并论证了两种认知能力、两种知识类型以及两种评判知识的标准，但二者并不是等量齐观的。在休谟的心目中，较之逻辑标准，经验标准具有更重要的地位和作用，"因此，一个聪明人就使他的信念和证据适成比例。在建立于无误的经验上的那些结论中，他以最高度的确信来预期将来的事情，他并且以他过去的经验作为那种事情将来要存在的证据"④。休谟进一步推出或然性（probability）观念：如果有一个信念曾得到100次的实验或证据支持，另一个信念得到50次的实验或证据支持，那么获得100次证据支持的信念更值得相信。

当然，问题比较复杂，休谟的科学观还有两个互为关联的思想情愫：一是还原论。他说："人类理性所极意努力的，只是借比类、经验和观察，实行推论，把能产生自然现象的各种原则归于较简易的地步，并且把

① ［英］休谟：《人类理解研究》，关文运译，商务印书馆1957年版，第26页。
② ［英］休谟：《人性论》，关文运译，商务印书馆1980年版，第487页。
③ ［英］休谟：《人类理解研究》，关文运译，商务印书馆1957年版，第145页。
④ ［英］休谟：《人类理解研究》，关文运译，商务印书馆1957年版，第98页。

许多特殊的结果还原于少数概括的原因。"① 二是机械论。他认为，世界以及人类的认知都是受某种必然的力量所支配，所谓"必然"就是指，"人们都一致承认物质在其一切作用中，是被一种必然的力量所促动的，而且每一种自然的结果都是恰好被其原因中的力量所决定的，因此，在那些特殊的情节下，就不会有别的结果可由那个原因产生出来。每一种运动的程度和方向都是被自然法则所精确地规定好的，所以两个物体在相撞以后，所生的运动的方向或程度只能如实际所产生的那样；别种运动是不会由此生起的，正如一个生物不能由此生起一样"②。

总之，休谟的科学观几乎涵盖了他那个时代的科学观的所有优点和缺点。他强调几何学和实验方法对科学探索及其构成的重要意义，可又有还原论和机械论的时代局限。但就总体而论，休谟认为"理性或科学只是观念的比较和观念关系的发现"③。

关于科学知识的概念推理和事实描述这两种属性，对后来的哲学特别是科学哲学影响至深。德国古典哲学家康德就是在先验判断和综合判断区分的基础上提出并论证了"先验综合判断"；维也纳学派的逻辑经验主义也是奠基于理论语言与观察语言、元语言和对象语言的区分。

4. "关于人的科学是其他科学的唯一牢固的基础"

尽管西方思想巨匠一直想把科学特别是自然科学构建成一个像欧几里得几何学那样的相对独立的话语系统，但科学与人的关系一直是西方思想特别是哲学研究的主要论题。且不说亚里士多德和中世纪的神学家都做过各种努力，近代以降的笛卡尔、洛克等都从不同的角度论证人与科学之间的相关性，笛卡尔是从"我思"的角度论证人与科学的关系，而洛克则以人的"经验"范畴来理解科学知识的语言和运作。

在牛顿思想的鼎盛时期，自然科学的理论体系和话语方式更为成熟，人与科学之间的关系似乎已经疏离，科学与哲学之间的关系问题已经凸显出来。休谟看到了这种趋势，"天文学家虽然一向只是根据各种现象证明了各种天体的真正运动、秩序和体积，而且他们虽然一向也就满足于此；

---

①　[英] 休谟：《人类理解研究》，关文运译，商务印书馆 1957 年版，第 30 页。

②　[英] 休谟：《人类理解研究》，关文运译，商务印书馆 1957 年版，第 74 页。

③　[英] 休谟：《人性论》，关文运译，商务印书馆 1980 年版，第 507 页。

不过到后来，一个哲学家毕竟兴起来，依据最巧妙的推论决定了各种行星的运转所依以进行的那些法则和力量。……我们可以猜想，人心的各种动作和原则是互相依靠的，而且这些原则又可以还原于一种更概括更普遍的原则"①。

那么在科学日益昌明的时代如何理解科学与哲学的关系呢？在代表作《人性论》中，休谟开篇就提出了"人的科学是其他科学的唯一牢固的基础"命题，显然这个命题对于休谟的整个哲学思想具有根基性的思想意义。对于这个命题，休谟是从两个角度加以论证的。

从科学的角度看，"显然，一切科学对于人性总是或多或少地有些关系，任何科学不论似乎与人性离得多远，它们总是会通过这样或那样的途径回到人性。即使数学，自然哲学和自然宗教，也都是在某种程度上依靠人的科学；因为这些科学史在人类的认识范围之内，并且是根据他的能力和官能而被判断的。如果彻底认识了人类知性的范围和能力，能够说明我们所运用的观念的性质，以及我们在作推理时的心理作用的性质，那么我们就无法断言，我们在这些科学中将会作出多么大的变化和改进"②。

从哲学的角度看，"在哲学研究中，我们可以希望借以获得成功的唯一途径，即是抛开我们一向所采用的那种可厌的迂回曲折的老方法，不再在边界上一会儿攻取一个城堡，一会儿占领一个村落，而是直捣这些科学的首都或心脏，即人性本身；一旦被掌握了人性以后，我们在其他各方面就有希望轻而易举地取得胜利了。从这个岗位，我们可以扩展到征服那些和人生有较为密切与人的科学的中间，在我们没有熟悉这门科学之前，任何问题都不能得到确实的解决。因此，在试图说明人性的原理的时候，我们实际上就是在提出一个建立在几乎是全新的基础上的完整的科学体系，而这个基础也正是一切科学唯一稳固的基础"③。

人（学）不仅是科学的基础，也是科学的目的，科学所追求的，不过是人的快乐而已。"人既是理性的动物，又是社会动物。由此看来，自然似乎指示给我们说，混合的生活才是最适宜于人类的，它并且秘密地警

① 〔英〕休谟：《人类理解研究》，关文运译，商务印书馆1957年版，第16页。
② 〔英〕休谟：《人性论》，关文运译，商务印书馆1980年版，引论第6—7页。
③ 〔英〕休谟：《人性论》，关文运译，商务印书馆1980年版，引论第7—8页。

告我们不要让这些偏向中任何一种所迷惑，免得使他们不能适合于别的业务和享乐。它说，你可以尽量爱好科学，但是你必须让你的科学成为人的科学，必须使它对于行为和社会有直接关系。"①

5. 人的科学是建立在实验和观察的基础之上的

那么，怎样来研究人的科学呢？《人性论》一书的副标题，就是"在精神科学中采用实验推理方法的一个尝试"。休谟认为，关于人的科学是其他科学的唯一牢固的基础，而我们对这个科学本身所能给予的唯一牢固的基础，又必须建立在经验和观察之上，其实质是将"实验哲学"应用到"精神题材"之中。

在《人性论》及《人类理解研究》等著述中，休谟确实用实验或观察的方法论证了许多有关人性的哲学问题。例如，在考察从印象到观念或信念的过程时，休谟就进行了一系列"思想实验"：他首先观察到信念并不是来自单一的印象，而是来自一系列同质的印象；其次，他还观察到，在由许多印象产生出来的观念或信念的过程中，无需"经过理性或想象的任何新的活动"；再次，从印象到观念的生发过程其实就是"习惯性的推移"。正如休谟所说，"我们有几万次实验使我们相信这个原则：相似的对象在出于相似的环境下时，永远会产生相似的结果；这条原则既然是借着充分的习惯确立起来的，所以它不论应用于什么信念上，都会以明白性和稳固性赋予那个信念"②。

在如何研究人类的情感问题上，休谟鲜明地使用了当时流行的几何学和实验的方法。情感是由骄傲和谦卑与爱和恨所构成的，这两对范畴又是对应着自我与他者，即骄傲与谦卑是自我的情感，而爱与恨是对他人的情感；这些不同的情感有时与它们的对象或观念相联系；有时又与感觉或印象相联系；有的情感是肯定性的如骄傲和爱，有的情感是否定性的如谦卑和恨等等。③"总起来说，骄傲和谦卑、爱和恨是被它们的对象或观念联系起来的；骄傲和爱、谦卑和恨是被它们的感觉或印象联系起来的。"休谟将这一结构想象为一个由骄傲/谦卑、爱/恨构成的四边形。为了论证这

---

① ［英］休谟：《人类理解研究》，关文运译，商务印书馆1957年版，第12页。
② ［英］休谟：《人性论》，关文运译，商务印书馆1980年版，引论第6—7页。
③ ［英］休谟：《人性论》，关文运译，商务印书馆1980年版，第369页。

个命题，休谟设想了八个实验。第一个实验是设想将引起四种情绪的对象去除，当然也就不可能产生这些情感；第二个实验是恢复这些对象，看是否能够引起各种相关情绪；第三个实验是考察各种情绪在印象和观念中的区别；第四个实验是分别以一个对象来鉴别骄傲与谦卑、爱与恨、权威与奴役等情感；第五个实验用自己及其各种人际关系来检验上述情感与对象之间的关联；第六个实验主要是验证上述情感在人际关系的亲疏远近上的不同表现；第七个实验验证了爱与恨等情绪可能从某个人推及其相关者，例如爱一个人可能也往往爱这个人的朋友或兄弟；第八个实验主要论证情感是随着印象和观念及其关系的变化而变化的。① 这些实验的科学性值得大大怀疑，但休谟用实验的方法来探索哲学问题却是值得肯定的。

但是，如果以此判定休谟是经验论者，那就大错特错了。在强调经验方法的同时，休谟也特别重视逻辑论证的方法。在讨论时空是否可分的问题上，休谟就选择了欧几里得几何学式的公设、定义、推理等逻辑方法。"由此可见，数学的定义摧毁了它的那些所谓的证明；如果我们有符合定义的不可分的点、线和面的观念，它们的存在也就确实是可能的；但是如果我们没有这样的观念，我们便不可能想象任何一个形的界限；而要是没有了这种概念，那就不可能有几何的证明。"② 例如，在因果性问题上，休谟就提出了八条准则：1. 原因和结果必须是在空间上和时间上互相接近的。2. 原因必须先于结果。3. 原因与结果之间必须有一种恒常的结合。4. 同样原因永远产生同样结果，同样结果也永远只能发生于同样的原因。5. 当若干不同的对象产生了同样结果时，那一定是借着我们所发现的它们的某种共同性质。6. 两个相似对象的结果中的差异，必然是由它们互相差异的那一点而来。7. 当任何对象随着它的原因的增减而增减时，那个对象就应该被认为是一个符合的结果，是由原因中几个不同部分所发生的几个不同结果联合而生。8. 如果一个对象完整地存在于任何一个时期，而却没有产生任何结果，那么它便不是那个结果的唯一原因，而还需要被其他可以推进它的影响和作用的某种原因所协助。休谟的结论是，"我所认为在我的推理中应该运用的全部逻辑就是这样，县全这一套逻辑或许也

---

① ［英］休谟：《人性论》，关文运译，商务印书馆 1980 年版，第 200 页。

② ［英］休谟：《人性论》，关文运译，商务印书馆 1980 年版，第 369—383 页。

不是必需的，而是可以被人类知性的自然原则所代替的"①。

在休谟的《人性论》和《人类理解研究》等著述中，这种实验或推理的方法随处可见。几乎所有的哲学命题论证不是实验的，就是逻辑推理的。

6. 外界事物只是存在于我们心中的知觉

我们知道，传统观点往往把这个命题看作休谟作为经验论者的纲领。我们承认这个命题确实包含着经验论的理论基质，但是，将这个命题放在近代科学活动中加以考察，我们可能从这个命题中阐发出另外的思想。

首先，休谟在这个命题中把外界事物等同于人类心中的"知觉"（perceptions），然后又将知觉区分为印象（impressions）和观念（conception），相当于我们所说的"感性认识"和"理性认识"。这种区分在西方思想史上古已有之，但休谟却赋予二者更多的共性。"我们的印象和观念除了强烈程度和活泼程度之外，在其他每一方面都是极为类似的。任何一种都可以说是其他一种的反映；因此心灵的全部知觉都是双重的；表现为印象和观念两者。"② 正是基于这种判断，传统研究往往把休谟划归为经验论甚至极端的经验论者。

然而，这种理解恰恰忽视了休谟进行这种分析的目的：如何理解人类的知识。在休谟看来，"当观念是对象的恰当的表象的时候，这些观念之间的关系、矛盾和一致，都可以应用于它们的对象之上；我们可以概括地说，这就是一切人类知识的基础"③。这就意味着，当休谟说出这个命题的时候，他所关心的是，科学理论必须有经验内容，必须与外界对象相一致。休谟曾经在解释几何学时就指出，"几何学或者说确定形的比例的那种技术，虽然就普遍性和精确性而论远远超过感官和想象的粗略判断，可以也永远达不到完全确切和精确的程度。几何学的最初原理依然是由对象的一般现象得来的，而当我们考察自然所容许的极小的对象时，那种现象就绝不能对我们提供任何保证。我们的观念上似乎给予我们一个完全的保证。没有两条直线能有一个共同的线段；但是我们如果考究这些观念，我

---

① ［英］休谟：《人性论》，关文运译，商务印书馆1980年版，第200页。
② ［英］休谟：《人性论》，关文运译，商务印书馆1980年版，第14页。
③ ［英］休谟：《人性论》，关文运译，商务印书馆1980年版，第42页。

们就会发现，它们总是假设着两条直线的一种可感知的倾斜度，而当它们所形成的角是极其微小的时候，我们便没有那样精确的一条直线标准，可以向我们保证这个定理的真实。数学中大多数的原始判断也都是同一情形。"① 这就意味着，休谟之所以强调观念与印象的一致性，是为了确保或担保自然科学甚至纯粹推理性的几何学，也是基于观察的考量。

问题还不止于此，休谟不仅力图将实验方法贯彻到自然科学特别是纯粹数学等之中，而且还将还原论方法看作理解整个人类知识的基本方案。"思想中的一切材料都是由外部的或内部的感觉来的。人心和意志所能为力的，只是把它们加以混合和配列罢了。我如果用哲学的语言来表示自己，那我可以说，我们的一切观念或较微弱的知觉都是印象或是较活跃的知觉的摹本。……当我们分析我们的思想或观念（不论它们如何复杂或崇高）时，我们常会看到它们分解成简单的观念，而且那些简单的观念是由先前的一种感情或感觉来的。有些观念虽然似乎和这个来源相去甚远，但是在仔细考察之后，我们仍会看到它们是由这个根源来的。"②

因此，"外界事物只是存在于我们心中的知觉"这一命题，暗含着近代科学用科学实验和数理语言来探索并表征自然规律的合理成分，同时还暗含着还原论的思维方式对人类认知的重要意义。因而，传统的经验主义解读并没有抓住这个命题的深刻内涵。

7. 因果关系不是由理性界定的，而是由习惯或联想界定的

因果关系问题一直是西方哲学特别是古希腊哲学和中世纪经院哲学所钟情的重要问题之一，前苏格拉底神学家有关"世界本原"的各种方案、亚里士多德的四因说、经院哲学家和神学家有关"第一因"的讨论，都不乏有价值的思想见地。休谟重新将因果关系问题③纳入哲学研究视界，将其提高到思想原则的高度。"因为各种物象之间如果有任何关系是我们所应该完全知道的，那一定是因与果的关系。在实际的事实和存在方面，

---

① ［英］休谟：《人性论》，关文运译，商务印书馆1980年版，第86—87页。

② ［英］休谟：《人类理解研究》关文运译，商务印书馆1957年版，第17页。

③ 除了因果关系而言，休谟认为还有七种不同的哲学关系，即类似、同一、时空关系、数量和比例、任何性质的程度、相反关系和因果关系。这些关系可以分为两类：一类是观念间的关系，如三角形的内角和与两个直角之间的关系就属于前者；而具体事物的大小远近则属于经验性关系。

我们的一切推论都是建立在这种关系上的。只有借这种关系，我们才能远在记忆和感官的当下证据以外，来相信任何物象。一切科学的唯一直接的效用，正在于教导我们如何借原因来控制来规范将来的事情。因此，我们的思想研究和考究一时一刻都费在这个关系上。"①

休谟观察到，在撞击的时候，一个物体的运动被认为是另一个物体运动的原因。当我们以极大注意考究这些对象的时候，只发现一个物体接近另一个物体，而且它的运动先于另一个的运动，但其间并没有任何可感知的事件间隔。在这个题目上，我们即使再进一步竭力去思索和思考，也是丝毫没有益处的。② 正是基于这样一种科学考察，休谟才得出了这样的结论："当我们由其他对象的存在推断一个对象的存在时，必然永远有某种对象呈现于记忆或感官之前，作为我们推理的基础；因为心灵不能无止境地继续推论下去。理性永不能使我们相信，任何一个对象的存在涵摄另外一个对象的存在；因而当我们由一个对象的印象推移到另一个对象的观念或信念上时，我们不是由理性所决定，而是由习惯或联系原则所决定。"③

也许人们凭此认定休谟是一个经验论者或联想主义者，其实，这不是休谟思想的真谛，休谟的真正意图在于用实验或观察的方法来思考因果关系这一重要的哲学问题。"我们所称为一因一果的一切那些对象，就其本身而论，都是互相分别、互相分离的，正如自然界中任何两个事物一样，而且我们即使极其精确地观察它们，也不能由这一个的存在推出另一个的存在。我们只是由于经验到、观察到两个事物的恒常结合，才能形成这种推断；就是这样，推断也只是习惯在想象上的结果。……在我们所观察到的一切过去例子中，一个物体的运动总是经过撞击而跟着有另一个物体的运动。心灵再不能够进一步深入了。"④

休谟"心灵再不能够进一步深入了"的用语，道出了他的批判蕴涵：在因果关系问题上，亚里士多德设计了"质料因""形式因""目的因"和"终极因"等超越实验方法的思辨哲学方案，从而使因果关系问题的探索远离了真理之路。休谟通过这一用语告诫我们，对因果关系问题的考

① ［英］休谟：《人类理解研究》，关文运译，商务印书馆1957年版，第70页。
② ［英］休谟：《人性论》，关文运译，商务印书馆1980年版，第93页。
③ ［英］休谟：《人性论》，关文运译，商务印书馆1980年版，第115页。
④ ［英］休谟：《人性论》，关文运译，商务印书馆1980年版，第443—444页。

察只能用实验或观察的方法，任何寻求"进一步深入"的思想都是错误的。

在如何看待休谟这一思想的问题上，传统习见往往将之归并为经验主义以及联想主义等等。这种归并并非没有道理，至少从表面上暗合休谟的思想。但是这种理解并没有把握住休谟的真意。从上述论述中我们不难发现，休谟是用当时流行的科学方法来考量因果关系问题的，他坚持要用科学实验的方法特别是观察法来解读因果现象，拒绝亚里士多德以及经院哲学在因果问题上的神学倾向。

总体而言，尽管休谟用了习惯、联想等术语来述说因果关系问题，但其实质是借用当时的科学方法即实验或观察方法来理解因果关系问题。

8. 人事与自然规律是不同的，但却具有一律性

我们知道，统一科学命题是 E. 马赫在 19 世纪末提出的，但这个思想的发扬光大是在维也纳学派，因为正是维也纳学派才论证了统一科学的思想纲领，也就是用成熟的物理语言来统摄人类科学：不仅是自然科学内部的各个学派，而且也包括人文社会科学的各个学科。

但究竟是谁发起了统一科学运动？休谟即使不是唯一的发起者，也是发起者之一。

一方面，休谟承认在自然科学和人文社会科学之间存在差距。"理性或科学只是观念的比较和观念关系的发现；如果同样的关系有了不同的性质，那么明显的结果就是：那些性质不是仅仅由理性所发现的。"① 接下来，休谟举了一个著名的例子来说明这个问题：如果一棵树落下一粒种子，它生根发芽长出一棵大树，并毁灭了它的母株，这能否算得上弑母呢？休谟是这样理解的：杀害亲生母亲是人的意志和选择造成的，而树木的幼株取代母株只是一种自然规律。这就是说，人事与自然规律是不同的。

基于这样一种考量，休谟得出结论："道德并不成立于作为科学的对象的任何关系，而且在显过仔细观察以后还将同样确实地证明，道德也不在于知性所能发现的任何事实。"② 正是基于这样一种理解，休谟发现了

---

① ［英］休谟：《人性论》，关文运译，商务印书馆 1980 年版，第 507 页。
② ［英］休谟：《人性论》，关文运译，商务印书馆 1980 年版，第 508 页。

"事实判断"与"价值判断"之间的不同:"可是突然之间,我却大吃一惊地发现,我所遇到的不再是命题中通常的'是'与'不是'等联系词,而是没有一个命题不是由一个'应该'或一个'不应该'联系起来的。这个变化虽是不知不觉的,却是有极其重大的关系的。……恶和德的区别不是单单建立在对象的关系上,也不是被理性所察知的。"①

传统习见往往把休谟看作区分事实判断与价值判断的第一人,这种看法可能是有问题的。我们并不否认,休谟确实提出了事实判断不同于价值判断,但是同时还有这样一种思想:"人类在一切时间和地方都是十分相仿的,所以历史在这个特殊的方面并不能告诉我们以审美新奇的事情。历史的主要功用只在于给我们发现出人性中恒常的普遍原则来,它指示出人类在各种环境和情节下是什么样的,并且供给我们以材料,使我们从事观察,并且使我们熟悉人类动作和行动的有规则的动机。战争、密谋、党羽和革命的种种记载,在政治家和道德哲学者手里,只是一大推实验,他们正可借此来确定他们那种科学的原则。这个正如物理学家或自然哲学者借各种实验熟悉了植物、动物和别的外物的本性一样。"②

这是因为,人事和自然都是有规律的运动:"不论我们根据性别、年龄、政府、生活状况,或教育方法的差异来考察人类,我们总可以看出自然原则的同样的一致性和它的有规则的活动。相似的原因仍然产生相似的结果,正像在自然的元素和能力的互相作用方面一样。……一个人如果期望一个四岁的儿童举起三百磅的重量来,另一个人如果期望同岁的儿童从事正像推理或者作出审慎的、协调的行动,那末第一个果真是比第二个人更为可笑么?"③

人事与自然何止相似,人类行为和自然运动一样,都遵循同样的规律。"但是人类的行为中如果没有一律性,而且我们所做的这一类的实验如果都是不规则的,反常的,那我们在人类方面便不能搜集到任何概括的观察。……不过我们也不能设想,人类行为的这种一律性是不容例外的,我们并不能说,一切人类在同一环境下总会精确地照同样方式来行事,我

---

① 〔英〕休谟:《人性论》,关文运译,商务印书馆1980年版,第519—510页。
② 〔英〕休谟:《人类理解研究》,关文运译,商务印书馆1957年版,第76页。
③ 〔英〕休谟:《人性论》,关文运译,商务印书馆1980年版,第349页。

们必须承认性格、偏见和意见，在各个人都有差异的地方。"①

这就是说，休谟一方面提出了"是"与"应该"的不同，但另一方面，休谟还论证了人的活动与自然运动都是有规律的。"我们不论从事于一种科学或一种行为，我们都不能不承认由品格到行为的这种推断。我们如果能知道，自然的证据和人事的证据如何易于联系在一块，并且只是构成一个论证的系列，那我们便可以毫不迟疑地承认它们的本性是相同的，它们是由同一原则来的。"②

9. "必须让科学成为人的科学"

按照命题七人事与自然都遵循着必然的运动规律，人类行为具有"一律性"，那么是否可以理解为，人事与自然是按照各自的运行轨迹并行不悖地平行发展呢？休谟反对这种观点。在休谟看来，人事与自然的"一律性"不仅暗含着两者都是有规律的运动实体，而且还暗含着两者并不是两个无关的运动实体，而是一个互相关联甚或是体用相连的有机整体。

自近代以来，科学逐渐脱离神学体系成长为一种独立的话语系统或文化建制。但休谟可能是强调科学为人之用、人类为科学之体的第一人。他说，"使真理成为愉快的首要条件，就是在发现和发明真理时所运用的天才和才能。……不过天才的运用虽然是我们由科学所获得的快乐的主要来源，可是我怀疑，单是这一点是否就能给予我们以很大的快乐。我们所发现的真理必须还要有相当的重要性。"③ 这种重要性就是"为公众服务的精神"以及"关怀人类的利益"等等。

在这个意义上，休谟坚持科学必须用于人类的目的。"数学在一切机械运动中，算术在每一种技艺和行业中，的确都是有用的；不过并不是数学和算术本身有任何影响。力学是依照某种预定的目的或目标调整物体运动的技术；而我们所以要用算术来确定数的比例，只是为了可以借此发现数的影响和作用的各种比例。"④ 休谟举例说，一个商人的计算并非为了搞清这门科学，而是为了评估他的款项能否偿还他的债务或购置他的

① ［英］休谟：《人类理解研究》，关文运译，商务印书馆 1957 年版，第 77 页。
② ［英］休谟：《人类理解研究》，关文运译，商务印书馆 1957 年版，第 81 页。
③ ［英］休谟：《人性论》，关文运译，商务印书馆 1980 年版，第 488 页。
④ ［英］休谟：《人性论》，关文运译，商务印书馆 1980 年版，第 451—452 页。

物值。

更有甚者，休谟在情感和理性的关系问题上，竟然提出了理性是情感的奴隶的思想。"当我们谈到情感和理性的斗争时，我们的说法是不严格的、非哲学的。理性是并且也应该是情感的奴隶，除了服务和服从情感之外，再也不能有任何其他的职务。"①

鉴于上述列举，休谟论证了他的科学与人学的关系理论：人的科学不仅是其他科学的唯一牢固的基础，而且也是科学的目的。

10. 自由是对必然的认识

在休谟时代，以牛顿力学为代表的经典科学已经获得了巨大成功，对此，休谟在他的中期著述《英国史》中盛赞了伽利略、波义耳、哈维特别是牛顿的科学体系对人类理性的重要贡献。更难能可贵的是，休谟敏感地抓住了近世科学的基本特征：因果关系的机械论实质。"一切科学的唯一直接的效用，正在于教导我们如何借原因来控制来规范将来的事情。因此，我们的思想研究和考究一时一刻都费在这个关系上。——但是我们对于这种关系的所有的观念是十分不完全的……按照这个经验，我们就可以给原因下一个定义说，所谓原因就是被别物伴随着的一个物象……或者换句话说，第一个物象如不曾存在，那第二个物象也必不曾存在。一个原因出现以后，常借习惯性的转移，把人心移在'结果'观念上。"②

在牛顿及休谟时代，这种机械论的因果关系理论将"必然性"看成是世界的最高范畴："大家公认，外界物体的各种活动都是必然的，在它们运动的传达、互相之间的吸引以及相互凝聚这些作用中间，并没有丝毫中立或自由的痕迹。每一个对象都被一种绝对的命运所决定了要发生某种程度和某种方向的运动，并且不能离开它运动所循的那条精确的路线，正像不能将自己转变为一个天使或精神或任何较高的实体一样。因此，物质的活动应当被认为是必然的活动的例子，并且一切在这一方面与物质处于同一地位的东西，都必须被承认是必然的。"③

所谓"必然"就是指，"人们都一致承认物质在其一切作用中，是被

① ［英］休谟：《人性论》，关文运译，商务印书馆1980年版，第453页。
② ［英］休谟：《人类理解研究》，关文运译，商务印书馆1957年版，第70页。
③ ［英］休谟：《人性论》，关文运译，商务印书馆1980年版，第437—438页。

一种必然的力量所促动的，而且每一种自然的结果都是恰好被其原因中的力量所决定的，因此，在那些特殊的情节下，就不会有别的结果可由那个原因产生出来。每一种运动的程度和方向都是被自然法则所精确地规定好的，所以两个物体在相撞以后，所生的运动的方向或程度只能如实际所产生的那样；别种运动是不会由此生起的，正如一个生物不能由此生起一样。"①

　　然而，如何在科学的机械论世界图景中来安排人的自由就成为休谟思想纠结的难题，究竟何谓自由？在这个问题上，他曾发现了"是"与"应该"的不同，人学是科学的基础，科学必须成为人的科学，甚至提出了理性或科学只是人类情感意志的工具这种极端的命题，但是，休谟不能无视牛顿力学的巨大成功，也无法超越机械决定论的思想藩篱，最终只能将人类自由安置在机械论的世界图景之中："不论我们给'自由'一词下什么定义，我们都必须遵守两个必要的条件。第一，它必须和明白的事实相符合，第二，它必须自相符合。"②

　　对于休谟的科学哲学思想，尽管传统习见将之归结为经验论甚或怀疑的经验主义，但我们以为，休谟更像是一位机械论者："哲学家和医生……都不否认人类的身体是一个大而复杂的机器……一个哲学家如果想首尾一贯，那他必然得把同样推论应用在有智慧的生物的一切行为和意志上。"③

　　通过培根与霍布斯、洛克与波义耳、贝克莱与休谟等所谓经验论者的解读，印证了我们在导言中所提出的研究纲领：自然科学与哲学是一个连续的知识谱系，经验论哲学与实验科学是高度相关的。近代的古典经验论或经验论的古典形式是当时的归纳科学、实验科学的概括和总结。

第二节　数理科学与理性主义传统

　　在西方近代思想史上，笛卡尔、斯宾诺莎、莱布尼茨和康德等人的理

---

① ［英］休谟：《人类理解研究》，关文运译，商务印书馆1957年版，第74页。
② ［英］休谟：《人类理解研究》，关文运译，商务印书馆1957年版，第85页。
③ ［英］休谟：《人类理解研究》，关文运译，商务印书馆1957年版，第79页。

性主义传统已经人所共知，本题无意重复这些定论，而是从我们的研究纲领出发，从科学与哲学之间的思想关联重新审视这种理性主义传统与当时数理科学及其发展的内在逻辑关联，以求从当时数理科学的维度来解读这种理性主义传统，也从这种理性主义传统来检视当时数理科学的思想蕴涵。

一 笛卡尔：数学方法是发现真理的最佳途径

笛卡尔的科学哲学路径基本上是一条从科学走到哲学主体性的进路。萨弗尔指出，"笛卡尔的怀疑是一种在确立科学的稳固基础的旨趣中克服理论偏见的方法，同时也是他的'方法谈'的第一原则。怀疑方法的提出是一种实践，一种克服另外一种偏见，前哲学灵魂的偏见的可能性"①。

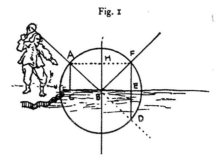

34 *Scientific Work of Descartes*

The second discourse is devoted to an explanation of the phenomena of refraction. No writer before Descartes appears to have made any attempt to assign a cause to the bending of the ray as it passes from one medium to another. To understand refraction we must, however, first understand what happens to a light ray when it strikes a reflecting surface, and in his explanation of reflexion Descartes compares the ray to the motion of a ball moving in the direction AB (fig. I) and striking a surface CBE. Such a ball may be assumed to have two motions, one parallel to the surface and the other perpendicular to it. There is nothing in the impact to change the former, and it is assumed that the latter is reversed in direction, its magnitude remaining unchanged. To find the course

Fig. I

图 4 - 6 笛卡尔科学著述片段

笛卡尔的科学哲学思想是由如下几个命题所构成的。

---

① Walter Soffer, *From Science to Subjectivity: An Interpretation of Descartes' Meditations*, Greenwood press, 1987, p. 35.

1. 只有算术、几何那样的科学才能提供确定明白的真理

在笛卡尔时代，基督教神学特别是经院哲学造成了思想混乱，"无一件事不是在争论中，故结果无一件事不是可疑，我也绝不希望能在哲学中遇着更好的意见。在一个相同的题材中也不知有多少不同的意见，并且这些意见均为著名学者所支持；虽然这些意见绝不只一个是真的，但我以为凡是或然的都是伪的。"①

因此，笛卡尔的思想任务就是寻找一种能够提供具有确定性的、清楚明白的知识。很幸运，笛卡尔找到了，毋宁说是笛卡尔创造了这样一种能够提供确立知识的科学——解析几何学，解析几何学的本质就是用算术的方法解决几何学问题。在《几何学》一书的开篇，笛卡尔就提出，"为了更加清晰明了，我将毫不犹豫地将这些算术的术语引入几何。"② 用算术的方法解决几何学问题，不仅仅是一件革命性的科学事件，而且其蕴含的思想意义特别是对思维方式的变革具有重大的影响，至少笛卡尔率先看到了解析几何诞生的思想价值。

在用算术方法解决几何问题的过程中，笛卡尔摸索出一条从简单到复杂的思维路线。"当我把同属一类的问题划归为单一的一种作图时，我同时就给出了把它们转化为其他无穷多种情形的方法，于是又给出了通过无穷多种途径解其中每个问题的方法；我利用直线与圆的相交完成了所有平面问题的作图，并利用抛物线和圆的相交完成了所有立体问题的作图；最后，我利用比抛物线高一次的曲线和圆的相交，完成了所有复杂程度高一层的问题，对于复杂程度越来越高的问题，我们只要遵循同样的、具有普遍性的方法，就能完成其作图；就数学的进步而言，只要给出前二、三种情形的做法，其余的就很容易解决。"③ 这种科学探索方式对笛卡尔的学术思考特别是科学哲学的建构具有相当的思想价值。

在何谓科学以及数理科学与实验科学之间的关系问题上，笛卡尔特别注重数理科学而贬低实验科学。他说："物理学、天文学、医学以及研究各种复合事物的其他一切科学都是可疑的、靠不住的；而算学、几何学，

---

① 〔法〕笛卡儿：《笛卡儿几何学》，袁向东译，北京大学出版社 2008 年版，第 80 页。
② 〔法〕笛卡儿：《笛卡儿几何学》，袁向东译，北京大学出版社 2008 年版，第 3 页。
③ 〔法〕笛卡儿：《笛卡儿几何学》，袁向东译，北京大学出版社 2008 年版，第 73—74 页。

以及类似这样性质的其他科学……都包含有某种确定无疑的东西。"① 算术和几何之所以远比一切其他学科确实可靠，是因为，只有算术和几何的对象既纯粹而又单纯，绝对不会误信经验已经证明不确定的东西，只有算术和几何完完全全是理性演绎而得的结论。探求真理正道的人，对于任何事物，如果不能获得相当于算术和几何那样的确信，就不要去考虑它。②

　　但是，如果凭此断定笛卡尔否认实验科学，那就错了：笛卡尔并不否认经验或实验科学在知识体系中的地位。他说，"已知各门科学之中，只有算术和几何可以免除虚假或不确定的缺点，那么，为了更细心推敲何以如此的缘故，必须注意，我们达到事物真理，是通过双重途径的：一是通过经验，二是通过演绎。不过，在这方面，也得注意，对于事物，纵有经验，也往往上当受骗，如果看不出这一点，那就大可不必从一事物到另一事物搞什么演绎或纯粹推论；而凭持悟性，即使是不合理的悟性，推论或演绎是绝不可能谬误的。"③ 尽管实验科学不如数理科学牢靠，但笛卡尔毕竟给实验科学以应有的地位。其实，笛卡尔本人不仅在数理科学方面有惊世成就，他在物理学、气象学、生理学、医学、心理学等实验科学方面也都具有开拓性的贡献。在这里，笛卡尔不仅肯定了经验和演绎都是获得真知的方法，而且还反复强调科学实验在获得科学知识过程中的重要意义和价值。一个人的知识愈进步，这种实验愈为必需。④

　　在笛卡尔眼里，所谓科学或智慧可以分为四个层次："第一级智慧所包括的意念，本身都是很明白的，我们不借思维，就可以得到它们；第二级包括感官经验所指示的一切；第三级包括着别人谈话所教给我们的知识；此外，还可以加上第四级，就是读书，不过我所谓的读书只是说读那些能启发人的著作家的作品，而不是说读一切作品，这种读书亦正仿佛是我们同作者谈话一样。"⑤

　　但不管怎么说，笛卡尔坚信只有算术和几何特别是他所发明的解析几何，才是获得真知的决定性方式。

---

① ［法］笛卡尔：《第一哲学沉思集》，庞景仁译，商务印书馆1986版，第17—18页。
② ［法］笛卡儿：《笛卡儿几何学》，袁向东译，北京大学出版社2008年版，第120页。
③ ［法］笛卡儿：《笛卡儿几何学》，袁向东译，北京大学出版社2008年版，第120页。
④ ［法］笛卡儿：《笛卡儿几何学》，袁向东译，北京大学出版社2008年版，第108页。
⑤ ［法］笛卡尔：《哲学原理》，关文运译，商务印书馆1959年版，序言xi。

2. 哲学思想需要用科学的方法来论证

将解析几何的方法不仅用在解决几何问题，而且还推进到整个科学领域，已经是一件不可遏求的贡献，但笛卡尔并没有止步于此。他不仅要将解析几何的方法平行推进到其他学科领域，而且还要将其提高到哲学的高度，也就是用解析几何的方法来思考哲学问题，从而完成了近代哲学上的第一次变革。这次思想升华不仅使笛卡尔从科学家提升为科学思想家，而且还从科学思想家跃升为科学哲学家。

一般的科学家往往沉迷于具体的科学问题不能自拔，但笛卡尔认为，"实际上，最徒劳无意的莫过于研究光秃秃的数学和假想的图形，好像打算停留于这类愚蠢玩意的认识，一心一意要搞这类肤浅的证明，……结果使我们在某种程度上丧失理性的运用；总而言之，最复杂的莫过于通过这种证明方式，发现还有新的困难同数字混淆不清纠缠在一起。于是，后来我想到了理性，因而我想起：最早揭示哲学的那些先贤。"① 也就是说，笛卡尔不仅要解决科学的具体问题，而且还要将这种解题思路推进到理性和哲学的高度。

在《第一哲学沉思集》中，笛卡尔说，"我一向认为，上帝和灵魂这两个问题是应该用哲学的理由而不应该用神学的理由去论证的主要问题。……如果不首先用自然的理由来证明这两个东西，我们就肯定说服不了他们。"② 那究竟要选择什么样的 "自然的理由" 呢？当然还是解析几何的方法。"最后，既然很多人都把希望寄托在我身上，他们知道我制定过某一种解决科学中各种难题的方法，老实说，这种方法并不新颖，因为再没有什么东西能比真理更古老的了：不过他们知道我在别的一些机会上相当顺利地使用过这种方法，因此我认为我有责任在这个问题上用它来试一试。"③ 于是，笛卡尔设计了这样一种讨论哲学问题的方式，

"对于凡是我没有非常准确论证过的东西都不准备写进这本书里去，那么我看我不得不遵循和几何学家所使用的同样次序：先提出求证的命题的全部根据，然后再下结论。"④

---

① ［法］笛卡儿：《笛卡儿几何学》，袁向东译，北京大学出版社 2008 年版，第 127 页。

② ［法］笛卡尔：《第一哲学沉思集》，庞景仁译，商务印书馆 1986 版，第 1 页。

③ ［法］笛卡尔：《第一哲学沉思集》，庞景仁译，商务印书馆 1986 版，第 3—4 页。

④ ［法］笛卡尔：《第一哲学沉思集》，庞景仁译，商务印书馆 1986 版，第 11 页。

当时哲学的最大难题是上帝以及人的主体性问题。对此，笛卡尔进行了这样的论证：

"当我对我自己进行反省的时候，我不仅认识到我是一个不完满、不完全、依存于别人的东西，这个东西不停地倾向、希望比我更好、更伟大的东西，而且我同时也认识到我所依存的那个别人，在他本身里面具有我所希求的、在我心里有其观念的一切伟大的东西，不是不确定地、仅仅潜在地，而是实际地、现实地、无限地具有这些东西，而这样一来，他就是上帝"①。

其次，"在所有这些观念之中，除了给我表象我自己的那个观念在这里不可能有任何问题之外，还有一个观念给我表象一个上帝，另外的一些观念给我表象物体性的、无生命的东西，另外一些观念给我表象天使，另外一些观念给我表象动物，最后，还有一些观念给我表象像我一样的人"②。

这样一来，笛卡尔就从自我的不完满出发，论证了上帝的性质、人类的主体性以及物质世界的结构等哲学问题。

不仅如此，笛卡尔还通过这种论证解答了知识论或认识论问题。在他看来，"哲学一词表示关于智慧的研究，至于智慧，则不仅指处理事情的机智，也兼指一个人在立行、卫生和艺术的发现方面所应有的完备知识，至于达到这些目的的知识一定是要由第一原因推演出的。因此，要研究获得知识的方法（正好称为哲学思考），则我们必须起始研究那些号称为原理的第一原因。这些原则必须包括两个条件。第一，它们必须是明白而清晰的，人心在注意思考它们时，一定不能怀疑它们的真理。第二，我们关于别的事物方面所有的知识，一定是完全依靠于那些原理的，以至于我们虽可以离开依靠于它们的事物，单独了解那些原理；可是离开那些原则，我们就一定不能知道依靠于它们的那些事物。因此，我们必须努力由那些原则，推得依靠于它们的那些事物方面的知识，以至使全部演绎过程中步步都要完全明白"③。

①　[法] 笛卡尔：《第一哲学沉思集》，庞景仁译，商务印书馆1986版，第56—57页。
②　[法] 笛卡尔：《第一哲学沉思集》，庞景仁译，商务印书馆1986版，第46页。
③　[法] 笛卡尔：《哲学原理》，关文运译，商务印书馆1959年版，序言 ix—xx。

　　当然，重要的不是结论，而是笛卡尔所开辟的哲学论证方法。《方法谈》就论证了人类思想的四条规则；《探索真理的指导原则》就论证了 21 条原则（按计划是 36 条原则）；《哲学原理》是按照几何命题的方式写成的，例如在"人类知识原理"一章中，就有如下命题：1. 要想追求真理，我们必须在一生中尽可能地把所有事物都怀疑一次。2. 凡可怀疑的事物，我们也都应当认为是虚妄的。3. 在立身行事方面，我们不可同时采取怀疑态度。4. 我们为什么怀疑可感事物。5. 为什么我们也可以怀疑数学的解证。6. 我们有自由意志，可以不同意可疑的事物，因而避免错误。7. 我们在怀疑时，不能怀疑自己的存在，而且在我们依次推论时，这就是我们所得到的第一种知识。8. 我们从此就发现心和身体的区别，或能思的事物和物质的事物的分别。9. 所谓思想就是在我们身上发生且直接意识到的一切，思想不仅包括理解（intelligere，entendre）、意欲（velle）、想象（imaginari），也包括知觉（sentire，sentir）等等。

　　这种哲学的叙述方式被当时的斯宾诺莎所承继，并对当代的科学哲学奠基人之一维特根斯坦产生了重大影响。

　　综上几个命题，我们不同意将笛卡尔简单地归结为理性主义或理性怀疑主义。从科学哲学史的角度看，笛卡尔的思想要害是对几何学特别是他所独创的解析几何的重视，将几何分析方法扩展为一种能够指导各个学科的"方法""指导原则"或"推理规则"，再将这种方法提升到哲学的高度，用以解决哲学中的上帝、主体、世界等问题。

　　3. 各种科学都遵循统一的方法程序

　　发现某种科学的重要性，可能成为重要的科学家，但未必成为科学思想家。笛卡尔之所以兼具科学家与科学思想家的双重身份，乃在于他在一门具体的科学（具体说也就是解析几何学）的探索过程中发现并能够总结出一套可供其他学科之用的方法程序。换句话说，如果某人不仅能够创造一门科学的方法，而且还能够将某门学科的方法提升为可供其他相关学科共用的普遍方法或程序，那么这个人就从科学家提升为科学思想家。

　　笛卡尔首先断定，方法对于探求真理是绝对必要的，而且全部方法只不过是为了发现某一真理而把心灵的目光应该观察的那些事物安排为秩序。如果严格遵行这一原则，那就必须把混乱暧昧的命题逐级简化为其他较单纯的命题，然后从直观一切命题中最单纯的那些出发，试图同样逐级上升到认识其他一切命题。

据此，笛卡尔写下了他的科学思想的经典著作：《方法谈》以及《探索真理的指导原则》等。在《方法谈》中，笛卡尔将其概述为四条规则："第一规则是无论任何事在我未明白认识以前，绝不能承受之为真。这就是说，要很小心地免除在判断中的急促与偏见，只能承受在我们心灵中表现极清楚明白而使我们再不能怀疑的判断。第二规则为将我在很多部分中所有的困难尽量分析开，使能获得最好的解决。第三规则为顺着次序引导我们的思想，由最简单的与最容易认识的事物起始，渐渐达到最循序复杂的知识，假定在他们当中彼此不是顺着一个自然的关系。第四规则为在一切情形中统计愈完全愈好，观察愈普遍愈好，不要遗留一点。"① 在《探索真理的指导原则》中，笛卡尔计划写作 36 条原则，即分成三部分而每部分都由 12 条原则所构成，但其实是写到 21 条，而且第 20、21 条原则尚不及详细展开。

根据这样一系列方法论设计，笛卡尔勾勒出了自己的知识体系。"哲学的一部分就是形而上学，其中包含各种知识的原理，这些原理中有的是解释上帝的主要品德的，有的是解释灵魂的非物质性的，有的是解释我们的一切明白简单的意念的；第二部分是物理学，在物理学中，我们在找到物质事物的真正原理之后，就进而一般地考究全宇宙是如何构成的；在此以后，我们就要特别考察地球的本性，以及在地球上最常见的一切物体，如水、火、空气、磁石及其他矿石的本性。再其次，我们还必须分别考察动植物的本性，尤其要考察人的本性。这样我们以后才可以奉献出有益于人类的别的科学。因此，全部哲学就如一棵树似的，其中形而上学就是根，物理学就是干，别的一切科学就是干上生出来的枝。这些枝条可以分为主要的三种，就是医学、几何学和伦理学。我所谓的道德科学乃是一种最高尚、最完全的科学，它以我们关于别的科学的完备知识为其先决条件，因此，它就是最高度的智慧。"②

按照这种逻辑，有人说笛卡尔是心物二元论者，这个判断要慎重。的

---

① ［法］笛卡儿：《笛卡儿几何学》，袁向东译，北京大学出版社 2008 年版，第 85 页。

② ［法］笛卡尔：《哲学原理》，关文运译，商务印书馆 1959 年版，序言 xvii。

确，笛卡尔认为精神现象是不可分的，而物质现象都具有广袤性。① 但是二者的不同并不代表它们就是不可贯通的，笛卡尔曾花费相当的笔墨来论证心灵与身体之间存在着交换机制。"我们必须知道，人的灵魂虽与全身结合着，可是它的主要位置仍在脑部；只有在脑部，它才不但进行理解、想象，而且还进行知觉活动。它的知觉是借神经为媒介的，至于神经，则如一套线索似的由脑部起遍布于身体的其他一切部分。这些部分和神经连合得异常密切，因此，我们无论触及任何部分，总要激动那里的一些神经末端。这种运动又传达到那些以灵魂总座为枢纽的各种神经的末端。"②

如果说在命题一中笛卡尔论证了他所发现的解析几何具有重大的思想价值，那么命题二则清晰地论述了解析几何所运用的方法论工具不仅对几何学具有革命性的意义，而且还对其他学科同样具有决定性意义。因此，笛卡尔就通过他的解析几何的方法实现了"统一科学"（Connexio scientiarum 科学之间的普遍联系）的可能未必是第一次但绝对是最重要的尝试。这种尝试只有 19 世纪末 20 世纪初的 E. 马赫才能与之匹敌。

4. 笛卡尔对罗素的影响

笛卡尔被誉为西方现代哲学之父，因而他的思想与后世的哲学家都有关联。但从科学哲学编史纲领出发，我们重点考察笛卡尔与现当代科学哲学家之间的思想关联。

在受笛卡尔科学哲学思想影响的科学哲学家中，B. 罗素对笛卡尔思想特别敏感。在他的《我的哲学的发展》一书中，罗素曾经这样写道，"笛卡尔认为动物没有思想（minds），只具有复杂的反馈系统（complicated qutomata）。18 世纪的唯物主义将这一思想拓展到人身上；但我对唯物主义不感兴趣，我的思想有所不同。即使一个唯物主义者也会承认，当我们言说时，必定言之有物，这就是说，我们是用词表达一个事物，而不只

---

① 在《哲学原理》第二章"论物质事物的知识"中，笛卡尔提出了这样的问题，我们如何又知道人体是和人心密切联系着的呢？笛卡尔认为，我们还应该断言，有某种物体是和我们的心更为密切地联系着的，因为我们明白看到，痛苦以及别的感觉，往往于无意中就会刺激我们。人心意识到，这些感觉不是由它自身生起的，而且它既然是一个思想的事物，当然它们也是不属于它的。因此，这些感觉之起，只是因为人心和另一个有广袤、能被动的事物——人身——连和着。"［法］笛卡尔：《哲学原理》关文运译，商务印书馆 1959 年版，第 35 页。

② ［法］笛卡尔：《哲学原理》关文运译，商务印书馆 1959 年版，第 49—50 页。

是胡说。"①

罗素不同意笛卡尔对人类及其心灵的看法，但并不意味着罗素背离了笛卡尔的思想路线。他说，"众所周知，反观自我（self-observation）的确定性是笛卡尔哲学体系的基础，也是现代哲学的起点。笛卡尔为了将他的形而上学建立在绝对确定性的基础之上，他的奠基性的工作就是怀疑任何他能够怀疑的事情。……但我怀疑是不能怀疑的（I doubt is indubitable）。"② 据此，笛卡尔得出了"我思故我在"（I think, therefore I am）的命题。对此，罗素指出，"作为笛卡尔有效思想基础的'思想'（thoughts）只是我们所理解的对外界对象的感知而已，这也就是我们接受笛卡尔观点的充分理由。"③

在这里我们看到，罗素继承了笛卡尔从"反观自我"开启的哲学路线，但却将笛卡尔的"思想"变成语言，从而打开了通向科学哲学的思想之路。

二　斯宾诺莎："科学家和科学方法论者"

对于斯宾诺莎，学界往往只知道他的《伦理学》和《神学政治论》，但可能并不知道斯宾诺莎在自然科学方面的造诣以及试图用几何学改造哲学的宏大计划。格林内（Majorie Grene）曾经编辑了一部名为《斯宾诺莎与科学》（Spinoza and the sciences）的著述，判定斯宾诺莎是一位科学家和科学方法论者（Spinoza：Scientist and theorist of scientific method）。

像笛卡尔一样，斯宾诺莎坚信笛卡尔科学方法具有普遍性，这种方法不仅对科学探索有意义，而且对哲学思考及其问题的思考同样具有指导意义。斯宾诺莎的朋友路德维希·梅耶尔在写给斯宾诺莎的《笛卡尔哲学原理》序中开宗明义地指出，"凡是想在学识方面超群绝伦的人都一致认为：在研究和传授学问时，数学方法，即从界说、公设和公理推出结论的方法，乃是发现和传授真理最好的和最可靠的方法。这是千真万确的。"④

当然，我们将斯宾诺莎的科学思想并入科学哲学史范围，还在于他对

① B. Russell, *An Outline of Philosophy*, George Allen & Unwin Ltd. , 1923, p. 9.
② B. Russell, *An Outline of Philosophy*, George Allen & Unwin Ltd. , 1923, p. 171.
③ B. Russell, *An Outline of Philosophy*, George Allen & Unwin Ltd. , 1923, p. 175.
④ 斯宾诺莎：《笛卡尔哲学原理》，洪汉鼎译，商务印书馆1980年版，第35页。

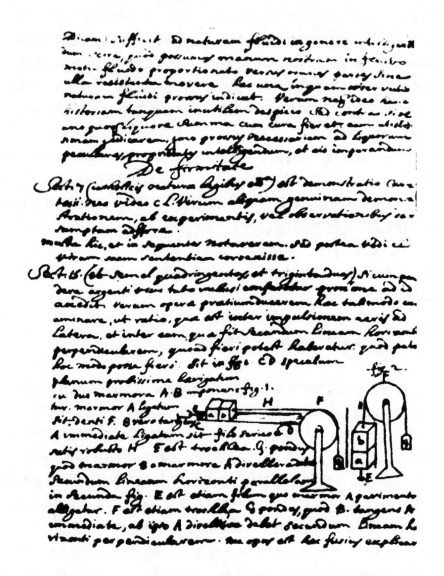

图 4 - 7　斯宾诺沙科学著述片段

维特根斯坦的重要影响。

1. 数学方法乃是发现和传播真理的最可靠的方法

正如斯宾诺莎的朋友路德维希·梅耶尔所说，斯宾诺莎用欧几里得公
理化的方法重新表述了笛卡尔的科学理论。

第一，他以公设的名义确立了他和笛卡尔都遵循的指导思想："这里只要求每人尽可能仔细地考察一下自己的知觉，以便把清楚的东西和模糊的东西区别开来。"

第二，斯宾诺莎定义了若干基本范畴。例如，广延（extensio）就是由三向量构成的空间范畴，空间和广延之间只有思想上的区别，实际上并无区别；所谓实体就是指凭借神的存在；原子（Atomus）就其本性说是不可分的物质的一部分，虚空（vacuum）是没有形体的实体的广延；位移（motus localis）是一部分物质的移动或一物从紧相邻接的静物的位置移到其他物体的位置。①

第三，在此基础上，斯宾诺莎又给出 21 条公理，例如，"虚无没有形状"，"从一物取消它而不被破坏此物之完整性者，则非此物的本质；凡取消它事物即不存在的，则为此物的本质"，"没有广延就不能设想运动、静止、形式等等"，"如果水道 A 的长度与水道 C 的长度相等，C 比 A 宽一倍，流体通过水道 A 比同一流体通过水道 C 快一倍，则在相等的时间内通过水道 A 和水道 C 的物质量相等。如果通过 A 和 C 的物质量相等，则此物质在 A 中的流动应比在 C 中快一倍"，"两物都与第三物相等，则此两物彼此相等；两物均比第三物大一倍，则此两物彼此相等"，"两点之间以直线为最短"。

第四，根据定义和公理，斯宾诺莎提出并论证了几十条命题，如"物体或物质的本性只在于广延"（命题二）；"虚空是一个矛盾的概念"（命题三）；"原子不存在"（命题五）；"任何运动着的物体本身都力求按直线运动，而不按曲线运动"（命题九）；"凡作圆运动的物体，如投石器中的石子，经常被决定要沿着切线方向运动"（命题十）；"凡作圆运动的物体，都力求脱离绕之而运动的圆心"（命题十七）。

当然，如果仅仅在自然科学的范围内进行这种研究，我们只能说斯宾诺莎是一个科学家或科学思想家，但是，斯宾诺莎并没有把这些方法仅仅限于自然科学领域，而是将其推广到人文社会科学领域。"我致力于政治学研究的目的不是提供新的或前所未闻的建议，而是通过可靠和无可争辩的推理，并且从人的真正本性去确立和推论最符合实际的原则和制度。而

---

① 斯宾诺莎：《笛卡尔哲学原理》，洪汉鼎译，商务印书馆 1980 年版，第 82—83 页。

且，为了把人们通常在数学研究中所表现的那种客观态度运用于这方面的研究工作中，我十分注意避免对人们的行为加以嘲笑、表示叹惋，或给予诅咒，而只是力图取得真正的理解。所以，对于人们的诸种激情，如爱、憎、怒、嫉妒、功名心、同情心以及引起波动的其他各种感觉，我都不视为人性的缺陷或邪恶，而视为人性的诸属性，犹如热、冷、风暴、雷鸣之类是大气本性的诸属性一样。这些形象尽管可能令人不快，然而却是必然的存在，具有一定的原因，我们可以通过这些原因理解这些现象的本质。"①

斯宾诺莎不仅用自然科学特别是几何学方法来审视建构伦理学的思想体系，而且还按照当时自然科学的最新成果来推演伦理学命题，从而使其许多伦理学命题具有鲜明的机械论内涵。例如，在他的《伦理学》的"论人的奴役或情感的力量"中，斯宾诺莎就提出并论证了如下具有机械论情愫的命题：只要我们是自然的一部分，是自然中不能离开的事物而可单独设想的一部分，我们便是被动的；人借以保持其存在的力量是有限制的，而且无限地为外部原因的力量所超过；任何情感的力量和增长以及情感的存在的保持不是受我们努力保持存在的力量所决定，而是受外在的原因的力量与我们自己的力量相比较所决定；凡能支配人的身体，使身体可以接受多方面的影响，或使身体能够多方面地影响外界物体之物，即是对人有益之物。一物愈能使身体适宜于接受多方面的影响，或影响外界的物体，则那物将愈为有益。反之，一个使得身体愈不适宜于接受外物的影响或影响外物之物，即是有害之物；凡足以保持人身各部分彼此间动静的比率之物是善的；反之，足以改变人身各部分彼此间的比率之物是恶的。

这就是说，在斯宾诺莎的思想体系中，数学方法具有普遍的方法论意义，或者说科学方法是普遍的，自然科学是一种普遍的知识。这个判断对科学哲学具有重要意义，因为这个判断是科学哲学的逻辑起点：只有相信自然科学是普遍的科学知识，才有必要将其提升为哲学观念。

2. 思想也是一种几何论证

早在写作《笛卡尔哲学原理》一书中，斯宾诺莎就把笛卡尔的哲学思想理解为一种可以分析的知识体系，这种知识体系的核心理念就是笛卡

---

① 斯宾诺莎：《政治论》，冯炳昆译，商务印书馆 1999 年版，第 6 页。

尔方法或分析方法。他说，"笛卡尔的方法跟欧几里得的方法却大不相同。笛卡尔把自己的方法称为分析的方法，并且认为这是真正的和最好的教授方法。因为笛卡尔在其《对第二类反驳的答复》末尾区分了两种确然的证明（appodictice demonstrandi）：一种证明叫分析的（analysin），它'指示一条真正的道路，在这条道路上，对象可以顺序地（methodice）和仿佛先天地（a priori）被认识'。另一种证明是综合的（synthesin），'它利用一连串的界说、公设、公理、命题和提问，因此，如果要否认结论中的某些东西，它立即会表明，这些要否认的东西已包含在前提之中了。'"①

事实正是如此，斯宾诺莎在理解笛卡尔哲学体系特别是上帝论证问题时就采用了几何学的论证方式。

首先，他在界说部分就给"思想""观念"等范畴进行了严格的界定："一、所谓思想（cogitatio），我理解为在我们心中并为我们直接意识到的一切。因此，意志、理智、想象和感觉的一切活动都是思想。二、所谓观念，我理解为任何一种思想的形式，只要直接知觉到整个形式，我就意识到整个思想。三、所谓观念的客观实在性（realitatem objectivam ideae），我理解为观念所代表的事物的本质（entitas），就这本质存在于观念中而言。"②

其次，斯宾诺莎又预设了如下公理："一、我们之所以认识和确信未知的事物，只是借助于认识和确信可靠性和认识方面先于这未知事物的其他事物。二、有一些理由使我们怀疑我们身体的存在。三、如果有任何不同于心灵和身体的东西，那么我们对它决不会比对心灵和身体更加了解。"③

最后，根据上述界定和公理，斯宾诺莎论证了如下重要命题，如"当我们不知道我们是否存在时，我们不能绝对地确信任何东西"（命题一）；"'我存在'必须是自明的"（命题二）；"神的存在可以根据我们心中有神的观念后天地（a posteriori）加以证明"（命题六）；"心灵和身体

---

① 斯宾诺莎：《笛卡尔哲学原理》，洪汉鼎译，商务印书馆1980年版，第37页。
② 斯宾诺莎：《笛卡尔哲学原理》，洪汉鼎译，商务印书馆1980年版，第51—52页。
③ 斯宾诺莎：《笛卡尔哲学原理》，洪汉鼎译，商务印书馆1980年版，第53—54页。

实际上是有区别的"（命题八）；"神永恒地预先决定了一切"（命题二十）；等等。

如果说《笛卡尔哲学原理》还仅仅是对笛卡尔哲学思想的解读，那么，斯宾诺莎的《伦理学》是他的代表作，也是他在思想史上安身立命的哲学经典。在这部著述中，斯宾诺莎继续用几何论证的方式来讨论哲学问题特别是伦理学问题。

在该著的第一部分"论神"中，斯宾诺莎开宗明义地界定了如下基本范畴："自因"（causa sui）、"相对有限"（in suo genere finita）、"实体"（substantia）、"属性"（attributus）、"样式"（modus）、"神"（Deus）、"自由"（libera）、"永恒"（aeternitas）等

接下来又选定了如下公则："1. 一切事物不是在自身内，就必定是在他物内。2. 一切事物，如果不能通过他物而被认识，就必定通过自身而被认识。3. 如果有确定原因，则必定有结果相随，反之，如果无确定的原因，则决无结果相随。4. 认识结果有赖认识原因，并且也包含了认识原因。5. 凡两物间无相互共同之点，则这物不能借那物而被理解，换言之，这物的概念不包含那物的概念。6. 真观念必定符合它的对象。7. 凡是可以设想为不存在的东西，则它的本质不包含存在。"①

根据这些定义和公理，斯宾诺莎提出并论证了如下命题："实体按其本性必先于它的分殊"（命题一）；"具有不同属性的两个实体彼此之间没有共同点"（命题二）；"凡是彼此之间没有共同点的事物，这物不能为那物的原因"（命题三）；"凡两个或多数的不同之物，其区别所在，不是由于实体的属性不同，必是由于实体的分殊各异"（命题四）；等等。

以上种种，斯宾诺莎为我们展现了这样一种哲学观念：哲学不是别的，只是一种科学知识。

3. 知识与观念是连续的

我们已经说明，科学知识是普遍的，科学方法不仅对获得自然科学知识有效，而且也是获得哲学知识的方法论工具。问题是，科学知识与哲学知识之间的关系是怎样的呢？

在斯宾诺莎看来，知识有四类：由传闻或者由某种任意提出的名称或

---

① 斯宾诺莎：《伦理学》，贺麟译，商务印书馆1997年版，第4页。

符号得到的知识；由泛泛的经验得来的知识，亦即由未为理智所规定的经验得来的知识；由于这样的方式而得来的知识，即一件事物的本质系自另一件事物推出，但这种推论并不必然正确；最后即是纯从认识到一件事物的本质，或者纯从认识到它的最近因（causa proxima）而得来的知识。这最后一种知识才能使我们认识事物的正确本质而又不致陷于错误。

　　但在这四种知识中，哲学知识或观念性的知识是最重要的，它制约甚至决定着经验性知识。"由此可见，方法不是别的，只是反思的知识或观念的观念。因为如果不先有一个观念，就不会有观念的观念，所以如果不先有一个观念，也就会没有方法可言。所以好的方法在于指示我们如何指导心灵使依照一个真观念的规范去进行认识。……心灵对于自然的了解愈多，则它对于它自身的认识也必定愈加完善，这自然是不用说的，所以心灵认识的事物愈多，则这一部分的方法将必愈为完善，而且当心灵能达到或反思到最完善存在的知识时，则这一部分的方法亦最为完善。"①

　　从这些论述中我们不难窥知，在科学知识与哲学知识之间的关系问题上，斯宾诺莎选择了这样一条道路，也就是从哲学沉思中来规制科学的认识活动。按照这样一条思路，斯宾诺莎设计了先验论的或理性主义的认识模式，在这种模式中，人类首先形成先天的或绝对正确的哲学观念，再根据这种先天的哲学观念来考察经验事物。这一点，可以从他在《知性改造论》有关对知性特质的表述中得以论证：一、知性自身具有确定性，换言之，它知道事物形式地存在于实在界中，正如事物客观地包含在知性中。二、知性认识许多东西或绝对地构成某些观念，而又从别的观念形成另外一些观念，譬如，知性无需别的观念即绝对地形成量的观念；反之，知性形成运动的观念时，必须先思考到量的观念。三、知性绝对地形成的观念表示无限性；而有限的观念则是知性从别的东西推论出来的。四、知性形成肯定的观念较先于形成否定的观念。五、知性观察事物并不是从时间的观点，而是在某种限度内从永恒的和无限数量的观点。六、我们所形成的明晰清楚的观念，好像只是从我们本性的必然性推出来的，所以这些观念似乎只是绝对依靠我们自己的力量。七、知性从别的观念所形成的事物的观念，可以在许多方式下为心灵所规定。譬如，为了规定一椭圆形的

---

　　① 斯宾诺莎：《知性改造论》，贺麟译，商务印书馆1986年版，第31页。

平面起见，心灵可以假想一个钉状物固系在一条直线上绕着两个中心转动，或设想出无限多的点，与任何一条直线永远保持同样固定的关系，或以一个平面斜截一个圆锥体，如是或者倾斜的角度较大于锥顶的角度，或者设想其他无线类似的东西，以规定有限事物的观念。九、那些愈能表示一物的完善性的观念就愈为完善。①

从这些论述看出，在斯宾诺莎那里，科学知识与哲学知识是密切结合在一起的，哲学观念为科学知识提供思想基础，科学知识使哲学观念得以确证。

4. 数学可以医治理性的病症

既然哲学观念是科学知识的思想基础，那么哲学观念是如何发生的呢？哲学观念本身是不是绝对的？

对于这些问题，斯宾诺莎认为，哲学观念或人类的知性能力也是一个发生发展过程，业已形成的哲学观念也是可以改造的。

斯宾诺莎首先指出，以往都认为人的行为完全不同于自然事物，甚至笛卡尔也持这种观点。斯宾诺莎主张用几何学研究人们的缺陷和愚昧，并且要用理性的方式来批驳虚幻、荒谬、妄诞等违反理性的思想。斯宾诺莎这样做的理由在于，"在自然界中，没有任何东西可以说是起于自然的缺陷，因为自然是永远和到处同一的；自然的力量和作用，亦即万物按照它们而取得存在，并从一些形态变化到另一种形态的自然的规律和法则，也是永远和到处同一的。因此也应该运用同一的方法去理解一切事物的性质"②。

这就是说，正如自然规律是不可抗拒的一样，自然科学的方法也可以用于其他领域，当然也包括哲学领域。"期望运用数学那样的可靠性来论证哲学的其他部门，使这些部门同数学一样的繁荣昌盛。他们中间有人按照这种方式叙述了已被公认并在学校讲授的哲学，有人则按照这种方式叙述了新的、独立发现的哲学，并向学术界介绍了这种哲学。"③

那为什么要将数学方法特别是几何学方法应用于哲学呢？斯宾诺莎说

---

① 斯宾诺莎：《知性改造论》，贺麟译，商务印书馆1986年版，第57—58页。
② 斯宾诺莎：《伦理学》，贺麟译，商务印书馆1997年版，第97页。
③ 斯宾诺莎：《笛卡尔哲学原理》，洪汉鼎译，商务印书馆1980年版，第36页。

得很明白，正如他在他的《知性改造论》所说的那样，在哲学中使用数学或几何学方法是为了医治人类的理性能力。"但我们首先必须尽力寻求一种方法来医治知性，并且尽可能于开始时纯化知性，以便知性可以成功地、无误地，并且尽可能完善地认识事物。由此人人都可以见到，我志在使一切科学皆集中于一个最终目的。这就是要达到我们上文所说过的人的最高的完善境界。因此，各门科学中凡是不能促进我们目的实现的东西，我们将一概斥之为无用；换言之，我们的一切行为与思想都必须集中于实现这唯一目的。"①

综上所述，斯宾诺莎不仅确立了哲学的科学属性，而且还坚信用科学改造哲学的思想方向，或者说，科学方法的使用是我们推进哲学发展及其变革的思想力量。这个思想在惠威尔、S. 弥勒等维多利亚时期的科学思想家那里得到回应，并在罗素、维特根斯坦特别是维也纳学派得以发扬光大。

5. 美德在于对欲望的理性认识

任何一种伟大的甚或是重要的学说，不仅仅在于颠覆世人的思想成见，而且还在于构想或鼓吹一种按照这种学说所构想或设计的理想社会。斯宾诺莎当然并不例外。

在他的《伦理学》等著述中，斯宾诺莎曾经概述了他的学说在世俗生活中的四种思想功能。"第一，这种学说的效用在于教导我们，我们的一切行为唯以神的意志为依归，我们愈益知神，我们的行动愈益完善，那么我们参与神性也愈多。……第二，这种学说的效应在于教导我们如何应付命运中的事情……因为我们知道一切事物都依必然的法则出于神之永恒的命令，正如三角之和等于两直角之必然出于三角形的本质。第三，这学说对于我们的社会生活也不无裨益，因为他教人……独依理性的指导，按时势和环境的需要，如我将在第三部分中所要指出的那样。第四，这个学说对于政治的公共生活也不无小补，因为它足以教导我们依什么方法来治理并指导公民，庶可使人民不为奴隶，而能自由自愿地做最善之事。"②

但问题是，怎样才能达到这种理性的生活呢？斯宾诺莎开出的药方

① 斯宾诺莎：《知性改造论》，贺麟译，商务印书馆1986年版，第22页。
② 斯宾诺莎：《伦理学》，贺麟译，商务印书馆1997年版，第94—95页。

是，用理性控制人的情感。"心灵能够控制情感的力量在于：对于情感本身的知识；心灵将情感本身和我们混乱地想象着的关于情感的外因的思想分离开；与我们所能理解的事物相联系的情感的时间，超过了与我们所只能混淆地、片断地了解的事物相联系的情感的时间；足以培养情感的原因之众多，通过这些原因，情感能与事物的共同特质或神相联系；最后，心灵能够将它的情感加以整理，并将这些情感彼此联系起来使其有秩序。"①

接下来的问题是，心灵怎样才能控制人的情感呢？斯宾诺莎在他的《伦理学》中的"论人的奴役或情感的力量"中提出并论证了如下几个重要的命题：只要我们是自然的一部分，是自然中不能离开其它事物而可单独设想的一部分，我们便是被动的；人借以保持其存在的力量是有限制的，而且无限地为外部原因的力量所超过；任何情感的力量和增长以及情感的存在的保持不是受我们努力保持存在的力量所决定，而是受外在的原因的力量与我们自己的力量相比较所决定。

按照这些考量，斯宾诺莎给我们描述了这样一种理想的生活状态：

第一，将人类的追求或欲望加以自然的理解，"我们所有的一切追求或欲望……也可以根据人作为自然的一部分方面，去加以理解，但就人作为自然的一部分而言，便不能单从其自身，也不能离开别的个体，得到正确的理解"②。

第二，幸福生活在于对善的理性认知。"因此在生活中对于我们最有利益之事莫过于尽量使我们的知性或理性完善。而且人生的最高快乐或幸福即在于知性或理性之完善之中。因为幸福不外是由于对神有直观知识而起的心灵的满足。"③

第三，人类生活的目的就在于使人类的理性趋于完善。"所以没有理智决不会有理性的生活；事物之所以善，只在于该事物能促进人们享受一种为理智所决定的心灵生活。反之，惟有足以阻碍人的理性趋于完善，并阻碍人享受理性的生活的事物方可称为恶。"④

至此，斯宾诺莎完成了他的基于科学或理性的生活世界图景，一种知

① 斯宾诺莎：《伦理学》，贺麟译，商务印书馆1997年版，第251—252页。
② 斯宾诺莎：《伦理学》，贺麟译，商务印书馆1997年版，第227—228页。
③ 斯宾诺莎：《伦理学》，贺麟译，商务印书馆1997年版，第228页。
④ 斯宾诺莎：《伦理学》，贺麟译，商务印书馆1997年版，第229页。

性的生活态度和社会期望。

6. 斯宾诺莎与维特根斯坦

我们知道，斯宾诺莎的本体论、伦理学和政治哲学方面在哲学史上占据重要地位，但我们的科学哲学史研究为什么要将斯宾诺莎列入其中？道理很简单，斯宾诺莎对维特根斯坦哲学思想产生了重要影响。

根据维基百科提供的信息，维特根斯坦深受斯宾诺莎的影响，据说维特根斯坦的《逻辑哲学论》（Tractatus Logico-Philosophicus）就是仿照斯宾诺莎的《神学政治论》（Tractatus Theologico-Politicus）写成的。

当然问题还不在于形式，而在于内容。维特根斯坦在其 1914—1916 年的"笔记"中提到一个重要的范畴"以永恒的方式"（sub specie aeternitatis）① 就来自斯宾诺莎的著述。他说，"如果永恒并不意味着时间上的持久，而在于与时间无关，那么生活的永恒就意味着当下的永存。"（If by eternity is understood not eternal temporal duration, but timelessness, then he lives eternally who lives in the present.）② 而且，"以永恒方式思考世界就意味着将世界理解为一个可以规制的整体。"（The contemplation of the world sub specie aeterni is its contemplation as a limited whole.）③

按照我们的编史纲领，我们以为斯宾诺莎对维特根斯坦的影响主要在于用数学的方法解决哲学问题上的共识。除此而外，用几何学的公理化方法叙述哲学体系，可能只有斯宾诺莎和维特根斯坦二人，因而二人之间的思想关联可见一斑。

上述梳理及其分析表明，就传统而论，笛卡尔和斯宾诺莎作为理性主义者已经得到共识。但我们以为，这种理性主义的思想实质是强调数学特别是几何学对人类理性的思想价值，直言之，笛卡尔和斯宾诺莎的理性主义就是几何学的哲学化，也就是用数学的或几何学的知识体系来理解或建构人类的理性能力。仅在这个意义上，笛卡尔和斯宾诺莎是当之无愧的科学哲学家。

---

① L. Wittgenstein, Notebooks, 1914 – 16, p. 83

② L. Wittgenstein, Tractatus Logico-Philosophicus, 6.4311

③ L. Wittgenstein, Tractatus Logico-Philosophicus, 6.45

三 莱布尼兹—沃尔夫体系的科学与哲学

莱布尼兹在实证科学与哲学思想上的地位可能广为人知，但他的科学探索与他的哲学思考之间的关联可能并未引起应有的关注，同样没有引起学界关注的还有莱布尼兹体系的完成者 C. 沃尔夫思想，特别是其中的科学知识与哲学观念之间的关联。其实，莱布尼兹的主要著述都是科学的或有关科学思想的，如《关于知识或真理及观念的沉思》（*Meditations on Knowledge*, *Truth*, *and Ideas*, 1684）；《论原初真理》（*Primary Truths*, 1689）；《论形而上学》（*Discourse on Metaphysics*, 1686）；《哲学新体系》（*New System*, 1695）；《动力学研究》（*Specimen Dynamicum*, 1695）；《关于自然物的终极原因》（*On the Ultimate Origination of Things*, 1697）；《人类理解新论》（*New Essays on Human Understanding*, 1704）；《论自然本身》（*On Nature Itself*, 1698）；《单子论》（*Monadology*, 1714）；《自然之伟力的原则》（*Principles of Nature and Grace*, 1714）；等等。

在此我们将从科学与哲学的双重视野来讨论莱布尼兹—沃尔夫体系的科学哲学思想。对数理科学的高度信赖是莱布尼兹哲学的基础和主调，不能理解这一点也就不能很好地理解莱布尼兹的哲学，甚至也不能准确地理解莱布尼兹的整个思想。

1. 论科学知识及其真理问题

莱布尼兹的哲学思考并非一种为哲学而哲学的沉思，而是试图对当时的科学特别是力学给予某种形而上学解读，正如他在《新系统及其说明》中所说，"人们也许会认为我是属于想用性质或技能，用'始基'（archée）或别的类似的名词来解释自然现象的根由的人之列。因此，我不得不预先声明，按照我的意见，自然中的一切都是机械地被造成的，而且要给某种特殊现象（例如重量或弹性）一个确切而充足的理由，只须用图形或运动就够了。但机械的原则本身以及运动的法则，我认为是由一种较高级的东西产生的，这种较高级的东西与其说依赖几何学，毋宁说依赖形而上学，虽然'心灵'很理解它，但却是想象力所不能达到的。因此我发现，在自然中除了广延这个概念之外，还得用'力'这个概念，这种力使物质能够撼动并且能够抵抗；而所谓'力'（force）或'力量'（puissance），我并不认为就是能力（le pouvoir）或单纯的技能（la faculté），后者只是一种能够撼动的直接可能性，并且跟死的东西一样决不能不受外来的刺激而产生行动；而我是认为力是介于能力与行动之间的东西，它包含着一种努力、一种作为、一种'隐德莱希'，因为'力'只要不受什么阻碍，本身就会过渡到行动。这就说明了为什么我会认为力既然是行动的原则，那么也就是实体的构成要素，因为行动是实体的特性。因此我发现，物理作用的动力因的根源是在形而上学方面；在这个方面我和有些人确实相去甚远，那些人在自然中只看到物质或广延的东西，因而使虔信宗教的人不无理由地产生一些猜疑。"①

在莱布尼兹的哲学思想中，数理科学及其最新成果占有相当的地位，甚至他所创立的微积分也在他的"新系统"中占有一席之地。"我在同一年也曾致力于考虑过，对于数学家，为了他们的证明的严格起见，只要不取'无穷小'，而取'要多么小有多么小'就够了，这样就可以表明错误总是比一位对手所想指出的要小，并因而就使人不能指出任何错误了，以致当所指定的数逐渐减小到最后的那种精确的无穷小，只是和'虚根'一样时，这也丝毫不会损害那种'无穷小计算法'（微积分），或和差。我所提出的这种计算法（微积分学），许多卓越的数学家都曾很有用地下过功夫，在这里只有不懂或不会用才会犯错误，因为它本身就带着证明。"②

不过，在莱布尼兹看来，数理科学是一种观念性的东西。他在回应洛克的《人类理解新论》中就已经认识到，"由此可见，像我们在纯粹数学中，特别是在算术和几何学中所见到的那些必然的真理，应该有一些原则是不依靠实例来证明，因此也不依靠感觉的见证的，虽然没有感觉我们永远不会想到它们。这一点必须辨别清楚，欧几里得就很懂得这一点，他对那些凭经验和感性影象就足以看出的东西，也常常用理性来加以证明，还有逻辑以及形而上学和伦理学，逻辑与前者结合形成神学，与后者结合形成法学，这两种学问都是自然的，都充满了这样的真理，因此它们的证明只能来自所谓天赋的内在原则。"③ 他又在中晚期的著述中进一步指出，

①　［德］莱布尼兹：《新系统及其说明》，陈修斋译，商务印书馆1999年版，第25页。

②　［德］莱布尼兹：《新系统及其说明》，陈修斋译，商务印书馆1999年版，第125—126页。

③　［德］莱布尼兹：《人类理智新论》，陈修斋译，商务印书馆1982年版，序言第4页。

"我认识到那种以数学上所采取的态度来看的一般的时间、广延、运动和连续都只是一些理想性或观念性的东西，这就是说，它们表示着那种可能性，正如数一样。霍布斯甚至把空间定义为'存在的幻象'（phantasma existentis）。但是更正确些说，'广延'是'可能的并存'的秩序，正如'时间'是'不并存的可能性'的秩序一样，但这些不并存的可能性是有联系的。"①

虽然强调数理科学等因具有观念性更值得肯定，但莱布尼兹并不否认经验科学的意义，他在《人类理智新论》中曾指出，"我承认，一个人要是有一位好的化验者使他认识了黄金的一切性质，他就会有比用眼睛看所给他的更好的知识。但如果我们能了解黄金的内部构造，则黄金一词的意义就会和三角形的意义一样容易地得到决定。"② 但是，在就数理科学与经验科学之间，莱布尼兹更倾向于数理科学，这是因为经验科学还需要形而上学论证。"罗伯特·波义耳是杰出的观察家，并通晓自然本性的知识，他曾写过一本关于自然本性的小书，其中的思想，如果我没有记错，是这样的，即自然本性不是别的，而是形体的机械法则本身。……机械法则本身并非仅仅来自物质的原则和数学的理由，而是出于一种更高的、可以说是形而上学的根源。"③ 莱布尼兹在《人类理智新论》中也提出了类似的批评："波义耳有点过于停留在这一点上，就是从无数美好的实验中没有引出其他的结论，而只得出他可能当作原则的这样一个结论，就是自然中的一切都是机械地行事的，这一原则，是人们可以单用理性来使之成为确定的，但却不能用实验来使之确定，不论你做了多少实验。"④

这里需要特别注意的是，像笛卡尔一样，莱布尼兹也承认天赋原则，但与笛卡尔不同的是，莱布尼兹并不认为天赋原则是上帝靠奇迹赋予人类的，而是通过学习习得的，"我仍然同意，我们是学到这些天赋的观念和真理的，或者是通过注意它们的源泉，或者是通过用经验来对它们加以证实。因此我并没有作您似乎在谈到我们没有学到什么新东西这种情况下所

① ［德］莱布尼兹：《新系统及其说明》，陈修斋译，商务印书馆1999年版，第124页。
② ［德］莱布尼兹：《人类理智新论》，陈修斋译，商务印书馆1982年版，第400页。
③ ［德］莱布尼兹：《新系统及其说明》，陈修斋译，商务印书馆1999年版，第161页。
④ ［德］莱布尼兹：《人类理智新论》，陈修斋译，商务印书馆1982年版，第539页。

说的那种假定。并且我也不能承认这样的命题，即凡是人所学到的东西都不是天赋的。数的真理是在我们心中的，但我们仍不失为学到它们的，或者是通过从它们的源泉把它们抽引出来，当我们靠证明的推理来学到它们时就是这样；或者是通过用例子来验证，如平常的算术教师所做的那样"①，因此，"我的一条大原则就是甚至对那些公理也要去探求加以证明才好"②。

在莱布尼兹看来，"我们的知识不超出我们观念的范围，§2. 也不超出对观念之间符合或不符合的知觉的范围。§3. 它不会始终是直觉的，因为我们并不永远能将事物直接地加以比较，例如将两个同一底边、相等而形状极不相同的三角形的大小直接作比较。§4. 我们的知识也不会始终是推证的，因为我们并不是总能找到中介的观念。§5. 最后，我们的感性知识只是关于实际触动我们感官的那些事物的存在的。§6. 因此不仅我们的观念是极受限制的，而且我们的知识比我们的观念还更受限制。但我并不怀疑人类的知识是能够大大推进到更远的，只要是人们愿意以完全的心灵自由，并以他们用来文饰或支持谬误、维护他们所宣布的一个系统、或他们所参与的某一党派或涉及的某种利益的那全部专心和全部勤勉，来真诚地致力于找到使真理完善的方法。但我们的知识毕竟是永不能包括涉及我们所具有的观念方面我们可能希望认识的全部东西的"③。

莱布尼兹区别了两种真理或知识，"理性的真理是必然的，事实的真理是偶然的"。④"我完全同意这里所说的一切。并且我要加一点说，对于我们的存在和我们的思想的直接察觉，为我们提供了最初的后天（a posteriori）真理或事实真理，也就是最初的经验；正如同一性命题包含着最初的先天（a priori）真理或理性真理，也就是最初的光明③一样。这两者都是不能被证明的，并且可以称为直接的；前者因为在理智及其对象之间有一种直接性，后者则因为在主语和谓语之间有一种直接性。"⑤

然而，尽管数理科学是观念性的，但却是我们认识世界的不二法门。

①　［德］莱布尼兹：《人类理智新论》，陈修斋译，商务印书馆1982年版，第41—42页。
②　［德］莱布尼兹：《人类理智新论》，陈修斋译，商务印书馆1982年版，第79页。
③　［德］莱布尼兹：《人类理智新论》，陈修斋译，商务印书馆1982年版，第430页。
④　［德］莱布尼兹：《人类理智新论》，陈修斋译，商务印书馆1982年版，第412页。
⑤　［德］莱布尼兹：《人类理智新论》，陈修斋译，商务印书馆1982年版，第509页。

"虽然数学思想是理想性或观念性的，这丝毫也不会减少它们的用处，因为实际事物决不能离开数学规则；而且我们其实可以说，现象的实在性就在于此，这使现象与梦境有别。然而数学家根本不需要讨论形而上学，也不必操心去管这种点，这种不可分的、无穷小的、严格意义上的无限的东西是否实际存在。"① 正是基于这样的考量，莱布尼兹给出了对后世科学哲学产生巨大影响的二分法："有些人也许会讥笑哲学家们关于两种类的这种区分，一种只是逻辑的，另一种又还是实在的；又区别两种物质，一种是物理的，就是物体的物质，另一种只是形而上学的或一般的，以为这就好像有人说两部分的空间是属同一种物质，或者说两个小时属于同一种物质一样可笑。可是这种区别并不只是名辞上的区别，而是事物本身的区别，并且在这里似乎显得非常恰当，在这里，由于它们之间的混乱，就产生了一种错误的结论。这两个类有一个共同的概念，而实在的类的概念则为两种物质所共同的；所以它们的谱系应当是这样的。②

不仅如此，哲学家正是通过数理科学才能达到形上之境。"然而自然界的实际现象是被这样处理而且应该这样的，这就是决不会遇到任何这样的事，其中会有违反连续性的法则，或违反其他数学上最精密的规则的情形。非但不是这样，而且只有用这些规则才能使事物成为可以理解的，只有这些规则和真正形而上学所提供的和谐或圆满性规则才能使我们进一步窥见造物主的理由和观点。"③ 这就意味着，数理科学是我们从事哲学研究的必由之路。

2. 单子论的世界观

正是基于这种数理科学最新成果的考量，莱布尼兹得出了他的另一条重要的形而上学原则："这种感觉不到的知觉之在精神学上的用处，和那种感觉不到的分子在物理学上的用处一样大；如果借口说它们非我们的感觉所能及，就把这种知觉或分子加以排斥，是同样不合理的。任何事物都不是一下完成的，这是我的一条大的准则，而且是一条最最得到证实了的准则，自然决不作飞跃。我最初是在《义坛新闻》上提到这条规律，称

---

① ［德］莱布尼兹：《新系统及其说明》，陈修斋译，商务印书馆1999年版，第125页。
② ［德］莱布尼兹：《人类理智新论》，陈修斋译，商务印书馆1982年版，序言第22页。
③ ［德］莱布尼兹：《新系统及其说明》，陈修斋译，商务印书馆1999年版，第125页。

之为连续律；这条规律在物理学上的用处是很大的。这条规律是说，我们永远要经过程度上以及部分上的中间阶段，才能从小到大或者从大到小；并且从来没有一种运动是从静止中直接产生的，也不会从一种运动直接就回到静止，而只有经过一种较小的运动才能达到，正如我们决不能通过一条线或一个长度而不先通过一条较短的线一样，虽然到现在为止那些提出运动规律的人都没有注意到这条规律，而认为一个物体能一下就接受一种与此前相反的运动。"①

我们知道，莱布尼兹的哲学是以"单子"为基本范畴的思想体系，但究竟何谓"单子"？"单子"是不是与德谟克利特所说的"原子"② 相类似的那种不可再分的物质实体？莱布尼兹的回答是否定的。"而由于有机体的精细可到达无限（我们可从种子的情形来断定这一点，后一代的种子包含在前一代的种子里面，这一代的种子包含着具体而微的后一代有生命的有机体，这个有机体又包含再下一代的有机体，这样连续不断地重复，可至无穷），我们很容易判断，即使最精细最激烈的火本身也不能把动物摧毁，因为它至多也只能把动物化为极小，小到使这种元素（火）对它也再不能为力而已。"③ 因此，莱布尼兹认为，"我甚至相信物质主要是一种堆集，因此它永远是有实际的部分的。因此，是由于理性，而不是由于感官，我们判断物质是可被分割的，或毋宁说它原本不是别的，而只是一种复多。……显微镜使我们能在一滴液体里面发现千千万万生物。如

---

① ［德］莱布尼兹：《人类理智新论》，陈修斋译，商务印书馆1982年版，序言第12页。

② 莱布尼兹不同意古典原子论派有关"原子"和"虚空"的说法。在他看来，"在我们之间，关于物质的意见，似乎还有这一点差别，就是这位作者认为虚空是运动所必需的，因为他以为物质的各个小部分是坚不可摧的。我承认，如果物质是由这样的部分合成的，在充满之中运动就是不可能的，就像一间房子充满了许多小石块，连最小一点空隙都没有的情形那样。但是人们并不同意这种假设，它也显得没有任何理由；虽然这位高明作者竟至于以为这种微粒的坚硬或粘合构成了物体的本质。我们毋宁应该设想空间充满了一种原本是流动的物质，可以接受一切分割，甚至在实际上被一分再分，直至无穷。但是有这样一种区别，就是在不同的场所，由于运动的协同作用的程度有所不同，物质的可分性以及被分割的程度也就不相等。这就使得物质到处都有某种程度的坚硬性，同时也有某种程度的流动性，并且没有一个物体是极度坚硬或极度流动的，换句话说，我们找不到任何原子会有一种不可克服的坚硬性，也不会有任何物质的团块对于分割是完全不在乎的。自然的秩序，特别是连续性律，也同样地摧毁了这两种情形。"（［德］莱布尼兹：《人类理智新论》，陈修斋译，商务印书馆1982年版，序言第16—17页。）

③ ［德］莱布尼兹：《新系统及其说明》，陈修斋译，商务印书馆1999年版，第28—29页。

果我们能有完美的显微镜，我们还能发现其他更多的生物。"①

正是基于这种科学的考量，莱布尼兹认为，"单子"既不是西方思想史上所说的"原子"，也不是流行观点所说的"精神性实体"，在物质世界中起支配作用的自然律。"愈断定物质本身不能开始运动，也就愈可以肯定（这而且是对于那种为一个运动中的运动者所造成的极好经验所证明的）形体一经获得一种激动，它就保持这种激动，而且经常停留在它这种轻快状态之中，或者说它一旦进入某种变化，就努力保持住这种变化的途径。这种活动及隐德莱希不会是本身上被动的原始物质或质料的情状，正如我们在下一段即可表明的……在有形实体中应该有一种最初的隐德莱希作为原始活动能力；也就是一种原始的动力，与广延或纯粹几何学上的东西即质料或纯粹物质的东西相连结，就不停地行动，除非由于形体的共同体作用它的努力和激动受到各种限制。而这种实体的本原，在生物那里就谓之灵魂，在别的东西那里就谓之实体的形式。这种本原与物质相连就构成一个真正是'一'的实体，但凭它本身就已经构成了一个单元；也就是这种本原，我名之为单子。"②

莱布尼兹的这段叙述不仅否定了"原子"不可分的经典定论，而且更为重要的是，给我们以一种评判哲学定论的新思路，那就是用最新的科学成就来否定或支持某种哲学命题或观念的方法。也就是说，一种哲学命题或观念是否正确，必须经过科学知识的检验，不能经受科学知识检验的哲学命题或观念，是不值得肯定的；而取而代之的哲学命题或观念例如莱布尼兹所创立的"单子"，至少应该体现科学知识的真理性内容。③

3. 身心问题的科学解决

身心问题是一个古老的哲学问题，中世纪的经院哲学和截止到莱布尼兹的哲学家都倾注了大量思想探索这一事关人事特别是信念等诸多重大问

---

① ［德］莱布尼兹：《新系统及其说明》，陈修斋译，商务印书馆1999年版，第73—74页。

② ［德］莱布尼兹：《新系统及其说明》，陈修斋译，商务印书馆1999年版，第168—169页。

③ 不仅如此，莱布尼兹还预见到今天作为遗传载体的"基因"或类似的东西。当然这种预见绝非个人化的灵光显现，而是传统哲学寻求世界"始基"的思想与当时自然科学观察的有机结合。这对科学工作者的启示是，一项有历史的科学成就，并不仅仅是狭义的科学探索过程，而是哲学家的思维方式与具体科学实践或观察的奇妙结合。这种事例在科学史上不乏其例。

题的哲学难题。莱布尼兹对这个问题的思考及其论证可谓独具匠心。"请设想有两个钟或表走得完全一致。有三种方式可以做到这一点。第一种方式是自然的影响。这就是惠更斯曾经做过实验而使他大为惊奇的。他把两个钟摆挂在同一块木头上；钟摆的连续不断的摆动把类似的振动传给了木头的微粒。可是，除非两个钟摆互相一致，这些振动是不能完全保持它们原有的常态的，总不免互相干扰，然而发生了一种很奇怪的现象：即使有意把这种摆动搅乱，这两个摆也立刻恢复一同摆动，简直像两根和弦一样。使两个哪怕很坏的钟走得一致的第二种方式，就是用一个熟练工人老看着它们，随时随刻把它们拨得一致。第三种方式就是一起头就把这两个钟摆做得十分精巧，十分精确，可以保证它们以后摆得一致。"① 第一种方式是流俗哲学的办法，第二种是偶因论的办法，即上帝靠创造奇迹来协调身心两种系统；第三种就是前定和谐的办法，"这种和谐是由〔上帝的一种预先谋划〕制定的，上帝一起头就造成每一实体，使它只遵照它那种与它的存在一同获得的自身固有法则，却又与其他实体相一致，就好像有一种相互的影响，或者上帝除了一般的维持之外还时时插手其间似的。"②

　　用前定和谐的方式来解决身心问题，在哲学史上具有重要意义，因为这种解决方案在德谟克利特的原子论和柏拉图的理念论之间实现了沟通，从而在当时的条件下超越了唯物论与唯心论的对峙。"由于伊壁鸠鲁这种错误而且恶劣的学说中也有好的而且坚实可靠的地方，这就是可以不必说灵魂改变了在形体中的趋向；因而也很容易断定，同样不必用经院学派的办法要物质用那种莫名其妙的荒诞的影响来把思想传给灵魂，也不必像笛卡尔派心目中所想的要上帝永远在灵魂旁边向它解释形体，或向形体解释灵魂的意愿，'前定和谐'作为很好的传译把两个方面沟通了。这使人看到了伊壁鸠鲁和柏拉图的假设的长处分别何在，最大的'唯物论者'和最大的'唯心论者'在这里会合起来了；而这里也就更没有令人惊奇之处，只除了那最高本原的无上圆满性，现在在它的作品中显出了超乎迄今所能想到的一切之外。既然一旦假定一切都是完全设想好了的，一切东西

　　① 〔德〕莱布尼兹：《新系统及其说明》，陈修斋译，商务印书馆1999年版，第50页。
　　② 〔德〕莱布尼兹：《新系统及其说明》，陈修斋译，商务印书馆1999年版，第51页。

就都是步调一致并且为一人所指挥的，那么一切都进行得很好，而且很恰当，这又有什么令人惊奇的呢？"①

按照这种思路，莱布尼兹对中世纪及近代以降的上帝观念也给予了新的理解，"其实我认为上帝乃是受一定的秩序和贤明的理由所引导，以颁布自然中万物所遵守的法则；而我对于一条光学上的法则的观察，以后为可敬的莫利纳先生（Molineux）在他的《折光学》中所大加赞赏的，就足够指明目的因不仅可用在伦理学及自然神学中的道德及信仰上，而且也可以用在物理学上，来发现隐藏的真理"②。这就意味着，与传统的上帝作为道德楷模相比，莱布尼兹眼中的上帝更像是一位"为自然立法"的科学家，一位精通器物之理的"工程师"或设计者。③

莱布尼兹对身心统一问题的论证至少有三种经验值得汲取：第一，从古典哲学包括经院哲学的语言转向近代的科学语言，也就是将身心问题的讨论从实体、属性等话语方式转向时钟的制作、运行和调试等话语方式，这种话语方式的转向具有重大的思想意义。第二，将解决身心问题的三种哲学方案转化为保持两个时钟同步的三种方式：亚里士多德及中世纪经院哲学的解决方式（上帝以武断的方式使得心身同步）、笛卡尔身心二元论的方式（上帝通过不断创造奇迹的方式使得身心同步）以及莱布尼兹自己的"前定和谐"方式（身心都遵循上帝早就设计好的自然律）。在这里，莱布尼兹又一次以自然科学特别是机械力学的方式论证了解决身心同

---

① ［德］莱布尼兹：《新系统及其说明》，陈修斋译，商务印书馆1999年版，第115页。

② ［德］莱布尼兹：《新系统及其说明》，陈修斋译，商务印书馆1999年版，第162页。

③ 从这个角度看，莱布尼兹把上帝理解为自动机的设计者，"笛卡尔派把禽兽看作是自动机的见解，甚至使人断定人也可以是自动机。其实形体可以是自动机，而且的确是自动机，但灵魂的内在活动则应该排除在外。现在且不谈从机械法则的原则本身是推不出广延的情状来的。……我最初就已经预计到，而且在提出我的系统是就追问过，说上帝能造成一个自动机来行使人的功能是否不可能。这样的可能性被假定之后，我就推论出我的系统是可能成立的，而且应该胜过别的系统，因为这个系统可以避免一种乖迕的行为，而且把上帝的智慧抬得最高，这样就把灵魂与形体的联系这一问题上的一切困难都排除了。"（［德］莱布尼兹：《新系统及其说明》，陈修斋译，商务印书馆1999年版，第143页。）这种理解不仅排除了偶因论或对上帝用奇迹来统摄世界的陈旧观念，而且也将世界整体理解为一台一经设计便不停按自然律运转的自动机。这对近代机械论世界图景的形成具有重要意义，也是我们评价莱布尼兹在近代思想史贡献的重要标度。

一性问题的新思路：人的灵魂和自然界是否都遵循自然规律。①

4. 种属关系以及语言问题

在西方思想史上，实体与属性或种属关系问题具有重要地位，其中亚里士多德无疑开拓了对这个问题的思想先河，自亚里士多德以降，中世纪的教父哲学和经院哲学都以不同的方式回答或探索这一问题。

严格说来，莱布尼兹在种属关系问题上的解答并无新意，但却以一个新的视角对这个问题进行了新的诠释。他说，"在种或属于不同的种这种名辞中是有某种歧义的，这就引起所有这些混乱，而当我们消除了这种歧义时，则也许除了名称之争之外就再没有什么可争论的了。对于种，我们可以从数学方面来看和从物理方面来看。照数学的严格意义来看，使两个东西根本不相似的一点最小的区别，就使它们有了种的区别。就是这样，在几何学中，所有的圆都是属于同一个种的，因为它们全都是完全相似的，由于同样的理由，所有的抛物线也都是属于同一个种；但椭圆和双曲线就不一样，因为它们就有无穷数量的类或种，而每一个种之中又有无穷数量。不计其数的所有椭圆，凡是其焦距和顶点的距离有同一比率的，都属于同一个种；但由于这两种距离的比率，只是在数量大小上有变化，因此全部椭圆的无穷数量的种只构成唯一的一个属，而不能再细分了。反之，一种有三个焦点的卵形就甚至会有无穷数量这样的属，并且会有无穷地无穷数量的种；因为每一个属都有一个简单地无穷数量的种。照这种方

---

① 基于这样一种思考，莱布尼兹比较客观地评价了哲学史上在身心关系问题上的不同代表性观点："笛卡尔派的人不会否认上帝能够造这样的自动机，只不过他不承认别的人实际上就是这样一种无生命的自动机而已。他将很有理由地断定它们是和他一样的。在我看来，它们都是自动机，不论是人的形体还是禽兽的形体，可是不论是禽兽还是人的形体也都是有生命的。因为不论像德谟克利特派那样的纯唯物论者，还是像柏拉图派及逍遥派那样的形式论者，都有一方面是对的，而其他方面是错的。德谟克利特的信徒认为人的形体和禽兽的形体都是自动机，都机械地行动，这是很有根据的；但他们又认为这些机器并不伴随着一种非物质的实体或形式，而且认为物质能有知觉，这则是错误的。柏拉图派及其逍遥派认为禽兽与人都是有生命的形体，而他们的错误则在于认为灵魂改变了形体运动的法则；这样他们就否定了禽兽和人的形体是自动机。笛卡尔派否认这种灵魂对形体的影响倒是很对，可是他们又犯了不承认人是自动机及禽兽有感觉的错误。我认为我们应该让人和禽兽两者各有这两个方面，我们应该像德谟克利特派那样使一切形体和行动都是机械的而且独立于灵魂，我们也应该比柏拉图派更进一步认为一切灵魂的行动都是非物质的而且独立于机器。"（［德］莱布尼兹：《新系统及其说明》，陈修斋译，商务印书馆1999年版，第89页。）

式，两个物理的个体就将永不会完全一样；尤有甚者，同一个个体也将会从一个种过渡到另一个种，因为每一个体超出一刹那之外也永不会和它本身完全一样。但人们在确立物理上的种时并不固执这样的严格性，并且可以由他们来说他们能使之回复到它们最初形式的一堆东西照他们的观点就继续是属于同一个种"①。

种属问题是与语言问题密切相关的，对种属问题的不同回答或探索往往影响人们对语言特别是名辞、观念和具体事物之间关系的判断。正是在种属关系的基础上，莱布尼兹较为恰当地论述了词语、观念和具体事物之间的依存关系，他说，"（1）那种只有名辞而无观念的人，就好象一个人只有一份书的目录。§27.（2）那种只有一些极复杂的观念的人，就好比一个人有大量散页而无书名的书，要给人书时就只能一页接一页地给。§28.（3）那种在〈语词〉记号的用法上不始终一贯的人就好比一个商人在同一名称下卖各种不同的货物。§29.（4）那种在已为一般人所接受的语词上联系上一些特殊观念的人，是不能用他所可能具有的光明照亮别人的。§30.（5）那种在头脑里具有一些从未存在过的实体的观念的人，不会在实在的知识方面前进一步"②。

综上所述，莱布尼兹在种属关系以及语言等问题上，给我们留下了如下宝贵的思想遗产：第一，亚里士多德主义以及经院哲学在实体与属性及其二者之间的关系方面的思想混乱，不仅仅是理论立场（观念论还是唯名论）的错位，更重要地是在解题思路上出现了重大偏差；第二，超越实体与属性之间关系上的思想难题，不应该到哲学中去寻找，而应该在科学知识中去寻找。莱布尼兹的思想贡献就在于，他用焦距和顶点的距离来无可争议地规定了椭圆的实体和属性，同时也用物理学和化学的成果来论证"黄金"这一名词的定义。

5. 对理性或哲学问题的重新思考

灵魂或理性是近代哲学的基本范畴，它的地位要高于本原、形式、实体、属性等概念。这是因为对灵魂或理性的理解，就是对人类认识能力的理解，其实就是对哲学本身的理解。正因为如此，自毕达哥拉斯以降，西

① ［德］莱布尼兹：《人类理智新论》，陈修斋译，商务印书馆1982年版，第338、339页。
② ［德］莱布尼兹：《人类理智新论》，陈修斋译，商务印书馆1982年版，第395—396页。

方哲学家大多都要回答何谓灵魂的问题，莱布尼兹也不例外。

　　但与哲学史上的其他思想家不同的是，莱布尼兹所理解的灵魂或理性，体现了他那个时代的科学与哲学的最高水平。在某种意义上，他把灵魂或理性看作某种自然律本身，他认为，物质与灵魂之间的一个重大区别在于，"物质是一种不完全的东西，它缺乏行动的源泉。当给它一个印象时，它就正好只包含那个印象，以及在那个时刻在它之中的东西。正因为这样，所以物质甚至不能着急保持一种圆周运动，因为这种运动并不那么简单，可以说物质是记不住的。它只能记住在最后一刹那所发生的情况，或者毋宁说'推理的最后阶段'（in ultimo signo rationis）所发生的，也就是说它只能记得沿着切线的方向运动，而没有那种禀赋，能记得有规定要它从这个切线的方向转过来，以保持永远在圆周上运动。这就是为什么形体除非有某种原因强迫，否则即使已开始作圆周运动，也不能保持其圆周运动。这就是为什么一个原子只能学会单纯地循直线而行动的理由，它就是这样愚蠢而且不完全的；一个灵魂或一个心灵就完全不同了。……灵魂不仅像原子那样保持了它的方向，而且还保持了方向变换的法则或曲率的法则，这是原子所不能的，而且灵魂不像原子那样只有唯一一种变化，而是有无限的情状变化，每一变化都保持着它的法则"①。

　　因此，灵魂虽与物质不同，但并不是物质之外的另一个实体，而是贯穿在物质运动中的自然律。"我认为并非一个灵魂的情状变化系列的法则是上帝的一个简单的律令，而是在于灵魂本性中的律令的结果，就像是铭刻在它的实体中的一条法律。当上帝把一条法则或要做的行为的规则放在一个自动机中时，他并不以为用他的律令给它一道命令就够了，而是同时还给它一种执行这种命令的方法或手段，这就是铭刻在它的本性或构造上的一条法则。他给它一种结构，凭这种结构上帝所愿意或允许该动物去做的一切行动就都会自然地依次产生了。我对于灵魂也有同样的观念，我把灵魂看作一个非物质的自动机，它的内部构造是一个物质的自动机的一种集中或表现，而在这个灵魂中以表现的方式产生出同样的结果。"②

---

　　① ［德］莱布尼兹：《新系统及其说明》，陈修斋译，商务印书馆1999年版，第93—94页。
　　② ［德］莱布尼兹：《新系统及其说明》，陈修斋译，商务印书馆1999年版，第99—100页。

　　这些论述至少给我们如下思想：第一，像物质一样，灵魂也是上帝创造的，但由于上帝作为最智慧的创造者，它们都以自然律的形式体现了上帝的设计思想；第二，虽然物质和灵魂都是上帝创造的，但二者并不是刻意等量齐观的，如果说物质只能做简单的直线运动的话，那么灵魂则可以进行或支配像椭圆轨迹那样的复杂运动；第三，灵魂不仅仅表现为自然律，而且还包括执行这种自然律的"方法或手段"；第四，不论是物质作为简单的自然律，还是灵魂作为一种高级的自然律，它们都是某种自动机，只不过物质是物质性的自动机，而灵魂是非物质性的自动机。至此，莱布尼兹完成了他的机械论的世界观。

　　基于这种理解，莱布尼兹提出了他的理性观或哲学观，"现在我们的进程已经结束，并且理智的一切作用都已得到阐明了。我们的计划不是要进入我们的知识的细节本身。可是，在结束之前，在这里通过对科学的分类的考虑来对知识作个一般的回顾，也许是适宜的。凡能进入人类理智的领域的，或者是物自身的本性；或者其次是作为原动者趋向于他的目的的特别是趋向于他的幸福的人；或者第三，是获得和沟通知识的各种手段。而这样科学就分为三种。① §2. 第一种是物理学或自然哲学，它不仅包括物体及其属性如数和形，而且也包括精神、上帝本身以及天使。第二种是实践哲学或伦理学，它教人获得良好和有用的事物的办法，并且不仅给自己提出对真理的认识，而且还有正当的事的实践。§4. 最后第三种是逻辑学或关于记号的知识，因为（λόγος）本意指言语。而我们需要我们观念的记号（signes）以便能够彼此沟通思想和把它们记录下来以供自己所

---

　　① 莱布尼兹指出，"这种分类在古代人那里就已经是很有名的了；因为在逻辑学名下，他们如您所做的那样还包括了一切有关于言语和我们思想的解释的：artes dicendi。可是这里面是有困难的；因为关于推理、判断、发明的科学，和那关于语词的语源学以及语言的用法的知识是显得很有区别的，语言用法是一种不确定和武断的东西。还有，在解释语词时我们就不得不侵入那些科学本身，就像在词典中所表现的那样；而另一方面，在处理科学时我们又不能同时给那些名辞下定义。但在这种科学分类中所发现的主要困难是：每一部分都似乎吞没了全体。首先，伦理学和逻辑学就都落入了物理学的范围，要是把物理学的范围作为像您刚才所说那样一般地来看的话；因为在谈到精神，也就是具有理智和意志的那些实体，以及把这理智深入说明到底时，您就会把全部逻辑学都放进去了；又在说明关于精神的学说中属于意志的东西时，就必须谈到善与恶、福与祸，那只要您把这学说推进到足够充分的地步，就可以把全部实践哲学都包括进去了。"（［德］莱布尼兹：《人类理智新论》，陈修斋译，商务印书馆1982年版，第635页。）

用。也许如果我们清楚地和尽可能细心地考虑到这最后一种科学是涉及观念和语词的，我们将会有和我们迄今所见到的那不同的一种逻辑和一种批评。而这三种，即物理学、伦理学和逻辑学，就好像理智世界的三大领域，彼此完全分开并且各自有别。"①

从这段话中我们不难发现，莱布尼兹的哲学思考在于厘清如下几个问题：第一，以往的哲学都在寻求万物或世界的"始基"，如泰勒斯认为"万物的本原是水"，毕达哥拉斯认为"数是万物的本原"等等，相比之下，莱布尼兹并不想在各种各样的"始基"中再加上自己的发现，他本无意于像古代先贤那样去解释自然现象的根由，而是要对自然科学进行一番探究，这就把莱布尼兹哲学思想的探索方向与思想史上的先哲区别开来。第二，自然科学也是一个有层次的思想体系，有的理论或概念是科学家利用欧氏几何学或时空观念就可以说清楚的，有的则超越了一般科学家的思想范围，需要哲学家加以解读，例如当时最为普遍的"力"就是这样一种科学范畴；对此，莱布尼兹将自然科学解释区分为几何学解释和形而上学解释。第三，在对科学的形而上学解释中，莱布尼兹不同意笛卡尔将物质世界归结为"广延"，而是认为"力"作为一种主动的力量比"广延"更有资格作为"实体的构成要素"，因"行动是实体的特性"。

基于上述分析，莱布尼兹提出这样一条哲学研究的思想路线："在各别地谈到信仰之前，我们将先来讨论理性。这个词有时意指明白和真正的原则，有时指从这些原则演绎出来的结论，而有时则指原因，特别是指目的因。这里我们是把它看作一种功能，由于它我们把人看作有别于禽兽，并且在这方面人显然是大大超过禽兽的。§2.我们之需要理性，既为了扩大我们的知识，也为了规范我们的意见，而正确理解起来，它构成两种功能，这就是用来找出中介观念的机敏（sagacit），和得出结论或推论（inferer）的功能。§3.而我们可以考虑在理性中有这四个等级：（1）发现证据；（2）把它们安排成秩序，使人看出其联系；（3）察觉演绎的每一部分中的联系人；（4）从之得出结论。而我们在数学的推证中就可以看到这四个等级。"②

---

① ［德］莱布尼兹：《人类理智新论》，陈修斋译，商务印书馆1982年版，第635页。
② ［德］莱布尼兹：《人类理智新论》，陈修斋译，商务印书馆1982年版，第568—569页。

到此为止，莱布尼兹从科学知识的判定、单子论的世界图景、身心问题的新探索、对语言问题的关注以及对理性或哲学问题的重新思考勾画了一条理性主义的新方向，也就是笛卡尔—斯宾诺莎所开辟的思想道路，这条道路也就是在当时的数学、力学等自然科学成就的基础上重新思考何谓理性、何谓哲学等重大问题。然而，莱布尼兹所设计的这座理性主义哲学大厦太过庞大，缺乏系统的思想爬梳，因而有必要加以逻辑重建。

6. 莱布尼兹—沃尔夫体系中的科学观

克里斯蒂安·沃尔夫（Christian Wolff）是德国理性主义哲学家，一般将他和莱布尼兹的思想并称为"莱布尼兹—沃尔夫体系"。他生于1679年，在20岁时进入耶拿大学从事神学、物理学和数学等研究，1703年以"用数学命题方法写作的论普遍实践哲学"（philosophia practica universalis, methodo mathematica conscripta）为题获得博士学位。

沃尔夫著述甚丰，有关科学思想方面的著述主要有：《在真理认知方面的人类理解力及其正确运用的理性思考》（*Vernünftige Gedanken von den Kräften des menschlichen Verstandes und ihrem richtigen Gebrauch in der Erkenntnis der Wahrheit* ['Rational Thoughts on the Powers of the Human Understanding and their Correct Employment in the Cognition of the Truth', 1712]）；《关于自然运思的理性思考》（*Vernünftige Gedanken von den Wirkungen der Natur* ['Rational Thoughts on the Operations of Nature'] 1723）；《普通数学原理》（*Elementa matheseos universae* ['Elements of General Mathematics', 2 vols.]）；《关于科学方法或适于科学利用及其科学生活的理性哲学或逻辑》（*Philosophia rationalis sive logica Methodo scientifica pertractata et ad usum scientiarum atque vitae aptata* ['Rational Philosophy, or Logic Treated According to the Scientific Method, and Suited to the Use of the Sciences and of Life' Frankfurt：1728；3rd edition：1740.]）；《普通宇宙论》（*Cosmologia generalis methodo scientifica pertractata, qua ad solidam imprimis Dei atque naturae cognitionem via sternitur* [Universal Cosmology] Frankfurt and Leipzig：1731）；等等。

沃尔夫的思想已经为科学史和科学哲学研究所接受，例如，Tore Frängsmy 早在1975年就发表了《C.沃尔夫的数学方法及其对十八世纪的影响》（*Christian Wolff's Mathematical Method and its Impact on the Eighteenth*

Century, *The Journal of the History of Ideas*, 36（October-December）：653 –
668）；Katherine Dunlop 在 2013 年就发表了《C. 沃尔夫哲学中的数学方法
和牛顿力学》（*Mathematical Method and Newtonian science in the Philosophy
of Christian Wolff*"，*Studies in History and Philosophy of Science*，44：
457 – 469．）

　　沃尔夫的思想直接继承了莱布尼兹的分析方法，同时也汲取了笛卡
尔、斯宾诺莎和原子论者的有关思想要素。他将形而上学定义为可证明的
先验科学（a demonstrative a priori science），强调用严格的定义、充足的
理由律来阐发哲学观点。一般以为，沃尔夫试图遵循严格的几何学形式，
通过定义、公理、定理、绎理等推理环节，从形而上学的抽象范畴中直接
演绎出整个知识论体系。沃尔夫甚至把灵魂不朽和上帝的本质也当作了理
性认识的对象，认为人类的理性能力可以把握宇宙、灵魂和上帝的全部
知识。[1]

　　在《一般哲学的基本话语》一书中，沃尔夫开宗明义地指出，人类
知识有三种类型：历史的、哲学的和数学的。"1. 科学意味着我们所认知
的物质世界。人类的心智能够意识到物质世界的变化。人类不可能对物质
世界的变化熟视无睹。让我们直视内心就可以审视外在的物理世界。……
2. 人类不能考察远离感性经验所呈现的有关物质世界的知识，离开感性
经验也无法判定呈现在内心深处的所有事物。这些问题有待另外研究。因
而当下有必要指出源自感性经验和自我反观的知识不能是存疑的。我们不
能无视知识的界限，否则将无助于当下的讨论。3. 那些有关物质世界或
非物质实体的且呈现在人类意识中的知识就是历史。……6. 有关事物推
理的知识就是所谓的哲学。……7. 哲学知识不同于历史知识（即科学知
识）。历史知识只是单纯的有关事件的知识。而哲学知识通过理解事件而
展现的对事件的理性。"[2]

　　在该书的"论哲学方法"一章中，沃尔夫写道，"哲学必须使用那些
被严格定义的术语。这是因为如果哲学都使用严加定义的术语，那么每个

---

　　[1]　参见赵林《莱布尼兹—沃尔夫体系与德国启蒙运动》，《同济大学学报》（社科版）2005
年第 1 期。

　　[2]　Christian Wolff, *Preliminary Discourse on Philosophy in General*, The Bobbs-Merrill Company,
Inc.，p. 5.

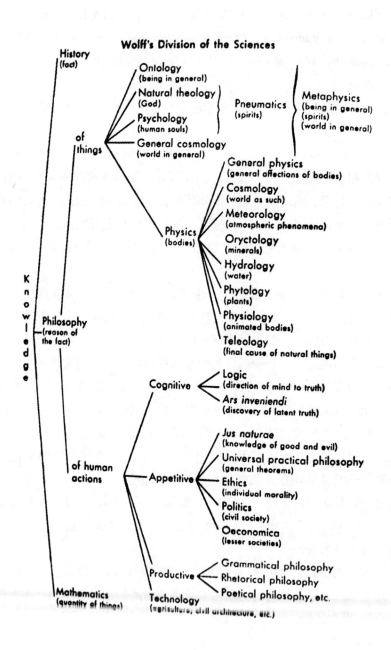

图 4-8　沃尔夫的科学结构图

哲学命题的意义就是清楚的。既然哲学是科学，那么无论哲学主张什么都必须经过论证。因此既然论题不加论证便不能使其清晰，既然每个哲学命题的意义都应该清楚明白，那么哲学就只能使用严加定义的术语。"①

从这些论述中我们可以窥见，沃尔夫试图将人类整个思想活动都归结为科学认识，不论是获得自然科学知识，还是获得哲学命题，抑或获得有关宗教及其他事物的知识，都是可以使用科学方法，而且也必须使用科学方法。

这就意味着，沃尔夫的思想接近于甚至非常接近于维也纳学派的逻辑经验主义哲学纲领。但是，在沃尔夫时代，数理逻辑还没有出现，从语言的角度来研究人类思想也要等到弗雷格才有可能。因而沃尔夫试图用科学方法来处理哲学问题大致相当于斯宾诺莎的思想境界。

第三节　机械论世界观的形成②

我们知道，牛顿力学是近代科学的顶峰，康德的批判哲学也是近代哲学的顶峰，根据我们的编史学设计，康德哲学与牛顿力学之间应该存在一定的思想关联。

我们曾提到，W. 列斐伏尔（Wolfgang Lefèvre）的《在莱布尼兹、牛顿和康德之间：18 世纪的哲学与科学》（*Between Leibniz*，*Newton*，*and Kant*：*philosophy and science in the eighteenth century*）以独特的思想视角阐述了 18 世纪科学家和哲学家之间的思想关联。沃金斯（Eric Watkins）在该书中以"康德论广延与力：对莱布尼兹与牛顿的批判理解"（Kant on extension and force：critical appropriations of Leibniz and Newton）为题这样写道："康德对广延的看法以相当明确的方式表明他对物理学的理解超乎他对认识论的关注。更值得关注的是，我认为康德哲学是以牛顿、洛

---

①　Christian Wolff, *Preliminary Discourse on Philosophy in General*, The Bobbs-Merrill Company, Inc.，p. 59.

②　需要特别提及的是，本节中有关康德及其科学哲学方面的研究，大多出自我的学生，也是本课题组成员代利刚之手，他的博士论文就以"康德与精密科学"为题，他目前已经在康德科学哲学研究方面发表了一系列重要论文。有些论文虽署有我的名字，甚至是将我列为第一作者（我本人反对这种做法，其实也无需这样做），但这些论文基本上出自代利刚个人之手。

克、笛卡尔和莱布尼兹为背景，在物质广延问题上康德汲取了莱布尼兹
对力的形而上学观念（尽管因故有某些不同），同时也利用了牛顿在物
理学中所使用的对力的牛顿式观念，以避免莱布尼兹的形而上学立场的
不当。"①

一　伽桑狄对原子论的恢复

在科学思想史特别是科学哲学史的研究中，伽桑狄及其对原子论的恢
复与重建被严重地忽视了。其实，对于近代科学革命特别是哲学变革而
言，伽桑狄及其对原子论的阐释具有重要的甚至是决定性的意义。我国学
界长期将伽桑狄定位于笛卡尔哲学的批评者的角色和机械唯物论的思想形
象。例如，王太庆等主编的《西方自然哲学原著选辑》（三）就选取了伽
桑狄有关原子论世界观的论点，他的科学成就、知识论和逻辑学等更为重
要的思想都不见了。这种理解值得反思。

伽桑狄（Pierre Gassendi，1592—1655），法国近代思想史上杰出的哲
学家、教士、科学家、天文学家和数学家。伽桑狄著述甚丰，涉及哲学、
自然科学、宗教、伦理以及社会政治领域等各个领域。除了原作的法文和
拉丁文著述外，当代的版本主要有：《针对亚里士多德的矛盾法演算》
（Exercitationes paradoxicae adversus Aristoteleos［Paradoxical Exercises Against
the Aristotelians］）；《形而上学诘问：针对笛卡尔形而上学的怀疑、说明
及其反响》（Disquisitio metaphysica, seu duitationes et instantiae adversus Re-
nati Cartesii metaphysicam et responsa［Metaphysical Disquisition; or, Doubts
and Instances Against the Metaphysics of René Descartes and Responses］）；
《按照古代假说及哥白尼和第谷理论所做的天文学指南》（Institutio astro-
nomica juxta hypotheseis tam veteram quam Copernici et Tychonis Brahei［As-
tronomical Instruction According to the Ancient Hypotheses as Well as Those of
Copernicus and Tycho Brahe］）；《伊壁鸠鲁生平事迹》（De vita et moribus
Epicuri［On the Life and Death of Epicurus］）；《第欧根尼拉尔修第十卷有
关伊壁鸠鲁生平事迹及思想的评论》（Animadversiones in decimum librum

①　Wolfgang Lefèvre, Between Leibniz, Newton, and Kant: Philosophy and Science in the Eigh-
teenth Century, Boston: Kluwer Academic Publishers, 2001, p. 111.

Diogenis Laertii, *qui est de vita*, *moribus*, *placitisque Epicuri* [Observations on Book X of Diogenes Laërtius, Which Is About the Life, Morals, and Opinions of Epicurus];《哲学文论》(*Syntagma philosophicum* [Philosophical Treatise]);等等。

学界对伽桑狄科学哲学思想的研究,具有代表性的有:洛拉杜(Antonia LoLordo)的《伽桑狄和近代哲学的诞生》(*Pierre Gassendi and the Birth of Early Modern Philosophy*, 2007);费舍尔(Saul Fisher)的《伽桑狄的哲学与科学:一种支持经验论者的原子论》(*Pierre Gassendi's Philosophy and Science: Atomism for Empiricists*, 2005);布伦戴尔(Barry Brundell)的《从亚里士多德主义转向一种新自然哲学的伽桑狄》(Pierre Gassendi: from Aristotelianism to a new natural philosophy, 1987);查尔默斯(Alan Chalmers)的《科学家的原子与哲人之石:在获得原子论知识问题上科学家的成功与哲学家的失败》(*The Scientist's Atom and the Philosopher's Stone: How Science Succeeded and Philosophy Failed to Gain Knowledge of Atom*);等等。

对于伽桑狄的思想,我们主要从科学哲学史的角度重点讨论如下几个问题:他的科学成就以及对其哲学思想的意义;他的哲学观念与他的科学知识的关联;他的相关思想对后世科学哲学的影响等。

像所有科学哲学家一样,伽桑狄本人就具有一定的科学成就,这些科学成就中许多都是人类历史特别是科学史上的"第一"。对此,维基网提供了这样一份清单:A. 他在 1629 年根据冰的结晶体解释了日晕现象(parhelia)。B. 他在 1631 年第一次观测到开普勒预见的水星穿越太阳的现象,同年 12 月份,他还观测了火星穿越太阳的现象。C. 利用观测影像(camera obscura)估计地球到月球的表面距离。D. 在《论运动》(De motu)一书中他记述了这样一个实验,从船的桅杆上扔下石头并观察石头的水平动量,支持地球自转的学说。E. 测定音速(准确率达到 25%),证明音速是个常数。F. 在 17 世纪 40 年代末期,他用气压表令人信服地解释了巴斯卡的多姆山实验(关于大气压是否存在问题)。这个实验表明生产真空是可能的。G. 除了上述工作,他还研究了月球盈亏经度的确定问题以及鲁道夫星表(Rudolphine Tables)的改良问题。

从上述清单不难看出,与笛卡尔重视数学或几何学不同,伽桑狄注重的是实验科学的方法和应用，如观测行星穿越太阳的天文现象、音速的测定、自由落体等等，都属于实验科学。尽管这些科学在当时的情况下也可归类到数学（包括算术、几何、天文学和音乐等"四艺"），但这些科学研究都不是像欧几里得或笛卡尔那样侧重逻辑推导，而是基于观察（观测）的结果。例如，伽桑狄在他的《哲学文论》中就曾经指出，"简言之，按照所设想的可能性，宇宙有三种主要系统，因此在这三个宇宙系统中论证出其中一个优于另外两个就成为一个有意义的问题。既然我们只能从天体运动最接近真实的意义上来推证这三种系统，首先得以确立的事实是，我们最常见的或托勒密体系是最不可能的，这有许多原因，其中最主要的原因是，有可靠的证据表明水星和火星根本就不总是在太阳的一面，而是以其轨道环绕太阳而运动，时而靠近太阳，时而远离太阳，时而在太阳之上，时而在太阳之下，时而侧向太阳。因此，这两颗行星有时离我们比太阳近，有时离我们比太阳远。"①

正是基于这种科学实践活动，伽桑狄坚持以一种经验论的科学观念，"在教科书所说明的经验论与理性主义之间的近代思想争论中，伽桑狄所发挥的作用就在于把感觉作为我们有关世界的知识的最终源泉"②。

但强调感觉作为知识的源泉并不是伽桑狄思想的全部，甚至也不是他最主要的思想，他的最主要的思想是原子论，"因此，首先，宇宙由物体和虚空构成，不能想象任何第三种本性。我们把物体理解为数量或者质量的某种聚集，也理解为形体、弹性（换句话说，密度和不可入性）、重量；此外，只有物体具有触及和感受触摸的能力。……这正是那种本性，其中若没有物体就被称作虚空，若其中有物体就被称作位置；如果物体穿过它，它就被称作方向，当它被看作延伸的某种东西时，就被称作距离或广延"③。在这里，伽桑狄有关虚空的讨论要比古希腊的原子论大大前进

① Here is the paragraph from the Syntagma in which Gassendi again compares the theories of the u-niverse（physics, section one, Chapter III）in Pierre Gassendi, *The selected works of Pierre Gassendi*, edited and translated by Craig B. Brush, Johnson Reprint Corporation 1972, p. 149.

② http：//plato. stanford. edu/entries/gassendi/.

③ 王太庆等编译：《西方自然哲学原著选辑》（三），北京大学出版社1993年版，第101—102页。

一步，其实，伽桑狄所说的虚空更接近于空间概念。

当然，我们提及伽桑狄思想的意义，并不仅仅在于他对古希腊原子论的恢复，而在于他借助于原子论勾画了一种机械论的自然哲学。舒斯特博士在他的《科学史与科学哲学导论》一书中指出，在16世纪20年代、30年代和40年代，这么一个相对较短的时期内，机械论哲学作为一个新型的自然哲学被提出来并且被人们接受了。几个思想家创建了这一新哲学——图4-9列出了其中五位，从中可以看出他们年龄都差不多，16世纪的前十年和二十年正是他们的成熟之年。他们所创立的机械论自然哲学在诸多自然哲学的斗争中很快胜出，于是到了17世纪六七十年代，几乎所有受过教育的人都认为机械论哲学大体上是正确的。而且事实上几乎所有受过教育的人都认为哥白尼理论也是完全正确的。在本章结尾将再次讨论这个问题。

勒内·笛卡尔	1596—1650	法国天主教徒
托马斯·霍布斯	1588—1676	英国新教徒
皮埃尔·伽桑狄	1592—1655	法国天主教神父
马林·梅森	1588—1648	法国天主教修道士
伊萨克·毕克曼	1588—1636	荷兰新教徒

图4-9　17世纪20时代的精英——机械论哲学创始人

一般而论，机械论自然哲学有7个特征：无限宇宙由无数以恒星为中心的行星系统组成；自然哲学旨在替上帝支配和控制自然（对欧洲人，或至少是对"正统的"欧洲人而言）；无限宇宙是由被称为原子的亚微观粒子（sub-microscopic particles）组成的天体所构成的，原子结构简单且具有一些可量化的属性——大小、形状、质量和可移动性；宇宙是由万能的造物主上帝用原子所创造的一架机器；原子的运动和碰撞遵循基本的数学法则，该法则可用力学或数学物理学这种新科学来发现；系统的实验是从宇宙机器获得事实以及验证其理论的主要（但不是唯一的）方式；新的社会组织和机构需要加强这类自然知识的生产。[1]

---

① 参见 J. A. 舒斯特《科学史与科学哲学导论》，上海世纪出版集团2013年版，第361—362，369页。

　　较之前面的经验论与理性主义，伽桑狄思想的意义在于他开启了机械论哲学，这是一种决定着西方近现代科学及其哲学的世界观。

二　牛顿作为哲学家

　　牛顿在近代科学史上的巨人地位举世公认，甚至他对近代哲学的影响也得到公认。但问题是，牛顿本人是否可以冠之以哲学家称号？

　　将牛顿称为哲学家并非空穴来风。在享有盛誉的《剑桥哲学指南》（*The Cambridge companion to philosophy*）系列丛书中就收录了《牛顿哲学指南》（The Cambridge Companion to Newton）。当然，该指南所指的牛顿哲学主要指牛顿在力学、数学、光学和炼金术等领域的方法论问题，涉及时空观以及相关的形而上学问题，这些与我们所理解的哲学还有相当的距离。

　　贾尼卡（Andrew Janiak）在《作为哲学家的牛顿》（*Newton as philosopher*）中采取了一个不同于"剑桥指南"的判断，认为牛顿作为哲学家只是因为当时的科学活动是在自然哲学的框架之内，因此说牛顿是一个哲学家，主要意味着牛顿是一个自然哲学家。①

> To treat Newton as a philosopher might simply be to avoid an anachronistic characterization of his intellectual milieu. As scholars of the early modern period regularly note, the intellectual categories and disciplines of Newton's day – which ranges, roughly, from 1660 until 1730 – differ radically from our own. What we would consider to be separate fields of study – for instance, aspects of what we categorize as philosophy, especially metaphysics and epistemology, the physical sciences, and even theology – were interwoven into one overarching field called natural philosophy.²
>
> Hence to treat Newton as a philosopher in a historically accurate way might be to treat him as a natural philosopher, rather than more narrowly as a scientist, physicist, or mathematician.³ Since Newton's *magnum opus* is called *The Mathematical Principles of Natural Philosophy*, there is little doubt that this attitude reflects his own self-conception.⁴

图 4 - 10　《作为哲学家的牛顿》片段

---

① Andrew Jania, *Newton as Philosopher*, Cambridge University Press, 2007, p. 2.

　　但 Andrew Janiak 也看到了笛卡尔作为自然哲学家与牛顿作为自然哲学家之间的思想区别，这种区别可以从主题、语言、问题、受众等几个方面加以说明，现列表如下：

表 4 - 1　　　　　　　　　　　**笛卡尔与牛顿的哲学观比较**

	笛卡尔	牛顿
代表著述	*Principles of philosophy*	*Principia*
哲学史地位	被哲学史家所熟知	一般哲学史家难以读懂
思想内容	讨论主体、实体、广延、上帝等范畴	分析运动、时间和空间等科学问题
哲学倾向	修正亚里士多德主义	论证机械论的世界图景
语言	采用当时流行的哲学语言	用非常先进的数学语言
受众	学院派学者和受过基础教育的广大人群	只针对熟悉甚至精通数学和物理学等相关知识的专业人士

　　尽管贾尼卡还以《牛顿哲学著述》（*Newton's Philosophical Writings*）为题选编了他所认可的哲学著述或准哲学著述，如《与波义耳的通信》（*Correspondence with Robert Boyle*）、《论引力》（*De Gravitatione*）、《〈原理〉第一版序言》（*The Principia*, first edition）、《与 R. 本特利的通信》（Correspondence with Richard Bentley）、《与莱布尼兹的通信》（Correspondence with Leibniz）等等，但我们依然不能认同牛顿是真正意义上的哲学家。除了人所共知的理由外，我们的理由是：第一，牛顿在这些所谓的哲学著述中所提及的"时空""归纳""假设"等范畴都是具体科学的概念，远远低于同时代甚至笛卡尔的哲学水准；第二，牛顿的科学认知涉及实验与逻辑的完美统一，但在实践中运用实验与逻辑统一的方法，与在哲学层面论证了实验与逻辑的统一，是两件事。

三　从牛顿力学到康德的批判哲学

　　康德哲学无疑是西方哲学的思想高峰，但如何理解康德哲学可能见仁见智。根据本题的编史纲领，我们认为康德哲学是对牛顿力学的哲学反思。

1.《纯粹理性批判》对牛顿力学的总结

如何理解及评价康德的"先验综合判断"命题，见仁见智。传统观点一般从语言—逻辑的层面来理解"先验综合判断"，即认为先验判断是逻辑性的，其本身并不增加知识；而综合判断则属于经验科学，因而能够增加人类的知识，正如康德本人所说，前者可以称之为分析判断，后者可以称之为综合判断。这说明，传统观点以及康德本人都是从语言—逻辑结构方面来理解"先验综合判断"的，这种理解凸显了"先验综合判断"具有普适性的思想价值。

M.弗里德曼的"理性动力学"放弃了从语言—逻辑层面转而从科学与哲学的双重视野来思考康德的"先验综合判断"的理论根源及其思想性质，追问"先验综合判断"所蕴含的真实思想基底。其实，"康德将超越性的考察定义为两个问题：'纯粹数学是如何可能的？'以及'纯粹自然科学是如何可能的？'第一个问题关涉到欧几里得几何学的可能性（当然这种几何学被看作牛顿物理学中的物理空间的几何学），第二个问题关涉到牛顿力学的基本规律如质量守恒、动量、作用力和反作用力相等等等可能性。"[1] 这就是说，康德哲学不过是用哲学语言写成的欧式几何学和牛顿力学，或者说是欧氏几何学和牛顿力学的哲学化。所谓的"先天判断"所表征的也就是欧几里得几何及其时空构架；所谓的"综合判断"所表征的就是牛顿的经典力学体系。正如康德在《纯粹理性批判》序言中指出："依据几何学者物理学者所立之例证，使玄学完全革命化，以改变玄学中以往所通行之进行程序，此种企图实为此批判纯粹思辨的理性之主要目的。"[2]

与语言—逻辑的解读相比，这种解读至少有两个优点：其一，这种解读剥离了"先验综合判断"的普适性神话，坦露了"先验综合判断"与当时科学成就（欧几里得几何学和牛顿力学）之间的思想关联。换言之，"先验综合判断"并不是放之四海而皆准的公理，而仅仅是近世科学的哲学表述。第二，既然"先验综合判断"仅仅是近世科学的哲学表述，那

---

[1] M. Friedman, *Dynamics of Reason*, U.S, Stanford：CSLI Publications, 2001, p. 25.

[2] 康德：《纯粹理性批判》，商务印书馆 1960 年版，第二版序文第 17 页。

么它必然随近世科学的兴废而存亡：其先验判断将随欧几里得几何的存废
而存废，其综合判断随牛顿力学的兴亡而兴亡。

在这里，我们可以清晰地看到康德"先验综合判断"的经验教训：
其经验在于从科学的最新成果中阐发哲学观念；其教训在于不能把某种科
学观念当成恒久的哲学根基。

2.《自然科学的形而上学基础》对牛顿力学的总结

通常会把康德批判哲学定性为"先验观念论"①，认为"纯粹理性批
判"的范畴体系从上到下依次为"理性（先验辨证论）—知性（先验分
析论）—时间的图型—时间空间"②。而《自然科学的形而上学基础》只
是"一般自然形而上学"在牛顿力学中的应用。

但问题是，《自然科学的形而上学基础》是不是《纯粹理性批判》在
理解牛顿力学问题上的应用？这一问题引起了国际康德学者的激烈争论，
有人否认这种"应用说"，认为《纯粹理性批判》在理解牛顿力学所建构
的先验观念图式中有漏洞，福斯特（Eckart Förster）是"漏洞说"的创立
者，爱德华兹（Jefrey Edwards）、罗尔孟（Veit-Justus Rollmang）、霍尔
（Bryan Hall）、魏斯特法（Kenneth R. Westpha）和古耶尔（Paul Guyer）③
等是"漏洞说"的捍卫者和发展者，但弗里德曼（Michael Friedman）和
威斯特菲尔（Kenneth R. Westphal）则对之做了尖锐的反驳。"应用说"
和"漏洞说"争论的焦点主要在于，批判哲学体系在理解牛顿力学方面
究竟有没有"漏洞"？

---

① 国内学者也基本持类似的观念，如杨祖陶称康德哲学为"观念论的学说"（《德国古典
哲学的逻辑进程》），李泽厚称之为"唯心主义先验论"（《批判哲学的批判》）。

② Vilem Mudroch, *Historical Dictionary of Kant and Kantianism*, The Scarecrow Press, 2005,
p. 274.

③ 这些作者支持漏洞说的文献为：Jefrey Edwards, *Substance, Force, and the possibility of
Knowledge*, Berkeley and Los Angels, Califomia, London: University of California Press, 2000; Veit-Jus-
tus Rollmang, weltstoff und absolute beharrlichkeit: *die Erste Analogie Erfahrung und der Entwurf
übergang 1 – 14 des Entwurf übergang 1 – 14 des opus postumum*, Kant-Studien 102; Bryan Hall, *A Re-
construction of Kant's Ether Deduction in übergang 11*, British Journal for the History of Philosophy 14（4）
2006; Kenneth R. Westphal, *Does Kant's "Metaphysical Foundations of Natural Science"* Fill a Gap
in the "Critique of PureReason?", Synthese, Vol. 103, No. 1, Apr. 1995; Paul Guyer. *Beauty,
Systematicity, and the Highest Good*: Eckart Forster's Kant's Final Synthesis, Inquiry-Oslo, 2003, 46
（PART 2）等

福斯特等"漏洞说"的持有者认为，与《纯粹理性批判》所强调的主观认知范式有所不同，《自然科学的形而上学基础》更强调物理理论的空间图式。但强调"应用说"的康德研究专家 Stephen. R. Palmquist 提出反驳意见，认为"《自然科学的形而上学基础》并没有为批判哲学提供形式上的完成，而是为批判哲学的'一般形而上学'的应用提供了材料"①。

从本书的编史纲领及科学与哲学平行的维度看，实证科学及其与之相关的哲学思辨是联系在一起的，一种哲学体系总是要求相应的科学知识的支撑，也可以理解为哲学体系在具体科学领域的应用；同时也可以这样说，如果哲学体系得不到实证科学的例证，这种缺失也就是思想上的漏洞。因此，"应用说"与"漏洞说"是一枚硬币的两面。

3. 康德《遗著》对牛顿力学的总结

据康德《遗著》（Opus Postumum）的编者福斯特指出，早在 1789 年康德写作《自然科学的形而上学基础》时，就开始考虑"紧固性"（cohension）、"密度"（density）、"固化"（solidification）、"熔解"（dissolution）、"流动性"（fluidity）和"热"（heat）等具体自然科学的基础性问题及其新问题②。从此开始撰写大量的手稿直至去世。

对这些手稿，国外学者进行了卓有成效的研究，如恩斯特·奥托·奥纳斯（Ernst Otto Onnasch）编辑的《康德的自然哲学——他在〈遗著〉中的发展及其影响》（*Kants Philosophie der Natur, Ihre Entwicklung im Opus postumum und ihre Wirkung*）；布莱恩·豪尔（Bryan Hall）的《康德物质理论的困境》（*A dilemma for kant's theory of substance*）；辛西娅·马利亚（Cynthia María）的《在康德晚年哲学中的自我设定原则和接受性》（*The Doctrine of Self-positing and Receptivity in Kant's Late Philosophy*）；依卡尔特·福斯特所编辑的《康德的先验演绎：三大批判和遗著》（*Kant's Transcendental Deductions：the Thress Critiques and Opus Postu-*

---

① Stephen. R. Palmquist, *Kant's Critical Religion*, Athenaeum Press Ltd. , 2000, p. 327.

② Kant, *Opus Postumum*, Eckart Förster ed. Eckart Förster and Michael Rosen tran. Cambridge：Cambridge University Press, 1993, p. 40.

mum) 等。① 目前这些研究大致形成了三种代表性的观点："漏洞说" "矛盾解决说" 和 "内外因协同作用说" 等。由于学界已有研究，在此不

---

① 以下是这批文献的详细信息。德文文献：Gerhard Lehmann, Beiträge zur Geschichte und interpretation der philosophie kants, berlin: de Gruyter, 1968; Hansgeorg Hoppe, Kants Theorie der Physik, Eine Untersuchung über das Opus postumum von Kant, Frankfurt a. M: Vittorio Klostermann, 1969; Dina Emundts, Kants übergangskonzeption im Opus Postumum, Berlin: de Gruyter, 2004; Ernst Otto Onnasch (ed.), Kants Philosophie der Natur, Ihre Entwicklung im opus postumum und ihre Wirkung, berlin: Walter de Gruyter, 2009; 等。英文文献：Ernst Cassirer, Kant's Life and Thought, English Translated by James Haden, Introduction by Stephan Korner, New Haven: Yale University Press, 1981; Bryan Hall, A dilemma for kant's theory of substance, British Journal for the History of Philosophy 19 (1), 2011; Cynthia María Paccacerqua, The Doctrine of Self-positing and Receptivity in Kant's Late Philosophy, New York: Stony Brook Universiity, August 2010; Bryan Hall, A Reconstruction of Kant's Ether Deduction in übergang 11, British Journal for the History of Philosophy 14 (4) 2006; Clement C. J. Webb, Kant's Philosophy of Religion, Oxford: Clarendon Press, 1926; Paul Redding, "Kantian Origins: One Possible Path from Transcendental Idealism and to a 'Post-Kantian' Theological Poetics", paper to conference on Religion, Aesthetics and Poetics in the Post-Kantian Tradition, University of Sydney, Friday 14 August, 2009; Eckart Föster ed, kant's transcendental deductions: the thress critiques and opus postumum, Stanford: Stanford university press, 1989; Steffen Ducheyne Ghent, Kant and Whewell on Bridging Principles between Metaphysics and Science, Kant-Studien, Volume 102 (1), Apr 1, 2011; Andrew Janiak, Kant as Philosopher of Science. Perspectives on Science vol. 12, no. 3. 2004; Robert E. Butts, Kant's Philosophy of Science: The Transition from Metaphysics to Science, Proceedings of the Biennial Meeting of the Philosophy of Science Association, Volume Two: Symposia and Invited Papers, 1984; hein van den berg, Kant on Proper Science, Amsterdam: vrije universiteit, 2001; Paul Guyer, Organisms and the Unity of Science, in Kant and the Sciences, Eric Watkins. ed, New York: Oxford University Press, February 15, 2001; Hannah Ginsborg, kant on understanding organism as natural purposes, in Kant and the Sciences, Eric Watkins. ed, New York: Oxford University Press, February 15, 2001; Philippe Huneman, Understanding Purpose: Kant and the Philosophy of Biology, Rochester: University of Rochester Press, 2007. 7; J. Van Brakel, Legacy for the Philosophy of Chemistry, in Philosophy of Chemistry: Synthesis of a New Discipline, Davis Baird, Eric Scerri, Lee McIntyre. ed, Springer, December 21, 2005; Klaus Ruthenberg, Paneth, Kant, and the philosophy of chemistry, Foundations of Chemistry, vol. 11, no. 2, 2009; M. Friedman and A. Nordmann (eds), The Kantian Legacy in Nineteenth-Century Science, Cambridge, Mass: MIT Press, 2006; Martin Carrier, Kant's Theory of Matter and His Views on Chemistry, in Kant and the Sciences, Eric Watkins, ed, Oxford: Oxford University Press, 2001 等。西班牙文文献 Vittorio Mathieu, La Filosofia trascendentale e l" Opus postumum" di Kant, Torino: Edizioni di "Filosofia", 1958; Vittorio Mathieu, L'opus postumum di Kant, Naples: Bibliopolis, 1992; François Marty, Emmanuel Kant, Opus postumum. Passage des principes métaphysiques de la science de lanature à la physique, traduction, présentation et notes par François Marty, Paris, PUF, coll. épiméthée, 1986 等。法语文献：Lequan, M, La chimie selon Kant, Paris: Presses Universitaires de France, 2000; Duhem, P. Une science nouvelle, la chimie-physique, Revue philomatique de Bordeaux et sud-ouest, Paris: Hermann, 1899; Dussort H, Kant et la chimie. Revue philosophique, 1956 等。大量的文献是进行《遗著》研究的前提，但是，也产生了两个问题：一方面，文献的消化和吸收尚需较长的时间；另一方面，西班牙文和法文的学习尚需较长时间，所以，西班牙文和法文文献的研究暂时无法进行。

再赘述。①

我们认为，尽管《遗著》内容十分庞杂，涉及许多学科及其内容，但一个重要的主题是如何利用自然科学的最新成就来丰富、发展他的批判哲学。1798 年 11 月 19 日，康德在给他的学生基塞韦特（Kiesewetter）的信中写道，"从自然科学的形而上学基础向物理学过渡"是必要的，"在体系中，不能被忽视……做完这一工作，批判哲学的任务将完成，敞开的鸿沟将被弥补"②。

按照康德本人对其《遗著》的定位，我们在康德的《遗著》中查到了相关内容，如下：

[How is physics possible? How is the transition to physics possible?]

22:282　　　　　　　　[Xth fascicle, sheet I, page 2]⁶¹

["Einleitung"]

[...]

[Left margin]

The transition to physics cannot lie in the metaphysical foundations (attraction and repulsion, etc.). For these furnish no specifically determined, empirical properties, and one can imagine no specific [forces] of which one could know whether they exist in nature, or whether their existence be demonstrable; rather, they can only be feigned to explain phenomena empirically or hypothetically, in a certain respect. However, there are nevertheless also concepts (e.g. of organic bodies, of what is specifically divisible to infinity) which, although invented, still belong to physics. Caloric – the divisibility of the decomposition of a matter into different species. The *continuum formarum.*

图 4 - 11　康德《遗著》片段

在这些文字中，康德认为从自然科学的形而上学基础向物理学的转变不可能来自形而上学的基础（因其无法解释引力与斥力等）。有关形而上

① 在这个问题上，我的学生代利刚做了大量卓有成效的研究，并在《自然辩证法研究》等发表了一系列论文。他的博士论文也是以"康德与精密科学"为题的。

② Kant, Gesammelte schriften 12, Berlin: Druck Uno Derlag Don Georg Reimer, 1910, p. 258.

学基础的研究无法提供有关物质运动的确定的、经验的属性，我们无法知道物质的形而上学属性是否在自然界中真的存在，无法知道这些属性的存在可否被证明；而物理学则能够以某种确定的方式来凭借经验和假说理解现象。①

　　根据这条原则及其思想路线，福斯特特别强调了康德引入"以太"并证明其存在②，并赋予以太及其移动力双重性，它既是"先验理念"也是"思想的对象"（拉丁语 ens rationis）。（1）首先，"以太"是先验理念，是《判断力批判》的"反思判断"的承担者，具有调节性和普遍性，使得"全部的经验成为一个单独的个体"③，使得经验的"集体性统一"成为可能，对此，福斯特认为"当客观地把《遗著》作为自然的统一体系的原理时，以太是理念，它的属性为基本体系提供了基本概念"④；事实上，《纯粹理性批判》中的先验理念不能"经验化"，陷入"幻想"，但是，《遗著》中康德思想发生了"倒转"。（2）作为理念的"以太及其移动力"必然要"从可能性推演出实存"（拉丁语"a posse ad esse valet consequential"⑤），也就是说从理念推演出"思想的对象"，使其存在于思

　　①　Kant, *Opus Postumum*, Eckart Förster ed. Eckart Förster and Michael Rosen tran. Cambridge：Cambridge University Press, 1993, p. 100.

　　②　《判断力批判》中，康德认为，把"经验性直观"归摄到知性范畴之下，只是"分析的普遍性"，而反思判断的范导性是把具有"综合性（又称集体性）的普遍性的东西进展到特殊的东西"，使得自然具有"集体性的（Regulativ）普遍统一性"，反思判断的这种统一性由作为"基底"先验理念来完成，并使得"知识系统化"。要使这一"基底"实现出来，"以太或者热量是分散在宇宙中的物质的唯一备选物，它们不是作为部分的集体而存在的，而是作为具有集体性的、系统的形式而存在的"（21：224），以太完成世界的"集体性统一"的方式利用了以太的移动力。又因为确实存在外部经验，外部经验来自"以太以及移动力"，因此"以太是真实存在的，因为以太范畴（我们赋予他的特性）使得作为总体的经验成为可能"（德国科学院版《康德全集》22：554）。

　　③　Eckart Förster, *Kant's Final Synthesis. An Essay on the Opus Postumum*, Cambridge：Harvard University Press, 2000, p. 92.

　　④　Eckart Förster, *Kant's Final Synthesis. An Essay on the Opus Postumum*, Cambridge：Harvard University Press, 2000, p. 99.

　　⑤　Kant, *Gesammelte schriften 21*, Berlin：Druck Uno Derlag Don Georg Reimer, 1936, p. 592.

想之外。以这种推演方式，"以太的存在的可能性得到证明"①。"如果作为质料的以太的真实性是可证明的，那么物质的移动力的基本体系能够根据以太概念得以建立。"② 总之，因为以太具有两方面的属性，"物质（以太）必定在两方面成立：以太是整个经验的表象的基础；以太构成的物质移动力作为一个原理具有统一性"③。

进一步说，因为作为理念的以太及其移动力是一个整体经验的"单独的个体"，所以它的状态是"无所不包""无所不能""无所不在""永恒运动"；同时作为客体的"以太及其移动力"必定处于外在空间之中，所以可归摄于"质、量、关系和模态"范畴。因此，福斯特对于这种具有双重性的以太范畴的精准表述是："既然以太是无所不包的和单独的（拉丁语 nunica），它必定具有普遍的分散性（量）；为了成为全部的移动力的综合的基础，它必定具有无所不能的穿透性（质）；既然以太的内在震动被认为是物体形成的条件，它必定具有无所不在的运动性（关系）；既然经验的统一性不允许有断裂，以太的内在运动必定是永恒的，也就是说必然性（模态）。"④ 处于空间中的"以太及其移动力"能够统一经验对象，纳入知性范畴中。

根据康德"将自然科学的形而上学基础转向物理学"的研究纲领来审视康德哲学与牛顿力学之间的思想关联，我们或可得如下结论：第一，"纯粹理性批判"的那套范畴体系并不具有"客观实在性"，也不可能成为"统一性的物质理论"，因而难以完成这种"转向"；第二，"自然科学的形而上学基础"过分强调源自感官的空间图式，亦难以实现自然科学的形而上学向物理学的过渡；第三，《遗著》以"以太及其移动力"构建了物理学物质理论，接近于牛顿力学的基本假设，但却只是停留在思想片断状态，未能形成体系化的思想。

---

① Eckart Förster, *Kant's Final Synthesis, An Essay on the Opus Postumum*, Cambridge：Harvard University Press, 2000, p. 97.

② Eckart Förster, *Kant's Final Synthesis, An Essay on the Opus Postumum*, Cambridge：Harvard University Press, 2000, pp. 97 - 98.

③ Kant, *Gesammelte schriften 22*, Berlin：Druck Uno Derlag Don Georg Reimer, 1938, p. 554.

④ Eckart Förster, *Kant's Final Synthesis, An Essay on the Opus Postumum*, Cambridge：Harvard University Press, 2000, p. 97.

小　结

所谓理性时代的科学哲学思想就是科学革命时期的科学哲学思想，这一时期的科学思想、哲学思想以及科学哲学思想在整个人类历史中都具有转折性的重要意义。[①] 从科学角度看，这一时期是科学革命导致现代科学的诞生；从哲学的角度看，这一时期经过经验论和理性主义的冲突与融合最后汇入德国古典哲学；从科学哲学角度看，这一时期是中世纪科学哲学思想和分析时代科学哲学思想的交汇点，其上承古希腊和中世纪的科学哲学思想，下启分析时代的逻辑经验主义。

第一，哥白尼革命与弗兰西斯·培根的科学哲学。哥白尼的《天体运行论》引发了一场导致现代科学产生的科学革命，同时也引发了导致现代哲学产生的哲学革命。弗兰西斯·培根在他的《新工具》(*Bacon's Novum Organum*) 中多次提到哥白尼学说和伽利略学说，我们可以在《新工具》[②] 的索引中证明这一点。在《新工具》中，弗兰西斯·培根提到哥白尼及哥白尼理论的有 201、202、428、473—47 页；提到伽利略的有 468、470、492—494、528—529、532 页。正是基于这些科学革命的启迪，培根才开拓了经验主义的哲学路径，对后世产生了深刻的影响。"弗兰西斯·培根并不是传统意义上的哲学家，他本人很少关心灵魂的本质、必然性的意义或上帝的本性等问题。培根哲学思想的动力在于他痛感自古代以来在许多科学分支都缺乏的思想进步。"(Bacon was not a metaphysical philosopher in the traditional sense, he concerned himself very little with the nature of the soul, the meaning of necessity, or the essence of God. The driving force of Bacon's philosophy was his alarm at the lack of progress thata could be discerned, since ancient rimwa, in ao many branches of science.)[③] 基于这样的思考，弗兰西斯·培根致力于开发新的科学观念，特别是科学方法的新

[①]　参见 Laura J. Snyder, *Reforming Philosophy: A Victorian Debate on Science and Society*, Chicago: University of Chicago Press, 2006.

[②]　Thomas Fowler, *Bacon's Novum Organum*, The Clarendon Press.

[③]　Peter Urbach, *Francis Bacon's Philosophy of Science*, Open Court Publishing Company, 1987, p. 13.

理念。对此，学界早有研究，如 Stephen Gaukroger 的《培根和早期现代哲学的转折》(*Francis Bacon and the Transformation of Early-Modern Philosophy*, 2001)①，Antonio Perez-Ramos 的《培根的科学理念及其知识传统的创造者》(*Francis Bacon's Idea of Science and the Maker's Knowledge Tradition*, Oxford, 1988)②

---

① 该书包括：目录，培根思想的本质 (The nature of Bacon's project)，从玄学到公共知识 (From arcane learning to public knowledge)，中间道路 (A via media)，实践知识 (Practical knowledge)，知识分类 (The classification of knowledge)，数学和实践知识 (Mathematics and practical learning)，折中主义 (Eclecticism)，科学的人文模式 (Humanist models for scientia)，诡辩术 (An education in rhetoric)，哲学家的职责 (The office of the philosopher)，法律改革 (The reform of law)，自然哲学合法化 (The legitimation of natural philosophy)，狂热行为和有序国家 (Zealotry and the well-ordered state)，自然哲学的宗教辩护 (The religious vindication of natural philosophy)，自然哲学的政治辩护 (The political vindication of natural philosophy)，自然哲学的学科辩护 (The disciplinary vindication of natural philosophy)，自然哲学的功用辩护 (The utilitarian vindication of natural philosophy)，自然哲学家的形成 (The shaping of the natural philosopher)，知识心理学 (The psychology of knowledge)，古代贫困 (The poverty of antiquity)，对古代的解释 (The interpretation of the past)，外部障碍和知识历史 (External impediments and the historicisation of knowledge)，"清除心灵的底版"("Purging the floor of the mind")，自然哲学的方法 (Method as a way of pursuing natural philosophy)，"伟大复兴"(The "Great Instauration")，原子论：方法和自然哲学 (Atomism: method and natural philosophy，"一条确定的新路"("A new and certain path")，一种发现方法？(A method of discovery?)，特殊情况 (Prerogative instances)，创造性真理 (Productive truth)，技术规定 (The institutional setting)，控制自然 (Dominion over nature)，物质原理和自然哲学 (Matter theory and natural philosophy)，培根物质原理的来源 (The sources of Bacon's matter theory)，原子论和运动 (Atomism and motion)，德谟克利特和丘比特 (Democritus and Cupid)，宇宙论 (A theory of the cosmos)，精神和生命存养 (Spiritus and the preservation of life)。

② 该书包括目录；PART 1 绪论 (INTRODUCTION)：培根哲学和科学的技术论观点 (Bacon's Philosophy and the Technocratic View of Science)，培根主义的意义 (The Meaning of Baconianism)，史学进路 (Historiographic Approaches)，作为解释工具的"科学因素"('Ingredients of Science' as Hermenutical Tools)，制造者的知识 (Maker's Knowledge)；PART 2 形式 (FORMA)：6. 史学进路 (Historiographic Approaches)，7. 实质形式 (Substantial Forms)，8. 培根的形式，经院哲学背景及他对第一、二性的质的区分解释 (Bacon's Forms, the Scholastic Background, and his Construal of the Primary-Secondary Qualities Distinction)，9. 培根关于操作建构形式的本体论预设 (Ontological Presuppositions of Bacon's Forms as Constructions of Operation)，10. "行动规则"形式和真理的建构标准 (Forms as 'Rules of Action' and the Constructivist Criterion of Truth)，11. 重述：培根的形式和自然法则 (Recapitulation: Bacon's Forms and Laws of Nature)；PART3 作品 (OPUS)：12. 培根科学观念的著作和效用 (Opus and Utility in Bacon's Idea of Science)，13. 制造者知识传统中的建议性和操作性知识 (Propositional and Operative Knowledge in the Maker's Knowledge Tradition)，14. 建构主义的反对立场：波义耳、洛克、霍布斯和维科 (Contrasting Responses to the Constructivist Stance: Boyle, Locke, Hobbes, and Vico)；PART 4 归纳法 (INDUCTIO)：15. 亚里士多德主义 (Aristotelian Background)，中世纪和文艺复兴 (Medieval and Renaissance Background)，培根归纳法 (Characterization of Bacon's Inductio)，对波普尔—培根的批判 (Criticism of the 'Popperian Bacon')

第二，笛卡尔不仅是现代科学的奠基人之一，而且还从科学出发创立了理性主义的哲学主张，从而开启了用科学方法来分析哲学问题的先河，奠定了科学哲学的思想基础。笛卡尔的科学哲学路径基本上是一条从科学到主体性的进路。萨弗尔在他的《从科学走向主体性：对笛卡尔沉思的一个解释》(From Science to Subjectivity: An Interpretation of Descartes' Meditations) 中指出，"笛卡尔的怀疑是一种在确立科学的稳固基础的旨趣中克服理论偏见的方法，同时也是他的'方法谈'的第一原则。怀疑方法的提出是一种实践，一种克服另外一种偏见、前哲学灵魂的偏见的可能性。"(Cartesian doubt is a method for the overcoming of theoretical prejudices in the interest of establishing solid foundations for the sciences. At the same time, as the enactment of the first rule of method of the Discoures, the launching of the doubt is a practice, a practice made possible by a prior overcoming of that other prejudice-one's prephilosophical soul.)[1] 对于这种理解，可以从笛卡尔本人的著述中得到确证，如《笛卡尔论方法、光学、几何学和气象学》(Discourse on method, Optics, Geometry, and Meteorology, c2001)，加贝尔 (Daniel Garber) 在他的《笛卡尔》(John Cottingham, Descartes[2], London, Oxford university press 1998)、《走进笛卡尔：通过笛卡尔科学来解读笛卡尔哲学》(Descartes embodied: reading Cartesian philosophy through Cartesian science, 2001) 也得出了同样的结论。

---

[1]　Walter Soffer, *From Science to Subjectivity: An Interpretation of Descartes' Meditations*, Greenwood press, 1987, p. 35.

[2]　主要内容包括：笛卡尔和怀疑的形而上学 (Descartes and the Metaphysics of Doubt, Michael Willams)；我思及其重要性 (The Cogito and its Importance, Peter Markie)；笛卡尔的清楚与明晰 (Clearness and Distinctness in Descartes, Alan Gewirth)；基础主义、怀疑的原则和笛卡尔循环 (Epistemic Principles, and the Cartesian Circle, James Van Cleve)；笛卡尔的意志理论 (Descartes on the Will, Anthony Kenny)；笛卡尔的理论形态 (Descartes' Theory of Modality, Jonathan Bennett)；身心差异的认识论论证 (The Epistemological Argument for Mind-Body Distinctness, Margaret D. Wilson)；笛卡尔和人类的统一性 (Descartes and the Unity of the Human Being, Geneviéve Rodis-Lewis)；笛卡尔关于激情的理论 (Descartes' Theory of the Passions, Stephen Gaukroger)；笛卡尔如何对待动物 (Descartes's Treatment of Animals, John Cottingham)；笛卡尔实验的方法及任务 (Descartes' Method and the Role of Experiment, Daniel Garber)；笛卡尔关于科学阐释的概念 (Descartes' Concept of Scientific Explanation, Desmond M. Clarke)；笛卡尔物理学中的动因 (上帝) (Force (God) in Descartes' Physics, Gary C. Hatfield)。

第三，洛克和波义耳不仅是一对交往甚深的朋友，还是哲学家与科学家的合作典范。从二者的合作中我们发现，洛克的经验论来自波义耳的科学实验哲学。奥斯勒在《约翰·洛克波义耳与牛顿科学中的某些哲学问题》（John Locke and some philosophical problems in the science of Boyle and Newton）中，首先论述了洛克作为科学哲学家（Locke as philosopher of science），然后论及波义耳有关物质本性的经验理论（Boyle's emipirical theory of matter），最后谈论了波义耳、牛顿和洛克三人之间的科学理论和科学方法问题。对于这个问题的文献，当然首推洛克本人的《人类理解研究》（Locke's Essay Concerning Humane Understanding，1728）以及《洛克尚未发表的著述》（A Collection of Several Pieces of Mr. John Locke，Never Before Printed，or Not Extant in His Works. 1724）。权威性的评论性著述当属诺曼（Lex Newman）编辑的《关于洛克人类理解研究的剑桥指南》（*The Cambridge Companion to Locke's "Essay Concerning Human Understanding"*，2007）[1]。此外，有关波义耳的两部哲学著述也值得关注，一是安斯替《波义耳的哲学》（*The Philosophy of Robert Boyle*，2000），另一个是萨金特（Rose-Mary Sargent）的《与众不同的自然主义者：波义耳及其实验哲学》（*The Diffident Naturalist：Robert Boyle and the Philosophy of Experiment*，1995）。

第四，牛顿、莱布尼兹和康德的科学哲学思想。牛顿和莱布尼兹有关诸多科学问题的争论引发了康德的批判哲学，康德哲学不仅仅是对经验论与唯理论的思想整合，而且更是对牛顿经典科学的哲学总结。其实，康德的自然科学的形而上学基础（Emmanuel Kant，metaphysical foundations of

---

① 该书的主要章节有：1. The intellectual setting and aims of the Essay/G. A. J. Rogers——2. Locke's polemic against nativism/Samuel C. Rickless ——3. The taxonomy of ideas in Locke's Essay/Martha Brandt Bolton ——4. Locke's distinctions between primary and secondary qualities/Michael Jacovides ——5. Power in Locke's essay/Vere Chappell   6. Locke on substance/Edwin McCann 7. Locke on ideas of identity and diversity/Gideon Yaffe ——8. Locke on ideas and representation/Thomas M. Lennon ——9. Locke on essences and classification/Margaret Atherton ——10. Language, meaning and mind in Locke's Essay/Michael Losonsky ——11. Locke on knowledge/Lex Newman ——12. Locke's ontology/Lisa Downing ——13. The moral epistemology of Locke's Essay/Catherine Wilson ——14. Locke on judgment/David Owen ——15. Locke on faith and reason/Nicholas Jolley.

natural science，2004）就是这个问题的代表作。许多学者也都从不同的角
度看到了这个问题，如沃金斯的《康德与科学》（Kant and the sciences，
c2001）；弗里德曼（Michael Friedmand）的《康德与精密科学》（Kant
and the exact science，1992）；克利斯陶都的《自由和科学的形而上学：从
笛卡尔到康德和黑格尔》（The metaphysics of science and freedom：from
Descartes to Kant to Hegel，c1991）；巴茨（Robert E. Butts）的《康德和双
管齐下的方法论：康德科学哲学的超验性及方法》（Kant and the double
government methodology：supersensibility and method in Kant's philosophy of
science，c1984）；巴赫达尔（Gerd Buchdahl）的《形而上学和科学哲学：
从笛卡尔到康德的经典根源》（Metaphysics and the philosophy of science，
the classical origins：Descartes to Kant，1969）；麦克雷（Robert F. McRae）
的《科学统一问题：从培根到康德》（The problem of the unity of the sci-
ences：Bacon to Kant，1961）以及波尼奥罗（Giovanni Boniolo）的《关于
科学的表述：从康德到新的科学哲学》（On scientific representations；From
Kant to a new philosophy of science，2007）；等等。

　　以上种种，我们可以将从 F. 培根到康德的近代科学哲学思想概括出
如下几种知识谱系。

　　经验论的知识谱系：哥白尼的《天体运行论》引发了一场导致现代
科学产生的科学革命，同时也引发了导致现代哲学产生的哲学革命，弗兰
西斯·培根在他的《新工具》（*Bacon's Novum Organum*）中多次提到哥白
尼学说和伽利略学说。（参见① *Francis Bacon and the Transformation of Ear-
ly-Modern Philosophy* by Stephen Gaukroger，2001）；② *Francis Bacon's Idea
of Science and the Maker's Knowledge Tradition* by Antonio Perez-Ramos，Ox-
ford，1988；③ *The diffident naturalist*：*Robert Boyle and the philosophy of ex-
periment* by Rose-Mary Sargent，1995.）

　　理性主义的知识谱系：笛卡尔的科学哲学路径基本上是一条从科学走
到主体性的进路。萨弗尔指出，"笛卡尔的怀疑是一种在确立科学的稳固
基础的旨趣中克服理论偏见的方法，同时也是他的'方法谈'的第一原
则。怀疑方法的提出是一种实践，一种克服另外一种偏见、前哲学灵魂的
偏见的可能性。"（参见① *From Science to Subjectivity*：*An Interpretation of
Descartes' Meditations* by Walter Soffer，Greenwood press，1987，p.35. ②*Des-*

cartes embodied：*reading Cartesian philosophy through Cartesian science* by Daniel Garber，2001.）

机械论的知识谱系：牛顿、莱布尼兹和康德的科学哲学思想。牛顿和莱布尼兹有关诸多科学问题的争论引发了康德的批判哲学，康德哲学不仅仅是对经验论与唯理论的思想整合，而且更是对牛顿经典科学的哲学总结，最后完成了机械论的世界图景。（参见①*Between Leibniz，Newton，and Kant*：*philosophy and science in the eighteenth century* by Wolfgang Lefèvre，2001；② *The metaphysics of science and freedom*：*from Descartes to Kant to Hegel* by Wayne Cristaudo，c1991.）

主要参考文献

舒炜光：《牛顿给哲学家准备了什么》，《社会科学辑刊》1985 年第 1 期。

安维复、代利刚：《康德的〈遗著〉是理解批判哲学体系的一把钥匙——批判哲学和〈遗著〉关系问题述评》，《甘肃社会科学》2013 年第 4 期。

安维复、匡勇兵：《重温自然哲学：文献研究与当代进展》，《社会科学》2017 年第 4 期。

代利刚、安维复：《康德"遗著"研究》，《自然辩证法研究》2013 年第 3 期。

周丹、安维复：《对机械论的再评价——基于思想史及文献的考察》，《湖北社会科学》2018 年第 10 期。

韩玉德、安维复：《试论詹姆斯·瓦特的工匠精神》，《自然辩证法研究》2021 年 1 期。

Francis Bacon，*The Advancement of Learning*，edited by William Aldis Wright. Oxford：Clarendon Press，1900.

Francis Bacon，*The Novum organon*：*or，A true guide to the Interpretation of Nature*，a new translation by G. W. Kitchin，Oxford：at the University Press，1855.

Ralph M. Blake，*Theories of Scientific Method*：*the Renaissance through the Nineteenth Century*，New York：Gordon and Dreach，1989.

GiovanniBoniolo，*On Scientific Representations*，*From Kant to A New Philosophy of Science*，Palgrave Macmillan，2007.

GerdBuchdahl，*Metaphysics and the Philosophy of Science*；*the Classical Origins*，*Descartes to Kant*. Oxford，Basil Blackwell，1969.

WayneCristaudo, *The Metaphysics of Science and Freedom: From Descartes to Kant to Hegel*, Gower, c1991.

R. Descartes, *Le Monde (The World) and L'Homme (Man)*. Descartes's first systematic presentation of his natural philosophy. Latin translation in 1662; and The World posthumously in 1664.

Daniel Garber, *Descartes Embodied: Reading Cartesian Philosophy through Cartesian Science*, Cambridge University Press, 2001.

Stephen Gaukroger, *Francis Bacon and the Transformation of Early-Modern Philosophy*, Cambridge University Press, 2001.

J. V. Field &Frank A. James, *Renaissance & Revolution*, Cambridge University Press 1993.

Michael Friedman, *Kant and the Exact Sciences*, Harvard University Press, 1992.

Toby E. Huff, *The Rise of Early Modern Science : Islam, China, and the West*, Cambridge [England] ; New York, NY, USA : Cambridge University Press, 1993.

Wolfgang Lefèvre, *Between Leibniz, Newton, and Kant : Philosophy and Science in the Eighteenth Century*, Kluwer Academic Publishers, 2001.

Robert F. McRae, *The Problem of the Unity of the Sciences: Bacon to Kant*, University of Toronto Press 1961.

Ahmad Raza, *Philosophy of Science since Bacon*, Binding: Hardcover 2012.

TomSorell, G. A. J. Rogers and Jill Kraye, *Scientia in Early Modern Philosophy: Seventeenth-Century Thinkers on Demonstrative Knowledge from First Principles*, Dordrecht: Springer, c2010.

第五章　分析时代的科学哲学思想

我们常见的所谓"科学哲学"大致是指维也纳学派的逻辑经验主义，抑或包括 B. 罗素和维特根斯坦的逻辑原子主义以及 K. 波普尔、W. V. 蒯因、T. 库恩等人的思想，但就实证主义传统而论，我们可以将科学哲学追溯到 A. 孔德以及密尔与惠威尔的争论等。至于库恩之后的"社会学转向"如 SSK、STS 等等，已经与维也纳学派开创的科学哲学宗旨相去甚远，我们拟以"后现代科学哲学思想"为题在下章进行研究。因此，本章主要研究 A. 孔德至 T. 库恩时期的科学哲学思想。

从文献方面看，S. 萨克①在 1996 年出版的《逻辑经验主义和具体科学：莱辛巴赫、菲格尔和纳格尔》（*Logical Empiricism and the Special Sciences: Reichenbach, Feigl, and Nagel*, New York: Garland Publ., 1996）非常值得关注，因为它探讨了逻辑经验主义与当时具体科学之间的关系，从科学实践的层面论证了逻辑经验主义的合法性。例如，亨普尔的《几何学和经验科学》（*Geometry and Empirical Science*）；莱欣巴赫的《相对论的哲学意义》（*The Philosophical Significance of the Theory of Relativity*）；弗兰克的《物理科学的哲学导论以及逻辑经验主义的基础》（*Introduction to the Philosophy of Physical Science, on the Basis of Logical Empiricism*）；莱欣巴赫的《量子力学的逻辑基础》（*The Logical Foundations of Quantum Mechanics*）；格伦鲍姆的《狭义相对论的逻辑和哲学基础》（*Logical and Philosophical Foundations of the Special Theory of Relativity*）；卡尔纳普的《使用物理语言的心理学》（*Psychology in Physical Language*）；亨普尔的《心理

---

① Sahotra Sarkar (1962—　)，美国得克萨斯大学科学哲学教授、生物学哲学家。在逻辑经验主义历史研究方面颇有建树。

学的逻辑分析》（*The Logical Analysis of Psychology*）；石里克的《论心理学的和物理学的概念之间的关系》（*On the Relation between Psychological and Physical Concepts*）；费格尔的《逻辑经验主义发展中的身心问题》（*The Mind-Body Problem in the Development of Logical Empiricism*）；费格尔的《基础主义、心理学理论和统一科学》（*Functionalism，Psychological Theory，and the Uniting Sciences：Some Discussion Remarks*）；纽拉特的《社会学和物理主义》（*Sociology and Physicalism*）；亨普尔的《普遍规律在历史中的功能》（*The Function of General Laws in History*）；格伦鲍姆的《历史决定论、社会活动论以及社会科学中的预见》（*Historical Determinism，Social Activism，and Predictions in the Social Sciences*）；沃特金斯的《社会科学中的历史解释》（*Historical Explanation in the Social Sciences*）；亨普尔的《功能分析的逻辑》（*The Logic of Functional Analysis*）；内格尔的《机械论解释和组织》（*Mechanistic Explanation and Organismic Biology*）；武德格尔的《基因的基础研究》（*Studies in the Foundations of Genetics*）和《生物学与物理学》（*Biology and Physics*）；等等。

　　萨克在同年出版的《对维也纳学派遗产的再评价》（*The legacy of the Vienna Circle：Modern Reappraisals*）是一部出自多位名家之手的论文集，是目前研究维也纳学派及逻辑经验主义的佳作。该书包括：利克曼（Thomas A. Ryckman）的《早期逻辑经验主义》（*Early Logical Empiricism*）；莱维斯（Joia Lewis）的《在知识与证明之间的深层机制》（*Hidden Agendas：Knowledge and Verification*）；哈勒（Rudolf Haller）的《最早的维也纳学派》（*The First Vienna Circle*）；杰弗里（Richard C. Jeffrey）的《卡尔纳普之后》（*After Carnap*）；瓦托夫斯基（Marx W. Wartofsky）的《实证主义与政治：维也纳学派作为一种社会运动》（*Positivism and Politics：The Vienna Circle as a Social Movement*）；加里森（Peter Galison）的《卡尔纳普的世界的逻辑建构与包豪斯学派：逻辑实证主义和建筑的现代化》（*Aufbau/Bauhaus：Logical Positivism and Architectural Modernism*）；斯塔德勒（Friedrich Stadler）的《纽拉特与石里克：维也纳学派在哲学和政治上的敌对》（*Otto Neurath-Moritz Schlick：On the Philosophical and Political Antagonisms in the Vienna Circle*）；瑞切（George A. Reisch）的《计划的科学：纽拉特和国际统一科学百科全书》（*Planning Science：Otto Neurath and*

the International Encyclopedia of Unified Science）；科法（Alberto Coffa）的
《卡尔纳普、塔斯基在真理问题上的异同》（*Carnap, Tarski, and the
Search for Truth*）；弗里德曼（Michael Friedman）的《对逻辑实证主义的
再评价》（*The Re-evaluation of Logical Positivism*）；理查德森（Alan W.
Richardson）的《逻辑唯心主义与卡尔纳普关于世界构建的观念》（*Logi-
cal Idealism and Carnap's Construction of the World*）；普特南的《莱辛巴赫的
形而上学图景》（*Reichenbach's Metaphysical Picture*）；西蒙尼（Abner Shi-
mony）的《论卡尔纳普的形而上学传承者的反思》（*On Carnap: Reflec-
tions of a Metaphysical Student*）；杰弗里（Richard C. Jeffrey）的《卡尔纳
普的归纳逻辑》（*Carnap's Inductive Logic*）；奥伯顿（Thomas Oberdan）的
《实证主义与实用主义的观察理论》（*Positivism and the Pragmatic Theory of
Observation*）；于贝尔（Thomas E. Uebel）的《纽拉特的自然主义认识论
纲领》（*Neurath's Programme for Naturalistic Epistemology*）；萨尔蒙（Wes-
ley C. Salmon）的《莱辛巴赫对归纳的辩护》（*Hans Reichenbach's Vindica-
tion of Induction*）；史科姆斯（Brian Skyrms）的《针对马科夫链的卡尔纳
普归纳逻辑》（*Carnapian Inductive Logic for Markov Chains*）；斯泰因
（Howard Stein）的《时至今日卡尔纳普何错之有》（*Was Carnap Entirely
Wrong, After All?*）等。

　　萨克（Sahotra Sarkar）编辑的《逻辑经验主义的衰微：卡尔纳普与奎
因及其批判者》（*Decline and Obsolescence of Logical Empiricism: Carnap vs.
Quine and the Critics*, 1996）也是一部文集，都是名家名作。其中包括：
"分析性与综合性作为经不起推敲的二难"（The Analytic and the Synthetic:
An Untenable Dualism/Morton G. White）；"经验论的两个教条"（Two Dog-
mas of Empiricism/W. V. Quine）；"论分析命题"（Analytic Sentences/Ben-
son Mates）；"论分析性"（On "Analytic"/R. M. Martin）；"意义公设"
（Meaning Postulates/Rudolf Carnap）；"保卫一个教条"（In Defense of a
Dogma/H. P. Grice and P. F. Strawson）；"自然语言的意义和同一性"
（Meaning and Synonymy in Natural Languages/Rudolf Carnap）；"经验主义意
义标准的问题和演化"（Problems and Changes in the Empiricist Criterion of
Meaning/Carl G. Hempel）；"理论概念的方法论特征"（The Methodological
Character of Theoretical Concepts/Rudolf Carnap）；"意义和分析性"（Signif-

icance and Analyticity/David Kaplan）；"评卡尔纳普的意义标准"（A Note on Carnap's Meaning Criterion/William W. Rozeboom）；"论希尔伯特 epsilon 算子在科学理论中应用"（On the Use of Hilbert's ［epsilon］-Operator in Scientific Theories/Rudolf Carnap）；"经验主义、语义学和本体论"（Empiricism, Semantics, and Ontology/Rudolf Carnap）；"理论实体的本体论状况"（The Ontological Status of Theoretical Entities/Grover Maxwell）；"从个人的角度看科学哲学"（Philosophy of Science：A Personal Report/Karl R. Popper）；"发现的逻辑"（The Logic of Discovery/Norwood Russell Hanson）；"如何做一个好的经验主义者：认识论语境中的宽容诉求"（How To Be a Good Empiricist-A Plea for Tolerance in Matters Epistemological/P. K. Feyerabend）；"理论的分析性"（Theoretical Analyticity/John A. Winnie）；"某些怀疑论者对实在论和反实在论的两难评价"（Yes, But ... Some Skeptical Remarks on Realism and Anti-Realism/Howard Stein）；"任何教条都有其合理之处"（Every Dogma Has Its Day/Richard Creath）。

通过梳理这些文献，我们拟就如下三个问题进行考量：第一节的当代科学哲学的先驱主要讨论孔德、密尔与惠威尔的争论及其科学哲学思想；第二节讨论弗雷格、罗素和维特根斯坦对科学哲学形成的奠基作用；第三节重点介绍石里克、卡尔纳普和纽拉特等维也纳学派成员的思想；第四节则分析波普尔、W. V. 蒯因等人对逻辑经验主义的质疑。

第一节　当代科学哲学先驱

尽管维也纳学派一再声称"拒斥形而上学"，但我们不难发现，维也纳学派及其逻辑经验主义并非无源之水、无本之木，我们至少可以在 18 世纪末和 19 世纪初找到它的思想根源。奥古斯·孔德、惠威尔、穆勒、马赫、比埃尔·迪昂、弗雷格、罗素、维特根斯坦等，都在维也纳学派以及逻辑经验主义的思想生成过程中发挥重要作用。

一　奥古斯特·孔德

奥古斯特·孔德（Auguste Comte, 1798—1857），若论生卒年限和学术思想的跨度，孔德应排在惠威尔（1794—1866）之后，但是我们发现，惠威尔在 1866 年著有"孔德与实证主义"（Comte and Positivism），发表于《麦克马林杂志》（Macmillan's Magazine 1866，13：353－62）；在 J. M. 罗伯森编辑的《S. 米勒文集》（*Collected Works of John Stuart Mill*，Toronto：University of Toronto Press. 2010）中也包括"孔德及其实证主义"（Auguste Comte and Positivism）卷。这说明，S. 穆勒的思想也与孔德密切相关。这至少可以证明，孔德思想曾对惠威尔和米勒思想发生作用，但没有证据表明惠威尔和米勒思想对孔德思想有所影响，故我们把孔德当作现代科学哲学的逻辑起点。当然，除此之外，这个判断主要源自孔德思想对现代科学哲学在诸多领域的奠基意义。

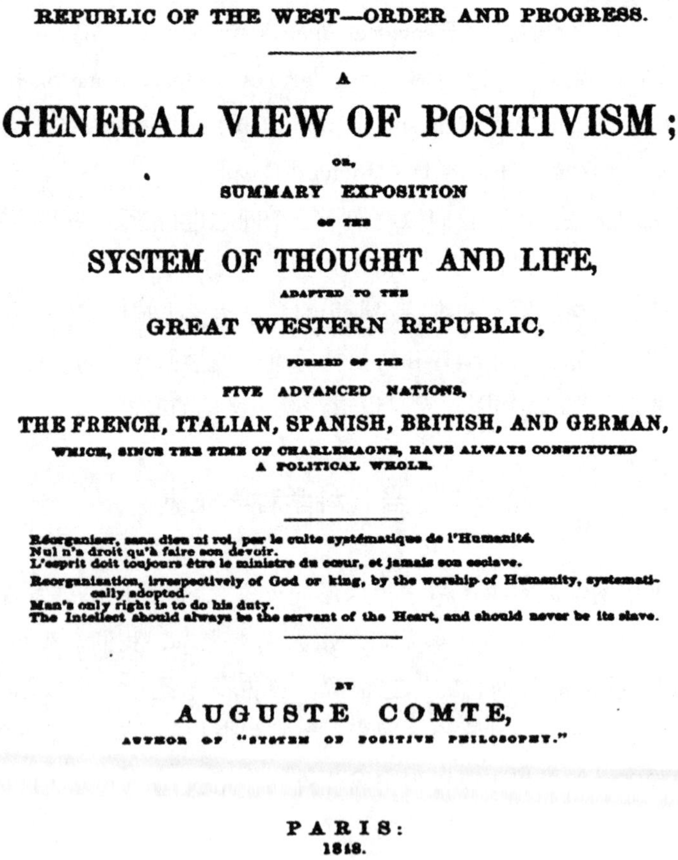

REPUBLIC OF THE WEST—ORDER AND PROGRESS.

A

GENERAL VIEW OF POSITIVISM;

OR,

SUMMARY EXPOSITION

OF THE

SYSTEM OF THOUGHT AND LIFE,

ADAPTED TO THE

GREAT WESTERN REPUBLIC,

FORMED OF THE

FIVE ADVANCED NATIONS,

THE FRENCH, ITALIAN, SPANISH, BRITISH, AND GERMAN,

WHICH, SINCE THE TIME OF CHARLEMAGNE, HAVE ALWAYS CONSTITUTED A POLITICAL WHOLE.

Réorganiser, sans dieu ni roi, par le culte systématique de l'Humanité.
Nul n'a droit qu'à faire son devoir.
L'esprit doit toujours être le ministre du cœur, et jamais son esclave.
Reorganisation, irrespectively of God or king, by the worship of Humanity, systematically adopted.
Man's only right is to do his duty.
The Intellect should always be the servant of the Heart, and should never be its slave.

BY

AUGUSTE COMTE,

AUTHOR OF "SYSTEM OF POSITIVE PHILOSOPHY."

PARIS:
1848.

图 5 - 1　孔德《实证论概观》封面

孔德著述甚丰，主要如下：《实证主义概观》（*A General View of Positivism* ［*Discours sur l'Esprit positif* 1844］，London，1856，reissued by Cambridge University Press，2009）；《实证主义宗教问答录》（*The Catechism of Positive Religion*；Kegan Paul，Trench，Trübner and Co.，1891，reissued by Cambridge University Press，2009）；《A. 孔德的实证主义哲学》（*The Positive Philosophy of Auguste Comte*；2 volumes；Chapman，1853，reissued by Cambridge University Press，2009）；《孔德的早期政治著述》（*Comte: Early Political Writings*；Cambridge University Press，1998）；《实证主义政体制度》（*System of Positive Polity*）以及《实证哲学教程》（*Cours de Philosophie Positive*，Bachelier，Paris，1835）；等等。

对于孔德思想，不论是科学哲学家还是哲学史家，都做过不少研究，对其主要思想已经有共识，如历史发展的三段论，即任何民族的历史总要经过三个发展阶段：神学阶段（the theological stage），形而上学阶段（the stage of metaphysics）和实证科学阶段（the stage of positive sciences）①；不同的科学学科构成了一个等级系统，数学处于最基础的地位，并为其他科学如天文学、物理学、化学、生物学和社会学提供方法论基础。

我们以为，孔德思想对现代科学哲学的意义主要体现在如下几个方面。

第一，在西方思想史上，强调自然科学知识的思想家不在少数，但像孔德那样将其提升到宗教信仰的高度几乎空前绝后，这就为后世科学哲学的生成提供了重要的文化理念。

---

① According to http://stanford.edu/entries/comte/, The law states that, in its development, humanity passes through three successive stages: the theological, the metaphysical, and the positive. The first is the necessary starting point for the human mind; the last, its normal state; the second is but a transitory stage that makes possible the passage from the first to the last. In the theological stage, the human mind, in its search for the primary and final causes of phenomena, explains the apparent anomalies in the universe as interventions of supernatural agents. The second stage is only a simple modification of the first: the questions remain the same, but in the answers supernatural agents are replaced by abstract entities. In the positive state, the mind stops looking for causes of phenomena, and limits itself strictly to laws governing them; likewise, absolute notions are replaced by relative ones. Moreover, if one considers material development, the theological stage may also be called military, and the positive stage industrial; the metaphysical stage corresponds to a supremacy of the lawyers and jurists.

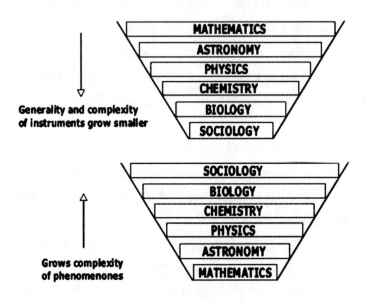

图 5 - 2　孔德的科学系及系统

　　第二，将科学纳入哲学思想体系之中，使科学成为哲学的一部分。他在《论实证精神》一文中写道，"迄今为止，全部天文学知识一直是孤立地考察的，今后它必须成为全部哲学不可分割的组成部分。这个哲学由于近三百年所有重大科学成果的自然汇集而逐渐形成，今天终于达到了真正抽象的成熟阶段。"① 正是基于这种科学的积淀，孔德为他的实证哲学中的"实证"赋予了四种含义：其一，与虚幻相对立的"实证"；其二，与狐疑不定相对立的"实证"；其三，与无用多余相对立的"实证"；其四，与含混不清相对立的"实证"。

　　第三，科学统一是现代科学哲学的基本纲领之一，对于这一问题，孔德即使不是首创者，也是最重要的倡导者之一。如图所示，在孔德眼里，所谓实证哲学就是用数学统摄整个科学的思想体系，其中数学占据哲学体系的制高点，等而下之的是天文学、物理学、化学、生物学和社会学等。即使在数学学科中，也存在着抽象数学和应用数学的区分。这就是说，孔德的实证哲学系是一个由数学统一起来的科学体系。这个思想被维也纳学

---

　　① ［法］孔德：《论实证精神》，黄建华译，商务印书馆 1996 年版，第 1 页。

派所继承。当然，在究竟用什么来统一科学的问题上，维也纳学派并不完全赞同孔德的观点，但即使在维也纳学派内部，也存在着物理主义与非物理主义、理想语言与日常语言的对立。

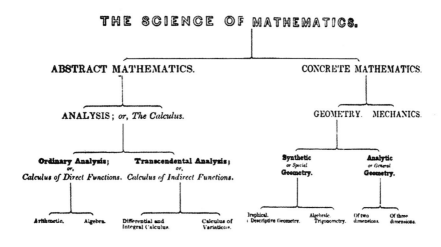

图 5 - 3　孔德的数学体系

当然，孔德思想并非没有问题，他将人类历史划分为神学的、形而上学的和实证科学的三个阶段就广为诟病，缺乏史实的支撑。除此之外，他推崇自然科学已至信仰的地步，也背离了现代的文化精神。但这些问题都不妨碍孔德思想是现代科学哲学的重要根源之一。

二　惠威尔与密尔及其争论

惠威尔（William Whewell, 1794 - 1866），英国维多利亚时期的饱学之士（English polymath），科学家、哲学家、神学家、科学史家。他曾受教于剑桥大学的三一学院，早在学生时期就在诗学和数学方面颇有成就，如著名的"惠威尔方程"。他在那个科学专业化和分科已经大势所趋的时代背景下，依然精通力学、物理学、地质学、天文学和经济学，而他的教职却是矿物学教授，他在 1831 年出版的《哥特建筑史》堪称经典。他虽然生活在英国经验论的学术传统之中，但却深受康德主义的影响，强调理性能力对科学乃至哲学活动的重要地位。

惠威尔著述甚丰，主要有：《古今归纳科学史》（*History of the Induc-*

tive Sciences, *from the Earliest to the Present Times*. 3 vols, London. 2nd ed, 1847)；《基于归纳科学及其历史的哲学》（*History of the Inductive Sciences*, *from the Earliest to the Present Times*. 3 vols, London. 2nd ed 1847. 3rd ed 1857. 1st German ed 1840 – 41)；《论归纳法，兼与 J. S. 密尔的逻辑系统商榷》（*Of Induction*, *with especial reference to Mr. J. Stuart Mill's System of Logic*. London)；《政治经济学原理的数学表达》（Mathematical Exposition of Some Doctrines of Political Economy：Second Memoir. *Transactions of the Cambridge Philosophical Society* 9：128 – 49)；《科学观念史》（*The history of scientific ideas*. 2 vols, London. 1858)；《新工具新论》（*Novum Organon renovatum*, London.)；《关于科学发现的哲学：历史与评论》（*On the Philosophy of Discovery：Chapters Historical and Critical*. London. 1860)。此外，惠威尔还做了大量的翻译和评论，如《孔德与实证主义》（Comte and Positivism. *Macmillan's Magazine* 13：353 – 62. 1866)；《评赫舍尔研究自然哲学的基本观点》（Review of J. Herschel's Preliminary discourse on the study of Natural Philosophy (1830), *Quarterly Review* 90：374 – 407. 1831)；《力学导论》（*Elementary Treatise on Mechanics*, 5th edition, first edition 1819)；《从自然神学角度考量天文学及普通物理学》（*Astronomy and General Physics Considered with Reference to Natural Theology* [Bridgewater Treatise]. Cambridge. 1833)；《评斯佩丁的 F. 培根全集》（Spedding's complete edition of the works of Bacon. *Edinburgh Review* 106：287 – 322. 1857)；《柏拉图英译本》（Plato's Republic [translation]. Cambridge. 1861)；等等。

　　有关惠威尔思想在科学哲学史中的地位，学界多有所论，例如尼尼洛特（I. Niiniluoto）的《关于波普尔作为惠威尔和皮尔斯的追随者》（"Notes on Popper as a Follower of Whewell and Peirce", *Ajatus* 37：272 – 327, 1977)；巴茨（R. Butts）在 1991 年出版的《惠威尔作为科学哲学家》（*William Whewell*, *Philosopher of Science*, Oxford：Oxford University Press 1991)；斯奈德（L. J. Snyder）在 2002 年出版的《惠威尔和同时代的科学家：19 世纪英国的科学和哲学》（Whewell and the Scientists：Science and Philosophy of Science in 19th Century Britain. In *History and Philosophy of Science：New Trends and Perspectives*, M. Heidelberger and F. Stadler, (eds.). Dordrecht：Kluwer Press, pp. 81 – 94.)；等等。这些著述基本上

已经揭示了惠威尔与当代科学哲学之间的思想关联，如惠威尔在归纳法方面的贡献等等。

我们以为，现代科学哲学依然亏欠惠威尔甚多，例如他将科学史与科学哲学融合为一体的努力被后人遗忘了，同时被遗忘的还有他对科学（史）与哲学（史）之间思想关联的探索等等。而这些恰恰是本书所要强调的重要思想。

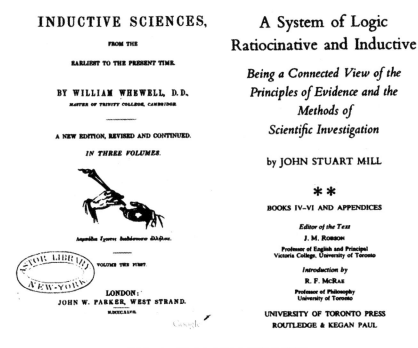

图 5 - 4　惠威尔与密尔著作的扉页

密尔（J. S. Mill，1806—1873），像惠威尔一样也是英国哲学家、政治经济学家，在科学方法理论、社会理论、政治理论和经济学理论均有造诣。在社会政治方面，他深受边沁（Jeremy Bentham）的功利主义影响，持自由主义和改良主义观点。在哲学方面，他继承了洛克、休谟和贝克莱的经验主义传统。

密尔的大多数著述都是有关社会、政治、经济等领域的，在哲学方面的著述并不多见，主要有：1843 年的《逻辑系统》（System of Logic，Ratiocinative and Inductive，CW，v. 7 - 8.）；1865 年的《孔德与实证主义》

（Auguste Comte and Positivism, CW, v. 10, pp. 261 - 368）。但他的《逻辑系统》在科学哲学的发展史中具有十分重要的思想地位。早在 19 世纪 40 年代，密尔就看到了语言和逻辑对哲学的重要性，比维特根斯坦和维也纳学派早了近半个世纪。他认为，逻辑是一种思维的艺术，而语言则是有助于思想的基础性工具，能否正确地运用词语乃是思想是否正确的关键因素。[①]

The practice, indeed, is recommended by considerations far too obvious to require a formal justification. Logic is a portion of the Art of Thinking: Language is evidently, and by the admission of all philosophers, one of the principal instruments or helps of thought; and any imperfection in the instrument, or in the mode of employing it, is confessedly liable, still more than in almost any other art, to confuse and impede the process, and destroy all ground of confidence in the result. For a mind not previously versed in the meaning and right use of the various kinds of words, to attempt the study of methods of philosophizing, would be as if some one should attempt to become an astronomical observer, having never learned to adjust the focal distance of his optical instruments so as to see distinctly.

图 5 - 5　密尔《逻辑系统》的片段

当然，惠威尔也极其注重逻辑和语言的重要性，不过比较而言，密尔主要从英国经验论的立场来理解语言、逻辑和语词，这与惠威尔发生了思想冲突。关于惠威尔与密尔之间的争论，是科学哲学发展史中的重要事件，许多学者都有研究，如巴赫达尔（G. Buchdahl）在 1991 发表的《从惠威尔与密尔之间的争论看科学哲学中的演绎主义与归纳主义的两种研究进路》（Deductivist versus Inductivist Approaches in the Philosophy of Science as Illustrated by Some Controversies Between Whewell and Mill, in Fisch and Schaffer (eds.), pp. 311 - 344）；巴茨在 1987 发表的《维多利亚时期有关归纳理论中的实用主义者：赫舍尔、惠威尔、马赫和密尔》（Pragma

---

① John Stuart Mill, *A System of Logic, Ratiocinative and Inductive, Being a connected view of the Principles of Evidence, and the Methods of Scientific Investigation*, Harper & Brothers, Publishers, Franklin Square, 1882, p. 25.

tism in Theories of Induction in the Victorian Era：Herschel，Whewell，Mach and Mill，in H. Stachowiak，ed. *Pragmatik*：*Handbuch Pragmatishchen Denkens*，Hamburg，pp. 40 – 58）；洛西（J. Losee）在 1983 年发表的《惠威尔与密尔有关科学和科学哲学之间关系的不同理解》（Whewell and Mill on the Relation between Science and Philosophy of Science，*Studies in History and Philosophy of Science* 14：113 – 26）；L. J. 斯奈德在 1997 年发表的《密尔与惠威尔在归纳问题上制造的麻烦》（The Mill-Whewell Debate：Much Ado About Induction，*Perspectives on Science* 5：159 – 198）以及斯特朗（E. W. Strong）在 1955 年发表的《惠威尔与密尔在科学知识问题上的争论》（William Whewell and John Stuart Mill：Their Controversy over Scientific Knowledge，*Journal of the History of Ideas*，16：209 – 31）；等等。

我们以为，惠威尔与密尔之间的争论是古希腊的柏拉图主义与亚里士多德主义、中世纪的唯名论与实在论、理性时代的理性主义与经验主义之争在维多利亚时代的集中表现，也是贯穿科学哲学产生和发展的基本矛盾。

如果将惠威尔的《归纳科学史》和《归纳科学的哲学》、密尔的《逻辑系统》与维特根斯坦的《逻辑哲学论》和维也纳学派的著述进行一番比较，我们不难发现，惠威尔和密尔的思想可能在精确性上略逊于后者，但他们著述中所具有的思想力度和理论广度依然远远超过了现代科学哲学甚至维特根斯坦那样的思想者。其一，就深度而论，他们没有"拒斥形而上学"，而是重新考量了自古希腊一直到维多利亚时代的科学史与哲学史诸家；其二，就广度而言，他们并不偏执于自然与社会的二分法，而是将自然现象与社会现象统一在一个思想框架中加以考察。这些都值得后世科学哲学探索者认真玩味及反思。

三　E. 马赫与 P. 迪昂

恩斯特·马赫（Ernst Mach，1838—1916），是 19 世纪末 20 世纪初最富盛名的物理学家、哲学家和生理心理学家，学界一般称其为科学哲学的奠基人。尽管对马赫的研究成果可谓汗牛充栋，但从科学哲学史的编史纲领看，依然还有继续挖掘的潜力。

E. 马赫在科学哲学方面著述甚丰，主要有：《生理学、心理学和物理学研究视域下的空间与几何》（*Space and Geometry in the Light of Physiological*, *Psychological and Physical Inquiry*. Trans. by T. J. McCormack, La Salle：Open Court, 1960）；《力学：一种对其发展的反思性历史解读》（*The Science of Mechanics：A Critical and Historical Account of its Development*. Trans. by T. J. McCormack, La Salle：Open Court, 1960.）；《大众科学讲演录》（*Popular Scientific Lectures*. Trans. T. J. McCormack, La Salle：Open Court, 1986.）①；《知识与谬误》（*Knowledge and Error—Sketches on the Psychology of Enquiry*. Trans. By T. J. McCormack & P. Fouldes, Dordrecht：D. Reidel, 1976.）以及《感觉分析及这种分析的物理向度与生理向度的关系》（*The Analysis of Sensations and the Relation of the Physical to the Psychical*. Trans. by C. M. Williams, La Salle：Open Court, 1984）。在这些著述中，马赫的《感觉分析》得到了极大的关注，但他在空间问题和力学史方面的创意则没有得到应有的重视。

对马赫的研究文献也是浩如烟海，但从科学哲学史研究的视域看，如下几种研究值得关注，如邦格（Mario Bunge）在 1966 发表的《马赫对牛顿力学的批判》（Mach's Critique of Newtonian Mechanics, *American Journal of Physics*, 34：585 - 596）；卡贝克（Mili Capek）在 1968 年发表的《马赫有关知识的生物学理解》（Mach's Biological Theory of Knowledge, *Synthese*, 18：171 - 191）；科恩（R. Cohen）和西格尔（R. Seeger）等人在 1970 年编辑的《作为物理学家和哲学家的马赫》（*Ernst Mach—Physicist and Philosopher*, Dordrecht：D. Reidel, 126 - 164）；费耶阿本德（Paul

---

① 长期以来，马赫的这些讲演录没有得到应有的重视，以为这些讲演不过是向大众传播的科学常识而已，其实，这些讲演中的许多题目及其相关内容都含有马赫的哲学思想，如"论宇宙和谐的缘由"（On the Causes of Harmony）；"光的速度问题"（The Velocity of Light）；"人类为什么有两只眼睛"（Why Man has Two Eyes）；"论对称"（On Symmetry）；"静电学的基本概念"（On the Fundamental Concepts of Electrostatics）；"论能量守恒原理"（On the Principle of the Conservation of Energy）；"物理学研究的经济本质"（On the Economical Nature of Physical Inquiry）；"科学思想中的传播与接受"（On Transformation and Adaptation in Scientific Thought）；"物理学中的比较原理"（On the Principle of Comparison on Physics）；"偶然性在发明和发现中的作用"（On the Part Played by Accident in Invention and Discovery）；"方向的感觉"（On Sensations of Orientation）；"飞行器运行中的某些现象"（On Some Phenomena Attending the Flight of Projectiles）以及"古代经典和数理科学中的某些教益"（On Instruction in the Classics and the Mathematico-Physical Sciences.）等等。这些讲演可能最能体现马赫的哲学理念，因而值得认真研究。

Feyerabend）在 1984 年编辑的《马赫对空间问题的研究及其对爱因斯坦的影响》（Mach's Theory of Research and Its Relation to Einstein. *Studies in History and Philosophy of Science*, 15：1 – 22）；乔伊（George Goe）在 1981 年撰写的《马赫对伽利略的批判》（On a Criticism by Mach on Galileo, *Scientia*, 116：93 – 99）；希厄贝特（Erwin Hiebert）在 1970 年撰写的《马赫对科学史的哲学用法》（Mach's Philosophical Use of History. In *Historical & Philosophical Perspectives on Science*, 5：184 – 213. Ed. R. Stuewer, University of Minnesota Press）以及在 1976 年撰写的《评马赫作为科学家、史学家和哲学家》（An Appraisal of the Work of Ernst Mach：Scientist-Historian-Philosopher. In Machamer & Turnbull（eds.）, *Motion and Time Space and Matter*, Columbus：Ohio State, 360 – 389）；劳丹（Larry Laudan）在 1976 撰写的《马赫反对原子论的方法论基础和历史根据》（*The Methodological Foundation of Mach's Anti-Atomism and Their Historical Roots*. In Machamer & Turnbull eds., *Motion and Time Space and Matter*, Dordrecht：D. Reidel, 205 – 225）；米塞斯（Richard von. Mises）在 1970 年撰写的《马赫及其经验主义的科学观》（*Ernst Mach and the Empiricist Conception of Science*. In R. Cohen & R. Seeger eds., *Ernst Mach：Physicist & Philosopher*, Dordrecht：D. Reidel）；等等。

在这些文本中，学界对马赫在科学哲学史中的地位形成如下几点共识。

第一，从科学史的维度提出"拒斥形而上学"问题。其实在 19 世纪末许多科学家及思想家如达朗贝尔、黑格尔、惠威尔、密尔和马克思等，都关注科学史问题。但与这些思想家相比，马赫对力学史的考察直指科学哲学乃至整个现代哲学的一个重大问题："拒斥形而上学"。他说，"这部力学著述不是讲力学原理的应用的，它的目的是将有关物质的概念讲清楚，揭示物质的真正重要性，使其摆脱形而上学在这个问题上的混乱（metaphysical obscurities）"①。这就意味着，马赫的力学史不是像惠威尔那样的编年史，而是一部以概念澄清为目的的思想史。

_____

① *The Science of Mechanics：A Critical and Historical Account of its Development*, The Open Court Publishing CO., 1919, Preface in first edition.

PREFACE TO THE FIRST EDITION.

THE present volume is not a treatise upon the application of the principles of mechanics. Its aim is to clear up ideas, expose the real significance of the matter, and get rid of metaphysical obscurities. The little mathematics it contains is merely secondary to this purpose.

Mechanics will here be treated, not as a branch of mathematics, but as one of the physical sciences. If the reader's interest is in that side of the subject, if he is curious to know how the principles of mechanics have been ascertained, from what sources they take their origin, and how far they can be regarded as permanent acquisitions, he will find, I hope, in these pages some enlightenment. All this, the positive and physical essence of mechanics, which makes its chief and highest interest for a student of nature, is in existing treatises completely buried and concealed beneath a mass of technical considerations.

图 5-6　马赫《力学》第 11 版序言

第二，关于科学的理解问题。较之当时的思想家，马赫对科学的理解既体现了当时的思想文化背景，又具有独特的学术个性。就科学理解的思想文化背景而言，马赫是在进化论的思想视域中来理解科学的，他把科学看作人类适应环境、求得更好生存的重要手段，也是人类高于低等动植物的优势之所在。在斯坦福大学哲学百科全书有关马赫的词条中，我们检索到马赫在他的《知识与谬误》一书中有这样一段描述："科学思想来自日常思想，并且构成人类生物进化的连续环节，这种进化始于最简单的生命表征。……实际上，科学假说的形成不过是人类的本能的和基本的思想的某种进一步发展而已，从日常思想到科学思想的转换是显而易见的。"（Scientific thought arises out of popular thought, and so completes the continuous series of biological development that begins with the first simple manifestations of life. ⋯. Indeed, the formation of scientific hypotheses is merely a further degree of development of instinctive and primitive thought, and all the transitions between them can be demonstrated. [KE: 171]）在该书的第 172 页，我们还查到科学不断进化的思想。他说："科学观直接来自人类的日常观念，经历了这样一个过程，先是与生活常识不可分割地联系在一起，然后慢慢走向独立。"① 马赫有关科学源自人的生命进化的观念，没有得到后人的重视，甚至科学社会学以及当代的 SSK 也没有注意到马赫的进化论的科学观。

第三，关于统一科学的纲领问题。我们知道，"统一科学"既是维也纳学派逻辑经验主义的逻辑起点，也是贯穿科学哲学始终的思想主线。对此，有关统一科学的思想来自马赫并无异议，但后世学者是否真正领会了马赫的思想意图则值得关注。马赫有关统一科学的思想有两个来源，一是来自林奈关于自然按最简单方式运动的观点，任何自然物都有其独特的功能，没有用处的自然物必将被淘汰；二是来自当时的政治经济学家赫尔曼（E. Hermann）的思想，自然追求物尽其用。按照马赫的观点，科学是人类尽可能揭示自然律的有效方式，如果科学不能达此目的，便不会为人类所用，也就没什么用处。统一科学就是追求用最简单、最节俭的方式来揭示自然界的普遍规律。当然，马赫所说的统一科学并不是没有约束条件的，而是指统一在当时的物理学上。他在《感觉的分析》一书的导言中就指出，"物理学在当代所取得的巨大成功，这种成功并不局限在物理学学科本身的范围之内，而是扩展到凭借物理学的帮助而取得同样成功的其他科学领域，这种成功导致物理学的思维方式及其研究范式已经传播到科学的各个领域，这种传播是最值得关注的愿景。"②

在今天看来，虽然各个学科都有不同的科学规范，但物理学无疑是各门具体学科中最重要的典范。至于是否将所有的科学都还原到物理学，则值得商榷。

马赫思想在维也纳学派引起一定的思想回响，他的"统一科学"思想、物理主义、经验还原主义等等，都在逻辑经验主义中有所体现。但是马赫思想所带来的问题同样值得关注，例如还原主义、感觉经验的一元论主张等等。

---

① Ernst Mach, *Knowledge and Error*, *Sketches on the psychology of Enquiry*, D. Reidel Publishing Company, 1976, p. 172.

② Ernst Mach, *Analysis of Sensations*, Chicago：The Open Court Publishing Company, 1897, Introductory Remarks.

　　皮埃尔·迪昂（Pierre Duhem，1861—1916）是法国的物理学家、科学史家和科学哲学家。斯坦福大学哲学百科全书等认为，作为物理学家，他提出了"能量学"（energetics）的概念，也就是用热力学来统一力学、电学和磁学等学科；作为科学哲学家，他提出了科学理论的整体性因而不存在判决性实验的思想；作为科学史家，他提出了中世纪与近代科学之间是连续的观点。

　　迪昂的著述大体上可以分为三个阶段，也就是从具体科学的热力学深入科学哲学，再进展到科学史的三部曲。在热力学方面的主要著述有：《热力学应用到力学、化学和电磁现象的可能性》（法文版 *Le Potentiel Thermodynamique et ses Applications à la Mécanique Chimique et à l'étude des Phénomènes électriques.* Paris：A. Hermann. 1886）；《热力学和化学：为化学家和学化学的学生写作的通俗著述》（*Duhem，Pierre* (1903). *Thermodynamics and Chemistry. A Non-mathematical Treatise for Chemists and Students of Chemistry.* 1*st ed.* , New York；London：J. Wiley & Sons；Chapman & Hall. 1903. Retrieved 2011 – 08 – 31［法文版：*Thermodynamique et Chimie：Leçons élémentaires à l'Usage des Chimistes.* Paris：A. Hermann. 1902］）。科学哲学方面的著述主要有：《理论物理学的目的和结构》（*The Aim and Structure of Physical Theory.* Princeton：Princeton University Press. 2nd. Ed. , 1991.［法文版：*La Théorie Physique. Son Objet，sa Structure.* Paris：Chevalier & Riviére，Vrin，2007]）等。科学史方面的主要著述有：《拯救现象：从柏拉图到伽利略的理论物理学观念》（*To Save the Phenomena，an Essay on the Idea of Physical Theory from Plato to Galileo*，Chicago：University of Chicago Press 1969；［法文版：*Sauver les Phénomènes. Essai sur la Notion de Théorie Physique de Platon à Galilée.* Paris：A. Hermann，1908. Vrin，2005]）；《世界图景：从柏拉图到哥白尼的宇宙演化论》（法文版：*Le Système du Monde. Histoire des Doctrines Cosmologiques de Platon à Copernic*：tome Ⅰ, tome Ⅱ, tome Ⅲ, tome Ⅳ, tome Ⅴ, tome Ⅵ, tome Ⅶ, tome Ⅷ, tome Ⅸ, tome Ⅹ. 1913 – 1959)[1]；《中世纪的宇宙论：无限、时空和世界的多元性理论》（*Medieval Cosmology：Theories of Infinity，Place，Time，*

_____

　　① 原计划出 12 卷，但只完成 10 卷。

Void, *and the Plurality of Worlds.* Chicago：University of Chicago Press. 1985）以及《科学史与科学哲学文集》（*Essays in the History and Philosophy of Science*, Indianapolis：Hackett Pub. Co. 1996）。

P. 迪昂是科学哲学史上难得一见的思想家，我们主要从如下几个方面加以总结。

第一，具体科学、科学哲学与科学史的贯通。在科学哲学史上，能够在具体科学研究有成就、在科学哲学上有思想、在科学史上有观念的思想家并不多见。除了亚里士多德、R. 培根、笛卡尔、马赫等极少数几人外，P. 迪昂等可谓凤毛麟角。P. 迪昂在具体科学、科学哲学和科学史上的贯通不是偶尔为之，更不是业余爱好，而是融会贯通其一生的主题。他从热力学对其他科学的统一出发，深入物理学的理论与实验之间的关系，进而拓展到从古希腊到现代的科学思想史解读，构成了科学研究、科学哲学反思和科学思想史的整理三位一体的思想体系。

第二，整体主义或贯通论与迪昂—蒯因命题。P. 迪昂在具体科学、科学哲学和科学史上的贯通并不是不同学科的思想聚合，而是以其整体主义或贯通论为纲领的挖掘与应用。一方面，对这三个学科的思考使其凝成了整体主义或贯通论的研究纲领；另一方面，整体主义或贯通论的研究纲领又进一步深化了这三个相关领域的探索。对于 P. 迪昂的整体论，当代美国逻辑学家 W. V. O. Quine 在其《经验论的两个教条》（Two Dogmas of Empiricism）一文中指出，"我们有关外在世界的命题在面临感觉经验的判决的时候，不是单个的命题，而是这个命题所在的整个理论。"（our statements about the external world face the tribunal of sense experience not individually, but only as a corporate body. ［1953，p. 41］）从我们的角度看，在整体论问题上，蒯因在逻辑上的论证较为严密，但其思想深度及广度远不及 P. 迪昂，这是因为 P. 迪昂所理解的整体论不仅有具体科学特别是热力学对其他科学的整合，而且还有从科学到哲学的深度挖掘以及从古希腊到当代科学的纵深考量。

第三，科学发展的连续性假说以及对科学革命的质疑。按照 P. 迪昂的整体主义或贯通论，特别是有关中世纪科学思想文献的整理与理解，并不存在所谓的科学革命，西方科学基本上是从古希腊的柏拉图—欧几里得体系，经过中世纪特别是晚期 R. 培根、达芬奇等人的工作，逐步进展到哥白尼和伽利略等人的科学成就。这期间虽有理论上的变化，但并不存在所谓的"世界观的改变"。这种观点遭到了同为法国人的 A. 克耶尔（A. Koyré）的反对，他和后来的 T. 库恩坚持认为伽利略等人的工作是对中世纪乃至古希腊以来的科学传统的颠覆或革命。但是，P. 迪昂并不是简单地否定科学发展中的革命现象，而是更多地强调前后科学理论之间的习惯性。正如他在《中世纪的宇宙论：无限、时空和世界的多元性理论》（*Medieval Cosmology: Theories of Infinity, Place, Time, Void, and the Plurality of Worlds*）一书中写道，"从十四世纪开始亚里士多德主义的物理学宏伟大厦注定要解体。基督教信念已经摧毁了它的主要原则；观察科学或至少是在诸如天文学等学科中所发展起来的观察科学已经抛弃了旧物理学的结论。作为古代科学丰碑的亚里士多德物理学已经解体；现代科学即将取而代之。亚里士多德主义物理学的崩塌并不是突然出现的，现代物理学的建构也不是平地而起的。"①

Actual Infinity in Number and the Immortality of the Soul

From the start of the fourteenth century the grandiose edifice of Peripatetic physics was doomed to destruction. Christian faith had undermined all its essential principles; observational science, or at least the only observational science which was somewhat developed—astronomy—had rejected its consequences. The ancient monument was about to disappear; modern science was about to replace it. The collapse of Peripatetic physics did not occur suddenly; the construction of modern physics was not accomplished on an empty terrain where nothing was standing. The passage from one state to the other was made by a long series of partial transformations, each one pretending merely to retouch or to enlarge some part of the edifice without changing the whole. But when all these minor modifications were accomplished, man, encompassing at one glance the result of his lengthy labor, recognized with surprise that nothing remained of the old palace, and that a new palace stood in its place.

图 5-7　《中世纪的宇宙论》片段

这就是说，P. 迪昂并不是否认科学革命，而是否认科学革命论所意味的思想"断裂"。因此，P. 迪昂有关科学史的思想还有待深入研究。

① Pierre Duhem, *Medieval Cosmology: Theories of Infinity, Place, Time, Void, and the Plurality of Worlds*, Chicago: University of Chicago Press, 1985, p. 3.

第二节 弗雷格、罗素与维特根斯坦

在现代科学哲学的思想形成过程中，弗雷格、罗素和维特根斯坦都是绕不过去的重要人物，这在学界已经有所共识。但如何按照思想史的线索加以统摄考量则值得研究。

一 弗雷格对科学哲学的影响

弗雷格（Gottlob Frege, 1848—1925），是德国的数学家、逻辑学家和哲学家，被看作现代逻辑的奠基人并对数学基础作出了重要贡献，同时因他在语言哲学和数学哲学方面的著述而被看作分析哲学之父。据说，弗雷格在世时并未引起学界的注意，而是在其去世后罗素和维特根斯坦等人重新发现了其思想价值。

从本书的角度看，我们最为关心两件事情：其一，弗雷格在从康德哲学到现代科学哲学之间的思想关联中究竟如何评价，或者说弗雷格究竟是怎样将康德的先天综合判断理论推进到"语言转向"的；其二，弗雷格究竟是怎样将他的数学研究用于改造当时的逻辑和语言问题的。

弗雷格究竟是如何将康德哲学转向语言哲学的？由于对科学语言的分析是现代科学哲学的基石，也是从德国古典哲学转向分析哲学的关节点，因此我们必须搞清楚弗雷格对康德哲学的推进与发展。其实，弗雷格在其有生之年是数学家，其哲学家身份并未得到认同，直到1952年，弗雷格的哲学著述才由维特根斯坦的学生吉奇（Peter Geach）和布莱克（Max Black）结集出版，如《函数与概念》（*Funktion und Begriff*: *Vortrag*, *gehalten in der Sitzung*; vom 9. Januar 1891 der Jenaischen Gesellschaft für Medizin und Naturwissenschaft, Jena, 1891）；《意义与指称》（"Über Sinn und Bedeutung", in *Zeitschrift für Philosophie und philosophische Kritik C*（1892：25 –50）；《概念及其对象》（"über Begriff und Gegenstand", in *Vierteljahresschrift für wissenschaftliche Philosophie XVI*, 1892：192 –205）；《逻辑研究》（*Logische Untersuchungen*, ed. G. Patzig, Vandenhoeck & Ruprecht, 1966）；《何谓思想的逻辑考察》（"Der Gedanke：Eine logische Untersuchung", in *Beiträge zur Philosophie des Deutschen Idealismus*, 1918 – 1919）以及《复杂

性的思想》（"Gedankengefüge", in *Beiträge zur Philosophie des Deutschen Idealismus III*：36 – 51. 1923）。尽管有些思想史家认为弗雷格哲学思想源自并超越康德哲学，但我们在字面上几乎难见康德哲学的影子，因此在弗雷格哲学著述中挖掘其对康德哲学的继承与发展，可谓任重道远。

在弗雷格的思想中，将数学（包括算术和几何）、逻辑、语言、哲学有关问题等统一起来考量，在思想史上特别是对于现代科学哲学乃至当代哲学中的分析运动具有基础性意义。弗雷格在这方面著述颇丰，说理清晰，如《概念记号：像算术那样用形式语言来表达思想》（*Begriffsschrift, eine der arithmetischen nachgebildete Formelsprache des reinen Denkens*. Halle a. S. 1879）；《算术的基础：对数的概念的逻辑—数学考察》（*Die Grundlagen der Arithmetik：eine logisch-mathematische Untersuchung über den Begriff der Zahl*. Breslau. 1884）以及《算术的基本规律》（*Grundgesetze der Arithmetik*, Band I (1893)；Band II. Jena：Verlag Hermann Pohle. 1903）；等等。在这些著述中，有许多概念如"意义与指称""概念与对象"都是后来的分析哲学、语言哲学和科学哲学的基本范畴，这些范畴也被罗素、维特根斯坦、石里克、卡尔纳普、W. V. 蒯因等以不同的方式诠释和发挥，因此我们的任务是，如何将弗雷格在这些范畴的讨论与后来者对这些范畴的讨论进行比较，用以评估弗雷格哲学思想对现代科学哲学的重要意义。

二　罗素对科学哲学的影响

罗素（1872—1970），其思想涉及哲学、宗教、社会生活等众多领域；仅在哲学领域就涉及哲学史、语言哲学、分析哲学、数学哲学、科学哲学等多个分支；对于现代科学哲学而论，往往被看作弗雷格和维特根斯坦之间的中坚人物。

罗素在现代思想特别是当代哲学运动中的地位已有定论，认为他是英国的哲学家、逻辑学家和社会批判者，但其最为著名的则是他在数理逻辑和分析哲学方面的贡献，尤其是他发起了当代数学中的逻辑主义（logicism），其中包括对弗雷格的谓词演算的继承与发展；在哲学上的贡献主要有他的中立一元论（neutral monism），包括他的摹状词理论和逻辑原子主义（logical atomism）。这些评价主要是讲罗素在分析哲学上的贡献，但他在科学哲学方面的贡献则鲜有提及，我们的目的主要是论及罗素在科学哲学方面的几种开创性工作。

何谓科学是科学哲学家或科学哲学思想家必须回答的首要问题。我们知道，罗素以数学见长，他将数学归结为逻辑的观点已经广为人知，但他的科学观则是经验主义的，或者说是归纳主义的。"在《对意义与真理的探讨》一书中所逐步形成的真理学说基本上是一个符合说——那就是说，当一个句子或一个信仰是真的时候，其为真是凭借对于一件或多件事实的关系；但是这种关系并不总是简单的，是随该句子的构造而变的，也是随所说的和经验的关系而变的。虽然这种变化引进了不可避免的错综繁复，在能够避免可以指出的错误的范围内这个学说的目的却是在于不违背常识。"① 罗素在他的《哲学问题》一书中进一步指出，"The general principles of science, such as the belief in the reign of law, and the belief that every event must have a cause, are as completely dependent upon the inductive principle as are the beliefs of daily life. All such general principles are believed because mankind have found innumerable instances of their truth and no instances of their falsehood. But this affords no evidence for their truth in the future, unless the inductive principle is assumed"②。这就是说，科学总是以自然律为表征的，但在本质上则是经验主义或归纳主义的。③

---

① ［英］罗素：《我的哲学的发展》，温锡增译，商务印书馆 2020 年版，第 187—188 页。

② *Bertrand Russell，The Problems of Philosophy，This page copyright © 2001 Blackmask Online*，http：//www.blackmask.com，p. 23.

③ 在罗素的科学观中，有关科学发展的思想往往被人们所忽视，其实，罗素早就意识到科学是一个发展过程，而且他还具体考察了从几何学向力学或动力学的过渡。他说，"一般认为物质可以由两种属性中的一种来做界说：广延，或力。但是，如果像讨论几何学所提示的那样，空间纯粹是相对的，广延就不能是物质的特点。广延只能是本体的作用。因此就只剩下力，那就是说，原子只能被看做是力的无广延的中心，不是在本性上是有空间性的，只是由于其相互作用，才有位置。那么力只能由产生运动来表现其自己。对力的平衡的那种静的想法，是由动的想法演绎而来的。因此，几何学含有对物质的考虑。基本上必须把物质看做是在别的物质上产生运动的那么一种东西。在这里，我们对物质有一个主要是相对的看法，这个看法是合意的。而且，如果把物质当做最后范畴，这个看法的相对性是含有矛盾的。我们首先必须讨论运动定律，然后表明这些定律以及这些定律对物质的说法包含一些更多的东西，并且把我们引向某种别的科学。注意：为了自几何学向力学有辩证的过渡，几何学包含着空间里不同的部分或形状的对立，这包含着运动，而且，运动包含着一种不仅是占空间的物质，因为一种只能由其位置来划定的空间位置是不能动的。因此，若没有运动的物质，几何学就是不可能的。这就把我们引到运动学，由运动学到力学，因为运动包含一个运动着的物质，这个运动着的物质的运动只对别的物质是相对的。运动不能不有一有原因，运动既是一点一点的物质之间的一种相互关系，这些一点一点的物质之间的相互作用一定就是这个原因。这已经就包含着运动定律。"（［英］罗素：《我的哲学的发展》，温锡增译，商务印书馆 2020 年版，第 39 页。）

　　像思想史上所有的科学哲学家一样，罗素首先坚信科学对于哲学思考的前提性意义，这种前提性意义主要表现在如下两个方面：其一，与康德等人不同，不是哲学先于科学，恰恰相反，而是科学先于哲学；其二，相信科学先于哲学可以担保思想的客观性，以免于哲学思辨的唯心论误区。正如罗素所说："我的这个看法是把四种不同的科学综合而成的结果，即，物理学、生理学、心理学和数理逻辑。数理逻辑是用来从一些具有很少数学的平顺性的成分，创造一些结构，这些结构具有指定的属性。我把自康德以来哲学中一直很常用的程序颠倒过来。哲学家们常常是从我们'如何知道'开始，然后进而至于我们'知道什么'。我认为这是一种错误。因为知道我们"如何知道"是知道我们'知道什么'的一小部门。我之所以认为这是一个错误，还有另外一个理由，因为这容易使'知道'在宇宙中有一种它并不具有的重要性。这样就使学哲学的人相信，对非心灵的宇宙来说，心是至高至上的，甚至相信，非心灵的宇宙不过是心在不做哲学思考的时候所做的一场恶梦而已。这种观点和我所想象的宇宙相去很远很远。我毫无保留地接受由天文学和地质学所得来的看法，根据这种看法，好像除了在时空的一小片断以外，没有证据证明有任何具有心灵的东西。而且星云和星体演变的伟大历程是按规律进行的，在这些规律中，心不起任何作用。"[①] 在这段论述中，我们不难发现，罗素的哲学思考经历了一个重大转向，就是从哲学为科学立法的传统路径转向用科学方法思考并解决哲学问题的新路径。

　　强调科学对哲学的基础性意义并不是一种对思想趋势发展的判断，而是根据对数学基础问题进行深入思考的科学结论。正如罗素所说，"《数学原理》的主要目的是说明整个纯粹数学是从纯乎是逻辑的前提推出来的，并且只使用以逻辑术语说明的概念。这当然和康德的学说正是相反。"[②] 罗素与怀特海的《数学原理》在思想史上的重要意义有二：在数学方面，整个新的题目出现了，包含新的记号法在内，有了这种新的记号法，就可以把从前用散漫粗疏的普通语言所对待的事物，用符号来处理。在哲学方面，主要是发现了罗素悖论。"所有类这个类是一个类。把坎特

　　① ［英］罗素：《我的哲学的发展》，温锡增译，商务印书馆2020年版，第8页。
　　② ［英］罗素：《我的哲学的发展》，温锡增译，商务印书馆2020年版，第71页。

的论证加以应用，使我考虑不是自己的项的那些类。好像这些类一定成一类。我问我自己，这一个类是不是它自己的一项。如果它是它自己的一项，它一定具有这个类的分明的特性，这个特性就不是这个类的一项。如果这个类不是它自己的一项，它就一定不具有这个类的分明的特性，所以就一定是它自己的一项。这样说来，二者之中无论那一个，都走到它相反的方面，于是就有了矛盾。"① 当然，当年困惑罗素的整个悖论已经有了许多解法②，但就哲学而言，罗素悖论在于激发思想家们用逻辑、语言等精确的分析方法来探索哲学问题，于是才有了维特根斯坦以及后来的维也纳学派的科学哲学。

科学与哲学及其二者的关系也是科学哲学史必须考察的重要问题，在这个问题上，罗素坚信科学与哲学都是某种知识，二者之间的区别只在于哲学的反思性。"Philosophical knowledge, if what has been said above is true, does not differ essentially from scientific knowledge; there is no special source of wisdom which is open to philosophy but not to science, and the results obtained by philosophy are not radically different from those obtained from science. The essential characteristic of philosophy which makes it a study distinct from science, is criticism."③ 对此，罗素曾具体地指出哲学区别于科学知识的三个方面：促进科学的统一，批判地考察人类的各种习见和偏见，对信念进行论证。"Philosophy, like all other studies, aims primarily at knowledge. The knowledge it aims at is the kind of knowledge which gives unity and system to the body of the sciences, and the kind which results from a critical ex-

---

① ［英］罗素：《我的哲学的发展》，温锡增译，商务印书馆 2020 年版，第 73 页。

② 对于这个问题，罗素与维特根斯坦有不同的看法，维特根斯坦主张一种不可说的或神秘主义的思想路线，而罗素则认为，"这是提出来的唯一之点在我极接近同意维特根斯坦的主张的时候，我仍然不能信服。在《逻辑哲学论》我的导言中我建议，虽然在任何一种语言中有一些语言所不能表示的东西，可是总有可能构成一种高一级的语言，能把那些东西说出来。在这种新的语言中还要有一些东西说不出来，但是能在下一种语言中说出来，如此等等以至于无穷。这种建议在那个时候是新奇的，现在已经变成一种公认的逻辑上的平凡的东西了。这就消除了维特根斯坦的神秘主义，并且，我想，也解决了哥德尔所提出的新的谜。"（［英］罗素：《我的哲学的发展》，温锡增译，商务印书馆 2020 年版，第 111 页。）

③ *Bertrand Russell*, *The Problems of Philosophy*, *This page copyright © 2001 Blackmask Online*, http：//www.blackmask.com, p. 50.

amination of the grounds of our convictions, prejudices, and beliefs."① 这就是说，在罗素看来，哲学和科学都是知识，这是二者的共性；但哲学知识并不同于实证的科学知识，而在于哲学使用科学分析的方法来解决科学的统一问题，对常识的批判性考察，特别是对我们的信念进行科学的论证，而对知识的定义就意味着"论证的信念"，这种"论证的信念"也适用于科学知识。当然，对于知识是否就是"论证的信念"还值得考察。

任何一种哲学思考，总要对世界图像有所言说，也就是要回答世界是什么的问题。在这个问题上，罗素当然也有自己的想法。"不同的人对于一件东西有不同的知觉这个谜，关于一件物理上的物和它在不同的地方所呈的现象二者之间的因果关系这个谜，最后，（也许是最重要的）心与物之间的因果关系这个谜，都被这一个学说一扫而光了。这些谜之所以发生，都是由于不能把与某一个知觉的心之内容相连的三个处所加以区分。这三个处所就是（我再说一遍）：（1）'东西'所在的物理空间中的处所；（2）我所在的物理空间中的处所；（3）在我的配置中，我的知觉之心的内容对于别的知觉之心的内容所占据的处所。我之提出上面的学说并不是认为那是唯一能解释事实的学说，或者认为一定是正确的。我之把它提出来是认为那是一个与所有既知的事实相符合的学说，并且认为，迄今为止，这是唯一能这样说的学说。在这一方面，这个学说是和（举例来说）爱因斯坦的广义相对论并列的。所有这些学说都超出事实所能证明的以外，并且，如果解决了一些谜，并且不论在哪一点上都和既知的事实不相矛盾，则这些学说都是可以接受的，至少暂时是可以的。我认为这就是以上那个学说所具备的条件，也就是任何有普遍性的科学上的学说所应有的条件。"② 在这段论述中，罗素以自己的哲学思维方式提出了三个重大问题：何谓物？何谓"我"？何谓"心"？对于这三个问题，罗素论证了三条原则："在放弃一元论以后，在我的哲学的发展过程中，我始终保留了一些基本的信条（虽也有一些改变），这些信条我虽然不晓得如何论证，却无法使我自己加以怀疑。其中的第一个信条是非常明显的，若不是

---

① *Bertrand Russell*, *The Problems of Philosophy*, *This page copyright* © *2001 Blackmask Online*, http://www.blackmask.com, p. 54.

② ［英］罗素：《我的哲学的发展》，温锡增译，商务印书馆 2020 年版，第 105 页。

因为还有人主张与之相反的意见，我真不好意思把它说出来。这第一个信条就是，'真理'是有赖于对'事实'的某种关系。第二个信条是，世界是由许多相关的事物所构成。第三个信条是，造句法，也就是说，句子的构造，必是和事物的构造有些关系，造句法的那些不可避免的方面，（而非这一种或那一种语言所特有的），必定是如此。最后，有一条原理我不是那么确信无疑，但是我愿意坚持，除非有极其强有力的理由使我不得不背弃这个原理。这条原理就是，说明一个复合体所包含的部分以及各部分间彼此的关系，而不提到那个复合体，也就等于说明了那个复合体。"①这三条原则也就是分析哲学和科学哲学共同遵守的三条戒律：真理与事实的符合说、世界由事物构成的经验主义立场和用部分说明整体的还原论方法。

　　学界对罗素的评价很多，但最为权威的评价性著述当属格里芬（Nicholas Griffin）在 2003 年编辑的《剑桥罗素指南》（*The Cambridge Companion to Russell*），该书的主要内容包括：格里芬撰写的导论（Introduction），格拉坦基尼（I. Grattan-Guinness）撰写的《在逻辑主义之中和背后的数学》（*Mathematics in and behind Russell's Logicism*），格里芬的《罗素的哲学背景》（*Russell's Philosophical Background*），卡特赖特（Richard L. Cartwright）的《罗素和摩尔，1898 – 1905》（*Russell and Moore, 1898 – 1905*），比尼（Michael Beaney）的《罗素与弗雷格》（*Russell and Frege*）；古德温（Martin Godwyn）和欧文（Andrew D. Irvine）的《罗素的逻辑主义》（*Bertrand Russell's Logicism*）；希尔顿（Peter Hylton）的《描述理论》（*The Theory of Descriptions*）；兰蒂尼（Gregory Landini）的《罗素的代理理论》（*Russell's Substitutional Theory*）；乌克特（Alasdair Urquhart）的《类型论》（*The Theory of Types*）；哈格尔（Paul Hager）的《罗素的分析方法》（*Russell's Method of Analysis*）；图利（R. E. Tully）的《罗素的中立一元论》（*Russell's Neutral Monism*）；林斯基（Bernard Linsky）的《逻辑原子主义的形而上学》（*The Metaphysics of Logical Atomism*）；德莫普洛斯（William Demopoulos）的《罗素的结构主义和对世界的绝对描述》（*Russell's Structuralism and the Absolute Description of the*

① ［英］罗素：《我的哲学的发展》，温锡增译，商务印书馆 2020 年版，第 158—159 页。

World）；巴尔德温（Thomas Baldwin）的《从亲历的知识到因果知识》（*From Knowledge by Acquaintance to Knowledge by Causation*）；A. C. Grayling 的《罗素论经验与科学的根源》（*Russell, Experience, and the Roots of Science*）；皮格顿（Charles R. Pigden）的《罗素的道德哲学或非哲学的道德主义者》（*Bertrand Russell：Moral Philosopher or Unphilosophical Moralist?*）。

　　罗素在科学哲学思想史上的地位是毋庸置疑的，但从本书的角度看，科学哲学在本质上是一种用科学改造哲学的努力，按照这样的尺度，罗素在他的"数学原理"等著述中发现了一系列重要的哲学问题如《罗素悖论》等等，但这些问题大多属于数学哲学领域。更为重要的是，罗素的专攻是在数学及其逻辑方面，他对哲学本身的反思并没有留下多少有创意的思想，而且他对世界的理解在某种程度上也没有超出传统经验论的范畴。相比之下，维特根斯坦则集中在对重大哲学问题本身的反思，如何谓世界，何谓思想，何谓语言，何谓命题形式，何谓哲学，等等。

三　维特根斯坦对科学哲学的影响

　　1906 年 10 月 23 日，维特根斯坦进入柏林附近的夏洛腾堡工业大学（Technische Hoschule in Charlottenburg）从事动力工程研究，但不久就从航空学转向数学基础和逻辑问题，他先是被罗素的《数学原理》（*The Principles of Mathematics*）所吸引，后又对弗雷格的数理逻辑产生了浓厚的兴趣。1908 年，维特根斯坦进入英国曼彻斯特维多利亚大学攻读航空工程空气动力学学位。为了彻底搞清螺旋桨的原理，他阅读了伯特兰·罗素与怀特海合写的《数学原理》以及弗雷格的《算术基础》。在 1911 年夏天拜访了弗雷格后，维特根斯坦听从了这位逻辑学家的推荐，前往英国剑桥大学三一学院求教于罗素门下。1929 年，维特根斯坦重返剑桥，以《逻辑哲学论》作为论文通过了由罗素和 G. E. 摩尔主持评审的博士答辩后，留在三一学院教授哲学，并于 1939 年接替密尔成为哲学教授。他的主要著作《逻辑哲学论》和《哲学研究》分别代表了横贯其一生的哲学道路的两个互为对比的阶段。前者主张哲学必须直面语言，哲学就是语言批判。后者主张哲学根源于生活方式，意义问题应该在日常生活中解决。

　　L. 维特根斯坦不仅具有坚实的科学知识基础——这对于科学哲学具

有基础性作用，而且对当时的科学理论具有超乎常人的理解。他在1914—1916 年笔记中写道："力学由此而为科学大厦的建筑提供了砖瓦材料，并且告诉人们：不论你要建造什么样的建筑物，你无论如何都必须使用这些砖瓦材料而且只能用这些砖瓦材料去筹建。……世界可由牛顿力学来描述，这一点对世界也没有说明任何东西；但是这的确表明，我们实际上正是可以用牛顿力学来描述世界。"① 从上述议论不难看出，这种对于牛顿力学与世界之间关系的思想感悟，正是科学哲学的最真切的本原。

1911 年，维特根斯坦访问在耶拿大学任教的弗雷格，据说，他们一直都不能离开逻辑和数学这一话题，弗雷格给维特根斯坦的建议是，"你必须一切从头开始"。(you must come again.)

关于维特根斯坦与罗素和弗雷格之间的思想关联，Michael Potter 在《维特根斯坦的逻辑笔记》（Wittgenstein's notes on logic）中有一段生动的记载②：

> Wittgenstein himself told me that while he was working in the Engineering Laboratory, he and two others doing research there began to meet for one evening each week to discuss questions about mathematics, or 'the foundations of mathematics'... At one of these meetings Wittgenstein said he wished there were a book devoted to these questions, and one of the others said, 'Oh there is, a book called *The Principles of Mathematics*, by Russell: it came out a few years ago.' Wittgenstein told me that this was the first he had heard of Russell: and that this was what led him to write to Russell and to ask if he might come and see him. I believe it was from *The Principles of Mathematics* that Wittgenstein learned of Frege.[7]

图 5 - 8

尽管维特根斯坦在他的哲学著述中复述了许多罗素有关数学哲学的思想，如"数学是一种逻辑方法；数学命题就是方程式，因而并非真正的命题"（6.2 Mathematics is a logical method. The propositions of mathematics are equations, and therefore pseudo-propositions）等等，但我们以为，维特根斯坦的思想起点主要在于逻辑的考察上，具体说就是，维特根斯坦从弗雷格那里得到这样一个思想："逻辑必须自我反思"（Logic must take care of itself）。维特根斯坦在1914—1916 年的笔记中是这样讲的："弗雷格认为，任何一个完备的命题必须是有意义的；而我认为，任何可能的命

---

① ［德］维特根斯坦：《维特根斯坦全集》第一卷，河北教育出版社 2003 年版，第 97 页。

② Michael Potter, *Wittgenstein's Notes on Logic*, Oxford：Oxford University Press 2008, p. 10.

题都应该是完备的，而且如果它没有意义，那是由于我们不曾给它的组成部分以某种意义，即使我们认为我们必须这样做。"①

　　但维特根斯坦比弗雷格的思考更深一步，他思考的问题是，"与逻辑的反思相称的哲学任务是怎样的？假如我们追问究竟什么是主谓形式的所指（a fact of subject-predicate form），我们也就必定知道了主谓形式的意义。我们必须知道这种形式是否存在。问题是我们怎样知道这种形式是否存在呢？可从其所指（signs）知道这种形式。但怎样才能知道这种形式的所指呢？由于我们没有得到任何这种形式的所指，实际上可能说的是，我们拥有了某种看似是主谓形式的所指的那种所指，但这是否意味着这种所指一定是这种所指的事实呢？也就是说，这些所指一定都是完全可分析的吗？接下来的问题是，这种完全的分析是否存在？如果不存在，那哲学的任务究竟是什么？"②

　　正是在对逻辑本身的哲学追问中，维特根斯坦思考并解决了一系列重大的哲学问题，例如在何谓命题的问题上，维特根斯坦就借用了当时的真值表理论来界定原初命题和综合命题之间的关系，从而解答了命题的一般形式问题。

　　"我们可以下面这样的图式来表示真值可能性（原初命题一排下面的'真'与'假'各行以明白易解的方式来标示真值可能性）"（4.31 We can represent truth-possibilities by schemata of the following kind（'T' means 'true', 'F' means 'false'; the rows of 'T's' and 'F's' under the row of elementary propositions symbolize their truth-possibilities in a way that can easily be understood）; "命题是与原初命题的真值可能性一致和不一致的表达式"（4.4 A proposition is an expression of agreement and disagreement with truth-possibilities of elementary propositions），从而得出了"命题是原初命题的真值函数"（5 A proposition is a truth-function of elementary propositions.）的观念，这也是命题的一般形式或命题的性质。

　　上述分析至少表明两点：其一，弗雷格对维特根斯坦的思想影响更

_____

① Wittgenstein, *The collected works of Ludwig Wittgenstein 1914 – 1916*, Blackwell Publishers, 1998, p. 2.

② 参见 Wittgenstein, *The collected works of Ludwig Wittgenstein 1914 – 1916*, Blackwell Publishers, 1998, p. 2.

$$[\overline{p}, \overline{\xi}, N(\overline{\xi})]$$

P	q	r
T	T	T
F	T	T
T	F	T
T	T	F
F	F	T
F	T	F
T	F	F
F	F	F

P	q
T	T
F	T
T	F
F	F

p
T
F

图 5 - 9

大些；其二，对逻辑的重新思考是维特根斯坦进行哲学改造的逻辑起点，也就是说，维特根斯坦是从对逻辑自身的反思引发了他的哲学思考。这在哲学史上，除了亚里士多德、奥卡姆的威廉、罗素等少数几个大师级人物，是不多见的。

不仅如此，维特根斯坦还精通数理逻辑，这种精通不仅仅表现在技术层面，而且表现在思想层面。或许精通数理逻辑的人并不在少数，但是能够将数理逻辑同世界、语言、思想、哲学等联系起来，只有像罗素和维特根斯坦等极少数旷世大师才能做到。早在写作《逻辑哲学论》之前，维特根斯坦就已经开始从哲学维度对数理逻辑进行重新解读，这种解读在其逻辑笔记中比比皆是。"如果我们把一切可能的原子命题都做出来。如果我们能确定每个原子命题的真假，那么世界就会被完全地摹状。"[①] 这句话显露出他在从逻辑原子主义的立场来理解数理逻辑。"假如一个词创造一个世界，使得逻辑原则在其中是真的，那么由此它就创造了一个世界，全部数学在其中都是有效的。因此如果不创造出一个世界的成分，就不可能创造出一个命题在其中为真的世界。"这句话显露了他是从逻辑构造主

---

① ［德］维特根斯坦：《维特根斯坦全集》第一卷，河北教育出版社 2003 年版，第 19 页。

义的世界观来看待数理逻辑。

正是基于这种对科学及其逻辑的理解，维特根斯坦能够创造出那个包含巨大思想内涵的哲学体系——"逻辑哲学论"。正是在这部小篇幅的巨制中，维特根斯坦为我们勾勒了科学哲学及分析哲学的大致轮廓。

"1. 世界是所有发生的事情。"这个命题确立了经验主义和原子主义的本体论或世界图景，这种哲学预设规定了后世科学哲学特别是主流观点的经验论态度。

"2. 发生的事情，即事实，是诸事态的存在。"这个命题沿着经验论的思路继续规定世界作为事情的构思，也就是将事情理解为与人的活动相关联的事件，也就是"事实"，从而开辟了实证主义的思想路线。

"3. 事实的逻辑图像就是思想。"这个命题可能是维特根斯坦哲学的思想柱石或链接整个理论体系的基本判断，这个判断将事实、逻辑和思想联系起来，成为可以互换的思想要素，事实可以是逻辑的，事实的逻辑可以是思想的，思想通过逻辑可以通达事实，事实可以表征为逻辑或思想，逻辑可以代表事实或思想。这种界定的直接结果就是，我们可以不必像唯物主义者或实在论者那样谈论物质事件，也不必像唯心主义者那样只谈思想或通过思想论及世界，而是通过逻辑或语言来解读事实或思想。这个判断超越了康德以及康德以前的各路思想家，将哲学提升到分析哲学和语言哲学的高度，抑或实现了哲学研究的"语言转向"。

"4. 思想是有意义的命题。"对思想本身的研究是近代哲学的重大问题甚或基本问题，不论是笛卡尔的理性怀疑主义还是洛克的经验值，都以人类的理性为研究对象，或者专注于"我思"，或者拘泥于"观念"，这种研究的弊端就是难免心理主义的假象，最终陷入各种唯我论。维特根斯坦的这个命题将思想转化为命题，这就实现了对思想的研究转向对语言的研究；但是，这种研究并没有失去对世界的关心，而是通过意义范畴来规范语言，通过意义将世界与语言链接起来。这样，维特根斯坦就将哲学关注的对象转向了"有意义的命题"，也就是通过语言来理解世界及其思想。在这个意义上，我们或许可以把它理解为"语言转向"中的"命题转向"，也就是从命题的维度来解决语言问题。

"5. 命题是原初命题的真值函项。"语言中的命题研究也有许多维度，这在哲学史中也不乏其例，例如斯宾诺莎、沃尔夫等都十分重视哲学思想的命题化研究。但与以往的哲学命题化研究有所不同的是，维特根斯坦采用了数理逻辑的分析方法，把命题分解为复合命题和原初命题或基本命题，用原初命题或基本命题的真值关系来判定复合命题的真假。在这个意义上，我们可以说维特根斯坦不仅像斯宾诺莎等人那样实现了哲学的命题化转向，而且还通过数理逻辑的引入而实现了逻辑原子主义。

"6. 真值函项的普遍形式是 $[P, \xi, N(\xi)]$。"（The general form of a truth – function is $[P, \xi, N(\xi)]$.）我们知道，逻辑原子主义也有多种形式，罗素也是逻辑原子主义的信奉者，逻辑原子主义甚至可以追溯到莱布尼兹的"单子伦"，但是，不论是莱布尼兹还是罗素，都是在本体论的意义上信奉逻辑原子主义，都不曾将其当成理解整个语言的思想工具。而维特根斯坦利用这种真值函项的普遍形式来统摄命题研究，进而统摄整个语言、整个思想甚或整个世界的解读，从而将哲学研究提升或转向命题演算的新高度。

"7. 凡是不可说的东西，必须对之沉默。"通过使用命题演算的分析方法，维特根斯坦得出了分析哲学（包括科学哲学）或科学哲学（包括分析哲学）的基本结论："哲学就是语言批判。"这种语言批判解决或开启了两个重大的哲学任务：清除形而上学和哲学的分析取向。"哲学的正确方法实际上是这样的：除了可说的东西，即自然科学的命题——亦即与哲学无关的东西——之外，不说任何东西，而且每当别人想说某种形而上学的东西时，就给他指出，他没有赋予其命题中的某些指号以任何意谓。对于别人，这种方法也许是不令人满意的，——他大概不会觉得我们是在教他哲学——，但是这却是惟一严格正确的方法。"①

本书认为，维特根斯坦这个 7 个命题及其论述方式是科学哲学的最重要的经典，如果科学哲学只能存留一部经典的话，本人以为，非维特根斯坦的《逻辑哲学论》莫属。这不仅仅在于这个经典著述所提出的所有论点，而且还在于他最接近于科学的论述方式，一种最接近于科学的哲学，或最富有科学气息的哲学。

在思想史上，用科学方法或科学方式来探讨人的问题可能不在少数，但像维特根斯坦这样用科学命题的严谨性来规制我们的语言可能绝无

---

① ［德］维特根斯坦：《维特根斯坦全集》第一卷，河北教育出版社 2003 年版，第 263 页。

仅有。

首先，维特根斯坦揭示或批判了日常语言对"思想"的遮蔽，"人具有构造语言的能力，可用语言表达任何意义而无须知道每个语词如何意谓和意谓什么。正如人即使不知道如何发出各个声音也能说话一样。日常语言是人类机体的一部分，并不比机体的复杂性低。人不可能从日常语言中直接获知语言逻辑。语言掩盖思想，而且掩盖得使人不可能根据衣服的外表形式推知被掩盖的思想的形式；因为衣服的外表形式并不是为使人们能认出身体的形式，而是为了完全不同的目的设计的。为了理解日常语言而形成的默默的约定是很复杂的"（4.002）。在这里，维特根斯坦可能是在思想史上最早对人类语言"遮蔽"思想的问题进行了剖析，指出了人类的诸多问题可能源自语言问题，因而将哲学的视野引向了从语言维度思考人类问题的思想道路。

其次，维特根斯坦在人类语言之间划了一条界限，提请我们注意哪些是可说的，哪些是不可说的。他在《逻辑—哲学论》一书的序言中指出，"本书的全部旨义可概述如下：凡是可说的东西，都可以明白地说，凡是不可说的东西，则必须对之沉默。本书讨论哲学问题，而且我相信它指出了这些问题都是由于误解我们的语言的逻辑而提出来的。因此本书是要为思维划一条界限，或者说得更确切些，不是为思维而是为思维的表达式划一条界限。因为要为思维划一条界限，我们就必须能思及这个界限的两边（也就是说，我们必须能思不可思者）。因此只能在语言中划界限，而在界限那一边的东西则根本是无意义的。"①

最后，从科学语言的维度来理解主体、世界及其伦理问题。在维特根斯坦看来，既然科学语言是唯一有意义的语言，那么作为主体的"我""世界"等等日常用语及其观念也都得接受科学语言的规范。从这种思路出发，维特根斯坦自然得出"我的语言的界限意谓我的世界的界限"（5.6 The limits of my language mean the limits of my world）、"主体不属于世界但却是世界的一种界限"（5.632 The subject does not belong to the world, rather, it is a limit of the world）的预设，从中不难推出"我就是我的世界

---

① Ludwig Wittgenstein, *Tratatus Logicio-philosophicus*, *Annalen der Naturphilosophie* 1921; English edition first published 1922, preface.

亦即小宇宙"（5.63 I am my world［The microcosm］）以及"世界与人生是一回事"（5.621 The world and life are one）。当然，维特根斯坦有关主体及其世界的观点，存在着不少值得反思的地方，人类是否都得讲科学语言？科学语言能否取代日常语言？科学家的世界能否取代芸芸众生日常生活的世界？

从科学语言推出伦理命题的不存在。既然世界就是"事实的世界"，那么"价值"在世界中的存在就成为问题。维特根斯坦明确指出，"世界的意义并不在世界之中。在这个世界上凡事即其所是，如其发生即其发生，在世事存在和发生中并不存在价值，而且即使诚有其价值存在，这种价值也不可能属于世事。如果存在着某事物所应有的价值，那么这种价值也必定在世事发生和在世之外。这是因为凡发生和存在的世事都是偶然的。因此，价值必在世界之外"（6.41）。

按照这种逻辑，自然就"不存在什么伦理命题"（6.42 So too it is impossible for there to be propositions of ethics），哲学家经常讨论的伦理问题就成为不可说的了（6.421 It is dear that ethics cannot be put into words）。其理由就在于，命题不能表达高远玄妙的东西（Propositions can express nothing that is higher），而伦理学恰恰就是超验性的（Ethics is transcendental）。当然，被维特根斯坦抛弃的不仅仅是善的研究，还有美学的问题，因为伦理和美学是追求超验的一丘之貉（Ethics and aesthetics are one and the same）。

在主体、世界以及伦理等方面，维特根斯坦从被严格界定的科学语言出发，将主体看成是仅仅操科学语言的人，将世界理解为仅能用科学语言所表达的对象世界，将事实判断之外的所有价值判断都排除在哲学思考之外。这几乎是一种科学主义的最极端的思想形态，其思想价值和理论弊端都在其中。作为后学，我们的任务是如何界定科学语言的作用空间，如何解决科学语言不能表达的价值判断等重大问题。

整体来看，维特根斯坦的科学哲学是一种最典型的科学哲学形式，他从严格界定的科学语言出发，全面地思考了世界、思想、命题、主体、伦理等各种哲学问题，得出了一个自成一体的思想纲领。这种纲领的实质是科学主义的，具体说是物理主义的，或如他所说是"逻辑原子主义"的。他对真的追求可谓登峰造极，但却冷淡了对伦理和美学的眷顾。

　　学界一直十分重视对维特根斯坦的评价，在诸多评价中哈克尔（P.
M. S. Hacker）的《维特根斯坦在二十世纪分析哲学中的地位》
（*Wittgenstein's place in twentieth-century analytic philosophy*，Cambridge,
Mass.：Blackwell, 1997）较具有代表性。该著包括 8 章。第一章主要讨
论分析哲学的起源（The origins of analytic philosophy）和《逻辑哲学论》
的论题语境（The problem-setting context of the Tractatus）；第二章主要包括
维特根斯坦留下的无可争议的遗产（Unquestioned legacy），维特根斯坦对
罗素和弗雷格的批评（Criticisms of Frege and Russell），思想、语言和实在
之间关系的形而上学（The metaphysical picture of the relation of thought,
language and reality），逻辑命题的肯定性解释（The positive account of the
propositions of logic）和对形而上学的批判以及未来哲学作为分析的观念的
论证（The critique of metaphysics and the conception of future philosophy as a-
nalysis）；第三章包括维特根斯坦与维也纳学派（The Vienna Circle），哲
学、分析与科学的世界观（Philosophy, analysis, and the scientific world-
view），形而上学的拆卸（The demolition of metaphysics）；第四章包括维特
根斯坦两次世界大战之间在剑桥大学的思想活动等内容；第五章包括放弃
分析方法（The repudiation of analysis），哲学的本质（The nature of philos-
ophy），语言哲学以及两种研究的统一（Pilosophy of language and the unity
of the Investigations），哲学心理学（Philosophical psychology）以及维特根
斯坦对战后分析哲学的影响（Wittgenstein's Impact upon Post-war Analytic
Philosophy）；第六章包括维特根斯坦与战后的牛津哲学（Wittgenstein and
post-war philosophy at Oxford）；第七章主要讨论美国的后实证主义以及蒯
因的背叛（Post-positivism in the United States and Quine's Apostasy），包括
在美国的逻辑实证主义者（The logical positivists in America），异中有同的
蒯因与维特根斯坦（Quine and Wittgenstein：similarity amidst differences），
蒯因与逻辑经验主义以及分析哲学的终结（Quine and logical empiricism：
the end of analytic philosophy）等；第八章包括分析哲学的衰落（The De-
cline of Analytic Philosophy）与维特根斯坦招致的批判（Criticisms of Witt-
genstein）等内容。
　　当然，由于维特根斯坦思想的巨大魅力，学界对他的评价也在不断翻
新。例如戴（William Day）和克里布斯（Víctor J. Krebs）的《重新审视

维特根斯坦》（*Seeing Wittgenstein anew*，2010）[①] 就颇具新意。

第三节　维也纳学派以及逻辑经验主义[②]

　　维也纳学派及其逻辑经验主义是（狭义）科学哲学的典型形式和基础理论，科学哲学的许多基本原理都出自维也纳学派及其逻辑经验主义。

　　对维也纳学派以及逻辑经验主义，学界早有研究且已成定论，如它的"语言转向""分析—综合二分法""基础主义和还原主义"等等。但最近二三十年来，重新评估维也纳学派以及逻辑经验主义又重新成为学界关注的热点话题。1991 年，在维也纳学派的诞生地，创立了"维也纳学派国际研究会"（The international Institute Vienna Circle），该学会的宗旨就是"保存并开发维也纳学派在科学和公共教育方面的历史文献"（http://www. univie. ac. at/ivc/index_ e. htm）。该学会 20 多年来出版了一系列重要著述，其中代表性的著述是 M. 海德伯格（Michael Heidelberger）在2000 年主编的论文集《科学哲学史：新动向和新视野》（*History of Philosophy of Science：New Trends and Perspectives*），其中包括《现代经验论的新康德主义根源》（*Neo-Kantian Origins of Modern Empiricism*）等等。"维也

[①]　Introduction：seeing aspects in Wittgenstein/William Day and Victor J. Krebs ——Aesthetic analogies/Norton Batkin —— Aspects, sense, and perception/Sandra Laugier ——An allegory of affinities：on seeing a world of aspects in a universe of things/Timothy Gould ——The touch of words/Stanley Cavell ——In a new light：Wittgenstein, aspect-perception, and retrospective change in self-understanding/Garry L. Hagberg ——The bodily root：seeing aspects and inner experience/Victor J. Krebs——（Ef）facing the soul：Wittgenstein and materialism/David R. Cerbone ——Wittgenstein on aspect-seeing, the nature of discursive consciousness, and the experience of agency/Richard Eldridge ——The philosophical significance of meaning-blindness/Edward Minar ——Wanting to say something：aspect-blindness and language/William Day ——On learning from Wittgenstein, or what does it take to see the grammar of seeing aspects？/Avner Baz ——The work of Wittgenstein's words：a reply to Baz/Stephen Mulhall ——On the difficulty of seeing aspects and the 'therapeutic' reading of Wittgenstein/Steven G. Affeldt ——Overviews：what are they of and what are they for？/Frank Cioffi ——On being surprised：Wittgenstein on aspect-perception, logic, and mathematics/Juliet Floyd ——The enormous danger Gordon/C. F. Bearn ——Appendix：a page concordance for unnumbered remarks in philosophical investigations/William Day.

[②]　在这一节中，有些内容来自我的学生代利刚的博士论文。作为课题组成员，代利刚在新康德主义科学哲学的思想演化方面做了大量工作，特别是对于石里克、卡尔纳普等人所做的思考。本题的相关内容应归于代利刚的学术劳作。

纳学派国际研究会"可能第一次提出要对（维也纳学派以来的）科学哲学进行有组织的历史研究，并首次提出"科学哲学史"范畴并进行了相关研究。当然，维也纳学派国际研究会对科学哲学史的理解局限在"分析的科学哲学史"的限度内，并不触及科学哲学作为"分析传统"的核心命题，自然无法公正地对待从古希腊直到后现代的各种科学哲学思想资源。

　　目前，有关维也纳学派及逻辑经验主义的研究可谓汗牛充栋，代表性的文献主要有：艾耶尔（A. J. Ayer）的《逻辑实证主义》（*Logical Positivism*. Glencoe, Free Press, 1959）；伯格曼（G. Bergmann）的《逻辑实证主义的形而上学》（*The Metaphysics of Logical Positivism*, New York: Longmans Green, 1954）；弗里德曼（M. Friedman）的《重新考量逻辑实证主义》（*Reconsidering Logical Positivism*, Cambridge, UK: Cambridge University Press, 1999）；吉尔（R. Giere）和理查德森（A. Richardson）等编著的《逻辑经验主义起源》（*Origins of Logical Empiricism*. Minneapolis: University of Minnesota Press, 1997）；V. 克拉夫特的《维也纳学派与新实证主义的兴起》（*The Vienna Circle: The Origin of Neo-positivism, a Chapter in the History of Recent Philosophy*. New York: Greenwood Press, 1953）；麦吉尼斯（B. McGuinness）的《维特根斯坦与维也纳学派》（*Wittgenstein and the Vienna Circle: Conversations Recorded by Friedrich Waismann*. Trans. by Joachim Schulte and Brian McGuinness. New York: Barnes & Noble Books, 1979）；帕里尼（P. Parrini）、萨尔蒙（W. Salmon）等人编辑的《逻辑经验主义的历史与当代视野》（*Logical Empiricism — Historical and Contemporary Perspectives*, Pittsburgh: University of Pittsburgh Press, 2003）；雷切尔（N. Rescher）编辑的《逻辑实证主义的遗产》（*The Heritage of Logical Positivism*. University Press of America, 1985）；理查德森（A. Richardson）等编辑的《逻辑经验主义剑桥指南》（*The Cambridge Companion to Logical Empiricism*. Cambridge, 2007）；萨克（S. Sarkar）的《逻辑经验主义的出现：从 1900 年到维也纳学派》（*The Emergence of Logical Empiricism: From* 1900 *to the Vienna Circle*. New York: Garland Publishing, 1996）；《逻辑经验主义的巅峰人物：石里克、卡尔纳普和纽拉特》（*Logical Empiricism at its Peak: Schlick, Carnap, and Neurath*. New York: Garland Pub. , 1996）；《逻

辑经验主义的衰退：卡尔纳普对阵蒯因及其批评者》（*Decline and Obsolescence of Logical Empiricism*：*Carnap vs. Quine and the Critics.* New York：Garland Pub., 1996）；《维也纳学派的传奇：当代的再评价》（*The Legacy of the Vienna Circle*：*Modern Reappraisals*，New York：Garland Pub., 1996）；斯塔德勒（F. Stadler）的《维也纳学派：关于逻辑经验主义起源、发展与影响的研究》（*The Vienna Circle. Studies in the Origins*，*Development*，*and Influence of Logical Empiricism.* New York：Springer，2001.　– 2nd Edition：Dordrecht：Springer，2015）；《维也纳学派与逻辑主义：再评价及未来发展预测》（*The Vienna Circle and Logical Empiricism. Re-evaluation and Future Perspectives.* Dordrecht-Boston-London，Kluwer，2003）；等等。

一　石里克的科学哲学思想

我们知道，科学哲学是由如下几个信念所构成的：1. 对科学及其统一的追求；2. 用科学改造哲学或推进哲学进展的践行；3. 对科学世界观的合理预期。用这些信念来衡量，石里克在科学哲学的思想史上堪称典范，但也有不少值得反思的经验教训。

1. 对科学及其统一的追求

像所有科学哲学家一样，石里克是从对科学及其统一的追求开始自己的思想之旅的。早在维也纳学派形成之前，石里克就开始关注当时最新的科学成果——爱因斯坦相对论及其思想价值。1917 年，石里克就发表了他的《当代物理学的时空观念》（*Space and Time in Contemporary Physics*），以哲学家的笔触向欧洲思想界推崇相对论的重要意义。这项工作不仅得到爱因斯坦本人的认同，而且也受到同时代思想家的认可。

石里克对爱因斯坦相对论的理解是将质点运动从二维平面空间推广到三维空间，再从三维空间推广到四维流体空间；同时，又将四维流体空间还原到三维空间和二维空间等等。据此，石里克认为，"如果杆所处的方位和位置以及它的速度只是轻微地改变，我们可以认为杆的长度依然是恒定的。换句话说，对于无限小的区域以及参照系，物体几乎没有加速度，那么我们可以约定狭义相对论依然有效。因为狭义相对论的测量运用的是欧几里得几何学的测量方式，所以，对于特定的系统中，在无限小的方位内，欧几里得几何学依然有效(可能在物理学的某些领域中，这种无限小的范围也是较大的）。在我们所提到的特定情况下，广义相对论的方程可以转化为狭义相对论的方程。我们必须建立一种使得测量能够实施的理论。我们可以通过这种转化假设成功地解决广义相对论测量的问题。"①

对爱因斯坦相对论的哲学解读打破了人类对直觉认知的依赖，凸显了数学学科的重要意义。他认为，唯一能够不断地对我们的问题作出严格表述的科学是构造得在每一步上都保证绝对确定性的科学。这种科学就是数学。"② 在当时的思想条件下，希尔伯特的公理化方法值得认真对待。石里克明确指出，"大卫·希尔伯特在其他人所做的准备性工作的基础上着手构造具有绝对确实性基础的几何学，这种确实性在任何方面都不会有诉诸直观的危险。"③ 这种做法"为了达成以真正知识为内容的科学，我们必须把科学知识的内容纳入假设—演绎系统的空框架，并且必须有观察（经验）参与其中。但是每个观察者填充他自己的内容，我们既不能认为全部的观察者都有着相同的内容，也不能认为全部的观察内容都没有共同点"④。

尽管石里克在评估爱因斯坦的相对论和希尔伯特的公理化方法方面走在时代的前头，但在数理逻辑方面却着力不多。我们在他的《哲学论文集》中发现了一篇题为"真理在现代逻辑中的性质"（The nature of truth in modern logic）的论文，但这里所说的"现代逻辑"并不是弗雷格、罗素和维特根斯坦所创立的那种数理逻辑，而是康德及康德主义者所主张的那种逻辑，其基本主旨依然是判断问题，它所纠结的问题依然在真理的符合论与真理的协调论（correspondence）之间。这种考察的最重要的结论，似乎是"一个判断是否是真的，取决于它是否指称某个独特的事态"（A judgment is true if it univocally designates a specific state-of-affairs）。⑤

对爱因斯坦的相对论及希尔伯特公理化方法的精当解读，使得石里克

① Moritz Schlick, Space and time in contemporary philosophy, Translted by Henry L. Brose, Mineola, New York: Dover Publications, inc. 2005, pp. 55 –56.

② ［德］M. 石里克：《普通认识论》，李步楼译，商务印书馆 2010 年版，第 51 页。

③ ［德］M. 石里克：《普通认识论》，李步楼译，商务印书馆 2010 年版，第 51 页。

④ Mortiz schlick, Mortiz Schlick: Philosophical Papers, vol. 2 (1925 –1936), edited by Henk L. Mulder and Barbara F. b. Van de Velde-Schlick, Translated by Peter Heath, Dordrecht : D. Reidel Publishing Company, 1979, p.334.

⑤ Ibid. , p.94.

写出了《普通认识论》这部不朽的哲学经典，但是这部经典原则上应归属于（新）康德主义之作，不属于他成为维也纳学派创始人之后的科学哲学典籍。

2. 从康德哲学转向科学哲学

上述分析已经表明，石里克的《普通认识论》奠基于爱因斯坦的相对论和希尔伯特的公理化方法，这种认识论其实就是对康德先天综合判断在科学新近进展条件下的调试和改进，具体说就是他提出的"概念之网"（或概念系统），概念之网是新的相对的先天形式，对知识有着构成作用。概念之网如何构成知识？这由三个相互联结的部分组成：i 概念之网是构成知识的形式系统；ii 使特定的经验材料确立为一个概念对象（《当代物理学的时空》中已经论述）；iii 用量的次序规定概念对象及其关系的经验材料。三者的具体功能是，命题 i 是构成知识的形式，命题 ii 和命题 iii 是这种形式组合经验材料并使之成为知识的方式。也就是说，概念之网作为形式具有相对先天形式的地位（命题 i），如果要把概念之网用于构成经验，我们首先把经验材料确定为一个概念对象（命题 ii），再用超验的次序（量）组合经验材料，从而确定概念的量和质（命题 iii）。

石里克的《普通认识论》属于康德主义著述，并不属于科学哲学著述，原因有二。

第一，从哲学形态看，《普通知识论》的思想并没有受到罗素和维特根斯坦等人的影响，也没有受到维特根斯坦的逻辑思想的影响。虽然石里克为他的重要著作《当代物理学中的时空》作序言的时间是 1919 年，但是，据费格尔（H. Feigl）考证，这本书的写作时间是 1917 年。① 而《普通知识论》的写作和出版时间是 1918—1925 年，维也纳的逻辑经验主义小组活动时期为 1926—1936 年。由此可见，石里克《普通知识论》并没有受到维也纳学派的影响。并且，据研究石里克的重要专家希尔伯特·费格尔（《普通认识论》的英译者）等人考证，"石里克直到他完成自己的著作《普通知识论》的第一版之后，都不可能得知罗素的《逻辑原子主

---

① Moritz Schlick, *General Theory of Knowledge*, Translated by Albert E. Blumberg, New york：Springer-verlag, 1974, p. 57.

义哲学》（载《一元论者》）"①。

第二，从科学基础看，《普通知识论》的科学基础并不是弗雷格等人开创的数理逻辑，而是受到了爱因斯坦相对论和希尔伯特公理化思想方法的影响。我们知道，石里克早期大多数著作都是阐发相对论的哲学意义的著作，1915 年的《相对性原理的哲学意义》（*The philosophical Significance of The principle of Relativity*）就是如此；但同时，石里克也从希尔伯特的公理化方法中汲取了重要思想营养，指出"我们把构成科学的判断和概念之网相互联系的巨大结构统一成我们必须作出的图画。正是这种相互联系才是知识的本质"②。这就是说，石里克写作《普通认识论》的科学依据还不是出于数理逻辑的考量。

进入 20 世纪 20 年代，石里克的哲学观发生了革命性的变化，他特别推崇并致力于建构一种新的哲学，一种用数理逻辑分析的方法来解决哲学问题的哲学。他说，"这种方法源自逻辑学的进展，这种方法的起点是由莱布尼兹隐约看到的，近几十年来弗雷格和罗素加以发扬光大；但这种方法的重大转折点是由维特根斯坦在他的《逻辑哲学论》一书中开创的。"（The methods proceed from logic. Their beginnings were obscurely perceived by Leibniz; in recent decades important stretches have been opened up by Gottlob Frege and Bertrand Russell; but the decisive turning-point was first reached by Ludwig Wittgenstein (in his *Tractatus Logico-Philosophicus*, 1922.)③

通过数理逻辑的方法，石里克进一步推进了维特根斯坦对哲学的判断："科学是一种知识系统，即经验的命题系统，而并不存在一个所谓的哲学系统，哲学不是命题系统，它不是科学，因而也就不存在哲学真理。"（Every science is a system of knowledge, that is, of true empirical propositions; and the totality of sciences, including the statements of everyday life, is the system of knowledge; there is no additional domain of 'philosophical' truths, for philosophy is not a system of propositions, and

---

① ［德］M. 石里克：《普通认识论》，李步楼译，商务印书馆 2005 年版，第 6 页。
② ［德］M. 石里克：《普通认识论》，李步楼译，商务印书馆 2005 年版，第 65 页。
③ Mortiz schlick, *Mortiz Schlick: Philosophical Papers*, vol. 2 (1925 – 1936), edited by Henk L. Mulder and Barbara F. b. Van de Velde-Schlick, Translated by Peter Heath, Dordrecht : D. Reidel Publishing Company, 1979, p. 155.

not a science.）

　　既然哲学不是知识，那是否意味着哲学没有存在的价值？石里克认为，"哲学虽然不是知识体系，但却是一种活动系统，哲学活动就在于确立或发现命题的意义。哲学阐明科学命题的意义，科学对科学命题进行证明。"（Philosophy is not a system of knowledge but a system of acts；philosophy，in fact，is that activity whereby the meaning of statements is established or discovered. Philosophy elucidates propositions，science verifies them.）

　　在后续著述中，石里克继续阐发他的逻辑经验主义哲学主张。在1932 年的《哲学的未来》中，石里克认为"全部的定义最终都需要加以证明（即证明活动）"①，在 1932 年的《实证主义和实在论》（1932）中，石里克指出"语词的意义必须被证明和给予，我们必须通过指明或展示的行动来对科学命题进行最后的证明……只有'所与'才能最终确证命题的意义，除此之外，别无他法"②。

　　综上分析，石里克不仅敏锐地看到了爱因斯坦的相对论、希尔伯特的公理化方法在科学思想中的重要价值，而且还从这些方法中提炼出观念，用以重新理解哲学并开拓出一种以数理逻辑为思想方法的哲学观念，实现了从传统哲学到现代哲学特别是分析的科学哲学的转折。

　　3. 通过科学的方式思考人伦问题

　　科学哲学不仅仅是对科学思想的解读，也不仅仅是对哲学的科学改造或重建，而且还应该以科学的方式重新思考人伦问题或实践理性问题。在某种意义上，科学哲学家思想的终极目的并不是把某种科学知识所蕴含的思想解读出来（就像石里克对爱因斯坦相对论的思想解读），也不在于用某种科学方法重建哲学使之成为科学的哲学（就像维也纳学派的大多数哲学家那样），而是从这种科学的维度重新思考人的生活及其实践问题，

————————

　　①　Mortiz schlick，*Mortiz Schlick：Philosophical Papers*，vol. 2 （1925 – 1936），edited by Henk L. Mulder and Barbara F. b. Van de Velde-Schlick，Translated by Peter Heath，Dordrecht ：D. Reidel Publishing Company，1979，p. 220.

　　②　Mortiz schlick，*Mortiz Schlick：Philosophical Papers*，vol. 2 （1925 – 1936），edited by Henk L. Mulder and Barbara F. b. Van de Velde-Schlick，Translated by Peter Heath，Dordrecht ：D. Reidel Publishing Company，1979，p. 264.

也就是按照某种科学方法以及相关的哲学观念来思考人生问题。在这个问题上，石里克堪称典范。[①]

> Philosophy not being a theory, it will no longer be divided into different branches such as ethics, aesthetics, and so on. What is really meant by the word 'ethics', for example, is nothing but the science of moral behaviour; aesthetics is the theory of those human feelings or activities that are connected with certain objects called 'beautiful': and the propositions belonging to these theories form part of the science of psychology. It is very obvious that they have been regarded as 'philosophical' only because all their concepts are still so blurred that they stand in need of continual clarification before they can hope to become scientific. And to a certain degree this applies even to psychology itself.

图 5 - 10　石里克哲学文本片段

这段论述的主旨是，传统哲学被分为伦理学、美学等分支已经过时，科学哲学或分析的科学哲学是关于人的道德行为的科学，而美学则是关于那些关系到美感事物的人类情感和活动的理论，归于这种理论的命题构成了心理科学的一部分。很明显，这些学科在成为科学之前还有待不断地澄清，而且在某种程度上这种澄清的活动还有待应用到心理学本身。

正是基于这种考量，石里克认为，"如果存在着有意义的伦理学问题的话，如果这种伦理学问题具有回答的可能性，那么这种伦理学就是一种科学。由于对其问题能够得以回答应构成一个真的命题系统，一个以'科学'对象为对象的真的命题系统，因而伦理学必定是某种知识系统而不是别的；伦理学的唯一目的是获得真理。任何一门科学，包括伦理学在内，都是纯粹理论性的，它寻求的是对世界的理解，因而伦理学问题也是纯粹的理论问题。如果哲学家试图寻求伦理学的正确答案仅仅出于实际应用，而且如若这种解答是可能的，那么这种寻求必不在伦理学范围之内。即使某个哲学家研究伦理学问题是为了将其结果应用到生活和人类活动中，他的这种研究就具有实践目的，但伦理学研究本身只以真理为目的。"[②]

从上述整理中我们发现，石里克的科学哲学思想较为完整地体现了科

---

① Mortiz schlick, *Mortiz Schlick: Philosophical Papers*, vol. 2 (1925 - 1936), edited by Henk L. Mulder and Barbara F. b. Van de Velde-Schlick, Translated by Peter Heath, Dordrecht : D. Reidel Publishing Company, 1979, p. 175.

② A. J. Ayer (ed.), *Logical Positivism*, New York: The free press, 1959, p. 247.

学哲学应有的三个主要环节：其一，对当时自然科学成就及其思想价值的正确评估；其二，将科学思想上升到哲学高度或用科学方法对现有哲学进行思想改造，形成某种新的哲学；其三，根据这种新的科学理解以及哲学形态来重新思考人生—社会问题，做出不同于前人的探索。但是，石里克的思想缺陷也十分鲜明：其一，他对当时的科学理解主要局限于爱因斯坦的相对论和希尔伯特的公理化方法，遗漏了对科学哲学至关重要的数理逻辑，而这恰恰是逻辑经验主义科学哲学的科学基础；其二，他的哲学建树主要是根据相对论等当代物理学成就来调整康德哲学的判断理论，虽然对后世所称的科学哲学也有相当建树，但毕竟是零散的，缺乏系统的考量，有许多重大的哲学议题如"哲学不是理论而是活动"等等，仅仅停留在构想阶段；其三，在分析与综合、知识与社会、科学与哲学之间划出一道鸿沟，过于看重科学知识的思想价值，误入科学主义的思想牢笼，对人生及社会等问题缺乏必要的参与或批判，大大减损了科学哲学应有的思想价值和社会功能。

二　卡尔纳普的科学哲学思想

理解像 R. 卡尔纳普这样久负盛名的科学哲学家似乎并非易事，其实难就难在如何在卡尔纳普诸多理论论述中析出哪些是科学哲学著述，哪些不是科学哲学著述。因而问题由此而生：在卡尔纳普名下的著述中，是否每一件都是科学哲学著述？如果有些不是科学哲学著述，那么剔除的标准如何界定？更何况，将卡尔纳普的某些著述斥为不是科学哲学著述，恐怕要承担相当的学术风险。

按照我们的思想标准，科学哲学就是用科学改变哲学的哲学，它由三个思想环节构成：第一，发掘某种科学知识的哲学价值；第二，用这种科学知识及其方法重建或改变哲学；第三，用这种科学的哲学去解读人生—社会问题。据此，我们就可以探究卡尔纳普的科学哲学思想。

1. 在时空问题和数理逻辑之间

在 1910—1914 年间，卡尔纳普就读于耶拿大学主修物理学专业，但同时他也跟随布鲁诺·巴赫（Bruno Bauch）研读了康德的《纯粹理性批判》以及 G. 弗雷格的《数理逻辑》。此后又在 1917—1918 年间加盟爱因斯坦任教授的柏林大学继续从事物理学研究，不久重回耶拿大学攻读博士学位。他的博士论文研究时空的基本原理问题，物理系认为这个问题属于哲学问题，而巴赫（Bruno Bauch）所在的哲学系则认为这个问题纯属物理学问题。卡尔纳普只好在巴赫的指导下按照正统的康德思想风格写了一篇题为"论空间"（Der Raum）的学位论文，区分了形式的空间、物理学的空间和感觉即视觉的空间等三种形式。我们以为，卡尔纳普有关空间问题的探索主要是在康德哲学的框架内进行的，与科学哲学没有必然的思想关联。

师从弗雷格使得卡尔纳普接触到 B. 罗素的《数学原理》，他接受了用逻辑和科学的方法改造传统哲学的探索，并就此问题写信就教于罗素本人，罗素也曾回信响应，但这封信已失。弗雷格和罗素对卡尔纳普的思想影响可以从卡尔纳普的成名作《世界的逻辑结构》（*Der logische Auflau der welt*）得以确认。同时，我们更可以在他的《新旧逻辑》① 一文中窥见一二。他在此文中说，"对算术的逻辑分析是新逻辑的使命之一。弗雷格已经得出结论说数学是逻辑的一个分支。这种观点也得到了罗素和怀德海的确证，他们致力于将数学系统建构在逻辑的基础之上。这表明每个数学概念都是从逻辑的基本范畴推导出来的，同理每个数学命题也都源自逻辑的基本命题。"②

但是，如果拘泥于弗雷格和罗素等人的数理科学观念，卡尔纳普不会超越弗雷格和罗素。使得卡尔纳普在科学观上发生革命性跃迁的是哥德尔的数学思想及其方法③。引起卡尔纳普思想重大变革的主要是哥德尔的不

---

① "Die alte und die neue Logik", *Erkenntnis*. Vol. I of *Erkenntnis* (1930–31).

② 原文如下：As has been mentioned, the logical analysis of arithmetic is one of the goals of the new logic. Frege had already come to the conclusion that mathematics is to be considered a branch of logic. This view was confirmed by Whitehead and Russell who carried through the construction of the system of mathematics on the basis of logic. It was shown that every mathematical concept can be derived from the fundamental concepts of logic and that every mathematical sentence (insofar as it is valid in every conceivable domain of any size) can be derived from the fundamental statements of logic. 参见 A. J. Ayer (ed.,), logical positivism, New York：The Free Press, 1959, pp. 140–141.

③ K. 哥德尔在数学基础上的贡献早有定论，但对卡尔纳普而言，哥德尔数学思想对哲学的启发主要在于他有关算术系统具有不完备性的思考。
Theorem 2 (Gödel's Fixed Point Theorem)
If $\varphi(v_0)$ is a formula of number theory, then there is a sentence ψ such that P⊢ $\psi \leftrightarrow \varphi(\ulcorner\psi\urcorner)$, where $\ulcorner\psi\urcorner$ is the formal term corresponding to the natural number code of $\ulcorner\psi\urcorner$.
Theorem 3 (Gödel's First Incompleteness Theorem)
If P is ω-consistent, then there is a sentence which is neither provable nor refutable from P.
Theorem 4 (Gödel's Second Incompleteness Theorem)
If P is consistent, then Con (P) is not provable from P.

完备定理。在 1931 年发表的《不完备定理》（incompleteness theorems in *über formal unentscheidbare Sätze der "Principia Mathematica" und verwandter Systeme*）中，哥德尔提出如下命题："如果某系统是协调的，它就不可能是完备的；某系统之公理的协调性不可能在该系统内得到证明。"（If the system is consistent, it cannot be complete. The consistency of the axioms cannot be proven within the system.）这一命题粉碎了许多数学家长达半个世纪的追求数学系统的完备性之梦，这个梦起自弗雷格，并在怀特海—罗素以及希尔伯特的形式主义那里达到顶峰，他们认为一组公理是全部数学的充分保证。

卡尔纳普在其《卡尔纳普思想自述》中说，"哥德尔于 1931 年发表了这一研究成果，它标志着数学基础研究中的一个转折点。"[①] 这个重要转折点对卡尔纳普究竟带来怎样的思想变化，他有这样一个说法，"这个理论最初是在 1931 年 1 月我生病期间一个不眠之夜像一个幻象那样萌生的。第二天当我仍因发烧躺在床上时，就以《关于元逻辑的尝试》为题写下了我的上述想法，写了整整四十四页。这些速记形式的笔记是我的《语言的逻辑句法》（1934）一书最初的内容。"[②] 至于《关于元逻辑的尝试》，由于没有正式出版我们无从谈起，但我们确实可以在他的《语言的逻辑句法》中看到他受到哥德尔数学思想的深刻影响。正如他自己所说，"经过了对这些问题好几年思考，我逐渐形成了关于语言结构及其可能在哲学中应用的全部理论"[③]。

此后，在科学问题的探索上，卡尔纳普到美国后展开了对归纳法和概率论的研究，发表了一系列成果，如《论归纳逻辑》（On Inductive Logic in *Philosophy of Science*, Vol. 12, 1945. p. 72 – 97）；《概率的两个观念》（1945. The Two Concepts of Probability in *Philosophy and Phenomenological Research*, Vol. 5, 1945, No. 4. p. 513 – 532）；《关于归纳逻辑的应用》

---

① ［美］鲁道夫·卡尔纳普：《卡尔纳普思想自述》，陈晓山、涂敏译，上海译文出版社 1985 年版，第 84 页。

② ［美］鲁道夫·卡尔纳普：《卡尔纳普思想自述》，陈晓山、涂敏译，上海译文出版社 1985 年版，第 84—85 页。

③ ［美］鲁道夫·卡尔纳普：《卡尔纳普思想自述》，陈晓山、涂敏译，上海译文出版社 1985 年版，第 84 页。

（On the Application of Inductive Logic in *Philosophy and Phenomenological Research*, *Vol.* 8, 1947, pp. 133 – 148）；《概率的逻辑基础》（*Logical Foundations of Probability*. University of Chicago Press. 1950, pp. 3 – 15 online. ）；《归纳方法的连续统》（*The Continuum of Inductive Methods*. University of Chicago Press. 1952）；《论归纳逻辑和概率论》（*Studies in Inductive Logic and Probability*, Vol. 1. University of California Press. 1971）；等等。这些科学研究大多属于对具体科学问题的探索，已经偏离了用科学改变哲学的主题，充其量也只能是利用科学哲学的某些思想来解决科学研究中遇到的问题，这种探索大体相当于"自然科学中的哲学问题"。

纵观卡尔纳普的科学历程，我们不难发现，就科学哲学而言，卡尔纳普的科学探索大体分为三个阶段：第一个阶段主要是探索相对论等最新科学成果对牛顿—康德时空观的反思；第二阶段主要是汲取弗雷格和罗素等人在数理逻辑方面的成就，这种汲取奠定了他早期的逻辑实证主义的哲学观念；第三阶段主要是消化哥德尔的不完备理论，从而形成了卡尔纳普在逻辑经验主义阵营中的独特思想价值。

2. 对逻辑经验主义的推进

一般学界往往把卡尔纳普看成像石里克那样的逻辑经验主义者，认为他与罗素、维特根斯坦的思想在本质上并无区别，即使有所区别，也只是在枝节或技术层面的调试或改进。我们以为，卡尔纳普对逻辑经验主义的推进是革命性的。

上文已经说明，卡尔纳普的思想获益于哥德尔数理逻辑数学的启发，同样，卡尔纳普的思想也曾引起哥德尔的关注。[1]

正是在哥德尔的"元数学"理论的启发下，卡尔纳普提出了"元语言"（语言 I）和"对象语言"（语言 II）的重大区别。他在其思想自述中说道，"利用哥德尔的方法，甚至可以把语言的元逻辑加以算术化，并用这种语言本身来表述语言的元逻辑。"[2] 在《语言的逻辑句法》中，卡尔纳普也有过这种表述，"在对元语言进行数学化时，我运用了哥德尔使

---

① 哥德尔与卡尔纳普讨论的片段。Solomon Feferman（ed.），Kurt Gödel collected works, works volume I, publications 1929 – 1936, Oxford University Press, 1986, p. 388.

② ［美］鲁道夫·卡尔纳普：《卡尔纳普思想自述》，陈晓山、涂敏译，上海译文出版社 1985 年版，第 85 页。

用的方法，利用这种方法，我在元数学或数学的句法中取得了成功"①。这两种语言的区别与联系是这样的："一种是作为研究对象的语言，我称它为'对象语言'；另一种是用以表述对象语言的理论，即表述元逻辑的那种语言，我们称之为'元语言'"②。这种元语言是针对对象语言而言的，它应该被看作分析或指导对象语言的逻辑规则或句法，"所谓语言的逻辑句法，我们意指语言的语言形式理论，即形式规则的系统化陈述……我们把一个理论、规则、定义之类的东西称之为形式，这一形式没有具体指涉的对象，形式的表述（例如句子）也表示意义，形式仅仅表示我们构建的表述中的符号的种类和秩序"③。

如果用康德的话语来说，元语言相当于"先天判断"，对象语言相当于"综合判断"，而元语言和对象语言所构成的语言也就是我们所谓的科学语言。具体而言，卡尔纳普在《语言的逻辑句法》的第 18 节中，首先描述了语言 I 和语言 II，并指出两种语言的区分是"纯粹句法"和"描述句法"的区分，如果康德的先天形式具有先天综合判断的能力的话，卡尔纳普也表示，他的两种语言也是一种具有先天综合判断功能的"综合描述句子"。对此，他明确地用公式进行了表述，"我们以前提到过的描述综合句子的形成能够用以下方式表述：'Var（a）.Id（aI）.LogZz（aII）'"④，a 表示某个句子和命题，LogZz 表述逻辑数学符号，是一种数学化的元逻辑（元语言），Var 表述多样的对象和描述语言，Id 是具有统一性的符号（Identity），是沟通元语言和对象（或描述）语言的符号系统。"Var（a）.Id（aI）.LogZz（a^{II}）"就是一种元语言和对象语言构成"综合描述句"。和先天综合判断一样，这种"综合描述句"是构成知识的重要方式，具有相对化的先天形式的意蕴。⑤

对于卡尔纳普在科学哲学基本观念上的造诣，我们最好用卡尔纳普本

① Rudolf Carnap, *Logical syntax of language*, London: routledge, 2000, p. 55.

② ［美］鲁道夫·卡尔纳普:《卡尔纳普思想自述》，陈晓山、涂敏译，上海译文出版社 1985 年版，第 85 页。

③ Rudolf Carnap, *Logical Syntax of Language*, London: Routledge, 2000, p. 1.

④ Rudolf Carnap, *Logical Syntax of Language*, London: Routledge, 2000, p. 54.

⑤ 这个论断是我的学生代利刚在他的博士论文《精密科学的先天形式研究》中提炼出来的，该文在 2015 年获得通过，并被评为华东师范大学优秀博士论文。

Besprechung von *Carnap 1934*:
Die Antinomien und
die Unvollständigkeit der Mathematik
(*1935b*)

In dieser Arbeit zieht der Verfasser die Konsequenzen, welche sich aus der Konstruktion formal unentscheidbarer Sätze für das Problem der Antinomien zweiter Art (z. B. Epimenides) ergeben, nämlich die folgenden: Der logische Fehler dieser Antinomien liegt *nicht* in der Selbstbezogenheit gewisser in ihnen auftretender Begriffe und Sätze (diese Selbstbezogenheit kommt ja z. B. auch den erwähnten unentscheidbaren Sätzen zu), sondern in der Verwendung des Begriffes "wahr". D. h. genauer, es wird fälschlich angenommen, man habe einen Begriff $\mathfrak{W}$ (wahr) von der Art, daß für jeden Satz A die Formel

$$\mathfrak{W}("A") \equiv A \tag{1}$$

beweisbar ist. Aus dem Zustandekommen der Antinomien kann man schließen, daß es einen solchen begriff $\mathfrak{W}$ in keiner widerspruchsfreien Sprache geben kann. Man kann zwar jede Sprache so erweitern, daß sie einen Begriff $\mathfrak{W}$ enthält, der (1) für alle Sätze A der *ursprünglichen* Sprache befriedigt, nicht aber so, daß (1) auch für die Sätze der *erweiterten* Sprache gelten würde. Jedes formale System ist also in zweifacher Hinsicht unvollständig: 1. insofern, als es darin unentscheidbare Sätze gibt, 2. insofern als es Begriffe gibt, die sich darin nicht definieren lassen (z. B. $\mathfrak{W}$ oder die angenommen, man habe einen Begriff $\mathfrak{W}$ (wahr) von der Art, daß für jeden Satz A die Formel

$$\mathfrak{W}("A") \equiv A \tag{1}$$

beweisbar ist. Aus dem Zustandekommen der Antinomien kann man schließen, daß es einen solchen begriff $\mathfrak{W}$ in keiner widerspruchsfreien Sprache geben kann. Man kann zwar jede Sprache so erweitern, daß sie einen Begriff $\mathfrak{W}$ enthält, der (1) für alle Sätze A der *ursprünglichen* Sprache befriedigt, nicht aber so, daß (1) auch für die Sätze der *erweiterten* Sprache gelten würde. Jedes formale System ist also in zweifacher Hinsicht unvollständig: 1. insofern, als es darin unentscheidbare Sätze gibt, 2. insofern als es Begriffe gibt, die sich darin nicht definieren lassen (z. B. $\mathfrak{W}$ oder die nach dem Diagonalverfahren konstruierten Zahlenfolgen). So kommt man zu dem Schluß, daß, obwohl alles Mathematische formalisierbar ist, doch nicht die ganze Mathematik in *einem* formalen System formalisiert werden kann, eine seit jeher vom Intuitionismus behauptete Tatsache.—Ein zweiter Teil der Arbeit beschäftigt sich mit der Paradoxie der abzählbaren Modelle der Mengenlehre und präzisiert die übliche Auflösung dieser scheinbaren Paradoxie in dem Sinne, daß je zwei Mengen der axiomatischen Mengenlehre syntaktisch (d. h. in einer geeigneten Metasprache) gleichmächtig sind, nicht aber innerhalb des ursprünglichen Systems.—Bezüglich der Antinomien zweiter Art und des Wahrheitsbegriffs wurde die gleiche Auffassung von A. Tarski in *1932*, ferner in *1933a* und in *1935* vertreten.

图 5 – 11　哥德尔与卡尔纳普讨论的片段

人的两个命题加以总结：第一个命题是他在《通过语言批判清除形而上学》(The Elimination of Metaphysics Through Logical Analysis of Language)[①]一文的开头提出的，大意是现代逻辑分析判别经验科学命题都是有意义的，而形而上学及其价值判断都是无意义的[②]；第二个命题是他在《经验论、语义学和本体论》(Empiricism, semantics and ontology)[③]一文的结尾处提出的，大意是，对于某种选定的语言系统的检验应坚持严格的标准，但对各种语言系统的选择本身应持宽容态度。(Let us grant to those who work in any special field of investigation the freedom to use any form of expression which seems useful to them; the work in the field will sooner or later lead to the elimination of those forms which have no useful function. Let us be cautious in making assertions and critical in examining them, but tolerant in permitting linguistic forms.)

我们以为，这里的第一个命题是逻辑经验主义的一般原则，并无新意，但他的第二个命题，也就是对语言框架选择的宽容态度却是他基于哥德尔不完备定理的独创，标志着卡尔纳普将逻辑经验主义推进到了新的高度。但是，在我们看来，卡尔纳普最重要的哲学劳作在于他重新给出了一种新的哲学生存之路，那就是他在《哲学问题的特点》(On the Character of Philosophic Problems)[④]一文中给出的新答案：哲学就是分析科学语言

---

① This article, originally entitled " *überwindung der Metaphysik durch Logische Analyse der Sprache*", *appeared in Erkenntnis, Vol. II (1932)*.

② 原文如下：The development of modern logic has made it possible to give a new and sharper answer to the question of the validity and justification of metaphysics. The researches of applied logic or the theory of knowledge, which aim at clarifying the cognitive content of scientific statements and thereby the meanings of the terms that occur in the statements, by means of logical analysis, lead to a positive and to a negative result. The positive result is worked out in the domain of empirical science; the various concepts of the various branches of science are clarified; their formal-logical and epistemological connections are made explicit. In the domain of metaphysics, including all philosophy of value and normative theory, logical analysis yields the negative result *that the alleged statements in this domain are entirely meaningless.* 引自 A. J. Ayer (ed.), Logical Positivism, New York: The Free Press, 1959, p. 60.

③ *Revue Internationale de Philosophie 4 (1950): 20 – 40. Reprinted in the Supplement to Meaning and Necessity: A Study in Semantics and Modal Logic, enlarged edition (University of Chicago Press, 1956).*

④ Rudolf Carnap, *On the Character of Philosophic Problems: Philosophy of Science*, Vol. 1, No. 1 (Jan., 1934), pp. 5 – 19.

的逻辑句法，这一点与维特根斯坦对哲学的始乱终弃态度不一样，也与石里克用科学知识取代哲学思辨的哲学虚无主义大相径庭。

6　　　　Philosophic Problems

In order to discover the correct standpoint of the philosopher, which differs from that of the empirical investigator, we must not penetrate *behind* the objects of empirical science into presumably some kind of transcendent level; on the contrary we must take a *step back* and *take science itself as the object*. *Philosophy is the theory of science* (wherein here and in the following "science" is always meant in the comprehensive sense of the collective system of the knowledge of any kind of entity; physical and psychic, natural and social entities). This must be appraised more closely. One may consider science from various viewpoints; e.g. whether one can institute a psychological investigation considering the activities of observation, deduction, formulation of theories, etc., or sociological investigations concerning the economical and cultural conditions of the pursuit of science. These provinces—although most important—are not meant here. Psychology and sociology are empirical sciences; they do not belong to philosophy even though they are often pursued by the same person, and have torn loose from philosophy as independent branches of science only in our own times. Philosophy deals with science only from the *logical* viewpoint. *Philosophy is the logic of science*, i.e., the logical analysis of the concepts, propositions, proofs, theories of science, as well as of those which we select in available science as common to the possible methods of constructing concepts, proofs, hypotheses, theories. [What one used to call epistemology or theory of knowledge is a mixture of applied logic and psychology (and at times even metaphysics); insofar as this theory is logic it is included in what we call logic of science; insofar, however, as it is psychology, it does not belong to philosophy, but to empirical science.]

图 5-12　卡尔纳普《哲学问题的特点》的片段

3. 对人伦问题的重新思考

哲学不管走多远，总是离不开对人的终极关怀，科学哲学也概莫能外。卡尔纳普在他的名文《通过语言分析清除形而上学》一文中，得出了"拒斥形而上学"的终极判决，认为形而上学命题既不是真的，也不是假的，而是没有意义的。但是，对形而上学如此决绝的卡尔纳普并没有完全否认形而上学的思想价值，而是认为形而上学在于表达人们对生活的一般态度。①

---

① Rudolf Carnap, "The Elimination of Metaphysics Through Logical Analysis of Language", in A. J. Ayer (ed.), *Logical Positivism*, New York: The Free Press, 1959, p. 78.

对此，学界早有共识，根据本题的研究纲领，我们在此提及此事有两个考量：第一，卡尔纳普得出这个结论是出于科学分析的方法，也就是用科学的方法思考人伦问题，在某种程度上是苏格拉底"美德即智慧"的延续。当然，这也恰恰是问题之所在，科学方法究竟能够在何种程度上解决人生问题，尚待探索。第二，卡尔纳普在科学与伦理、事实判断与价值判断、命题知识与非命题知识之间划了一条界限，对伦理、价值判断等非命题性知识持怀疑态度。这就引发了另一个重大问题：科学与伦理之间是否可以沟通？事实判断与价值判断之间是否可以构成康德式的"先天综合判断"？非命题性知识是否也是可说的或可以分析的？

卡尔纳普不仅极力弱化形而上学的思想功能，或者说将形而上学的思想功能局限在人生观的范围以内，而且还同时扩大甚至夸大自然科学特别是数理科学的外延和视野。他认为数学、物理学等属于自然科学，而且社会学和心理学属于自然科学。[1] 他曾经这样设问，能否将说明人事的心理学还原到物理学？能否从物理规律中引申出心理学规律？

> Among the *problems of the foundations of psychology* there are analogously to the above-mentioned: 1. Can the concepts of psychology be defined on the basis of the concepts of physics? 2. Can the laws of psychology be derived from those of physics?

图 5 – 13　卡尔纳普《论哲学问题特点》节录

显然，卡尔纳普对这个问题的回答是肯定的，在卡尔纳普看来，心理学的概念可以还原到物理学概念之中，心理学规律可以还原为物理学规律之中。对此，学界大都认为卡尔纳普对社会学和心理学的判断有还原论或物理主义之嫌。但从本书的研究纲领看，社会学和心理学确实应该遵循自然科学的基本准则，如果有违科学性的基本要求，社会学和心理学等将失去其存在的价值。我们所担心的是，社会现象和心理现象毕竟是一种非常复杂的属人领域，在属人领域，我们自然无法摆脱自然科学的一般规律如人的生命周期等等，但属人现象毕竟不能完全等同于自然现象，它有其独特性，如它的文化样式和利益诉求等等。这就使得社会学和心理学等属人

---

[1]　Rudolf Carnap, *On the Character of Philosophic Problems*, *Philosophy of Science*, Vol. 1, No. 1 (Jan., 1934), p. 18.

学科在一定程度上不同于物理学等数理科学。对于这些问题，需要科学哲学及其他学科给予认真的探索。

这些问题已经引起了学界的持续关注。与人事相关的价值判断究竟能否像自然科学命题那样给予分析或理解？国际著名在世哲学家传记系列丛书的主编 P. A. 谢尔普（Paul Author Schilpp）在《卡尔纳普的哲学》一书中，专门辟出一个章节来讨论卡尔纳普所说的价值判断是否可以分析的问题。卡尔纳普把价值判断分为两种：一种是绝对无条件的"绝对命令"，属于人类应然的道德指令；另一种是有条件的、有经验内容的活动指南。前者确实具有非认知性特征，但后者却是可以分析的。①

当然，对卡尔纳普及其逻辑经验主义的这种二分法，当代学者已经开始进行反思，有人试图在事实判断和价值判断之间进行沟通。越来越多的学者已经认识到，事实判断往往蕴含着价值判断的宏旨，例如"你的衣服脏了"这个事实判断就意味着"你该清洗你这件脏衣服"的价值判断；而"你该还他钱"这个价值判断也蕴含了"你曾借了他的钱"这一事实判断。②

三　纽拉特：在科学与政治之间③

奥托·纽拉特是逻辑实证主义的早期代表人物之一，维也纳小组成员。但是，纽拉特却是一个颇具反叛精神的特殊人物。他的特殊性就在于，他的哲学思想在本质上是逻辑实证主义的，但在许多具体观点上他又有自己的独特思想，有些思想是对逻辑实证主义的突破，有些思想甚至是对逻辑实证主义的批判和反叛。他所提出的一些问题不仅是逻辑实证主义和科学 哲学中的重要问题，而且也是整个科学哲学中的基本问题。在一定的意义上，纽拉特的哲学思想几乎集中了逻辑实证主义的科学哲学及整个科学哲学的所有矛盾，因此，了解纽拉特的哲学思想对于了解逻辑实证主义的科学哲学以及整个科学哲学具有重要意义。此外，了解纽拉特的哲学思想对于了解与科学哲学相关的分析哲学和语言哲学也具有十分重要的

---

①　Paul Arthor Schilpp（ed.），*The Philosophy of Rudolf Carnap*，Open Court，1963，p. 80.

②　参见拙著《"科学哲学基本范畴的历史考察"》，北京师范大学出版社2015年版，第十章"事实与价值"。

③　参见拙文《纽拉特的科学哲学》，《吉林大学学报》（社会科学版）1987年第6期。

意义。

任何学派、任何学说、任何学者都不能离开人类认识的大道而独辟一径，只能是人类认识之中的某一环节某一片断而已。因此，哲学的内容只有作为全体中的有机环节，才能得到正确的证明，否则便只能是无根据的假设或个人主观的确信而已。① 要了解某个历史人物的思想，必须把他放在特定的历史环境中去考察。研究纽拉特的科学哲学，就必须把纽拉特放在维也纳小组的学术气氛之中，放在逻辑实证主义的思想状态之中，放在当时的科学哲学、分析哲学和语言哲学的关系之中，放在传统哲学向现代哲学发展的链条之中。只有这样才能了解和掌握纽拉特哲学的思想特点及其在哲学发展史中的地位和作用，使他成为一个有来由有去向、有矛盾有倾向、有血有肉的哲学家。

1. 追求科学统一

与石里克、卡尔纳普等维也纳学派的经典人物相比，O. 纽拉特也是以阐发科学的思想价值为出发点的。但与维也纳学派其他成员不同的是，纽拉特更关心科学统一问题，或从科学统一的角度来理解维也纳学派所讨论的各种科学及哲学问题。②

Although what is called 'philosophical speculation' is undoubtedly on the decline, many of the practically minded have not yet freed themselves from a method of reasoning, which, in the last analysis, has its roots in theology and metaphysics. No science which pretends to be exact can accept an untested theory or doctrine; yet even in an exact science there is often an admixture of magic, theology, and philosophy. It is one of the tasks of our time to aid scientific reasoning to attain its goal without hindrance. Whoever undertakes this is concerned not so much with 'philosophy,' properly speaking, as with 'anti-philosophy.' For him there is but one science with subdivisions — a unified science of sciences. We have a science that deals with rocks, another that deals with plants, a third that deals with animals, but we need a science that unites them all.

图 5 - 14　纽拉特《哲学文集》片段

---

① 参见黑格尔《小逻辑》，张世英译，商务印书馆 1982 年版，第 56 页。

② Otto Neurath, *Philosophical papers 1913 - 1946*, Edited and Translated by Robert S. Cohen and Marie Neurath, D. Reidel Publishing Company, p. 48.

　　我们知道，维特根斯坦将哲学看作"语言批判"，石里克将哲学看作科学方法论本身，而卡尔纳普则将哲学看作"科学语言的逻辑句法"。纽拉特的立场十分鲜明，他是"反哲学"（anti-philosophy）的，在他看来，真实存在的只有科学及其分支。即使有哲学的话，那也只能这样说，有研究无生命现象的科学，有研究有生命现象的科学，因而必然有研究各种科学统一的科学。

　　但问题随之而来，这种统一科学究竟是什么？它是科学内的一个分支，还是一种超越科学的科学？如果它是科学的一个分支，那么这种分支与其他科学分支是什么关系？如果它是具体科学之外的另一种科学，那它与各门具体科学之间有何区别？

　　在这里，纽拉特给出了答案，那种作为统一科学的科学并不是科学之外的某种新科学，而是当时作为科学典范的物理学，这种用物理学来统一整个科学乃至其中每门具体科学的科学，被称为"物理主义"（physicalism）。说到底，纽拉特的科学—哲学观其实就是将物理学当成全部科学的典范，也就是用物理学来规范地理学、化学和社会学等科学分支。

　2. 对逻辑经验主义的调试

　　现代哲学，特别是分析哲学中的语言哲学和科学哲学流派都以反对传统哲学为其出发点，以批判和清除形而上学为己任。维也纳学派的基本纲领就是用逻辑分析的方法澄清经验科学的概念和命题的意义，清除无意义的形而上学。维也纳学派的主要代表人物卡尔纳普（Rudolf Carnap）指出："传统争论中关于外在世界存在的命题（实在论）和它的各种形式的否命题，即唯物论和各种形式的唯心主义都是伪命题，都缺乏知识的内容……我们用某种语言来取代那些某些实体是否存在的本体论问题。"①

　在分析哲学与传统哲学之间

　　作为一个逻辑实证主义者、维也纳学派成员、分析哲学家，纽拉特和卡尔纳普等人都反对传统哲学特别是形而上学。从物理主义和科学统一的角度出发，纽拉特认为："如果某种思想是无意义的，即形而上学的，那

---

　　① Paul Arthur Schillp （ed.），*The Philosophy of Rudolf Carnap*, Open Court Pub. Co., 1963, p. 868.

么，它必然被排除在统一科学的范围以外。"① 而且，纽拉特还采取了比其他分析哲学家更为激进的态度，他既反对维特根斯坦把哲学看成语言的批判活动或说明语言的阶梯，也反对卡尔纳普把哲学看成"科学语言的逻辑句法"，或"科学的逻辑"，他甚至干脆反对使用"哲学""科学哲学""科学逻辑""知识论"等概念。他说："我们从命题出发，又结束于命题，根本就不需要任何非物理语言的说明。"② 由此可见，纽拉特是一个十足的逻辑实证主义者。

但是，纽拉特的科学哲学还有另一面，尽管在反对形而上学的问题上纽拉特的思想决不逊色于其他任何一个逻辑实证主义者，但他却是一个深受马克思主义哲学影响的科学哲学家，他坚信唯物主义比唯心主义更具有科学性，甚至把他所确立的物理主义（作为实证主义内部的一个小分支）看成比机械唯物论和辩证唯物论更高级的唯物主义。因为他相信"唯物主义往往同政治和社会中的进步思想相联系，而唯心主义则往往采取反动的态度"③。

纽拉特对唯物主义的赞同并不是说他有多少唯物论的言论，纽拉特对唯物主义的态度表现在他的哲学研究之中；甚至可以说纽拉特对唯物主义的态度在他的科学哲学中有着不可忽视的影响，这种影响几乎到处可见，像幽灵一样徘徊于他的整个哲学之中。我们可以从两个角度看，一方面，纽拉特不断地同卡尔纳普等人的唯我论、约定论、主观主义、逻辑构造主义、形式主义等各种唯心主义作不懈的斗争，他反对在经验的科学之上有"哲学""科学的逻辑"等纯属构想的东西。另一方面，纽拉特在尽可能的条件下坚持从科学的实际出发，他认为"科学只在命题的范围内"④。因此，"我们起于命题且止于命题，根本不存在什么非物理学命题的说明"⑤。纽拉特还反对使用人工语言或理想语言，而主张使用"物理主义的日常语言"，他认为这种语言就是物理学家通常使用的语言，只是作一

---

① Ayer, Alfred Jules (ed.), *Logical Positivism*, Glencoe, Ill.: Free Press, 1959, p. 282.

② Ayer, Alfred Jules (ed.), *Logical Positivism*, Glencoe, Ill.: Free Press, 1959, p. 293.

③ Paul Arthur Schillp (ed.),: *The Philosophy of Rudolf Carnap*, Open Court Pub. Co., 1963. 自传部分。

④ Ayer, Alfred Jules (ed.), *Logical Positivism*, Glencoe, Ill.: Free Press, 1959, p. 285.

⑤ Ayer, Alfred Jules (ed.), *Logical Positivism*, Glencoe, Ill.: Free Press, 1959, p. 293.

些调整或删节。

在如何对待唯物主义的问题上，纽拉特的科学哲学暴露了传统哲学和现代哲学的矛盾，暴露了形而上学和分析哲学的矛盾，暴露了马克思主义哲学和科学哲学的矛盾，体现了科学哲学内部的哲学基本问题，也体现了分析哲学和语言哲学内部的哲学基本问题。这些矛盾问题是哲学思想发展的必然产物，科学哲学本身就处在传统哲学向现代哲学的纵向发展之中，同时也处在马克思主义哲学和各种现代哲学的横向关系之中，而且，物质和意识的关系问题不仅是近代哲学的基本问题，也是现代哲学以及全部哲学的基本问题。纽拉特的科学哲学之所以颇具特色，就是因为在他的哲学思想中，这些矛盾被尖锐化了。其实，如何对待传统哲学中的形而上学，包括唯物主义和唯心主义哲学观，一直是科学哲学发展的主题，纽拉特的科学哲学体现了围绕着这条主线的矛盾和问题。

在逻辑原子主义与整体论之间

什么是逻辑原子主义？维特根斯坦在他的《逻辑哲学论》中为我们提供了逻辑原子主义的基本纲领：世界就是现存的每一个事物；事物就是原子事实的存在；事实的逻辑结构就是思想；思想就是有意义的命题；命题就是基本命题的真值函项；对于不能说的（无意义的或不能证实的）应该沉默。所谓的逻辑原子主义就是把世界的本质归结为原子事项，把语言的本质归结为基本命题，就如同物质是由原子构成的一样。

逻辑原子主义是分析哲学（包括语言哲学和标准科学哲学）的世界观和方法论，也是逻辑实证主义和物理主义的世界观和方法论。以卡尔纳普为首的维也纳学派根据逻辑原子主义的基本精神提出了科学哲学的可证实性理论、意义理论、句法理论、检验理论、真理理论。例如，卡尔纳普关于句法和语义的研究就在于寻求把语言还原为有意义的观察命题的逻辑可能性，从而解决科学的人工语言的证实、意义检验、真理性等问题。

纽拉特在他的《基本命题》一文中指出，"随着知识的进步，在统一科学的语言中表述的精确性在不断增加，但是，这种精确性并不存在，因为这种精确性的本质是建立在基本命题的基础之上的，而基本命题是一个很模糊的概念。用纯基本命题（原子命题）所构筑的理想语言的设想是一个类似于拉普拉斯学说那样的形而上学，不论科学语言的符号系统发展到何种地步，决不能把它看作向这种理想语言的接近。"① 因为"基本命题与其他现存的命题并无区别"，"统一科学的每一个规律和每一个物理主义命题以及它的分支学科都服从于变化，基本命题也是可变的"，"被抛弃的命运也可以降临在基本命题的头上"，"我们也允许抛弃基本命题的可能，一个命题的确定性条件是它服从于证实"，"既不存在着基本命题也不存在着不服从证实的任何命题"，"并不存在以约定的基本命题为科学起点的途径"②。

纽拉特不仅对逻辑原子主义持反对态度，而且还从整体论的角度分析哲学和科学。一方面，纽拉特是从科学统一的角度来反对形而上学的，这一点与其他维也纳学派成员从基本命题的角度反对形而上学有明显不同。他在《社会学和物理主义》一文中指出："维也纳学派一致认为哲学并不作为一种理论而存在，而科学则不同，它本身采取命题的形式，科学命题的整体构成了一切有意义命题的总和。……只有通过许多思想家们的共同努力才能弄清这广点。如果某种思想是假的或无意义的，即形而上学的，那么它必然被排除在统一科学之外，建立没有'哲学'或'形而上学'的统一科学并不是个别人的工作，而是多数人的努力。"③ 所谓的科学统一就是："各种规律在一定条件下都可以互相联系起来，全部规律，无论是化学的，还是社会学的，都必须被看作一个系统中的某个因素，即统一科学中的某个因素。"④另一方面，纽拉特是从科学语言整体性的角度上来分析科学语言的意义问题、检验问题和真理问题的。一个命题是否是真的、有意义的或科学的，必须把这一命题与其他相关命题或统一科学的命题系统相比较，而不是与"经验""原子事实""实在"或"世界"相比较。如果某一命题与一命题系统能够保持逻辑上一致的关系，那么它就是真的、科学的或有意义的，否则就是假的、不科学的、无意义的或形而上学的。这就是说，不是命题的性质决定命题系统的性质，而是命题系统的

---

① Ayer, Alfred Jules（ed.）, *Logical Positivism*, Glencoe, Ill.：Free Press, 1959, p. 199.

② Ayer, Alfred Jules（ed.）, *Logical Positivism*, Glencoe, Ill.：Free Press, 1959, pp. 200, 201, 204, 205.

③ Ayer, Alfred Jules（ed.）, *Logical Positivism*, Glencoe, Ill.：Free Press, 1959, pp. 282 - 283.

④ Ayer, Alfred Jules（ed.）, *Logical Positivism*, Glencoe, Ill.：Free Press, 1959, p. 284.

性质决定命题的性质。

尽管纽拉特的科学哲学带有整体论的倾向，但只是说纽拉特在开始向这个方向探索而已。他的整体论思想尚缺乏本体论的证明。因此，他的科学统一的系统思想只不过是科学命题的逻辑联结而已。按照他的话来说就是科学的实质是命题，它的起点和终点都是命题。由此可见，纽拉特的科学哲学在本质上仍然是逻辑原子主义的，至少在原则和方法上是如此。但是，纽拉特的科学哲学毕竟体现了科学哲学中逻辑原子主义和整体论之间的矛盾冲突，科学哲学的发展的确经历了一个由原子论向整体论的发展。历史主义的科学哲学家库恩、拉卡托斯等人都强调科学的整体性，维特根斯坦的后期哲学和分析哲学家蒯因（W. V. Quine）也都把整体思想纳入语言哲学的研究之中。

在静态分析与动态分析之间

追求知识的精确性和确定性是分析哲学的出发点，也是科学哲学和语言哲学的出发点。静态分析的方法是使用理想语言的语言哲学和逻辑实证主义的科学哲学的基本方法。维特根斯坦的前期哲学就是静态分析的典型，在他的前期代表作《逻辑哲学论》中，维特根斯坦提出了一个"图式"说，所谓的"图式"说就是认定原子事实和基本命题之间的一一对应关系以及基本命题和其他命题的逻辑关系和原子事实与世界之间的逻辑关系，在一定意义上，"图式"说是逻辑原子主义的方法论实质，也是静态分析方式的基本原则，维也纳学派就是根据维特根斯坦的"图式"说来解释科学语言的句法问题、结构问题、意义问题、检验问题和真理问题的，而这些问题的实质是追求科学的确定性基础，其途径就是静态分析的方法。因此，静态分析是逻辑实证主义以及一切逻辑主义方法论的主要特征。

作为维也纳学派成员、一个逻辑实证主义者、一个逻辑主义的科学哲学家，纽拉特的方法论没有超越当时作为分析哲学主要特征的静态分析方法。在他的科学统一的理论中，纽拉特坚信各分支学科之间的逻辑关系，坚信各条规律之间的逻辑关系，坚信统一科学内部要素的协调一致，"统一科学由全部科学定律所构成，它们可以互相联结在一起"①，作为一个

---

① Ayer, Alfred Jules (ed.), *Logical Positivism*, Glencoe, Ill. : Free Press 1959, p. 285.

命题系统的科学而言，命题必须与命题相比较，而不是与'经验'、'世界'或其他什么别的东西相比较"①。由此可见，纽拉特的科学哲学也以建立一个具有逻辑一致性的命题系统为理论目的——"命题系统一经确立便具有逻辑一致性，在其内部不允许有矛盾存在，不允许有"危机""反常"和"革命"。因此，纽拉特的科学哲学在方法论上是以静态分析为特点的。

但是，纽拉特的科学哲学还有它的独到之处，他首先认为基本命题与其他命题并无区别；一个命题的确定性条件是它必须服从于证实，既不存在初始的基本命题，也不存在不服从证实的命题。因此，"我们应该允许抛弃基本命题的可能性"②，统一科学中的每一条规律和每一个物理主义命题以及它的分支学科都服从于变化，基本命题也是可变的"③。

不仅基本命题是可以改变的，命题系统也是可变的，而且做这种改变工作还很重要，"每一个新命题都必须与即已存在的命题系统相比较，说一个命题是真的就意味着这个命题可以结合进这个整体之中，否则将被抛弃为假的。……即已存在的命题系统也可以作些改进使其与新命题保持一致。在统一科学内部，一个重要的工作就是作这样的改进"④。遗憾的是，纽拉特并没有展开这样一个"重要的工作"，更没有看到这个重要的工作的意义究竟是什么、如何改进等问题。这也难怪，纽拉特毕竟是纽拉特，分析哲学毕竟是分析哲学，逻辑实证主义毕竟是逻辑实证主义，在逻辑实证主义内部，纽拉特只能提出物理主义却不能也不可能想到要提出历史主义的动态分析方法。

我们知道，动态分析是批判理性主义的科学哲学和历史主义的科学哲学的方法论特征。纽拉特的观点十分接近波普尔的批判理性主义，其基本倾向与历史主义的科学哲学崇尚动态分析方法亦有相似之处。这说明纽拉特科学哲学"静中有动"的倾向体现了逻辑实证主义的内部矛盾，也体现了整个科学哲学由静态分析走向动态分析的思想主线。

---

① Ayer, Alfred Jules (ed.), *Logical Positivism*, Glencoe, Ill.: Free Press 1959, p. 291.
② Ayer, Alfred Jules (ed.), *Logical Positivism*, Glencoe, Ill.: Free Press 1959, p. 204.
③ Ayer, Alfred Jules (ed.), *Logical Positivism*, Glencoe, Ill.: Free Press 1959, p. 204.
④ Ayer, Alfred Jules (ed.), *Logical Positivism*, Glencoe, Ill.: Free Press, 1959, p. 203.

理想语言与日常语言的纠结

语言问题是前期分析哲学的基本问题，也是逻辑实证主义科学哲学的基本问题。在使用语言的问题上，分析哲学和科学哲学都经历了一个从使用理想语言到使用日常语言的发展过程。就科学哲学而言，逻辑实证主义的科学哲学特别注重理想语言。历史主义的科学哲学则放宽了对语言的要求，或者使用日常语言，或者干脆不讨论语言问题。维也纳学派的大多数成员都十分崇尚理想语言，并致力于建立一种理想语言的科学体系。在这方面，卡尔纳普的工作尤以为著，例如，他的《世界的逻辑结构》（1928年）、《使用物理主义语言的心理学》（1932年）、《关于哲学问题的特点》（1934年）、《语言的逻辑句法》（1934年）、《统一科学的逻辑基础》（1938年》、《意义和必要性》（1947年）、《语义学导论和逻辑形式化》（1956年）等等。所谓的理想语言就是形式化的语言，也就是使用数理逻辑的符号语言。

卡尔纳普和纽拉特都是维也纳学派成员，都是物理主义者，但在使用语言的问题上，二者是有分歧的，与卡尔纳普使用理想语言不同，纽拉特根本否认"科学哲学""科学逻辑""知识论"等概念存在的必要性，进而否定那种严格的理想语言。纽拉特认为，用原子命题来构筑一种理想语言的设想也是一种形而上学，尽管科学语言的符号系统在不断发展，但也决不能看成向这种理想语言的接近。纽拉特也主张科学统一，认为统一的科学应使用统一的语言，也坚信科学统一的理论基础是物理主义，甚至在统一科学应使用物理主义语言的问题上，纽拉特与卡尔纳普都是一致的，但在什么是物理主义语言的问题上，二者出现了分歧，而且是严重的分歧。纽拉特认为物理主义的语言并不完全是形式化了的符号语言。而是物理学的语言，即物理学家们所使用的日常语言。他在《社会学与物理主义》一文中指出："因为物理学定律关系到非常复杂的性质，程序化的要求是不合适的，因此，日常的物理表述也是复杂的。物理主义的日常语言来自（物理学的）一般表述，只是去掉了某些部分，调整了其他部分，这种调整是为了弥补某些缺陷。"[1] "我们所已知的是包含有不精确的和非分析性术语的日常的自然语言，我们首先去掉其中的形而上学成分以达到

① Ayer, Alfred Jules (ed.), *Logical Positivism*, Glencoe, Ill.: Free Press, 1959, p.298.

物理主义的日常语言。"①

可以肯定，纽拉特所说的日常语言与后期分析哲学或后期语言哲学所使用的日常语言有着本质的区别，与非标准科学哲学对语言的理解和态度更有很大不同，但是纽拉特的"物理主义的日常语言"概念毕竟体现了理想语言与日常语言的矛盾，这个矛盾不仅是语言学内部矛盾，而且也是科学哲学的哲学观和科学观的内部矛盾。因此，这个矛盾一直贯穿始终。

纽拉特的科学哲学在以上几个方面的特点并不是孤立的，作为主要矛盾方面的分析哲学倾向，逻辑主义倾向、逻辑原子主义倾向、静态分析倾向和理想语言倾向是他的逻辑实证主义科学哲学的主流。一般说来，早期的分析哲学都是逻辑主义和逻辑原子主义的，而逻辑主义和逻辑原子主义都使用静态分析的方法和理想语言。作为次要矛盾方面的传统哲学倾向，历史主义倾向、逻辑整体主义倾向、动态分析倾向和使用日常语言倾向等也是彼此相关的，历史主义都对形而上学放宽了尺度，有的公然承认形而上学，而且历史主义往往采用整体论的和动态分析的方法，都使用日常语言。我们知道，科学哲学的发展大体上经历了一个逻辑主义（标准科学哲学）阶段向历史主义（非标准科学哲学）阶段演进的过程，在这个发展过程中，逻辑和历史、分析和思辩、原子论和整体论、动态和静态、理想语言和日常语言等各种矛盾交织在一起，构成了科学哲学的发展脉络。有趣的是，纽拉特能把这些矛盾统一起来、有机地糅合在他的科学哲学中，而且，纽拉特是一个逻辑实证主义者，当他看到这些问题的时候，正是在逻辑主义科学哲学的鼎盛时期，可见纽拉特其人具有多么强烈的反传统意识和独立思考的批判精神，他曾激烈地批评与他同时代的同路人，比如，维特根斯坦、卡尔纳普、石里克等人一直是他批判的对象，同时，他也曾被他的同路人激烈地批判过。正是这种内部的批判，促进了该派学说的发展，纽拉特的批判在卡尔纳普从逻辑实证主义走向物理主义、逻辑实证主义走向波普尔的批判理性主义（否证论）、逻辑主义的科学哲学走向历史主义的科学哲学的演变过程中有着不可忽视的影响。

纽拉特的科学哲学给我们提供了研究科学哲学在方法论上的重要启

① Ayer, Alfred Jules (ed.), *Logical Positivism*, Glencoe, Ill.: Free Press, 1959, p. 201.

示。一个学派的内部矛盾往往就是整个科学哲学的基本矛盾，一个学派内部诸多观点的同一性就是这个学派的本质特征，这个学派内部诸多观点的差异性就是这个学派的内部矛盾和进一步发展的潜力。我们要在异中求同，找出本质的东西，也要在同中求异，找出矛盾的和发展的东西。

3. 从科学统一的维度思考社会—历史问题①

如果把科学哲学分为标准科学哲学和非标准科学哲学的话，那么，所谓的标准科学哲学就是指逻辑主义的科学哲学，非标准科学哲学则是指历史主义的科学哲学。前者包括维也纳学派的逻辑实证主义、卡尔纳普后期的物理主义和波普尔（K. popper）的批判理性主义《否证主义》。后者包括库恩（T. Kuhu）的"范式理论"、拉卡托斯（I. Lakatos）的"科学研究纲领的方法论"理论和费耶阿本德（P. Feyerabend）的"无政府主义方法论"理论，此外还有被称为新历史主义的夏皮尔（D. shapere）、劳丹（L. Laudan）等人的科学哲学。作为一个分析哲学家和物理主义者，纽拉特的科学哲学在本质上是逻辑主义的，他在《社会学和物理主义》一文中指出，"科学只存在于命题领域……它的起点和终点都是命题。"他的物理主义和科学统一的思想就是企图构筑一个使用物理学语言的各门科学包括社会科学可进行转换的逻辑系统。

虽然不能说纽拉特是一个历史主义者，但他的科学哲学中的确包含着历史主义的因素和倾向。关于这个问题，卡尔纳普在他的《自传》中曾有过论述："纽拉特的重要贡献之一就在于他经常说明哲学思想发展的社会历史条件。他经常反对石里克（Schlick）和罗素（Russell）等人所坚持的哲学思想主要取决于它的真理性的观点。他强调特定的文明和特定的历史环境有利于某种思想体系或哲学倾向。……他赞同在我们这个时代哲学中的科学思维方法将不断加强，但他强调这个观念并不是因为科学思维方法的正确性，而是因为西方世界和大部分民族都在因经济而强调工业化。因此，在纽拉特看来，一方面，心理上对于神学的和思辩的思维方法的需求将消失，另一方面，由于工业化的技术问题，自然科学文明将不断

---

① 笔者近期研究发现，在布鲁姆（Mark E. Blum）编撰的《奥地利马克思主义》（*Austro-Marxism：The Ideology of Unity*）一书中将纽拉特收入其中，即纽拉特是分析马克思主义者。

加强。因此，这种良好的文明环境有利于促进科学的思维方法。"① "对纽拉特而言，他之所以坚持唯物论的观点是因为近百年来的历史表明唯物主义总是与政治和社会事物中的的进步思想相联系，而唯心主义则采取反动的态度。"②

不仅如此，纽拉特还力图把他的科学统一的思想尽量推广到社会科学中去。他认为社会科学并不是道德科学，而是"社会的行为的科学"，是统一科学的一部分。这样，纽拉特就为科学哲学开辟了一个关于社会科学的新领域，他既可以把逻辑主义应用到社会科学之中，又可以把社会科学中的历史主义反馈到逻辑主义的科学哲学中来。例如，纽拉特在将逻辑经验主义移植到经济学中去就发现这样一个问题，经济学看似使用数学工具，但其实它运用了许多经不起逻辑推敲的形而上学命题。③

为了克服这些问题，纽拉特认为经济学研究应该去除有关以个人为单位的经济学假设，代之以"生活状态"（life situations）的实证分析，也就是考察有关住房、食物、衣服、教育资源、娱乐机会、劳动时间及其强度、疾病救治和生命年限等数据指标，并以此作为经济分析的起点。

在这里，纽拉特用确凿的数据来取代所谓的"幸福感"（life feelings）等主观的或形而上学的经济学术语，从而将经济学奠定在科学的基础之上或者将经济学列入逻辑经验主义的研究纲领之中，也就是使经济学成为统一科学的一部分。

如果说纽拉特的分析哲学中的传统哲学是以传统哲学为参照的，这一特点暴露了科学哲学和形而上学的主要矛盾；那么，纽拉特的逻辑主义中的历史主义则是以历史主义的科学哲学为参照的，这一特点暴露了科学哲学内部逻辑主义和历史主义的主要矛盾。这一矛盾使石里克、卡尔纳普等人的逻辑主义的科学哲学演化为库恩、拉卡托斯和费耶阿本德等人的历史

---

① Paul Arthur Schillp (ed.), *The Philosophy of Rudolf Carnap*, Open Court Pub. Co., 1963, p. 22.

② Paul Arthur Schillp (ed.), *The Philosophy of Rudolf Carnap*, Open Court Pub. Co., 1963, p. 25.

③ Otto Neurath, (edited.) *Unified science*, The Vienna Circle Monograph Series Originally edited by Otto Neurath, With an introduction by Rainer Hegselmann, Translations by Hans Kaal, D. Reidel Publishing Company, 1987, p. 71.

主义的科学哲学。因此，从纽拉特的历史主义因素，我们看到了逻辑主义的科学哲学向历史主义的科学哲学转化的逻辑必然性。当然，这种必然性之所以表现在纽拉特身上也有其特殊原因，纽拉特不是自然科学家而是一个深受马克思主义哲学影响的经济学家和社会学家。①

> In spite of the numerous discussions of the foundations of political economy in the literature, the fundamental formulations have not received an adequate logical analysis. Special care is therefore required, especially in taking the first steps. The fact that political economy is a discipline which makes frequent use of mathematical calculation should not be allowed to disguise this logical inadequacy of political economy. We even see occasionally how quite subtle considerations of modern logic are amalgamated with rather unclear politico-economic formulations and metaphysical theses. Defective premises and uncritically accepted concepts cannot be improved by calculation, just as we can extract only those apples from a goose that we stuff it with, no matter how carefully we roast it.
>
> Given the crudeness of all economic investigation, we shall not in general need to recur constantly to life feelings, which would have to be determined by examining individual persons, but can content ourselves with determining "*life situations*", which we shall describe in more or less detail, depending on how precisely we wish to define the life feelings that can be derived with a certain probability from data concerning life situations; and here we are thinking especially of data concerning housing, food, clothing, educational resources, recreational possibilities, working time, workload, proneness to disease, mortality, etc. After first arranging life situations in an order of magnitude according to the life feelings that depend on them, we can then take this arrangement as the starting-point for all further economic analyses.

图 5 - 15　纽拉特《统一科学》节录

第四节　对逻辑经验主义的几种反思

Sahotra Sarkar 编辑的《逻辑经验主义的衰微：卡尔纳普与奎因及其批判者》从理论层面全面检索了逻辑经验主义的难题和困境。其中包括："分析性与综合性作为经不起推敲的二难"（The Analytic and the Synthetic: An Untenable Dualism/Morton G. White）；"经验论的两个教条"（Two Dog-

---

① 参见拙文《批判传统与分析传统的汇通何以可能？——〈马克思被维也纳学派奉为"先哲"说起〉》，《哲学分析》2022 年第 5 期。

mas of Empiricism/W. V. Quine）；“论分析命题”（Analytic Sentences/Benson Mates）；“论分析性”（On “Analytic”/R. M. Martin）；“意义公设”（Meaning Postulates/Rudolf Carnap）；“保卫一个教条”（In Defense of a Dogma/H. P. Grice and P. F. Strawson）；“自然语言的意义和同一性”（Meaning and Synonymy in Natural Languages/Rudolf Carnap）；“经验主义意义标准的问题和演化”（Problems and Changes in the Empiricist Criterion of Meaning/Carl G. Hempel）；“理论概念的方法论特征”（The Methodological Character of Theoretical Concepts/Rudolf Carnap）；“意义和分析性”（Significance and Analyticity/David Kaplan）；“评卡尔纳普的意义标准”（A Note on Carnap's Meaning Criterion/William W. Rozeboom）；“论希尔伯特 epsilon 算子在科学理论中应用”（On the Use of Hilbert's［epsilon］-Operator in Scientific Theories/Rudolf Carnap）；“经验主义、语义学和本体论”（Empiricism, Semantics, and Ontology/Rudolf Carnap）；“理论实体的本体论状况”（The Ontological Status of Theoretical Entities/Grover Maxwell）；“从个人的角度看科学哲学”（Philosophy of Science：A Personal Report/Karl R. Popper）；“发现的逻辑”（The Logic of Discovery/Norwood Russell Hanson）；“如何做一个好的经验主义者：认识论语境中的宽容诉求”（How To Be a Good Empiricist-A Plea for Tolerance in Matters Epistemological/P. K. Feyerabend）；“理论的分析性”（Theoretical Analyticity/John A. Winnie）。这些论述从不同角度揭示了逻辑经验主义的各种问题或矛盾。

一　维特根斯坦后期思想的演变

维特根斯坦与社会建构主义有千丝万缕的关系，他的后期哲学尤其如此。他的后期哲学可以归结为如下几个基本观点：1. 词语和句子一般并没有特定的所指或意义。2. 相反，词语或句子的意义取决于他们在语言游戏中的作用和用法。3. 语言游戏是体现在社会活动中的语言行为的模式：“生活方式”。4. 语言游戏以规则为基础。它们未必有什么道理，但语言游戏有着共通的模式或标准，这些模式或标准附着在生活方式语言行为的模式中。5. 生活方式具有先在性；生活方式是在社会中形成的。它们是社会行为或社会实践的必然产物，这些方式仅仅能够被外在地给予，因为它们的存在只是凭借合法性。6. 有许多生活方式，因而也有许多语言游戏，以及与它们相关的别的什么东西。7. 生活方式可以发展变化，语言游戏也是如此，也可以生长、变化以及任意发展。8. 语言游戏在很大的程度上被它的参与者所学习，因而解释是语言游戏的不可缺少的部分。9. 就像游戏没有共同的特性，而只是"家族相似"一样，语言游戏也是不断变化的，也有不同类型。

　　高林斯基（Jan Golinski）在《创造自然知识：建构主义与科学史》（*Making Natural Knowledge: Constructivism and the History of Science*）中比较准确地评价了维特根斯坦的后期哲学对社会建构主义的决定性影响。"传统哲学迷恋主客体的认识论模式忽视了社会集体性，而这个社会集体性现代已经成为批判知识产生的工具。社会集体性范畴来源于维特根斯坦的后期哲学，认为语言只有在'生活形式'（Bloor，1983）的特殊用法中才能发现其意义。我们用以描述世界的语言似乎只有在实践活动中才能得以持续，只有在人类集体完成其目的的统一行为中才能得以持续。"①

　　从认识论的角度看，维特根斯坦的数学哲学在社会建构主义的形成过程中扮演了一个特殊的角色。这是由于维特根斯坦对数学基础及其哲学根基提供了一个独特的解释。他为语言规则和实践中的逻辑的必然性和数学知识提供了基础。这就是社会约定、标准和行为的生活方式，包括上面提到已被社会接受的语言应用模式。这种语言的应用模式为必然性和真理概念提供了基础，也为数学和逻辑提供了认识论基础。② 正如厄尔奈斯特（Paul Ernest）在《社会建构主义作为数学哲学》（*Social Constructivism as a Philosophy of Mathematics*）中所说，"维特根斯坦的后一种数学哲学是社会性的，因为他强调数学起因于一个或几个生活方式。"③ 在维特根斯坦

① Jan Golinski, *Making Natural Knowledge: Constructivism and the History of Science*, Cambridge University Press, 1998, pp. 6 - 7.
② Paul Ernest, *Social Constructivism as a Philosophy of Mathematics*, State University of New York Press, 1998, p. 135.
③ 在维特根斯坦看来，数学由语言游戏构成，或由一系列语言游戏构成。"对于数学我想说的是，数学不是回答问题，而是教我们玩问题和回答者的游戏'。"（维特根斯坦1978，381）见 Paul Ernest, *Social Constructivism as a Philosophy of Mathematics*, State University of New York Press, 1998, pp. 75 - 76.

看来，数学由语言游戏构成，或由一系列语言游戏构成。"对于数学我想说的是，数学不是回答问题，而是教我们玩问题和回答者的游戏'（维特根斯坦，1978，381）。"[1] 这种数学哲学的基本观点就是，"数学是被数学家建构的，不是原先存在后被数学家发现的（'数学家是发明者，不是发现者'，维特根斯坦（1978，1999）。"[2]

厄尔奈斯特认为，维特根斯坦之伟大在于提出对数学哲学进行革命性的社会建构主义的研究。第一，维特根斯坦挑战了基础主义及其对数学哲学的传统研究。他抛弃了在他那个时代被广为接受的规范性研究，转向了对数学哲学进行描述性研究。这是一项伟大的计划，用数学及数学实践本身来解释数学，而不用推演的公式。第二，维特根斯坦对数学哲学乃至整个数学中的绝对主义持怀疑态度。第三，维特根斯坦的划时代的革命作用在于，他结束了用实在论和唯心主义的方式讨论知识和数学知识的哲学传统。他推翻了柏拉图主义的等级观念，代之以抽象的理想化的理论为基础，他把人类和社会实践看作既定的。维特根斯坦以具体的生活形式、语言游戏说和意义使用说为基础开发了一种精细而通达的社会认识论。

二　蒯因的逻辑整体主义

W. V. 蒯因的思想立足点在于他从逻辑根基的维度来审视逻辑经验主义乃至整个经验主义的理论基础。他在其名文《经验论的两个教条》开宗明义地指出，逻辑经验主义或其所说的现代经验主义受制于两个教条：一是分析性命题与综合性命题之间的区分；二是将词义归结为直接经验的还原主义。[3]

按照蒯因的分析，分析性命题和经验性命题之间的区分并没有得到经验主义的合理解释，这是经验主义无法用自己的原则得到辩护的"形而上学教条"，也就是说，所谓的分析性命题和综合性命题之间并不存在合

---

[1]　Paul Ernest, *Social Constructivism as a Philosophy of Mathematics*, State University of New York Press, 1998, p. 76.

[2]　Paul Ernest, *Social Constructivism as a Philosophy of Mathematics*, State University of New York Press, 1998, p. 75.

[3]　Willard Van Orman Quine, *From a Logical Point of View*, Harper Torchbooks, 1953, p. 20.

Modern empiricism has been conditioned in large part by two dogmas. One is a belief in some fundamental cleavage between truths which are *analytic*, or grounded in meanings independently of matters of fact, and truths which are *synthetic*, or grounded in fact. The other dogma is *reductionism*: the belief that each meaningful statement is equivalent to some logical construct upon terms which refer to immediate experience. Both dogmas, I shall argue, are ill-founded. One effect of abandoning them is, as we shall see, a blurring of the supposed boundary between speculative metaphysics and natural science. Another effect is a shift toward pragmatism.

图 5 - 16　蒯因《两个教条》片段

理的界限。在他看来，观察命题与理论命题之间的区别不是性质的区别，而是程度上的区别。任何观察命题都包含着理论意义，而任何理论命题也都包含着经验意义。①

从这个思考出发，"蒯因和 Mary Hesse② 等哲学家已经提出了一个模式，这个模式把科学知识看作一个由概念和信念的相互连接所构成的网络系统。它也能解释这个网络将随着新经验材料的发现而改变，但在如何形成这个网络的时候科学家享有充分的自由。正如建构主义所展现的，科学是一系列自由选择。与纯粹的理智的创造物不同，科学是由人类参与的一系列活动（Pickering, ed. 1992：1 - 26）。这种转变在一定程度上归功于现象学和解释学的影响，但与受一定哲学影响的社会科学的研究有更多的联系。解释的社会学和人类学更容易地研究人类是如何行为的，而不是他们如何思考的。受这种研究的影响，对科学的研究已经放弃了重建概念结构的企图，转而研究作为观察对象的人类行为本身"③。

---

① Willard Van Orman Quine, *From a Logical Point of View*, Harper Torchbooks, 1953, pp. 36 - 37.

② Mary Hesse，英国剑桥大学 Emerita 学院科学哲学教授，因其与库恩等人一起用范式等概念研究科学史，被称为 20 世纪 60 年代最重要的科学哲学家，用她自己的话说，她一生都在促成科学史和科学哲学的结合。参见 Stuart Brown, Diane Collinson, Robert Wilkinson (eds), *Biographical Dictionary of Twentieth-Century Philosophers*, Routledge：London, 1995, pp. 336 - 337. 以及 http：//digilander. libero. it/collodel/maryhesse.

③ Jan Golinski, *Making Natural Knowledge：Constructivism and the History of Science*, Cambridge University Press, 1998, p. 9.

三　K. 波普的批判理性主义

卡尔·波普尔早年曾与维也纳学派接触，并同逻辑经验主义者一样坚信观察对理论的决定性意义。但与维也纳学派成员不同的是，他认为经验观察必须以一定理论为指导，而理论本身又是可证伪的，因此应对之采取批判的态度。在他看来，可证伪性是科学的不可缺少的特征，科学的增长是通过猜想和反驳发展的，理论不能被证实，只能被证伪，因而其理论又被称为证伪主义或批判理性主义。

K. 波普尔的批判理性主义的意义，在于突破了逻辑经验主义的第三个教条，即发现语境和辩护语境的划界，认为逻辑经验主义不仅可以研究证明问题，也可以研究发现问题。他在《科学发现的逻辑》《客观知识》等著中论证了如下三个论点："我的第一个论点是就其只作说明而不作论证而言，它是说，传统的认识论把注意力集中在第二世界即主观意义的知识上，离开了对科学知识的研究。"① "我的第二个论点是，与认识论相干的是研究科学问题和问题境况，研究科学推测（我把它看作是科学假说或科学理论的别名），研究科学讨论，研究批判性论据以及研究论据在辩论中所起的作用；因而也研究科学杂志和书籍，研究实验及其在科学论证中的价值；或简言之，研究基本上自主的客观知识的第三世界对认识论具有决定性的重要意义。"② "但是，我还有第三个论点，即研究第三世界的客观主义认识论会有助于很好地阐明主观意识的第二世界，尤其有助于阐明科学家的主观思想过程：但反之则不然。"③

然而，在科学哲学的"历史学转向"之际，历史主义学派所直接予以攻击和反驳的倒并不主要是纯粹的逻辑实证主义者，而首先是"批判理性主义"的代表人物，亦即早期的证伪主义者。这种情况是由科学哲学本身的发展所决定的。逻辑实证主义在科学哲学的定向上初始立足于经验"证实"的立场，并依此立场来"拒斥形而上学"；但是，经验证实的可能性很快就落空了，它遇到了逻辑上的严重困难。虽说出现了诸多修正

---

① ［英］卡尔·波普尔：《客观知识》，上海译文出版社1987年，第119页。
② ［英］卡尔·波普尔：《客观知识》，上海译文出版社1987年版，第119页。
③ ［英］卡尔·波普尔：《客观知识》上海译文出版社1987年版，第120页。

方案，特别是"概率主义"的修正方案——从所谓"普遍规律"向概率退却，从所谓"必然性"向或然性退却，但基本的困难仍未解除。"主要是由于波普尔的不懈努力，结果很快就表明，在非常一般的条件下，不论证据是什么，一切理论的概率都是零；一切理论，不仅是同样无法证明的，而且是同样无概率可言的。"① 换言之，根据标准的概率论，无论观察性的经验证据是什么和有多少，任何对世界有所断言的全称陈述，其概率都等于零。正是面对这样的困境，科学哲学开始走上了批判理性主义的发展轨道。

兴起于20世纪50年代的批判理性主义，其纲领特别地表现在"证伪"的主张中，因而亦主要地被称为证伪主义。按照证伪主义的观点，对于科学理论来说，经验证实（依照观察陈述归纳地证实一个普遍理论）乃是不可能的，而"经验证伪"却不仅是可能的、必要的，而且是经验事实对于科学理论唯一能够有所主张、有所判断的东西。于是，"证伪"的意思是指：经验反证据构成反对或反驳一个理论的最终裁决者；而证伪主义的准则是：一个理论或假说要能够成为科学的，它就必须是"可证伪的"——凡是可证伪的理论、假说、命题，乃是科学的，凡是不可证伪的理论、假说或命题，则是非科学的。"一种不能用任何想象得到的事件反驳掉的理论是不科学的。不可反驳性不是（如人们时常设想的）一个理论的长处，而是它的短处。……对一种理论的任何真正的检验，都是企图否证它或驳倒它。可检验性就是可证伪性"②。

证伪主义在科学哲学的发展过程中是意义重大的。它通过以"证伪"来取代"证实"的不可能性所留下的空缺，一方面维持了经验、观察或事实的最终决定地位，另一方面保留了科学理论的规范性标准；它在很大程度上改变了关于"科学"的基本观念：理论的科学性不在于力图通过证明（即使是"或然的证明"）来确立或加强自己的见解，而在于明确地规定放弃自己的条件，而这种被规定的条件意味着理论的可证伪性；因此，证伪主义者强调了理论先于观察的重要意义，强调了独创性的"思辨"或"想象"在科学工作中的重要性，强调了尝试性的猜想或假说之

---

① ［匈］拉卡托斯：《科学研究纲领方法论》，上海译文出版社1986年版，第16页。

② ［英］波普尔：《猜想与反驳》，上海译文出版社1986年版，第52页。

作为科学理论的主导形式，并因而强调了"错误"的积极意义以及由此而来的学习法。从科学哲学本身的发展来看，证伪主义意味着对传统经验主义的一种批判，并且确实在理论逻辑方面摆脱了先前在寻求"经验证实"方面的那种实证主义在逻辑上所特有的困难。

但是，真正说来，批判理性主义虽然把"可证伪性"同"经验证实"对立起来，却仍然延续了"语言学转向"之后的逻辑实证主义对科学哲学问题的基本理解方式和处理方式，延续了后者之决定性的哲学立场。大体而言，在以下三个方面，批判理性主义与逻辑实证主义在原则上是一致的：首先，虽然批判理性主义者采用证伪方法，亦即用可证伪性来定义意义标准，来规定科学和非科学的划界标准，但他们同样诉经验的支持，赋予经验以同样一种决定性的、最终裁决者的意义；第二，和逻辑实证主义者一样，他们仍然坚决主张科学的目的乃是追求科学理性在逻辑上的真正解释，严格地坚持科学方法在逻辑形式意义上的规范性，把真理的客观领域完全限制在逻辑的范围内，从而导致彻底的"逻辑实在论"；因此，第三，批判理性主义同样实际地排除了科学理论的社会—历史牵涉，把科学事业的历史条件、社会制约、实践内容以及属人的主观因素等等统统取消掉了。因此，从性质和结构上来说，虽然科学哲学在学说内部出现了重要的改变与调整，但批判理性主义在上述的基本方面与逻辑经验主义具有共同的或类似的立场，因而在这种意义上可以说乃是后者的延续和进一步发展。

四　费格尔论科学主义与人文主义的融合

从思想史的角度看，逻辑实证主义确实存在着否定社会因素如"价值"和"规范"等的思想倾向。1932 年，维也纳学派的代表人物卡尔纳普在一篇题为《通过语言的逻辑分析清除形而上学》的论文中指出，"现代逻辑的发展，已经使我们有可能对形而上学的有效性和合理性问题提出新的、更明确的回答。应用逻辑或认识论的研究，目的在于澄清科学陈述的认识内容，从而澄清这些陈述中的词语的意义，借助于逻辑分析，得到正反两方面的结论。正面结论是在经验科学领域里作出的，澄清了各门科学的各种概念，明确了各种概念之间的形式逻辑联系和认识论联系。在形而上学领域里，包括全部价值哲学和规范理论，逻辑分析得出反面结论：

这个领域里的全部断言陈述全都是无意义的。"①

　　但这只是问题的一个方面，其实，逻辑经验主义早就关注人本主义提出的问题。早在 1949 年，分析派的科学哲学家费格尔（Herber T Feigl）就曾经提出了自然主义与人本主义统一的科学的世界观。②

　　在费格尔看来，"在哲学的科学根源的一般意义上，人本主义是被熟知以至于无需重新详细阐述。应该说，人文价值包括自由和责任、权力和义务、创造和评价的能力等等，但应该从这些范畴除去蕴含其中的神学和形而上学的观念"③。但在费格尔眼中，最可接受的人本主义是美国教育中的进步主义或重建主义：科学态度和人文价值在行动中的综合。将科学和人文综合起来是我们这个时代最大的任务。在这里，费格尔高度评价了杜威等人的实用主义、塞拉斯等人的自然主义和布里奇曼等人的科学的经验主义，认为这些思潮可以与 18 世纪法国启蒙运动相媲美。

　　从科学主义与人本主义统一的角度出发，费格尔提出了 5 条科学方法的判据：交互主体的可检验性（inter-subjective testability）——这条判据强调科学事业的社会本性；可信度或证实的充分程度（Reliability or Degree of confirmation）；可定义性和精确性（Definiteness and Precision）；稳定性或系统的结构（Coherence or systematic structure）；可理解性或知识的限度（Comprehensiveness or Scope of Knowledge）。费格尔认识到了人本主义对科学哲学的重要意义，但他对人本主义的理解存在两个问题：其一，他依然是从逻辑实证主义的角度来审视人本主义，因而他所理解的人本主义难免科学主义的阴影；其二，他所理解的人本主义带有他那个时代的局

　　① 卡尔纳普：《通过语言的逻辑分析清除形而上学》，洪谦编《逻辑经验主义》上卷，商务印书馆 1982 年版，第 13 页。

　　② 1949 年，分析派的科学哲学家费格尔就提出了自然主义与人本主义统一的科学的世界观。费格尔在 *American Quarterly* 第一期上发表了《科学的世界观：自然主义和人本主义》（The scientific Outlook：Naturalism and Humanism）。后来，他又将这篇论文收入由他和布拉德贝克（May Brodbeck）主编的《明尼苏达大学科学哲学经典阅读资料》之中。费帕尔指出，这篇论文的主要目的就是，在科学教育中，科学因素和人文因素需要建设性的综合和相互补充，因而必须澄清在这个问题上的混乱和误解。Herbert Feigl and May Brodbeck (eds), 1953, *Readings in philosophy of science*, New York：Appleton-Century-Crofts, p. 8.

　　③ Herbert Feigl and May Brodbeck (eds), *Readings in philosophy of science*, New York：Appleton-Century-Crofts, 1953, p. 9.

限性，带有古典自由主义和美国实用主义的弊端。

从科学主义与人本主义统一的角度出发，费格尔批判了几种在他看来是错误的理念①：

第一，科学来自于、也用于外在的实践的或社会的需要。（辩证的唯物主义，Dialectical Materialism，和强调职业教育者，vocationalism）

第二，科学不能用于人类事物的基础，因为科学本身是不稳定的，不断地变化的。（传统主义，Traditionalism）

第三，科学取决于无批判的或不能被批判的前提。它用自己的标准确立自己的世界观，因此需要考察知识基础的选择性问题。

第四，科学扭曲了实在的事实。用强求一致（Procrustean）的方式打乱了世界的秩序。这种抽象和观念化的方式不能公正地对待经验的丰富性和复杂性。

第五，科学只能处理定量的事物，因而常常忽视了不能定量的事物。

第六，科学只能描述但不能解释经验现象。超出现象也就超出了科学。

第七，科学和科学态度与宗教及宗教态度是不能比拟的。

第八，科学对文明中出现的罪恶和失调应承担责任。科学创造了越来越有力的毁灭性武器。在机器时代，科学成果的使用对大规模的物理或精神的灾难负有责任。而且，进化的生物学事实包含着对全部道德的否定，人类应该回到丛林法则。

第九，科学真理的伦理中性和纯粹研究者的象牙塔状态倾向于造成对人类尊严迫切问题的冷漠。

第十，科学方法，也许在科学的解释、预测和自然现象的控制等方面非常成功，但在日常生活中却并不见效，在精神生活和社会生活中也不起作用。物理科学方法在本质上是机械性的（即使不是物质性的）因而是还原性的，因而不适于解决复杂的有机体的、目的性的以及生活和精神的一般性问题。

第十一，科学方法不能取代心理学、生理学、文化人类学或历史学中

---

① Herbert Feigl and May Brodbeck（eds），*Readings in Philosophy of Science*，New York：Appleton-Century-Crofts，1953，pp. 14 – 17.

的直觉或理解。这就说明知识的客体是个人性的、唯一性的和不可重复性的。

第十二，科学不能决定价值。科学知识只能告诉我们事实是什么，它能做什么，但却不能告诉我们应该做什么。

当然，科学与人文、科学主义与人文主义之间的关系极其复杂，绝不是某个人甚至某几代人就能解决的，费格尔的探索并未引起后世学者的注意，因而在相关领域也未造成相应的学术成就。

在批判或超越逻辑经验主义的问题上，维特根斯坦后期思想、波普的批判理性主义、蒯因的整体主义以及费格尔的科学与人文统一的思想等等，都做了有益的探索，但似乎都没有抓住逻辑经验主义的真正要害。从我们的纲领看，逻辑经验主义的思想基质是将数理逻辑上升为一种哲学理念，或者说是用数理逻辑的思维方式解决或探索哲学及其相关问题。沿着这条思路，我们或可以推知，数理逻辑确实可以解决传统哲学的某些问题，如所谓的用语含糊、逻辑混乱等等，这是应该肯定的；但是，哲学问题毕竟不能都指靠数理逻辑的思维方式来解决，比如哲学观念毕竟有其超验之处，哲学体系不能没有价值判断，这些都是分析方法所免其为难的。因此，逻辑经验主义的问题在于，我们如何将哲学问题区分为那些是可以用数理逻辑方法加以解决的，那些是不能用数理逻辑方法加以解决的，也就是划定数理逻辑方法在解决哲学问题方面的功能和界限。认为数理逻辑方法可以解决一切哲学问题是错误的，同样认为数理逻辑方法不能解决哲学问题也是错误的。

小　结

20世纪20—30年代，维也纳学派的出现特别是逻辑经验主义的横空出世被看作现代科学哲学兴起的重要标志。由此引发的科学统一运动特别是分析运动直到今天依然占据英美哲学界的正统地位。其实，即使在科学哲学的鼎盛时期，现代科学哲学或逻辑经验主义便受困于内部及外部的冲突与矛盾。自20世纪60年代起，T.库恩发表著名的《科学革命的结构》宣告了科学哲学的历史转向，接下来是爱丁堡学派的"社会转向"以及拉图尔等提出的"社会转向或更多转向"①。

　　科学哲学的兴起的知识谱系——弗雷格、罗素和维特根斯坦。逻辑经验主义科学哲学的兴起，与弗雷格、罗素和维特根斯坦三人的哲学探索密切相关，或者说正是弗雷格、罗素和维特根斯坦的哲学工作才引发了维也纳学派和逻辑经验主义兴起。（参见①Claire Ortiz Hill，*Word and Object in Husserl*，*Frege and Russell：The Rools of Tventieth-Century Philosophy*. Athens OH：Ohio University Press，1991. ②Pears，David，*Introduction to B. Russell*，*The Philosophy of Logical Atomism*. Chicago：Open Court. 1985. ③P. M. S. Hacke，*Wittgenstein's place in twentieth-century analytic philosoplhy*，Cambridge，Mass. ：Blackwell，1997. ）

　　维也纳学派的知识谱系：石里克—卡尔纳普—纽拉特等。维也纳学派是 20 世纪 20 年代发源于维也纳的一个哲学学派。其成员主要包括石里克、卡尔纳普、纽拉特、费格尔、汉恩、伯格曼、弗兰克、韦斯曼、哥德尔等。他们多是当时欧洲的物理学家、数学家和逻辑学家。他们关注当时自然科学发展成果（如数学基础论、相对论与量子力学），并尝试在此基础上去探讨哲学和科学方法论等问题。（参见①Sahotra Sarkar，*Logical empiricism and the special sciences*：*Reichenbach，Feigl，and Nagel*，New York：Garland Publ，1996. ②Sahotra Sarkar，*The legacy of the Vienna circle*：*modern reappraisals*，New York：Garland Pub. ，1996. ③Peter Achinstein，Stephen Francis Barker，*The Legacy of logical positivism*：*studies in the philosophy of science*，Johns Hopkins Press，1969. ④Sahotra Sarkar，*Logical empiricism at is peak*：*Schlick，Carnap，and Neurath*，New York：Garland Pub，1996. ）

　　逻辑经验主义科学哲学衰败的知识谱系：波普尔与蒯因和费格尔等。其实，自维也纳学派诞生那天起，就不断陷入各种思想冲突之中，如石里克与卡尔纳普的论战、卡尔纳普与波普尔的论战、维也纳学派与柏林学派的论战等等。但导致逻辑经验主义走向衰败的理论原因主要来自卡尔·波普尔和蒯因的批判。（参见①Deborah Holmes 和 Lisa Silverman，Intenwar Vienna：culture benween tradition and modernity，2009②Sahotra Sarkar，Decline and obsolescence of logical empiricism：Carnap vs. Quine and the critics，1996. ）

---

①　参见拙著《社会建构主义的更多转向》，中国社会科学出版社 2008 年版。

主要参考文献

舒炜光：《科学与理性问题——论拉卡托斯和费耶阿本德的哲学思想》，《中国社会科学》1985 年第 4 期。

安维复：《纽拉特的科学哲学》，《吉林大学学报》（社会科学版）1987 年第 6 期。

安维复：《元哲学与哲学——与李光程同志商榷》，《哲学研究》1988 年第 4 期。

安维复：《批判传统与分析传统的汇通何以可能？——从马克思被维也纳学派奉为"先哲"说起》，《哲学分析》2022 年第 5 期。

安维复：《科学哲学新进展：从证实到建构》，上海人民出版社 2012 年版。

安维复等：《康德的〈遗著〉是理解批判哲学体系的一把钥匙》，《甘肃社会科学》2013 年第 4 期。

A. J. Ayer, *Language*, *Truth and Logic*, London：Victor Gollancz Ltd, 1936.

A. J. Ayer, *The Analytic Movement in Contemporary Philosophy*, in：Actes du Congres International de Philosophie Scientifique VIII, Paris：Hermann & Cie, 1936.

A. J. Ayer, *Logical Positivism*. Glencoe, Ill.：The Free Press, 1959.

A. J. Ayer, *Philosophy in the Twentieth Century*, London：Weidenfeld and Nicolson 1982.

N, Cartwright, J. Cat, L. Fleck, and T. Übel, *Otto Neurath：Philosophy Between Science and Politics*, Cambridge：Cambridge University Press 1996.

R. Carnap, *Logische Syntax der Sprache*. Wien：Springer, 1934a/1968.

R. Carnap, *The Unity of Science*. London：Kegan Paul, 1934.

H. Feigl and M. Brodbeck, eds. *Readings in the Philosophy of Science*. New York：Appleton-Century-Crofts, 1953.

P. Parrini, W. Salmon, and M. Salmon (eds.), *Logical Empiricism：Historical and Contemporary Perspectives*, Pittsburgh：University of Pittsburgh Press 2003.

K. Popper, *Logik der Forschung*, translated by the author as The Logic of Scientific Discovery, New York：Basic Books. 1935/1959

W. V. Quine, "*Two Dogmas of Empiricism*", Philosophical Review, 1951, 60：20 – 43.

N. Rescher (ed.), 1985, *The Heritage of Logical Positivism*, Lanham, MD：University Presses of America.

A. Richardson, and T. Übel (eds.), *The Cambridge Companion to Logical Empiri-*

cism, New York: Cambridge University Press, 2007.

B. Russell, *Our Knowledge of the External World as a Field for Scientific Method in Philosophy*, LaSalle, IL: Open Court. 1914.

F. Waismann, *Wittgenstein und der Wiener Kreis*, translated by J. Schulte and B. McGinnis as Wittgenstein and the Vienna Circle, Oxford: Basil Blackwell, 1967/1979.

L. Wittgenstein, *Logische-Philosophische Abhandlung*, translated by C. K. Ogden as Tractatus Logico-Philosophicus, London: Routledge & Kegan Paul, 1921/1922.

T. Übel, *Empiricism at the Crossroads: The Vienna Circle's Protocol-Sentence Debate Revisited*, LaSalle, IL: Open Court 2007.

第六章　后现代科学哲学思想

　　科学哲学是否经历了一个后现代转向？如果有，何谓科学哲学的后现代主义？何谓科学哲学的现代主义？如果说科学哲学的后现代转向意味着科学哲学的终结，那么怎样才能拯救科学哲学于后现代思想的迷思之中？

　　科学哲学曾经对人类理性做出了重大贡献，其所倡导的分析方法等已经成为哲学从业者的基本能力，并影响到经济学、政治学、历史学等诸多学科。但目前这门学科本身已经成为濒危学科，或许只有"往日的辉煌"（费耶阿本德）。有许多思想者等提出种种方案来救治科学哲学这门并不古老的学科，本书也是这种探索之一。

　　其实，科学哲学的后现代转向由来已久。纽拉特早在维也纳学派鼎盛时期就对观察命题作为"基本命题"（protocol sentence）的合法地位提出质疑①，K.波普尔用证伪方法破除了从观察命题推演全称（理论）命题的思想路径，W.V.蒯因消弭了分析（理论）命题与综合（经验）命题之间的划界，T.库恩用"范式"的不可比性命题粉碎了马赫开创的"统一科学"的纲领，"索卡尔事件"及其随后的"科学大战"严重伤害了（自然）科学家对（科学）哲学的最后一点儿信任，自亚里士多德以来就作为科学哲学根基的科学（physics）与哲学（metaphysics）之间的同盟关系也消失殆尽。②

---

　　①　参见拙文《纽拉特的科学哲学》，《吉林大学学报》（社科版）1987年第6期。

　　②　S.富勒认为，科学及其哲学都走进了复杂的社会—文化之中，致使科学与哲学彼此失去了思想关联，最终导致科学哲学在诸多层面的坍塌。见 Steve Fuller, *Philosophy of Science and its Discontents*, New York：The Guilford Press, 1993, Introduction, x, xi。

对于科学哲学之死①有诸多拯救方案，如"社会（学）转向""实践转向""修辞学转向"等等②，但这些方案基本上都是否定性的，正如哈德卡斯尔（Gary L. Hardcastle）和理查德森（Alan W. Richardson）在《明尼苏达科学哲学研究丛书》第18卷所言，"综观当今学术文化，当代科学哲学甚至不是最宽广的反思科学的令人尊敬的领域。科学社会学、科学社会史及科学文化的研究等具体学科，成了作为人类实践的科学研究中更为有意义的问题、更为广泛地被人们阅读和论争的对象"③，但这种研究"已经很难分清是科学哲学还是科学社会学"④。

本书的目标就在于，对科学哲学的后现代思想进行一番梳理，看能否从这些所谓的后现代思想中查验到科学哲学起死回生的思想迹象。

对哲学思想实事的确认是哲学编史学的第一原则。这一原则要求我们必须确认有待研究的思想实事。当然，这种确认也并非易事。这至少需要做两件事：其一，对后现代科学哲学的研究现状有一定了解；其二，借鉴某些重要的思想家对后现代科学哲学的评价。

2010年至2011年，笔者受国家留学基金委资助，以高级访问学者身份赴澳大利亚新南威尔士大学历史与哲学学院、悉尼大学科学基础研究中心（The Sydney Centre for the Foundations of Science）和墨尔本大学哲学系等进行合作研究，带回了近千GB的文献，涵盖了从古希腊直到后现代的科学哲学史研究资料，包括希腊文、拉丁文、德文、意大利文和法文等，如P.迪昂有关中世纪的科学哲学思想就有15卷之多。回国后，开始了对这个领域的研究如《科学哲学简史：从古希腊到后现代》（《吉林大学学报社科版》2012年第3期），近期又出版了国家社科基金课题2008年后

---

① 著名科学哲学（史）家Sahotra Sarkar曾经指出，即使在逻辑经验主义内部，科学哲学也已经死过两次了（if the customary philosophical wisdom of the 1960s and 1970s is to be trusted, not only did logical empiricism die, it died at least twice.）、见Sahotra Sarkar, *Decline and obsolescence of logical empiricism: Carnap vs. Quine and the critics*, New York: Garland publishing, Inc., 1996. Introduction, xv. 另见Thomas E. Uebel, *overcoming logical positivism from within: the emergence of Neurath's naturalismin the Vienna Circle's protocol sentence debate*, Amsterdam-Atlanta: GA 1992.

② 作者曾在2004年主持的国家社科基金项目"'索卡尔事件'之后的社会建构主义研究"（04BZX019）中做过专门研究，最终成果以《社会建构主义的"更多转向"》由中国社会科学出版社2008年出版。

③ Gary L. Hardcastle and Alan W. Richardson, *Logical empiricism in north America*, Vol XVIII, *Minnesota Studies in the Philosophy of Science*, University of Minnesota Press, 2003. viii.

④ Sahotra Sarkar (1996), *The Philosophy of Science: An Encyclopedia*, New York: Routledge, Introduction xii.

期资助项目结题成果《科学哲学新进展：从证实到建构》（上海人民出版社 2012 年版），目前正在翻译 A. 舒斯特（John A. Schuster）教授的《科学史与科学哲学导论》（*An Introduction to History and Philosophy of Science*），由上海科技教育出版社出版。

　　根据笔者曾经所在的新南威尔士大学图书馆、墨尔本大学图书馆和悉尼大学图书馆以及 en. bookfi. org 等国际知名学术文献网站所查阅的有关文献，论及后现代科学哲学趋势的文献数量众多，按索引等分析工具，主要有如下几种：《超越的方法和（后现代）经验论的科学哲学》（The Transcendental Method and Post-Empiricist Philosophy of Science By：Pihlström, Sami；Siitonen, Arto. *Journal for General Philosophy of Science.* 2005, Vol. 36 Issue 1, pp. 81 – 106）；《后分析的历史主义》（Post-Analytic Historicism. By：Bevir, Mark. *Journal of the History of Ideas*, Oct 2012, Vol. 73 Issue 4, pp. 657 – 665）；《J. S. 密尔的先验演绎方法论：后现代科学哲学的一种案例研究》（J. S. Mill's 'a priori' Deductive Methodology: A Case Study In Post-Modern Philosophy Of Science By：Oswald, Donald J. In：*Review of Social Economy*, Summer, 1990, Vol. 48, Issue 2, pp. 172 – 197）；《证伪主义在后实证哲学中的用处》（The Usefulness of Fallibilism in Post-Positivist Philosophy：A Popperian Critique of Critical Realism. By：Cruickshank, Justin. *Philosophy of the Social Sciences.* Sep 2007, Vol. 37 Issue 3, pp. 263 – 288）；《通过波兰尼的后批判哲学来超越后现代主义》（Beyond Post-Modernism via Polanyi's Post-Critical Philosophy. By：Cannon, Dale. *Political Science Reviewer.* 2008, Vol. 37, pp. 68 – 95）；《走向后机械论的自然哲学》（Toward a Post-Mechanistic Philosophy of Nature. By：Keller, David R.. *ISLE：Interdisciplinary Studies in Literature & Environment*, Autumn2009, Vol. 16 Issue 4, pp. 709 – 725）；《从王国到国王：后建构主义对实证主义批判的回应》（Returning the Kingdom to the King：A Post-Constructivist Response to the Critique of Positivism. By：Asdal, Kristin. *Acta Sociologica*, *Sage Publications, Ltd.* Sep2005, Vol. 48 Issue 3, pp. 253 – 261）；《科学的超市效应：费耶阿本德晚期哲学中的后现代主题》（Science as supermarket：'Post-modern' themes in Paul Feyerabend's later philosophy of science, Preston, J. Studies in History and Philosophy Of Science；Sep, 1998；29A；3；p425 – p447）；《后现代科学观》（Post-Modern Science. By：Feinberg, Gerald In：*The Journal of Philosophy.* Oct. 2, 1969, Vol. 66, Issue 19, pp. 638 – 646）；《后现代科学观中的多元论及其责任》（Pluralism and Responsibility in Post-

Modern Science By Toulmin, Stephen E. *Science*, *Technology*, *and Human Values*, *v*10 n1 pp. 28 – 37 Win 1985）。

在诸多文献中，当代著名科学哲学家 S. 富勒（Steve Fuller）在其所著的《科学哲学及其不统一》（Philosophy of Science and Its Discontents）中对当代科学哲学的后现代走向进行了较为客观全面的梳理，并得到了学界的广泛认同。该著主要由如下章节构成：第一章论及作者的基本意图①；第二章论及"神秘的自然主义和贫弱的规范主义"（Mythical Naturalism and Anemic Normativism）② 第三章论及"自然主义有关科学知识的问题"（Reposing the Naturalistic Question：What Is Knowledge？）③；第四章

①　包括"从历史主义到自然主义的大趋势"（1. Overall Trend：From Historicism to Naturalism）；"科学知识社会学的僭越者"（2. The Great Pretender：The Sociology of Scientific Knowledge）；"理性主义和实在论的老生常谈"（3. The Old Chestnuts：Rationalism and Realism）；"生物学和认知科学的新兴"（4. The Growth Areas：Biology and Cognitive Science）；"90 年代的巡礼：科学能计算吗"（5. An Itinerary for the Nineties：Does Science Compute？）；"元科学的新潮"（6. The New Wave：Metascience）；"女性主义的最后防线"（7. Feminism：The Final Frontier？）等内容。

②　包括"科学内史论的神秘状态或科学哲学为何遭遇认同危机"（1. The Mythical Status of the Internal History of Science, or Why the Philosophy of Science Is Suffering an Identity Crisis）；"对科学内史论神秘状态的逐步解构"（2. Dismantling This Myth, Step By Step）；"以学科为例重新审视内史论的解法"（3. Gently Easing Ourselves Out of Internalism：The Case of Disciplines）；"既然内史论如此神秘为何不诉诸科学社会学家？"（4. If Internalism Is Such a Myth, Then Why Don't the Sociologists Have the Upper Hand？）；"其实理性主义者并没有锁定科学的理性概念"（5. Still, the Internalists Do Not Have a Lock on the Concept of Rationality）；"实在概念也一团糟"（6. Nor on the Concept of Reality, Where Things Are a Complete Mess）；"实在论的终结或消失"（7. The End of Realism, or Deconstructing Everything In and Out of Sight）；"那科学理性是否仅仅是知识管理？"（8. But What's Left of Scientific Rationality？ Only Your Management Scientist Knows For Sure）；"结果，哲学家又遇到新问题"（9. Finale：Some New Things For Philosophers to Worry About）。

③　包括"以劳丹为例说明自然主义作为理性的用武之地"（1. Naturalism as a Threat to Rationality：The Case of Laudan）；"自然主义神秘史的曝光"（2. Shards of a Potted History of Naturalism）；"为何当代自然主义科学哲学追随亚里士多德而不是达尔文"（3. Why Today's Naturalistic Philosophy of Science Is Modeled More on Aristotle Than on Darwin）；"为何真正科学的自然主义反而看不清科学"（4. Why a Truly Naturalistic Science of Science Might Just Do Away With Science）；"点评误入歧途的自然主义对科学变化的零星研究"（5. A Parting Shot at Misguided Naturalism：Piecemeal Approaches to Scientific Change）；"走向一种悲情的科学学：概览科学推理的实验研究"（6. Towards a New Dismal Science of Science：A First Look at the Experimental Study of Scientific Reasoning）；"通过社会认识论来化解科学社会学家与科学心理学家的对峙"（7. Sociologists versus Psychologists, and a Resolution via Social Epistemology）；"如果人人都是非理性的，那么知识也就没有任何意义"（8. If People Are Irrational, Then Maybe Knowledge Needs to Be Beefed Up）；"旧的科学理性观念应该破除"（9. Or Maybe Broken Down）；"也许我们需要某种人人皆知的隐喻"（10. Or Maybe We Need to Resort to Metaphors：Everyone Else Has）；"理性是否模拟某种基于计算机隐喻的社会？"（11. Could Reason Be Modeled on a Society Modeled on a Computer？）；"计算机是否就是最好的推理工具？"（12. Could Computers Be the Very Stuff of Which Reason Is Made？）；"即使计算机再好，人依然不可或缺"（13. Yes, But There's Still Plenty of Room For People！）等内容。

论及"知识何以可能的规范性问题"（Reposing the Normative Question：What Ought Knowledge Be?）。① 本书的结论是"认知的自主运转也就是对科学建构过程本身的描述"（*Epistemic Autonomy as Institutionalized Self-Deception*）。

对后现代科学哲学，笔者也做过一些研究，2004 年曾主持国家社科基金课题"'索卡尔事件'之后的社会建构主义研究"（批准号04BZX019），结题成果以《社会建构主义的"更多转向"》（中国社会科学出版社 2008 年版）出版，2008 年主持国家哲学社会科学基金后期资助项目"社会建构主义——思想渊源、理论特征、分析工具与合理构建"（批准号为 08FZX003"，结题成果以《科学哲学新进展：从证实到建构》（上海人民出版社 2012 年版）出版。这些著述分别论述了社会建构主义作为后现代科学哲学所呈现出的"ANT 转向""实践转向""文化转向""技术转向"和"修辞学转向"等等。社会建构主义的这些"转向"在一定程度上代表了后现代科学哲学的某些走向，但社会建构主义毕竟只是后现代科学哲学的一个流派，因此我们不能用社会建构主义的"转向"代替后现代科学哲学的"转向"。在 2018 年华东师范大学哲学系《纪念

---

① 包括"知识研究的对策需要找到知识生产中的理性机制"（1. Knowledge Policy Requires That You Find Out Where the Reason Is in Knowledge Production）；"不幸在这个问题上哲学家和社会学家的共识都有错误"（2. Unfortunately, On This Issue, Philosophers and Sociologists Are Most Wrong Where They Most Agree）；"然而这种错误导致某种对科学史的重新审视"（3. However, Admitting the Full Extent of This Error Suggests a Radical Reworking of the History of Science）；"但这也意味着对科学的解释模式的合法性依然悬而未决"（4. But It Also Means That the Epistemic Legitimacy of the Interpretive Method Has Been Undermined）；"然而这种解释模式危及科学的认知史（5. Moreover, the Fall of the Interpretive Method Threatens the New Cognitive History of Science）；"如果我们另避蹊径或许不必危及科学的理性"（6. Still, None of This Need Endanger the Rationality of Science, If We Look in Other Directions）；"重建理性的第一方案：回归历史"（7. Reconstructing Rationality I：Getting History Into Gear）；"重建理性的第二方案：让实验讲话"（8. Reconstructing Rationality II：Experiment Against the Infidels）；"建模标准的风险与可能：来自经济史的教训"（9. The Perils and Possibilities of Modeling Norms：Some Lessons from the History of Economics）；"关键问题在于如何走出改进科学观的第一步"（10. The Big Problem：How To Take the First Step Toward Improving Science?）；"设身处地地讲改进科学观的选择很多但也有差别"（11. Behaviorally Speaking, the Options Are Numerous But Disparate）；"如果标准的选择不可比较，那么达到认知统一就不可能有些作为"（12. If the Display of Norms Is So Disparate, Then the Search For Cognitive Coherence is Just So Much Voodoo）等内容。

冯契文集》中，本人将《社会建构主义的"更多转向"》重修为《科学哲学后现代转向："回到康德"》，这部重修作品从科学哲学在后现代的发展境遇的维度重新阐发了"历史转向""实践转向""社会转向""文化转向"和"修辞学转向"等内容。

根据我们的研究特别是文献的进一步解读，我们认为对科学哲学后现代转向的理解依然存在问题。在本章中我们强调从观念史的角度进行重新解读，重点突出观念层面的转变。据此，我们在本章安排三个内容：相对主义纲领的复兴与科学的社会历史研究（第一节）；建构主义纲领的流行与科学实践研究（第三节）；康德主义纲领的再生与科学哲学史研究（第三节）。

第一节　相对主义纲领及其科学的社会—历史研究

在我们所梳理的从古代至现代的科学哲学思想史中，几乎未见相对主义的踪迹，但这并不意味相对主义不是一种重要的哲学理念。其实，同观念论、经验主义和原子—机械论等重要哲学观念一样，相对主义源远流长。自古希腊罗马时期起，相对主义就已经出现在思想史的舞台上，并且扮演着批判正统或主流思想的角色。

关于相对主义的研究亦有不少著述，主要有巴格瑞米安（Maria Baghramian）的《相对主义》（*Relativism*，London：Routledge，2004）；布雷厄斯（Andrew Lionel Blais）的《关于现实世界的多样性》（On the Plurality of Actual Worlds，University of Massachusetts Press，1997）；哥尔纳（Ernest Gellner）的《相对主义与社会科学》（*Relativism and the Social Sciences*，Cambridge：Cambridge University Press，1985）；哈利（Rom Harré）和克鲁兹（Michael Krausz）的《相对主义种种》（Varieties of Relativism，Oxford，UK；New York，NY：Blackwell，1996）；奈特（Robert H Knight）的《共识时代：相对主义的兴起与大众文化的腐败》（*The Age of Consent：the Rise of Relativism and the Corruption of Popular Culture*. Dallas，Tex.：Spence Publishing Co.，1999）；克鲁兹编辑的《相对主义当代文集》（*Relativism：A Contemporary Anthology*，New York：Columbia University Press，2010）；霍利斯（Martin Hollis）和卢克斯（Steven Lukes）的《理性主义与相对主义》

(*Rationality and Relativism*, Oxford: Basil Blackwell, 1982); 马尔格利斯（Joseph Margolis）、克鲁兹和布里安（R. M. Burian）等人编著的《理性、相对主义和人文科学》（*Rationality, Relativism, and the Human Sciences*, Dordrecht: Boston, M. Nijhoff, 1986) 以及梅兰德（Jack W. Meiland）和克鲁兹编辑的《相对主义的认知维度与伦理维度》（*Relativism, Cognitive and Moral*, Notre Dame: University of Notre Dame Press, 1982) 等等。但这些文献都是关于相对主义的一般性思想研究。

有关相对主义与科学哲学之间关联的文献，毫无疑问是以 T. 库恩为中心展开的。S. 富勒（Steve Fuller）撰写的《库恩作为我们时代的哲学家》（*Thomas Kuhn*: a philosophical history for our times. Chicago: University of Chicago Press, 2000) 也提出了一些重要的观念或问题，如 "对柏拉图的回顾"（The Pilgrimage from Plato）、"对科学精神的执着"（Struggled for the Soul of Science）、"将社会科学从激进的未来幻想拯救出来"（Saved Social Science from a Radical Future）、"科学综合研究秘史"（The Hidden History of Science Studies）等等。A. 伯德（Alexander Bird）的 "托马斯·库恩"（*Thomas Kuhn*. Chesham: Acumen, 2000) 重新阐述了库恩本人及其后人的基本范畴，如 "常规科学和革命时期的科学"（Normal and revolutionary science）、"范式"（Paradigms）、"感觉和世界观转变"（Perception and world change）、"不可比性和意义"（Incommensurability and meaning）、"进步和相对主义"（Progress and relativism）等等。

J. A. 马库姆撰写的《库恩论科学革命：一种历史的科学哲学》（*Thomas Kuhn's Revolution*: *A Historical Philosophy of Science*, London: Continuum, c2005) 提出了这样一些问题："究竟谁是库恩?"（Who is Thomas Kuhn?）、"库恩是怎样写的科学革命的结构?"（How does Kuhn arrive at structure?）、"科学革命的结构究竟说了些什么?"（What is the structure of scientific revolutions?）、"为什么库恩要修改他的观点?"（Why does Kuhn revise structure?）、"库恩写完科学革命的结构又做了些什么?"（What is Kuhn up to after structure?）、"库恩究竟留下了什么遗产?"（What is Kuhn's legacy?）。对于这些问题，马库姆认为问题的关键在于库恩本人的

思想经历和人格特点。① S. 伽梯（Stefano Gattei）的《库恩的〈语言转向〉和逻辑经验主义遗产：不可比性、理性和对真理的追求》（*Thomas Kuhn's "Linguistic turn" and the Legacy of Logical Empiricism：Incommensurability, Rationality and the Search for Truth*. Burlington, VT ：Ashgate, c2008）② 通过逻辑经验主义来比较库恩和波普尔的思想，认为库恩思想比我们想象的更接近逻辑经验主义，而波普尔则更致力于反对整个西方哲学传统的基础主义。

　　笔者在澳洲访学期间，接触到许多研究库恩问题的专家，如新南威尔士大学历史与哲学学院院长 J. A. 舒斯特先生，他的《科学史与科学哲学导论》（*An Introduction to History and Philosophy of Science*）就对库恩的相关思想多有研究，该著已经由笔者译成中文，由上海世纪集团于 2013 年出版。对于相关文献的评论，我们以为，库恩思想的最大问题在于延续了逻辑经验主义对哲学的消极态度，用具体科学的易变性来掩盖了哲学作为普遍观念的相对稳定性，这是库恩堕入相对主义的深层思想根源，因而拯救库恩式相对主义的最根本的图景乃在于正确处理科学与哲学之间的思想关系。

---

① At the heart of the answers to these questions is the person of Kuhn himself, i. e., his personality, his pedagogical style, his institutional and social commitments, and the intellectual and social context in which he practiced his trade. In a developmental approach to Kuhn's ideas, Marcum maps the unfolding of Kuhn's ideas over four decades. Drawing on the rich archival sources at Massachusetts Institute of Technology（MIT）, and engaging fully with current scholarship on Kuhn, Marcum's is the first book to show in detail how Kuhn's influence transcended the boundaries of the history and philosophy of science community to reach many others-sociologists, economists, theologians, political scientists, educators, and even policymakers and politicians. "——BOOK JACKET.

② 该著主要内容如下：1. Two Revolutions in Twentieth-Century Philosophy of Science—— The Idol of Certainty ——Karl Popper, "Boundary" Philosopher between Neopositivists and New Philosophers of Science ——The American Adventure of Logical Positivism ——The Revolt against Empiricism ——2. Kuhn and the "New Philosophy of Science" —— The Early Phase of the Debate ——London 1965：Kuhn versus Popper ——3. Incommensurability ——Different Ways of Understanding Incommensurability ——Some Precedents ——Paul K. Feyerabend and Thomas S. Kuhn ——The Critics ——Feyerabend and the Return to Ontological Issues ——4. Kuhn's "Linguistic Turn" ——From Paradigms to Lexicons —— The Linguistic Theory of Scientific Revolutions ——Open Issues ——5. The Shadow of Positivism ——Carnap and Kuhn ——Truth——Kuhn and Popper：Clashing Metaphysics ——Kuhn and the Legacy of Logical Positivism。

一　相对主义纲领的源流

按照我们的编史纲领，根据科学与哲学的相关性，一种哲学思想的出现或复兴必定有其科学基础，或对某种科学的理解。相对主义在后现代的复兴也概莫能外。从相关文献研究可知，各路相对主义者能否风靡，主要基于如下三种科学"事实"，即对科学的理解。

第一，当代科学的某些领域显现出某种不同于牛顿科学的性状，爱因斯坦的相对论以及微观粒子等领域都不能用决定论或绝对主义来解释，欧几里得几何学的排他性体系和牛顿的绝对时空观都遭遇了严重的挑战。某些思想家开始用非决定论的或相对主义的哲学理念来解读当代科学的新趋势。

第二，正是由于现代科学表现出不同于经典科学的思想特性，科学史研究成为显学，在科学发展中的两个重大革命时期——文艺复兴时期的科学革命和 19 世纪末 20 世纪初的"物理学革命"受到广泛关注。

第三，由于当代科学与现代社会处于互动关系之中，科学的外部社会环境以及内部的社会机制也受到了重视，实验室、科学共同体、国家创新体系等甚至科学与民族国家之间的关系问题都进入思想家的视野。例如，Wiebe E. Bijker 在界定角色网络理论时指出，"我们的技术反映我们的社会。技术再生产并包含着专业的、技艺的、经济的和政治的因素的相互渗透的复杂性。我们这样说并不是指责技术，也不是提出某种技术的导向。我们并不想说，'如果技术是纯粹的技术，那该有多好。'相反，我们将要说的是，全部技术都是构成我们社会的各种复杂要素所建构的并反映着这些要素；运行得好的技术与那些失败的技术并没有什么不同。'纯的'技术是没有意义的。技术总是包含着各种因素的折中。无论技艺被何时设计或建构出来，政治、经济、资源强度的理论、关于美与丑的观念、专业倾向、嗜好和技能、设计工具、可用的原材料、关于自然环境的活动的理论——所有这些都被融入其中。……本书的基本主题就是，不论成功的技术还是失败的技术，它们总是被一系列不同的要素所建构。我们想说的就是，技术是被建构的。它们是被一系列异质要素所建构的"（technologies，we are saying，are shaping. they are shaped by a range of heter-

ogeneous factors)①。

与逻辑经验主义关注科学的传统因果律相比，后现代科学思想者更关注那些科学中的非决定论领域；更关注大跨度的科学发展历程；更关注科学与社会的复杂关系。

二 相对主义纲领及其矫正

1962 年，库恩出版了他的成名作《科学革命的结构》。人们往往认为这部著述是对逻辑经验主义科学哲学的致命一击，其实，这个只有几万字的小册子恰恰是由维也纳学派主持的"统一科学国际百科全书"编委会编辑出版的，该书就发表在《统一科学的基础》系列丛书的第二卷第二号（芝加哥大学出版社 1962 年版）。

T. 库恩是在科学史的研究中发现，与传统科学观不同，特别是与逻辑经验主义科学观不同的是，科学的发展不是"事实、理论和方法的总汇"，而是各种不同的科学"规范"通过相互竞争而进化的历史过程。在库恩看来，所谓科学并非一个走向真理的线性过程，"大多数科学的早期发展阶段都是通过许多不同自然观之间不断的相互竞争而表现出自己的特征来，其中每一种自然观都是片面地按照科学观察和方法的要求而得出来的，但又大体上都同这种要求没有矛盾。各个学派之间的不同，不在于各派的方法上有这样或那样的缺陷——它们都曾经是'科学的'，而在于，如我们后文要说的，它们看待世界和运用科学的不同方式之间的不可比性。观察和经验可以而且必须严格限制科学信念所容许的范围，否则就没有科学。"②

对此，有人指责 T. 库恩开启了后现代相对主义纲领的先河，也确实有许多后现代相对主义思想家得益于他的"范式"理论。但我们认为，将库恩思想归结为相对主义值得商榷，因为库恩并没有因为"范式"的多样性而放弃科学应有的标准，"每个人在相互竞争的理论之间进行选择，都取决于客观因素和主观因素的混合，或者说共有准则和个人准则的

---

① Wiebe E. Bijker and John Law, 1992, Shaping Technology/Building Society, *Studies in Socio-technical Change*, The MIT Press, p. 4.

② ［美］库恩：《科学革命的结构》，李宝恒、纪树立译，上海科学技术出版社 1980 年版，第 3 页。

混合。"① 为此，库恩还开列出科学评价的 5 条标准："这五个特征——精确性、一致性、广泛性、简单性和有效性，都是评价一种理论是否充分的标准准则。如果过去没有说清楚这一点，那我本应当在我的书中给以更多篇幅，因为我从来就完全同意传统的观点：当科学家必须在已有理论与后起竞争者之间进行选择时，这五种特征具有关键作用。它们连同其他类似的特征、提供了理论选择的全部共同基础。"②

　　T. 库恩及其思想对科学哲学后现代转向产生了重要的甚至是决定性的影响。③ 如果说康德思想是建构主义的思想根源，那么库恩的《科学革命的结构》（1962/1970）已经被看作后现代的建构主义运动的先驱。④ 对此，奥迪（Robert Audi）在他所编著的《剑桥哲学辞典》（The Cambridge

---

　　① ［美］库恩：《必要的张力———科学的传统和变革论文集》，范岱年、纪树立等译，北京大学出版社 2000 年版，第 316 页。

　　② 对这 5 条标准，库恩给予了具体的说明：一种好的科学理论有些什么特征？我从一系列通常回答中挑选出五条来，不是因为这五条可以穷尽一切，而是因为每一条都很重要，而总的又足以从各个方面说明问题究竟在哪里。第一，理论应当精确：就是说，在这一理论的范围内从理论导出的结论应表明同现有观察实验的结果相符。第二，理论应当一致，不仅内部自我一致，而且与现有适合自然界一定方面的公认理论相一致。第三，应有广阔视野：特别是，一种理论的结论应远远超出于它最初所要解释的特殊观察、定律或分支理论。第四，与此密切联系，理论应当简单，给现象以秩序）否则现象就成了各自孤立的、一团混乱的。第五——尽管不那么标准，但对于实际的科学判定却特别重要一理论应当产生大量新的研究成果：就是说，应揭示新的现象或已知现象之间的前所未知的关系。［美］库恩：《必要的张力》，纪树立、范岱年、罗慧生等译，福建人民出版社 1981 年版，第 315—316 页。

　　③ 对于科学哲学的历史转向，我们可做做如下总结：

　　第一，从思想源流看，在 20 世纪 20—50 年代，科学哲学中的逻辑实证主义和批判理性主义（因其强调逻辑或规范的意义）占统治地位，但自 50 年代后，T. 库恩等人用科学史来修正逻辑主义，提出了历史主义的科学哲学，认为科学不仅是一个逻辑的建构过程，而且更是一个充满科学家的社会行为的历史过程，在这个过程中，科学家的个人特征和集体交往具有重要意义。

　　第二，从研究纲领看，与逻辑经验主义不同的是，历史转向更注重与科学语言结构不同的科学共同体以及"范式"等相关范畴。"各个学派之间的不同，不在于各派的方法上有这样或那样的缺陷——它们都曾经是'科学的'，而在于，如我们后文要说的，它们看待世界和运用科学的不同方式之间的不可比性。观察和经验可以而且必须严格限制科学信念所容许的范围，否则就没有科学。"

　　第三，从学界评论看，对库恩历史转向的评论主要来自科学史和科学哲学两个方面。就科学史的评论而言，J. A. 舒斯特的观点颇具代表性，即认为库恩的科学革命思想与科学史不符；就科学哲学而论，布鲁尔用他的对称原则指出了波普尔和库恩之间的思想差异，颇具新意。

　　④ Jan Golinski, *Making Natural Knowledge: Constructivism and the History of Science*, Cambridge University Press, 1998, p. 13.

Dictionary of Philosophy）中有这样一段描述："这些观点一般被认为体现在库恩的《科学革命的结构》一书之中，在这部书中，库恩认为科学中的观察和方法具有相当的理论依赖性，拥有不同的理论前提或范式的科学家相当于生活在不同的世界之中。因此库恩提出了一种反对科学实在论的科学观（这种观点认为负荷理论的方法能够给我们以有关独立于理论的世界的知识）和经验主义的科学观（这种观点坚持理论与观察之间的划界）。库恩本人并不愿意承认他的理论所导出的明显的激进社会建构主义的后果，但他的著作已经影响到最近的科学的社会研究，这种研究的倡导者通常怀有相对主义和激进建构主义。"①

在后现代语境中，相对主义纲领几乎莫衷一是，甚至相互对立。我们将其限定在爱丁堡学派特别是布鲁尔等人的"对称原则"。布鲁尔在1976年出版了《知识与社会意向》，从理论和实证等角度系统地论证了对称性原则。"这四个信条是：一、它应当是表达因果关系的，也就是说，它应当涉及那些导致信念或者各种知识状态的条件。当然，除了社会原因以外，还会存在其他的、将与社会原因共同导致信念的原因类型。二、它应当对真理和谬误、合理性或者不合理性、成功或者失败，保持公正的态度。这些二分状态的两个方面都需要加以说明。三、就它的说明风格而言，它应当具有对称性。比如说，同一些原因类型应当既可以说明真实的信念，也可以说明虚假的信念。四、它应当具有反身性。从原则上说，它的各种说明模式必须能够运用于社会学本身。和有关对称性的要求一样，这种要求也是对人们寻求一般性说明的反应。它显然是一种原则性的要求，因为如果不是这样，社会学就会成为一种长期存在的对它自己的各种理论的驳斥。"②

拉图尔曾经是对称原则的坚决支持者和实践者。他在1992年的著述《阿拉密斯或技术之爱》③（*Aramis, or the love of technology*）一书中指出，"如果我们不能坚持理解的对称性，那么我们就不能研究技术设计。如果我们说一个成功的设计在构想的时候就是成功的，而一个失败的技术在构

---

① Robert Audi（edit），*The Cambridge Dictionary of Philosophy*，Cambridge University Press，1999，p. 855.

② ［英］大卫·布鲁尔：《知识和社会意象》，东方出版社2001年版，第7—8页。

③ 阿拉密斯（Aramis）是法国的一英高科技地铁工程，因各方利益纠缠而失败。

想它的时候就是失败的，那等于什么也没说……技术设计的成功和失败必须被对称地看待。它们在不断地得到或失去实在性的程度，以至于成功的设计就在于不断地得到了实在性，而失败的设计也在于不断地失去实在性。这并不是在它们构想阶段或孕育阶段就注定了的，冰冻三尺非一日之寒。所有的技术设计在初始阶段都是可能的，存在性是日后不断增加的，所以它们能够强大起来，能够增加支持者的信心，打击反对者的信心。"①

但同时，拉图尔也发现了对称原则存在着严重的理论问题。拉图尔在《社会转向后的更多转向》（one more turn after social turn……）这篇著名论文中指出，"然而，这种对称原则却非常成功地掩饰了布鲁尔证据的不对称性。社会被用来解释自然！我们是在用一极解释另一极。……直到今天布鲁尔还没有意识到，如果不引进更激进的对称，布鲁尔的对称原理就不能得到矫正。对布鲁尔的对称原则需要来个九十度的转变，这种转变就是我所说的'社会转向后的更多转向'。"②

根据这样一种理解，拉图尔设计了一个评价对称原则的方案，这个方案是一个两极之间的连续统：一极是用社会解释一切，另一极是用自然解释一切，在两极中间是各种温和的折中主义者。"所谓激进的那些人，就是认为科学知识完全是由社会关系所构成的那些人；一个进步主义者则声称，科学知识偏向于由社会关系构成，但渗透着自然因素。在自然与社会的两强激烈相争的另一极，一个极端的保守主义者声称，科学之所以变成真正的科学，仅仅是因为科学家最终消除了社会建构的任何痕迹；而一个保守主义者则认为，尽管科学摆脱了社会但依然存在某些社会因素渗透在科学之中并影响科学的发展。在这场争论的中立立场上，就是那些首鼠两端的学者，他们将某些自然因素和某些社会因素混合在一起，游离于自然与社会的两极。这就是我们大多数争论所依据的尺度（yard-stick）。如果一个人从左边走向右边，那么他就是社会建构主义者，相反，如果一个人

---

① Bruno Latour, *Aramis, or the Love of Technology*, Harvard University Press, 1996, pp. 78 – 79.

② Bruno Latour, *One More turn After Social Turn*, In Mario Biagioli, *The Science Studies Reader*, London: Routledge, 1999, pp. 281 – 281.

从右边走向左边,那么这个人就是私密的实在论者。"①

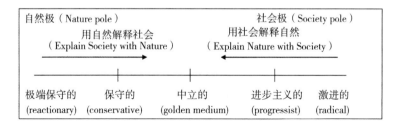

图6-1 拉图尔的对称理论

根据这种方案,拉图尔设计了自己的对称原则——用相同的自然/社会原因解释来解释真理和错误。"我们可以一方面描绘出它的社会网图(sociogram),另一方面描绘出它的技术网图(technogram)。在这两个系统中,你从其中一个系统中获得的任何一条信息同时也是另一个系统的信息。……一个盟友系统里的每一个修正都能在另一个系统里看到。技术网图上的每一个变更都在社会网图里造成对一种局限的克服,反之亦然。"②因此,"给我事物的状态,我就能告诉你人能够做什么。这就是技术专家告诉我们的。给我人类的状态,我就能告诉你物是怎样形成的。这就是社会学的真谛。把人和物最大化都是错误的。对于物而言,我们所寻找的不是人类的事物,也不是非人类的事物,而是在人中之物和物中之人中寻找一个不断的转换,一种交易,一种交流。人和物之间是互相转换的。事物不过是人类视野之中的物;人也不过是从物的角度看到的人。二者是可以转换的。"③

三 对相对主义纲领的反思

拉图尔用相同的自然和社会原因来解释真理和错误的对称性,较之布鲁尔用单纯的社会原因解释真理和错误的对称性,确实富有新意。这是因

① Bruno Latour, *One More Turn After Social Turn*, In Mario Biagioli, *The Science Studies Reader*, London: Routledge, 1999, p. 279.

② [法] B.拉图尔:《科学在行动》,刘文旋等译,东方出版社2005年版,第233、235页。

③ Bruno Latour, *Aramis, or the Love of Technology*, Harvard University Press, 1996, p. 213.

为，拉图尔不仅坚持了像布鲁尔那样用相同的原因对称地解释真理和错误，而且还超越了布鲁尔在原因类型上的不对称性，即在社会原因和自然原因之间保持对称性。但拉图尔及其网络角色理论也存在不少问题，对此，西斯蒙多（Sergio Sismondo）曾考察了社会转向中的 ANT 模式，认为有如下几个哲学问题需要讨论。

第一，角色网络理论面临着"文化问题"。西斯蒙多指出，"角色网络理论，以及在 S & TS 领域中的几乎其他所有的路径，都把科学看作在手段和目的上是理性的：科学家利用各种可用的资源，如修辞学的资源、已经确立的影响力、事实和器械等等，以达到他们的目的。理性的选择并不是在真空中制造的，甚至不是在单纯的物质和简单的概念资源领域中制造的。他们是在现存的科学技术文化和实践中制造的。实践被看作已经认可的行为模式和研究风格；文化定义了可用资源的界限（Picking 1992a）。机会主义的科学，甚至那些转换文化与实践的科学，都有一个将文化资源整合和重新整合以达到其目的的意图。实践和文化为科学的机会主义提供了语境和结构。但是由于 ANT 把人类的存在物和非人类的存在物都看成同一个东西，更由于它们都采纳了一个外在的角色观点，因而并没有从文化和实践的角度重视人类的或主体性角色的明显特点。"①

第二，角色网络理论面临着"功能问题"。西斯蒙多指出，原则上，ANT 在人类与非人类的划分上完全是对称的。既然非人类的角色能像人类角色那样发挥作用，它们也具有利益，也能被当人看待。（直言之，ANT 中的任何角色都是行动者，都能役使其行动。因此功能就是某种网络的作用，而不是先于网络。）这就难以在人类角色和非人类角色之间作出区分，ANT 分析的目的似乎就取决于非人类的功能。实际上，ANT 分析倾向于弱化任何非人类角色所具有的功能。与非人类角色相比，人类角色表现出丰富的策略和目的等特性，所以更值得研究。拉图尔那部广为流行的《行动科学》的副标题就是"如何追随社会中的科学家和工程师"，指明了 ANT 是对称的，利益支配着科学家和工程师的活动。但实际上，"角色网络理论因其功能的分配问题而广受批判。一方面，这种理论有

---

① Sergio Sismondo, *An Introduction to Science and Technology Studies*, Blackwell Publishing, 2004, pp. 70–71.

助于重点分析核心角色；拉图尔的许多例子都是写作为英雄的科学家和工程师的，即使失败也是英雄的失败。这种聚焦也许使得英雄或接近英雄的人成为世界的主宰。这种故事也许忽视了其他角色，忽视了其他人参与的结构，忽视了非主流的视角。边缘的特别是边缘化的视角也许可以提供非常不同的观察方式；例如，站在科学技术之外的女性可以从一个非常不同的角度看待科学技术活动。……ANT 也许鼓励追随英雄并变成英雄"①。

第三，角色网络理论面临着"实在论问题"。西斯蒙多指出，与功能问题平行的是实在论问题。一方面，ANT 的关系主义似乎把每个事物都转换为建构网络的结果。在科学家的定义和公共认可之前，通过实验室和修辞学研究，自然客体不能被说成是对科学的特征有所影响。在公共认可和使用之前，器物不能被说成具有任何技术特点，能做任何什么事情。出于这种理由，ANT 通常被看作某种含混的建构论观点，那就是，建构论也是被角色网络所建构的。这种建构论游离于这种强烈直觉：科学家不是发现，而是创造自然物的特性。建构论也游离于这种强烈的直觉：技术观念本身就具有或缺乏它自己的内因，不论这些技术是否成功。这种建构论反对这样一种实在论的证据：事物具有真正的和内在的特征，无论它们在何种网络之中。另一方面，强调非人类的功能也把 ANT 推向实在论。即使 ANT 假定科学家在某种意义上定义或建构了所谓自然界的特性，这种自然特性的利益也被认真对待。这就是说，即使某个客体的利益得到控制，他们也抵制这种控制。这又反过来反对网络本身。这种途径假定了实在是先于科学家、工程师以及任何其他人的工作的。正如拉图尔所说，"一个半瓶子的建构论使你远离实在论，而一个真正的建构论者使你回到实在论。"②

第四，角色网络理论面临着"对象和活动的稳定性问题"。拉图尔特别强调角色网络理论的不稳定特性。他说，"社会领域的规则也许存在，但对这种规则的理解完全不同于传统观点的看法。……这些规则在形成

①　Sergio Sismondo, *An Introduction to Science and Technology Studies*, Blackwell Publishing, 2004, p. 72.

②　Sergio Sismondo, *An Introduction to Science and Technology Studies*, Blackwell Publishing, 2004, p. 73.

中，在格式化，在标准化，在整合中，这些规则必须被解释。本来就不存在什么社会，社会也不是一个领域的名称。我们总是在重新开始，总是在寻求宽阔的视野，在这个视野中社会科学总是在建构几个很小的桥头堡。"① 这就存在一个"对象和活动的问题性问题"，对此，西斯蒙多指出，"这里提到的 ANT 面临的最后一个问题是……按照 ANT，科学技术的力量取决于角色的安排，以至于这些角色形成了文字的和隐喻的机制，组合并重置了他们的力量。这种机制是可能的，这是由于实验室和与实验室相类似的设置具有这种力量。而且实验室的这种力量取决于相对形式化的观察和控制。一旦某个客体被定义，被特征化，这个客体就被信任地在其他相同条件下运作。这种运作也能被用于同类客体。"②

其实，角色网络理论存在如此问题，它背后的对称性原则同样存在问题。有关对称性原则的研究，是一个富有世界观韵味的问题，鉴于上述分析，我们可以做如下思考：

第一，维特根斯坦曾经告诉我们，哲学应该把有意义的对象说清楚，但对于不可说的应该沉默。然而对称性原则却告诉我们，为了保证研究的公正性，我们应该对真理与错误、成功和失败、民主与专制等相关联的研究对象同时进行研究。为了把真理、成功和民主等范畴说清楚，我们还应该开辟对错误、失败和专制等范畴的研究。

第二，传统的哲学思考大多对真理与错误、成功与失败使用不同的解释理论，用一种理论解释真理或成功，但却用另外一种理论解释错误或失败，即在真理与错误、成功与失败等问题上使用"双重标准"，从而造成"成者王侯败者贼"的辉格主义偏见。对称性原则告诉我们，对于真理与错误、成功与失败等相关问题，我们要用同样的理论框架加以分析。应该说，从"双重标准"到"对称性原则"是人类理性设计的某种进步，但是，姑且不论真理与错误、成功与失败之间的界限如何界定，在少数的真理与大量的失败之间进行对称性研究，其可行性值得

---

① Bruno Latour, *Reassembling the Social. An Introduction to Actor-network-Theory*, Oxford University Press, 2005, p. 246.

② Sergio Sismondo, *An Introduction to Science and Technology Studies*, Blackwell Publishing, 2004, p. 73.

探索。

第三，用同样的原因解释真理与错误、成功与失败，在原则上似乎没有问题，但是，如何选择并确定这些所谓的"同样的原因"？布鲁尔主张用社会原因同时解释真理与错误、成功与失败，拉图尔主张用"更多的转向"同时解释真理与错误、成功与失败。孰是孰非似乎一目了然，但仔细斟酌，问题不少：如何选择并确定一种理论解释而又不陷入绝对主义？如何设计"更多的转向"而又不陷入相对主义？

第四，用同样的一种或多种的原因同时解释真理与错误、成功与失败，这里的"解释"是什么意思？是寻找其原因还是"再现"其过程？而且，即便是寻找其原因，是内部原因还是外部原因？是决定性原因还是影响性原因？是直接原因还是间接原因？如果是"再现"其过程，是"发现"过程还是"辩护"过程？是"制造"的过程还是"协商"的过程？是"追随"其过程还是"参与"其过程？

第二节　建构主义纲领及其科学实践研究

强调实践是科学哲学后现代转向的重要方向之一，受维特根斯坦后期思想的影响，爱丁堡学派的巴恩斯和布鲁尔都有"实践优位"的专门论述，塞蒂娜、拉图尔和皮克林等都十分注重实验室研究，都十分注重科学知识的生产过程或科学的行为研究。就现有文献看，"实践转向"（The practice turn）这个概念出现于世纪之交：皮克林在 1992 年编辑出版了《作为实践和文化的科学》（*Science as Practice and Culture*）；塞蒂娜在 2000 年编辑了《现代理论中的实践转向》（*The practice turn in contemporary theory*）[1]一书等等。

实践转向的思想及其践行从何算起，或许无从考证，但学界公认的提法当属 R. 谢茨基和 K. 赛蒂娜主编的《当代理论中的实践转向》（*The*

---

[1]　关于维特根斯坦的评价，我们要特别注意他的两种哲学，前期哲学以《逻辑—哲学论》为代表，其哲学主旨是逻辑原子主义；后期哲学以《哲学研究》为代表，其哲学主旨才是行为主义。因此，把维特根斯坦哲学都归结为"实践优位"恐怕未必准确。

Practice Turn in Contemporary Theory，Routledge，2001）①，该著的文集都出自当代知名的后现代思想家如 B. 巴恩斯等人之手。② L. 萨勒编辑的《加

---

① 该文集包括如下内容：导论，引出实践理论（THEODORE R. SCHATZKI）。第一部分为"实践与社会规制"（Practices and Social Orders），包括如下几章："实践作为集体活动"（Practice as Collective Action，BARRY BARNES）；"人类实践和'宏观社会维度的'可观察性"（Human practices and the observability of the 'macrosocial'，JEFF COULTER）；"内心规制的实践"（Practice mind-ed orders，THEODORE R. SCHATZKI）；"控制约定边界的效用机制"（Pragmatic regimes governing the engagement with the world，LAURENT THéVENOT）；"文化践行的支点何在"（What anchors cultural practices，ANN SWIDLER）；第二部分为"内省实践"（Inside practices），包括如下几章："维特根斯坦和实践的先在性"（Wittgenstein and the priority of practice，DAVID BLOOR）；"何谓意会知识"（What is tacit knowledge? H. M. COLLINS）；"抛掉潜规制手册：学习与实践"（Throwing out the tacit rule book：learning and practice，STEPHEN TURNER）；"民俗学和实践逻辑"（Ethnomethodology and the logic of practice，MICHAEL LYNCH）。第三部分为"后人本主义挑战"（Posthumanist challenges），包括如下几章："海德格尔何以借用自然科学实体保卫真理的贯通说"（How Heidegger defends the possibility of a correspondence theory of truth with respect to the entities of natural science，HUBERT L. DREYFUS）；"实践和后人本主义：社会理论和某种建制的历史"（Practice and posthumanism：social theory and a history of agency，ANDREW PICKERING）；"客观的实践"（Objectual practice，KARIN KNORR CETINA）；"实践的两个概念（Two concepts of practices，JOSEPH ROUSE）；"德里达的离散和海德格尔的结集：调控可理解性实践的一般趋势"（Derridian dispersion and Heideggerian articulation：general tendencies in the practices that govern intelligibility，CHARLES SPINOSA）。参见 Theodore R. Schatzki，The Practice Turn in Contemporary Theory，Routledge，2001.

② Barry Barnes is Professor of Sociology at the University of Exeter, a founding figure in contemporary sociology of knowledge, and author, among other works, of Interests and the Growth of Knowledge (Routledge, 1977), The Nature of Power (Polity Press, 1988), and (with David Bloor and John Henry) Scientific Knowledge：A Sociological Analysis (University of Chicago Press, 1996).

David Bloor is Leader in the Philosophy of Science in the Social Studies Unit, University of Edinburgh, and he is another founding figure in contemporary sociology of knowledge. Among his works number Knowledge and Social Imagery (Routledge and Kegan Paul, 1976), Wittgenstein：A Social Theory of Knowledge (Columbia University Press, 1983), and Wittgenstein：Rules and Institutions (Routledge, 1997).

H. M. Collins is Distinguished Research Professor of Sociology and director of the Centre for the Study of Knowledge, Expertise and Science at the University of Cardiff. Most prominent among his publications are Artificial Experts：Social Knowledge and Intelligent Machines (MIT Press, 1990), Changing Order：Replication and Induction in Scientific Practice (University of Chicago Press, 1992), (with Trevor Pinch) Frames of Meaning：The Social Construction of Extraordinary Science (Routledge and Kegan Paul, 1982), and (with Martin Kusch) The Shape of Actions：What Humans and Machines Can Do (MIT Press, 1998).

Jeff Coulter is Professor of Sociology at Boston University and author of numerous books, including The Social Construction of Mind (Rowman and Littlefield, 1979), Rethinking Cognitive Theory (Macmillan, 1983), and Mind in Action (Polity Press, 1989). （转下页）

固科学的稳定性：科学哲学的实践转向之后》（Characterizing the robustness of science：after the practice turn in philosophy of science）[1] 也许首次正

（接上页）Hubert L. Dreyfus is Professor of Philosophy at the University of California，Berkeley，author of What Computers Still Can't Do：A Critique of Artificial Intelligence（Harper and Row，2nd edn 1979）and Being-in-the-World：A Commentary on Heidegger's Being and Time，Division I（MIT Press，1991），and coauthor（with Paul Rabinow）of Michel Foucault：Beyond Structuralism and Hermeneutics（University of Chicago Press，2nd edn，1983），（with Stuart Charles Spinosa is Head of Research at Vision Consulting and author of "Derrida and Heidegger：Iterability and Ereignis"，in Hubert Dreyfus and Harrison Hall（eds）Heidegger：A Critical Reader（Blackwell，1992），and coauthor（with Hubert Dreyfus）of "Two Kinds of Anti-Essentialism and their Consequences，" Critical Inquiry，22（1996），735 – 63 and（with Hubert Dreyfus and Fernando Flores）of Disclosing New Worlds：Entrepreneurship，Democratic Action，and the Cultivation of Solidarity（MIT Press，1997）.

Ann Swidler is Professor of Sociology at the University of California，Berkeley，author of Organization without Authority（Harvard University Press，1979），the important article "Culture in Action：Symbols and Strategies"

（American Sociological Review，1986），and Talk of Love：How Culture Matters（University of Chicago Press，2001），and coauthor（with Robert Bellah et al.）of both Habits of the Heart（University of California Press，1985）and The Good Society（Vintage，1992）.

Laurent Thévenot is Professor in the Groupe de Sociologie Politique et Morale at the Ecoles des Hautes Etudes，one of the originators of the "new French school" of sociology，author，among other works，of Sociologie pragmatique：les regimes d'engagement（forthcoming），and coauthor（with Luc Boltanski）of De la justification（Gallimard，1991）.

Stephen Turner is Distinguished Research Professor at the University of South Florida，author of numerous books，including Sociological Explanation as Translation（Cambridge University Press，1980）and The Social Theory ofPractices（University of Chicago Press，1994），and coauthor of several volumes，including（with Mark L. Wardell）Sociological Theory in Transition（Allen and Unwin，1986）and（with Regis A. Factor）Max Weber：The Lawyeras Social Thinker（Routledge，1994）.

① 该文集主要探讨了科学哲学转向实践后的新动向，其核心思想见诸导言"科学成就的稳固性：问题、困难的结构及其哲学涵义"（The Solidity of Scientific Achievements：Structure of the Problem，Difficulties，Philosophical Implications，Léna Soler）。该文集主要由如下论文组成："稳定性，可靠性和超决定性"（Robustness，Reliability，and Overdetermination，William C. Wimsatt）；"自然科学和人文科学中的稳定性：基于资料和推理的分析"（Robustness，Reliability，and Overdetermination，William C. Wimsatt）；"实现稳定性以确证有争议的假设：细胞生物学的案例分析"（Achieving Robustness to Confirm Controversial Hypotheses：A Case Study in Cell Biology，Emiliano Trizio）；"理论的多重推导性、可靠性和稳定性"（Multiple Derivability and the Reliability and Stabilization of Theories，Hubertus Nederbragt）；"实验结果的稳定性：以贝尔不等式的检验为例"（Robustness of an Experimental Result：The Example of the Tests of Bell's Inequalities，Catherine Dufour）；"科学形象与稳定性"（Scientific Images and Robustness，Catherine Allamel-Raffin and Jean-Luc Gangloff）；"我们都是巴比伦人？从 Wimsattian 的视域看数学的结构"（Are We Still Babylonians？The Structure of the Foundations of Mathematics from a Wimsattian Perspective，Ralf Kr? mer）；"混沌中的秩序：稳定性与多重证据的矛盾"（Rerum Concordia Discors：Robustness and Discordant （转下页）

式提到了科学哲学的实践转向问题。A. 皮克林（Andrew Pickering）① 编辑
的《作为实践和文化的科学》（*Science as practice and culture*②，University of

---

（接上页）Multimodal Evidence，Jacob Stegenga）；"结果的稳定性与派生的稳定性：可靠实验证据
的内在结构"（Robustness of Results and Robustness of Derivations：The Internal Architecture of a Solid
Experimental Proof，Léna Soler）；"决定的多重路径和建构的多重限制：大分子体建模的稳定性和
策略"（Multiple Means of Determination and Multiple Constraints of Construction：Robustness and Strate-
gies for Modeling Macromolecular Objects，Frédéric Wieber）；"稳定性观念在理解科学实践中的作
用"（Understanding Scientific Practices：The Role of Robustness Notions，Mieke Boon）；"科学的稳定
性和机制的波动"（The Robustness of Science and the Dance of Agency，Andrew Pickering）；"自然物
与人工物中的动态的稳定性和设计"（Dynamic Robustness and Design in Nature and Artifact，Thomas
Nickles）*Léna Soler，Characterizing the robustness of science：after the practice turn in philosophy of sci-
ence*，Dordrecht；New York：Springer，c2012.

①　在皮克林看来，实践转向的大体过程是这样的，在 20 世纪 70 年代晚期情况开始发生变
化。在英格兰内外，出现了新的研究方向，这些研究方向显然与 SSK 互有交叉，但是这些研究与
SSK 关系的准确程度仍是有问题的。一个关键性的标志就是布鲁诺·拉图尔和斯蒂夫·伍尔伽所
著的人种学研究著作《实验室生活》。这项研究所带来的思想和田野调查出自于法国学者，他们
与 SSK 并没有明显的亲缘关系。另外一部实验室生活的研究著作是《知识制造》（1981），独立
地出自于另外一个欧洲大陆国家的作者卡琳·诺尔－赛蒂娜。与此同时，在美国，哈罗德·伽芬
克尔、迈克尔·林奇和埃里克·利文斯通把他们独具特色的常人方法论视角与实验室生活研究
（还有数学研究）联系起来（Lynch，Livingston，and Garfinkel 1983，Lynch 1985，Livingston
1986）。科学哲学家伊恩·哈金（Ian Hacking 1983）、南希·卡特赖特（Nancy Cartwright 1983）、
亚瑟·法（Arthur Fine 1986）则在他们自身的领域内发展了一种经验性研究方向。这种研究似乎
以极有意义的方式与 SSK 研究交织在一起。特里蒙特（Tremont）研究小组则发展出他们针对科
学文化研究的实用主义和符号交互主义者的观点（Fujimura，Star，and Gerson 1987）；另外一位
人类家，莎伦·特拉维克（Sharon Traweek 1988）则在斯坦福线形加速器中心对粒子物理学家进
行了研究。回到英格兰，马尔凯和奈杰尔·吉尔伯特（Nigel Gilbert）进入"反身性"和"新文
学形式"研究，这些研究使 SSK 回到对自身的研究。在欧洲大陆的布鲁诺·拉图尔继续着他的
研究方向，与迈克尔·卡伦（Michel Callon）合作提出了科学的文化研究的"行动者网络"理
论，这个理论奠定了巴黎学派的基础。（安德鲁·皮克林：《作为实践和文化的科学》，柯文、伊
梅译，中国人民大学出版社 2006 年版，第 2—3 页。）

②　该文集主要包括如下一些论文：1. From Science as Knowledge to Science as Practice，An-
drew Pickering；2. The Self-Vindication of the Laboratory Sciences，Ian Hacking；3. Putting Agency
Back into Experiment，David Gooding；4. The Couch, the Cathedral, and the Laboratory：On the Rela-
tionship between Experiment and Laboratory in Science，Karin Knorr Cetina；5. Constructing Quaterni-
ons：On the Analysis of Conceptual Practice，Andrew Pickering and Adam Stephanides；6. Crafting Sci-
ence：Standardized Packages, Boundary Objects, and "Translation"，Joan H. Fujimura；7. Extending
Wittgenstein·The Pivotal Move from Epistemology to the Sociology of Science，Michael Lynch；8. Left
and Right Wittgensteinians，David Bloor；9. From the "Will to Theory" to the Discursive Collage：A Re-
ply to Bloor's "Left and Right Wittgensteinians"，Michael Lynch；10. Epistemological Chicken，H. M.
Collins and Steven Yearley；11. Some Remarks About Positionism：A Reply to Collins and Yearley，Steve
Woolgar；12. Don't Throw the Baby Out with the Bath School! A Reply to Collins and Yearley，Michel
Callon and Bruno Latour；13. Journey into Space，H. M. Collins and Steven Yearley；14. Social Epis-
temology and the Research Agenda of Science Studies，Steve Fuller；15. Border Crossings：Narrative
Strategies in Science Studies and among Physicists in Tsukuba Science City，Japan，Sharon Traweek。

Chicago Press，1992）"试图把科学理解为一种实践过程，是各种异质文化因素之间相互作用的结果。不像 SSK，它并不会去获取表象后面隐藏的秩序"①。

一　建构主义纲领的源流

像相对主义纲领一样，建构主义纲领也有其特有的科学基础，或者说对科学的独特理解：科学活动的对象从自然现象转向人工对象或经过特殊处理的客体；科学仪器对自然的"干预"所呈现的物质性状成为科学家所要描述的客观规律；科学家及其群体在科学活动中的各种"建构"活动深深影响甚或决定了科学理论的层级和深度。

第一，在牛顿时代，科学家的研究对象是自然现象，但后现代科学哲学家所要理解的科学在研究对象问题上已经大大不同于牛顿时代，现代科学家所面对的自然现象已经不具有自然的天性，而是被"纯化""重整"成为人工自然。正如赛缇娜在《认知文化》一书中所说的那样，"自然客体至少有三类特征是实验科学不必迎合的：其一，它不必完全接受客体，而用改变的或部分的形式；其二，不必迎合自然客体的存在位置，不必把它固定在自然环境中，实验科学把客体带回'家'并在实验室中按他们自己的意思操作；其三，实验科学并不需要迎合事件的发生时间，它能免除事件发生的自然周期，并使事件时常发生从而足以进行持续研究。实验的实行使物体与自然环境分离并使它们在新的领域内的安置由社会机构决定成为必要"②。这就意味着，后现代科学哲学家在理解科学对象时所面对的自然已经不是天然的自然，而是被科学家所建构了的自然。

第二，与牛顿时代相比，科学仪器主要的功能是弥补科学家感性器官的不足，使其更准确地观察自然界；但在后现代的科学场域中，科学仪器

---

① "*Science as Practice and Culture* explores one of the newest and most controversial developments within the rapidly changing field of science studies: the move toward studying scientific practice—the work of doing science—and the associated move toward studying scientific culture, understood as the field of resources that practice operates in and on." 参见安德鲁·皮克林《作为实践和文化的科学》，柯文、伊梅译，中国人民大学出版社 2006 年版，中文版序言第 1 页。

② Karin Knorr Cetina, *Epistemic Cultures—How the Sciences Make Knowledge*, Harvard University Press, 1999, p. 27.

不仅要客观地去"观察"（seeing）自然界，而且还要操控自然界，使自然界呈现出只适用于某些特定仪器的独特性状。西斯蒙多曾经这样说过，从这个角度看，实验室赋予科学家和工程师以其他人所不具备的权力，这是因为《正是在实验室中最新的力量之源被创造出来》（Latour，1983：160），实验室包括科学仪器，如显微镜和电子显微镜等，这些仪器改变了事物的作用强度。这些仪器使得客体在尺度上适合于人类的研究。实验室也包含大量的仪器用于把对象分开以便控制它们，以便使得它们易于检测；检测对象的目的是找出它们能做什么，不能做什么。这个过程也能被看作是对有关客体的各种角色的检测，以便找出需要建构什么样的联盟，不能建构什么的联盟。自然被搞成适合于人类认知的尺度，被区分为要素，在实验室或计算中心中被固定化，再变成一种论文或计算机上的符号，自然是可控制的。[①] 这就意味着，科学仪器的建造和使用本身成为理解自然或从事科学活动的重要工作。

　　第三，在牛顿时代，科学活动的本质是对自然界的静观与沉思，有如伽利略的斜塔试验，牛顿对月上运动与月下运动的"通观"；但在后现代的科学活动中，科学家不仅要从外部审视自然界，还要亲身"干预"自然界，强迫自然界呈现出某些自然界不曾存在的"人工现象"。例如，量子力学所要揭示的量子活动就不是量子自身的自主活动，而是在特定仪器干预下所呈现的依赖测量仪器所释放能量的量度和路线等因子的"受控"活动。对此，皮克林曾经指出，"后人本主义使我们注意人类和非人类功能的遭遇，因而我们也许被鼓励写一部功能的历史（或功能社会学或功能哲学，这些已经不是什么不同的任务），这种研究将集中在人类和非人类功能之遭遇的波澜壮阔的可见场面。"[②] 在皮克林等人看来，在后现代的科学活动中，人类力量和非人类力量"内在地彼此联系，在循环中、突现中相互界定、相互支撑……受制约的人类力量与被捕获的物质力量有机地相互交织，它们在相互作用中实现稳定。我们可以起始于这样一个思想：在人类力量与非人类力量之间或许存在一个完美的对称，即便是人类

---

　　① Sergio Sismondo, *An Introduction to Science and Technology Studies*, Blackwell Publishing, 2004，p. 67.

　　② 参见安德鲁·皮克林《实践的冲撞——时间、力量与科学》，南京大学出版社 2004 年版，第 16 页。

动机存在于这个对称图景中"①。

二 建构主义纲领的主旨及其问题

在科学哲学的后现代转向中，建构主义②③纲领及其引导的实践转向无疑具有重要地位，马修斯（M. R. Matthews）④ 在他的《科学教育中的建构论：一种哲学的审视》（*Constructivism in Science Education：A Philosophical Examination*）中指出，"从后现代主义或后解构主义的角度看，建构主义已经深深地影响了文学、艺术、历史、社会科学和神学教育。从

---

① Theodoer R. Schatzki & Knorr-Cetina, *The Practice Turn in Contemporary Theory*, Routledge, 2001, p. 164.

② 西斯蒙多（Sergio Sismondo）在这篇论文中讨论了"社会建构"这个术语的四个用法："（a）建构，通过角色、制度的相互作用，包括知识、方法论、研究领域、人类习惯和有规则的观念；（b）科学家的科学理论及科学解释的建构，这种建构意味着科学理论的结构取决于科学数据和观察；（c）在实验室中利用仪器和物质性材料对科学对象的建构；（d）在新康德主义意义上的建构，通过思想和表述对客体的建构。" Sergio Sismondo, *Some Social Constructions*, *Social Studies of Science*, Sage Publications, Ltd., Vol. 23, 1993, p. 516.

③ 建构主义有许多英文名称，一个是 constructivism；另一个是 Constructionism；还有一个是 Constructionalism。这几个英文名称略有差异，constructivism 似乎主要为自然科学工作者或以自然科学为对象的研究者所使用，而 Constructionism 和 Constructionalism 多为文化学者所用。例如 Ian Hacking 就是如此。而作为 constructivism 的建构主义，主要是科学工作者所使用，例如，数学家 Brouwer 和社会学家 K. Cetina 等。正如 Ian Hacking 所说，"大多数 Constructionists 从来没有听说过数学中的 constructivism。Constructivists、constructionists 和 constructionalists 生活在不同的学术领域。但是规范这些思想的主题和态度并不是不同的。表面看来，这三个术语是不同的，其实不然。这三个术语全都是关于已经消失了的实体，那种被人们看作是真实存在的实体。这着实令人震惊。所有的 construc-ism 都是关于柏拉图提出的现象与实在之间的问题的，都是由康德赋予确定的形式。尽管社会建构主义是在后现代主义的发展大势中崛起的，但它却具有非常深远的传统。"（Ian Hacking, The Social Construction of What? Harvard University Press, 1999. pp. 48 – 49）正是在这个意义上，"Constructionalists（罗素）和 constructivists（Brouwer）都在真正的意义上把建构当作 building（建筑）来理解"（Ian Hacking, 1999, pp. 48 – 49）。

④ Michael Matthews 是新南威尔士大学教育学院的副教授，也是《科学与教育》杂志的编辑。他的主要著作有：Challenging New Zealand Science Education（Dunmore Press, 1995），Science Teaching：The Role of History and Philosophy of Science（Routledge, 1994）and Time for Science Education（Plenum Publishers, 2000）. 此外他还编辑了 The Scientific Background to Modern Philosophy（Hackett Publishing Company, 1989），History, Philosophy and Science Teaching：Selected Readings（OISE Press/Teachers College Press, 1991），Constructivism in Science Education：A Philosophical Examination（Kluwer Academic Publishers, 1998），and Science Education and Culture：The Role of History and Philosophy of Science（with F. Bevilacqua & E. Giannetto, Kluwer Academic Publishers, 2001）.

总的情况看，建构主义已经成为热点问题。"①

其实，建构主义源远流长，杰拉德·德兰蒂（Gerard Delanty）在《社会科学：超越建构主义与实在论》（Social science：Beyond Constructivism and Realism）中指出，"建构主义在各种唯心主义哲学中有其深刻的根源，如休谟、贝克莱和康德等以不同的方式论证了知识是由经验以及语境的创造。现代建构主义的最大支持者是韦伯和曼海姆。这种唯心主义学派把建构主义限定在认识论的个人主义，忽视知识建构中的社会维度。"② 但建构主义成为后现代科学哲学的研究纲领之一则是在 20 世纪 90 年代。"自从曼海姆以来，建构主义因实证主义者的争论以及解释学与马克思主义的竞争而被忽视。但这些学派过时后，建构主义被重新发现（Stehr 和 Meja，1984）。建构主义成为 20 世纪 80 年代的社会科学研究方法论，其标志就是诺尔·赛蒂娜（Knorr-Cetina）和西斯蒙多（Sismondo）在 1993 年的作品。这些作品表明，我们关于社会实在的知识是社会科学的建构，社会科学知识是一种反思性的知识，这些知识构成了它的客体。显然，客体和社会实体都独立于我们社会科学家而存在，但在科学家形成社会知识中却发挥积极的作用。哈贝马斯和阿佩尔关于知识与人类旨趣相联系的思想也以科学对实在的建构为前提。"③ 这种研究的优点在于澄清了社会建构主义的思想脉络，但却容易陷入历史主义的思想弊端。

怎样理解社会建构主义？我们既要避免现代主义或本质主义的武断，也要警惕后现代主义或相对主义的陷阱。作为后现代主义的超越，社会建

---

① Matthews, M., R., *Constructivism in Science Education：A Philosophical Examination*, Kluwer Academic Publishers, 1998, p. 1.

② Gerard Delanty, *Social Science：Beyond Constructivism and Realism*, University of Minnesota Press, 1997, p. 113.

③ Gerard Delanty, *Social Science：Beyond Constructivism and Realism*, University of Minnesota Press, 1997, p. 114。关于 Stehr 和 Meja 在 1984 的作品是指：Stehr, N. and V. Meja, 1984, "Introduction：The Development of the Sociology of Knowledge", in *Society and Knowledge：Contemporary Perspectives on the Sociology of Knowledge*, N. Stehr and V. Meja eds., New Brunswick, N J. · Transaction Books, pp. 1 – 18

关于 Knorr-Cetina 和 Sismondo 在 1993 年的作品是指：Sergio Sismondo, 1993, Some Social Constructions, *Social Studies of Science* (Sage Publications, Ltd.), 23, pp. 515 – 531；Knorr Cetina, Karin D., "Strong Constructivism-From a Sociologist's Point of View", *Social Studies of Science* (Sage Publications, Ltd.) 23, 1993, pp. 555 – 563.

构主义主要是由三个基本命题所构成的：从本质主义转向建构主义，强调知识的建构性；从个体主义转向群体主义，强调知识建构的社会性；从决定论转向互动论，强调社会地建构知识的辩证性。

第一，从本质主义转向建构主义，强调知识的建构性。本质主义是现代主义知识论的核心理念之一，反本质主义则被后现代主义所尊崇。海德格尔和哈贝马斯代表了现代主义知识论的最高水平，但却难免本质主义的哲学局限性。在《从本质主义转向建构主义》这篇论文中，A. 芬伯格指出了对当代科技哲学具有重要影响的海德格尔和哈贝马斯的本质主义特征。"海德格尔和哈贝马斯所提供的本质主义理论难以识别技术原则的非常不同的实现方式。因此，在他们的思想中，技术被严格地注定了的，在技术的界面里几乎没有可以调整的余地。"[1]

建构主义方法论的确被社会建构主义者所奉行。例如，P. 伯格 和 T. 卢克曼的《实在的社会建构》（1966）、皮亚杰的《发生认识论原理》（1970）、E. 门德尔松的《知识的社会生产》（1977）、K. K. 赛蒂娜的《知识制造》（1981）、B. 拉图尔的《实验室生活》（1979）、W. 比捷克的《技术系统的社会建构》（1987）、科尔的《科学的制造》（1995）等。所谓的"从本质主义转向建构主义"，就是从知识的本质判断转向知识的发生过程，即从"知识是什么"的问题转向"知识是如何发生的"问题。正如塞蒂纳在《知识制造》中所说，"科学家在实验室里如何生产和再生产他们的知识，是本书所关心的主要问题。我借对科学事业的建构性和与境性的评论，已广泛地介绍了这一主要论题。'如何'的问题是这里所倡导的知识人种学将必须面对的第一个问题。"[2]

任何理性都是有限的。强调知识的建构性，也未必就是理解知识的绝对真理。强调知识的建构性以及与此相关的"实验室研究"等，在本质上是一种"经验转向"，是一种与本质主义话语方式不同的"工程师的说话方式"。但正如温纳在（1993，P363）所批评的那样，"一旦走进技术的黑箱，人们就一定能知道哲学和技术研究所要求的所有答案吗？……技

① Andrew Feenberg, From Essentialism to Constructivism: Philosophy of Technology at the cross-roads www-rohan. edu/faculty/ feenberg/ talk4. /html.

② 诺尔－赛蒂娜：《制造知识——建构主义与科学的与境性》，东方出版社 2001 年版，第 37—38 页。

术并不是一维的实体。首先，技术的概念本身就有许多意义：最基本的有技术作为器具；技术作为知识形式；技术作为行动的方式（Kroes，1998；Mitcham，1994）。但是，这些技术的每一种形式都有复杂的意义。例如，技术作为知识形式就可以有许多工程分支，如建筑工程、系统工程、机械工程、电子工程、物理工程和软件工程等等。所以，技术黑箱还包含技术自身历史发展的形式，这是技术哲学家在理解现代技术的本质和作用所不可忽视的，否则，哲学家就有把技术过分简单化的危险。"①

对于知识的建构性或从知识生产的角度理解知识，应该注意两个问题：其一，就思想史的意义而言，建构论的分析方法具有独特的历史地位，即使这种分析方法带有某些新康德主义或相对主义的时代病症，我们也应该给予应有的评价；其二，作为一种"经验转向"（当然不同于古典经验主义和逻辑经验主义），既有经验论的痼疾，也一定有各种新经验论的自身缺陷，但在没有更好的经验论取代它之前，它依然是可以借鉴的。

第二，从个体主义转向群体主义，强调知识建构的社会性。早在20世纪30年代，逻辑经验主义哲学家卡尔纳普就提出了"方法论的个体主义"（methodological individualism）问题，借以批判以个体感觉为根据的经验主义。其实，方法论个人主义是现代主义哲学的基本特征之一。近世以来，思想家大多把世界或知识归结为某一种个体存在物，如笛卡尔的"我思"、贝克莱的"我的感觉"、维特根斯坦的"我的语言"、海德格尔的"我的存在"、库恩的"我的世界"等等。

社会建构主义反对"方法论的个体主义"，主张群体主义的方法论，强调知识建构的社会性。社会建构主义认为，任何知识或其他人造物都不是个人的产物，而是"集体智慧的结晶"。在这个问题上，技术哲学家A. 芬伯格在他于2000年出版的《选择现代性：哲学和社会科学中的技术转向》中，提出了这样一种观点：技术设计需要许多参与者共同协商的成果，如果认为技术设计是个别天才的神来之笔或纯粹的实验室制造，那才是非理性的奢望。技术的设计过程也就是由不同的社会角色参与开发技术的过程。公司的所有者、技术人员、消费者、政界领袖、政府官员等

---

① Kroes. P. , ed. , *The Empirical Turn in the Philosophy of Technology*, UK：Elsevier Science Ltd. , 2000, p. xix.

等，都有资格成为参与技术的社会角色。他们都致力于确保在技术设计中表达自己的利益。他们通过下面的方式对技术设计施加影响，如提供或撤消资源、按自己的意愿规定技术的目的、使现有的技术安排符合自己的利益、为现存的技术手段安置新的方向等等。技术是这些社会角色的社会表达。

在社会建构主义看来，知识所表达的是整个社会。"我们的技术反映我们的社会。技术再生产并包含着专业的、技艺的、经济的和政治的因素的相互渗透的复杂性。……'纯的'技术是没有意义的。技术总是包含着各种因素的折中。无论技艺被何时设计或建构出来，政治、经济、资源强度的理论、关于美与丑的观念、专业倾向、嗜好和技能、设计工具、可用的原材料、关于自然环境的活动的理论——所有这些都被融入其中。"①

公正而论，社会建构主义主张知识生产具有社会性。但如果把这种思想发挥到至极，则可能导致相对主义。我们知道，维特根斯坦哲学的伟大意义在于将"生活方式"等范畴将社会因素引入现代哲学，但一个叫温奇（P. Winch）② 的学者致力于维特根斯坦研究，则走得太远，他甚至说出了这样的话："命题之间的逻辑关系取决于人之间的社会关系。"（Brown，1979，p. 227）他主张社会的维度包含于认识论的讨论："人类智力的哲学教育以及与之相关的概念要求这些概念定位于人类社会的关系境遇中。"（Winch，1969，p. 40）

第三，从单向决定论转向互动论，强调知识"共建"的辩证性。后现代主义致力于消解各种决定论，但往往陷入各种相对主义、虚无主义和多元主义等，这些方法论对决定论具有相当的破坏性，但对人类的思想鲜有建设性（包括各种建设性的后现代主义）。

社会建构主义反对决定论，强调辩证法在社会建构知识中的重要意义。早在社会建构主义被奠基之日起，辩证法就深深植根于社会建构主义之中。R. 培特曼在《常识建构主义》（*Commonsense Constructivism*）一书中 给予了清晰的说明："按照建构主义分析，'人类生来就是注定要与他

① Wiebe E. Bijker and John Law, *Shaping Technology/Building Society*, *Studies in Sociotechnical Change*, The MIT Press, 1992, p. 4.

② 温奇曾经在 1969 年编辑了《维特根斯坦哲学文集》，由伦敦的 Routledge & Kegan Paull 出版社出版。其他情况不详。

人一起建构并居住在这个世界上。'对人类而言，世界就是由人类控制的、并可由人类界定的实在。世界的界限是由自然限定的，但一经被人类建构，这个世界就反作用于自然。在自然和社会地建构的世界的辩证关系之间，人类本身是可塑的。同样的辩证法也存在于人类自身，'人生产了实在，并在生产实在中也生产了自身'（Berger 和 Luckmann，1966，p. 204）。因此，'被社会地建构的'世界也是辩证的。它发生在'人'与'人'之间和'自然'与'人'之间。"①

因此，建构主义纲领所说的互动论主要指通过语言或知识使人与世界、客观与主观、个人系统与社会系统等之间互相转化。社会建构主义的奠基人 P. 伯格 和 T. 卢克曼指出，"强调这一点非常重要：人作为生产者和社会世界作为人的产物之间，是而且一直保持一种辩证的关系。这个辩证关系就是，人（当然不是作为孤立的个体而是作为集体）和他的社会世界是相互作用的。产品反过来影响生产者。外在化和客观化处于一种不断的辩证关系之中。……社会是人类的产物，社会是一种客观实在，人是社会的产物"②。

建构主义纲领不仅仅是解读后现代科学的思想工具，同时它也有助于关注更为深广的社会生活。著名技术哲学家芬伯格（A. Feenberg）曾经为我们描述了建构主义纲领在探索社会生活方面的思想价值。

第一，为了支持反决定论的立场，芬伯格倚重社会建构主义者的理论，社会建构主义第一次在哲学对现代性的研究和日益发达的科学技术研究中架起一道桥梁。社会建构主义以其经验研究证实了，技术发展不是被普遍的理性所决定，而是取决于各种社会角色。社会角色是社会建构主义反对决定论的重要依据。

第二，尽管芬伯格深受法兰克福学派的影响，但他认为"批判理论"必须被修正，必须超越"支持技术"与"反对技术"的僵化态度。但同时应保持法兰克福学派的批判精神，采纳日本学者的新的文化多元论（multiculturalism），以避免实证主义者的普世主义（positivist universalism）

① Ralph. Pettman, *Commonsense Constructivism*, Sharpe. Inc, 2000, p. 11.

② Peter L. Berger and Thomas Luckmann, *The Social Construction of Reality*, Penguin Press, 1967, pp. 78 – 79.

和种族相对主义（ethnical relativism）。

第二，哲学和政治传统需要在现代社会生活中关注技术日益增长的重要性。对技术的关注意味着回到批判的讨论中，但不是忽视现代社会中其他重要维度如社会批判理论、综合的文化解释学、技术社会学和伦理学研究等，这些重要维度近年来受到了关注。

第三，把技术和自由整合起来是可能的，但这种整合不是在现行的技术文化的框架内。传统的技术文化支持一种技术秩序的严格等级观念。不断增加的技术变化的民主化将带来一个全新的世界。但公共参与技术政治通常受到指责，如担心导致非理性行为等，对于公共参与技术决策，说好听的叫难缠，说不好听的就是阻碍技术进步。按照这种技术—文化观，重大的技术决策是由少数政府官员和商业精英所决定的，这个决定过程没有大多数公众的参与。

第四，技术设计是许多参与者共同协商的成果，如果认为技术设计是个别天才的神来之笔或纯粹的实验室制造，那才是非理性的奢望。技术的设计过程也就是由不同的社会角色参与开发技术的过程。公司的所有者、技术人员、消费者、政界领袖、政府官员等等，都有资格成为参与技术的社会角色。他们都致力于确保在技术设计中表达自己的利益。他们通过下面的方式对技术设计施加影响，如提供或撤消资源、按自己的意愿规定技术的目的、使现有的技术安排符合自己的利益、为现存的技术手段安置新的方向等等。技术是这些社会角色的社会表达。这种观点来自建构主义者的技术社会学。现代技术既不是人类的奴隶，也不是不可变异的铁笼，而是一种新型的文化框架，其中充满了问题，因而是可变的。

第五，技术变革的民主化（Demotratization of technical change）要求对那些缺乏金融资本或文化资本或政治资本的社会角色开放技术设计过程。既然技术的民主化要求这些非技术角色参与，在原则上我们没有理由认为这些社会角色的参与将阻碍技术变革，民主化就意味着增加这些社会角色的数量和种类，民主的技术政治的本质在于改进"被征服者的知识"（subjugated knowledge）和来自计划者与执行者的占统治地位的知识之间的沟通。所谓可选择的现代性，就是指一种不断拓宽的可能性，其中最重要的思想就是，在技术决策过程中应包括尽可能多的社会角色。这些角色不仅包括专家和政府官员，而且还包括参与技术网络的所有人：工人、使用者、技术进步某种单面效应的受害者或受益者。

第六，可选择的现代性认为，既然技术发展不是因其理性而是因其社会，那么技术应该像其他社会行为那样被民主化。现代技术在早期曾使日本和俄国发生了社会变革，在更早的时期曾使西方国家发生了社会变革，因而也会使中国发生社会变革。但时代不同了。中国是一个人口大国，因而有别于世界其他国家，所以中国不能简单地照搬西方国家的发展模式。中国将继续发展，但中国必须创新一个并不倚重于自动化的新型发展道路。因此，至关重要的是寻找一个最适于中国的发展模式。

总之，技术变革的民主化表达了技术内在本质的可能性。建构一个新的或更民主的过程将技术设计过程同审美的、伦理的标准和民族的统一性结合在一起绝对不是不可能的。现代性的技术不仅具有对技术界内部开放的可能性，而且还具有对技术所影响的其他世界开放的深层可能性。技术变革不仅可能促进或阻止资本主义的西方世界，而且也同样作用于其他形式的民族文化。

作为后现代科学哲学的研究纲领之一，建构主义可谓源远流长且歧义丛生，我们从众多文献中加以分析并得出如下结论。

第一，从基本范畴的角度看，现代主义关注的是主客体的关系问题，后现代主义关注的是主体际性问题，而社会建构主义既关注主客体关系问题，又关注主体际性问题，其实质是通过主体际性（人的社会性）范畴研究主客体关系问题。

第二，从思想理路看，现代主义处于哲学发展的语言学（句法学）转向阶段；后现代主义处于哲学发展的解释学（文化学）转向阶段；而社会建构主义则处于哲学发展的修辞学（辩证法的意义上）转向阶段。

第三，从方法原则看，现代主义在方法论上是绝对主义的，认为一个出色的思想家可以创造一个绝对的思想体系；后现代主义在方法论上是相对主义的，认为最理性的判据就是"怎么都行"（费耶阿本德语）；社会建构主义在方法论上是集体主义的，认为哲学是社会性的理性事业，真正的哲学思想是一定的社会群体在一定的社会环境中集体协商的产物。

第四，从概念框架看，现代主义奉行结构主义，认为世界及其事物总有一个不变的结构深藏于其中；后现代主义奉行解构主义，认为哲学家所揭示的任何结构都是值得批判的；而社会建构主义奉行建构主义，认为世界以及事物的结构是人类共建的结果。

第五，从认识模式看，现代主义力图用分析、还原和整合等认识工具来揭示世界图景；而后现代主义则力图用消解、兼容和断裂等认识工具来解释世界图景；而社会建构主义则力图用协商、对话和共识等认识工具来建构世界图景。

第六，从真理内容看，现代主义认为真理内容是纯净的或价值无涉的，因而是绝对的、齐一的；后现代主义认为根本不存在什么绝对真理，即使存在真理，也负载着文化旨趣（哈贝马斯）或政治理念（L. Winner），这些文化旨趣或政治理念当然是不可通约的；社会建构主义认为，真理是存在的，但真理是"集体智慧的结晶"，是各种思想或利益在协商过程中争辩、冲突、让步、共识的产物，因此真理是异质性的，是充满矛盾的。

第七，从理论目的看，现代主义期望达成本质主义，后现代主义期望达成反本质主义，而社会建构主义则期望达成建构的本质主义。这就是说，社会建构主义既不像本质主义那样期望发现事物有一个终极性的本质，也不像反本质主义那样根本否定事物有任何本质或类似本质的东西，它承认事物有本质，但事物的本质是社会的建构的产物。

第八，从政治含义看，现代主义往往暗含着权威主义的理论前提，这种权威主义必然导致思想/学理上的独裁主义（那些发现"真理"的大师们），而思想/学理上的独裁主义往往导致政治上的精英统治论（那些自认为发现社会的本质或发展规律的人们）；后现代主义往往暗含着无政府主义的理论前提，这种无政府主义破坏了现代思想中的权威主义，但却以牺牲理论的客观性或思想的规范性为代价，往往导致个人主义、相对主义和多元主义；社会建构主义既反对现代主义的权威主义，也反对后现代主义的无政府主义，而是倡导思想"制造"中的民主主义，但这种民主主义是以社会建构主义作为其理论基础，因而这种民主主义是社会建构主义的民主主义，即参与的民主主义。

我们可以对现代主义、后现代主义和社会建构主义做如下区分：

表6－2　　　　　　现代主义、后现代主义与社会建构主义比较

	现代主义	后现代主义	社会建构主义
基本范畴	主客体关系	主体际性关系	主体际性/主客体关系
思想理路	语言学（意义）转向	解释学（文化）转向	修辞学（社会）转向
方法原则	绝对主义	相对主义	集体主义/共建的辨证方法
概念框架	结构主义/反映世界	解构主义/消解世界	共建主义/社会地建构世界
认识模型	分析、还原、一元	解构、兼容、多元	协商、对话、共识
理论内容	理论绝对性或价值中立	无真理或理论负荷性	理论的共建性或社会性
理论目的	本质主义	反本质主义	本质的建构主义
政治含义	权威（精英）主义	无政府主义	参与的民主主义

三　对建构主义纲领的反思

当然，建构论蕴含着强大的思想批判力，但也存在严重的理论难题。我们认为，对社会建构主义给出哲学批判的是安德烈·库克拉（Andre Kukla）。他认为，"如果承认这样一个事实，即所有的事实都是被建构的，那么这个元事实本身必须被建构，而且关于元事实被建构的元元事实被必须被建构，如此以至无穷。这个过程表明，强建构主义导致一个无限循环。"[①]　具体如下：

1. 假定强建构主义是对的。

2. 那么对于任何事实 F，总是存在另一个 F′，即事实 F 是被建构的。

3. 因此如果有一个事实，那必定存在无限多的建构事件。

4. 存在这样一些事实。

5. 因此，存在无限多的建构事件。

6. 但是只有有限多的建构事件。

7. 因此，建构主义是错的。[②]

从理论看，社会建构主义必然导致非理性主义。"对于协商而言，我们需要协商的逻辑，但按照逻辑建构主义，全部逻辑都是被协商的。因此，协商的逻辑本身也应该曾经是被协商的。这只能诉诸一个先在的协商

---

①　Andre Kukla, *Social Constructivism and the Philosophy of Science*, Routledge, 2000, p. 68.

②　Andre Kukla, *Social Constructivism and the Philosophy of Science*, Routledge, 2000, p. 75.

逻辑的发生，如此等等。每一个协商都以逻辑为前提，但这个逻辑又需要另一个协商。……因此逻辑建构主义归结为非理性主义。"①

从实践看，社会建构主义很可能导致从众心理。"按照建构主义自己的观点，有关社会地建构事实的正统观点总是正确的。社会地建构的事实依然是事实，大加赞成和强化否定也包含着错误。如果科学事实是被广泛的一致程序所建构，那么与通行观点相矛盾的每个新科学主张就是错的。如果科学事实都是被广泛一致的程序所建构，那么坚持真理的标准就在于肯定现行观点是合法的意识。"②

安德烈·库克拉对社会建构主义的批判在技术上或逻辑上是不成问题的，社会建构主义确实存在着循环论证、非理性主义和相对主义等思想缺憾。但是，这些问题并不是社会建构主义所固有的，按照哥德尔的逻辑系统的不完备性理论，任何一种学理都有其前提的非逻辑性问题。在这个意义上，安德烈·库克拉对社会建构主义的批判是递归主义或还原主义的。我们反对安德烈·库克拉利用递归主义或还原主义的批判将社会建构主义置于死地，若此，任何一种思想都不复存在。

我们以为，社会建构主义倡导哲学思维的社会性，这是对后现代主义的超越，因而是有意义的。当然，社会建构主义在运行过程中并没有彻底地贯彻这种社会性原则，往往受到相对主义和绝对主义的干扰。因此，对社会建构主义的批判应以哲学的社会性为判据，使社会建构主义戒除哲学中的非社会性思想，如相对主义和绝对主义等。

第三节　科学哲学史研究及其康德主义纲领

在"后哲学文化"背景下，思想者不得不面临"哲学已死"（S. Hawking，2010）的尴尬境地。究其因，或许哲学这种古老的智慧之学日渐被各种实证科学研究所取代，"综观当今学术文化，当代科学哲学甚至不是最宽广的反思科学的令人尊敬的领域。科学社会学、科学社会史及科

---

① Andre Kukla, *Social Constructivism and the Philosophy of Science*, Routledge, 2000, pp. 121 – 122.

② Andre Kukla, *Social Constructivism and the Philosophy of Science*, Routledge, 2000, p. 120.

学文化的研究等具体学科，成了作为人类实践的科学研究中更为有意义的问题、更为广泛地被人们阅读和论争的对象"（A. Richardson, 2000, Introduction viii）。

　　问题出在哪儿？出路何在？对科学与哲学的关系问题进行一番思想史考察应该是必要的。1996 年第一届国际科学哲学史大会（1ˢᵗ International History of Philosophy of Science Conference）召开，标志着科学哲学史这门学科的兴起。自 2010 年起，笔者在国外访学和承担国家重大课题重点项目"西方科学哲学史研究"期间，查阅了大量文献，整理并思考了有关科学哲学史研究的学科判据、思想缘起、理论背景、基本范畴、研究纲领以及对重新思考当代重大哲学问题的意义等。（安维复，科学哲学简史，2012）

　　"国际科学哲学史研究会"的创立标志着科学哲学史研究的兴起。对于这门新兴学科，本节主要探讨科学哲学史的学科判据、理论背景、思想传承关系、基本内涵、研究纲领和学术价值。与科学哲学、科学史、哲学史等相近学科相比，科学哲学史缘于分析传统以及"后哲学文化"在科学与哲学之间关系等重大学术问题上的偏颇与独断，基于对库恩"范式"的继承与超越，提出"科学的哲学"（scientific philosophy）或科学—哲学共同体的 5 条规范："哲学是一种客观的、真正的知识；知识是统一的，因而哲学和科学是连续的；哲学的变革起因于科学的新近进步；倡导哲学及其知识的普遍性；提倡科学的世界观。"也就是从"统一科学（知识）"的思想史维度论述专业性知识与普遍性知识的对立统一。科学哲学史的思想实质是用科学（事实判断）与哲学（价值判断）的双重历史话语来反思我们的学术和文化，以避免科学（主义）与人文（主义）的疏离。

一　康德主义纲领的源流

　　在维也纳学派的逻辑经验主义者眼中，科学意味着命题系统，这种命题系统当然是由数学语言写成的，可以交付实验检验的，其中没有形而上学的地位。在后现代科学哲学的相对主义研究纲领中，科学家及其活动的社会因素得到充分关注，不同观点的科学家或科学工作者在科学活动中的交流和争论成为科学哲学的主题，但科学理论的命题系统及其整体性被严重遮蔽了，甚至被割裂了。在后现代科学哲学的建构主义研究纲领中，思想家更关注科学仪器、科学家活动等引起的"受控自然"以及由此产生的"碰撞"。但这三种研究纲领都存在一个致命的缺陷:哲学观念被驱除出科学活动,知识与观念之间的关系被扭曲,事实判断与价值判断之间的对等问题没有得到应有的尊重。

近年来,一些怀有康德主义学术理想的科学哲学家开始关注这样一类科学活动:科学作为命题系统与观念系统的整合。例如,M.弗里德曼在"理性动力学"就曾经将科学理解为由三个层次所构成的整体:"这个知识系统是可以分析的。在这个知识系统的底部,就是一般所说的经验自然科学的观念和原则:自然界的经验规律,如牛顿的引力规律或爱因斯坦的引力场方程,这些经验规律都得经得起严格的经验检验。处于第二层次的是规定基本时空框架的构成性先验原则,这些构架都是经由严格的定义且经得起第一层次的经验检验而后才成为可能。这些相对化的先验原则就构成了库恩所说的范式:相对稳定的游戏规则,使得常规科学的解题活动成为可能——包括诸如一般经验规律的严格定义和经验验证。在深层次的观念革命时期,这些构成性的先验原则也服从变化,其变化的压力来自新的经验发现特别是反例。但这并不意味着这些第二层次的构成性原则就像第一层次的经验科学一样。相反,基于这种假设,某种取得广泛共识的背景框架必然在观念革命中迷失。在这里就存在着第三层次,哲学的元范式(philosophical meta-paradigms)或元框架(meta-frameworks),就发挥不可替代的作用,正是这种'元范式'或'元框架'引导着并规制着范式或观念框架的改变。正是这种哲学的元框架保证[理性]在经历了科学革命时依然能够存续并发展,更具体地说就是,这些哲学的元框架为各种不可通约的科学范式之间的相互沟通(在哈贝马斯意义上的沟通理性)提供了基础。"①

弗里德曼所设计的这个科学结构是由经验知识层次、范式或哲学观层次和不同范式之间进行沟通的"元框架"所构成的。其实我们可以将这个三层结构简化为双层结构:科学的知识系统和观念系统,也就是逻辑经验主义所说的科学命题系统和后现代科学哲学的相对主义纲领和建构主义纲领所强调的"形而上学蓝图"。

---

① M. Friedman, *Dynamics of Reason*, p. 39.

这就意味着，逻辑经验主义纲领和相对主义纲领以及建构主义纲领，都难以单独对这种三层结构或双层结构的科学进行研究，这种结构需要一种集科学和哲学于一身的新纲领。

二　康德主义纲领的理论主旨

一门新兴学科的兴起和确立至少应该具有体制性建设、标志性成果和相关学界的认同等几个基本的要件。

对科学哲学进行思想史考察早已有之，W. 惠威尔在其《基于思想史的归纳科学的哲学》(*The Philosophy of Inductive Sciences Founded Upon Their History*) 就曾经考察过柏拉图等对科学哲学的奠基作用；迪昂 (P. Duhem) 在 20 世纪初曾花十数年时间整理中世纪科学哲学思想，从中推出整体论的哲学观念，马赫也做过类似工作；维也纳学派提出"拒斥形而上学"以后，T. 库恩曾"主张科学史和科学哲学……之间的积极对话"(Kuhn, 1977, p. 20)，1993 年 J. 洛西出版了《科学哲学的历史导论》(*A Historical Introduction to the Philosophy of Science*)。但科学哲学史研究体制的确立主要源自两个相关学会的建立：1991 年，在维也纳学派所在地创立了"维也纳学派国际研究会"(The International Institute Vienna Circle)，可能第一次将"科学史"与"科学哲学史"(History of Science and/or Philosophy of Science) 相提并论。更为重要的是，1996 年 4 月 19—21 日第一届国际科学哲学史大会 (1st International History of Philosophy of Science Conference) 以"科学的哲学：新康德主义与科学哲学的诞生"(scientific philosophy, Neo-Kantianism and the rise of philosophy of science) 为题在弗吉尼亚州立大学举行，宣布成立的国际科学哲学史研究会 (The International Society for the History of Philosophy of Science) 标志着科学哲学史研究的兴起。(参见安维复《科学哲学简史》)

是否拥有自己的连续刊物无疑是某一研究领域的"身份证"。2011 年由国际科学哲学史研究会创办的《科学哲学史研究会杂志》(*The Journal of the International Society for the History of Philosophy of Science*) 正式创刊，创刊号包括这样一些重要论文如伦诺克斯 (James G. Lennox) 的《亚里士多德关于研究规范》(*Aristotle on Norms of Inquiry*) 等。维也纳学派国际研究会推出了一系列著述如 M. 海德伯格 (Michael Heidelberger) 在 2000

年主编的《科学哲学史：新动向和新视野》（*History of Philosophy of Science*：*New Trends and Perspectives*）等。此外，还陆续出版了一大批专著如格雷汉姆的《对宇宙的解释：爱奥尼亚学派的科学哲学传统》（*Explaining the Cosmos*：*the Ionian Tradition of Scientific Philosophy*，c2006）；拉孜（Ahmad Raza）的《自从 F. 培根以来的科学哲学》（*Philosophy of Science Since Bacon*，2011）等等（参见安维复主译《科学史与科学哲学导论》，2013）。

科学哲学史引起学界关注是近年来的事。蒯博思（Theo A. F. Kuipers）在 2007 年主编的《一般科学哲学重点问题》中将斯塔德勒（Friedrich Stadler）撰写的《从科学逻辑到科学哲学的科学哲学史》（*History of the Philosophy of Science From Wissenschaftslogik to Philosophy of Science*）中收录其中；2010 年斯塔德勒在其编辑的《科学哲学的现状》（*The Present Situation in the Philosophy of Science*）中专门讨论了科学哲学史问题如毛曼（Thomas Morman）的《科学哲学史作为科学哲学的新探索》（*History of Philosophy of Science as Philosophy of Science by Other Means*）等；2012 年的《波士顿科学哲学丛书》就收录了茅斯考夫（Seymour Mauskopf）编辑的《整合科学史与科学哲学的问题与视野》（*Integrating History and Philosophy of Science*：*Problems and Prospects*），其中 D. 米勒（David M. Miller）专门探讨了《历史和科学哲学史》（*The History and Philosophy of Science History*）；弗里德曼的《理性动力学》更是赢得了众多评论如《科学史与科学哲学研究》（Studies in History and Philosophy of Science）刊物就在 2012 年 3 月刊连续发表 4 篇论文讨论弗里德曼的思想如 T. 毛曼的《重新看待理性动力学》（Reconsidering the Dynamics of Reason，Studies in History and Philosophy of Science. March 2012 43 - 1：27 - 37）。

当然，毕竟科学哲学史研究才刚刚开始，因而还存在诸多问题。与科学史、哲学史等相邻学科比较，它的研究规范或编史学纲领还没有达到维也纳学派或库恩思想那样的认同，它的研究领域尚游离于科学史与哲学史之间，它的标志性成果中还缺乏一部能够贯通古希腊到后现代的科学哲学通史，它的学术影响力还局限在少数相关学术组织之间（参见安维复，科学哲学新进展：从证实到建构，2012 年）。

从学术判据或思想意义看，一种研究的存在及其价值还在于它能够回应思想界面临的学术难题，拥有自己的探索路径和区别于相邻研究领域的编史学纲领等等。

1. 科学哲学史研究的缘起：科学哲学史研究不是维也纳学派或分析传统的兴衰史，而是对分析传统以及"后哲学文化"试图"告别理性"的深层反思。

从字面看，科学哲学史易被误读为科学哲学特别是分析传统的思想传记，其实不然。维也纳学派提出的"拒斥形而上学"纲领，几乎把思想史上的所有哲学学派都一网打尽，更有甚者，逻辑经验主义不仅将非分析传统排斥在科学哲学之外，而且还试图用某种具体的科学方法来消解哲学的观念性，当年马赫传至维也纳学派的一个纲领就是"统一科学"，也就是用当时科学界最先进的"物理语言"来统摄当时的具体科学领域如心理学等，同时也是一场剿灭或颠覆哲学的思想运动如维特根斯坦的"哲学就是语言批判"、石里克的"哲学的转变"以及卡尔纳普的"通过语言分析清除形而上学"等等。这种用科学消解哲学的思潮延至后现代就造成了（科学）哲学被"科学史""科学知识社会学"（SSK）和"科学技术的综合研究"（STS）等所取代的"后哲学文化"，或称"科学话语权"的"哲学边缘化"或"去哲学化"。针对分析传统及其"后哲学文化"，科学哲学史研究的思想使命主要有二。

第一，反思分析传统的独断，恢复思想史对科学哲学的权威。"思"与"史"是不可分的，科学哲学也不例外，正如科学哲学史研究专家 T. 翁贝尔（Thomas Uebel）所言，"一种缺乏历史反思的学科必然需要历史意识"，"科学哲学史在一定程度上有助于打破了分析的科学哲学的某些实践者执迷于分析传统的褊狭。……这种历史态度提醒我们，像其他传统一样，分析传统仅仅是思想史诸多环节中的一环。"（Thomas Uebel，2010，pp. 9，17）

第二，反思"后哲学文化"对理性的敌视，确立哲学在理解科学中的应有地位。"究竟是什么激起了科学哲学的历史转向？为什么科学哲学家开始审视科学哲学史？其可能的答案就在于，科学哲学的边缘化和思想停滞。"（Alan W. Richardson，2000，Introduction，viii）这就要求我们回到与科学（史）相伴而行的哲学（史），"科学哲学史有助于克服当代科学哲学所面临的这些危机，并带来克服这些危机的思想资源。……科学哲学史作为研究科学哲学的方式有助于克服在许多哲学阵营中广为流行的历史健忘症（*historical amnesia*）"（Thomas Uebel，2010，p. 34）。

2. 科学哲学史研究的路径：科学哲学史并不是无源之水，它不仅在于恢复思想史的权威，而且还从思想史中寻找其思想路径——也就是对库恩思想的继承与超越。

科学哲学史研究不仅能尊重思想史的学术地位，而且其本身也是在思想史中成长起来的，具体说是从库恩的思想母体中生发出来的。

面对逻辑经验主义对科学哲学的独断以及在科学与哲学关系问题上的偏颇，T. 库恩在 1962 年出版的《科学革命的结构》在 20 世纪的哲学史乃至整个思想史中主要有如下两重意义：其一，通过"范式"（Paradigm）概念的包容性恢复了"世界观"应有的思想地位，回应了维也纳学派"拒斥形而上学"的"反哲学"态度；其二，通过"不可比性"（incommensurability）终结了包括逻辑经验主义在内的各种科学独断论，认为思想史上的各种科学观念都有其存在的合理性。

科学哲学史研究继承了库恩对不同科学观的宽容态度特别是对"世界观"的回归，但也看到了库恩思想的深层难题——延续了分析传统用科学（范式）取代哲学的流弊。从表面看，尽管库恩在"范式"观念中汲取了许多"世界观"因素，但从用"反例"的多寡来判断"范式"的取舍看，库恩所说的"范式"在本质上依然属于科学范畴，相当于重要科学家的"研究传统"（但未必是哲学），因为只有科学理论或科学范畴才对"经验反例"保持敏感机制；而哲学则具有不为经验所动的观念性或超验性，例如西方哲学中的经验论从中世纪的唯名论到洛克的经典经验论，从逻辑经验主义到建构的经验主义，其思想技术有所改变，但思想主旨基本没有超出亚里士多德的思想。库恩看到了科学因具有可检验性而具有革命性，但却没有看到哲学因具有观念性而鲜有革命性。例如伽利略的自由落体实验可能证伪了亚里士多德的"物理学"，但未必推翻亚里士多德的"形而上学"。

科学哲学史既关注科学（史），也关注与其平行的哲学（史）。正如 M. 弗里德曼所说，"与库恩一样，我的研究进路在本质上是历史性的。但就我而论，库恩的编史学太过狭窄。库恩主要强调现代物理学从哥白尼革命到爱因斯坦相对论的发展，我所建构的历史叙事所描述的是一种相互关系：一方面是从牛顿到爱因斯坦的现代精确科学的发展；另一方面是科学的哲学（scientific philosophy）从康德到逻辑经验主义的发展。"（Michael Friedman, 2010, p497）这就是说，科学哲学史研究是对库恩思想的继承与超越：继承其对科学的革命性考察；超越其无视哲学的观念性及其人类理性的连续性。

3. 科学哲学史研究的基本范畴：科学哲学史并不像 J. 洛西所说的"科学哲学的历史导论"，而是像 T. 毛曼所说的"另一种科学哲学"

正如黑格尔所说，哲学就是哲学史，"哲学研究具有历史性"（Doing philosophy historically）与"哲学史研究具有哲学性"（Do the history of philosophy philosophically）这两个命题是等价的。这就意味着，从事哲学史研究本身就是一种哲学的创造活动。（Jorge J. E. Gracia, 1992, p. 44）正是在这个意义上，"科学哲学史是进行科学哲学研究的另外一种范式"（History of philosophy of science as another way of doing philosophy of science, Thomas Mormann, 2010, p. 34）。

那么，这种新型的（科学）哲学究竟是什么呢？国际科学哲学史研究会（HOPOS）给出了一个官方界定，科学哲学史"在于对科学给予哲学的理解，这种理解有助于诠释哲学、科学和数学在社会、经济和政治语境中的思想关联"（HOPOS Journal Online）。这种理解看似寻常，但却至少透露了科学哲学史研究的三层含义：第一，强调对科学进行哲学理解的基础地位，这与分析传统用科学消解哲学的态度有本质的不同；第二，强调哲学与自然科学之间的思想关联及平等地位，避免分析传统与非分析传统的失衡；第三，强调理解这种思想关联的历史语境，警惕历史虚无主义以及各种独断论的消极影响。

在《科学哲学史》这部代表性著述中，D. 斯丹普（David J. Stump）将科学哲学史定义为"科学的哲学"（scientific philosophy），以区别于分析传统的"科学哲学"（philosophy of science）。所谓的科学哲学史研究或称"科学的哲学"意味着，"科学的哲学可以指示许多不同的哲学家，但总是以如下思想相关：第一，认为哲学是一种客观的、真正的知识；第二，认为知识是统一的，因而哲学和科学是连续的；第三，哲学的变革起因于科学的新近进步；第四，倡导哲学及其知识的普遍性；第五，提倡科学的世界观"（David J. Stump, 2002, pp. 147–148）。

借鉴库恩的思想，我们将科学哲学史作为"科学的哲学"所倡导的科学与哲学的思想关联概括为"科学—哲学共同体"，至少包含如下5条规范：

1. 哲学不仅仅是"分析活动"而是或可表达为客观知识，反对哲学是不可分析的形而上学。

2. 知识具有统一性，不仅包括科学性知识，也包括哲学性知识，反对分析主义的知识观。

3. 科学性知识的变革必将引起哲学性知识的进步，反对科学与哲学是认识论的"断裂"。

4. 这种变革的实质是专业性知识转化为普遍性知识，反对事实判断与价值判断的不可通约性。

5. 哲学作为普遍性知识或价值判断因来自科学知识而具有科学性，反对哲学观问题上的非科学态度。

因此，所谓的科学哲学史就是科学理论（专业性知识）变成哲学观念（普遍性知识）的历史，也就是"转识成智"的思想史。

仿照库恩的科学共同体观念，我们可以把科学哲学史理解为科学—哲学共同体，对此，M. 弗里德曼从"理性动力学"的角度给出了一个模型（以牛顿力学为例）：第一层为具体的科学理论（三大运动定律）；第二层为时空构架（欧几里得几何学）；第三层为哲学的元范式（philosophical meta-paradigms）或元框架（meta-frameworks）如机械论的世界图景。（Michael Friedman，2001，p39）如果把第一层次的科学理论和第二层次的时空框架整合在一起，我们可以把这个模型简化为科学理论和哲学信念两个层次，也就是"科学的命题系统"与"本体论承诺"之间的关系（卡尔纳普），"解题模式"与"世界观"之间的关系（库恩），"科学理论"与"研究纲领"之间的关系（拉卡托斯），"认知工具"与"形而上学蓝图"之间的关系（麦克斯韦—劳丹），"命题知识"与"意会知识"之间的关系（波兰尼），"行动者网络系统"（ANT）与"实验室生活"之间的关系（拉图尔）等。质言之，科学—哲学共同体也就是专业知识（回答"是什么"的问题）与普遍知识（回答"怎样做"的问题）的统一，事实（实然）判断与价值（应然）判断的统一，知识（"世界是什么"）与智慧（"人向何处去"）的统一。

根据上述分析，我们可以将库恩的"科学共同体"与我们的科学—哲学共同体做如下比较：

表6-3　　　　　　　科学共同体与科学—哲学共同体的比较

	常规时期	反常与危机	革命时期	新的阶段
科学共同体	某科学理论占统治地位成为"范式"	范式（科学）与经验反例的出现	新的范式（科学）取代旧的范式（科学）	新范式（科学）占据统治地位
科学—哲学共同体	"范式"由科学理论和哲学观念共同构成的	科学理论与哲学观念的冲突	科学理论被取代，但哲学观念依然在延续	同时确立新的科学理论和新的哲学观念

重新思考库恩的"常规科学时期"：在库恩看来，所谓常规科学时期就是某种科学理论上升为"范式"的时期，但问题是库恩可能忽视了哲学观念在科学理论形成"范式"中的应有作用，某种科学理论（专业知识）若不变成观念（公共知识）是不可能对时代发生文化影响的。从科学哲学史角度看，某种科学理论得以占据统治地位还需经过"化理论为方法"的观念化过程，也就是由一种少数人拥有的专业知识变成一种可以被大众共享的观念，例如亚里士多德的生物学只有在上升为目的论哲学之后才在中世纪成为基督教的意识形态，成为指导当时科学和哲学探索的思想工具。因此，所谓的常规科学时期应该是科学家与哲学家在某种观念上的共识、共建与共享如亚里士多德—托勒密的宇宙论等等。

重新思考"常规科学"的反常与危机：库恩主要用"反例"的多寡来判断"范式"是否出现反常或面临危机，这对于科学理论也许是正确的，但在科学—哲学共同体中，科学或许因大量"反例"而被证伪，但其中的哲学观念因其超验性依然可以存活，这就造成了"新科学"与"旧哲学"在同一科学—哲学共同体内部的并存状态，发生在文艺复兴时期的科学革命大体上都是如此，哥白尼的日心说是革命性的，但他的哲学信念依然据守完美天体必定沿正圆形轨道运行的古代观念。这一史实说明，哥白尼的日心说在观念上依然没有超出亚里士多德—托勒密的宇宙论，从科学哲学史看，所谓的"哥白尼革命"仅仅是科学—哲学共同体内部由于传统哲学信念与新兴科学理论之间的内部冲突导致的反常与危机而已。

重新思考"科学革命"：库恩用"世界观的更替"来诠释科学革命，并认为革命前后的两个"世界观"是不可比的，从而得出或蕴含着相对主义的思想情愫。从科学哲学史角度看，科学和哲学在革命过程中并不是同步的，更不是同质的。科学理论因其经验性是可能经常发生革命的，但是与其相关的哲学观念却因其观念性或超验性则具有相当的稳定性和传承性。两种科学理论是不可比的，但两种哲学观念却是在思想上相关联的。例如，中世纪科学与牛顿科学确实是不可通约的"两个世界"，但这"两个世界"中的不同科学家—哲学家可能都共享着毕达哥拉斯主义（分化为柏拉图主义和亚里士多德主义）。其实，西方哲学终究没有游离理念论与经验论之外，也就是在柏拉图主义和亚里士多德主义之间徘徊，从古希腊到后现代的各种哲学思潮概莫能外。

按照上述分析，我们可以从科学—哲学共同体为框架对西方思想史进行一番类似库恩但不同于库恩的理解，大致如下：

表6-4　　　　　　　　　　　科学—哲学共同体的演化

科学—哲学共同体	古代科学—哲学共同体		近代科学—哲学共同体		现代科学—哲学共同体
哲学的超验性	柏拉图主义—亚里士多德主义		唯理论—经验论，康德哲学		逻辑经验主义，科学相对主义等
科学的可检验性	古希腊罗马科学	中世纪科学	文艺复兴科学	牛顿的经典力学	数学危机、相对论和量子力学

从上表不难看出，科学因时代而异，但哲学却基本同一；科学是革命性的，但哲学却是渐进的。在科学知识的革命性方面，我们与库恩是一致的；但我们与库恩的最大区别在于，科学是革命的，但哲学却是传承的。库恩堕入相对主义就在于没有看到科学与哲学是两种密切相关但又性质不同的知识形式。

或许我们可以把科学哲学史定义为"科学—哲学共同体"生成、演化、断裂、重建的思想过程。

三　康德主义纲领的思想前景

鉴于上述思考可知，科学哲学史不仅仅是一种有前途的新兴学科，而且还为重要的学术基础理论与当代思想问题提供一种新型的思维方式。

第一，科学哲学史有助于我们重新看待何谓科学和何谓哲学等问题。传统观点往往把科学理解为可检验的命题系统，哲学是多余的，甚至是应该"拒斥"的，但思想史表明，一种伟大的科学理论必然包含"化理论为方法"的哲学化过程（如亚里士多德从"物理学"进展到"形而上学"），也只有如此才能成为占统治地位的"常规科学"，也就是说，哲学是科学自我完善的重要环节。传统观点往往把哲学看作迥异于实证科学的观念体系，哲学家往往不习惯或不屑于实证知识，但思想史表明，科学与哲学不过是统一知识体中可以相通的两极，哲学的问题和内容都源自科学，哲学思想不过是科学知识的反思与超越（比如康德哲学之于牛顿科学），因而哲学的多样性及其发展都与科学理论及其变迁密切相关，也就是说，科学也是哲学何以可能的必要构件。这就意味着，科学与哲学的相关性以及对双方的意义比我们预想的要重要得多。

第二，沿着科学哲学史的研究进路，我们会触摸到人类理性最为本己的基本问题——事实判断与价值判断的关系问题。如果说科学可以比附事实判断，哲学可以比附价值判断，那么科学哲学史研究的核心范畴或可将事实判断与价值判断置于科学—哲学共同体中加以考量。我们至少可以从三条进路来辨析事实判断与价值判断之间的关系问题：其一，在科学理论的哲学化过程中来寻找事实判断向价值判断的掘进（如柏拉图的"蒂麦欧篇"）；其二，在哲学观念对科学知识的反思与超越过程中寻找价值判断对事实判断的依托与纠缠（维也纳学派从数理科学的分析方法来思考伦理学问题）；其三，在科学与哲学的思想互动中寻找事实判断与价值判断之间的沟通及其中介环节（如哈贝马斯的"交往理性"与普特南对"事实与价值二分法"的批判）。

第三，科学哲学史研究还可能是我们进行中西方文化比较的思想方法。1957 年 C. P. 斯诺提出的"两种文化"问题一直没有得到恰当的解决，并导致 20 世纪末的"科学大战"。从科学哲学史或科学理论与哲学观念的统一看，西方文化基本上是从数理科学出发所构建的"科学世界观"（从毕达哥拉斯的"万物皆数"经由牛顿的机械论世界图景到当今的"数字化生存"）。中国哲学内涵丰富的道德文化或人文关怀（如"天人合一"等），但长期缺乏实证科学特别是严密的数理科学的支撑，难以形成可以论证的公共理性，因而从科学哲学史维度来理解"李约瑟难题"以及构建中国特有的科学哲学是一条可能的路径。

科学—哲学共同体并不是像拉卡托斯所说的"理性重建"，而是对科学与哲学在真实思想史发展过程中的客观描述，或者是基于这种描述的"思想再现"。

科学—哲学共同体并不仅仅是观念的建构或方法论工具，而且还是真实存在的史实。思想史上比较成功的案例有柏拉图—欧几里得的理念论共同体，亚里士多德—托勒密的宇宙论共同体，洛克—波义耳的经验论共同体；"莱布尼兹—沃尔夫体系"，维也纳学派（最大的科学—哲学共同体）等等。

我们至少可以从如下几个方面来识别科学—哲学共同体：第一，从思想主体看，从古至今都存在着集科学家和哲学家于一身的思想者，或对科学感兴趣的哲学家（scientifically interested philosopher），或对哲学感兴趣的科学家（philosophically interested scientists）如毕达哥拉斯、亚里士多德、波伊修斯、笛卡尔、莱布尼兹、罗素等等。第二，从研究领域看，在科学（史）与哲学（史）之间，总有一块二者的交叉地带，在古希腊称"宇宙论"，在中世纪称"自然史"，在近代称"自然哲学"，在现代称"科学哲学"，在后现代称"自然（主义）转向"。第三，从学术典籍看，有些哲学家的思想体系往往包含着"自然哲学"板块如柏拉图的"蒂迈欧篇"和康德的"自然科学的形而上学基础"等（安维复等，2013），有些科学家的理论体系中同样包含着哲学著述如波义耳的"实验哲学"和P.迪昂的"物理学理论的目的和结构"。第四，从思想倾向看，一些思想体系往往是科学家和哲学家共同创建的，如巴门尼德（哲学家）和芝诺（科学家）共建的"同一"哲学，亚里士多德（科学—哲学家）与托勒密（科学家）共建的目的论宇宙观，普鲁克鲁斯（哲学家）通过阐发欧几里得几何原本而创立的新柏拉图主义，洛克（哲学家）和波义耳（科学家）共建的经典经验论，怀特海（科学家—哲学家）与罗素（科学家—哲学家）的逻辑原子主义等。

当某种科学（家）与某位哲学（家）共建了科学—哲学共同体后，矛盾也应运而生。科学因其可检验性总是发展的甚至革命的，但哲学因其超验性而相对稳定，从而造成共同体内部的冲突，也必然导致科学—哲学共同体的演化与兴替。我们基本同意库恩有关科学革命的说辞，因为科学知识是可检验的命题性知识；但与库恩不同的是，"范式"中的"世界观"属于哲学范畴，具有观念性以及免于经验证伪的超验性，并因而具有历史的传承性和相对稳定性。科学—哲学共同体的矛盾运动就起因于科学作为命题系统的可检验性与哲学作为观念的超验性之间的对立统一。

小　　结

逻辑经验主义经历了内部冲突——石里克与卡尔纳普、卡尔纳普与纽拉特、卡尔纳普与波普尔、蒯因与整个维也纳学派等——之后，恰逢库恩的历史学派应运而生，从而引发了科学哲学从逻辑经验主义向后实证主义的转向，形成了如下三种主要的知识谱系。

相对主义的知识谱系：历史转向是后实证主义的第一条进路。当然，库恩及其哲学是历史主义的核心人物，此后或同时还有费耶阿本德、拉卡托斯等。（参见①James A. Marcum, Thomas Kuhn's revolution：an historical philosophy of science, 2005；②Fred D'Agostino. Basingstoke, Naturalizing epistemology：Thomas Kuhn and the' essential tension, 2010；③Hanne Andersen、Peter Barker，和 Xiang Chen, The cognitive structure of scientific revolutions, 2006；④Stefano Gattei, Thomas Kuhn's "linguistic turn" and the legacy of logical empiricism：incommensurability, rationality and the search for truth, c2008。）

建构论的知识谱系：走向建构主义是后实证主义科学哲学的第二条也是最新近的进路。这条进路主要强调科学家的行动（认知行动和社会行动）对科学活动的决定性意义。（参见①Andrew Pickering, Constructing quarks：a sociological history of particle physics, c1984；②Andrew Pickering, The mangle of practice：time, agency, and science, c1995；③Bruno Latour, The pasteurization of France, 1988；④ Wheeler, Will. *Bruno Latour*：*Documenting Human and Nonhuman Associations* Critical Theory for Library and Information Science. Libraries Unlimited, 2010, p. 189.)

　　康德主义知识谱系：面对相对主义纲领和建构主义纲领对科学与哲学关系问题的疏离，一些学者开始在康德主义学术思想中寻求超越后现代主义的思想资源。例如，M.弗里德曼在《理性动力学》中就曾经将科学理解为由三个层次所构成的整体：经验知识层次、库恩所说的"范式"层次和哈贝马斯所说的"沟通理性"或"元框架"层次。这样，科学系统和哲学系统就成为不可分离的思想统一体。

主要参考文献

安维复：《社会建构主义：后现代知识论的"终结"》，《哲学研究》2005 年第9 期。

安维复：《科学哲学新进展：从证实到建构》，上海人民出版社 2012 年版。

安维复：《科学哲学的后现代转向：'回到康德'何以可能》，广西师范大学出版社 2018 年版。

安维复：《从社会建构主义看科学哲学、技术哲学和社会哲学》，《自然辩证法研究》2002 年 12 期。

安维复、崔璐：《"自然转向"的对称性原则：问题、重建与评估——拉图尔对布鲁尔的批评及其哲学意义》，《上海理工大学学报》（社会科学版）2013 年第 1 期。

Pierre Duhem, *To Save The Phenomena*, *An Essay on the Idea of Physical Theory from Plato to Galileo*. Chicago：University of Chicago Press. 1969.

Michael Friedman, A Post-Kuhnian Approach to the History and Philosophy of Science, *The Monist*, Vol. 93, No. 4, pp. 497 –517.

Michael Friedman, *Dynamics of Reason*, Stanford：CSLI Publications, 2001.

Jorge J. E. Gracia, *Philosophy and Its History：Issues in Philosophical Historiography*, New York：State University of New York Press 1992.

Daniel W. Graham, *Explaining the Cosmos：the Ionian Tradition of Scientific Philosophy*, Princeton, N. J.：Princeton University Press, c2006.

Gary L. Hardcastle, Alan W. Richardson, *Logical Empiricism in North America*, Minnesota：Minnesota Press 2003.

Michael Heidelberger, *History of Philosophy of Science：New Trends and Perspectives*, London：Springer, 2002.

Thomas Kuhn, *Essential Tension*, Chicago：The University of Chicago press 1977.

Theo A. F. Kuipers, *General Philosophy of Science: Focal Issues*, Elsevier 2007.

James G. Lennox, *Aristotle on Norms of Inquiry*, HOPOS: The Journal of the International Society for the History of Philosophy of Science, Vol. 1, No. 1, Spring 2011.

Seymour Mauskopf, *Integrating History and Philosophy of Science: Problems and Prospects*, Berlin: Springer. Rovelli, C., 1997.

Thomas Mormann, "History of Philosophy of Sicence as Philosophy of Science by other Means?" In Friedrich Stadler (ed.), *The Present Situation in the Philosophy of Science*, *The Philosophy of Science in a European Perspective*, Springer Science + Business Media B. V. 2010.

Roger Stuewer, *Historical and Philosophical Perspectives of Science*, Minneapolis: University of Minnesota Press, c1970.

David J. Stump, *From the Values of Scientific Philosophy to the Value Neutrality of the Philosophy of Sciences*, in *History of Philosophy of Science* edited by Michael Heidelberger, Kluwer Academic Publishers 2002.

Will Whewell, *The Philosophy of the Inductive Sciences Founded upon their History*, London: J. W. Parker, 1847.

第七章 科学哲学史何以可能

通过第一章的编史学考察以及第二章至第六章的古希腊罗马的科学哲学思想、中世纪的科学哲学思想、近代科学哲学思想、分析时代的科学哲学思想以及后现代科学哲学思想，我们试图对本研究进行总结。

我们的探索是按照这样一个逻辑展开的：科学哲学史研究能否作为"另一种科学哲学"（第一节）；"回到康德"能否破解后现代相对主义迷局（第二节）；重建自然哲学能否复活濒危的科学哲学（第三节）科学哲学史研究能否对学术进展有所补益？（第四节）

第一节 科学哲学史研究能否作为"另一种科学哲学"

科学哲学曾经对人类理性做出了重大贡献，其所倡导的分析方法等已经成为哲学从业者的基本能力，并影响到经济学、社会学、政治学和历史学等诸多学科。但目前这门学科本身已经成为濒危学科，或许只有"往日的辉煌"（费耶阿本德）。

科学哲学的"病症"及其诊治由来已久。纽拉特和波普尔早在维也纳学派鼎盛时期就对观察命题作为"基本命题"（protocol sentence）的合法地位提出质疑（安维复，1987），W. V. 蒯因指出了分析命题与综合命题之间的划界存在诸多问题，T. 库恩用"范式"的不可比性命题粉碎了马赫开创的"统一科学"的纲领，"索卡尔事件"暴露了所谓"后现代"科学哲学家已经失去对科学的起码尊重。自亚里士多德以来就作为科学哲学根基的科学（physics）与形而上学（metaphysics）之间的天然同盟关系业已消失殆尽（Full，1993，x）。

对于"科学哲学之死"（Sahotra Sarkar，1996. Introduction，xv）有诸

多拯救方案，如"社会（学）转向""实践转向""修辞学转向"等（安维复，2008），但这些方案基本上都是否定性的。正如哈德卡斯尔等在《逻辑经验主义在北美》（明尼苏达科学哲学研究丛书第18卷）中所言，"综观当今学术文化，当代科学哲学甚至不是最宽广地反思科学的令人尊敬的领域。科学社会学、科学社会史及科学文化的研究等具体学科，成了作为人类实践的科学研究中更为有意义的问题、更为广泛地被人们阅读和论争的对象。"（Gary L. Hardcastle, Alan W. Richardson, 2003. viii）

　　科学哲学史研究无疑是近年来最值得关注的新探索之一。如果从1996年第一届国际科学哲学史大会所成立的"国际科学哲学史研究会"（The International Society for the History of Philosophy of Science, HOPOS）算起，科学哲学史研究在近20年里着力于寻找科学哲学陷入思想困境的理论根源并探索重建的可能性，但由于科学哲学史研究尚处于研究规范草创时期，目标明确但头绪繁多，有的主张从英美的分析传统转向"欧洲科学哲学"（如 Gary Gutting），有的甚至主张"回到康德"（如 M.弗里德曼）等，不一而足。

　　按照这种理路，我们依次讨论三个在逻辑上密切相关的命题：1."科学哲学史作为另一种科学哲学"缘何可能？2."科学哲学史作为另一种科学哲学"何以可能？3."科学哲学史作为另一种科学哲学"如何可能？

一　"科学哲学史作为另一种科学哲学"缘何可能

　　作为一门新兴学科，对于何谓科学哲学史有诸多定义或理解[①]，其中T.乌贝尔和托马斯·毛曼所提出的"科学哲学史就是另一种科学哲学"（history of philosophy of science as philosophy of science by other means）或者"从事科学哲学史研究本身就是研究科学哲学的另外一种路径"（conceiving history of philosophy of science as one of the ways of doing philosophy of science）颇具新意。为了通过这个命题思考科学哲学史研究的思想性质，

---

　　① 国际科学哲学史研究会（HOPOS）给出了一个官方界定，科学哲学史"在于对科学给予哲学的理解，这种理解有助于诠释哲学、科学和数学在社会、经济和政治语境中的思想关联"。（HOPOS Journal Online）这种理解看似寻常，却至少透露了科学哲学史研究的基本要义，强调对科学进行哲学理解的基础地位，这与分析传统"拒斥形而上学"有原则不同。

我们将"科学哲学史作为另一种科学哲学"能否超越分析传统的问题分解成三个议题：1. 该命题能否洞悉分析传统的深层矛盾？2. 该命题如何倡导一种有别于分析传统的科学哲学？3. 该命题为何期冀重建哲学在理解科学问题上的应有地位？

1. "科学哲学史就是另一种科学哲学"能否洞悉分析传统的深层矛盾

自 1996 年"国际科学哲学史大会"宣布成立"国际科学哲学史研究会"（HOPOS）以来，学界就何谓科学哲学史问题展开了热烈甚至是激烈的讨论。在诸多看法中，主流性的观点往往把科学哲学史理解为分析传统的思想演进，也就是维也纳学派从奥地利的"科学的逻辑"转向美国的"科学哲学"的发展历程（Friedrich Stadler，2007：578）。以分析传统观之，科学哲学史就是分析哲学史，这种观点的实质就是用分析传统作为编史学来查验科学哲学的历史，因而分析的科学哲学史不可能洞察科学哲学的深层矛盾。

T. 乌贝尔在《当代分析科学哲学史的某些评价》一文中对这种主流看法提出了不同意见，概述如下。

第一，乌贝尔指出，科学哲学的分析传统因其"拒斥形而上学"而不可能认真地对待思想史，"分析的科学哲学在学术起源上缺乏历史意识"（Thomas Uebel，2010：9），因此，分析的科学哲学不可能有其自己的思想史，也不能期待科学哲学的分析传统会成为编撰科学哲学史的编史学纲领。

第二，乌贝尔进一步指出，分析传统的科学哲学"缺乏历史意识"，但这并不意味着分析的科学哲学就是没有思想史源流的"无源之水"，而是植根于欧洲当时的学术文化。其一，马赫作为 19—20 世纪之交的科学哲学家与迪昂等人的法国约定主义学派之间的富有成果的交流对逻辑经验主义产生了持久的影响；其二，新康德主义的科学哲学（Neo-Kantian philosophy of science）特别是马普学派（Marburg wing）的继承人卡西尔（Cassirer）的有关研究为早期逻辑经验主义提供了时空哲学。但就总体而论，科学哲学的分析传统源自康德的哲学传统，维也纳学派所谓的"拒斥形而上学"在思想上并不真诚。

第三，乌贝尔更进一步深刻指出，科学哲学的分析传统并非所宣称的那样是一种"统一科学"的世界观，而是诸多思想元素的折中，如奥地利—德国实证主义（Austro-German positivism），法国的约定主义（French conventionalism），英国的经验主义（British empiricism）特别是罗素的逻辑主义（logicism），希尔伯特及其追随者的形式主义（formalism）等等。

基于上述考量，科学哲学史研究发现科学哲学的分析传统及其现存科学哲学诸派的最大问题，也许并不在于观察命题与理论命题的划界以及"范式"是否可比等具体问题上的疏漏，而在于在处理科学与哲学之间关系问题上出现了原则错误。"拒斥形而上学"的思想目标导致了对自身哲学信念的严重失察，如此造成了还原论（罗素）、独断论（维特根斯坦）、形式主义（卡尔纳普）、相对主义（库恩）以及各种"经验论纲领"（爱丁堡学派）的泛滥。

科学哲学史研究认为，现存科学哲学的致命伤在于科学与哲学关系问题上的失衡。"在我们看来，企图将哲学变成知识的一个分支（如心理学或数理逻辑）是愚蠢的，因为这些职能是在元科学的层次上致力于促进知识的新的可能性。同样，把哲学变成科学本身也是愚蠢的，这种努力将不利于哲学为达到对新范式的共识而相互冲突；我们无法预知某种新范式或哲学的元范式能否满足下一场科学革命的需要。最后，为哲学因缺乏科学水准而遗憾也是愚蠢的，因为科学与哲学是互补的，这才符合人类知识的辩证法。"（Michael Friedman，2001：24）

2. "科学哲学史就是另一种科学哲学"如何倡导一种有别于分析传统的科学哲学？

与黑格尔的哲学史就是哲学相匹配，乌贝尔的思想可以概括为"科学哲学史就是科学哲学"，但问题是，科学哲学史究竟是一种怎样的科学哲学？它是一种与现存科学哲学保持基本共识的新流派，还是一种在原则上不同于分析传统的科学哲学？为了延续并发挥乌贝尔的看法，T.毛曼正式提出了"科学哲学史就是另一种科学哲学"（history of philosophy of science as philosophy of science by other means）的哲学命题。

第一，既然作为命题而存在，那必然存在于某种分类体系的逻辑结构中，毛曼首先区分了"分析的科学哲学史"（History of Analytical Philosophy of Science）和"非分析的科学哲学史"（History of Non-analytical Philosophy of Science）；在"非分析的科学哲学史"中又区分出"19世纪的科学哲学史"（History of the 19th Century Philosophy of Science）和"欧洲科学哲学史"（History of Continental Philosophy of Science）；在"欧洲科学哲学史"中又区分出"法国传统的科学哲学史"（History of Philosophy of Science in the French Tradition）；等等。这就意味着，科学哲学史不是唯一的，就逻辑结构而言，分析的科学哲学史和非分析的科学哲学史是等价的。

第二，在这种分类的基础上，毛曼认为分析的科学哲学及其编史纲领过分迷恋于科学哲学的分析传统，并进而把其他有价值的思想排除在外。"某些深陷分析传统的哲学家认为，分析的科学哲学是唯一值得认真对待的科学哲学，在历史进程中与科学相关的所有其他探索简直就是形而上学垃圾。"（Thomas Mormann，2 010：31）这就是说，分析的科学哲学史并不是唯一合理的编史学纲领。

第三，基于这种考虑，毛曼深刻地指出，"做科学哲学史研究意味着以某种方式进行科学哲学研究"。我们自然要问为什么要采用这种追求科学哲学的历史研究方式？这种研究可能取得何种成果？（Thomas Mormann，2010：34）这就是说，科学哲学史研究并不仅仅是记述科学哲学的思想史事件，而是用史学规范进行科学哲学的理论创新。

第四，科学哲学史作为科学哲学的理论创新，并不仅仅是提出一种科学哲学新说，而是试图破解现存科学哲学的理论难题。正如库恩所说，如同科学史研究可能改变我们对科学观的理解一样，同理，"科学哲学史研究有助于用思想史的资源克服当代科学哲学的理论危机……科学哲学史作为研究科学哲学的方式，有助于克服在许多哲学阵营中广为流行的历史健忘症"（Thomas Mormann，2010：31）。

上述四点，其实就是毛曼对"科学哲学史就是另一种科学哲学"这一命题进行的四个界定：科学哲学史具有编史学的多样性；力戒分析的科学哲学史的独断地位；科学哲学史研究也就是科学哲学研究；思想史研究方式有助于破解当代科学哲学的诸多理论难题。"科学哲学史的基本属性依然是科学哲学（still predominantly philosophy of science）。科学哲学史的研究规程是历史学的（Its modus operandis is historical），它的研究目的绝不意味着仅仅（尽管非常有必要）确立有关历史事件的性质、时间和人物。所以我认为，既然科学哲学史是有别于分析传统的科学哲学，其内在的危险就在于历史方法被其自身的视界局限在中立性的考察之中（neutralised by the nature of its subject matter）。"（Thomas Uebel，2010：19）

3. "科学哲学史作为另一种科学哲学"为何期冀重建哲学在理解科学问题上的应有地位

针对现存科学哲学在科学与哲学关系问题上的失衡特别是用科学取代或消解哲学的"原罪"，科学哲学史研究的倡导者们都在试图恢复科学与哲学之间的思想平衡特别是重建哲学在科学反思中的重要作用。但是，由于视域和方法的不同，学者们的方案并不一致，大致有如下几种观点。

平行的观点。这种观点认为，现存科学哲学用科学语言分析的方法"拒斥形而上学"，破坏了科学与哲学之间的并存共生关系，但科学哲学史研究则特别关注科学与哲学之间的平行发展关系。正如弗里德曼所说，"我的主题就是科学与哲学之间的关系。二者之间的关系在漫长的思想史中一直是相互关联的。科学与哲学共同诞生于公元前 6 世纪到 3 世纪的古希腊，在晚期中世纪、文艺复兴和 13—17 世纪的早期近代得以繁荣，推动了现代科学和现代哲学的诞生并直到今天。"（Michael Friedman，2001，Preface）

连续的观点。这种观点认为，在科学命题（知识）和哲学命题（知识）之间并不存在泾渭分明的界限。正如蒯因所说的分析命题和综合命题的二分法并不存在一样，科学知识与哲学知识也是连续的。在《科学哲学史》这部代表性著述中，D.斯丹普（David J. Stump）将科学哲学史定义为"科学的哲学"（scientific philosophy），以区别于分析传统的"科学哲学"（philosophy of science）。而"科学的哲学可以指示许多不同的哲学家，但总是与如下思想相关：第一，认为哲学是一种客观的、真正的知识；第二，认为知识是统一的，因而哲学和科学是连续的；第三，哲学的变革起因于科学的新近进步；第四，倡导哲学及其知识的普遍性；第五，提倡科学的世界观"（David J. Stump，2002：147 - 148）。

互补的观点。在这种观点看来，科学与哲学不仅是平行发展且连续不断的知识谱系，而且是在结构上互补但在功能上各异的思想整体。弗里德曼就设计了一个科学与哲学作为统一整体的理性结构，"我的想法是，用一个平行的、相关的科学哲学的同时发展的历史来补充库恩的科学编史学。为了充分地理解科学知识的辩证法，我认为，我们需要用常规科学、科学革命和哲学构建三重结构来取代库恩的常规科学革命的二重结构，这里的哲学构建就是所谓的元范式或元框架，它能够导致或维系某个新科学范式的科学革命"（Michael Friedman，2001，p. 44）。

也许对上述几种观点的评价为时尚早，但它们所凸显的思想走向却是十分清晰的，那就是科学哲学正在经历着从"拒斥形而上学"的传统观念转向"科学—哲学平行"的思想探索。这种探索认为科学与哲学之间的关系是平行的、连续的和互补的。

二 "科学哲学史作为另一种科学哲学"何以可能

上述分析表明，"科学哲学史作为另一种科学哲学"对分析传统的批判是恰当的，但它能否建构一种与现存科学哲学相匹配的思想体系，或者说它能否为科学哲学这门濒危学科提供新的思想契机，则是值得关注的。仅就目前情况看，"科学哲学史作为另一种科学哲学"在如下几个方面具有建设性意义：1. 它能否开出科学哲学的新思路？2. 它能否拓展科学哲学的思想空间？3. 它能否形成科学哲学的理论体系？

1. "另一种科学哲学"能否开出科学哲学的新思路

现存科学哲学基本上把科学哲学等同于英美的分析传统。"科学哲学史作为另一种科学哲学"认为，在英美的分析传统之外也存在科学哲学。

古廷（Gary Gutting）在《欧陆的科学哲学》一书中提出了一种与英美分析传统不同的科学哲学，认为"科学哲学这一哲学的分支学科源自19 世纪康德的批判哲学，也源自现代科学对哲学事业观念的挑战"（Gary Gutting，2005，introduction）。2008 年 12 月 18—20 日维也纳学派国际学会召开了以"欧陆视野的科学哲学"（The philosophy of science in a European perspective）为题的会议，其目的是通过全欧洲的共同努力推进对欧洲科学哲学（European philosophy of science）的共识，认为欧陆科学哲学具有深广的历史维度，历史维度不仅存在于科学史和科学哲学之中，也就是科学哲学史之中，而且也存在于将文化和社会科学作为其学科组成部分的哲学之中（Friedrich Stadler，2010：7 - 8）。例如，齐米苏（Cristina Chimisso）在《当代科学哲学史的法国传统面面观》中进一步论证了法国传统的科学哲学，认为法国科学哲学传统的奠基人物有笛卡尔、启蒙运动者（the Enlightenment）和孔德（Auguste Comte）等人；值得关注的人物有迪昂和彭加莱等。在当代，巴什拉和康居汉姆的"历史认识论"（historical epistemology）已经成为法国科学哲学的代名词（Cristina Chimisso，2010：42－43）。

我们以为，或许科学哲学的欧洲传统（包括法国传统）是存在的，但能否超越现存科学哲学则需要论证。如果欧洲传统的科学哲学仅仅按照欧洲的科学思想逻辑自行演化，那只能证明欧洲传统的科学哲学是与分析传统并行不悖的；如果欧洲传统的科学哲学不仅有其自己的科学思想逻辑，而且还能够包容并超越英美传统的科学哲学，那才有可能成为真正的"另一种科学哲学"。但就目前看，所谓科学哲学的欧洲传统仅仅在强调认识论的历史维度（巴什拉）、认识与旨趣的关联（哈贝马斯）等方面有所作为，而且尚未形成统一的研究纲领或理论体系，因而很难包容或超越科学哲学的分析传统。

综观之，欧洲传统的科学哲学或许可以归并为非分析的科学哲学，但绝不可能是有别于现存科学哲学诸派的"另一种科学哲学"。

2. "另一种科学哲学"能否拓展科学哲学的思想空间

分析传统往往把科学哲学及其历史界定在从维也纳学派的"科学的逻辑"到美国的"科学哲学"之间，有人以库恩思想为界，有人放宽到"后现代"，但以逻辑经验主义为起点则是不可置疑的。

在科学哲学史看来，即使将科学哲学理解为对科学进行哲学研究这种最为广泛的定义，也无法将分析传统的一己之见当成科学哲学的不二法门。正如"科学哲学史就是另一种科学哲学"这一命题的倡导者乌贝尔所说，"科学哲学史在一定程度上有助于打破分析的科学哲学的某些实践者执迷于分析传统的褊狭。这种历史态度并不意味着'分析传统'这个称谓没有任何意义，而是强烈地建议对于哲学信众而言把分析传统绝对化是错误的，这种历史态度提醒我们，分析传统仅仅是思想史诸多环节中的一环，它与其他相关环节之间的链接、影响和重合都是可能的"（Thomas Mormann，2010：17）。

基于这种理解，科学哲学史研究的"主题就是科学与哲学之间的关系。二者之间的关系在漫长的思想史中一直是相互关联的。科学与哲学共同诞生于公元前六世纪到三世纪的古希腊，在晚期中世纪、文艺复兴和13—17世纪的早期近代得以繁荣，推动了现代科学和现代哲学的诞生直到今天"（Michael Friedman，2001：Preface 3）。

按照这种学术设计，科学哲学史研究着力于探索思想史的科学—哲学共同体的形成及演化。第一，从思想主体看，在思想史上，从古至今都存在着集科学家和哲学家于一身的思想者，如毕达哥拉斯、亚里士多德、笛卡尔、莱布尼兹、罗素等。第二，从学术典籍看，有些哲学家的思想体系内含着科学思想，如柏拉图的《蒂迈欧篇》和康德的《自然科学的形而上学基础》等；有些科学家的理论体系中内涵着哲学著述，如牛顿的《自然哲学》和 P. 迪昂的《拯救现象》。第三，从理论结构看，一些思想体系往往是科学家和哲学家共同创建的，如巴门尼德和芝诺共建的"同一"哲学，古希腊的亚里士多德与托勒密共建的古代宇宙论，哲学家普鲁克鲁斯通过阐发欧几里得几何原本而创立的新柏拉图主义，洛克和波义耳在经典经验论问题上的互补，怀特海与罗素在逻辑原子主义上的共识，爱因斯坦与维也纳学派在逻辑经验主义上的合作，等等。

如果说库恩主要探讨"科学共同体"的演化过程，那么科学哲学史则探讨科学—哲学共同体的演化过程。

3. "另一种科学哲学"能否形成科学哲学的理论体系

科学与哲学毕竟是两种不同的知识形式，构造一个完全由科学知识构成的理论体系以及构造一个完全由哲学观念构成的理论体系相对而言都是容易的，但构造一个由科学知识和哲学观念共同组成的理论体系恐怕有些难度，其难度在于它涉及知识与观念的矛盾、事实判断与价值判断的矛盾。

现存科学哲学各派都有自己的理论体系，如罗素的《外间世界的结构》、维特根斯坦的《逻辑—哲学论》、卡尔纳普的《科学语言的逻辑句法》、波普尔的《科学发现的逻辑》、库恩的"范式"以及各种"经验论纲领"或自然主义世界图景，等等。这些理论体系的一个重要特征在于以各种不同的方式"拒斥形而上学"。

科学哲学史研究力主科学—哲学的平行，因而科学哲学史所要建构的理论体系必须包容科学与哲学两种要素。M. 弗里德曼从"理性动力学"的角度给出了一个模型（以牛顿力学为例）：第一层为具体的科学理论（三大运动定律）；第二层为时空构架（欧几里得几何学）；第三层为哲学的元范式（philosophical meta-paradigms）或元框架（meta-frameworks）。其中第三个层次也就是哲学的元范式，专司不同"范式"之间的沟通与共识（Michael Friedman, 2002：39）。

从这个模型可以看出，科学与哲学的关系，也就是"科学的命题系统"与"本体论承诺"之间的关系（卡尔纳普），"解题模式"与"世界观"之间的关系（库恩），"科学理论"与"研究纲领"之间的关系（拉卡托斯），"认知工具"与"形而上学蓝图"之间的关系（麦克斯韦·劳丹），"命题知识"与"意会知识"之间的关系（波兰尼），"单元知识"与"行动者网络系统"（ANT）之间的关系（拉图尔）等。质言之，科学—哲学共同体是知识与智慧、理论与观念、事实判断与价值判断之间的思想纠结。

这就是说，如果说现存科学哲学的各种理论体系只能在科学知识的层次内进行理论建构的话，那么科学哲学史则致力于科学与哲学的统一、知识与观念的统一、事实判断和价值判断的统一。

当然，与现存科学哲学各派的理论体系相比，科学哲学史所提供的理论体系尚处于草创阶段，还需要理论和实践的双重验证，但这种集科学与哲学于一身的理论体系毕竟是值得的。

三　"科学哲学史作为另一种科学哲学"如何可能

一种哲学学科的合法性不仅仅在于它开辟了一个新的研究领域，还在于它能否对本学科的重大问题提出新的思考。笔者认为，科学哲学史研究所倡导的"科学—哲学平行"可能蕴含着重要的学术旨趣：1. 它能否改进科学与哲学之间关系问题的成见？2. 它能否改进科学哲学的传统研究套路？3. 它能否改进人们对哲学（史）的重新理解？

1. "另一种科学哲学"能否改进科学与哲学之间关系问题的成见？

科学与哲学的关系问题关系到知识与观念、事实判断与价值判断等最基本的思想范畴，是一种基础性的学术问题，对这一问题的不同解答对科学史、哲学、经济学、社会学、宗教学等诸多相关学科均有不同程度的影响。

在西方思想/文化史上，科学与哲学长期维系依存关系，从毕达哥拉斯一直延续到德国古典哲学特别是康德哲学，直到维也纳学派才开启了"拒斥形而上学"的态度。斯诺在 20 世纪 50 年代将之概括为"两种文化"，新康德主义者 M. 弗里德曼在《分道而行》一书中曾经分析了科学主义与存在主义背离康德的思想过程，这种分离对当代学术文化产生了深远的思想影响。

科学哲学史从"科学—哲学的平行"出发，"认为科学与哲学是互补的，这才符合人类知识的辩证法"（Michael Friedman，2001：24）。不论是用科学取代或消解哲学的分析传统，还是用哲学超越科学的人文传统，都是错误的，至少是有偏差的，因此，科学哲学史研究特别是"科学—哲学平行"的观念，不仅打破了科学哲学的分析传统，而且也对近现代以来"两种文化""分道而行"提出质疑和挑战。当然，我们并不是说科学哲学史研究已经解决这个跨世纪的学术难题，而是说这种研究提供了超越"两种文化"对峙的思想目标，因而是值得追求的。

对于我国学界而论，探索科学与哲学的关系并从"科学—哲学平行"（也就是实学与玄学的互证）的视角反思并重建我们的学术研究具有特别重要的意义。

2. "另一种科学哲学"能否改进科学哲学的传统研究套路

由于深受"两种文化""分道而行"的思想影响，自维也纳学派以来的科学哲学就采取了"拒斥形而上学"的思想态度，此后的科学哲学流派虽然对形而上学较为宽容，但大多采取了"敬而远之"的策略，从而造成了哲学（史）备受冷落，导致还原论、独断主义、形式主义、相对主义以及各种"经验论纲领"或"自然主义的本体论态度"。

从科学哲学史研究的视角看，维也纳学派以及库恩等人的问题并不在于他的相对主义，而是"哲学并没有得到历史的审视"。因此，科学哲学史研究特别重视哲学在科学的思想体系及其变革中发挥重要作用，"其一，科学史研究应特别关注哲学史；其二，哲学史研究应特别关注与之相关的科学史的重要性。在更一般的意义上，这种考量的动机在于，如果不认真考虑科学和哲学在思想史中的相互作用，就不可能有正当的哲学理解，也不可能有正当的科学史理解……没有科学史的哲学史，或既没有科学史也没有哲学史的科学哲学，都是不可能的"（Michael Friedman，2010：573）。

这就意味着，我们必须改进科学哲学"拒斥形而上学"或轻慢哲学的研究套路，坚持用"科学—哲学平行"的纲领来建构科学哲学的理论体系和思想规范。

这种强调历史维度的科学哲学研究对于我国的科学哲学研究盲目追随

时髦流派而言，具有相当的借鉴意义，这对于学生培养和学科建设都具有一定价值。

3.“另一种科学哲学”能否改进人们对哲学（史）的重新理解

不论何种哲学，科学哲学还是伦理哲学，都不能回避对何谓哲学（史）以及如何做哲学（史）的问题。反之，对哲学及其历史的理解也会影响到具体哲学学科的探索。

黑格尔对哲学及其历史的看法对哲学研究及其反思具有持久的影响。在黑格尔看来，哲学就是哲学史，这种哲学（史）观对于寻求理性之间的思想链接或许是有意义的，但它的最大问题是将哲学研究局限在历代专业哲学家的思想轨迹之内，似乎哲学与其所在的文化环境没有任何瓜葛。但这并不妨碍黑格尔在具体的哲学理论与哲学思想史之间进行一次最富成效的建构，对此，当代学者的诠释是，“哲学研究具有历史性”（doing philosophy historically）与“哲学史研究具有哲学性”（do the history of philosophy philosophically）这两个命题是等价的（Jorge J. E. Gracia, 1992: 44）。

针对传统哲学的这种“思辨”属性，现代科学哲学特别是它的分析传统倒是十分重视哲学与其相关领域的关联特别是与科学的密切关联，认为必须对哲学进行科学改造，使其科学化。但是由于分析传统的局限性，哲学往往被理解为“科学命题系统”的“语言批判”（维特根斯坦）或“逻辑句法”（卡尔纳普）。这就意味着，科学哲学将科学与哲学的关系问题提高到哲学研究的议程，但却陷入了分析主义的一孔之见。

从逻辑的角度看，“科学哲学史作为另一种科学哲学”无疑是黑格尔“哲学就是哲学史”的合理推演，只要科学哲学还属于哲学，就逃不出这个逻辑。同时，这个命题也必然地要求科学哲学史对现存科学哲学各派观点的包容与超越，也包括对以往哲学思想的包容与超越。“科学哲学史在一定程度上有助于打破分析的科学哲学的某些实践者执迷于分析传统的褊狭。这种历史态度并不意味着‘分析传统’这个称谓没有任何意义，而是强烈地建议对于哲学信众而言把分析传统绝对化是错误的，这种历史态度提醒我们，分析传统仅仅是思想史诸多环节中的一环，与其他相关环节之间的链接、影响和重合都是可能的。”（Thomas Mormann, 2010: 17）

按照这种理解，我们必须从科学与哲学之间的互动关系来考察哲学及其历史。正如麦克米林所说，"知识是统一的，因而哲学和科学是连续的"，"哲学的变革起因于科学的新近进步"等。这就是说，我们不应在哲学思想自身的逻辑中来理解哲学及其历史，而应该在科学与哲学之间的思想互动关系中来把握哲学的起源、发展及其多样化：哲学源自科学的探索，哲学的发展取决于科学革命，哲学的多样化受制于思想家对科学及其发展的不同理解。

这种"科学—哲学平行"的观念对于我国的西方哲学（史）研究可能是某种新的课题，对于反思中国传统哲学的得失也不失为一种可能的考量。

第二节　"回到康德"能否破解后现代相对主义迷局

对理性的定义可谓歧路丛生，但理性所指涉的无疑是人类思想本身，因而每当人类思想面临难题及其变迁时都拿理性说事。对理性的评说或重建往往标志着人类思想的自觉，也是人类面对重大实践问题的前提性审读，从古希腊到后现代都是如此。

"理性之死"① 几乎成为后现代各种思潮的共同宣言，然而后现代主义并没有兑现通过"消解"现代主义或理性主义所获得的"解放"，却带来了普遍观念与地方性知识难以取舍的相对主义迷局，反而使我们陷入一个思想霸权横行、各种旷世恶行均可以在"地方性知识"等后现代旗号下得到合理辩护的世界。更有甚者，某些"学术左派"甚至不惜在量子力学等科学常识问题上也做出像"索卡尔事件"那样的学术丑闻并引发一场所谓的"科学大战"。这说明后现代主义在事实判断与价值判断、"真理之路"与"意见之路"等重大理性问题上已经陷入了值得反思的严重境地。以笔者观之，后现代主义不能令人忍受之处并不仅仅在于它（们）的相对主义，而在于因"拒斥形而上学"而破坏了科学与哲学在理

---

① 几乎所有的后现代思想家在批判现代主义时都谈及"理性已死"的话题，但做出严肃论证的当属 P. 费耶阿本德在 1987 年出版的《告别理性》（*Farewell to Reason*），因为该书提出了一种最能代表后现代精神的相对主义和多元论的哲学主张。当然，还有许多思想家论证或抒发了相近的主题，如"上帝已死"（尼采）、"人（主体）已死"（福柯）、"认识论已死"（罗蒂）、"哲学已死"（霍金）、"历史已死"（福山）等。

性结构中的思想平衡，强调"地方知识"的同时又贬抑普遍观念的地位和作用，背离了康德等思想大师强调科学与哲学同构等理性原则留给后世哲学的精神遗产。

于是，重新思考理性问题就成为反思后现代思想的逻辑起点。"理性动力学"（*dynamics of reason*）是新生代的新康德主义者 M. 弗里德曼（Michael Friedman）① 在同名著作及其相关论述中提出的一种观念，其主旨试图将康德先天综合判断修改为"相对化的先验原则"（relativized a prior），并从中开发出"理性动力学"（*dynamics of reason*）和"综合史观"（*Synthetic history*），倡导实证知识与普遍观念、事实判断与价值判断相统一的哲学愿景，用以克服"拒斥形而上学"的分析传统与贬抑科学知识的"生存论哲学"的"分道而行"，因而在分析哲学、批判理论、科学哲学和科学史以及哲学史等相关领域引起广泛的学术影响。②

按照康德及弗里德曼的学术逻辑和思想风格，本节主要讨论如下几个命题：1. "能动的相对化先验原则"何以可能？2. 该原则所依仗的理性的"动力系统"何以可能？3. 该系统所依仗的"综合史观"（synthetic history）何以可能？

一　"能动的相对化先验原则"能否修补康德的"先验综合判断"

康德哲学在西方哲学史上具有承前启后的重要地位，"回到康德"成为现当代思想家们陷入思想困惑或寻求理论突破时的重要思想资源。

但问题是，康德所说的"先天综合判断"所依仗的欧几里得时空构架及其牛顿力学都发生了革命性的变革，如何修正"先验综合判断"就成为康德传统必须解决的问题。M. 弗里德曼提出用"相对化的先验原则"

---

① 米切尔·弗里德曼（Michael Friedman），斯坦福大学教授，新康德主义者在后现代的著名代表，其学术旨趣在于分析哲学和大陆哲学之间的沟通，哲学史、科学史与科学哲学之间的思想交融。笔者和学生代利刚曾撰数文来解读他的思想。

② 据笔者不完全统计，有关弗里德曼及其"理性动力学"的评论性文献近百种，发表范围包括著名哲学专业刊物《一元论者》（*The Monist*）、《认识论》（*Erkenntnis*）、《国际科学史研究会会刊》（*Isis*）等，其中《科学史与科学哲学研究》（*Studies in History and Philosophy of Science*）在 2012 年的第 43 期连续发表了 M. 法拉利（Massimo Ferrari）的《在卡西尔和库恩之间：对弗里德曼的相对性先验原理的评论》（Between Cassirer and Kuhn. Some Remarks on Friedman's Relativized a Priori）等多人多篇评述"理性动力学"的论文。

来补正"先天综合判断"以应对爱因斯坦等人的"物理学革命"对康德哲学带来的哲学挑战。

但问题是必须对这种补正进行论证。我们将这个问题分解为如下三个逻辑相关的论题：如何理解"先验综合判断"？"能动的相对化的先验原则"何以可能？"能动的相对化的先验原则"对"先验综合判断"的修订是否正当？

1. 如何理解"先验综合判断"？

如何理解及评价康德的"先验综合判断"命题，见仁见智。传统观点一般从语言—逻辑的层面来理解"先验综合判断"，即认为先验判断是逻辑性的，其本身并不增加知识；而综合判断则属于经验科学，因而能够增加人类的知识，正如康德本人所说，"前者可以称之为分析判断，后者可以称之为综合判断。"（康德：《未来形而上学导论》，第15页）这说明，传统观点以及康德本人都是从语言—逻辑结构方面来理解"先验综合判断"的，这种理解凸显了"先验综合判断"具有普适性的思想价值。

M. 弗里德曼的"理性动力学"放弃了从语言—逻辑层面转而从科学与哲学的双层视野来思考康德的"先验综合判断"的理论根源及其思想性质，追问"先验综合判断"所蕴含的真实思想标底。其实，"康德将超越性的考察定义为两个问题：'纯粹数学是如何可能的'以及'纯粹自然科学是如何可能的'。第一个问题关涉到欧几里得几何学的可能性（当然这种几何学被看作牛顿物理学中的物理空间的几何学），第二个问题关涉到牛顿力学的基本规律如质量守恒、动量、作用力和反作用力相等等等可能性"①。这就是说，康德哲学不过是用哲学语言写成的欧式几何学和牛顿力学，或者说是欧氏几何学和牛顿力学的哲学化。所谓的"先天判断"所表征的也就是欧几里得几何及其时空构架；所谓的"综合判断"所表征的就是牛顿的经典力学体系。正如康德在《纯粹理性批判》序言中指出，"依据几何学者物理学者所立之例证，使玄学完全革命化，以改变玄学中以往所通行之进行程序，此种企图实为此批判纯粹思辨的理性之主要目的。"②

---

① M. Friedman, *Dynamics of Reason*, U. S, Stanford：CSLI Publications，2001，p. 25.

② ［德］康德：《纯粹理性批判》，蓝公武译，商务印书馆1960年版，第二版序文第17页。

　　与语言—逻辑的解读相比，弗里德曼方案至少有两个优点：其一，这种解读剥离了"先验综合判断"的普世性神话，坦露了"先验综合判断"与当时科学成就（欧几里得几何学和牛顿力学）之间的思想关联。换言之，"先验综合判断"并不是放之四海而皆准的公理，而仅仅是近世科学的哲学表述。第二，既然"先验综合判断"仅仅是近世科学的哲学表述，那么必然随近世科学的兴废而存亡：其先验判断将随欧几里得几何的存废而存废，其综合判断随牛顿力学的兴亡而兴亡。

　　在这里，我们可以清晰地看到康德"先验综合判断"的经验教训：其经验在于从科学的最新成果中阐发哲学观念；其教训在于不能把某种科学观念当成恒久的哲学根基。

　　2. "能动的相对化的先验原则"何以可能？

　　如果欧几里得几何学和牛顿力学没有受到挑战，那么"先验综合判断"或许将长治久安。19 世纪末 20 世纪初，发生了一场"物理学革命"，在这场革命中，作为康德"先验综合判断"科学知识基础的欧几里得几何时空观遭到了非欧几何时空观的挑战，牛顿力学科学体系也受到了爱因斯坦相对论的挑战。

　　弗里德曼之所以提出"能动的相对化的先验原则"，其目的就在于调整（而不是放弃）"先验综合判断"使其适应从欧式几何向非欧几何的嬗变，从牛顿力学向相对论的嬗变。既然康德的"先验判断"所表征的欧式几何时空观也是可以改变的，那么"先验判断"所断定的那些不变的范畴肯定不是绝对的，而是相对的。鉴此，弗里德曼将"先验判断"修改为"能动的相对化的先验原则"（dynamical or relativized a priori principles），又称之为"相对的但却是构成性的先验判断（relativized yet still constitutive a priori）"。弗里德曼认为，"相对的但却是构成性的先验判断，正是我致力于修正康德科学哲学观念的核心思想。这个观念是这样的，数学化的物理学诸如牛顿的力学和爱因斯坦相对论等发达的理论形态，应该被看作由两个不对称的功能构成．一个是经验性的部分，包括万有引力定律，麦克斯韦电磁方程，或爱因斯坦的引力场方程；另一个是构成性的先验判断，诸如在定义理论时所用的各种数学原则（诸如欧几里得几何学和明柯维斯基时空几何学以及黎曼几何学理论）……我们所说的先验原则（不论是数学的还是物理学的）都随着经验自然科学的不断进步而改变和发展以回应经验上的新发展。"①

在这里要特别指出的是，弗里德曼对"先验判断"进行了新的解读。"先验判断"应有两层内涵：其一是指经验材料必须经过范畴的整理才能成为科学知识；其二是指整理经验材料的范畴是恒久的。② 前者可以称之为"构成性的先验判断"，后者可以称之为"超验性的先验判断"。弗里德曼提出的"能动的相对化的先验原则"其实就是肯定了"构成性的先验判断"，而否定了"超验性的先验判断"；这种构成性的先验判断不是绝对的而是相对的。"让我们记住，在从一个观念框架转向另一个观念框架的科学革命过程中，尽管构成性原则（constitutive principles）发生了激烈的转变，但依然存在某些可延续的要素（an important element of convergence）。狭义相对论力学在光速趋近有限时就接近于经典力学，可变的弯曲黎曼几何当区域无限小时就趋近于欧式几何。"③

所谓"能动的相对化的先验原则"得以可能，有两个支撑点：其一，用于整合经验材料的构成性原则是可以改变的，因而是相对的而不是绝对的；其二，不同的构成性原则之间存在着一定的关联，如包含与被包含的关系等。

3. "能动的相对化的先验原则"对"先验综合判断"的修订是否正当？

既然康德"先验综合判断"赖以生存的欧式几何及其牛顿力学在科学革命中被"证伪"，既然弗里德曼的"能动的相对化的先验原则"顺应了从欧氏几何及其时空框架向非欧几何及其时空框架的嬗变，那么弗里德曼的"能动的相对化的先验原则"能否取代或优于康德的"先验综合判断"？

对"先验综合判断"与"能动的相对化的先验原则"进行一番比较是有意义的。但如何比较是一个重要问题，为了公正地对待双方（依据

---

① M. Friedman, *Dynamics of Reason*, p. 25.

② 这个思想并非弗里德曼首创，首创者是莱欣巴赫。在他的首部著述《相对论和先验知识》（1920）中，莱欣巴赫将康德所说的先验判断区分为两种：一种是必然的、不可改变的，对任何时代都不变的；另一种是有关科学知识对象的观念的构成（constitutive of the concept of the object of scientific knowledge）。莱欣巴赫认为，相对论的最大教训是，第一种意义的先验判断必须丢弃，而后一种先验判断必须保留。（Michael M. Friedman, *Dynamics of Reason*, p. 71。）

③ M. Friedman, *Dynamics of Reason*, p. 36.

布鲁尔"强纲领"中的对称原则），我们可以就基本定义、科学内涵、哲学基础等方面加以比较。

表 7 - 1　　　　　　　　　康德与弗里德曼对"判断"的比较

	先验综合判断	能动的相对化的先验原则
基本定义	主谓词在逻辑上一致且谓词又可拓展主词内容的判断	属于构成性的先验判断，而非超验性的先验判断
科学内涵	欧几里得几何学及牛顿力学的整合	从欧式几何向非欧几何的过渡，从牛顿力学向爱因斯坦相对论的过渡
哲学依据	几何学或数学的观念或范畴是"天赋的"，因而是绝对的	科学知识的构成性原则是可以改变的，不同的构成性原则是可以沟通的

从基本定义看，康德是从主谓词的关系抑或从语言和逻辑的视野来界定"先验综合判断"的，按理说他在逻辑上应包含基本范畴的演化及其兴替；不过，受条件所限，康德在理解观念的变迁及其机制问题上确实着力不多，易于造成先验绝对主义的错觉。弗里德曼所说的"能动的相对化的先验原则"强调了时空框架的可变性以及变化前后的时空框架具有可沟通性，但并没有在语言—逻辑的高度加以阐述，甚至也没有给出一个可分析的定义。比较而言，显然这两个命题属于两个层次的思考：前者主要是语言—逻辑层面的；后者是经验描述方面的。但从结构层次的角度看，主谓词的界定要高于具体基本范畴如观念/知识（及其变革）的界定，因为任何范畴都是由主谓词来界定的。但 M. 弗里德曼的"能动的相对化的先验原则"能够对当代科学进展及其哲学表征做出较为恰当的说明，因而应有一定的作用空间，我们不妨把弗里德曼的"能动的相对化的先验原则"看作康德"先验综合判断"在当代科学—哲学语境中的一种思想变体。

从科学内涵看，康德的先验综合判断是与欧几里得几何学和牛顿力学密切相关的，但如何把握二者之间的关系值得深究。仅以先验判断为例，这个问题可能涉及几种情况：如果把先验判断类比于欧氏几何的具体命题，那么先验判断必然取决于这些命题的真伪；但如果先验判断所依存的是欧几里得几何学所依仗的公理化方法特别是其中的逻辑语言特征，那么先验判断将无关乎欧氏几何具体命题的真伪。比较而言，弗里德曼的"能动的相对化的先验原则"也有两种情况：其一，仅就具体科学知识层面，弗里德曼的"能动的先验原则"比康德的"先验判断"有更大的思想包容性；其二，仅就公理化方法及其逻辑语言特征，"能动的先验原则"并没有超出康德的"先验判断"。总之，弗里德曼命题在科学意义上不必，也不应看作对康德先天之科学意义的超越，可以看作对先验在科学进步情景下的一种更细致的考究。

从哲学依据看，康德的先验判断在思想理念上是一种强调观念建构意义的绝对主义，这主要表现在如下几个方面：其一，某些最重要的语言构架及其逻辑关系特别是某些基本范畴如时空框架（公理化系统）等是不可变易的；其二，观念与观念、观念与经验、经验（包括观念）与世界之间的契合，一旦被确立后也是基本不变的，这或许是近代科学特别是牛顿力学所提供的机械世界图景的基本特征。如前所述，弗里德曼将康德的"先验综合判断"区分为强调超越经验材料的必然性判断和强调整合经验材料的构成性判断，弗里德曼放弃前者而保留后者，即强调经验建构性的先验判断。这就是说，弗里德曼在哲学本质上是建构主义者（constructivist）。但建构主义者认为（constructivism）"康德是建构论的先驱"（I. Hacking, 1999）。这就是说，如果弗里德曼从建构主义的哲学维度来理解范畴对经验材料的整合，依然没有超出康德的哲学布局。

基于基本定义、科学意义和哲学依据三个方面的考察，我们以为，康德在具体知识问题上的绝对主义态度肯定是不值得的，但在语言—逻辑层面的决定论理解则具有一定的合理性；弗里德曼在具体知识层面上强调相对性肯定有意义，但如果在先验原则上奉行相对主义肯定行不通。因此，弗里德曼的"能动的相对化的先验原则"不可理解为取代了康德的"先验综合判断"，可以理解为康德"先验综合判断"在当代科学—哲学进展条件下的一种思想延伸，是试图按照康德的哲学传统对爱因斯坦的相对论、逻辑经验主义、库恩的科学革命理论、哈贝马斯的交往理论的一种新的整合。

简言之，"能动的相对化的先验原则"只是发挥了康德"先验综合判断"中的"构成性原则"，但这就存在一个更为深层的问题：理性究竟是如何构成的？

二　理性"动力系统"能否超越逻辑经验主义的偏执

哲学是一种追溯根由的思想活动。既然"能动的相对化的先验原则"只是"先验综合判断"对当代科学—哲学的一种重新调整，这种调整必涉及对理性本身的理解，借此弗里德曼提出了他的"理性动力学"，以此来担保"能动的相对化的先验原则"的合理性。这就有必要讨论如下三个论题：该系统较之康德的理性假说是否有新意？该系统能否经得起科学—哲学的双重查验？该系统能否担保康德批判哲学应对时代难题？

1. 该系统较之康德的理性假说是否有新意？

我们知道，康德所理解的理性系统有一个双层结构：其上层是先验判断，其底层是综合判断，这种双层的理性结构集柏拉图以来的思想精华和历代思想大师的历练与精进，在理论框架上基本上承受住了最苛刻的思想家的挑剔。维特根斯坦的"语言批判"、波兰尼的"默会知识"和哈贝马斯的"交往理性"等最具有挑战性的思想劳作不仅没有撼动这种双层的理性结构，反而从不同角度多次论证了这种双层理性结构的（基本）合理性。

为了论证"能动的先验原则"，弗里德曼在《理性动力学》一书及其相关著述中提出了一种新的理性学说，称之为"理性动力学"或"知识系统"。该系统是由三个部件构成的，"这个知识系统是可以分析的。在这个知识系统的底部，就是一般所说的经验自然科学的观念和原则：自然界的经验规律，如牛顿的引力规律或爱因斯坦的引力场方程，这些经验规律都得经得起严格的经验检验。处于第二层次的就是规定基本时空框架的构成性先验原则，这些构架都是经由严格的定义且经得起第一层次的经验检验而后才成为可能。这些相对化的先验原则就构成了库恩所说的范式：相对稳定的游戏规则，使得常规科学的解题活动成为可能——包括诸如一般经验规律的严格定义和经验验证。在深层次的观念革命时期，这些构成性的先验原则也服从变化，其变化的压力来自新的经验发现特别是反例。但这并不意味着这些第二层次的构成性原则就像第一层次的经验科学一样。相反，基于这种假设，某种取得某种广泛共识的背景框架必然在观念革命中迷失。在这里就存在着第三层次，哲学的元范式（philosophical meta-paradigms）或元框架（meta-frameworks），就发挥不可替代的作用，正是这种'元范式'或'元框架'引导着并规制着范式或观念框架的改变。正是这种哲学的元框架保证［理性］在经历了科学革命时依然能够存续并发展，更具体地说就是，这些哲学的元框架为各种不可通约的科学范式之间的相互沟通（在哈贝马斯意义上的沟通理性）提供了基础"①。

与康德的双层理性结构相比，弗里德曼的三层理性动力系统的实质是将康德的先验判断又分解为元范式和范式两个层次，这样就可以同时解决理性的贯通性与科学革命的二难推理，也就是最大限度地克服或包容逻辑经验主义"拒斥形而上学"所造成的唯科学主义、库恩范式不可比命题所蕴含的相对主义和哈贝马斯的"交往理性"的哲学理想，因而具有一定的合理性。但是，意见毕竟不是真理，我们还需要追问，弗里德曼这种三层的理性动力系统是否经得起推敲？

2. 该系统能否经得起科学—哲学的双重查验

对理性（结构）的理解不仅应经得起科学的查验，而且还要经得起哲学的查验。

弗里德曼的理性动力系统在科学上牢靠吗？从科学（史）角度看，若以从牛顿力学到爱因斯坦相对论的发展过程验之，"结论是，我们的时空、运动等数理理论都遵循这样一种普遍图景。所要考察的每种理论（牛顿力学，狭义和广义相对论）都由三个不对称的功能部件所组成：数学部件，力学部件和一个适当的物理学的或经验的部件"②。这就是说，M. 弗里德曼所说的"理性动力学"可以得到来自科学事实的验证，而且这种验证并不悖于康德的哲学原则。舒阿利兹（Mauricio Suárez）就曾经指出，"作为当代最前沿的科学哲学家，弗里德曼在他的'理性动力学'一书中开发出了一种理解科学历史发展的新方式，可以称之为'发展的康德主义'（developmental Kantianism），这种观点把科学的发展看作由经验知识的'后验'和整合经验材料的'先验'两种元素构成的过程。"③

弗里德曼的理性动力系统在哲学上牢靠吗？从哲学（史）角度看，自古希腊的柏拉图起，理性就被置于观念和经验之间，亚里士多德的四因

---

① M. Friedman, *Dynamics of Reason*, p. 39.

② M. Friedman, *Dynamics of Reason*, pp. 80 – 91.

③ M. Suárez, "Science, Philosophy and the a Prior", in *Studies in History and Philosophy of Science*, Vol. 43, No. 1, 2012, pp. 1 – 6.

说或等级说传至中世纪基督教哲学，经过理性怀疑主义和经验论的分歧与重组，康德将理性置于先天判断与综合判断之间，分析哲学则将之改写为"元语言"和"对象语言"（包括"理论命题"与"事实命题"），在两者之间存在着"对应规则"（亨普尔）。但是科学史家 T. 库恩则用"范式"来统摄科学理性所蕴含的双层甚或多重结构，但却留下了"范式"不可通约性难题；而社会批判理论家哈贝马斯的"交往理性"试图在不同的社会共同体之间进行有效的交流，但却深陷"知识与旨趣"的纠缠之中。M. 弗里德曼所设计的这个"理性动力系统"既包含经验（主义）元素，也包括统摄各种具体经验科学理论的时空框架，还有在各种时空框架或"世界观"中进行沟通的"元框架"。显然，这种思考囊括了哲学史上相关重要思想情愫，特别是康德哲学、科学哲学乃至人文思想的重要探索。大多数学者都看到了弗里德曼的理性动力学在科学基础与哲学观念两个方面的合理意义。

较之康德的双层模式、逻辑经验主义的单层模式（取消了出于知识顶层的形而上学）和库恩的"范式"或多元模式，弗里德曼的这个"理性动力学"的新异之处就在于借鉴哈贝马斯的"交往理性"范畴提出了"元范式"来克服库恩的范式具有不可比性命题所蕴含的相对主义，具有一定的思想合理性。但问题是，这种"元范式"或"哲学元范式"能否担保"能动的先验原则"？

3. 该系统能否担保康德批判哲学应对时代难题？

弗里德曼之所以设计了三层的"理性动力系统"，是为了担保"能动的先验原则"，而该系统最为要害的部件是它的"元范式"，而"能动的先验原则"最为关心的就是不同"范式"之间的沟通问题，因此，"理性动力系统"担保"能动的先验原则"问题就转换为"元范式"能否担保不同"范式"之间的沟通？

按照康德的看法，几何时空框架属于先验判断，是整理感性经验材料的恒定性基本范畴，因而具有不可变易性。但在库恩看来，作为先验判断的几何时空框架也会发生革命性变革，而且革命前后的几何时空框架是不可通约的，或不可翻译的。问题是，如果革命前后的时空框架无法对话，那么理性就将分崩离析，不成其为理性。为了解决这个问题，M. 弗里德曼依据哈贝马斯的"交往理性"提出了"哲学元框架"来沟通不同的几何时空框架。"我将借助于 J. 哈贝马斯的交往理性的观念来保护科学的普遍理性。"①

"元范式"能否克服"范式"之间的不可通约性难题？弗里德曼提出如下论证：

第一，弗里德曼把"范式"及其兴替看作"范式"本身的升级改造，"两个前后相继的观念框架之间的关系是一种递归（retrospective）关系。……沿着这条思路，新的构成性框架就是一种对旧的框架的精致的改进或转换"②。我们称之为"递归论"。

第二，弗里德曼把旧"范式"看作新"范式"的一个特例。"新的可能性的框架应该被看作旧的可能性框架的拓展，因而新的构成性框架包含了旧有的框架作为一个特例。……在 19 世纪发展起来的黎曼几何理论就把欧几里得几何学看作它的一个特例。"③ 我们称之为"特例论"。

第三，弗里德曼把"范式"及其兴替看作理性发展的不同环节，因而"在科学革命中前后相继的两个观念框架更像某种日常语言或文化传统内部的两个不同的发展阶段，而不是使用在两个完全不同的文化传统内的两种完全不同的语言"④。我们称之为"环节论"。

据此，M. 弗里德曼对"元范式"提供了两点说明："范式间的连续是存在的。第一，从科学发展的内部看，我们看到早期的构成性框架总是作为特例，以某种精确限定的特殊条件，近似地保持在后续框架中。第二，从历史的观点看，我们也看到，后续范式确实有些不可比较或不可转译的重要方面，但后续范式的观念和原则依然是通过一系列的自然转化从早期的范式演进而来。"⑤

表面看来，上述三个证据可以有效地支撑"范式"之间存在的思想关联，可以证伪库恩的不可比性命题。但是仔细查之便不难发现，"递归论"主要是惠威尔提出的，在本质上是一种经验主义主张；"特例论"的首创者不易查找，但就相信存在一种理想的"原型"或"构型"而论，

①　M. Friedman, *Dynamics of Reason*, p. 93.

②　M. Friedman, *Dynamics of Reason*, p. 101.

③　M. Friedman, *Dynamics of Reason*, p. 96.

④　M. Friedman, *Dynamics of Reason*, p. 100.

⑤　M. Friedman, *Dynamics of Reason*, p. 63.

这种思想与柏拉图主义脱不了干系；至于"环节论"，无论怎么说都暗合黑格尔主义而不是康德主义。

这就是说，弗里德曼声称要用康德的哲学传统（再加上哈贝马斯的思想）来解决库恩的相对主义，但他使用的具体方略却分别来自惠威尔的经验主义、柏拉图主义和黑格尔主义。

我们非常赞赏弗里德曼的判断，"在新旧构成性框架之间存在着一条可沟通的理性路径（rational route）"① 用以在两个不可比的"范式"之间进行沟通。

应该说，弗里德曼有关"范式"的三种关联，可以在一定程度上支撑"元范式"的基本主张，使得"能动的先验原则"成为可能。但是，这种"元范式"及其所支撑的"理性动力系统"属于哲学的大杂烩，并无统一的思想纲领，因而其自身的牢靠性有待进一步论证。

三 "综合史观"能否解答库恩的科学史难题

弗里德曼设计"理性动力系统"是为了担保"能动的先验原则"，但"理性动力系统"本身却并不牢靠。问题何在？弗里德曼认为问题出在科学与哲学的关系问题上。

为了弥补"元范式"的思想漏洞，弗里德曼又提出了"综合史观"（synthetic history）的理论。我们依然将其分解为如下三个议题："综合史观"意欲何为？"综合史观"能否洞悉库恩式相对主义的原罪？"综合史观"能否开通后现代之后的新路径？

1. "综合史观"意欲何为？

既然"理性动力系统"存在漏洞，那就需要在更深的根基上进行合理重建。比理性的理解更为深层的根基则是对哲学本身的理解，而对哲学本身的理解可能取决于哲学与科学之间关系的重新解读。

弗里德曼观察到，"哲学反思在科学革命中的观念框架的激烈转变之中发挥着特别的和显著的作用"②。对此，学界多有共识，狄塞乐（Robert DiSalle）在《重新考虑康德、弗里德曼和逻辑经验主义及其精确科学》

---

① M. Friedman, *Dynamics of Reason*, p. 101.

② M. Friedman, *Dynamics of Reason*, Preface.

（Reconsidering Kant，Friedman，Logical Positivism，and the Exact Sciences）一文中就指出，"牛顿和爱因斯坦在科学革命的重大关头都曾经诉诸于哲学观念。"

不仅如此，弗里德曼进一步指出，"我的主题就是科学与哲学之间的关系。二者之间的关系在漫长的思想史中一直是相互关联的。科学与哲学共同诞生于公元前 6 世纪到 3 世纪的古希腊，在晚期中世纪、文艺复兴和 13—17 世纪的早期近代得以繁荣，推动了现代科学和现代哲学的诞生直到今天。"①

所谓的"综合史观"，"我的想法是，用一个平行的、相关的科学哲学的同时发展的历史来补充库恩的科学编史学。为了充分地理解科学知识的辩证法，我认为，我们需要用常规科学、科学革命和哲学构建三层结构来取代库恩的常规科学革命的二层结构，这里的哲学构建就是所谓的元范式或元框架，它能够导致或维系某个新科学范式的科学革命"②。

弗里德曼终于看清楚"理性动力学"中的"元范式"不是别的，就是任何一种科学理论体系所信奉的哲学观念：任何一种哲学观念也都有它科学知识基础。例如，亚里士多德的物理学与他的"形而上学"；笛卡尔的数理科学与他的理性怀疑主义；牛顿力学与他的原子主义和柏拉图主义；罗素和怀特海的数论与他们的逻辑原子主义。这就是说，任何一种科学理论总有它的哲学信念，而任何一种哲学信念也都有它的科学基础。

鉴此，弗里德曼在《综合史观的沉思》（Synthetic History Considered）一文中给出了我们处理科学和哲学之间关系问题的准则："其一，科学史研究应特别关注哲学史；其二，哲学史研究应特别关注与之相关的科学史的重要性。在更一般的意义上，这种考量的动机在于，如果不认真考虑科学和哲学在思想史中的相互作用，就不可能有正当的哲学理解，也不可能有正当的科学史理解。按照印第安纳大学科学史与科学哲学学科奠基人 N. 罗素（Norwood Russell）的名言，没有科学史的科学哲学是空洞的，没有科学哲学的科学史是盲目的。相比较而言，这种综合史观的名言，也就是最近刚刚兴起的科学哲学史（HOPOS）的基本精神，没有

---

① M. Friedman, *Dynamics of Reason*, p. 101.

② M. Friedman, *Dynamics of Reason*, p. 44.

科学史的哲学史，或既没有科学史也没有哲学史的科学哲学，都是不可能的。"①

当然，"综合史观"能否成立，还在于它的解题能力：它能否破解当代的思想迷局？

2. "综合史观"能否洞悉库恩式相对主义的原罪？

为什么像库恩那样的思想大师也不能免于相对主义的思想迷局？或者如何找到当代思想陷入相对主义的理论原罪？

奥迪（Robert Audi）在其所编著的《剑桥哲学辞典》（*The Cambridge Dictionary of Philosophy*）中有这样一段描述："库恩在《科学革命的结构》一书中认为科学中的观察和方法具有相当的理论依赖性，拥有不同的理论前提或范式的科学家相当于生活在不同的世界之中……这种研究的倡导者通常信奉相对主义和激进建构主义。"②

库恩迷失于相对主义也许并不在于技术层面的"失实"，在于他的编史学（historiography）。基于"综合史观"，弗里德曼一针见血地指出，"从我的观点看来，库恩的编史学太过狭窄。……我认为这是由于库恩很可能遗漏了与科学史相平行的科学的哲学史（the parallel history of scientific philosophy）。"③

其实，库恩的错误是这样形成的。第一步，没有对哲学及其与科学的关系进行严肃的思想史考察，在"哲学""世界观""科学观""科学家的信念"等术语上做了不加分析的等同，从而消弭科学与哲学的思想差异，混淆了知识与观念、真理与价值等不同思想层次的范畴之间的界限；第二步，用"范式"这个语义模糊的范畴将在第一步混淆了的科学内容与哲学内容统统包容其中，从而进一步加速并加剧了这种混淆，并将这种混淆观念化、范畴化，直至体制化；第三步，用科学的特征来描述"范式"的思想特征，如接受经验的检验特别是"反例"的否证等，从而以

① M. Domski and M. Dickson, *Discourse on a New Method: Reinvigorating the Marriage of History and Philosophy of Science*, Carus Publishing Company, 2010, p. 573.

② R. Audi, ed., *The Cambridge Dictionary of Philosophy*, The Cambridge University Press, 1999, p. 855.

③ M. Friedman, *A Post-Kuhnian Approach to the History and Philosophy of Science*, The Monist, Vol. 93, No. 4, 2010, p. 97.

"范式"的名义完成了对哲学的科学化解读，哲学被包容在科学观之中，被赋予了科学的特质；第四步，用科学的经验性、偶然性、易变性以及对社会环境的依赖性等知识论特征来代换哲学的超验性、恒常性等观念论特征，不加观念规范的经验性诉求必然走向相对主义。正如弗里德曼所说，"我认为库恩的问题主要来自他的科学革命这种新的观念。不同的构成框架或范式使用不同的甚至不可比较或不可转译的交往理性的标准，显然会引起观念的相对主义威胁。"①

归根结底，库恩的思想实质其实是用科学理论的兴替来取代或充任哲学的变革。"在库恩的思想中我不幸地发现缺乏一种与科学发展平行的哲学的历史态度。实际上，在库恩的书中，哲学并没有得到历史的审视，完全是一种偏见的及有问题的范式。"② 换言之，如果库恩不仅关注科学及其革命的进程，而且同时关注与其平行的哲学观念的变革，我们很难想象库恩会得出那种"两个世界""不可通约性"等激进的学术主张。

当然，因混淆科学与哲学的思想界限而陷入相对主义不是库恩及其"范式"理论的独特问题，几乎所有的后现代主义都曾经历或正在重复类似库恩的错误：用实证知识的经验性、易变性、语境性等特质来"拒斥"或代换哲学观念的超验性、恒常性、超越性等特质。例如，布鲁尔从知识社会学的"因果律""对比法"等具体的社会研究方法推演出具有相对主义内涵的"强纲领"，利奥塔从知识的社会生产特别是资本的控制等经济—社会考察提出了他的《后现代状况——关于知识的报告》，罗蒂通过他对文学取决于社会解读的考察得出了极端相对主义的结论，拉图尔、赛蒂娜等人通过所谓的"实验室考察"得出了（社会）建构论的后现代思想。③

说到此处，我们不妨大胆猜测，库恩及其后现代诸家的相对主义，都囿于逻辑经验主义或分析运动所倡导的"拒斥形而上学"，也就是用具体科学知识来消解哲学观念的文化思潮。其实质是在科学与哲学、知识与观念之间的关系问题上出现了偏差，归根结底是没能正确地处理事实判断与

① M. Friedman, *Dynamics of Reason*, p. 93.
② M. Friedman, *Dynamics of Reason*, p. 20.
③ 参见拙文《社会建构主义：超越后现代知识论》，《哲学研究》2005 年第 10 期。

价值判断之间的思想关系。

　　解铃还须系铃人，既然后现代的相对主义源自科学与哲学的失衡特别是用具体经验知识来消解哲学观念，那么超越后现代的相对主义就必须恢复科学与哲学之间的正当思想关系，其实也就是恢复事实与价值对人类理性的制衡关系，既避免价值超越事实的任性，也避免事实失落价值的迷茫。

　　3.“综合史观”能否开通后现代之后的新路径？

　　既然“综合史观”找到了后现代相对主义迷局的根由在于“拒斥形而上学”，也就是在科学（知识或事实判断）与哲学（观念或价值判断）之间的关系问题上出现了偏差，那么“综合史观”如何才能超越后现代之后的相对主义迷局？

　　综上所述，我们以为如下几点可能是有意义的：

　　第一，坚定地“回到康德”的哲学路线，当然“回到康德”并不是重复康德的具体结论，而是坚持他及其后继者在理性问题上的学术布局，特别是坚持理性的反思特征及其思想活性，避免各种阉割理性、轻慢理性甚至无视理性的思想态度。弗里德曼认为，“修订康德观点的目的全然不是追求认识的确定性，而是追求这样一种普遍理性，这种理性能够自我增长，能够自我负责。”① 国际知名康德哲学研究者巴赫达尔（Gerd Buchdha）在《康德与理性动力学》（*Kant and the Dynamics of Reason*）一书中指出，在理性动力学看来，理性“将被看作某种自主驱动的发展（dynamical development），这一过程就是‘对象’（object）经由许多展开阶段的过程”②。

　　第二，正确处理科学与哲学、知识与观念等基本思想关系，用观念统摄具体经验知识以免于相对主义泛滥，用经验知识制约普遍观念以免于绝对主义横行，既要反对“拒斥形而上学”的科学主义立场，也要警惕“科学不思维”的哲学浪漫主义。对此，弗里德曼如是说，“我的主题就是科学与哲学之间的关系。二者之间的关系在漫长的思想史中一直是相互

---

　　① M. Friedman, *Dynamics of Reason*, p. 68.

　　② Gerd Buchdhal, *Kant and the Dynamics of Reason*, *Essays on the Structure of Kant's Philosophy*, UK Oxford：Blackwell, 1992, p. 3.

关联的。"① 但这并不意味着可以把科学等同于哲学，抑或用科学取代哲学，"在我们看来，企图将哲学变成知识的一个分支（如心理学或数理逻辑）是愚蠢的，因为这些职能是在元科学的层次上致力于促进知识的新的可能性。同样，把哲学变成科学本身也是愚蠢的，这种努力将不利于哲学为达到对新范式的共识而相互激发；我们无法预知某种新范式或哲学的元范式可能满足下一场科学革命的需要。最后，为哲学因缺乏科学水准而遗憾也是愚蠢的，因为科学与哲学是互补的，这才符合人类知识的辩证法"②。

第三，也是最重要的，我们必须从科学—哲学的思想关联来重新考量何谓哲学以及如何发展哲学等本己问题。按照康德—弗里德曼的思想路线，哲学就是将科学知识提升为普遍观念，也就是将科学认知过程拓展为认识论，将科学所揭示的自然律拓展为世界图景；因而推进或变革哲学（reforming philosophy）也就是根据具体科学（自然科学和社会科学）的新发现或新理解，创造新的观念系统或变革旧的观念系统。有作为的哲学工作者必须在科学理论、科学方法、科学语言、科学历史、科学文化、科学建制等方面挖掘哲学观念，同时也要使创造出来的哲学观念不断地接受科学的检验，并随时准备在科学革命中不断地修订哲学观念、完善哲学观念、变革哲学观念、替换哲学观念，保持科学知识与哲学观念的协调与同步。③ 若此或可抵御哲学事业的绝对主义和相对主义。

说到底，哲学也好，科学也好，理性也好，都不能超脱事实与价值的统一、规范与革命的统一。从这个角度看，我们或可把哲学理解为对知识的反思与超越，把科学理解为包含着哲学沟通机制的命题系统，把理性理解为由哲学和科学的互动所驱使的"动力系统"。

然而，行文至此，笔者的命门也暴露无遗：一种温和的科学主义的逻

① M. Friedman, *Dynamics of Reason*, preface.

② M. Friedman, *Dynamics of Reason*, preface, p. 24.

③ 放眼哲学思想史，自从古希腊先哲的"爱智慧"始，真正的思想大师几乎是科学家与哲学家居于一身，真正有创意的思想体系大多是以科学理论与哲学观念相统一，如亚里士多德的物理学与形而上学，笛卡尔的数理科学与他的理性怀疑主义，生（心）理学医学与洛克的经验论，牛顿力学与康德哲学，罗素的数理逻辑与分析哲学等，概莫能外。

辑——我坚信科学可以使哲学更美好，但科学不能解决一切哲学问题！随之而来的难题是，由谁来决定以及如何决定科学能够解决哪些问题，不能解决哪些哲学问题？思在途中！

第三节　重建自然哲学能否复活濒危的科学哲学

传统观点认为，自然哲学已经随着现代科学的兴起而趋于消失，又被维也纳学派"拒斥形而上学"而一击致命。本书以为，自然哲学作为科学与哲学之间的思想中介，是对科学与哲学的包容关系的综合研究，并随着科学革命而不断变革，其发生机制是"转识成智"，其作用机制是"科学—哲学—科学"的解释循环，但其思想实质则是将事实判断与价值判断融汇为最富有创造力的时代精神的精华，正是这种自然哲学曾经孕育并创造了伟大的现代科学及其近现代哲学，其思想活力从古希腊一直延续到后现代思潮。当代科学哲学及其后现代的 STS 等都是自然哲学某种具体形式。崇尚自然、敬畏真理应该是哲学特别是科学哲学不竭的思想之源，重温并重建自然哲学可能是拯救"后哲学文化"于相对主义离乱的一条可能路径。

一　自然哲学的复兴

毋庸置疑，库恩的《科学革命的结构》特别是"范式"概念对科学史、科学哲学特别是科学与哲学之间的关系问题的研究产生了巨大的影响，但近几十年来研究者们发现，"范式"一词歧义丛生，库恩本人的解释前后矛盾，不同观点的使用者都可以各取所需（参见 Thomas S. Kuhn, *The Road since Structure*：*Philosophical Essays*，1970 – 1993，University of Chicago Press，2000；Steve Fuller，*Thomas Kuhn*：*A Philosophical History for Our Times*，Chicago：University of Chicago Press，2000），更为严重的问题是，"范式"并不是科学家使用的真实概念，仅仅是库恩的"重建"。问题是，在真实的科学发展过程中，是否存在着能够同时决定着科学工作者的"集体信念""研究规范""解题能力"以及"操作规程"等诸多元素的某种东西？近年来，科学史家和科学哲学家发现，库恩所说的"范式"就是真实存在于思想史中的自然哲学！

在 2010—2011 年间，笔者作为高级访问学者赴澳大利亚研究科学史与科学哲学的近期发展情况，亲身感受到澳大利亚的科学史家和科学哲学家对自然哲学的关注。新南威尔士大学的舒斯特博士（John Andrew Schuster, 1947— ）在 2005 年编辑了《十七世纪的自然科学：近代自然哲学的变革模式》（*The Science of Nature in the Seventeenth Century*：*Patterns of Change in Early Modern Natural Philosophy*，Edited by Peter R. Anstey and John A. Schuster. 2005）。悉尼大学的科学基础研究中心（The Sydney Centre for the Foundations of Science）的 S. 高克罗格教授（Stephen Gaukroger）则更加关注科学革命中的哲学观问题，如 "笛卡尔的自然哲学系统"（*Descartes' System of Natural Philosophy*，2002）、"弗兰西斯·培根与近代哲学的形成"（*Francis Bacon and the Transformation of Early-Modern Philosophy*，2001）等。

自然哲学的复兴及其研究的兴起主要有如下几个标志性的成果。

第一，推出了一批重要著述，阐明了自然哲学的基本范畴及其最新进展。例如，著名科学史家 E. 格兰特在他的《自然哲学史：从古希腊到 19 世纪》（*A History of Natural Philosophy*：*From the Ancient World to the Nineteenth Century*，New York：Cambridge University Press，2007）中就界定了自然哲学的基本内涵，"自然哲学起初并未得名，但在其萌芽阶段这一术语意指有关自然的任何研究。直到亚里士多德时代，他才定制了自然哲学这一学科并持续了日后的两千年，自然哲学作为对自然的研究包括了对物理世界的所有考察及其追问"（Edward Grant，2007：1）。而 F. 科林（Finn Collin）在 2011 年出版的《科学的综合研究作为自然化的哲学》（*Science studies as Naturalized Philosophy*，Springer，2011）中则主要论述了自然哲学在当代的延续及其思想转向。这说明，自然哲学并没有消亡，但却经历着浴火重生。

第二，重新确认或追认了一批自然哲学的代表人物及其代表性思想。古希腊的哲学家基本上都是自然哲学家（Robert A. Di Curcio, The Natural Philosophy of the Greeks：An Introduction to the History and Philosophy of Science，Mass.：Aeternium Pub.，1975）；中世纪中晚期的神学家大多都有自然哲学思想如阿德拉德（Adelard of Bath）和罗吉尔·培根（Hackett JM，Endeavour，*Adelard of Bath and Roger Bacon*：*Early English Natural Philoso-*

phers and Scientists. 2002 Jun；*Vol. 26* [2]，pp. 70 - 74）；近代哲学家也大多拥有自然哲学的系统思想如笛卡尔和牛顿（Janiak Andrew，Newton and Descartes：Theology and Natural Philosophy，*Southern Journal of Philosophy*，Sep 2012，Vol. 50 Issue 3，pp. 414 - 435），德国古典哲学家康德、谢林、费希特和黑格尔等都有关于自然哲学的著述；现代哲学中的科学主义者当然都有自然哲学思想如怀德海、罗素、石里克、波普尔等，人本主义各派也不乏自然哲学思想如尼采（Alistair Moles，*Nietzsche's Philosophy of Nature and Cosmology*，New York：P. Lang，1990）、阿多诺（Deborah Cook，*Adorno on nature*，Durham：Acumen，2011）和梅洛 - 庞蒂（Ted Toadvine，*Merleau-Ponty's Philosophy of Nature*，Evanston：Northwestern University Press，2009）等等。这说明，自然哲学不是某个或某些思想家在特定思想时期的历史遗产，而是西方哲学家思想体系的重要组成部分。

第三，梳理出几条重要的知识谱系。自然哲学研究在漫长的思想史过程中分拣出几条重要的思想线索如自然主义、原子主义、机械论等等。例如原子论方面的代表著述就有《原子论及其对它的批判》（*Andrew Pyle*，*Atomism and Its Critics：Problem Areas Associated with the Development of the Atomic Theory of Matter from Democritus to Newton*. Bristol：Thoemmes，1995）在这些著述中我们发现，在古希腊罗马时期的原子论思想是由阿基米德在科学技术中的应用才得以流传后世（The genius of Archimedes—23 centuries of influence on mathematics，science and engineering [electronic resource]：proceedings of an international conference held at Syracuse，Italy，June 8 - 10，2010）；文艺复兴以后，伽桑狄（Pierre Gassendi）将原子论与经验论结合起来对于原子论的复兴功不可没（S. Fisher. Leiden，Pierre Gassendi's Philosophy and Science：Atomism for Empiricists，Boston：Brill，2005）；而莱布尼兹将他的单子论与数理逻辑进行整合（The Development of Leibniz's Monadism，*Monist*，1916 Vol. 26，pp. 534 - 556）才开辟了罗素—维特根斯坦的逻辑原子主义的思想方向（Paul M Livingston，Russellian and Wittgensteinian Atomism，*Philosophical Investigations*，Jan 2001，Vol. 24 Issue 1，pp. 30，25）。这说明，自然哲学不仅有其独特的理论信念，而且还有其独特的思想路径，这就使得自然哲学得以延续而源远流长、经久不衰。

第四，凸显几个重要的基本范畴。自然哲学特别强调科学家和哲学家在某些基本范畴上的共识、共建和共享。如从毕达哥拉斯到海森堡的"均势"概念（A. Gregory, *The Great Equations*：*Breakthroughs in Science from Pythagoras to Heisenberg*, *ISIS*；Sep, 2010；101；3；pp. 626 - 627）；从芝诺到爱因斯坦的"空间"概念（Nick Huggett, *Space from Zeno to Einstein*：*Classic Readings with a Contemporary Commentary*, Cambridge, Mass.：MIT Press, c1999）；阿奎那的"科学方法和分类"概念（*The Division and Methods of the Sciences*, 1963）；波义耳的"实验哲学"概念（Rose-Mary Sargent, *The Diffident Naturalist*：*Robert Boyle and the Philosophy of Experiment*, 1995）；惠威尔的"归纳推理"概念（*The Philosophy of the Inductive Sciences*, *Founded upon Their History*. 2 vols, London. 2nd ed 1847）；谢林的"自然观"概念（Alexandre Guilherme, Schelling's Naturphilosophie Project：Towards a Spinozian Conception of Nature. *South African Journal of Philosophy*, 2010, Vol. 29 Issue 4, pp. 373 - 390）；黑格尔的"自然理性"概念（Robert S. Cohen and Marx W. Wartofsky, *Hegel and the Sciences*, Kluwer Academic Publishers, c1984）；马赫和纽拉特的"统一科学"概念（John Symons, Olga Pombo, Juan Manuel Torres, *Otto Neurath and the Unity of Science*, Dordrecht：Springer, c2011）等等。这说明，自然哲学有其独特的范畴工具，这些范畴工具对科学探索和哲学思辨都具有重要意义。

自然哲学研究的兴起提出了这样几个问题：第一，自然哲学是一种已经死亡的思想还是依然具有强大的生命力？第二，如果自然哲学依然具有强大的生命力，那么使其具有强大生命力的思想根基究竟是什么？第三，如果自然哲学因此具有深刻的思想根据而具有强大的生命力，那么自然哲学从古希腊到后现代的思想演化是否有类似库恩所说的"结构"？

二　科学哲学与自然哲学

如果自然哲学已经消亡，那么本书只能是对一桩哲学往事的祭奠。其实，自然哲学并没有消亡，只是改变了思想形式。

自然哲学至少曾经历了三次死亡宣判：第一次是现代科学的诞生标志着自然哲学已经无疾而终，牛顿将自己的科学成就概括为"自然哲学的数学原理"（*Philosophiæ Naturalis Principia Mathematica*），有人凭此认为牛顿是最成功的自然哲学家，其实牛顿的本意是用自然科学特别是数学来取代自然哲学，他的真实意图就是警告当时的科学家"当心形而上学"，E. 格兰特就认为自然哲学终止于 19 世纪（Edward Grant, 2007）。第二次是逻辑经验主义从"语言转向"推出"拒斥形而上学"的断言："现代逻辑的发展，已经使我们有可能对形而上学的有效性和合理性问题提出新的、更明确的回答。……在形而上学领域里，包括全部价值哲学和规范理论，逻辑分析得出反面结论：这个领域里的全部断言陈述全都是无意义的。"（卡尔纳普：通过语言的逻辑分析清形而上学，转引自洪谦《逻辑经验主义》上卷，商务印书馆 1982 年版，第 13—14 页）第三次是后现代思潮中的"后哲学文化"：随着"自然之镜"的破碎，哲学已死，自然哲学当然不复存在。

　　一个思想事件被宣布一次死亡可能是真实的，但如果两次或多次被宣布死亡肯定值得怀疑。就在牛顿宣判自然哲学死刑之后不到百年的时间里，自然哲学进入了思想的黄金时代：仅就德国而论，莱布尼兹在 1714 年发表了《单子论》（*Monadologie*），康德在 1755 年发表了《普通自然史及天体理论》（*Allgemeine Naturgeschichte und Theorie des Himmels*），费希特在 1794 年发表了《全部知识的基础》（*Grundlage der gesamten Wissenschaftslehre*）和 1804 年发表了《认知的科学》（*The Science of Knowing*），谢林在 1797 年发表了《自然哲学的理念》（*Ideen zu einer Philosophie der Natur*）以及黑格尔在 1816 年发表了《自然哲学》（*Naturphilosophie*）等等。也就是说，牛顿企图用"数学原理"来取代"自然哲学"的思想诉求反而刺激了自然哲学的全面发展。①

---

　　① 关于莱布尼兹、康德、费希特、谢林和黑格尔等人的自然哲学研究，可参见 Michael Futch, *Leibniz and the Foundations of Natural Philosophy*, Nov2010, Vol. 19 Issue 3, pp. 391 – 394; Kathleen Okruhlik and James Robert Brown, *The Natural Philosophy of Leibniz*, Kluwer Academic Publishers, 1985; Paul Guyer, *Kant's System of Nature and Freedom*: Selected Essays, Oxford: Clarendon, 2005; Yolanda Estes, "Society, Embodiment, and Nature in J. G. Fichte's Practical Philosophy", *Social Philosophy Today*, 2004, Vol. 19, pp. 123 – 134; Friedrich Wilhelm Joseph von Schelling, *First outline of a System of the Philosophy of Nature*, translated and with an introduction and notes by Keith R. Peterson, Albany: State University of New York Press, c2004; Dalia Nassar, *From a Philosophy of Self to a Philosophy of Nature*: *Goethe and the Development of Schelling's Naturphilosophie*. Nov2010, Vol. 92 Issue 3, pp. 304 – 321; Stephen Houlgate, *Hegel and the Philosophy of Nature*, Albany: State University of New York Press, 1998 等新近著述。

维也纳学派终结了自然哲学吗？且不论石里克的重要学术著述就称为《自然哲学》(*Philosophy of Nature*, translated by Amethe von Zeppelin. New York：Greenwood Press, 1968)，就逻辑经验主义自马赫以来追求"统一科学"的研究纲领而论，自然哲学和科学哲学具有一脉相承的思想旨趣。而且，科学哲学也必须阅读《自然之书》(Peter Kosso, *Reading the Book of Nature：An Introduction to the Philosophy of Science*, 1992)，于是，追求《自然的对称》就成为自然哲学与科学哲学的共同经典 (Klaus Mainzer, *Symmetries of Nature：A Handbook for Philosophy of Nature and Science*. Berlin：Walter de Gruyter, 1996)，《自然哲学与科学哲学的联盟》就成为大势所趋 (William A. Wallace, *The Modeling of Nature：Philosophy of Science and Philosophy of Nature in Synthesis*, Washington, D. C.：The Catholic University of America Press, c1996)。

后现代思潮中的"后哲学文化"是否彻底湮灭了自然哲学？如果把围攻逻辑经验主义作为后现代思潮的思想起点，那么我们不难看到所谓的"后哲学文化"在向自然哲学复归：波普尔的工作是以宇宙论为前提的 (Nicholas Maxwell, *Popper's Paradoxical Pursuit of Natural Philosophy*, 2004)，W. V. 蒯因和库恩的思想被称为"自然化的认识论" (Jane Duran, *Knowledge in Context：Naturalized Epistemology and Sociolinguistics*, Lanham, Md.：Rowman & Littlefield, c1994;)[①]；"角色网络理论"也被认为具有"自然的本体论态度" (David Condylis, Noant：the *Natural Ontological Attitude of Actor-network Theory*, 1998) 或"形而上学的自然化" (James Ladyman and Don Ross, *Every Thing Must go：Metaphysics naturalized*, Oxford：Oxford University Press, 2007)。于是，SS (Science studies) 或 STS (Science and technology studies) 也被称为"自然化的哲学" (Finn Collin, *Science Studies as Naturalized Philosophy*, Dordrecht：Springer, 2011) 或"哲学的自然主义" (Peter A. French, Theodore E. Uehling, Jr., Howard K. Wettstein, *Philosophical Naturalism*, Notre Dame, Ind.：University of Notre Dame Press, c1994)。在"后哲学文化"中，自然哲学依然不失其思想的生命价值。

[①]　类似的作品还有：Jean Petitot, *Naturalizing Phenomenology：Issues in Contemporary Phenomenology and Cognitive Science*, Stanford, Calif.：Stanford University Press, c1999.

现代科学的兴起没有取代自然哲学，维也纳学派的批判没有"拒斥形而上学"，后现代思潮没有取消"自然之镜"。其实，自然哲学并没有消亡，只是改变了思想形式。它从现代科学之中脱胎而来，演化为德国古典的自然哲学；它在"拒斥形而上学"的哲学批判中蛰伏，延续着"统一科学"的梦想；它在后现代思潮中复兴，通过"后哲学文化"走向"自然化的哲学"或"哲学的自然主义"。

三　自然哲学以及对人类文化的哲学论证

J. 马丁（Jacques Maritain）在《自然哲学》（*Philosophy of Nature*）中指出，自然哲学在现代科学和形而上学之间进退维谷：或者被现代科学所消弭，或者被形而上学所遮蔽（Jacques Maritain, *Philosophy of Nature*, Michigan：University of Michigan Press 1951, Introduction）。

Natural philosophy 或者 philosophy of nature①，旨在将关于自然的实际

---

① Natural philosophy or philosophy of nature 与 Natural history 这两个英名具有一定的思想关联。"Natural history"这个英名来自拉丁文"naturalis historia"。这个词泛指一切对自然或与自然有关的研究。（Marston Bates, *The Nature of Natural History*, New York：Scribners, 1954）但就相关文献看，自然史大致有两层含义（Peter Anstey, "*Two Forms of Natural History*", Early Modern Experimental Philosophy, 17 January 2011, http：//en. wikipedia. org/wiki/Natural_ history）：其一是指自然主义者对世界上的植物、动物、种族等进行的各种研究；其二是指利用自然史的方法对其他文化现象的考察，例如里查德森的《实用主义自然史》（Joan Richardson, *A Natural History of Pragmatism*, London：Cambridge University Press, 2007）就是如此，类似的作品还有詹森的《拉丁语的自然史》（Tore Janson, *A Natural History of Latin*, London：Oxford University Press, 2004）。直到19世纪，欧洲人将知识分为两大类：包括神学在内的人文科学（humanities）和自然研究（studies of nature）。自然研究又被区分为两种：对自然进行描述的自然史和对自然进行分析的自然哲学；前者孕育了生物学和地质学等学科，后者孕育了物理学和化学等学科；前者主要用观察的方法，而后者则用实验的方法；前者往往在一般刊物（magazines）上发布，而后者往往在学术刊物（academic journals）上发表，但二者是密切相关的。（Lisbet Koerner, *Linnaeus*：*Nature and Nation*, Harvard University Press, 1999）

自然史研究与自然科学研究具有许多相同点，但也有不同。自然史研究是对自然对象或生物体进行分类的系统研究，流传到今天的自然史可以追溯到古希腊罗马时期和中世纪的阿拉伯世界，并延续至欧洲文艺复兴。时至今日依然有些具体学科划归为自然史这门交叉学科之中，例如地质生物学（G. A. Bartholomew, *The Role of Natural History in Contemporary Biology*, Bioscience, 36［1986］：324 - 329）就是如此。但不管怎么说，自然史作为一种学科建制，正趋于消亡。（D. S Wilcove and T. Eisner, *The Impending Extinction of Natural History*, Chronicle of Higher Education 15［2000］：B24）

特征问题作为一个实在来进行研究，主要探究自然实在的最基本、最广泛和最原始的特征并作出评价，大体上分为物理学哲学和生物学哲学两个部分。德语的"自然哲学"一词主要同19世纪初的德国唯心论者谢林和黑格尔的学说联系在一起，他们把它和"逻辑学"及"精神现象学"相对立（参见 Natural Philosophy, *The New Encyclopedia Britannica*, 15 edition Encyclopedia Britannica, Inc. 1984）。这种定义颇为流行，但其实只是陈述了自然哲学以自然界或物理世界为研究对象，并没有揭示自然哲学区别于历史哲学或科学思想史等相邻学科的思想本质和方法论特点。

本书以为，自然哲学不应该被简单地理解为对自然或物理世界的哲学研究（其实任何将研究对象作为定义的思考都是缺乏思想的表现），因为这种划定对象的研究范式并不能揭示定义项的本质属性。我们以为，如果不想武断地为自然哲学下个定义，那么通过解析一个自然哲学案例来揭示自然哲学的发生过程可能更有助于理解它的思想品质。

亚里士多德被称为自然哲学的奠基人，他的《物理学》和《形而上学》可谓自然哲学的经典著作。我们知道，所谓"形而上学"不过是"物理学"之后的理论反思而已，但其目的在于将他在"物理学"中所遵循的"四因说"等思想提升为一种超越性的通用研究纲领，用于指导其他形式的科学探索活动如生物学、天文学以及伦理学等。这就是说，自然哲学其实就是将（某种）自然科学提升为具有普遍意义的哲学观念，也就是"转识成智"①（from knowledge to wisdom）②的思想过程。

一般而论，自然哲学就是将具体的科学探索提升为普遍的思想观念，这在原则上并无问题，但纵观思想史，并非每种自然科学的成果都值得哲学概括，也并非对有价值的自然科学都能得出有意义的哲学结论。那些在思想史上有意义的自然哲学，一般都具有两个特点：第一，那些受到思想家关注的自然科学成果往往是当时最先进的科学理念，如古希腊罗马时期

---

① 华东师范大学的哲学学科创始人冯契先生就以"转识成智"来标识他的哲学思想，他将认识论、本体论、伦理学都纳入到"广义认识论"的框架之中，提出了"化理论为方法""化理论为德性"的哲学路线。

② 有关知识与智慧之间关系的研究著述不在少数，但较为著名的则有 N. 麦克斯维尔（Nicholas Maxwell）的"转识成智"（*From Knowledge to Wisdom*: A Revolution in the Aims and Methods of Science*, Oxford: B. Blackwell, 1984）。

的几何学、从伽利略到牛顿的经典力学、第三次数学危机与物理学革命等等；第二，用于总结自然科学成就的哲学水平往往是当时最先进的哲学理念，如亚里士多德的四因说、（原子）机械论、逻辑实证主义等。综观之，自然哲学其实就是对最先进的自然科学成果进行最高水平的哲学概括。亚里士多德就是从他的"物理学"中推演其强调四因说的"形而上学"，并指导其他学科如动物学、天文学、伦理学和政治学等（Andrea Falcon, 2005），普鲁克鲁斯用欧几里得几何学推演他的新柏拉图主义（A Commentary on the First Book of Euclid's Elements），库萨的尼古拉用数学分析来界定大小宇宙（Hopkins, Jasper, 1988, c1985.），笛卡尔在创立解析几何学的过程中顿悟了"我思故我在"的理性怀疑主义（Daniel Garber, 2001），斯宾诺莎利用几何学原理推演他的伦理学和神学政治论（Marjorie Grene, c1986），康德在解读牛顿力学中构建批判哲学的思想大厦（Michael Friedman, 1992），罗素和维特根斯坦以及维也纳学派则将数理科学的方法上升到哲学方法论（Paul M. Livingston, 2001），库恩对科学史的解析其实在阐述我们时代的哲学（Steve Fuller, 2000），STS 则企图构建一种用知识与世界相互包容的思想（Finn Collin, 2011）。

自然哲学就是对最先进的自然科学成果进行最出色的哲学概括。这个命题具有双重含义：第一，在思想史上得到认可的自然哲学往往具有巨大的思想功能，因为它的科学基础是最先进的，它的哲学论证也是最先进的；这种自然哲学对其他尚待发展中的科学领域和文化现象具有相当的指导意义；如近代的原子—机械论就对当时的化学、电学等产生了革命性的影响。第二，正因为如此，自然哲学总是有限的，总是可替代的，因为当时某种最先进的科学成果可能被日后更先进的科学成果所超越，当时某种最先进的哲学论证也可能被更好的哲学论证所超越，亚里士多德的自然哲学被机械论的自然哲学所取代就是缘于科学革命与哲学革命的共同作用。

自然哲学的演化过程：科学革命与哲学革命的对立统一。自然哲学作为有关最先进的自然科学成果进行最深刻的哲学总结，并不意味着自然哲学是亘古不变的教条。自然科学在不断变化，哲学论证方式在不断变化，自然哲学也在不断变化。但这种变化并非没有规律可循，探索自然哲学随着科学进步和哲学变革而改变的规律是有意义的。自然哲学的演化规律根源于科学与哲学的对立统一，按照库恩有关科学革命的思想，自然哲学也经历了常态、反常与危机、革命或兴替等发展过程。当然，我们对自然哲学的思想演化规律的论述应该经得起历史的检验。

自然哲学的常规阶段——旧科学与旧哲学的旧联盟：由于自然哲学就是对自然科学成果的哲学总结，当某一时期的自然科学处于稳定发展阶段的时候，作为其思想反映的自然哲学也处于稳定的发展阶段，因此所谓的自然哲学的常规发展阶段就是那个时代的科学成果和哲学思想处于相互契合的常态阶段，也就是当时的科学家和哲学家对某些基本范畴处于共识、共建和共享阶段。如古希腊的自然知识与其自然哲学之间的相互印证，中世纪占星术、炼金术与上帝观念之间的彼此关联，等等。我们以为，自然哲学常规阶段作为科学知识与哲学思想的融合，是科学家、哲学家以及社会各界对某些基本观念的共识、共建和共享。一般而论，处于常规阶段的自然哲学往往成为自然探索的"集体信念"和"操作规范"，指引着科学工作者沿着特定的思想路径进行探索，因而此时的自然哲学蕴藏着相当的创造潜力；但也具有一定的思想局限性，甚至成为突破性探索的思想障碍，因为此时的自然哲学无非某种"合理的偏见"。有关思想参见 A. 费尔根（Andrea Falcon）的《亚里士多德的科学统一理论》（Andrea Falcon , *Aristotle's Theory of the Unity of Science*. Toronto：University of Toronto Press，c2000）、J. 阿登（John Boghosian Arden）的《共求统一的科学、神学与意识》（John Boghosian Arden, *Science*, *Theology*, *and Consciousness*： *The Search for Unity*, Westport, Conn. ： Praeger, 1998）以及 J. 里弗斯（Josh A. Reeves）的《自然哲学作为科学与宗教的竞技场》（Josh A. Reeves, The Field of Science and Religion as Natural Philosophy, *Theology & Science*, Nov2008, Vol. 6 Issue 4, pp. 403 – 419）。

科学革命与自然哲学的"反常"——新科学与旧哲学的冲突：鼓励科学沿既定进路的探索既是自然哲学的自我完善，也是它的自我否定。由于科学是最活跃的思想要素，在常规自然哲学框架中，总是会出现新的科学理论或科学的新思想，如古希腊神话背景下的米利都学派、中世纪宗教背景下的哥白尼革命等。这些新科学理论使得常规自然哲学出现了"反常"：在亚里士多德主义自然哲学的思想体系中，地球是宇宙的中心，天体是完美的，但哥白尼却认为太阳作为宇宙的中心更"方便"，伽利略发现月球与地球一样也是沟壑纵横。所谓自然哲学的"反常"就是指某种自然哲学框架中的科学论断被新的科学理论所取代，但传统的哲学观念依然存在，其实质是（新）科学与（旧）哲学之间的错位，典型案例就是哥白尼革命与亚里士多德主义在文艺复兴时期的并存与纠结。有关文献参见《中世纪科学与自然哲学研究》（Edward Grant，1981）；《西方科学的开端：哲学、宗教和制度环境中的欧洲科学传统：从史前到 1450 年》（David C. Lindberg，2007）；《1500 年到 1700 年的科学、宗教与社会：从帕拉塞尔苏斯到牛顿》（P. M. Rattansi，2009）。

哲学变革与自然哲学的"危机"——新科学对新哲学的创造：新科学出现以后，旧的自然哲学依然存在。面对新科学与旧哲学的冲突，思想家们不得不进行"哲学改造"以适应新的科学思想。近代思想史正是如此，当哥白尼和伽利略完成了科学革命时，一些有远见的思想家就开始依据科学革命来进行哲学革命。在西方现代性思想的早期阶段，F. 培根的思想就是典型（参见 Julian Martin，Francis Bacon，*the State and the Reform of Natural Philosophy*，Cambridge：Cambridge University Press，1992；IG Stewart，Res，Veluti Per Machinas，Conficiatur：Natural History and the 'Mechanical' Reform of Natural Philosophy，*Early Science and Medicine*，2012. Vol. 17 [1 - 2]，pp. 87 - 111）；惠威尔和穆勒在总结科学方法的同时，也力主进行哲学改革（参见 Laura J. Snyder，*Reforming Philosophy*：*A Victorian Debate on Science and Society*，Chicago：University of Chicago Press，2006）。科学革命仅仅意味着自然哲学出现了反常，只有这种科学革命导致了哲学的变革，自然哲学才出现了危机——科学革命必然导致哲学变革。

新的自然哲学的兴起——新科学与新哲学的新联盟：新科学理论的出现并不能取得占统治地位的优势，只有新科学理论创造或推动了与之相适应的新哲学，形成了新科学与新哲学的新联盟，这种新的自然哲学才得以确立；同时，旧科学理论的被证伪并不能摧毁旧的自然哲学，只有当旧的科学理论和旧的哲学思想被同时摧毁以后，旧的自然哲学才能推出历史舞台。机械论的自然哲学取代亚里士多德主义的自然哲学就是如此，例如笛卡尔的几何学与他的"方法谈"（Daniel Garber，2001）；波义耳的化学和他的实验哲学（Rose-Mary Sargent，1995）；莱布尼兹的形而上学与科学哲学（R. S. Woolhouse，1981）；"关于科学的表述：从康德到一种新的科学哲学"（Giovanni Boniolo，2007）等等。

当然，新的自然哲学还会遇到新的科学革命，新的科学革命还会导致新的哲学变革，新的科学革命和新的哲学变革还会组建更新的自然哲学，如此循环往复以至无穷。

自然哲学新近研究及其当代进展从科学与哲学之间关系的历史视角重新思考了如下几个重大的思想问题：究竟何谓哲学（史）？从自然哲学的角度看，哲学或许不是什么语言批判而是"转识成智"；而哲学史可能也并非"理性的自我实现"，而是科学革命与哲学革命的解释循环：科学及其革命对于哲学思想及其发展的影响远远超出我们的想象。如何看待科学主义与人文主义的对峙？从自然哲学的角度看，科学主义与人文主义可能不过是科学与哲学在互相转化过程中的两种特例，或者更有可能是"转识成智"过程中两个互相衔接的思想环节。如何理解文化？从自然哲学的角度看，文化或许不是超越性的普世价值，而是事实判断与价值判断的统一，也就是科学与哲学的统一。西方文化可能是基于数理科学的思想演绎，而中国传统文化的种种状况可能与我们不发达的数理科学有关。但这些只是本文蕴含的思想可能，能否成真还有待于更加深入的探索。

第四节　科学哲学史研究能否对学术进展有所补益

一门学科何以可能的解答不仅在于该学科是否有其值得研究的问题，而且还在于能否对整个学术有所补益。在这个问题上，科学哲学史研究是有价值的。

一　对学术方法的补益

除了常规的研究方法与分析工具如分析—综合、历史—逻辑等之外，根据科学哲学史研究的特点，本课题特别注重如下几种研究方法与分析工具的使用。

最新哲学编史学（philosophical historiography）有助于本书的顶层设计作为学术连续性与思想独特性的统一：从哲学就是哲学史（doing philosophy historically）的角度看，重新编撰哲学史也就是阐发一种新的哲学（do the history of philosophy philosophically）。从哲学编史学的角度看，编撰任何一部哲学史或称哲学编史学（philosophical historiography or the methodology of doing history of philosophy）都有三种境界：第一种境界是编年史，即按照时间顺序把历代的哲学思想罗列出来，当然包括对已有史料或评价的增补或更正；第二种境界是按照思想的逻辑对历代的哲学思想进行解释，当然这种历史解释不是唯一的；第三种境界是对历代哲学思想的已有解释进行合理重建，当然这种重建应该对原有解释有所突破。我国学者韩东晖先生在《哲学史研究中的分析史观与语境史观》（《中国社会科学》2011 年第 1 期）中也注意到"编撰哲学史的两种范式"：理性主义原则和历史主义原则以及以此为基础的"分析史观和语境史观"。按照这种理解的哲学编史学，本书以科学—哲学共同体为编史学纲领，重新理解科学哲学产生、发展、兴替的思想过程。

对库恩"范式"思想的合理重建有助于科学—哲学共同体作为本书核心范畴的论证与展开：在库恩那里，尽管"范式"概念歧义丛生，但库恩创造性地把某些相关的科学知识和哲学信念置于同一"范式"之中，从而向我们表达了这样一种极其重要的学术思想：同时代的或相同共同体的科学和哲学具有密切的思想关联，但不同时代或不同共同体的哲学思想之间却并不具有可比性。这就意味着，探讨科学与哲学之间的关系比探讨哲学与哲学之间的关系更值得，更有意义。这一思想不仅可能改变了我们对科学（及其与哲学之间关系）的看法，更可能改变传统观点对哲学（史）的性质、哲学发展及其契机等重大问题的看法：哲学未必是理性的自我展开，而是对科学及其革命的反思与超越，想想柏拉图与毕达哥拉斯之间的关联，亚里士多德的物理学与形而上学之间的关联，笛卡尔的解析几何与理性怀疑主义，康德对牛顿的终生关注……科学可能是哲学及其变革的最深层的思想之源。（代表性的文献主要有：Thomas S. Kuhn, *The Road since Structure*：*Philosophical Essays*, *1970 – 1993*, University of Chicago Press, 2000. Steve Fuller, *Thomas Kuhn*：*A Philosophical History for Our Times*, Chicago：University of Chicago Press, 2000. ）

知识考古学（archeology of knowledge）—知识谱系学（Genealogy of knowledge）有助于本书安排技术路线和具体内容：福柯等提出的知识考古学方法对人类知识的历史的梳理，实际上就是对话语进行描述，但不是描述书籍，也不是描述理论，而是研究通过时间表现为医学、政治经济学、生物学的日常而神秘的总体。本书旨在展示历史知识领域中某个正在本领域中完成的转换原则和结果。该方法描述的系统、确定的界限、建立的对比和对应关系不以古老的历史哲学为依据，它们的目的是重新提出目的论和整体化的问题。知识谱系学对历史中的一致性和规律性坚决的拒斥态度，明确地告诉人们：这些一致性和规律性完全是虚构的。福柯提出，现代主义有两种表现形式：一是根据现在写过去的历史。即把现在的概念、模式、制度、利益或感觉强加到历史中去，强加到其他时代，然后宣称发现这些较早期的概念、制度等具有现在的意义。二是决定论。这种决定论在过去的某一点发现现在的核心，然后揭示从那里到现在的发展的必然性。概言之，福柯的谱系学力图使一直看着"熟悉"的过去看起来"陌生"，在人们过去认为"简单"的地方发现"复杂"，在过去人们发现"同一"的地方找到"差异"，福柯的谱系学是一种把握"异"的方法。按照这种方法，本书避开了"哲学就是哲学史"的传统观念，更注重同一时期科学与哲学的互相关联，例如毕达哥拉斯与柏拉图之间的关联，亚里士多德的四因说与物理学和生物学之间的关联，基督教神学与理念论的哲学和托勒密日心说的关联，哥白尼、伽利略与培根、霍布斯之间的关联，牛顿、莱布尼兹和康德之间的关联，波尔扎诺、弗雷格与维也纳学派之间的关联，等等。

二　在文献资料上的补益

笔者在澳洲访学期间，积累了海量科学哲学史研究文献。这些文献不同于科学史文献，也不同于哲学史文献，而是介于科学史与哲学史之间的中介性文本及各种评论。（参见 K. Popper, *The World of Parmenides：Essays on the Presocratic Enlightenment*, 1998; Roy Bhaskar, *Dialectic：The Pulse of Freedom*, 1993; G. E. R. Lloyd, *Methods and Problems in Greek Science*, 1991; Benjamin Farrington, *Aristotle Founder of Scientific Philosophy*, 1965; Andrea Falco, *Aristotle and the Science of Nature：Unity without Uniformity*, 2005; Edward Grant, *Studies in Medieval Science and Natural Philosophy*, 1981; C. Crombie, *Augustine to Galileo：the History of Science A. D. 400 – 1650*, 1957, c1952; Thomas Aquina, *A commentary on Aristotle's De Anima*; Gavin Ardley, *Aquinas and Kant：The Foundations of the Modern Sci-*

ences, 1950; Roger Bacon, *Tracts on Alchemy*, *Metaphysics*, *Mathematics and Astronomy*; Stephen Gaukroger, *Francis Bacon and the Transformation of Early-Modern Philosophy*, 2001; Antonio Perez-Ramos, *Francis Bacon's Idea of Science and the Maker's Knowledge Tradition*, Oxford, 1988; Walter Soffer, *From Science to Subjectivity*: *An Interpretation of Descartes' Meditations*, 1987; Descartes, *Discourse on Method*, *Optics*, *Geometry*, *and Meteorology*, c2001; Peter R. Anstey, *The Philosophy of Robert Boyle*, 2000; Eric Watkins, *Kant and the Sciences*, c2001.）这些文献的消化和整理对于我们重新理解科学与哲学特别是科学哲学，具有一定意义。

对中国的西方哲学特别是西方科学哲学研究而言，必须注重科学哲学史的资料与文献：确立一批经典文献，注重经典文献的历代诠释，跟踪对经典文献及其历代诠释的当代评论。如亚里士多德的"物理学"堪称科学哲学史的经典文献，我们注重波伊修斯、阿奎那、伽利略等历代思想家的不同诠释，当代学者对"物理学"及其诠释的评论也具有重要价值。从资料文献的思想种类而言，我们要特别注重如下三类资料文献。

第一，哲学家的科学文献，如米利都学派的科学片段，柏拉图的几何学和天文学，新柏拉图主义者普拉提诺和普鲁克鲁斯对欧几里得几何学的评论，波伊修斯、阿伯拉尔和阿奎那对亚里士多德的物理学和生物学的评论、F. 培根的自然科学著述，霍布斯、洛克和伽森狄的科学著述，18 世纪法国启蒙思想家的科学著述，莱布尼兹与康德的科学思想等等。我们可以从这些科学著述来重新解读他们的哲学思想。如洛克在生理—医药方面的贡献（John Locke, *Physician and Philosopher*: *A Medical Biography*. With an edition of the medical notes in his Journals. Lond. : Wellcome Historical Med. Lib. , 1963）。

第二，科学家的哲学文献，如欧几里得关于五大公设的讨论，阿基米德静力学中的原子论思想，托勒密天体理论中的亚里士多德主义，达·芬奇艺术与科技中的毕达哥拉斯主义，哥白尼学说中的柏拉图主义和亚里士多德主义，布鲁诺的新柏拉图主义，开普勒和伽利略对亚里士多德主义的复杂关系，牛顿的自然哲学思想，马赫的经验还原论思想，迪昂的整体论命题等。我们可以从这些文献中挖掘尚不为人所知的科学哲学思想（如 Duhem, Pierre, *To Save the Phenomena*, *an Essay on the Idea of Physical The-*

ory from Plato to Galileo，Chicago：University of Chicago Press. 1969）。

第三，具有科学家—哲学家双重身份的文献，如毕达哥拉斯的数学—和谐理论，亚里士多德的物理学、生物学、形而上学和逻辑学思想，库萨的尼古拉的数学—天体理论—神学思想，笛卡尔的解析几何、从"我思"的论证、身心二元论以及机械论世界观，莱布尼兹的数学思想和他的单子论，罗素的数学原理与他的逻辑原子主义，等等。我们可以从这些文献中探索科学与哲学之间的血肉关系［如 R. Descartes, Le Monde（The World）and L'Homme（Man）. Descartes's first systematic presentation of his natural philosophy. Man was published posthumously in Latin translation in 1662；and The World posthumously in 1664］。

本书在挖掘文献方面完成了如下工作：

第一，目前已经大体完成了分类工作，即将现有文献区分为总论（general remarking），共 121 种；古希腊罗马时期的科学哲学史文献（data of HOPOS in ancient Greek and Rome），共 97 种；中世纪的科学哲学史文献（data of HOPOS in Medieval times），共 85 种；科学革命时代的科学哲学史文献（data of HOPOS in early modern time），共 132 种；分析时代的科学哲学史文献（data of HOPOS in analytical times），共 81 种；后现代的科学哲学史文献（data of HOPOS in postmodern times），共 76 种。

第二，对重要文献的消化工作主要有如下几个方面：舒斯特先生的《科学史与科学哲学导论》是最切近本书主导思想的文献之一，目前已经完成翻译，即由上海科技出版社在 2013 年出版；重点著述的摘译已经积累了数十篇近十万字；有些文献的整理工作已经发表，如《科学哲学简史：从古希腊到后现代》（《吉林大学学报社会科学学报》2012 年 4 期），《科学哲学新进展：从证实到建构》中的第一章"科学哲学的历史导论"（上海人民出版社 2012 年版）。

三　对学术话语体系的补益

"话语体系"（discourse system）早在古希腊的哲学对话时代就受到格外关注，但成为显学则是从"语言学转向"（linguistic turn）到"修辞学转向"（rhetoric turn）的后现代进展之中，其中哈贝马斯（商谈伦理）、德里达（人文科学话语中的结构与符号或游戏）、福柯（知识考古学—谱写学）都有所言说。简言之，话语系统在本体上是有关问题何以可能以及如何解法的价值判断，具有前提性和语境性等思想特征，因而是一个极其重要的学术问题。它比学术观点、治学方法更为深刻和本己，因为话语体系往往关涉价值判断，即何种问题才是值得的，用什么样的范式来解决有意义的问题。如果陷入某种话语体系不能自己，即使局部观点正确，也是没有意义的。选择一种话语体系等于选择一种新的思维方式和新的生活方式，话语体系的转变是"世界观的转变"。

本书的科学哲学史研究意在突破科学话语与哲学话语的对峙，用科学和哲学的双重话语及其整合（即科学—哲学共同体）来阐述人类知识的深层结构及其嬗变，其实质就是对某种思想进行事实判断和价值判断的双重考量。例如，加伯（Daniel Garber）对笛卡尔的解释就利用了科学与哲学的双重话语（*Descartes Embodied*：*Reading Cartesian Philosophy through Cartesian Science*，Cambridge：Cambridge University Press，2001）。从科学—哲学的思想共同体特别是科学革命促进哲学嬗变的视角促使我们重新思考何谓科学哲学、何谓哲学以及何谓哲学史等一系列重大问题：从科学哲学史的角度看，哲学并不是全然超验的普遍知识，而是对具体实证科学的包容与超越，也就是从各种专业知识中推演出方法论意义上的公共知识，哲学命题是经验性与超验性的统一，其思想实质是事实判断与价值判断的统一。因此，科学哲学史研究在本质上是反对科学话语与哲学话语的二分化，主张科学话语体系和哲学话语体系的整合，也就是用科学和哲学的双重话语来阐释人类知识的发展。当然，难点与问题不容低估。

从学术思想理论方面看，通过经典文献—知识谱系—基本观念等要素分析寻求西方数理文化的科学—哲学根据。对李约瑟命题（"为什么科学革命没有出现在中国？"）和逆命题（"为什么科学革命出现在西方？"）的重新思考。当前学界对科学、哲学、技术与社会等关系问题的研究，主要有两种倾向：其一，源于观念史传统的思想考察，强调科学、哲学、技术与社会之间的观念先在性地位，如丹皮尔、柯雷尔、库恩等；其二，源于民族志传统生活史考察，强调科学、哲学、宗教、技术与社会的日常经验。本书的设计在于，将观念的建构与科学—哲学—宗教—技术—社会的经验描述整合为 STS 共同体，用以梳理并解释人类的文明发展过程：强调科学革命、哲学革命、宗教改革、技术变革和社会革命的有机统一，其中哲学革命或观念变革具有决定性意义。科学哲学史研究以不同时代的"研究传统"(科学—哲学共同体)为基点,全方位地审读科学—哲学—宗教—文化—技术—社会等所形成的有机整体,并在此基础上探索科学技术为什么没有出现在中国而出现在西方的李约瑟难题。

从学科建设发展看,从科学—哲学观念共同体观照下的经典文献—知识谱系—基本观念来解读文化、哲学和历史。从理论上,为我国的哲学(特别是科学哲学)研究、科学史研究以及科学技术与社会的综合研究等提供思想史和基本范畴演化的工具。从实践看,为西方发达国家的科学技术与社会的发展规律以及我国构建创新型国家的可行路径提供思想史基础。

科学哲学史研究的兴起导致文化、哲学及其哲学史、科学哲学及其历史和流派等一系列重大观念的深刻变革。这些变革对于当代中国哲学研究具有一定意义。

对文化的理解——从科学—哲学观念共同体的视角看文化及其变迁作为事实判断(科学理论)与价值判断(哲学思想)的冲突与融合:文化或观念及其理解对于一个民族的重要意义毋庸置疑。从科学哲学史(科学—哲学观念共同体)的角度看,文化并不仅仅是一个民族的价值观,而是事实判断(科学理论)和价值判断(哲学思辨)的统一体。一个民族的科学水平和哲学能力以及科学与哲学之间的作用方式基本上决定了这个民族的文化品位。西方文化基本上是数理科学的哲学思辨,这是工业社会乃至当今网络社会的坚实基础。对于中国文化的反思不仅要考察其"天人合一"等命题的先见之明,还要考察这种理念赖以生存的科学根基。如果对中国文化的科学基础和哲学建构以及二者之间的思想关系进行一番透彻的考察,我们或许会有更多的领悟。

对哲学的理解——哲学作为知识与智慧的统一,是对知识的反思与超越:寻求哲学的定义是愚蠢的,但一种真正的思想必然会染指对哲学自身的理解。根据麦克马林的梳理,"科学哲学"一词所说的"哲学"这个术语大体上可以分为5层含义:其一,关于事物的终极原因;其二,前科学的(prescientific)或"日常语言"(ordinary-language)或"经验内核"(core-of-experience)所依据之证据的直接有效性(the immediate availability);其三,人类诉求的概括(the generality of the claims it makes);其四,它的思辨色彩与难以证明相关联，特别难以被任何经验证据所证明；其五，它是"二阶"（second-level）的，其实质就是它总是与一阶（first-level）的具体科学相关联，而不是直接面对世界。（Ernan McMullin，"The History and Philosophy of Science：A Taxonomy"，in Roger H. Stuewer，（edited），"Historical and Philosophical Perspectives of Science"，The University of Minnesota，1970，p. 15. ）其实，这 5 个哲学定义就是我们理解哲学本身的五个特征或五个环节：它追求事物的终极原因；这种终极原因作为人类思想的前提；这种前提其实就是人类的价值诉求，这种价值诉求来自思辨方法而非分析方法，这种思辨并不是直接面对世界的玄想，而是通过科学知识并以科学知识为基础来推演人的价值追求。所谓哲学就是对实证知识的反思与超越，也就是从实证科学中探索属人世界。一般而论，具体科学水平的高低往往决定哲学品位的高低，例如亚里士多德的物理学水平和他的形而上学，笛卡尔的解析几何水平和他的理性怀疑主义，维也纳学派的数学能力和逻辑分析方法，等等。对中国哲学诸派的科学基础及其与之相关的哲学品位进行一番考察，对于我们推进中国哲学研究事业是有所补益的。

对哲学史的理解——通过科学改变哲学的历史，或者科学与哲学之间对话与重建的历史：哲学史，往往被认为是绝对理念的自我展开，历史上诸多哲学流派或体系都是某种哲学大全的某个环节。从科学哲学史研究的角度看，在特定的文化氛围中，哲学与具体科学之间的关联远远大于哲学思想的历史关联，例如亚里士多德的形而上学或许与柏拉图思想相关联，但主要来自他的物理学，是对物理学的反思与超越。这就意味着，我们对哲学史的研究不仅要注意了解哲学思想之间的历史关联，更要注重科学—哲学的共同体现象，也就是哲学与科学之间的关联。这种思考不仅有助于我们了解西方的哲学史特别是科学哲学史，也有助于重新审视中国的哲学史。

对科学哲学的理解——科学—哲学的观念共同体：科学哲学有其自身发展的历史，更有诸多流派，科学哲学的不同发展阶段以及不同流派之间似乎大相径庭甚至针锋相对。何以释然？从科学哲学史研究的角度看，科学哲学是对自然科学的反思与超越，那么不同科学哲学阶段或流派之间的差异就在于它们各自所依赖的知识类型以及超越知识的向度各有不同。从依赖的知识类型看，有的科学哲学依赖几何学、代数学、逻辑学等数理科学，如柏拉图、波伊修斯、莱布尼兹、弗雷格、罗素、维特根斯坦、蒯因、拉卡托斯等，这就使得他们往往选择理性主义的科学哲学进路；有的科学哲学依赖生物学、物理学、化学、医学等实证科学，如亚里士多德、达尔文、洛克、贝克莱、艾耶尔、波普尔、弗拉森、柯林斯等，这就使得他们往往选择经验论的科学哲学进路；还有的科学哲学依赖科学史、科学社会学和科学政治学等，如库恩、费耶阿本德、布鲁尔、赛蒂娜、拉图尔等，这就使得他们往往选择历史主义或社会建构论的科学哲学进路。从超越科学知识的向度看，在从事实判断到价值判断的连续统中，有的采取极端的科学主义立场，主张用事实判断取代价值判断，如休谟、维特根斯坦、卡尔纳普等经验论者特别是逻辑经验主义者；有的则采取较为温和的立场，即尊重真理的哲学内涵，但并不否认价值判断的文化意义，如柏拉图的"理念世界"、笛卡尔的"上帝证明"、康德的"纯粹理性批判"、波普尔的"三个世界"、库恩的"世界观改变"、拉图尔的"角色网络理论"等。概言之，科学哲学的多样面孔取决于对科学知识不同类型的选择或反思科学知识的不同视角。当代中国的科学哲学研究并不在于追随各种时髦的流派，更不在于"批判科学"甚至"反科学"，而是坚定维护科学的权威，从具体科学中挖掘哲学的思想资源。

四　对学术观念上的补益

科学—哲学的观念共同体作为科学哲学史研究的编史学纲领"如何可能"？我们可以从如下几个方面加以论证。

从思想主体看，科学—哲学共同体是由这样一些人组成的：他们或者是具有科学思想素养的哲学家（scientifically thinking philosopher），如柏拉图、新柏拉图主义者、波伊修斯、阿奎那、罗吉尔·培根、弗朗西斯·培根、洛克、斯宾诺莎、康德、大部分法国启蒙思想家、绝大多数维也纳学派成员和历史主义者以及 SSK 与 STS 研究者；或者是具有哲学素养的科学家（philosophically thinking scientist）如托勒密、哥白尼、伽利略、布鲁诺、开普勒、波义耳、迪昂、牛顿、彭加莱、马赫、爱因斯坦等；或者是兼具科学与哲学思想素养的科学家兼哲学家（scientifically and philo-sophically thinking scientist-philosopher）如毕达哥拉斯、亚里士多德、笛卡尔、莱布尼兹、达尔文、马赫、罗素等。

从发生过程看，科学—哲学共同体中的科学与哲学可能互为发生的因果，或者某种科学新发现触发了哲学思想，如亚里士多德的物理学触发了他的形而上学；或者某种哲学直觉的提出触发了某种甚或某些科学发现，如巴门尼德的"同一性"假说触发了芝诺有关运动的悖论；还有一些思想所包含的科学成就和哲学思辨是同时发生的，如达尔文的进化论和牛顿的自然哲学，都是在科学著述中阐述一种哲学主张。

从论证方式看，科学—哲学共同体中的科学与哲学可能奉行同一种论证方式。例如，17—18 世纪的欧洲思想界就广为流传一种"微粒的机械运动"的论证方式，这种论证方式不仅引导着自然科学的物理学、化学和生理学等诸多学科，而且也引导着哲学及其知识论、本体论和伦理学等具体分支。例如，牛顿的万有引力三定律、莱布尼兹的单子论、洛克的政府论等都沿用这种"微粒的机械运动"的论证方式。

从理论构成看，由科学—哲学共同体所建构的理论体系都包含着科学要素和哲学要素，抑或科学与哲学不分彼此的化合物。但情况比较复杂：有的理论体系内容是哲学性的，但体系的构架却是科学性的，如斯宾诺莎用欧几里得几何公理系统撰写的《伦理学》。有的理论体系前半段讨论自然观问题，后半段讨论社会政治问题，如 18 世纪的启蒙学者大都如此。有的理论体系看似是科学作品，但字里行间却贯穿着哲学精神，如中世纪库萨的尼古拉的 *De Docta Ignorantia*（*Of Learned Ignorance*）；有的理论体系看似哲学作品，但字里行间却贯穿着科学精神，如文艺复兴时期达·芬奇的《哲学笔记》（*Philosophical Diary*）。

从理解方式看，对科学—哲学共同体既不可以单独从科学视角解读，也不可以单独从哲学视角解读，而必须是在科学和哲学之间的"解释循环"。例如，就毕达哥拉斯—柏拉图的共同体而言，我们可以通过毕达哥拉斯对"数"或"形式"的规定准确地理解柏拉图的"共相"范畴及其思想内涵，同样，我们也可以通过柏拉图的"共相"范畴及其思想内涵来反观毕达哥拉斯对"数"或"形式"的规定；就维也纳学派的科学—哲学共同体而言，我们可以通过数理逻辑来解读逻辑经验主义的思想品格及其理论限度，也可以通过逻辑经验主义来解读数理逻辑的思想内涵和理论张力。

从思想功能看，科学—哲学共同体及其理论体系对当时和后世既不是单纯的科学影响，也不是单纯的哲学影响，而是科学理论与哲学信念的双重影响，而且这种影响是交织在一起、难分彼此的：其科学理论的影响是负载其哲学信念的，其哲学信念的影响是负载其科学理论的。例如，托勒密地心说不仅接受了亚里士多德物理学有关运动理论的影响，而且也接受了亚里士多德的形而上学有关四因说思想的影响。牛顿对后世的影响不仅包括他的万有引力定律的科学理论，而且还包括万有引力定律所负载的机械论哲学信念。

从评价尺度看，科学—哲学共同体对其他文化现象的评价是双尺度的：不仅有其科学标准，而且还有其哲学标准。例如，逻辑经验主义对"形而上学"的评价就采用科学与哲学的双重尺度：既宣称其不合实证科学的规范，又宣称其不合分析哲学的标准。当然，我们对科学—哲学共同体本身的评价也应该是双尺度的：如果某种思想观念被判定为科学—哲学共同体，那么我们对其思想性的评估就不仅要看其具体可行的科学价值，而且还要看其是否蕴含深刻的哲学意义。例如，历史学派库恩等人的评价，我们不仅要考察他们对科学革命的描述是否符合真实的科学发展过程，而且还要检验其"不可比性"的哲学预设是否有相对主义的哲学疑点。

从解构策略看，对科学—哲学共同体对其他思想共同体的解构以及其他思想共同体对科学—哲学共同体的解构，必须坚持科学与哲学的双刃剑：科学—哲学共同体对其他思想共同体的解构不是单纯的科学批判，也不是单纯的哲学批判，而是科学批判与哲学批判的统一，既毁坏其科学基础，也消解其哲学预设；对科学—哲学共同体的批判既不是对其科学的批判，也不是对其哲学的批判，而是针对科学与哲学的双重批判：既考量其科学依据，也反思其哲学前提。例如 16—17 世纪文艺复兴时期的思想家们对亚里士多德的破解就是同时性的，伽利略等致力于批判亚里士多德的科学结论，F.培根和笛卡尔等人则致力于批判亚里士多德的方法论。

小　　结

本章主要对全书的学术观点进行总结，大致有如下基本结论：

　　第一，科学哲学史研究的兴起标识着对科学哲学的重新理解。作为一门新兴学科，对于何谓科学哲学史有诸多定义或理解，其中 T. 乌贝尔和托马斯·毛曼所提出的"科学哲学史就是另一种科学哲学"（history of philosophy of science as philosophy of science by other means）或者"从事科学哲学史研究本身就是研究科学哲学的另外一种路径"（Conceiving history of philosophy of science as one of the ways of doing philosophy of science）颇具新意。为了通过这个命题思考科学哲学史研究的思想性质，我们将就"科学哲学史作为另一种科学哲学"能否超越分析传统的问题分解成三个议题：1. 该命题能否洞悉分析传统的深层矛盾？2. 该命题如何倡导一种有别于分析传统的科学哲学？3. 该命题为何期冀重建哲学在理解科学问题上的应有地位？

　　第二，新康德主义成为科学哲学（史）研究的最新框架。重新思考理性问题就成为反思后现代思想的逻辑起点。"理性动力学"（dynamics of reason）是新生代的新康德主义者 M. 弗里德曼（Michael Friedman）① 在同名著作及其相关论述中提出的一种观念，其试图将康德先天综合判断修改为"相对化的先验原则"（relativized a prior），并从中开发出"理性动力学"（dynamics of reason）和"综合史观"（Synthetic history），倡导实证知识与普遍观念、事实判断与价值判断相统一的哲学愿景，用以克服"拒斥形而上学"的分析传统与贬抑科学知识的"生存论哲学"之间的"分道而行"，因而在分析哲学、批判理论、科学哲学和科学史以及哲学史等相关领域引起广泛的学术影响。②

　　第三，科学哲学（史）正在向自然哲学复归。传统观点认为，自然哲学已经随着现代科学的兴起而趋于消失，又被维也纳学派"拒斥形而

---

　　① 米切尔·弗里德曼（Michael Friedman），斯坦福大学教授，新康德主义者在后现代的著名代表，其学术旨趣在于分析哲学和大陆哲学之间的沟通，哲学史、科学史与科学哲学之间的思想交融。笔者和学生代利刚最近曾撰数文来解读他的思想。

　　② 据笔者不完全统计，有关弗里德曼及其"理性动力学"的评论性文献近百种，发表的范围包括著名哲学专业刊物《一元论者》（The Monist）、《认识论》（Erkenntnis）、《国际科学史研究会会刊》（Isis）等，其中《科学史与科学哲学研究》（Studies in History and Philosophy of Science）在 2012 年的第 43 期连续发表了 M. 法拉利（Massimo Ferrari）的《在卡西尔和库恩之间：对弗里德曼的相对性先验原理的评论》（Between Cassirer and Kuhn. Some Remarks on Friedman's Relativized a Priori）等多人多篇评述"理性动力学"的论文。

上学"而一击致命。本书试图论证，自然哲学作为科学与哲学之间的思想中介，是对最先进的自然科学成果所做的最优秀的哲学总结，并随着科学革命而不断变革，其发生机制是"转识成智"，其作用机制是"科学—哲学—科学"的解释循环，但其思想实质则是将事实判断与价值判断融汇为最富有创造力的时代精神的精华。正是这种自然哲学曾经孕育并创造了伟大的现代科学及其近现代哲学，其思想活力从古希腊一直延续到后现代思潮。当代科学哲学及其后现代的 STS 等都是自然哲学的某种具体形式。崇尚自然、敬畏真理应该是哲学特别是科学哲学不竭的思想之源，重温并重建自然哲学可能是拯救"后哲学文化"于相对主义离乱的一条可能路径。

第四，康德主义科学哲学观提出并论证了科学—哲学共同体范畴。对哲学史的理解——通过科学改变哲学的历史，或者科学与哲学之间对话与重建的历史：哲学史，往往被认为绝对理念的自我展开，历史上诸多哲学流派或体系都是某种哲学大全的某个环节。从科学哲学史研究的角度看，在特定的文化氛围中，哲学与具体科学之间的关联远远大于哲学思想的历史关联，例如亚里士多德的形而上学或许与柏拉图思想相关联，但主要来自他的物理学，是对物理学的反思与超越。这就意味着，我们对哲学史的研究不仅要注意了解哲学思想之间的历史关联，更要注重科学—哲学共同体现象，也就是哲学与科学之间的关联。这种思考不仅有助于我们了解西方的哲学史特别是科学哲学史，也有助于重新审视中国的哲学史。文化或观念及其理解对于一个民族的重要意义毋庸置疑。从科学哲学史（科学—哲学观念共同体）的角度看，文化并不仅仅是一个民族的价值观，而且是事实判断（科学理论）和价值判断（哲学思辨）的统一体。一个民族的科学水平和哲学能力以及科学与哲学之间的作用方式基本上决定了这个民族的文化品位。西方文化基本上是数理科学的哲学思辨，这是工业社会乃至当今网络社会的坚实基础。对于中国文化的反思不仅要考察其"天人合一"等命题的先见之明，还要考察这种理念赖以生存的科学根基。如果对中国文化的科学基础和哲学建构以及二者之间的思想关系进行一番透彻的考察，我们或许会有更多的领悟。

主要参考文献

安维复：《科学哲学简史：从古希腊到后现代》，《吉林大学学报社会科学学报》2012 年第 4 期。

安维复：《科学哲学新进展：从证实到建构》，上海人民出版社 2012 年版。

安维复（主译）：《科学史与科学哲学导论》（*The Introduction to History & Philosophy of Science*），上海世纪出版集团 2013 年版。

GiovanniBoniolo, *On Scientific Representations*: *From Kant to a New Philosophy of Science*, Basingstoke: Palgrave Macmillan, 2007.

GerdBuchdhal, *Kant and the Dynamics of Reason*, *Essays on the Structure of Kant's philosophy*, UK Oxford: Blackwell 1992.

JoanVinyes Carles, *Natural Science*, *Philosophy and Religion*: *Their Mutual Relations and Their Projection into an Educational Apprenticeship*, London : Minerva, 2000.

Deborah Cook, *Adorno on Nature*, Durham: Acumen, 2011.

Robert A. Di Curcio, *The Natural Philosophy of the Greeks*: *an Introduction to the History and Philosophy of Science*, Nantucket, Mass. : Aeternium Pub. , 1975.

Marry Domski and Michael Dickson, *Discourse on a New Method*: *Reinvigorating the Marriage of History and Philosophy of Science*, Carus Publishing Company, 2010.

SteffenDucheyne, *The Main Business of Natural Philosophy*: *Isaac Newton's Natural-philosophical Methodology*, New York: Springer, c2012.

Jan Faye, *Rethinking Science*: *A Philosophical Introduction to the Unity of Science*, Burlington, VT : Ashgate, c2002.

Michael Friedman, *Dynamics of Reason*, U. S, Stanford: CSLI Publications, 2001.

Michael Friedman, "Kant, Kuhn, and Rationality of Science", in M. Heidelberger and F. Stadler Edited, *History of Philosophy of Science*, Kluwer Academic Pulishers 2002.

Steve Fuller, *Philosophy of Science and Its Discontents*, New York: The Guilford press 1993.

Daniel Garber, *Descartes Embodied*: *Reading Cartesian Philosophy through Cartesian Science*, Cambridge: Cambridge University Press, 2001.

Jorge J. E. Gracia, *Philosophy and Its History*, State university of New York Press, 1999.

Edward Grant, *A History of Natural Philosophy*: *From the Ancient World to the Nine-*

teenth Century, New York: Cambridge University Press, 2007.

Edward Grant, *Science and Religion from Aristotle to Copernicus* 400 *BC-AD* 1550, Greenwood Press 2004.

Gary L. Hardcastle and Alan W. Richardson, *Logical Empiricism in North America*, University of Minnesota Press, 2003.

Gary Gutting, *Continental Philosophy of Science*, Blackwell Publishing Ltd. 2005.

M. Heidelberger and F. Stadler (eds.), *History of Philosophy of Science*, Kluwer Academic Publishers 2002.

David M. Knight, *Science and Beliefs: From Natural Philosophy to Natural Science*, 1700–1900, Burlington, VT : Ashgate, c2004.

Peter Kosso, *Reading the Book of Nature: An Introduction to the Philosophy of Science*, London: Cambridge University Press, 1992.

David C. Lindberg, *The Beginnings of Western Science: The European Scientific Tradition in Philosophical, Religious, and Institutional Context, Prehistory to A. D.* 1450, Chicago: University of Chicago Press, 2007.

Klaus Mainzer, *Symmetries of Nature: A Handbook for Philosophy of Nature and Science*, New York: Walter de Gruyter, 1996.

Rose-Mary Sargent, *The Diffident Naturalist: Robert Boyle and the Philosophy of Experiment*, Chicago: University of Chicago Press, 1995.

Sahotra Sarkar, *The Philosophy of Science: An Encyclopedia*, New York: Routledge. 1996.

Sahotra Sarkar, *Decline and Obsolescence of Logical Empiricism*, New York: Garland publishing, Inc., 1996.

Sahotra Sarkar, *Logical Empiricism and the Special Sciences: Reichenbach, Feigl, and Nagel*, New York: Garland Publ., 1996.

Moritz Schlick, *Philosophy of Nature*, New York : Greenwood Press, 1968.

SergioSismondo, *An Introduction to Science and Technology Studies*, U. K. ; Malden, MA : Wiley-Blackwell, 2010.

H. Stadler (ed.), *The Present Situation in the Philosophy of Science: The Philosophy of Science in a European Perspective*, Springer Science + Business Media B. V. 2010.

Roger Stuewer, *Historical and Philosophical Perspectives of Science*, Minneapolis: University of Minnesota Press, c1970.

Ted Toadvine, *Merleau-Ponty's Philosophy of Nature*, Evanston: Northwestern University Press, 2009.

William A. Wallace, *The Modeling of Nature：Philosophy of Science and Philosophy of Nature in Synthesis*, Washington, D. C. ：The Catholic University of America Press, c1996.

Malcolm Wilson, *Aristotle's Theory of the Unity of Science*, Toronto：University of Toronto Press, c2000.

R. S. Woolhouse, *Leibniz：Metaphysics and Philosophy of Science*, Oxford：Oxford University Press, 1981.

结论 "哲学—科学并行"何以可能

我的导师舒炜光先生曾言，"自然科学和哲学之间的关系在历史上经历过不同表现形式的演变。人类对自然科学和哲学之间关系的认识经历了一个漫长的过程。……哲学与自然科学之间的关系从理论上高度概括地说就是普遍与特殊的关系。"①

笔者经过对科学与哲学不同时期的考察，基本证实了舒先生的"普遍与特殊"说，但笔者倾向于"哲学科学并行"的结论。

一 词源、成说与问题

就词源而言，哲学与科学的关系问题可谓源远流长，但作为议题主角的"哲学"与"科学"范畴却一再陷入麻烦。传说"哲学家"这个术语是毕达哥拉斯创设的，他认为数学可以解释世界的一切，甚至"正义"都可以用平方数来规制。② 但亚里士多德宁愿将人类知识区分为"理论的""实践的"和"诗学的"，而"理论科学"就包括逻辑学、数学和神学等，亚里士多德进而将"理论的科学"纳入"物理学"和"形而上学"之中。③ 但亚里士多德时代的"物理学"更接近"自然哲学"④，此

---

① 舒炜光：《自然科学和哲学的相互关系》，《吉林大学学报》（社会科学版）1978 年第 1 期。

② 牛小兵、安维复、柏拉图：《〈蒂迈欧〉研究：当代论争与意义》，《自然辩证法研究》2014 年第 10 期。

③ Aristotle, *Metaphysics*, University of Michigan Press 1960, p. 125.

④ Erigena, *Periphyseon = The Division of Nature*, 484D－485B, Donnees de catalogage avant publication（Canada）1987, p. 76.

说一直流传到 19 世纪，"自然哲学"或"哲学"几乎就是人类知识（包括现代意义上的哲学和具体科学）的别称，笛卡尔的哲学著述如"方法论"（*Discours de la méthode*）和"形而上学沉思"（*Meditationes de prima philosophia*）原则上都属于哲学范畴，牛顿则直接将他的科学成就概述为"自然哲学的数学原理"（*Philosophiæ Naturalis Principia Mathematica*），而且达尔文也被称为"哲学家"①，甚至同时代的工程师和技术专家也自称为哲学家②，科学仪器往往被称为哲学仪器③，英国皇家学会的自然科学期刊被称为"哲学汇刊"（*Philosophical Transactions*），西方大学的理学博士被冠以"哲学博士"。直到 1833 年惠威尔（William Whewell）应诗人兼哲学家柯勒律治（Samuel Taylor Coleridge）的建议④，提出用"科学家"（scientist）一词来限定太过宽泛的"哲学家"，才有了"哲学家"与"科学家"的界分。但哲学与科学作为学科界分，主要是维也纳学派的工作。尽管该学派对哲学抱有敌意，但它毕竟将哲学与科学的复杂关系问题摆出来，并论证哲学对科学的高度依赖构成西方哲学的主流，在欧美大学及研究机构，分析哲学几乎就是哲学的代名词。哲学家可以研究宗教，可以释梦，可以批判科学，甚至可以宣称"主体已死""哲学已死"，但必须遵从分析的或科学的哲学论证方式。在西方学术中，"哲学"可死，但"分析"永存。

　　中国学界对西方哲学与科学关系的了解算来已有近 500 年历史，几乎与意大利文艺复兴和科学革命同步，来华传教士邓玉函就曾经是伽利略、开普勒的朋友。显然传教士来华的本意是基督教义传播而非科学传播，但西方科学技术就包含并通向西方（基督教）世界观。直到鸦片战争和洋务运动，中国学人才通过"体用"范畴初识西方科学及其与哲学的关系，

---

　　① Charles Darwin（1833），*The Correspondence of Charles Darwin*，Vol. I，1821 - 1836，eds. Frederick Burkhardt and Sydney Smith，Cambridge：Cambridge University Press，1985，p. 313. To Miss Catherine Darwin，Maldonado. Rio Plata，22nd May to 14th July 1833：'Was ever a philosopher（my standard name on board）placed between two such bundles of Hay?

　　② Alistair J. Sinclair，*What is Philosophy*：*An Introduction*，Dunedin Academic Press Ltd，2008，pp. 13 - 14.

　　③ 戴维斯·贝尔德：《器物知识：一种科学仪器哲学》，安维复等译，广西师范大学出版社 2020 年版。

　　④ www. queens. cam. ac. uk/Queens/Record/1998/Academic/coleridge. html.

以"体用不贰"揭示了科学与哲学的思想关联，从中摸索出"船坚炮利"与"物竞天择"之间的逻辑关联并演化为推翻帝制的社会运动。五四运动时期的"科玄论战"提出了西方科学能否与中国传统文化相融合的问题，但李约瑟从西人的眼光给出一个否定的答案：儒家传统不可能孕育西方意义上的科学革命。中国共产党成立后，使辩证唯物主义获得传播和共识，特别是使"自然辩证法"获得了体制化的确立，并通过"自然辩证法"吸纳了西方科学哲学及其现代流派。[①]

按理说，不论是马克思主义的唯物论传统还是科学哲学的实证论传统（洪谦先生的传播和20世纪80—90年代的"翻译运动"），哲学与科学的关系问题都应该是当代中国哲学"熟知"的领域，但由于种种原因，西方哲学研究者往往把科学与哲学的关系问题归并到科学哲学的"内部问题"，而自然辩证法和科学哲学研究者或者忙于跟踪各种现代流派，或者忙于各种技术问题的伦理批判，哲学与科学的关系问题被搁置了，同时被搁置的还有（科学）哲学自身的建设问题。

按常理，哲学批判技术的能力和水准取决于哲学自身的能力和水准，有什么样的哲学就有什么样的技术批判。马克思和海德格尔的技术批判之所以经久不衰，乃在于马克思的技术批判有一个博大精深的唯物史观作为其哲学纲领，海德格尔的技术批判也有其源远流长的"存在论"作为思想"座架"。从这个角度看，我们或许可以思考一个康德问题：若进行技术的哲学批判，必先反思其哲学自身；若反思其哲学自身，必先爬梳科学与哲学之间的关系问题。

二　基于典籍的考察

研究先读典。在我国的西学研究中，比较注重经典作家的个人著述，往往忽视甚至无视辞书典籍的考究，容易陷入各种门户之见，缺失学科和知识体系的整体观感。但依笔者经验[②]，辞书典籍较之个人专著可能更为

---

①　安维复：《科技哲学与马克思主义：思想史与文献考察》，《自然辩证法研究》2020年第3期。

②　参见笔者在承担2012年国家哲社重大项目"西方科学思想多语种经典文献编目及研究"的各种阶段性成果。

可靠，其中权威的学术性百科全书更值得信赖。在哲学与科学的关系问题上，本文将以在西方学术史上享有盛誉但国内并不常见的"百科全书"（Encyclopædia）[1] 为蓝本分析哲学与科学的思想勾连。

亚里士多德的"物理学"当然是西学有关哲学与科学关系问题的思想源头，以辞书典籍的形式讨论哲学与科学关系问题的集成性著述则当属普林尼的《自然史》（*Historia Naturalis*），但国内研究将其比附我国的《博物志》在学术上或许有害无益。其实，《自然史》就是当时的百科全书，其编史学纲领是古希腊罗马业已形成的"七艺"学统和思辨高于并先于实践的知识观。老普林尼（Pliny the Elder）在公元前77—前79年成书的《博物志》（或《自然史》）（*Historia Naturalis*）序言中有句名言："此典不是个人之作而是博采众长。"（*thesauros oportet esse non libros.*）[2] 据称普林尼召集了100多位编者在400多位作者的20000多部著述中筛选出2000多个条目，形成了10卷37篇的鸿篇巨制，涵盖了天文学、数学、地理学、民族志、人类学、人体生理学、动物学、植物学、农业、园艺学、药理学、采矿学、矿物学、雕塑、绘画等各个不同领域。按照古希腊罗马学术传统，"自然"（*Naturalis*）并不完全等同于"自然界"，而是物理世界的统称，"*Historia*"也并非"历史"或"史学"，而是"研究"的别称。因此，普林尼的《自然史》相当于后世的"自然哲学"（拉丁文 *philosophia naturalis* 或德文 Naturphilosophie）。这就意味着，普林尼的《自然史》展现了史上第一部知识全景，勾画了哲学和科学统一的疆域，也预设了哲学与科学之间几千年爱恨情仇和悲欢离合的内在矛盾或演化机理，哲学的光荣与梦想、傲慢与偏见、沉沦与再生皆在其中。

被中国学界忽视的、但却对西方学术有重要影响的一部著述是 M. 卡佩拉（Martianus Minneus Felix Capella，fl. c. 410 – 420）编撰的《学术与技艺的和合》（*De nuptiis Philologiae et Mercurii /On the Marriage of Philology and Mercury*），又简称为"七艺"（De septem disciplinis）或《哲学与七

---

① "百科全书"（*encyclo | pedia*）源自希腊文ἐγκύκλιος παιδεία，其雏形见于普林尼的"自然史"（*Historia Naturalis*），它的条目是由资深专家撰写的但并不代表本人的观点，而是强调客观地展示知识的学科定位、词源学考察、各种解释或评价并附有必备的参考文献。

② Pliny, Natural History, Harvard University Press, 1938, p. 13.

艺》（*Philosophia et septem artes liberales*）①。在这部辞书中，卡佩拉将哲学研究限定在"七艺"（De septem disciplinis）内，即"句法""修辞"和"辩术"所构成的"三艺"（trivium）以及"算数""几何""音乐"和"天文学"组成的"四艺"（quadrivium）。这就是说，研究哲学就是研究这七门学科。200 年后，欧洲中世纪著名学者伊西道尔（Isidore of Seville c. 560－636 CE）编纂了一部名为《词源学》的典籍，该书包括"句法"（Grammar）、"修辞与辩术"（Rhetoric and Dialectic）、"数学、几何、音乐与天文学"（Mathematics, Geometry, Music, and Astronomy）、"医药"（Medicine）、"法律与编年史"（Laws and Chronology）、"经书与教会事务"（Books and Ecclesiastical Offices）、"上帝，天使和圣者"（God, Angels, and the Saints）、"教会与异端"（The Church and Heretical Sects）、"语言和国家"（Languages and Nations）等。这些典籍中的"哲学"并不同于现代意义上的哲学，相当于所有学问的总称，"七艺"也不完全等同于当代的学科门类，但毕竟是哲学与科学关系史上的重要阶段。客观而论，不论是哲学还是"七艺"，都不是现代学科的涵义，而是与论辩和文饰有关的道术，"七艺使文辞更优美"②。但这可能是第一次"哲学"范畴及其学科现身，当时的哲学与科学的关系相当于一级学科与其分支学科的关系。但这种关系模式并没有消失在思想史的长河中，黑格尔和马克思的辩证法思想、现代哲学的"语言学转向"乃至后哲学文化的"修辞学转向"，其实都是这种关系模式的复兴或延续。

对于本文而言，格雷戈尔·赖施（Gregor Reisch）编撰的百科全书《玛格丽塔哲学》③（*Margarita Philosophica/philosophical pearl*）不仅是 1503 年出版以来就流传甚广的大学教科书，而且通过师生对话的方式提供了明确的科学与哲学关系的知识谱系。把哲学分为理论哲学（theoretical or

---

① 此处还有一位与卡佩拉齐名的哲学家波伊修斯（Anicius Manlius Severinus Boethius），在西方"七艺"学统的传承上同样功不可没，但由于笔者及学生吴琼曾经发表了《波伊修斯：将古希腊科学思想传至欧洲中世纪的文化英雄——以其在"七艺"中的作用为研究角度》（《上海理工大学学报》（社会科学版）2016 年第 3 期），故不再赘述。

② Martianus Capella, The Marriage of Philology and Mercury, Columbia University press 1977, p. 34.

③ 对于这部典籍，不论我国的哲学史研究还是科学史研究，可能都少有关注。不仅各种版本的辞书典籍没有收录，连中国知网和百度百科等都难以查到这部重要的西学典籍。

speculative philosophy）和实践哲学（practical philosophy）两个部分；理论哲学又区分为"真实的理论哲学"（Real theoretical philosophy）和"理性的或观念的理论哲学"（Rational theoretical philosophy）；"真实的理论哲学"包括形而上学、数学和物理学，数学包括算数、几何、音乐和天文学等"四艺"（quadrivium），物理学包括医学在内的所有"自然之书"（libri naturales）；"理性的理论哲学"包括句法、修辞学和逻辑等"三艺"（trivium）；实践的哲学分为两种，即"行为性的实践哲学"（Active practical philosophy）和"生产性的实践哲学"（Productive practical philosophy）；"行为性的实践哲学"包括伦理学、政治学、经济学、僧侣学说（monastics）以及法典和市民法律等，"生产性的实践哲学"包括七种机械技术[①]：编织（lanificium）、铠甲制造（armatura）、航海（navigation）、农耕（farming）、狩猎（hunting）、医药（medicine）和剧务（theatre），但医药同时也归属于理论哲学的物理学之列。[②] 这是我们所见的西方哲学与科学关系在文艺复兴后最权威的表述。在这部典籍中，我们可以直视西方哲学的本真状态及其系统发生过程，同时也可以看到科学的学科结构及其社会功能等重要信息。

　　我国学界对法国百科全书派（Encyclopédiste）并不陌生，但往往关注他们在社会政治领域关于启蒙运动的著述如狄德罗的《哲学沉思》（Pensées philosophiques）和孟德斯鸠的《法的精神》（De l'esprit des lois）等。这些个人著述对于某个学科或许是重要的，但从思想史维度看，法国百科全书派的思想功绩只在于他们编撰的《法国百科全书》（Encyclopédie，ou dictionnaire raisonné des sciences，des arts et des métiers），因为这部典籍给人类描绘的不是具体的知识内容，而是知识的结构。在书中一幅题为"人类知识的系统结构"（système figure des

---

　　① 关于七种机械技术的分类另见 Hugh of St Victor, *Didascalicon*, Book 1, chapter 20, 760A. For the mnemonic function of classification in the Didascalion, see Carruthers, The book of memory, p. 209. See also Ovitt, "The status of the mechanical arts".

　　② Natural Philosophy Epitomised：A translation of books 8 – 11 of *Gregor Reisch's Philosophical pearl*（1503），Routledge 2016，Introduction XXXV.（拉丁文版参见 regor Reisch, Margarita Philosophica, Wentworth Press（August 26，2016）

connoissances humainés)① 的插图中，人类知识按思想特征分为三个维度，即"历史"（Memoire）、"理性"（Raison）和"想象"（Imagination），分别对应史学、哲学和诗学三大类。在历史维度中又区分为两个大类："自然界"（naturelle）和"古今人类社会"（civile，anc. et moderne），其中人类社会又包括人类社会史和"学术史"（histoire litteraire）；在"自然界"中又涵盖"自然界统一"（uniformite de la nature）、"疏离自然"（ecarte de la nature）和"利用自然"（usages de la nature）三个部分。在哲学类别中，首先界定了"形而上学"（métaphysique）作为研究事物的可能性（de la Passibilité）、存在（de L'Existence）及时间（de la Duree）等特性的学问，据此将哲学区分为"神学"（science de dieu）、"人文科学"（science de L'Homme）和"自然科学"（science de la nature）三类。人文科学包括"逻辑"（logique）和"伦理"（Morale），"逻辑"包括"思辨的技艺"（Art de penser）、"持存的技艺"（art de retenir）和"交流的技艺"（Art de Communiquer）；在"思辨的技艺"中又划分为"感知"（apprehension）、"判断"（jugement）、"推理"（Raisonnement）及"方法"（méthode），"方法"又包括推证中的"分析"（Analyse）和"综合"（Synthese）。自然科学包括数学和物理学两大类，数学包括"纯"（pures）数学和"混合"（Mixtes）数学两大类，纯数学包括算数和几何，混合数学包括力学和天文学等；"物理学"（physique）与当代物理学的涵义有所不同，接近于亚里士多德的用法，相当于古希腊学术中的自然哲学，包括动物学、天文学、气象学、宇宙论、植物学和矿物学等。这棵著名的"知识树"基本上涵盖了欧洲科学与哲学的基本观念，哲学可以界定为人类知识的总称，不论人文科学还是自然科学，都从属于亚里士多德的"形而上学"的分析模式。但或许这并不重要，重要的是，一个民族应该建立健全这种包含哲学与科学在内的知识体系，也只有在这种知识体系内才可能产生各种治国理念和技术设施。概言之，若经世致用必先著书立说，若著书立说必先学科建设。

---

① Le système figuratif des connaissances humaines, parfois appelé arbre de Diderot et d'Alembert, est un arbre développé pour représenter la structure des connaissances, produit pour l'Encyclopédie par Jean le Rond d'Alembert et Denis Diderot https：//fr. wikipedia. org/wiki/Syst% C3% A8me_ figur% C3% A9_ des_ connaissances_ humaines.

　　我国学界对维也纳学派并不陌生，然而关注的焦点主要在于由"拒斥形而上学"引发的分析哲学和科学哲学等领域，而忽视了它在"统一科学"方面的工作。《国际统一百科全书》（*International Encyclopedia of Unified Science*），是由维也纳学派成员奥托·纽拉特（Otto Neurath）、鲁道夫·卡尔纳普（Rudolf Carnap）和查尔斯·莫里斯（Charles Morris）及其欧美科学哲学家集体参与编写的，由芝加哥大学出版社（the University of Chicago Press）于 1938—1969 年间陆续出版。但如果将它看作维也纳学派或分析哲学的一家之言就大错特错了。这套丛书试图按照"国际通用知识编码"（Universal Decimal Classification）对世界现存的知识进行总成，其目的在于对"全世界的逻辑、历史和社会科学进行总体整理"①。当然，该丛书的主要编创人员以移居美国和美国本土的逻辑经验主义者为主体，但也收录了逻辑经验主义的批评者 K. 波普尔的《研究的逻辑》和 T. 库恩的《科学革命的结构》，同时还包括了美国实用主义者杜威的《价值论》（*Theory of Valuation*）、艾德尔（Abraham Edel）的《科学与伦理学的结构》（*Science and the Structure of Ethics*）。纽拉特编撰的《社会科学的基础》（*Foundations of the Social Sciences*）还将社会学归在马克思和恩格斯的名下，其理由是他们比其他人"更像物理学家"（Marx and Engels were more pluralist than others and started with a scientific physicalist）②。在这套丛书中我们不难看到，虽然维特根斯坦和维也纳学派成员对哲学特别是形而上学持怀疑甚至否定的态度，但依然保有自然科学与社会科学的统一、哲学与科学的统一。对于我国学界而言，真正值得学习的不仅仅是分析的思想技术，甚至更重要的是倡导学科的完整性和学科之间在方法论层面的统一。

　　"后哲学文化"时代哲学与科学的关系日渐模糊，但哲学与科学并行依然在各种相关百科全书中时隐时现，而且百科全书中的"百科"之间的界限也不断融合。例如哈克特（Edward J. Hackett）等编撰的《STS 指

---

　　① Otto, Neurath, Rudolf, Carnap, Charles W. Morris, eds. (1969) [1938]. *Foundations of the Unity of Science*：*Toward an International Encyclopedia of Unified Science*, Chicago：University of Chicago Press. p. 103.

　　② Otto Neurath, *Foundations of the Social Sciences*, University of Chicago ress 1947, p. 48.

南》（The Handbook of Science and Technology Studies）① 就是一部哲学与多学科交叉融合的典籍，哲学方面有林奇（Michael Lynch）撰写的《观念与视界》（Ideas and Perspectives）以及所罗门（Miriam Solomon）撰写的《STS 与科学的社会认识论》（STS and Social Epistemology of Science），STS 方面有西斯蒙多（Sergio Sismond）撰写的《STS 及其操作纲领》（Science and Technology Studies and an Engaged Program），人文学科方面有萨普（Charles Thorpe）的《STS 中的政治理论》（Political Theory in Science and Technology Studies）等等。萨克（Sahotra Sarkar）在其编撰的《科学哲学百科全书》（The Philosophy of Science：An Encyclopedia）中写道，"哲学家参与具体科学研究有时也促进了这些科学的发展，哲学家更热衷于科学活动，期望哲学家参与具体科学能够取得更多更好的科学成果。科学哲学家参与具体科学活动的趋势有助于产生科学增长的愈加完善的图景，物理学是如此，其他知识也有广阔的前景。"② 米切姆（Carl Mitcham）编撰的《科技伦理百科全书》（Encyclopedia of Science, Technology, and Ethics）明确指出，"这部典籍的目的就是将科技和伦理进行整合并勾勒它们之间的关系，推进对这种关系的进一步反思。"③ 需要注意的是，后哲学时代并非"哲学已死"的时代，而是哲学随科学进步而改变的时代。

综上所述，我们至少可以得出如下结论：第一，辞书典籍是哲学与科学关系问题的重要资源，提供了最具代表性的思想判断，往往标志着特定时代的共性理解；第二，哲学与科学的关系问题在辞书典籍中呈现连续的思想历程，其中包括这种关系的结构演化规律；第三，这些辞书典籍给我们提供了有关哲学与科学关系问题的参考文献，使得我们可以沿着这些线索继续深化研究。

三　学术史中的哲学与科学

当霍金断言当代"哲学已死"时，他的理据是我们这个时代已经没

---

① The MIT Press 2008.

② Sahotra Sarkar, The Philosophy of Science：An Encyclopedia, Routledge/xxiv.

③ Encyclopedia of Science, Technology, and Ethics, edited by Carl Mitcham, xi.

有了那种"究天人之际，通古今之变"的大师级哲人。从学术史维度看，哲学与科学的思想关联大大超出我们的想象。

　　古希腊罗马"七艺"传统中的哲学与科学：如前所述，"七艺"是中世纪早期教父波伊修斯、卡佩拉、伊西道尔等总结出来的知识体系，但据传"七艺"最早见于毕达哥拉斯的学说，柏拉图将其变成培养理想国栋梁之材的教育体系，亚里士多德将其纳入学术研究范畴，从此在古希腊罗马形成了以"七艺"为主体的知识体系。在"七艺"的知识体系中，哲学作为学科形态尚不成熟，只有一些类似哲学的观念（如德谟克里特的原子论）和范畴（如亚里士多德的"形而上学"），但哲学与科学的关联已经形成。毕达哥拉斯身世迷雾重重，但将其定位在数理学家似成定论，因为他创立了当时的数学、天文学和音乐，哲学意义上的毕达哥拉斯主义（Pythagoreanism）就是将数学推证、财产公有和自然和谐信念融合在一起的哲学社团①，毕达哥拉斯及毕达哥拉斯主义给哲学史最大的启迪就是哲学家应该首先是数学家（mathematical physicist），哲学信念源自数学推证。这对于我们正确理解古希腊罗马哲学具有重要甚至决定性的意义：柏拉图学派的方法论原则②和重要议题都与欧几里得几何学相关③；留基伯和德谟克利特所创立的古代原子论与其说是哲学不如说是物理学和宇宙论，伊壁鸠鲁和卢克莱修的修补、阿基米德的应用，历经中世纪的蛰伏直到近代才又变成科学理论；亚里斯多德主义包括亚里斯多德本人对物理学和生物学探讨并从中概括出要素说、四因说和三段论等哲学思想等。在这些思想家及其著述中我们依稀可以看到，古希腊罗马的哲学与科学是两种高度相关的知识体系，正如苏格拉底所说，当时的哲学信念都源自具体科学知识的支撑，而具体科学知识也都负载着某种甚或某些哲学信念，以致我们不得不说古希腊罗马的学术繁荣是思辨哲学与具体知识相互支撑和彼此共享的结果。哲学与科学的并行源自古希腊的"七艺"传统。

　　中世纪宗教体系中的科学与哲学：在中国学界的传统记忆中，欧洲中

---

　　① Leonid Zhmud, *Pythagoras and the Early Pythagoreans*, Oxford University Press, 2012, p5.

　　② 牛小兵、安维复、柏拉图：《〈蒂迈欧〉研究：当代论争与意义》，《自然辩证法研究》2014 年第 10 期。

　　③ 牛小兵、安维复、柏拉图：《〈理想国〉：数学在理想城邦建构中的意义》，《理论月刊》2015 年第 2 期。

世纪的思想或可以归结为哲学与科学作为神学的婢女，但哲学与科学的论证方式奠定了神学体系的推证。本书已经查证，中世纪基督教奠基时期的教父基本上就是用"七艺"的理证方式处理上帝信仰和圣经解读以及"三位一体"等宗教难题。波伊修斯①和奥古斯丁的思想史价值就在于他将古希腊罗马时期业已形成的"七艺"传统纳入教父思想体系之中，"在教父时代的'科学黑暗世纪'，圣奥古斯丁几乎以一己之力将古希腊思想大师柏拉图等人开创的'七艺'传统推送至中世纪，并进行了诸多细节打磨，将其纳入基督教神学系统，实现了二者的双重羽化：'七艺'使神学获得理性；神学使'七艺'变得神圣"②。其实，欧洲中世纪的上帝观念基本上来源于柏拉图数理观念与现象世界的二元划分和亚里士多德的四因说等；同时这种宗教信仰也促进了数理科学（论证世界和谐）和实验科学（占星术）的发展特别是古希腊学术的解读和复兴，阿尔伯特（Albertux Magnus）和阿奎那对亚里士多德《物理学》的继承，库萨的尼古拉对毕达哥拉斯数学思想与宇宙论的重现，奥卡姆的威廉的《逻辑大全》（Summa logicae）对古希腊数理传统的复兴，罗吉尔·培根（Roger Bacon）对数学和光学的推进。这些复兴最终导致哥白尼、伽利略、开普勒和达·芬奇等人领导的科学革命和文艺复兴运动。对此，西方学者也有共识，如格兰特（Edward Grant）在 1981 年出版的《中世纪科学与自然哲学研究》（Studies in Medieval Science and Natural Philosophy）、林德伯格（David C. Lindberg）在 2007 年出版的《西方科学的开端：欧洲科学传统在史前和 1450 年哲学、宗教和制度环境中的体现》（The Beginnings of Western scienc：The European Scientific Tradition in Philosophical，Religious，and Institutional Context，Prehistory to A. D. 1450，Chicago：University of Chicago Press，2007）等。这就说，欧洲中世纪的哲学、科学和神学是交织在一起的，处于相互渗透的思想过程中，其中包括哲学与科学的交流互鉴。哲学与科学的并行在欧洲中世纪神学体系中得以确立。

　　理性时代的哲学与科学：理性时代大致相当于文艺复兴时期的科学革

---

　　① 吴琼、安维复：《波伊修斯：将古希腊科学思想传至欧洲中世纪的文化英雄——以其在"七艺"中的作用为研究角度》，《上海理工大学学报》（社会科学版）2016 年第 3 期。

　　② 安维复：《教父时代科学思想传承何以可能？——基于文献的考量》，《科学与社会》2021 年第 1 期。

命到 20 世纪物理学革命的 500 年。对于这一时期的哲学与科学关系问题，国外研究可谓汗牛充栋。仅就文献而言，林德伯格（D. C. Lindberg）在 1992 年出版的《西方科学的起源：基于其哲学、宗教和社会环境的科学传统的考量》（*The Beginnings of Western Science：The European Scientific Tradition in Philosophical，Religious，and Institutional Context*）颇具代表性。本书对国内外相关研究整理出如下几条线索[①]：经验论的科学与哲学探索主要有弗兰西斯·培根—霍布斯—伽利略在实验物理学方面的学术交流[②]以及洛克与波义耳在化学及其经验认知方面的学术交流[③]；伽森迪[④]、笛卡尔与斯宾诺莎等用数理科学对近代哲学的建构[⑤]；牛顿力学与康德的批判哲学之间的思想勾连[⑥]。在这些问题上，国内研究的某些成见亟待重新研究，例如我们往往把贝克莱的"存在就是被感知"看成不可理喻的狭隘感觉论者甚或极端主观主义者的论调，其实这个命题首先是一个科学命题。1709 年贝克莱出版《视觉新论》（*An Essay towards a New Theory of Vision*），顾名思义，这部著述是研究"视觉"理论的。当时视觉理论争论的焦点在于，如何在视觉中判断物象的远近。笛卡尔主张用几何学的方法也就是用物象在视觉中发射光线所形成的夹角来判断物象的远近，如果物象在视觉中形成的夹角较大，那么这个物象就可能较远，反之则较近。[⑦] 据

[①]　安维复、匡勇兵：《重温自然哲学：文献研究与当代进展》，《社会科学》2017 年第 4 期。

[②]　霍布斯是 F. 培根和伽利略之间的思想沟通者，据说霍布斯曾在 1635—1636 年间探访过伽利略，并与之结下深厚友谊。参见 A. P. Martinich，*Hobbes：A biography*，Cambridge University Press，1999，pp. 90 – 91.

[③]　据笔者在澳洲访学期间获得的文献，洛克与波义耳交往甚深，而且在学术上互相提携，在某种意义上他们共同创立了经典经验论。参见：Locke to Robert Boyle，21，October 1691，in E. S. De Beer edited，*The Correspondence of John Locke*，Volume four，Oxford at the Clarendon Press，1979，pp. 320，321.

[④]　周丹、安维复：《伽森狄科学方法论思想初探：考察文献》，《重庆社会科学》2018 年第 3 期。

[⑤]　周丹、安维复：《对机械论的再评价——基于思想史及文献的考察》，《湖北社会科学》2018 年第 10 期。

[⑥]　笔者和博士生在研究康德的《遗著》中发现，"康德为了寻求物质力学理论的实在性的证明，吸收了欧拉的这一思想，并且把这种物理学中的'以太'推演为《遗著》中具有本体论和实在论性质的物质———以太（aether）或热物质（warmestoff）"。代利刚、安维复：《康德〈遗著〉研究：文献和动态》，《自然辩证法研究》2013 年第 3 期。

[⑦]　George Berkeley，*Philosophical Writings*，London：Cambridge University Press，2008，pp. 16，17.

此，贝克莱总结说，"（视觉中的）物象（plane）只是客体的立体在视觉中直接显现的对象。我们直接所见的位面绝对不是真实的立体，也不是具有真实光感的物象，视觉中的物象仅仅是各种光感在视觉中的呈现（they are only diversity of colours）"①。"存在就是被感知"原本是视觉现象。我们无意为贝克莱的感觉主义做任何辩护，只是澄清贝克莱的这一命题作为实证科学的"事实判断"。沿着这种严谨的认知方式，贝克莱还在他的另一部著述《分析者》（*The Analyst*）中揭示了牛顿在微积分理论有关无穷小问题上的自相矛盾。纵观理性时代哲学与科学之间的关系，我们不得不说，从 F. 培根到康德的哲学家大多具有相当的科学素养，他们所创造的各种哲学体系，不论是经验论还是理性主义，都与某种科学方法高度相关。哲学与科学的并行在理性时代得以系统生成。

分析时代的哲学与科学：分析时代大致在孔德的实证主义到库恩的历史主义之间，这是一个"拒斥形而上学"的时代，形而上学即死，哲学焉附？从字面看，这一时期宣称哲学即死的论理不在少数，如孔德的人类历史发展三阶段，即神学阶段、形而上学阶段和实证科学阶段，形而上学阶段将被实证科学阶段所取代，直到维也纳学派宣告分析运动以"拒斥形而上学"为目的。当然，我们且不论维特根斯坦的"语言批判"和卡尔纳普的"句法分析"在哲学归属上的差异，在这里我们刻意强调的是，分析时代用科学取代"哲学"并不是思想史上的绝唱，而是哲学发展的常态甚或规律：科学进步必然导致哲学的变革。正如 E. 马赫在《感觉的分析》一书导言中就指出，"物理学在当代所取得的巨大成功，并不局限在物理学学科本身的范围之内，而是扩展到凭借物理学的帮助而取得同样成功的其他科学领域，这种成功已经导致物理学的思维方式及其研究范式传播到科学的各个领域，这种传播是最值得关注的愿景。"② 维也纳学派的创始人石里克明确指出，"新哲学"或"哲学的转折"就在于，一种数理逻辑分析的方法被用来解决哲学问题的哲学。他说，"这种方法源自逻辑学的进展，这种方法的起点是由莱布尼兹隐约看到的，近几十年来弗雷

---

① George Berkeley, *Philosophical Writings*, Austin: University of Texas Press, 1953, p. 32.

② Ernst Mach, *Analysis of sensations*, Chicago: The Open Court Publishing Company, 1897, Introductory Remarks.

格和罗素加以发扬光大；但这种方法的重大转折点是由维特根斯坦在他的《逻辑哲学论》一书中开创的。"① 如果将维也纳学派及分析运动放在漫长的西方哲学史中就不难发现，石里克的这个论断与 F. 培根的"学术的进展"是一致的，与笛卡尔的"方法谈"是一致的，与康德的"纯粹理性批判"是一致的，都是用当时最新的科学方法探索或解决哲学问题。这种哲学论理与毕达哥拉斯主义、（新）柏拉图主义、（新）亚里士多德主义等是一脉相承的：元哲学与哲学是相通的②，哲学与科学更是相通的。哲学与科学并行在分析时代获得学科性的进一步论证。

　　后哲学文化的哲学与科学：就思想史的内在逻辑而言，"后哲学文化"③ 是对分析运动以及以往科学文化的反思和批判，也就是追问科学文化赖以生成的主客二分何以可能，也就是重新思考人和科学与世界的关联。笔者曾经做过研究，如《社会建构主义的更多转向》（2008）、《科学哲学新进展：从证实到建构》（2012）和《科学哲学的后现代转向——回到康德何以可能》（2018）等。后哲学文化中的哲学与科学基本上有三条进路：第一条是哲学从关注科学语言转向科学认识论和科学史及科学社会学，其中包括 K. 波普尔的科学认识论研究、T. 库恩的"结构"和 STS 以及 SSK 等，其实质是将认知理论、史学理论和科学社会等学科纳入哲学研究视界。④ 第二条是更深入地检讨人、科学技术与客观世界之间的关联，这种探索最早可溯源到马克思和法兰克福学派以及海德格尔等人的探索，其中包括各种技术批判理论、社会建构主义及其各种新转向等，其实质是将角色分析、网络分析、性别分析等纳入哲学研究视界。⑤ 第三条是在康德哲学传统中挖掘出的哲学与科学平行发展的理路⑥，用以克服或包

---

　　① Mortiz schlick, *Mortiz Schlick: Philosophical Papers*, Vol. 2 (1925 – 1936), edited by Henk L. Mulder and Barbara F. b. Van de Velde-Schlick, Translated by Peter Heath, Dordrecht : D. Reidel Publishing Company, 1979, p. 155.

　　② 安维复：《元哲学与哲学》，《哲学研究》1988 年第 4 期。

　　③ 后哲学文化（Post-Philosophical Culture）

　　④ 参见拙文《社会建构主义：后现代知识论的"终结"》，《哲学研究》2005 年第 9 期。

　　⑤ 张军、安维复：《马克思主义作为科学哲学在国外的历史与现状》，《自然辩证法通讯》2021 年第 3 期。

　　⑥ 安维复：《"回到康德"能否破解后现代相对主义迷局——从"分道而行"到"综合史观"》，《学术月刊》2016 年第 4 期。

容分析哲学和科学史学派的二元对立,其中包括后康德主义者 M. 弗里德曼的"理性的力学"等,其实质是将哲学史、科学史特别是刚刚兴起的科学哲学史(History of philosophy of science)等学科重新纳入哲学研究视界。① 这三条进路有一个共性的思想机制,那就是:不论哲学与科学如何相异,它们必须而且只能在交流互鉴中相伴而行。哲学与科学并行在后哲学文化依然延续。

综上所述,"说到底,哲学也好,科学也好,理性也好,都不能超脱事实与价值的统一、规范与革命的统一。从这个角度看,我们或可把哲学理解为对知识的反思与超越,把科学理解为包含着哲学沟通机制的命题系统,把理性理解为由哲学和科学的互动所驱使的'动力系统'"②。当然,还有些问题需要进一步探讨。③

四 "科学—哲学并行"的四个维度

综上所述,我们有理由提出这样的判断。哲学是"拟科学"的:哲学的本性类似于科学的本性;哲学方法类似于科学的方法;哲学解决问题的程序类似于科学解决问题的程序:都"以问题为导向",都注重概念或范畴的清晰准确,强调方法的合理和程序的规范,都讲究理论体系要服从"证实原则"和"协调原则"。如果说哲学与科学有什么不同,那么区别仅仅在于,科学期望获得有关对象世界的知识,而哲学不仅要认识世界还要改造世界,而且强调在改造客观世界的同时还要改造人类的主观世界。一言以蔽之,哲学和科学都是"统一科学"的成员,它们都是科学!如果说科学与哲学有什么不同,具体科学主要在于寻找客观世界的真理性规律,而哲学则是追问人是什么、人从何处来、人向何处去的科学。哲学与

---

① 安维复:《科学哲学史研究的兴起:从"科学共同体"走向"科学—哲学共同体"》,《自然辩证法通讯》2015 年第 6 期;安维复:《"科学哲学史作为另一种科学哲学"——从"拒斥形而上学"到"科学—哲学并行"》,《学术月刊》2015 年第 2 期。

② 安维复:《"回到康德"能否破解后现代相对主义迷局——从"分道而行"到"综合史观"》,《学术月刊》2016 年第 4 期。

③ 有两个思想事件需要解释:一是"两种文化"的持续争论;二是"索卡尔事件"引发的"科学大战"。这两起事件的背后有一个自然主义谬误的难题。

科学的差别不是科学与非科学的差别，而是一种科学与另一种科学的差别，就像物理学与生物学的差别一样。按此思路，哲学可以定义为人类自我反思的科学，也就是用推证的科学方法探索有关人类发展的普遍规律的科学。

从哲学的学科规制看，试图在学科规制上论证哲学不同于具体科学不仅是错误的而且更是有害的，就知识分类体系而言哲学与具体科学在学科规制上并无二致。所谓学科规制，中国学术讲究"术业有专攻"，西文中一篇题为《何谓学科》的论文①可能做了较为全面的爬梳，包括获得专业性知识的"学术训练"，使用"专业术语或技术性语言"（specific termi-nologies or specific technical language），服从统一或公认的"学术规范"等②。按照本文的理证，哲学学科与其他具体科学学科在学科规制上是一致的，都是人类知识的一个门类，都必须遵从知识性学科的共同规范，没有例外。具体科学遵循何种学术规范，哲学也必须遵循同样的学术规范。具体科学是求真的知识体系，哲学也必须是求真的知识体系；具体科学体系中的任何命题都是可以改进或可检验的，哲学体系中的任何判断同样也是可以检验或可以改进的。如果说哲学学科与具体科学学科有何不同，那也绝对不是科学与非科学的不同，而是知识内部不同分支学科的不同，就如同自然科学与社会科学不同一样。按此理，哲学学科与具体科学的差异乃在于，具体科学探究外在的客观世界，而哲学乃在于探究人本身，也就是以人及其科学活动本身为对象。③ 这意味着，重新或改建哲学学科应该遵循学科建设的一般准则。

从哲学的思想主体看，认为哲学家或哲学工作者定位有别于甚至高（低）于其他领域专家不仅是错误的而且还是有害的，哲学家与科学家在

---

① Krishnan, Armin (January 2009), What are Academic Disciplines? Some observations on the Disciplinarity vs. Interdisciplinarity debate (PDF), NCRM Working Paper Series, Southampton: ESRC National Centre for Research Methods, retrieved September 10, 2017.

② 但有关"学科"的界定遭到"交叉学科"（Interdisciplinary 或 Cross disciplinary）或"跨学科"（Transdisciplinary）等的挑战，在学理上遭到福柯等人的质疑（*Discipline and Punish*）。

③ 有关哲学与具体科学的区别与联系，有许多代表性学说，如我国的"科玄论战"，马克思的"资本论"，西方学术中的亚里士多德、康德、黑格尔、维特根斯坦、维也纳学派、霍金、罗蒂、M. 弗里德曼等均有所论。笔者在《元哲学与哲学》（1988）、《哲学观的嬗变：从拟科学到拟价值》（1990）、《科学哲学基本范畴的历史考察》（2015）中亦有所议。

学术或专业上的训练及其素养是一致的,他(她)们的区别仅在于研究对象不同。对于这个问题,中西思想史上都曾存在各种误区,中国学术史上既有重"道"轻"技"的观念,也有"清谈误国"的习见;西方也经历了从"哲学王"(The philosopher king)到"拒斥形而上学"(Rejection of Metaphysics)的转变。有关哲学家的思想养成①,除了上文提到的"七艺"等传统规训外,广为引证的文献还有哈多(Pierre Hadot)的《哲学作为生活方式》(*Philosophy as a Way of Life*)和哈姆林(D. W. Hamlyn)的《哲学家的养成》(*Being a philosopher: the history of a practice*)等②。以笔者观之,哲学家的科学素养对其思想养成具有重要价值,哲学家与科学家在追求真理的道路上并无二致。就专业或学科而言,哲学家的学术训练与科学家的学术训练在本质上是一致的。从古希腊到后现代的多数甚或大多数哲学家都具有自然科学或人文科学的素养,他们或者自己就是一流的科学家如亚里士多德、莱布尼茨、笛卡尔、罗素等;或者有过科学研究的经历如柏拉图、阿尔伯特、贝克莱、R.培根、惠威尔、卡尔纳普等;或者与某个/些科学家保持友情关系如洛克与化学家波义耳、康德与数学家欧拉(Leonhard Paul Euler)、石里克与爱因斯坦等。西方哲学家的科学素养对西方哲学的影响随处可见,不一而足。哲学研究主体应该借鉴科学研究主体。中国应该像培养科学家一样培养哲学家!

从哲学的发生过程看,在哲学从何而来的问题上,认为哲学源自"玄冥之境"或"自由创造"不仅是错误的而且还是有害的,这种观点割断了哲学与科学在人类知识上的连续性,使哲学成为无源之水。本文有足够证据认为哲学是对自然科学和社会科学的概括和总结,每当人类科学知识出现重大革命性进展,都会导致哲学的变革或新哲学的出现。正如恩格斯所说,"甚至随着自然科学领域中每一个划时代的发现,唯物主义也必然要改变自己的形式。"③ 西文中的权威文献见怀特海(Alfred Whitehead)的《科学与哲学》(Science and philosophy)以及海德伯格(Michael Heidelberger)的《科学哲学史的趋势与视野》(*History of Philosophy of Sci-*

---

① Pierre Hadot, *Philosophy as a Way of Life*, trans. Michael Chase, Blackwell Publishing, 1995.
② 参见郁振华先生的《论哲学修养》,《哲学分析》2021年第5期。
③ 《马克思恩格斯选集》第4卷,人民出版社2012年版,第234页。

ence：*New Trends and Perspectives*）等。从古希腊到后现代的多数甚或大多数哲学思想与科学进步或"学术进展"有关。有证据表明，亚里士多德的三段论源自他的动物分类学说，他的"形而上学"就在他的"物理学"之后；18世纪的法国启蒙思想基本上源自当时的科学革命；康德在《纯粹理性批判》序言中明确表示"批判"是对欧几里得几何学和牛顿经典力学的哲学反思；维也纳学派明确宣称逻辑经验主义源自罗素的数学哲学、希尔伯特的公理理论、孔德和马赫的实证科学研究；波普尔的批判理性主义和库恩的"科学革命的结构"都与爱因斯坦对绝对时空观的变革有关。概言之，哲学发生过程大致可以归结为科学革命促进哲学观变革的过程。从这些理据看，哲学发生过程主要源自科学革命：当一种重要或重大科学理论出现时，必然导致哲学观的变革或重建。当然，这种论断既有"反例"的存在，也有科学主义之嫌或"自然主义谬误"需要打理。

　　从哲学的研究方法看，认为哲学有不同于科学的研究方法甚或贬低分析综合方法不仅是错误的而且还是有害的，任何科学都有其独特的方法是正常的，如社会学有些方法就不同于物理学方法，但就知识本性而言，包括哲学在内的任何学科都有或不悖于基本的方法论准则①，虽然分析综合方法有待完善，但依然不失其准则地位，哲学概莫能外。哲学研究方法林林总总，如"归谬法""诠释学"等，大多源自或不悖于科学方法（论）。有关著述参见卡柏林（Herman Cappelen）等编撰的《哲学方法论剑桥指南》（*The Oxford Handbook of Philosophical Methodology*）以及威廉姆森（Timothy Williamson）撰写的《从好奇到逻辑推证的哲学研究》（*Doing Philosophy*：*From Common Curiosity to Logical Reasoning*）等。有证据表明，如果是古希腊至中世纪的哲学论证方式基本上因袭亚里士多德的三段论，那么亚里士多德的三段论基本上就是当时动植物分类的方法。意大利文艺复兴后的哲学论证方式也是拟科学的论证方式：所谓笛卡尔的理性主义论证方式基本上就是他的数学分析方法在哲学上的应用，而洛克的经验哲学论述方式基本上就是当时的化学和医学等实验科学的论证方式在哲学上的应用。由科学家创造并使用的、由科学史家和科学哲学家总结出来的

---

① 参见陈嘉映先生的博文《哲学家没有专业知识》，http：//www.360doc.com/content/21/0203/12/49165069_960477305.shtml。

科学方法（论），如"怀疑—分解"（笛卡尔）、"猜测与反驳"（波普尔）、"常规科学—反常—危机—科学革命—新的常规科学……"（库恩）等，不仅对科学研究有用，对哲学研究一样有效，而哲学方法中的"归谬""还原""抽象—具体""语言分析"等，都可以在逻辑、数学和具体科学中找到它的根由。当然，正如物理学方法不同于社会学方法一样，哲学或许也有其独特的研究方法，只是其独特性论证有相当难度，有时我们可能在斯宾诺莎、休谟、康德、黑格尔和马克思等哲学大师的具体写作中会发现某些独具特色的研究方法，如黑格尔—马克思的辩证法等。

从哲学的理论构成看，认为哲学理论不同于科学话语不仅是错误的而且还是有害的，这种观念导致哲学理论逃离通用的评判标准，使哲学论理从普遍性的"真理之路"蜕变为哲学家个人的"意见之路"。一篇（部）哲学著述应该用何种语言？维也纳学派坚称哲学也是"统一科学"的一部分，按理应该用"物理语言"写成，但无疑这种要求太过苛刻。通观西方哲学主要经典文本，虽然哲学著述在严谨性上或许略逊于科学著述，但它们都必须遵循相同或类似的学术规范，必须用专业或学术语言进行撰写或讨论，必须是概念清晰准确和逻辑贯通的。早在古希腊罗马时期就形成了"七艺"的著述方式，讲究句法、修辞和推证，致力于几何、算数、天文学和音乐等；中世纪的教父哲学和经院哲学将推证传统发挥到至极，阿奎那的哲学论证水平至今依然难以企及，而且哲学教父或经院学者本人就在修辞或逻辑方面有精深研究。直到文艺复兴以后的许多重要哲学经典就是按照几何学的论证方式写成的，如斯宾诺莎的《神学政治论》和《伦理学》、霍布斯的《哲学原理》（Elementa philosophica）和《论公民》（De Cive）也是如此。这些几何推演式的著述结构还可见于康德、黑格尔、马克思（特别是《资本论》）、罗素、维特根斯坦等主流哲学家的经典著述。但从学理看，有关对语言的哲学研究不在少数，但对哲学语言自身的哲学研究并不多见，切近本文议题的著述主要有：马蒂尼奇（A. P. Martinich）的《哲学写作》（Philosophical Writing）、霍洛查克（M. Andrew Holowchak）的《批判性推理与哲学：对哲学著述的阅读、品评和创作的导引》（Critical Reasoning & Philosophy：A Concise Guide to Reading, Evaluating, and Writing Philosophical Works）和菲泽尔（James H. Fetzer）编著的《哲学推理的原则》(*Principles of Philosophical Reasoning*)。① 基于这些史据，不论是哲学理论还是科学理论，都使用同样的学术语言，都具有同样的可分析性和可检验性，其差别只是程度上的 (Difference is only one of degree)②。

上述理证并不是"知识的碎片"，而是大致描画了一个渐次清晰的哲学与科学关系的图景：第一，哲学与科学都是人类知识，因而是统一的，连续的；第二，但人类知识是有层次的，科学知识是直面客观世界的一阶知识，哲学则是基于科学知识之上的二阶知识；第三，科学知识的进步导致哲学知识的变革，共同推进人类知识的增长。③（当然这里有很多有争议的问题，例如哲学是不是知识，究竟何谓知识，等等。）

五　三个推论

上述分析使得我们可以方便地思考三个问题：哲学何在？哲学何为？哲学何来？

"哲学和科学并行"的第一个推论是，在哲学的定位问题上，任何将哲学与科学从人类知识的整体布局中割裂开来的做法都是错误的，任何制造哲学与科学的疏离或对立的做法也是错误的，将哲学非知识化更是错误的，哲学和科学本身都是人类知识，都是人类"知识之树"的一个分枝，或者"统一科学"的一个学科。人类知识或科学是一个连续的谱系，它的一极是实证科学（事实判断），另一极是精神科学（价值判断），这两

---

① 该书包括著名哲学家辛提卡 (Jaskko Hintikka) 的《探究作为哲学方法》、齐博格 (Henry E. Kybuerg) 的《科学论证与哲学论证的界分》(Scientific and Philosophical Argument)、汉弗莱斯 (Paul Humphreys) 的《哲学解释与科学解释》(explanation in Philosophy and in science) 等。见 James H. Fetzer, *Principles of Philosophical Reasoning*, Totowa, N. J. : Rowman & Allanheld 1984.

② W. V. Quine, *Two Dogmas of Empiricism*, in *From a Logical Point of View*, Harvard University press 1953, p. 46.

③ 有一位名不见经传的学者提出了一个类似的观点，"第一，认为哲学是一种客观的、真正的知识；第二，认为知识是统一的，因而哲学和科学是连续的；第三，哲学的变革起因于科学的新近进步；第四，倡导哲学及其知识的普遍性；第五，提倡科学的世界观。"(David J. Stump, "From the Values of Scientific Philosophy to the Value Neutrality of the Philosophy of Sciences", in *History of Philosophy of Science*, edited by Michael Heidelberger, Kluwer academic publishers, 2002, pp. 147 – 148)

极之间并没有不可逾越的鸿沟，而是互相渗透、彼此衔接的。尽管哲学与科学的知识维度和向度有所不同，它们在人类知识谱系中的地位和作用亦有不同，但它们共存于人类知识的连续谱系之中，共享人类知识应有的方法论和评价准则，有其生成兴替的生命周期，一荣俱荣，一损俱损。"哲学和科学，虽然各有其历史，但并不被看作两件不同的事，直到晚近的西方哲学。即使撰写各自的历史，但也无法不提及对方，除非某些特例。对西方知识界而言，哲学和科学总是被看作一个东西，从属于同种活动。"①对于一个民族国家而言，它的知识版图应该包括哲学知识和科学知识两个模块，这两个模块的缺失或失配都是有害的。对于中国哲学而言，我们有必要建立健全哲学与科学的知识共同体，推动哲学与科学的并行，并在它们的并行中发展哲学和科学事业。就目前而论，对人工智能的哲学反思固然重要，但通过人工智能等新近科学技术来促进哲学学科的自身建设可能同样重要，甚至更重要。——哲学依存于知识体系中。

　　"哲学和科学并行"的第二个推论是，在哲学的定义问题上，将哲学理解为与科学无关的观念系统可能是错误的，不按共通的学术/科学规范进行哲学研究或批判可能更是错误的。哲学对科学批判的合理性就在于哲学自身就是科学的或学术的。如果按"种加属差"的定义方式（Genus - differentia definition），哲学必定属于人类知识，满足知识论的基本准则，它与人类知识其他门类的区别只在于，它强调对人类自身进行反思的知识，而反思的知识依然是知识，它们在方法论上是一致的。具体而论，哲学与其他知识遵循同样的认识论/方法论，只是它们的认识对象不同，科学以客观世界为对象，而哲学则以人类思想为对象。科学与哲学的区别不是知识与非知识的区别，而是关于认识世界的知识与关于人类自我认识的知识的区别。鉴此，哲学是"思"与"反思"的统一，事实判断与价值判断的统一，科学性与批判性的统一。哲学知识以价值判断为主，但依然含有事实判断；科学知识以事实判断为主，但依然含有价值判断；哲学知识与科学知识的区别是程度上的：哲学知识中的价值判断多些，科学知识中的事实判断多些。从哲学史看，一旦将哲学从知识论中剥离开来，它就

---

① Waigh, J., Ariew, R. *The History of Philosophy and the Philosophy of Science*, in Stathis Psillos, The Routledge Companion to Philosophy of Science, Routledge, 2008, p. 15.

可能变成丧失思想生命的教条。"康德对哲学的最大贡献在于通过把纯数学和自然科学作为形而上学考察的起点，从而把形而上学从神坛上拉回到人类知识本身。"① 对于任何民族而言，它的哲学或文化都受益（制）于它的知识状况。对于当代中国哲学而言，我们已经创造了世界级的人文知识和科技知识，因而可能迫切需要建立健全自己的哲学学科体系、哲学学术体系和哲学话语体系，而不是一味用西方哲学来评断我们自己的科技问题。——哲学批判与知识批判并无二致。

"哲学与科学并行"的第三个推论是，在哲学的定向问题上，哲学的发生不是观念的自由创造，而是哲学家将自然科学和社会科学的知识或方法提升到观念层面，使其成为世界观和方法论，这印证了一个传统命题：哲学是对自然科学和社会科学的概括和总结。笛卡尔将其数学思考提升到"第一哲学"的高度就是如此。当然，哲学理论是不能直接从自然科学中移植过来的，而是经过了"范畴的转换"，正如黑格尔所说，"思辨科学与别的科学的关系可以说是这样的：思辨科学对于经验科学的内容并不是置之不理，而是加以承认与利用，将经验科学中的普遍原则、规律和分类加以承认和应用，以充实其自身的内容……哲学和科学的区别乃在于范畴的变换。"② 毛泽东将这一过程看作人类思想形成的认识论基本规律："实践、认识、再实践、再认识，这种形式，循环往覆以至无穷，而实践与认识之每一循环的内容，都比较的进到了高一级的程度。"以本文观之，毛泽东的这个论断包含科学理论到哲学理论生成的连续性思想，依然值得深挖，暗合"转识成智"的中国智慧。对于任何民族而言，它的哲学家都有责任在本民族创造的各种知识中提炼出自己的哲学或文化。对于当代中国而言，用西方哲学来讨论中国科技问题的时代可能已经过去，如何在我们自己创造的"人类文明新形态"中提炼出"中国智慧"，用中国自己的（科技）哲学向世界讲好中国科技发展的故事，中国哲人责无旁贷但任重道远。——哲学进步源自科学革命。

---

① Marry Domski and Michael Dickson, ed., *Discourse on a New Method*: *Reinvigorationg the Marriage of History and Philosophy of Science*, *Carus Publishing Company*, 2010, p. 5.

② ［德］黑格尔：《小逻辑》，贺麟译，商务印书馆 1959 年版，第 49 页。

主要参考文献

舒炜光：《关于哲学改革的思考》，《社会科学战线》1986 年第 4 期。

舒炜光：《科学哲学的演变》，《吉林大学社会科学学报》1984 年第 6 期。

安维复：《从哲学和科学的关系看哲学的批判本质》，《齐鲁学刊》1993 年第 1 期。

安维复：《哲学观的嬗变：从拟科学到拟价值》，《哲学动态》1994 年第 3 期。

安维复：《元哲学与哲学》，《哲学研究》1988 年第 4 期。

安维复：《社会建构主义：后现代知识论的"终结"》，《哲学研究》2005 年第 9 期。

安维复：《科学哲学史研究的兴起：从"科学共同体"走向"科学—哲学共同体"》，《自然辩证法通讯》2015 年第 6 期。

安维复：《"科学哲学史作为另一种科学哲学"——从"拒斥形而上学"到"科学—哲学并行"》，《学术月刊》2015 年第 2 期。

安维复：《"回到康德"能否破解后现代相对主义迷局》，《学术月刊》2016 年第 4 期。

安维复：《科技哲学与马克思主义：思想史与文献考察》，《自然辩证法研究》2020 年第 3 期。

安维复、王尚君：《科技霸权主义：基于产权滥用的范畴界分与思想诊治》，《自然辩证法通讯》2023 年第 6 期。

［德］黑格尔：《小逻辑》，贺麟译，商务印书馆 1959 年版。

Aristotle，*Metaphysics*，University of Michigan Press，1960.

G. Berkeley，*Philosophical Writings*，London：Cambridge University Press，2008.

Martianus Capella，*The Marriage of Philology and Mercury*，Columbia University Press. 1977.

P. Hadot，*Philosophy as a Way of Life*，trans. Michael Chase，Blackwell Publishing 1995.

A. Krishnan，What are Academic Disciplines？NCRM Working Paper Series，Southampton：ESRC National Centre for Research Methods，retrieved September，2009.

E. Mach，*Analysis of Sensations*，Chicago：The Open Court Publishing Company，1897.

A. PMartinich，*Hobbes：A Biography*，Cambridge University Press，1999.

C. Mitcham，*Encyclopedia of Science，Technology，and Ethics*，Thomson Gale，2005.

O. Neurath, R. Carnap, C. W. Morris, eds. , *Foundations of the Unity of Science*：*Toward an International Encyclopedia of Unified Science*, Chicago：University of Chicago Press, 1938.

O. Neurath, *Foundations of the Social Sciences*, University of Chicago Press, 1947.

Pliny, *Natural History*, Harvard University Press, 1938.

G. Reisch, *Philosophical Pearl*, Routledge, 1953.

W. V. Quine, *From a Logical Point of View*, Harvard University press, 1963.

S, Sarkar , *The Philosophy of Science*：*An Encyclopedia*, Routledge, 2006.

M, Schlick, *Philosophical Papers*, Vol. 2 （1925 – 1936）, Dordrecht ：D. Reidel Publishing Company, 1979.

A, Sinclair, *What is Philosophy*：*An Introduction*, Dunedin Academic Press Ltd, 2008.

J. Waigh & R. Ariew, "The History of Philosophy and the Philosophy of Science", in Stathis Psillos, *The Routledge Companion to Philosophy of Science*, Routledge, 2008.

后　记

按规定该交稿了，然而还有许多话要说，有关感谢的话已经在序言中有所体现，因而在后记中主要概述本书的遗憾。

原计划本书的最后整合要在法国的勃艮第大学和意大利的帕多瓦大学完成，勃艮第大学的科学史专家 Daniel Raichvarg 已经发来了邀请函，我也做好了相应的准备工作，但 2015 年 11 月 13 日发生在法国巴黎的恐怖袭击使我不得不取消了行程。这场变故使我不得不放弃有关 F. 培根与伽利略之间思想关联的详细考察，也使得 A. 孔德的研究缺乏一些第一手文献的支撑，不得不止步于笼统的述评。

由于本人及课题组学识有限，故存在如下问题。

第一，编史纲领的贯通问题：用科学—哲学的观念共同体或"科学—哲学平行"的理念来统摄从古希腊到后现代的科学哲学思想演化，在理念层面是可取的，但能否将这一编史纲领贯穿到从古希腊到后现代之间长达 2000 多年、历经 5 个重大转折、涉及浩如烟海的多语种文献的科学思想梳理，疏漏甚多，例如文艺复兴时期就被合并到中世纪和近代两个时期，其实应该做单章独立研究。至于疏漏的人物如库萨的尼古拉、德国古典时期的费希特—谢林—黑格尔的自然哲学等等，更是比比皆是。

第二，文献的消化及理解问题：应该说本课题十分重视文献的收集，包括近万种各类文献，有些为国内少见。但本课题并未完全消化这些文献，例如波伊修斯的"四艺"包括几何学、天文学、算术、音乐等，但我们只重点解读了他的几何及算术思想；大阿尔伯特在科学思想方面也是卷帙浩繁，但我们只汲取了他在天象、运动、炼金术等有限领域的少数思想。

第三，编写体例问题：尽管本课题提出并论证了"文献解读—知识谱系—观念梳理"等编史纲领，但落实在具体人物及其思想时，由于时代和文献等多种原因，依然难以达到完全整齐划一，在一些特殊人物及其思想的梳理上依然有所侧重。例如对于亚里士多德这种学界较为熟悉的人物，我们尽量凸显其哲学理念的地位，但对于波义耳等这种哲学史不太熟悉的化学思想家，我们可以更多地强调其某种主要科学理念的作用。这在某种程度上就造成了不同的人物在编史格局上各有侧重的局面。

第四，写作的规范特别是细节刻画方面：本课题中涉及大量文献，有些文献系拉丁文、法文和德文等，由于这些文本各有不同的拼写习惯和书写格式，当把这些文献放在一起的时候，就出现了书写不统一的问题。我们曾设想按国际惯例进行调整，但所谓的国际惯例在处理不同文法的时候也有不同做法，从而使我们无所适从。

第五，学术规范及其诚信问题：本课题绝大多数都出自主持人之手，第二章有关柏拉图的内容是我与博士生牛小兵的合作，第三章中世纪科学哲学有关内容源自我的研究生蔡晓梅、张叶、褚亚杰的学位论文，虽经本人一再修改，且请有关机构用专门软件（针对学位论文的抄袭）进行"查重"，但依然无法担保绝对没有问题。

第六，关于科学主义问题：本课题的出发点是用科学—哲学的观念共同体范畴来编撰科学哲学史，其原初想法是用科学与哲学统一的思想来抵制维也纳学派"拒斥形而上学"和后现代相对主义纲领的弊端。但我们在深入研究的过程中发现，科学与哲学是平行的但并不是并重的，哲学是人类理性不可或缺的观念系统，但科学作为对世界最妥帖的理解方式却是最根本性的，而且是自足或可自我更新的有机建制，这种建制使得科学成为哲学及其他文化的根基性的意识形式。这就可能得出科学主义的结论，但其本意旨在用科学的思想资源来解决哲学及其文化中的某些问题，而不是解决全部问题。我们的基本态度是，一种理性的科学主义者应该划清科学及其批判功能的界限，能够用科学方法解决的问题一定用科学方法，不能用科学方法解决的问题一定力戒将科学方法神话。这就是说，我们秉持一种温和的科学主义立场。这种结论是本题始料不及的，我们将在以后的研究中逐步探索这种科学主义立场的优点和限度，尽量发挥它对人类理性的积极作用，同时限定它的偏见与僭越。

其实，本书的问题还有很多，由于篇幅和时间有限，我们诚望专家不吝赐教，将科学哲学及其思想史研究做成一种中国人自己的学问。

此处再次重申本书的主旨：较之制度安排和生产水平，科学依然是人类文化最重要、最根本的思想建制；哲学对科学的模仿与依赖是哲学取之不尽的资源或挥之不去的阴霾；哲学的发生机制、思想内容、话语方式和发展动力基本上是"拟科学"的；对科学的态度是各民族文化生死存亡的内在机理和外在尺度，"万物皆数"或许是西方文化最本己的"源代码"；对中国文化及其哲学的理解有必要在我们自己的科学技术状况及其反思中寻找答案。

本的最大优点或缺点就在于这种无可奈何的科学主义情愫、一种温和的科学主义诉求：科学能够解决某些哲学及文化问题，但不能解决一切哲学及文化问题；科学史及科学哲学工作者的使命或许就在于，划清科学能够解决和不能解决的问题的界限，能够用科学方式解决的诸种文化问题必须用科学来解决，同时抵制希冀用科学解决一切问题的"唯科学主义"。

作者于

上海奉贤寓所

2023.1